普通高等教育"十二五"规划教材

高等学校电子信息类教材

半导体器件物理

（第2版）

Semiconductor Devices & Physics, 2nd Edition

刘树林　商世广　柴常春　张华曹　编著

電子工業出版社

Publishing House of Electronics Industry

北京·BEIJING

内 容 简 介

本书由浅入深、系统地介绍了常用半导体器件的基本结构、工作原理和工作特性。为便于读者自学和参考，本书首先介绍了学习半导体器件必需的半导体材料和半导体物理的基本知识；然后重点论述了 PN 结、双极型晶体管、MOS 场效应管和结型场效应管的各项性能指标参数及其与半导体材料参数、工艺参数和器件几何结构参数的关系；最后简要讲述了功率 MOSFET、IGBT 和光电器件等其他常用半导体器件的原理及应用。

本书可作为电子信息类专业（特别是微电子科学与工程、集成电路设计与集成系统及电子科学与技术等专业）及相关专业本科生、研究生的教材或参考书，也可供工程技术人员参考。

本书电子教学课件（PPT 文档）可从华信教育资源网（www.hxedu.com.cn）免费注册后下载，或者通过与本书责任编辑（zhangls@phei.com.cn）联系获取。

图书在版编目（CIP）数据

半导体器件物理/刘树林等编著. —2 版. —北京：电子工业出版社，2015.9
高等学校电子信息类教材
ISBN 978-7-121-27049-9

Ⅰ. ①半… Ⅱ. ①刘… Ⅲ. ①半导体器件－半导体物理－高等学校－教材 Ⅳ. ①TN303 ②O47

中国版本图书馆 CIP 数据核字（2015）第 203845 号

责任编辑：张来盛（zhangls@phei.com.cn）
印　　刷：涿州市般润文化传播有限公司
装　　订：涿州市般润文化传播有限公司
出版发行：电子工业出版社
　　　　　北京市海淀区万寿路 173 信箱　邮编 100036
开　　本：787×1 092　1/16　印张：19.5　字数：499 千字
版　　次：2005 年 2 月第 1 版
　　　　　2015 年 9 月第 2 版
印　　次：2025 年 2 月第 20 次印刷
定　　价：45.80 元

凡购买电子工业出版社的图书有缺损问题，请向购买书店调换。若书店售缺，请与本社发行部联系。联系及邮购电话：（010）88254888。

质量投诉请发邮件至 zlts@phei.com.cn，盗版侵权举报请发邮件至 dbqq@phei.com.cn。

服务热线：（010）88258888。

前 言

《半导体器件物理》适合作为微电子科学与工程、集成电路设计与集成系统以及电子科学与技术等专业及相关专业本科生、研究生的教材或教学参考书，同时也可供其他相关专业工程技术人员阅读参考。由于各个学校情况不同，采用的教材名称可能不同，如《晶体管原理》、《微电子技术基础》和《半导体物理与器件》等。本书所阐述的各类常用半导体器件的基本结构、工作原理和工作特性，是从事半导体器件乃至集成电路设计、制造和应用等方面工作的专业技术人员必须掌握的基础理论知识。

本教材在内容的选取和编排上，力求选材实用、难度适中；在内容的叙述方面力求突出重点、条理清晰、深入浅出、通俗易懂，尽量避免冗长而烦琐的公式推导，从而使得器件的物理概念更清晰，内容更精练，以便于读者理解和掌握相关内容的要点。考虑到教材的系统性和相对独立性，本教材在介绍半导体材料和半导体物理等基本知识的基础上，依次系统地阐述了 PN 结、双极型晶体管、MOS 场效应晶体管、结型场效应管和一些常用的其他半导体器件的基本结构、工作原理和物理特性等内容。

自本教材第 1 版出版发行以来，得到了相关院校师生及工程技术人员的好评和欢迎，使用本教材的院校和老师还提出了许多宝贵意见和建议。据此，第 2 版在保持第 1 版理论体系的基础上主要做了以下几个方面的修改：

（1）对第 4 章的内容进行了较大修改。除了修正第 1 版中的错漏之外，还在推导 MOS 场效应晶体管阈值电压之前，详细地介绍了 MOS 结构能带和性能，有助于读者对阈值电压受不同影响因素作用的理解。

（2）对第 1、2、3、5 和 6 章存在的一些错误和不足进行了修正、完善。

（3）制作了全书的 PPT 课件，任课教师可登录华信教育资源网（http://www.hxedu.com.cn）免费注册后下载；部分章节的课件须提供相关信息后通过与本书责任编辑（zhangls@phei.com.cn）联系获取。

（4）编写了全书课后习题解答要点和过程的辅导配套教材，可供选用该书的老师、学生及工程技术人员教学和学习参考。

本教材的参考学时为 64～80 学时，各院校可根据具体情况而定。

本书第 2 版主要由刘树林、商世广、柴常春和张华曹编著。其中第 1 章由柴常春编写，第 2、3 章由刘树林编写，第 4 章由商世广编写，第 5、6 章由张华曹编写，习题解答要点和过程的辅导配套教材由刘树林、商世广编写。商世广同时参与了第 1、2、3、5、6 章内容的修正和完善工作，并制作了全书的 PPT 课件。参加本书编写工作的还有孙龙杰、朱樟明、余宁梅、张琼、王箫扬等。全书由西安电子科技大学杨银堂教授主审，杨教授仔细审阅了书稿，提出了许多宝贵的建议，在此表示诚挚的感谢。

另外，本书的出版得到电子工业出版社的大力支持，在此表示衷心的感谢。

由于编著者水平有限，书中难免存在不足、不妥或错误之处，恳请有关专家和广大读者批评指正。

编著者

2015 年 5 月

主要常用符号说明

A	PN 结面积
A_E	发射结面积
A_C	集电结面积
a_j	线性缓变结杂质浓度梯度
B	基极
BU_{EB0}	集电极开路时，发射极–基极击穿电压
BU_{CB0}	发射极开路时，集电极–基极击穿电压
BU_{CE0}	基极开路时，集电极–发射极击穿电压
BU_{DS}	漏源击穿电压
BU_{GS}	栅源击穿电压
C	集电极
C_T	PN 结势垒电容
C_D	PN 结扩散电容
C_{OX}	单位面积栅氧化层电容
C_G	全沟道夹断时栅 PN 结电容
C_{GS}	栅源电容
C_{DS}	漏源电容
C_{GD}	栅漏电容
D	漏极
D_n	电子扩散系数
D_p	空穴扩散系数
D_{ne}	发射区电子扩散系数
D_{pe}	发射区空穴扩散系数
D_{nb}	基区电子扩散系数
D_{pb}	基区空穴扩散系数
D_{nc}	集电区电子扩散系数
D_{pc}	集电区空穴扩散系数
d	外延层厚度
E	发射极，电场强度
E_F	费米能级
E_{FN}	电子准费米能级
E_{FP}	空穴准费米能级
E_i	本征能级
E_C	导带底能量
E_V	价带顶能量
E_g	禁带宽度
E_M	PN 结最大电场强度
f_T	特征频率，截止频率
f_β	β 截止频率
f_α	α 截止频率
f_0	渡越时间截止频率
f_M	最高振荡频率
g_m	跨导
g_d	漏电导
I_n	电子电流
I_p	空穴电流
I_D	漏极电流
I_0	PN 结二极管反向饱和电流
I_R	PN 结二极管反向电流
I_E	发射极电流
I_B	基极电流
I_C	集电极电流
I_{VB}	基区复合电流
I_S	双极晶体管饱和电流
I_{CBO}	集电极–基极反向电流
I_G	栅极电流
I_{Dsat}	饱和漏极电流
I_{DSS}	最大饱和漏极电流
I_{Dsub}	亚阈值电流
i_g	栅极交流小信号电流
i_d	漏极交流小信号电流
i_e	发射极交流小信号电流
i_b	基极交流小信号电流
i_c	集电极交流小信号电流
J_n	电子电流密度
J_p	空穴电流密度
J_{pE}	发射区空穴电流密度
J_{nB}	基区电子电流密度

J_{pC}　集电区空穴电流密度
J_{pB}　基区空穴电流密度
k　波矢
k_B　玻耳兹曼常数
L_n　电子扩散长度
L_p　空穴扩散长度
L_{nB}　基区电子扩散长度
L　沟道长度
L_{eff}　有效沟道长度
M　倍增系数
m　超相移因子
N　N 区或 N 型半导体
N_D　施主杂质浓度
N_A　受主杂质浓度
N_C　外延层杂质浓度
n　电子浓度
n_i　本征电子浓度
n_N　N 区电子浓度
n_P　P 型区非平衡电子浓度
P　P 区或 P 型半导体
PN　PN 结
p　空穴浓度
p_P　P 型区空穴浓度
p_N　N 型区空穴浓度
Q　电荷
Q_G　栅电荷
Q_b　基区电荷
Q_{OX}　二氧化硅层电荷
Q_n　表面反型层电子电荷
Q_p　表面反型层空穴电荷
q　电子电荷
R_S　方块电阻
r_b　基极电阻
r_{CS}　集电极串联电阻
r_{ES}　发射极串联电阻
r_s　源极串联电阻
r_g　栅极串联电阻
r_d　漏极串联电阻
S　饱和深度
S_E　发射结宽度
t_d　延迟时间
t_r　上升时间
t_s　储存时间
t_f　下降时间
t_{on}　开启时间
t_{off}　关断时间
t_{OX}　二氧化硅层厚度
U　电压
U_B　PN 结雪崩击穿电压
U_E　基极–发射结电压
U_C　基极–集电结电压
U_D　接触电势差
U_{CE}　集电极–发射极电压
U_{PT}　穿通电压
U_{CES}　饱和压降
U_{GS}　栅源电压
U_{DS}　漏源电压
U_{BS}　衬源电压
U_T　阈电压
U_{Dsat}　饱和漏源电压
U_S　表面势
U_{FB}　平带电压
U_{OX}　二氧化硅层电压降
U_{on}　导通电压
U_P　夹断电压
W_N　PN 结二极管中性 N 区宽度
W_P　PN 结二极管中性 P 区宽度
W_b　有效基区宽度
W_e　中性发射区宽度
W_c　中性集电区宽度
W　沟道宽度
X_j　结深
X_{jc}　集电结深度
X_{je}　发射结深度
X_m　PN 结空间电荷区宽度
α　共基极电流增益
α_n　电子电离率
α_p　空穴电离率
β　共发射极电流增益

β^*　基区输运系数

v　载流子漂移速度

γ　发射极注入效率

Δn_P　P区过剩电子浓度

Δp_N　N区过剩空穴浓度

ε_0　真空介电常数

ε_{OX}　二氧化硅介电常数

ε_S　半导体介电常数

μ_n　电子迁移率

μ_p　空穴迁移率

μ_{eff}　有效表面迁移率

ρ　电阻率

σ　电导率

σ_n　电子电导率

σ_p　空穴电导率

τ_n　电子寿命

τ_p　空穴寿命

τ_b　基区渡越时间

τ_e　发射区渡越时间

τ_d　集电结空间电荷区渡越时间

ϕ_{MS}　栅金属–衬底硅功函数差

ϕ_{SS}　栅多晶硅–衬底硅功函数差

ψ_F　衬底硅费米势

目　　录

第 1 章　半导体物理基础

自然界物质有气态、液态、固态和等离子体态等几种形态。如果按照固体的导电能力（用电阻率ρ 或电导率σ 描述）不同，可以区分为导体、半导体和绝缘体，如表 1.1 所示。

表 1.1　导体、半导体和绝缘体的电阻率范围

材料	导体	半导体	绝缘体
电阻率ρ / Ωcm	$<10^{-3}$	10^{-3}～10^{9}	$>10^{9}$

可见半导体的导电能力介于导体和绝缘体之间，此外半导体还具有一些重要特性，主要包括：①温度升高使半导体导电能力增强，电阻率下降。例如室温附近的纯硅（Si），温度每增加 8 ℃，电阻率ρ 相应地降低 50%左右。②微量杂质含量可以显著改变半导体的导电能力。以纯硅中每 100 万个硅原子掺进一个Ⅴ族杂质（比如磷）为例，这时硅的纯度仍高达 99.9999%，但电阻率ρ 在室温下却由大约 214 000 Ωcm 降至 0.2 Ωcm 以下。③适当波长的光照可以改变半导体的导电能力。如在绝缘衬底上制备的硫化镉（CdS）薄膜，无光照时的暗电阻为几十兆欧，当受光照后电阻值可以下降为几十千欧。此外，半导体的导电能力还随电场、磁场等的作用而改变。

概括起来，半导体的性质容易受到温度、光照、磁场、电场和微量杂质含量等因素的影响而发生改变，而正是半导体的这些特性使其获得了广泛的应用。目前，硅（Si）和砷化镓（GaAs）是半导体器件和集成电路生产中使用最多的半导体材料。

作为后面学习各种半导体器件原理的基础，本章以元素半导体硅（Si）和锗（Ge）为研究对象，系统地介绍了半导体物理基础方面的相关知识。在简单介绍了半导体的晶体结构和缺陷、定义了晶向和晶面之后，讨论了半导体中的电子状态与能带结构，介绍了杂质半导体及其杂质能级。在半导体中载流子统计理论的基础上分析了载流子的浓度，讨论了非平衡载流子的产生与复合。对半导体中载流子的漂移运动和半导体的导电性进行了讨论，介绍了载流子的扩散运动，建立了连续性方程。本章的最后简要地介绍了半导体表面的相关知识。

1.1　半导体晶体结构和缺陷

1.1.1　半导体的晶体结构

固体有晶体和非晶体之分。晶体具有一定的外形、固定的熔点，更重要的是组成晶体的原子或离子在至少是微米量级的较大范围内都是按一定的方式规则排列而成，称为长程有序。晶体又分为单晶与多晶，单晶是指整个晶体主要由原子或离子的一种规则排列方式所贯穿，常用的半导体材料锗（Ge）、硅（Si）、砷化镓（GaAs）都是单晶。Si、Ge 称为元素半导体，GaAs 称为化合物半导体。多晶则由很多小晶粒杂乱地堆积而成。除晶态半导体外，尚有非晶态半导体，如非晶态硅、非晶态锗等，它们没有规则的外形，也没有固定熔点，内部结构不存在长程有序，只是在若干原子间距内的较小范围内存在结构上的有序排列，称为短程有序。二维情形下的非晶、多晶和单晶示于图 1.1 中。

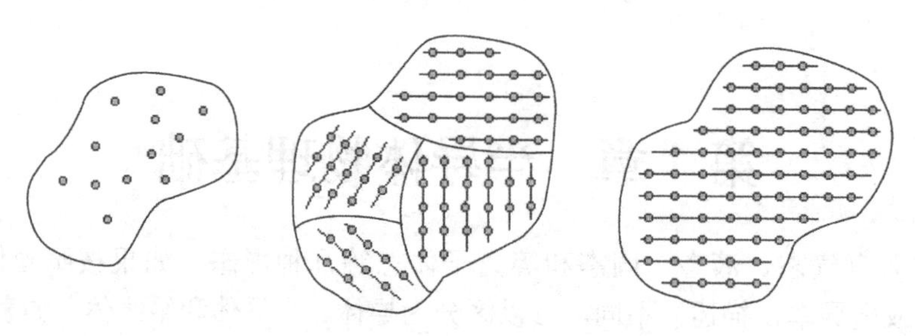

图 1.1　非晶、多晶和单晶示意图

对于单晶 Si 或 Ge，它们分别由同一种原子组成，通过两个原子间共有一对自旋相反配对的价电子把原子结合成晶体。这种依靠共有自旋相反配对的价电子所形成的原子间的结合力，称为共价键。由共价键结合而成的晶体称为共价晶体，Si、Ge 都是典型的共价晶体。

共价键具有饱和性和方向性。饱和性指每个原子与周围原子之间的共价键数目有一定的限制。Si、Ge 等Ⅳ族元素有 4 个未配对的价电子，每个原子只能与周围 4 个原子共价键合，使每个原子的最外层都成为 8 个电子的闭合壳层。因此，共价晶体的配位数（即晶体中一个原子最邻近的原子数）只能是 4。方向性是指原子间形成共价键时，电子云的重叠在空间一定方向上具有最高密度，这个方向就是共价键方向。共价键方向是四面体对称的，即共价键是从正四面体中心原子出发指向它的四个顶角原子，共价键之间的夹角为 109°28'，这种正四面体称为共价四面体，见图 1.2。图中原子间的两条连线表示共有一对价电子，两条线的方向表示共价键方向。共价四面体中如果把原子粗略看成圆球并且最邻近的原子彼此相切，圆球半径就称为共价四面体半径。

单纯依靠图 1.2 那样的一个四面体还不能表示出各个四面体之间的相互关系，为充分展示共价晶体的结构特点，图 1.3 画出了由四个共价四面体所组成的一个 Si、Ge 晶体结构的晶胞，统称为金刚石结构晶胞，它是一个正立方体，整个 Si、Ge 晶体就是由这样的晶胞周期性重复排列而成的。金刚石结构晶胞也可以看作两个面心立方沿空间对角线相互平移 1/4 对角线长度套构而成。金刚石结构晶胞中有 8 个原子，正立方体的边长称为晶格常数，用 a 表示。

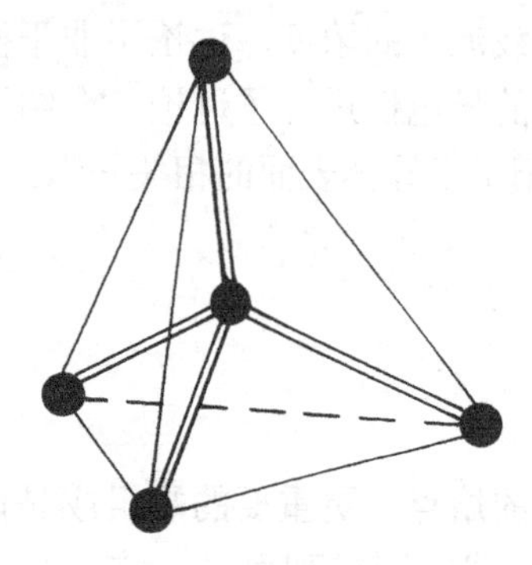

图 1.2　共价四面体

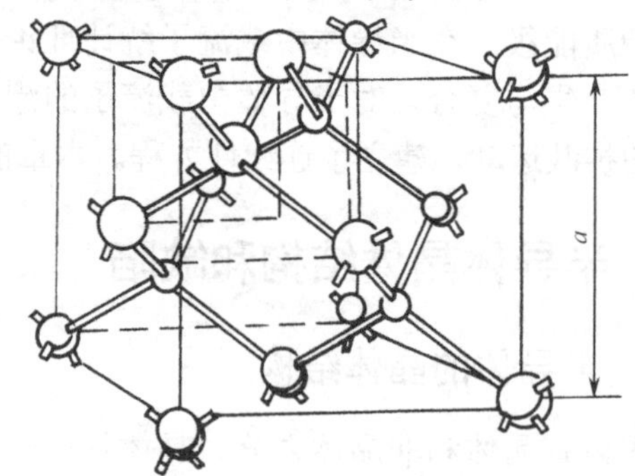

图 1.3　金刚石结构的晶胞

1.1.2　晶体的晶向与晶面

晶体由晶胞周期性重复排列构成，整个晶体就像网格，称为晶格。组成晶体的原子或离子的重心位置称为格点，格点的总体称为点阵。对 Si 和 Ge 这种具有金刚石结构的立方晶系，通常取某个格点为原点，再取立方晶胞的三个互相垂直的边 OA, OB, OC 为三个坐标轴，称为晶轴，见图 1.4。图中 OA, OB, OC 长度就是晶格常数 a，一般以 a 作为晶轴的长度单位。**OA**, **OB**, **OC** 称为晶胞的三个基矢，分别以 **a**, **b**, **c** 表示。

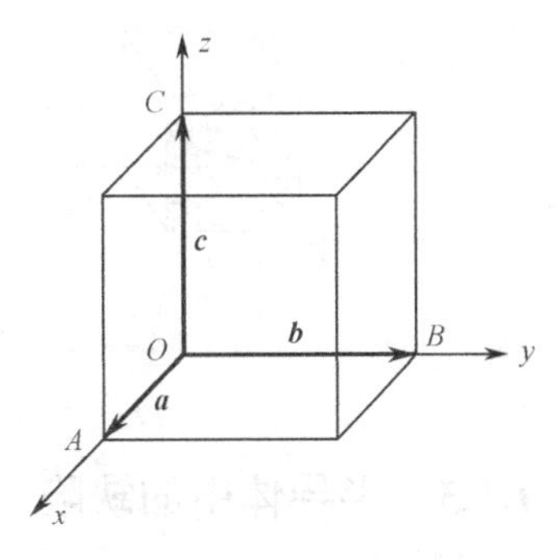

图 1.4　立方晶系的晶轴

通过晶格中任意两格点可以作一条直线，而且通过其他格点还可以作出很多条与它彼此平行的直线，而晶格中的所有格点全部位于这一系列相互平行的直线系上，这些直线系称为晶列。图 1.5 画出了两种不同的晶列。晶列的取向称为晶向，为表示晶向，从一个格点 O 沿某个晶向到另一格点 P 作位移矢量 $\boldsymbol{R}$，如图 1.6 所示，则

$$\boldsymbol{R}=l_1\boldsymbol{a}+l_2\boldsymbol{b}+l_3\boldsymbol{c}$$

若 $l_1:l_2:l_3$ 不是互质的，通过 $l_1:l_2:l_3=m:n:p$ 化为互质整数，mnp 就称为晶列指数，写成 $[mnp]$，用来表示某个晶向，若 mnp 中有负数，负号写在该指数的上方，$[mnp]$ 和 $[\bar{m}\ \bar{n}\ \bar{p}]$ 表示正好相反的晶向。同类晶向记为 <mnp>，<100>就代表了[100]、$[\bar{1}00]$、[010]、$[0\bar{1}0]$、[001]、$[00\bar{1}]$ 6 个同类晶向，<111>代表了立方晶胞所有空间对角线的 8 个晶向，而<110>表示立方晶胞所有 12 个面对角线的晶向。

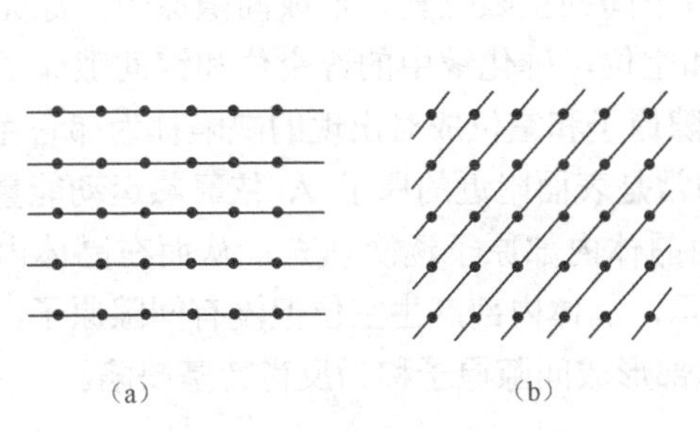

图 1.5　两种不同的晶列

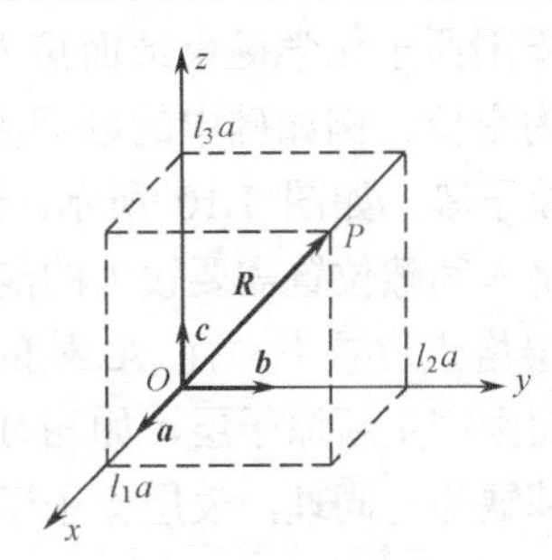

图 1.6　晶向的表示

晶格中的所有格点也可看成全部位于一系列相互平行等距的平面系上，这样的平面系称为晶面族，如图 1.7 所示。为表示不同的晶面，在三个晶轴上取某一晶面与三晶轴的截距 r、s、t，如图 1.8 所示。将晶面与三晶轴的截距 r、s、t 的倒数的互质整数 h、k、l，即 $(1/r):(1/s):(1/t)=h:k:l$，称为晶面指数或密勒指数，记作（hkl）并用来表示某一个晶面。截距为负时，在指数上方加一短横。如果晶面和某个晶轴平行，截距为∞，相应指数为零。同类型的晶面通常用{hkl}表示，如（100）、（$\bar{1}00$）、（010）、（$0\bar{1}0$）、（001）、（$00\bar{1}$）6 个同类型晶面用{100}表示。图 1.9 画出了立方晶系中的一些常用晶向和晶面，图中还表明在立方晶系中晶列指数和晶面指数相同的晶向和晶面之间是互相垂直的，如[100]⊥(100)、[110]⊥(110)、[111]⊥(111)等。

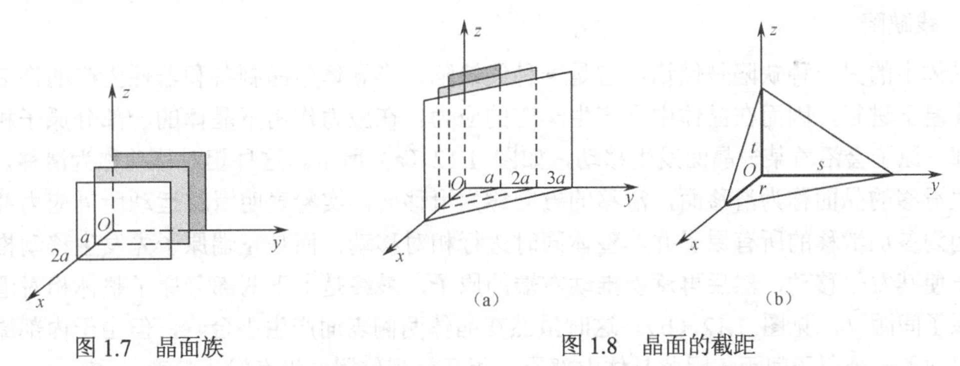

图 1.7　晶面族

图 1.8　晶面的截距

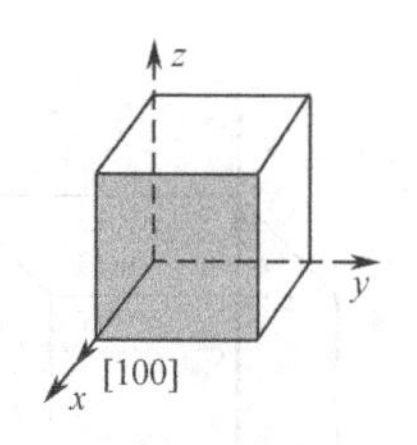

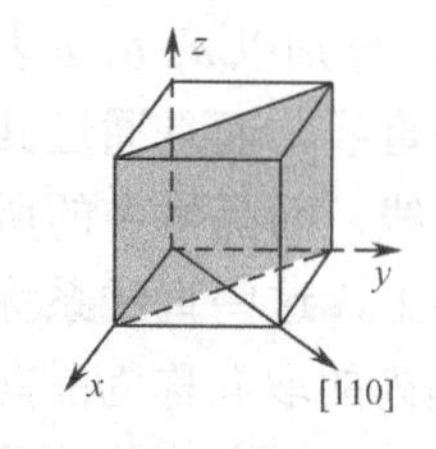

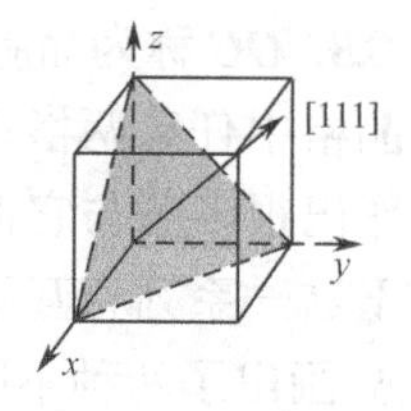

图 1.9　立方晶系的一些常用晶向和晶面

1.1.3　半导体中的缺陷

实际的半导体材料中存在各种晶体缺陷，它们对半导体材料的物理、化学性质起着显著的甚至是决定性的作用。这里简要介绍几种主要的晶体缺陷。

1. 点缺陷

一定温度下，格点原子在平衡位置附近振动，其中某些原子能够获得较大的热运动能量，克服周围原子化学键束缚而挤入晶体原子间的空隙位置，形成间隙原子，原先所处的位置相应成为空位。例如硅中的硅间隙原子和空位，砷化镓中的镓空位和镓间隙原子或砷空位和砷间隙原子等，如图 1.10 所示。这种间隙原子和空位成对出现的缺陷称为弗仑克尔缺陷。由于原子挤入间隙位置需要较大的能量，通常是表面附近的原子 A 依靠热运动能量运动到外面新的一层格点位置上，而 A 处的空位由晶体内部原子逐次填充，从而在晶体内部形成空位，而表面则产生新原子层，如图 1.11 所示，晶体内部产生空位但没有间隙原子，这种缺陷称为肖特基缺陷。同理，表层原子运动到内部形成间隙原子称为反肖特基缺陷。

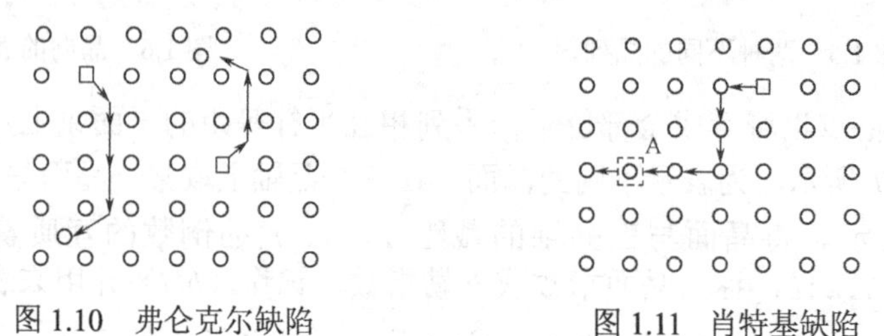

图 1.10　弗仑克尔缺陷　　　　图 1.11　肖特基缺陷

弗仑克尔缺陷、肖特基缺陷和反肖特基缺陷统称点缺陷，它们依靠热运动不断地产生和消失着，在一定温度下达到动态平衡，使缺陷具有一定的平衡浓度值。虽然这三种点缺陷同时存在，但由于在 Si、Ge 中形成间隙原子一般需要较大的能量，所以肖特基缺陷存在的可能性远比弗仑克尔缺陷和反肖特基缺陷大，因此 Si、Ge 中主要的点缺陷是空位。

2. 线缺陷

晶体中的另一种缺陷是位错，它是一种线缺陷。半导体单晶制备和器件生产的许多步骤都在高温下进行，因而在晶体中会产生一定的应力。在应力作用下晶体的一部分原子相对于另一部分原子会沿着某一晶面发生移动，如图 1.12（a）所示。这种相对移动称为滑移，在其上产生滑移的晶面称为滑移面，滑移的方向称为滑移向。实验表明滑移运动所需应力并不很大，因为参加滑移的所有原子并非整体同时进行相对移动，而是左端原子先发生移动推动相邻原子使其发生移动，然后再逐次推动右端的原子，最终是上下两部分原子整体相对滑移了一个原子间距 b，见图 1.12（b）。这时虽然在晶体两侧表面产生小台阶，但由于内部原子都相对移动了一个原子间距，因此晶体内部原子相互排列位置并没有发生畸变。

在上述逐级滑移中会因为应力变小而使滑移中途中止，就出现了如图 1.13（a）所示的情况。

在应力作用下晶体上半部分相对于下半部分沿 ABCD 面发生滑移，开始时 BGHC 面上原子沿着 ABCD 晶面向右滑移一个原子间距，被推到 B′G′H′C′面上的原子位置，右面相邻的原子面作为滑移的前沿逐次向右蠕动。如果中途应力变小使滑移中止，滑移的最前端原子面 AEFD 左侧原子都完成了一个原子间距的移动，而右侧原子都没有移动，其结果是好像有一个多余的半晶面 AEFD 插在晶体中，如图 1.13（b）所示。在 AD 线周围晶格产生畸变，而距 AD 线较远处似乎没有影响，原子仍然规则排列，这种缺陷称为位错，它是一种发生在 AD 线附近的线缺陷，AD 线称为位错线。图 1.13 中滑移方向 BA 与位错线 AD 垂直，称为棱位错。因为它有一个多余的半晶面 AEFD 像刀一样插入晶体，也称刃形位错。棱位错产生了多余半晶面，在 Si、Ge 晶体中位错线 AD 上的每个原子周围只有三个原子与之构成共价键，还存在一个悬挂键，这些非饱和共价键可以接受或释放电子从而影响半导体器件的性能。

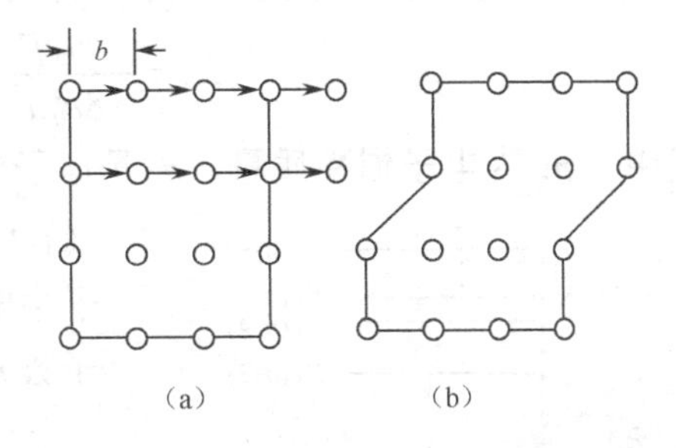

图 1.12　应力作用下晶体沿某一晶面的滑移

图 1.14 所示的称为螺旋位错的滑移是沿 BC 方向的，而原子移动沿 BA 方向传递，位错线 AD 和滑移方向平行。与刃形位错不同的是，这时晶体中与位错线 AD 垂直的晶面族不再是一个个平行面，而是相互连接、延续不断并形成一个整体的螺旋面。

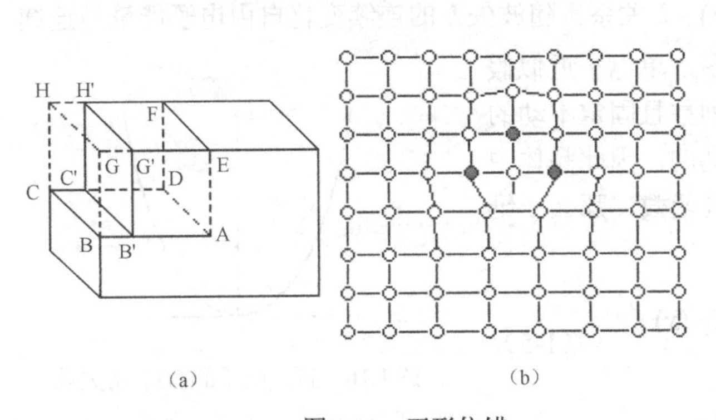

图 1.13　刃形位错

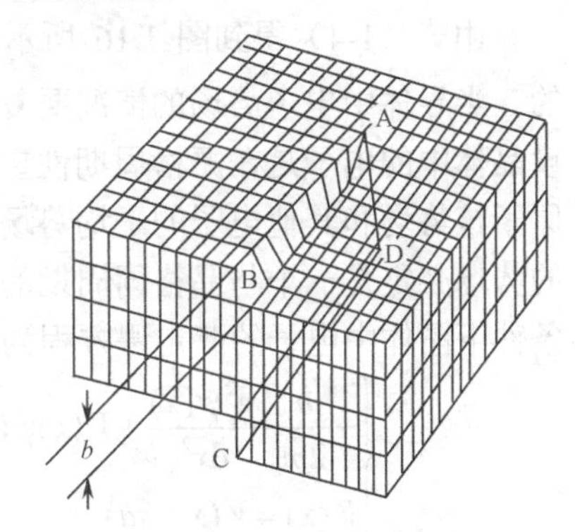

图 1.14　螺旋位错

半导体中往往包含很多彼此平行的位错线，它们一般从晶体一端沿伸到另一端，与表面相交。半导体中还存在因原子排列次序的错乱而形成的一种面缺陷。面缺陷主要包括小角晶界和堆垛层错，这里就不赘述了。

1.2　半导体的能带与杂质能级

1.2.1　半导体中电子共有化运动与能带

半导体中的电子能量状态和运动特点及其规律决定了半导体的性质容易受到外界温度、光照、电场、磁场和微量杂质含量的作用而发生变化。为便于说明半导体中的电子状态及其特点，首先回顾一下孤立原子中的电子状态和自由电子状态。

孤立原子中的电子是在原子核势场和其他电子的势场中运动的，氢原子中电子能量为

$$E_n = -\frac{m_0 q^4}{8\varepsilon_0^2 h^2}\cdot\frac{1}{n^2} = -13.6\frac{1}{n^2},\quad n=1,2,3,\ldots \tag{1-1}$$

式中，m_0为电子惯性质量，q 是电子电荷，h 为普朗克常数，ε_0是真空介电常数。根据式（1-1）可以得到如图 1.15 所示的氢原子能级图，表明氢原子中电子能量是分立的能量确定值，称为能级，其值由主量子数 n 决定。对于多电子原子，电子能量同样是不连续的。

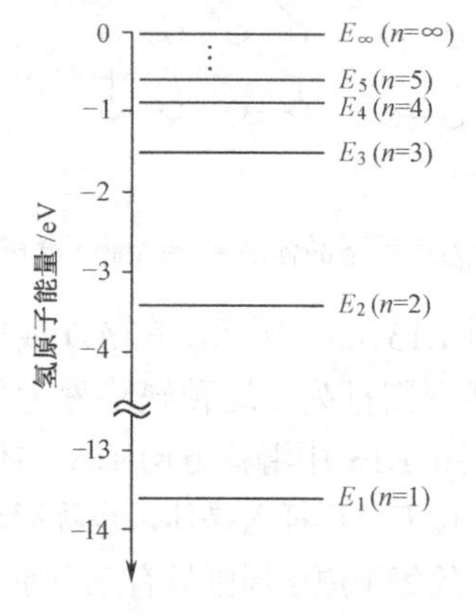

图 1.15　氢原子能级图

一维恒定势场中的自由电子，遵守薛定谔方程

$$-\frac{\hbar^2}{2m_0}\cdot\frac{\mathrm{d}^2\psi(x)}{\mathrm{d}x^2} + V\psi(x) = E\psi(x) \tag{1-2}$$

如果势场$V=0$，方程（1-2）的解为

$$\psi(x) = A\mathrm{e}^{\mathrm{i}2\pi kx} \tag{1-3}$$

式中，$\psi(x)$为自由电子的波函数，A 为振幅，k为平面波的波数，$k=1/\lambda$，λ为波长。规定$\boldsymbol{k}$为矢量，称为波矢，波矢$\boldsymbol{k}$ 的方向为波面的法线方向。式（1-3）代表一个沿 x 方向传播的平面波，$\boldsymbol{k}$ 具有量子数的作用。

由粒子性有$P=m_0\upsilon$，$E=P^2/(2m_0)$，又由德布罗意关系$\boldsymbol{P}=h\boldsymbol{k}$，$E=h\nu$，因此

$$\upsilon=\frac{h\boldsymbol{k}}{m_0},\quad E=\frac{h^2\boldsymbol{k}^2}{2m_0} \tag{1-4}$$

由式（1-4）得到图 1.16 所示的$E(k)\sim k$关系。随波矢$\boldsymbol{k}$ 的连续变化自由电子能量是连续的。半导体中电子势场的情况要复杂得多，单电子近似假设晶体中的电子是在严格周期性重复排列并且固定不动的原子核势场和其他电子的平均势场中运动的，因此晶体中的势场必定是一个与晶格同周期的周期性函数，那么一维条件下晶体中电子的薛定谔方程为

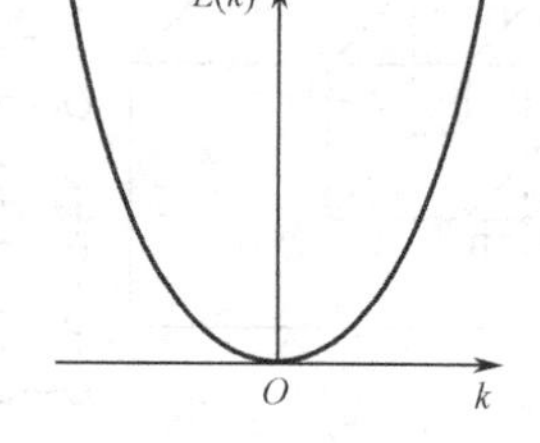

图 1.16　自由电子的$E(k)\sim k$关系

$$\begin{cases}-\dfrac{\hbar^2}{2m_0}\dfrac{\mathrm{d}^2\psi(x)}{\mathrm{d}x^2} + V(x)\psi(x) = E\psi(x)\\ V(x)=V(x+sa)\end{cases} \tag{1-5}$$

式中，s 为整数，a 为晶格常数。布洛赫定理指出式（1-5）的解必有下面的形式

$$\begin{cases}\psi_k(x) = u_k(x)\mathrm{e}^{\mathrm{i}2\pi kx}\\ u_k(x) = u_k(x+na)\end{cases} \tag{1-6}$$

式中，n 为整数，a 为晶格常数。$\psi_k(x)$ 就称为布洛赫波函数。

布洛赫波函数$\psi_k(x)$与式（1-3）自由电子波函数$\psi(x)$形式相似，都表示了波长是$1/\boldsymbol{k}$、沿$\boldsymbol{k}$ 方向传播的平面波；但晶体中的电子是周期性调制振幅$u_k(x)$，而自由电子是恒定振幅A；另外自由电子$\left|\psi(x)\psi(x)^*\right| = A^2$，即自由电子在空间等几率出现，也就是做自由运动；而晶体中的电子$\left|\psi_k(x)\psi_k(x)^*\right| = \left|u_k(x)u_k(x)^*\right|$，是与晶格同周期的周期性函数，表明晶体中该电子出现的几率是周期性变化的，这说明电子不再局限于某一个原子，而具有从一个原子“自由”运动到其他晶胞对应点的可能性，称之为电子在晶体中的共有化运动。布洛赫波函数中波矢$\boldsymbol{k}$ 也是一个量子数，不同的$\boldsymbol{k}$ 表示了不同的共有化运动状态。

为了说明晶体中能带的形成，考虑准自由电子的情形，即设想把一个电子“放到”晶体中去。由于存在晶格，电子波的传播要受到格点原子的反射。一般情况下各个反射波会有所抵消，因此对前进波不会产生重大影响，但是当满足布喇格反射条件（一维晶体的布喇格反射条件为$k=n/2a$，$n=\pm1$，±2，…）时，就要形成驻波，因此其定态一定为驻波。由量子力学可知电子的运动可视为波包的运动，而波包的群速度就是电子运动的平均速度υ。如果波包频率为ν，则电子运动的平均速度$\upsilon=\mathrm{d}\nu/\mathrm{d}k$，而$E=h\nu$，因此电子的共有化运动速度

$$\upsilon=\frac{1}{h}\frac{\mathrm{d}E}{\mathrm{d}k} \tag{1-7}$$

因为定态是驻波，因此在$k=n/2a$（$n=\pm1$，±2，…）处$\upsilon=0$（即$\mathrm{d}E/\mathrm{d}k=0$），得到图1.17 中准自由电子的$E(k)\sim k$关系，图中的虚线是自由电子$E(k)\sim k$关系。它表明原先自由电子的连续能量由于晶格的作用而被分割为一系列允许的和不允许的相间隔的能带。因此晶体中电子状态既不同于孤立原子中的电子状态，又不同于自由电子状态，晶体中电子形成了一系列相间的允带和禁带。

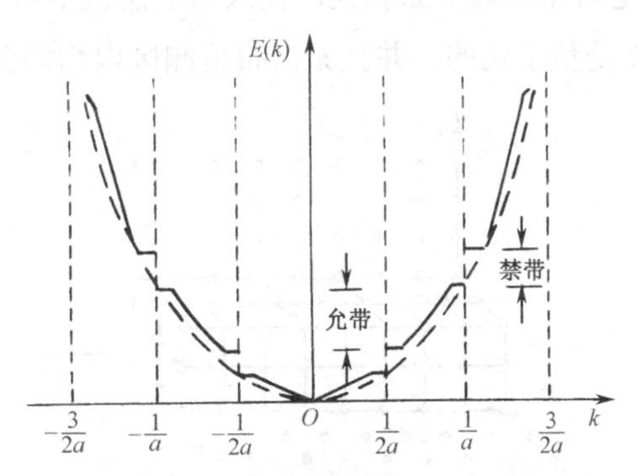

图 1.17　准自由电子的$E(k)\sim k$关系

求解式（1-5）的薛定谔方程，可以得到如图 1.18 所示的晶体中电子的$E(k)\sim k$关系，虚线是自由电子$E(k)\sim k$关系。根据图 1.18 可以得出：①当$k=n/2a$（$n=\pm1$，±2，…）时，能量不连续，形成一系列相间的允带和禁带。允带的 k 值位于下列几个称为布里渊区的区域中

第一布里渊区　　$-1/2a<k<1/2a$

第二布里渊区　　$-1/a<k<-1/2a$，　$1/2a<k<1/a$

第三布里渊区　　$-3/2a<k<-1/a$，　$1/a<k<3/2a$

……

第一布里渊区称为简约布里渊区，相应的波矢称为简约波矢。②$E(k)=E(k+n/a)$，即$E(k)$是 k 的周期性函数，周期为$1/a$。因此在考虑能带结构时只需考虑$-1/2a<k<1/2a$的第一布里渊区就可以了。推广到二维和三维情况

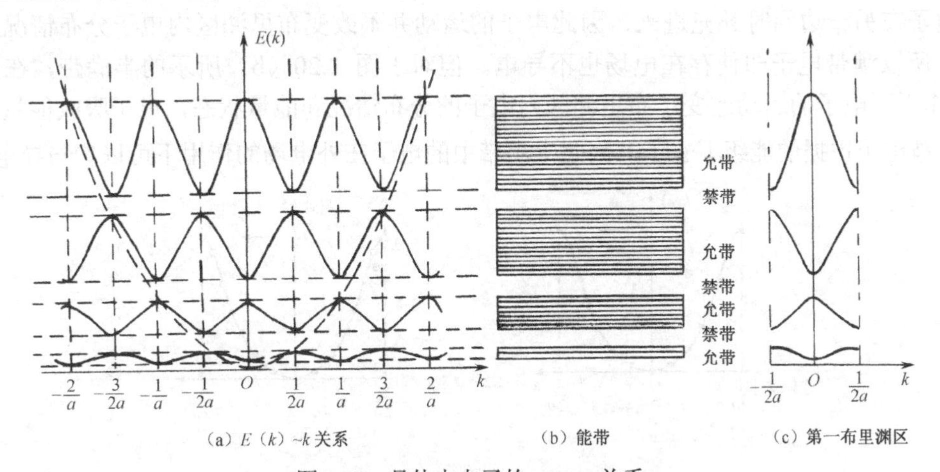

(a) $E(k)\sim k$关系　　(b) 能带　　(c) 第一布里渊区

图 1.18　晶体中电子的$E(k)\sim k$关系

二维晶体的第一布里渊区　　$-1/(2a)<(k_x,k_y)<1/(2a)$

三维晶体的第一布里渊区　　$-1/(2a)<(k_x,k_y,k_z)<1/(2a)$　　（1-8）

③ 禁带出现在$k=n/(2a)$处，也就是在布里渊区的边界上。④每一个布里渊区对应一个能带。

一个能带中有多少个能级呢？因一个布里渊区对应一个能带，只要知道一个布里渊区内有多少个允许的 k 值就可以了。对一维晶格，利用循环边界条件$\psi_k(L)=\psi_k(0)$，$L=Na$，N是固体物理学原胞数，代入布洛赫波函数得到$k=n/(Na)=n/L$，$(n=0,\pm1,\pm2\cdots)$，因此波矢 $\boldsymbol{k}$ 是量子化的，并且 $\boldsymbol{k}$ 在布里渊区内均匀分布。每个布里渊区有 N 个 $\boldsymbol{k}$ 值。推广到三维

$$\left.\begin{aligned}k_x&=\frac{n_x}{L_1}\\k_y&=\frac{n_y}{L_2}\\k_z&=\frac{n_z}{L_3}\end{aligned}\right\}，其中\left.\begin{matrix}n_x\\n_y\\n_z\end{matrix}\right\}=0,\ \pm1,\ \pm2\cdots \tag{1-9}$$

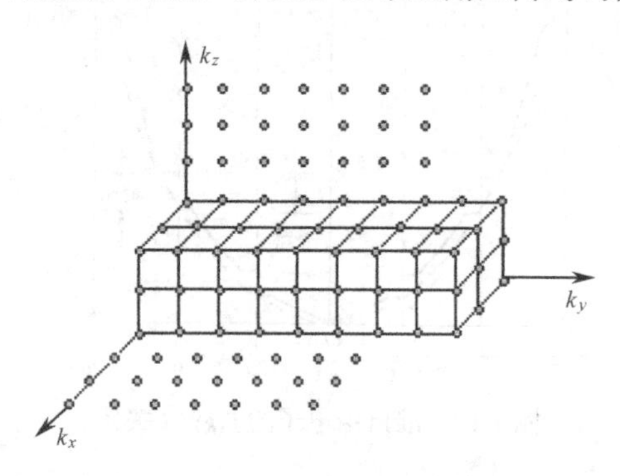

图 1.19　k空间的状态分布

具体如图 1.19 所示。由于每一个 $\boldsymbol{k}$ 对应于一个能量状态（能级），每个能带中共有 N 个能级，因固体物理学原胞数 N 很大，一个能带中众多的能级可以近似看成是连续的，称为准连续。由于每一个能级可以容纳两个自旋方向相反的电子，所以每个能带可以容纳 2N 个电子。

能带理论认为电子能够导电是因为在外力的作用下电子的能量状态发生了改变，当晶体中电子受到外力作用时，电子能量的增加等于外力对电子所做的功

$$\mathrm{d}E=F\mathrm{d}s=F\upsilon\,\mathrm{d}t=F\frac{1}{h}\cdot\frac{\mathrm{d}E}{\mathrm{d}k}\mathrm{d}t$$

即

$$F=h\frac{\mathrm{d}k}{\mathrm{d}t} \tag{1-10}$$

也就是在外力作用下，电子 $\boldsymbol{k}$ 不断发生改变。由于波矢 $\boldsymbol{k}$ 在布里渊区内均匀分布，在满带的情况下，当存在外电场$|E|$时，满带中所有电子都以$\mathrm{d}k/\mathrm{d}t=-q|E|/h$逆电场方向运动，如图 1.20（a）所示。注意到 A 点的状态和 a 点的状态完全相同，也就是由布里渊区一边运动出去的电子在另一边同时补充进来，因此电子的运动并不改变布里渊区内电子分布情况和能量状态，所以满带电子即使存在电场也不导电。但对于图 1.20（b）所示的半满带，在外电场$|E|$的作用下电子的运动改变了布里渊区内电子的分布情况和能量状态，电子吸收能量以后跃迁到未被电子占据的能级上去了，因此半满带中的电子在外电场的作用下可以参与导电。

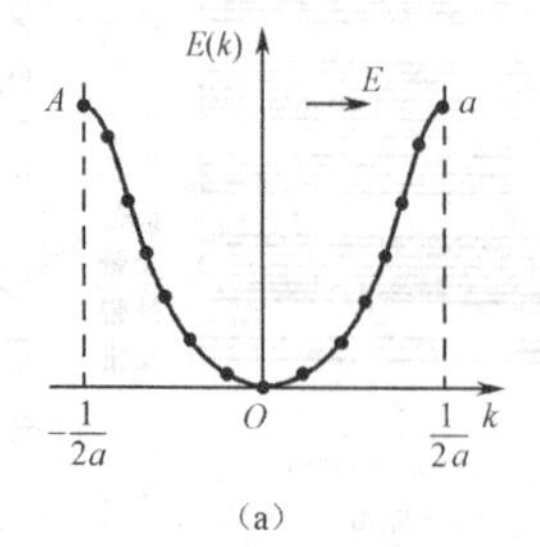

（a）

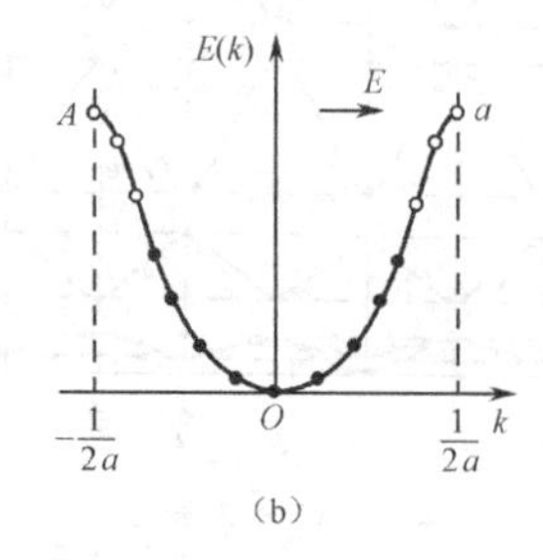

（b）

图 1.20　满带与半满带

T=0K 的半导体能带见图 1.21（a），这时半导体中电子的最高填充带（称为价带，价带中电子最高能级 E_v 称为价带顶）是满带，而满带的上一能带（称为导带，导带中电子最低能级 E_c 称为导带底）是空带，所以半导体不导电。当温度升高或在其他外界因素作用下，价带顶 E_v 附近的一些电子就可以获得能量被激发到上面的导带底 E_c 附近，结果使得原先空着的导带变为半满带，而价带顶附近同时出现了一些空的量子态也成为半满带，这时导带和价带中的电子都可以参与导电，见图 1.21（b）。常温下半导体价带中已有不少电子被激发到导带中，因而具备一定的导电能力。图 1.21（c）是最常用的简化能带图，图中 E_c 与 E_v 之间有禁止电子状态存在，也就是禁带，E_c 与 E_v 之差称为禁带宽度，用符号 E_g 表示，即 $E_g = E_c - E_v$。

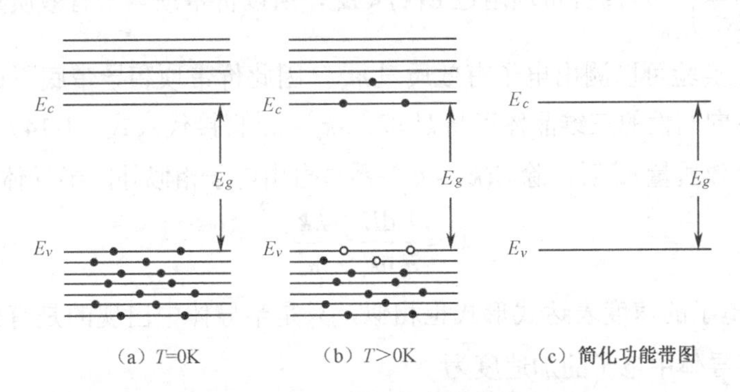

图 1.21　半导体的能带

由上述激发过程不难看出，受电子跃迁过程和能量最低原理制约，半导体中真正对导电有贡献的是那些导带底部附近的电子和价带顶部附近电子跃迁后留下的空态（等效为空穴）。换言之，半导体中真正起作用的是那些能量状态位于能带极值附近的电子和空穴。

1.2.2　半导体中的 $E(k)$~k 关系、有效质量和 k 空间等能面

1. 半导体中的 $E(k) \sim k$ 关系和有效质量

前面讨论了半导体中电子状态和能带并定性给出了 $E(k) \sim k$ 关系。由于半导体中起作用的是能带极值附近的电子和空穴，因此只要知道极值附近的 $E(k) \sim k$ 关系就足够了。

一维情况下，设导带极小值位于 $k = 0$ 处（布里渊区中心），极小值为 E_c，在导带极小值附近 k 值必然很小，将 $E(k)$ 在 $k = 0$ 附近按泰勒级数展开

$$E(k) = E_c + \left(\frac{\mathrm{d}E}{\mathrm{d}k}\right)_{k=0} k + \frac{1}{2}\left(\frac{\mathrm{d}^2 E}{\mathrm{d}k^2}\right)_{k=0} k^2 + \cdots \tag{1-11}$$

忽略 k^2 以上高次项，因在 $k = 0$ 处 $E(k)$ 极小，故 $(\mathrm{d}E/\mathrm{d}k)_{k=0} = 0$，因此

$$E(k) - E_c = \frac{1}{2}\left(\frac{\mathrm{d}^2 E}{\mathrm{d}k^2}\right)_{k=0} k^2 \tag{1-12}$$

对确定的半导体，$(\mathrm{d}^2E/\mathrm{d}k^2)_{k=0}$ 是确定的。将式（1-12）与式（1-4）的自由电子状态比较，令

$$\frac{1}{m_n^*} = \frac{1}{h^2}\left(\frac{\mathrm{d}^2 E}{\mathrm{d}k^2}\right)_{k=0} \tag{1-13}$$

代入式（1-12）得到

$$E(k)-E_c=\frac{h^2k^2}{2m_n^*} \tag{1-14}$$

比较式（1-14）和式（1-4），可见半导体中电子与自由电子的$E(k)\sim k$关系相似，只是半导体中出现的是m_n^*，称m_n^*为导带底电子有效质量。因导带底附近$E(k)>E_c$，所以$m_n^*>0$。

同样假设价带极大值在$k=0$处，价带极大值为E_v，可以得到

$$E(k)-E_v=\frac{h^2k^2}{2m_n^*} \tag{1-15}$$

式中，$\frac{1}{m_n^*}=\frac{1}{h^2}\left(\frac{\mathrm{d}^2E}{\mathrm{d}k^2}\right)_{k=0}$，而价带顶附近$E(k)<E_v$，所以价带顶电子有效质量$m_n^*<0$。

通过回旋共振实验可以测出电子有效质量m_n^*，因此价带顶和导带底附近电子的$E(k)\sim k$关系是确定的。各向同性的三维晶体可将$k^2=k_x{}^2+k_y{}^2+k_z{}^2$直接代入式（1-14）和式（1-15）。

引入了电子有效质量m_n^*后，除$E(k)\sim k$关系与自由电子相似外，半导体中电子的速度

$$\upsilon=\frac{1}{h}\frac{\mathrm{d}E}{\mathrm{d}k}=\frac{h\boldsymbol{k}}{m_n^*} \tag{1-16}$$

与式（1-4）自由电子的速度表达式形式也相似，只是半导体中出现的是有效质量m_n^*。而在外力的作用下，半导体中电子的加速度为

$$a=\frac{\mathrm{d}\upsilon}{\mathrm{d}t}=\frac{\mathrm{d}}{\mathrm{d}t}\left(\frac{1}{h}\frac{\mathrm{d}E}{\mathrm{d}k}\right)=\frac{1}{h}\frac{\mathrm{d}^2E}{\mathrm{d}k\mathrm{d}t}=\frac{1}{h}\frac{\mathrm{d}^2E}{\mathrm{d}k^2}\cdot\frac{\mathrm{d}k}{\mathrm{d}t} \tag{1-17}$$

将式（1-10）代入式（1-17），得到

$$a=\frac{1}{h}\frac{\mathrm{d}^2E}{\mathrm{d}k^2}\frac{F}{h}=\frac{1}{h^2}\frac{\mathrm{d}^2E}{\mathrm{d}k^2}F \tag{1-18}$$

式（1-18）中$\frac{1}{h^2}\left(\frac{\mathrm{d}^2E}{\mathrm{d}k^2}\right)=\frac{1}{m_n^*}$，因此$F=m_n^*a$，半导体中出现的仍然是电子的有效质量$m_n^*$。图1.22分别画出了自由电子和半导体中电子的$E(k)\sim k$,$\upsilon\sim k$和$m\sim k$关系曲线。

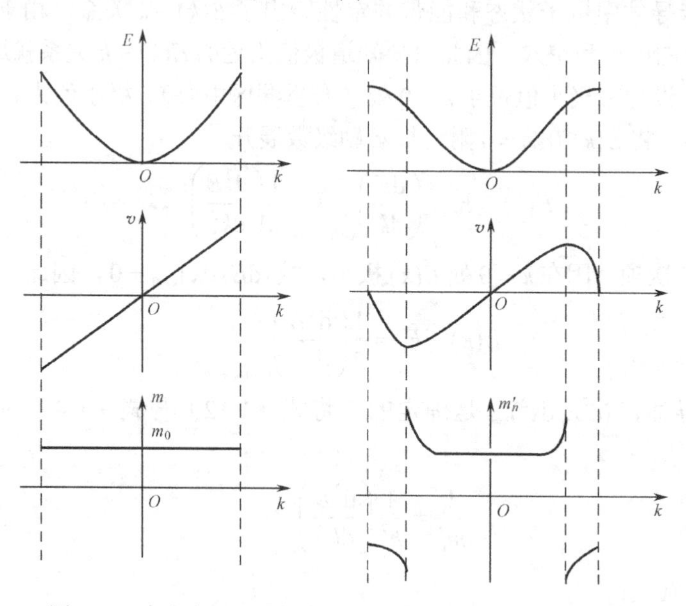

图1.22 自由电子、晶体中电子$E(k)\sim k$,$\upsilon\sim k$和$m\sim k$关系

上述半导体中电子的运动规律公式都出现了有效质量m_n^*，原因在于$F=m_n^*a$中的F并不是电子所受外力的总和。即使没有外力作用，半导体中电子也要受到格点原子和其他电子的作用。当存在外力时，电子所受合力等于外力再加上原子核势场和其他电子势场力。由于找出原子势场和其他电子势场力的具体形式非常困难，这部分势场的作用就由有效质量m_n^*加以概括，m_n^*有正有负正是反映了晶体内部势场的作用。既然m_n^*概括了半导体内部势场作用，外力F与晶体中电子的加速度就通过m_n^*联系起来而不必再涉及内部势场。

原子核外不同壳层电子其有效质量大小不同，内层电子占据了比较窄的满带，这些电子的有效质量m_n^*比较大，外力作用下不易运动；而价电子所处的能带较宽，电子的有效质量m_n^*较小，在外力的作用下可以获得较大的加速度。

2．k空间等能面

不同半导体的$E(k)\sim k$关系各不相同，即便对于同一种半导体，沿不同$\boldsymbol{k}$方向的$E(k)\sim k$关系也不相同，换言之，半导体的$E(k)\sim k$关系是各向异性的。因为$\frac{1}{m_n^*}=\frac{1}{h^2}\left(\frac{\mathrm{d}^2E}{\mathrm{d}k^2}\right)$，沿不同$\boldsymbol{k}$方向$E(k)\sim k$关系不同就意味着半导体中电子的有效质量$m_n^*$是各向异性的。

如果导带底E_c位于$k=0$处，对于各向同性的有效质量m_n^*，在导带底附近

$$E(k)-E_c=\frac{h^2}{2m_n^*}\left(k_x^{\ 2}+k_y^{\ 2}+k_z^{\ 2}\right) \tag{1-19}$$

当$E(k)$为确定值时，对应了许多个不同的（k_x, k_y, k_z），将这些不同的（k_x, k_y, k_z）值所对应的相同的$E(k)$值连接起来就可以构成一个能量值相同的封闭面，称为等能面，式（1-19）所示的$E(k)\sim k$关系其等能面为球面。结合$\frac{1}{m_n^*}=\frac{1}{h^2}\left(\frac{\mathrm{d}^2E}{\mathrm{d}k^2}\right)$可知，具有球形等能面的$E(k)\sim k$关系其电子有效质量$m_n^*$是各向同性的。

然而半导体的能带极值点不一定在$k=0$处，沿不同$\boldsymbol{k}$方向$E(k)\sim k$关系也不相同，即有效质量m_n^*有各向异性。设导带底极值点在k_0处，极值为E_c，在晶体中选择适当的三个坐标轴k_x, k_y, k_z，沿着k_x, k_y, k_z轴的导带底电子有效质量分别为m_x^*, m_y^*, m_z^*，用泰勒级数将$E(k)$在k_0处展开，略去高次项得

$$E(k)=E_c+\frac{h^2}{2}\left[\frac{\left(k_x-k_{0x}\right)^2}{m_x^*}+\frac{\left(k_y-k_{0y}\right)^2}{m_y^*}+\frac{\left(k_z-k_{0z}\right)^2}{m_z^*}\right] \tag{1-20}$$

即

$$\frac{\left(k_x-k_{0x}\right)^2}{\frac{2m_x^*\left(E-E_c\right)}{h^2}}+\frac{\left(k_y-k_{0y}\right)^2}{\frac{2m_y^*\left(E-E_c\right)}{h^2}}+\frac{\left(k_z-k_{0z}\right)^2}{\frac{2m_z^*\left(E-E_c\right)}{h^2}}=1 \tag{1-21}$$

式中$\frac{1}{m_x^*}=\frac{1}{h^2}\left(\frac{\partial^2E}{\partial k_x^2}\right)_{k_0}, \frac{1}{m_y^*}=\frac{1}{h^2}\left(\frac{\partial^2E}{\partial k_y^2}\right)_{k_0}, \frac{1}{m_z^*}=\frac{1}{h^2}\left(\frac{\partial^2E}{\partial k_z^2}\right)_{k_0}$。式（1-21）是一个椭球方程，各分母等于椭球的各个半轴长的平方，这种情况下的等能面是环绕极值点k_0的一系列的椭球面。

Si、Ge 导带底附近$E(k)\sim k$关系与式（1-21）还有差别。Si、Ge 导带底附近等能面为绕长轴旋转的旋转椭球等能面，如果将坐标原点置于旋转椭球中心，并使k_z轴与旋转椭球的长

轴重合，如图 1.23 所示，那么 $m_x^* = m_y^* = m_t$，$m_z^* = m_l$，分别称 m_t 和 m_l 为横有效质量和纵有效质量，得到

$$E(k) = E_c + \frac{h^2}{2}\left[\frac{k_x^2 + k_y^2}{m_t} + \frac{k_z^2}{m_l}\right] \tag{1-22}$$

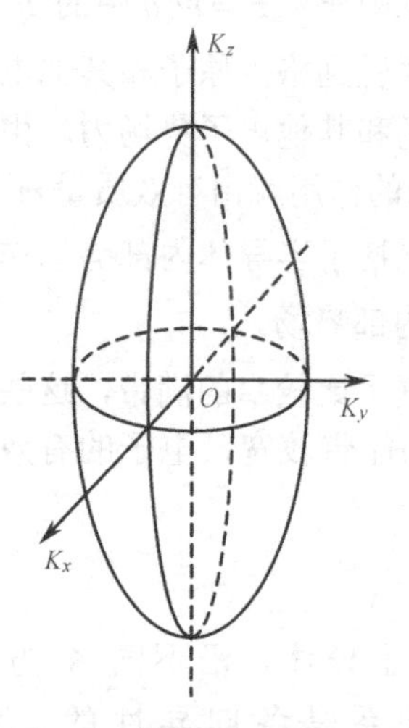

图 1.23　旋转椭球等能面

实验表明 Si 的导带底附近有 6 个式（1-22）所示的长轴沿<100>方向的旋转椭球等能面，Ge 的导带底附近有 4 个式（1-22）所示的长轴沿<111>方向的旋转椭球等能面。

1.2.3　Si、Ge 的能带结构及本征半导体

1．Si 和 Ge 的能带结构

回旋共振实验表明，Si 的导带底附近等能面由长轴沿<100>方向的 6 个（对称性的要求）旋转椭球等能面构成，旋转椭球的中心（导带底 E_c 对应的波矢）位于<100>方向上简约布里渊区中心至边界的 17/20 处。而锗的导带底附近的等能面由长轴沿<111>方向的 8 个旋转椭球等能面构成，导带极小值对应的波矢（旋转椭球中心）位于<111>方向简约布里渊区的边界上，也就是每个旋转椭球有半个在简约布里渊区内，这样在简约布里渊区内有 4 个完整的椭球。图 1.24 是 Si 和 Ge 的简约布里渊区和 k 空间导带底附近等能面示意图。

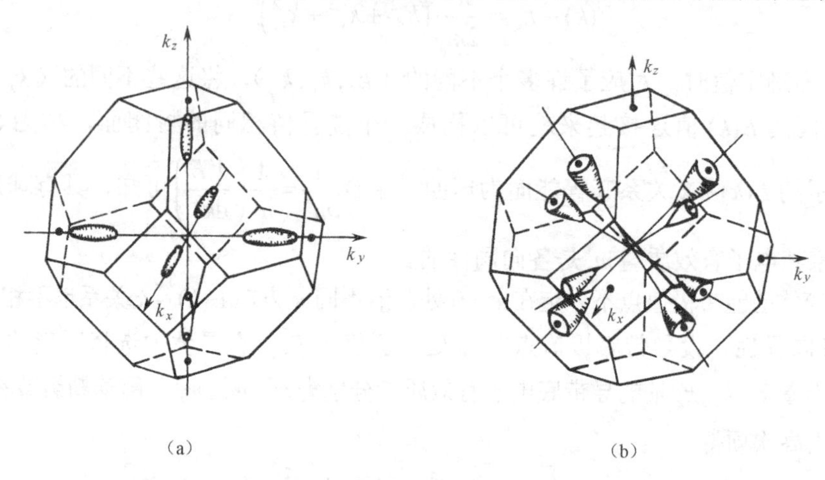

图 1.24　Si 和 Ge 的简约布里渊区和 k 空间导带底附近等能面示意图

Si 和 Ge 价带顶位于布里渊区中心 $k = 0$ 处，并且价带是简并的，也就是对于同一个能量值有不同的 k_x，k_y，k_z 值。由于能带简并，Si 和 Ge 分别具有有效质量不同的两种空穴，有效质量较大的 $(m_p)_h$ 称为重空穴，有效质量较小的 $(m_p)_l$ 称为轻空穴。图 1.25 给出了 Si 和 Ge 的能带结构。室温下 Si 的禁带宽度 $E_g = 1.12\ \text{eV}$，Ge 的禁带宽度 $E_g = 0.67\ \text{eV}$，禁带宽度 E_g 具有负温度系数。

2．本征半导体和本征激发空穴

纯净的、不含任何杂质和缺陷的半导体称为本征半导体。一定温度下的本征半导体，共价键上的电子可以获得足够能量挣脱共价键的束缚从而脱离共价键，成为参与共有化运动的“自由”电子。共价键上的电子脱离共价键的束缚所需要的最低能量就是禁带宽度 E_g。将共价

键上的电子激发成为准自由电子，也就是价带电子激发成为导带电子的过程，称为本征激发。

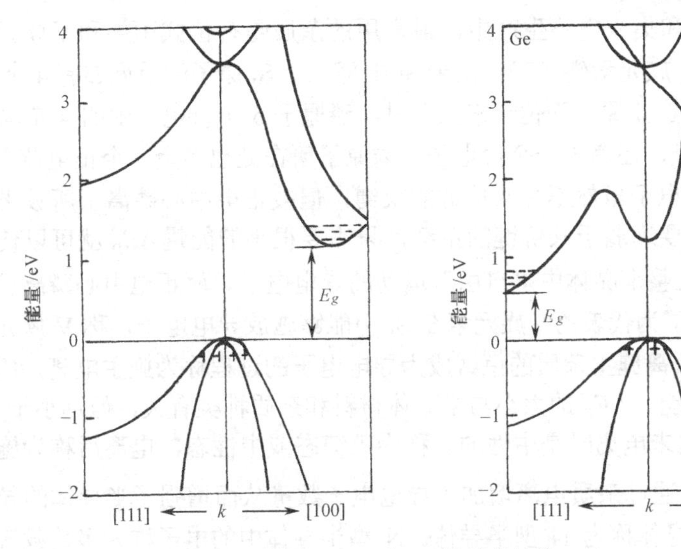

图 1.25　Si 和 Ge 的能带结构

本征激发的一个重要特征是成对地产生导带电子和价带空穴。

一定温度下，价带顶附近的电子获得能量受激跃迁到导带底附近，此时导带底电子和价带中剩余的大量电子都处于半满带状态。在外电场的作用下，这两个能带中的电子都要参与导电。而对于价带中电子跃迁到导带出现空态后所剩余的大量电子的导电作用，可以用少量空穴的导电作用加以等效。空穴这一等效概念体现在以下 4 个方面：①空穴带有与电子电荷量相等但符号相反的$+q$ 电荷；②空穴的浓度（即单位体积中的空穴数）就是价带顶附近空态的浓度；③空穴的共有化运动速度就是价带顶附近空态中电子的共有化运动速度；④空穴的有效质量是一个正常数m_p^*，它与价带顶附近空态的电子有效质量m_n^*大小相等，符号相反，即$m_p^* = -m_n^*$。

本征半导体的导带电子参与导电，同时价带空穴也参与导电，存在着两种荷载电流的粒子，将电子和空穴统称为载流子。

1.2.4　杂质半导体

为了控制半导体的性质需要人为地在半导体中或多或少地掺入某些特定的杂质。半导体器件和集成电路制造的基本过程之一就是控制半导体各部分所含的杂质类型和数量。

1. 替位式杂质和间隙式杂质

Si、Ge 都具有金刚石结构，一个晶胞内含有 8 个原子。由于晶胞内空间对角线上相距 1/4 对角线长度的两个原子为最近邻原子，$\sqrt{3}a/4$ 恰好就是共价半径的 2 倍，因此晶胞内 8 个原子的体积与立方晶胞体积之比为34%，换言之，晶胞内存在66%的空隙。所以杂质进入半导体后可以存在于晶格原子之间的间隙位置上，称为间隙式杂质；也可以取代晶格原子而位于格点上，称为替（代）位式杂质，图 1.26 是间隙式和替位式杂质示意图。Ⅲ、Ⅴ族元素掺入Ⅳ族的 Si 或 Ge 中形成替位式杂质。通常用单位体积中的杂质原子数，即杂质浓度来定量描述杂质含量多少，杂质浓度的单位为$1/cm^3$。

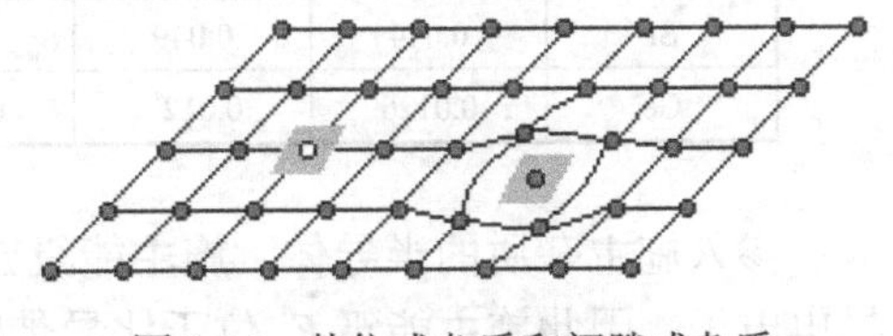

图 1.26　替位式杂质和间隙式杂质

2. 浅能级和浅能级杂质

在 Si 半导体器件和集成电路生产中，最常用的杂质是替位式Ⅲ族和Ⅴ族元素。在如图1.27 所示的 Si 中掺入Ⅴ族元素磷（P），由于 Si 中每一个 Si 原子的最近邻有 4 个 Si 原子，当 5 个价电子的磷原子取代 Si 原子而位于格点上时，磷原子 5 个价电子中的 4 个与周围的 4 个 Si 原子组成 4 个共价键，还多出一个价电子，磷原子所在处也多余一个正电荷，称为正电中心磷离子。多余的这个电子虽然不受共价键的束缚，但被正电中心磷离子所吸引只能在其周围运动，不过这种吸引要远弱于共价键的束缚，只需要很小的能量 ΔE_D 就可以使其挣脱束缚（称为电离），形成能在整个晶体中“自由”运动的导电电子。而正电中心磷离子被晶格所束缚，不能运动。由于以磷为代表的Ⅴ族元素在 Si 中能够施放导电电子，称Ⅴ族元素为施主杂质或 N 型杂质。电子脱离施主杂质的束缚成为导电电子的过程称为施主电离，所需要的能量 ΔE_D 称为施主杂质电离能。ΔE_D 的大小与半导体材料和杂质种类有关，但远小于 Si 和 Ge 的禁带宽度 E_g。施主杂质未电离时是中性的，称为束缚态或中性态，电离后称为施主离化态。Si 中掺入施主杂质后，通过杂质电离增加了导电电子数量从而增强了半导体的导电能力，把主要依靠电子导电的半导体称为 N 型半导体。N 型半导体中的电子称为多数载流子，简称多子；而空穴称为少数载流子，简称少子。

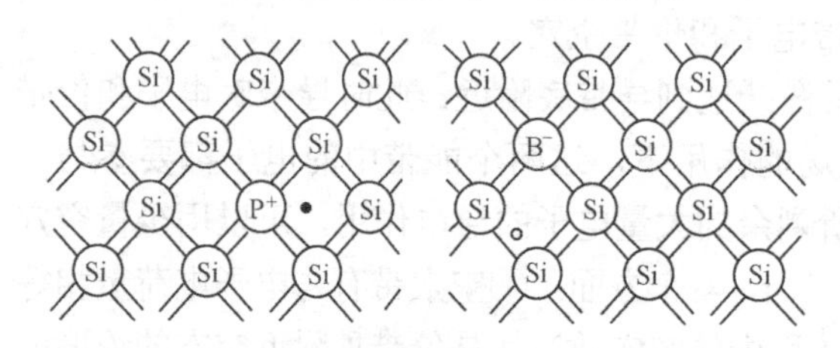

图 1.27 Si 中的Ⅴ族杂质和Ⅲ族杂质

图 1.27 所示的 Si 中掺入Ⅲ族元素硼（B）时，硼只有 3 个价电子，为与周围 4 个 Si 原子形成 4 个共价键，必须从附近的 Si 原子共价键中夺取一个电子，这样硼原子就多出一个电子，形成负电中心硼离子，同时在 Si 的共价键中产生了一个空穴，这个被负电中心硼离子依靠静电引力束缚的空穴还不是自由的，不能参加导电，但这种束缚作用同样很弱，很小的能量 ΔE_A 就使其成为可以“自由”运动的导电空穴，而负电中心硼离子被晶格所束缚，不能运动。由于以硼原子为代表的Ⅲ族元素在 Si、Ge 中能够接受电子而产生导电空穴，称Ⅲ族元素为受主杂质或 P 型杂质。空穴挣脱受主杂质束缚的过程称为受主电离，而所需要的能量 ΔE_A 称为受主杂质电离能。不同半导体和不同受主杂质其 ΔE_A 也不相同，但 ΔE_A 通常远小于 Si 和 Ge 的禁带宽度 E_g。受主杂质未电离时是中性的，称为束缚态或中性态，电离后成为负电中心，称为受主离化态。当 Si 中掺入受主杂质后，受主电离增加了导电空穴，增强了半导体导电能力，把主要依靠空穴导电的半导体称为 P 型半导体。P 型半导体中的空穴是多子，电子是少子。表 1.2 列出了 Si、Ge 晶体中Ⅲ、Ⅴ族杂质的电离能。

表 1.2 Ⅲ、Ⅴ族杂质在硅、锗晶体中的电离能（单位为 eV）

晶体	Ⅴ族杂质电离能 ΔE_D			Ⅲ族杂质电离能 ΔE_D			
	P	As	Sb	B	Al	Ga	In
Si	0.044	0.049	0.039	0.045	0.057	0.065	0.16
Ge	0.0126	0.0127	0.0096	0.01	0.01	0.011	0.011

掺入施主杂质的半导体，施主能级 E_D 上的电子获得能量 ΔE_D 后由束缚态跃迁到导带成为导电电子，因此施主能级 E_D 位于比导带底 E_c 低 ΔE_D 的禁带中，且 $\Delta E_D \ll E_g$。由于空穴带正

电，所以能带图中能量自上向下是增大的。对于掺入Ⅲ族元素的半导体，被受主杂质束缚的空穴能量状态（称为受主能级 E_A）位于比价带顶 E_v 低 ΔE_A 的禁带中，$\Delta E_A << E_g$，当受主能级上的空穴得到能量 ΔE_A 后，就从受主的束缚态跃迁到价带成为导电空穴。图 1.28 是用能带图表示的施主杂质和受主杂质的电离过程。

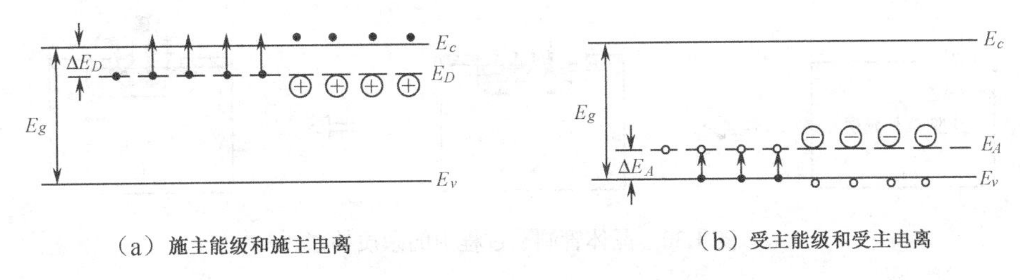

（a）施主能级和施主电离　　（b）受主能级和受主电离

图 1.28　杂质能级和杂质电离

Ⅲ、Ⅴ族杂质在硅和锗中的 ΔE_A、ΔE_D 都很小，即施主能级 E_D 距导带底 E_c 很近，受主能级 E_A 距价带顶 E_v 很近，这样的杂质能级称为浅能级，相应的杂质就称为浅能级杂质。

如果 Si、Ge 中的Ⅲ、Ⅴ族杂质浓度不太高，在包括室温在内的相当宽的温度范围内，杂质几乎全部离化。通常情况下半导体中杂质浓度不是特别高，半导体中杂质分布很稀疏，因此不必考虑杂质原子间的相互作用，被杂质原子束缚的电子（空穴）就像单个原子中的电子一样，处在互相分离的、能量相等的杂质能级上而不形成杂质能带。当杂质浓度很高（称为重掺杂）时，杂质能级才会交叠，形成杂质能带。

3．杂质的补偿作用

上面讨论了半导体中分别掺有施主或者受主杂质的情况。如果在半导体中既掺入施主杂质，又掺入受主杂质，施主杂质和受主杂质具有相互抵消的作用，称为杂质的补偿作用。如果用 N_D 和 N_A 表示施主和受主浓度，对于杂质补偿的半导体，如果 N_D 大于 N_A，在 $T=0$ K 时，电子按顺序填充能量由低到高的各个能级，由于受主能级 E_A 比施主能级 E_D 低，电子将先填满受主能级 E_A，然后再填充施主能级 E_D，因此施主能级上的电子浓度为 N_D-N_A。通常当温度达到大约 100 K 以上时，施主能级上的 N_D-N_A 个电子就全部被激发到导带，这时导带中的电子浓度 $n_0=N_D-N_A$，为 N 型半导体，图 1.29 画出了 $N_D>N_A$ 时的杂质补偿作用。经类似的分析不难得出：当 N_A 大于 N_D 时，将呈现 P 型半导体的特性，价带空穴浓度 $p_0=N_A-N_D$。如果半导体中 $N_D \gg N_A$，则 $n_0=N_D-N_A \approx N_D$；如果 $N_A \gg N_D$，那么 $p_0=N_A-N_D \approx N_A$。通过补偿以后半导体中的净杂质浓度称为有效杂质浓度。如果 $N_D>N_A$，称 N_D-N_A 为有效施主浓度；如果 $N_A>N_D$，那么 N_A-N_D 称为有效受主浓度。

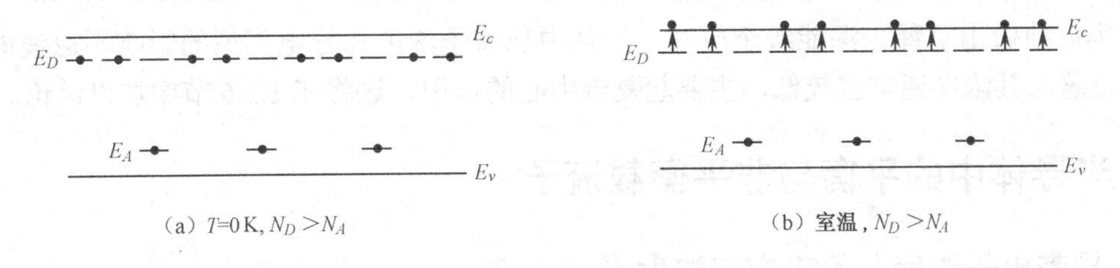

（a）T=0 K, $N_D>N_A$　　（b）室温，$N_D>N_A$

图 1.29　杂质补偿

在半导体器件和集成电路生产中，通过在 N 型 Si 外延层上特定区域掺入浓度更高的受主杂质，该区域经过杂质补偿作用就成为 P 型区，而在 N 型与 P 型区的交界处就形成了 PN

结。如果再次掺入更高浓度的施主杂质，在二次补偿区域就又由 P 型补偿为 N 型，从而形成双极型晶体管的 NPN 结构，如图 1.30 所示。很多情况下掺杂过程实际上是杂质补偿过程。杂质补偿过程中如果出现 $N_D \approx N_A$，称为高度补偿或过度补偿，这时施主和受主杂质都不能提供载流子，载流子基本源于本征激发。高度补偿材料质量不佳，不宜用来制造器件和集成电路。

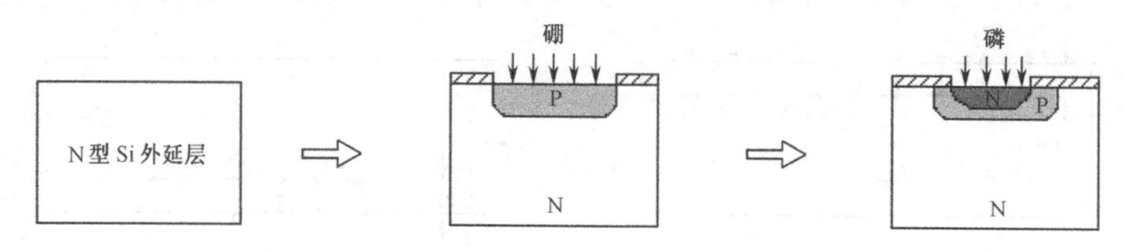

图 1.30　晶体管制造过程中的杂质补偿

4．深能级和深能级杂质

除Ⅲ、Ⅴ族杂质在 Si、Ge 禁带中产生浅杂质能级外，实验表明掺入其他各族元素也要在 Si、Ge 禁带中产生能级，但非Ⅲ、Ⅴ族元素在 Si、Ge 禁带中产生的施主能级 E_D 距导带底 E_c 较远，产生的受主能级 E_A 距价带顶 E_v 较远，这种杂质能级称为深能级，对应的杂质称为深能级杂质。深能级杂质可以多次电离，每一次电离相应有一个能级，有的杂质既引入施主能级又引入受主能级。

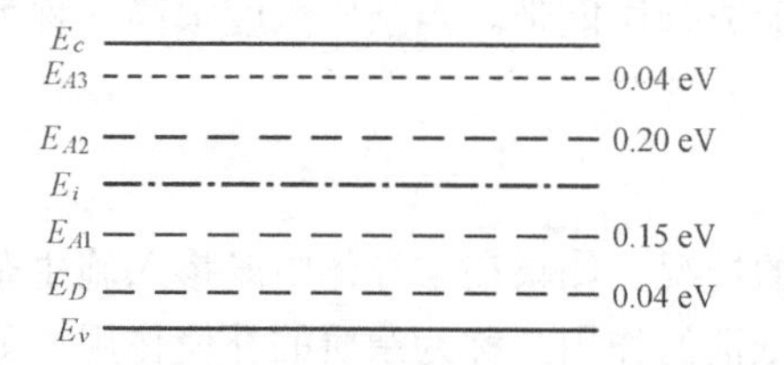

图 1.31　Au 在 Ge 中的能级

金（Au）在 Ge 中产生的能级情况如图 1.31 所示。图中 E_i 表示禁带中线位置，E_i 以上注明的是杂质能级距导带底 E_c 的距离，E_i 以下标出的是杂质能级距价带顶 E_v 的距离。位于格点位置上的中性金原子 Au^0 的一个价电子可以电离释放到导带，形成施主能级 E_D，其电离能为（$E_c - E_D$），从而成为带一个正电荷的单重电施主离化态 Au^+。这个价电子因受共价键束缚，它的电离能仅略小于禁带宽度 E_g，所以施主能级 E_D 很接近 E_v（$E_v + 0.04$ eV）。另外中性 Au^0 为与周围四个 Ge 原子形成共价键，还可以依次由价带再接受三个电子，分别形成 E_{A1}, E_{A2}, E_{A3} 三个受主能级。价带激发一个电子给 Au^0 使之成为单重电受主离化态 Au^-，相应的电离能为 $E_{A1} - E_v$；从价带再激发一个电子给 Au^- 使之成为二重电受主离化态 $Au^=$，所需能量为 $E_{A2} - E_v$；从价带激发第三个电子给 $Au^=$ 使之成为三重电受主离化态 $Au^{\equiv}$，所需能量为 $E_{A3} - E_v$。由于电子间存在库仑斥力，Au 在接受价带电子过程中所需要的电离能越来越大，也就是 $E_{A3} > E_{A2} > E_{A1}$。Si、Ge 中其他一些深能级杂质引入的深能级也可以类似地做出解释。深能级杂质对半导体中载流子浓度和导电类型的影响不像浅能级杂质那样显著，其浓度通常也较低，主要起复合中心的作用，这将在 1.3.6 节中加以讨论。

1.3　半导体中的平衡与非平衡载流子

1.3.1　导带电子浓度与价带空穴浓度

要计算半导体中的导带电子浓度，必须先要知道导带中 dE 能量间隔内有多少个量子态，又因为这些量子态上并没有全部被电子占据，因此还要知道能量为 E 的量子态被电子占据的几率是多少，将两者相乘后除以体积就得到dE区间的电子浓度，然后再由导带底至导带顶积分就得到了导带的电子浓度。

1. 状态密度 $g(E)$

如前所述，导带和价带是准连续的，定义单位能量间隔内的量子态数为状态密度

$$g(E)=\frac{\mathrm{d}Z(E)}{\mathrm{d}E} \tag{1-23}$$

为得到状态密度首先应该计算出 k 空间中量子态密度，然后计算出 k 空间能量为 E 的等能面在 k 空间围成的体积，并和 k 空间量子态密度相乘得到 $Z(E)$，再按式（1-23）求出 $g(E)$。

式（1-9）和图 1.19 表明，k_x，k_y，k_z 在 k 空间取值是均匀分布的，k 空间每个允许的 k 值所占体积为 $\frac{1}{L_1}\cdot\frac{1}{L_2}\cdot\frac{1}{L_3}=\frac{1}{V}$，那么允许 k 值的密度为 $1/(1/V)=V$。由于每个 k 值可容纳自旋方向相反的两个电子，所以考虑自旋 k 空间电子的量子态密度是 $2V$。

对于各向异性的有效质量，在导带底附近有式（1-21）所示的 $E(k)\sim k$ 关系

$$\frac{\left(k_x-k_{0x}\right)^2}{\dfrac{2m_x^*\left(E-E_c\right)}{h^2}}+\frac{\left(k_y-k_{0y}\right)^2}{\dfrac{2m_y^*\left(E-E_c\right)}{h^2}}+\frac{\left(k_z-k_{0z}\right)^2}{\dfrac{2m_z^*\left(E-E_c\right)}{h^2}}=1 \tag{1-24}$$

因为 Si、Ge 导带底附近是旋转椭球等能面，式（1-24）中的 $m_x^*=m_y^*=m_t, m_z^*=m_l$，且上述方程共有 s 个（Si 的 s=6，Ge 的 s=4），将式（1-24）变形

$$\frac{k_x^2}{\dfrac{2m_t}{h^2}(E-E_c)}+\frac{k_y^2}{\dfrac{2m_t}{h^2}(E-E_c)}+\frac{k_z^2}{\dfrac{2m_l}{h^2}(E-E_c)}=1 \tag{1-25}$$

能量为 E 的等能面在 k 空间所围成的 s 个旋转椭球体积内的量子态数为

$$\begin{aligned}Z(E)&=2Vs\frac{4}{3}\pi\frac{2m_t(E-E_c)}{h^2}\frac{[2m_l(E-E_c)]^{1/2}}{h}\\&=2V\frac{4}{3}\pi\frac{(8m_t^2s^2m_l)^{1/2}}{h^3}(E-E_c)^{3/2}\end{aligned} \tag{1-26}$$

$$g_c(E)=\frac{\mathrm{d}Z(E)}{\mathrm{d}E}=4\pi V\frac{(8s^2m_t^2m_l)^{1/2}}{h^3}\cdot(E-E_c)^{1/2} \tag{1-27}$$

令 $m_n^*=(s^2m_t^2m_l)^{1/3}$，称 m_n^* 为导带底电子状态密度有效质量，则

$$g_c(E)=\frac{\mathrm{d}Z(E)}{\mathrm{d}E}=4\pi V\frac{(2m_n^*)^{3/2}}{h^3}(E-E_c)^{1/2} \tag{1-28}$$

同理，对近似球形等能面的价带顶附近，起作用的是极值相互重合的重空穴 $(m_p)_h$ 和轻空穴 $(m_p)_l$ 两个能带，故价带顶附近状态密度 $g_v(E)$ 为两个能带状态密度之和

$$g_v(E)=4\pi V\cdot\frac{(2m_p^*)^{3/2}}{h^3}(E_v-E)^{1/2} \tag{1-29}$$

式中，$m_p^*=m_{dp}=[(m_p)_l^{3/2}+(m_p)_h^{3/2}]^{2/3}$，称为价带顶空穴状态密度有效质量。

2. 费米分布函数和玻耳兹曼分布函数

热平衡条件下半导体中电子按能量大小排列服从一定的统计分布规律。能量为 E 的一个量子态被一个电子占据的几率为

$$f(E)=\frac{1}{1+\exp\dfrac{E-E_F}{k_BT}} \tag{1-30}$$

式中，k_B为玻耳兹曼常数，T是热力学温度，E_F是费米能级，$f(E)$为电子的费米分布函数。

根据式（1-30），能量比费米能级E_F高$5k_BT$（$E-E_F=5k_BT$）的量子态被电子占据的几率仅为 0.7%；而能量比费米能级E_F低$5k_BT$（$E-E_F=-5k_BT$）的量子态被电子占据的几率高达 99.3%。如果温度不很高，那么$E_F\pm 5k_BT$的范围就很小（室温下$k_BT=0.026\ \text{eV}$），这样费米能级E_F就成为量子态是否被电子占据的分界线，能量高于费米能级E_F的量子态基本是空的，能量低于费米能级E_F的量子态基本上全部被电子所占据。

式（1-30）所示的费米分布函数中，若$E-E_F\gg k_BT$，则分母中的 1 可以忽略，此时

$$f_B(E)=\exp\left(-\frac{E-E_F}{k_BT}\right)=\exp\left(\frac{E_F}{k_BT}\right)\exp\left(-\frac{E}{k_BT}\right)=A\exp\left(-\frac{E}{k_BT}\right) \tag{1-31}$$

式（1-31）就是电子的玻耳兹曼分布函数。

费米分布函数和玻耳兹曼分布函数的区别在于前者受泡利不相容原理的制约。如果满足$E-E_F\gg k_BT$时，即使一个量子态容许存在更多的电子，那么电子占据的几率也甚微，因此两种分布差别很小。对于空穴，$1-f(E)$就是能量为E的量子态被空穴占据的几率

$$1-f(E)=\frac{1}{1+\exp\dfrac{E_F-E}{k_BT}} \tag{1-32}$$

同理，当$E_F-E\gg k_BT$时，式（1-32）转化为下面的空穴玻耳兹曼分布

$$1-f(E)=\exp\left(-\frac{E_F-E}{k_BT}\right)=\exp\left(-\frac{E_F}{k_BT}\right)\exp\left(\frac{E}{k_BT}\right)=B\exp\left(\frac{E}{k_BT}\right) \tag{1-33}$$

半导体中通常是费米能级E_F位于禁带之中，并且满足$E_c-E_F\gg k_BT$或$E_F-E_v\gg k_BT$的条件。因此对导带或价带中所有量子态来说，电子或空穴都可以用玻耳兹曼统计分布描述。由于分布几率随能量呈指数衰减，因此导带绝大部分电子分布在导带底附近，价带绝大部分空穴分布在价带顶附近，即起作用的载流子都在能带极值附近。通常将服从玻耳兹曼统计规律的半导体称为非简并半导体，而将服从费米统计分布规律的半导体称为简并半导体。

3．非简并半导体的载流子浓度

导带底附近能量$E\to E+\mathrm{d}E$区间有$\mathrm{d}Z(E)=g_c(E)\mathrm{d}E$个量子态，而电子占据能量为$E$的量子态几率为$f(E)$，对非简并半导体，该能量区间单位体积内的电子数即电子浓度n_0为

$$\mathrm{d}n_0=\frac{\mathrm{d}N}{V}=4\pi\cdot\frac{(2m_n^*)^{3/2}}{h^3}\exp(-\frac{E-E_F}{k_BT})(E-E_c)^{1/2}\mathrm{d}E \tag{1-34}$$

对式（1-34）从导带底E_c到导带顶E_c'积分，得到平衡态非简并半导体导带电子浓度

$$\begin{aligned}n_0&=4\pi\cdot\frac{(2m_n^*)^{3/2}}{h^3}\int_{E_c}^{E_c'}(E-E_c)^{1/2}\exp\left(-\frac{E-E_F}{k_BT}\right)\mathrm{d}E\\&=4\pi\cdot\frac{(2m_n^*)^{3/2}}{h^3}\int_{E_c}^{E_c'}(E-E_c)^{1/2}\exp\left(-\frac{E-E_c+E_c-E_F}{k_BT}\right)\mathrm{d}E\end{aligned} \tag{1-35}$$

引入中间变量$x=\dfrac{E-E_c}{k_BT}$，得到

$$n_0 = 4\pi \cdot \frac{(2m_n^* k_B T)^{3/2}}{h^3} \exp\left(-\frac{E_c - E_F}{k_B T}\right) \int_0^{x'} x^{1/2} e^{-x} \mathrm{d}x \tag{1-36}$$

已知积分$\int_0^{\infty} x^{1/2} e^{-x} \mathrm{d}x = \sqrt{\pi}/2$，而式（1-36）中的积分值应小于$\sqrt{\pi}/2$。由于玻耳兹曼分布中电子占据量子态几率随电子能量升高急剧下降，导带电子绝大部分位于导带底附近，所以将式（1-36）中的积分用$\sqrt{\pi}/2$替换无妨，因此

$$\begin{aligned} n_0 &= 4\pi \cdot \frac{(2m_n^* k_B T)^{3/2}}{h^3} \exp\left(-\frac{E_c - E_F}{k_B T}\right) \int_0^{\infty} x^{1/2} e^{-x} \mathrm{d}x \\ &= 2\frac{(2\pi\, m_n^* k_B T)^{3/2}}{h^3} \exp\left(-\frac{E_c - E_F}{k_B T}\right) = N_c \exp\left(-\frac{E_c - E_F}{k_B T}\right) \end{aligned} \tag{1-37}$$

式中，$N_c = \frac{2(2\pi\, m_n^* k_B T)^{3/2}}{h^3}$称为导带有效状态密度，因此

$$n_0 = N_c \exp\left(-\frac{E_c - E_F}{k_B T}\right) \tag{1-38}$$

同理可以得到价带空穴浓度

$$p_0 = \frac{1}{V} \int_{E_v}^{E_v'} [1 - f(E)] g_v(E) \mathrm{d}E = N_v \exp\left(\frac{E_v - E_F}{k_B T}\right) \tag{1-39}$$

式中，$N_v = \frac{2(2\pi m_p^* k_B T)^{3/2}}{h^3}$称为价带有效状态密度，因此

$$p_0 = N_v \exp\left(\frac{E_v - E_F}{k_B T}\right) \tag{1-40}$$

式（1-38）和式（1-40）就是平衡态非简并半导体导带电子浓度n_0和价带空穴浓度p_0的表达式。n_0和p_0与温度和费米能级E_F的位置有关。其中温度的影响不仅反映在N_c和N_v均正比于$T^{3/2}$上，影响更大的是指数项；E_F位置及所含杂质的种类与多少有关，也与温度有关。将式（1-38）和式（1-40）中n_0和p_0相乘，代入k和h值并引入电子惯性质量m_0，得到

$$\begin{aligned} n_0 p_0 &= N_c N_v \exp\left(-\frac{E_c - E_v}{k_B T}\right) = N_c N_v \exp\left(-\frac{E_g}{k_B T}\right) \\ &= 2.33 \times 10^{31} \left(\frac{m_n^* m_p^*}{m_0^2}\right)^{3/2} T^3 \exp\left(-\frac{E_g}{k_B T}\right) \end{aligned} \tag{1-41}$$

式（1-41）表明平衡态非简并半导体$n_0 p_0$积与E_F无关；对确定半导体，m_n^*，m_p^*和E_g确定，$n_0 p_0$积只与温度有关，与是否掺杂及杂质多少无关；一定温度下，材料不同则m_n^*，m_p^*和E_g各不相同，其$n_0 p_0$积也不相同。温度一定时，对确定的非简并半导体$n_0 p_0$积恒定，如果n_0大则p_0小，即如果半导体中$n_0 \gg p_0$，那么较高的电子浓度n_0是以牺牲空穴浓度p_0为代价得到的，反之亦然。平衡态非简并半导体不论掺杂与否，式（1-41）都是适用的。

1.3.2 本征载流子浓度与本征费米能级

本征半导体不含有任何杂质和缺陷，导带电子惟一来源于成对地产生电子-空穴对的本征激发，因此导带电子浓度n_0就等于价带空穴浓度p_0。本征半导体的电中性条件是

$$qp_0 - qn_0 = 0\text{，即 } n_0 = p_0 \tag{1-42}$$

将式（1-38）和式（1-40）的n_0, p_0表达式代入式（1-42）的电中性条件

$$N_c \exp\left(-\frac{E_c - E_F}{k_B T}\right) = N_v \exp\left(\frac{E_v - E_F}{k_B T}\right) \tag{1-43}$$

取对数，代入N_c和N_v并整理，得到

$$E_F = \frac{E_c + E_v}{2} + \frac{k_B T}{2}\ln\frac{N_v}{N_c} = \frac{E_c + E_v}{2} + \frac{3k_B T}{4}\ln\frac{m_p^*}{m_n^*} = E_i \tag{1-44}$$

式（1-44）的第二项与温度和材料有关。室温下常用半导体第二项的值如表 1.3 所示，可见它比第一项$(E_c+E_v)/2$（约0.5 eV）小得多，因此本征费米能级$E_F = E_i$基本位于禁带中线处。

表 1.3　室温下（kT=0.026 eV）几种半导体材料的参数

参数	N_c/cm^{-3}	N_v/cm^{-3}	$(kT/2)[\ln(N_v/N_c)]$/eV	N_i/cm^{-3}（计算值）	N_i/cm^{-3}（实验值）	N_g/eV
Si	2.8×10^{19}	1.1×10^{19}	−0.0121	7.8×10^{9}	1.5×10^{10}	1.12
Ge	1.05×10^{19}	5.7×10^{18}	−0.0079	2.0×10^{13}	2.4×10^{13}	0.67
GaAs	4.5×10^{17}	8.1×10^{18}	0.0376	2.3×10^{6}	1.1×10^{7}	1.43

将本征半导体费米能级$E_F = E_i = (E_c + E_v)/2$代入$n_0$, p_0表达式，得到本征载流子浓度n_i

$$n_0 = N_c \exp\left(-\frac{E_c - E_F}{k_B T}\right) = N_c \exp\left(-\frac{E_g}{2k_B T}\right) = n_i$$

$$p_0 = N_v \exp\left(\frac{E_v - E_F}{k_B T}\right) = N_v \exp\left(-\frac{E_g}{2k_B T}\right) = n_i$$

$$n_0 p_0 = N_c N_v \exp\left(-\frac{E_g}{k_B T}\right) = n_i^2 \tag{1-45}$$

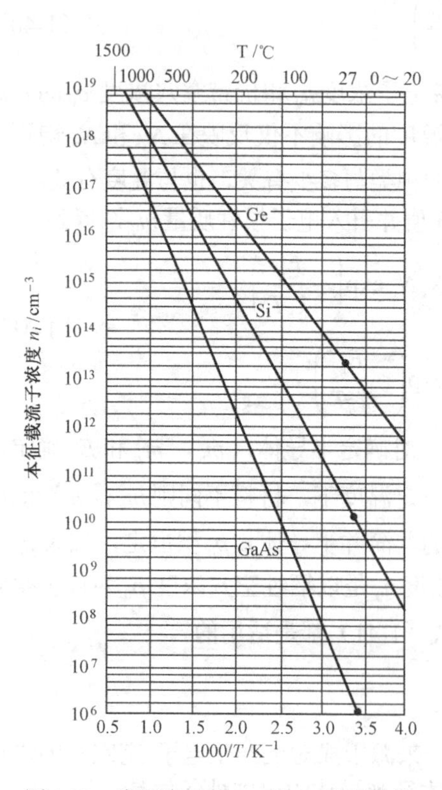

图 1.32　常用半导体$\ln n_i$~$1/T$关系曲线

式（1-45）表明任何平衡态非简并半导体载流子浓度积$n_0 p_0$等于本征载流子浓度n_i的平方。只要是平衡态非简并半导体，不论掺杂与否，式（1-45）都成立。对确定的半导体，受式中N_c和N_v，尤其是指数项$\exp(-E_g/2k_B T)$的影响，本征载流子浓度n_i随温度的升高显著上升。表 1.3 给出了室温下 Si、Ge 和 GaAs 的n_i理论与实验值，实用中n_i取实验值。

以硅为例，室温时为确保实验测量得到的n_i主要来源于本征激发，那么实验样品中的杂质含量就必须低于1.5×10^{10} cm^{-3}，因为硅的原子密度为5.0×10^{22} cm^{-3}，因此要求样品的纯度必须达到1.5×10^{10} cm^{-3} / 5.0×10^{22} cm^{-3} = 3×10^{-13}以上，因而要获得本征半导体并不容易。几种常用半导体的$\ln n_i$~$1/T$曲线如图 1.32 所示，可见本征载流子浓度n_i严重地依赖于温度。晶体管的有源区是由 P 型

区或 N 型区构成的，其载流子主要源于杂质电离。在器件正常工作的温度区间内，本征激发产生的n_i远低于杂质电离提供的载流子浓度。当温度超出这一范围时，本征载流子浓度n_i就会接近甚至高于杂质电离所能提供的载流子浓度，这时杂质半导体呈现出本征特征，P 型区或 N 型区消失，器件性能也随之丧失。

1.3.3 杂质半导体的载流子浓度

1. 电子占据杂质能级的几率

杂质半导体中，施主杂质和受主杂质要么处于未离化的中性态，要么电离成为离化态。以施主杂质为例，电子占据施主能级时是中性态，离化后成为正电中心。因为费米分布函数中一个能级可以容纳自旋方向相反的两个电子，而施主杂质能级上要么被一个任意自旋方向的电子占据（中性态），要么没有被电子占据（离化态），因此电子占据施主能级的几率不能简单套用式（1-30）所示的费米分布函数，这种情况下电子占据施主能级E_D的几率为

$$f_D(E)=\frac{1}{1+\frac{1}{2}\exp\left(\frac{E_D-E_F}{k_BT}\right)} \tag{1-46}$$

如果施主杂质浓度为N_D，那么施主能级上的电子浓度（即未电离的施主杂质浓度）为

$$n_D=N_Df_D(E)=\frac{N_D}{1+\frac{1}{2}\exp\left(\frac{E_D-E_F}{k_BT}\right)} \tag{1-47}$$

而电离施主杂质浓度为

$$n_D{}^+=N_D-n_D=\frac{N_D}{1+2\exp\left(-\frac{E_D-E_F}{k_BT}\right)} \tag{1-48}$$

式（1-48）表明施主杂质的离化情况与杂质能级E_D和费米能级E_F的相对位置有关。如果$E_D-E_F\gg k_BT$，则未电离施主浓度$n_D\approx 0$，而电离施主浓度$n_D^+\approx N_D$，杂质几乎全部电离。如果费米能级E_F与施主能级E_D重合时，施主杂质有 1/3 电离，还有 2/3 没有电离。

对于掺入受主杂质的 P 型半导体，也有与式（1-46）～式（1-48）相似的公式，可以参考相关书籍。

2. 杂质半导体的载流子浓度

以 N 型半导体为例，N 型半导体中存在着带负电的导带电子（浓度为n_0）、带正电的价带空穴（浓度为p_0）和离化的施主杂质（浓度为n_D^+），因此电中性条件为

$$-qn_0+qp_0+qn_D^+=0\text{，即 }n_0=p_0+n_D^+ \tag{1-49}$$

将n_0, p_0, n_D^+各表达式代入式（1-49）中得到

$$N_c\exp\left(-\frac{E_c-E_F}{k_BT}\right)=N_v\exp\left(\frac{E_v-E_F}{k_BT}\right)+\frac{N_D}{1+2\exp\left(-\frac{E_D-E_F}{k_BT}\right)} \tag{1-50}$$

一般求解式（1-50）中的E_F是有困难的。实验表明，当满足 Si 中掺杂浓度不太高并且所处的温度高于 100 K 的条件时，那么杂质一般是全部离化的，这样式（1-49）可以写成

$$n_0=p_0+N_D \tag{1-51}$$

将式（1-51）与 $n_0 p_0 = n_i^2$ 联立求解，就得到N型半导体杂质全部离化时的导带电子浓度 n_0

$$n_0 = \frac{N_D + \sqrt{{N_D}^2 + 4{n_i}^2}}{2} \tag{1-52}$$

式（1-52）的导带电子浓度 n_0 表达式中只有本征载流子浓度 n_i 随温度而变化。一般 Si 平面三极管中掺杂浓度不低于 $5\times10^{14}\ \text{cm}^{-3}$，而室温下 Si 的本征载流子浓度 n_i 为 $1.5\times10^{10}\ \text{cm}^{-3}$，也就是说在一个相当宽的温度范围内，本征激发产生的 n_i 与全部电离的施主浓度 N_D 相比是可以忽略的。这一温度范围为100～450 K，称为强电离区或饱和区，对应的电子浓度

$$n_0 = \frac{N_D + \sqrt{{N_D}^2 + 4{n_i}^2}}{2} \approx N_D \tag{1-53}$$

强电离区导带电子浓度 $n_0 = N_D$，与温度几乎无关。在式（1-53）中代入 n_0 表达式，得到

$$N_c \exp\left(-\frac{E_c - E_F}{k_B T}\right) = N_D \tag{1-54}$$

$$E_F = E_c + k_B T \ln\frac{N_D}{N_c} \tag{1-55}$$

也可以将式（1-54）变形，即

$$N_c \exp\left(-\frac{E_c - E_F}{k_B T}\right) = N_c \exp\left(-\frac{E_c - E_i + E_i - E_F}{k_B T}\right) = n_i \exp\left(-\frac{E_i - E_F}{k_B T}\right) = N_D$$

$$E_F = E_i + k_B T \ln\frac{N_D}{n_i} \tag{1-56}$$

式（1-55）和式（1-56）分别是N型半导体在强电离区以导带底 E_c 和本征费米能级 E_i 为参考的费米能级 E_F 表示式。因为掺杂是为了控制半导体的导电类型（N型或P型）以及导电能力，因此在器件正常工作的温度范围内，式（1-56）中 N_D 总是大于 n_i 的，所以N型半导体的 E_F 总是位于 E_i 之上，同时在一般的掺杂浓度下 N_D 又小于导带有效状态密度 N_c，因而式（1-55）中的第二项为负，也就是 E_F 位于 E_c 之下，所以一般N型半导体的 E_F 位于 E_i 之上、E_c 之下的禁带中。E_F 既与温度有关，也与杂质浓度 N_D 有关。一定温度下掺杂浓度越高，费米能级 E_F 距导带底 E_c 越近；如果掺杂一定，温度越高，E_F 距 E_c 越远，也就是越趋向 E_i。图1.33是不同杂质浓度条件下Si中的 E_F 与温度的关系曲线。

利用式（1-48），N型半导体中电离施主浓度和总施主杂质浓度两者之比为

$$\begin{aligned}\frac{{n_D}^+}{N_D} &= \frac{1}{1 + 2\exp\left(-\frac{E_D - E_F}{k_B T}\right)} = \frac{1}{1 + 2\exp\left(-\frac{E_D - E_c + E_c - E_F}{k_B T}\right)} \\ &= \frac{1}{1 + 2\exp\left(\frac{\Delta E_D}{k_B T}\right)\exp\left(-\frac{E_c - E_F}{k_B T}\right)} = I_+\end{aligned} \tag{1-57}$$

将强电离区的式（1-54），即 $\exp\left(-\frac{E_c - E_F}{k_B T}\right) = \frac{N_D}{N_c}$ 代入式（1-57）得到

$$I_+ = \frac{{n_D}^+}{N_D} = \frac{1}{1 + 2\exp\left(\frac{\Delta E_D}{k_B T}\right)\frac{N_D}{N_c}} \tag{1-58}$$

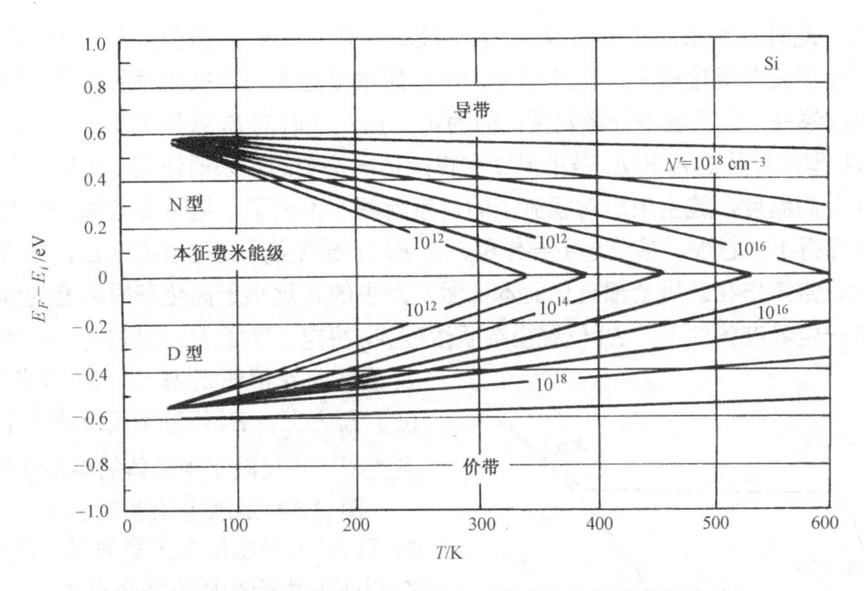

图 1.33　Si 中不同掺杂浓度条件下费米能级与温度的关系

式（1-58）分母中 $2\exp\left(\frac{\Delta E_D}{k_BT}\right)\frac{N_D}{N_c}$ 越小，杂质电离越多。所以掺杂浓度 N_D 低、温度高、杂质电离能 ΔE_D 低，杂质离化程度就高，也容易达到强电离，通常以 $I_+=n_D^+/N_D=90\%$ 作为强电离标准。经常所说的室温下杂质全部电离其实忽略了掺杂浓度的限制。例如室温下掺磷的 N 型 Si，$N_c=2.8\times10^{19}\ \text{cm}^{-3}$，$\Delta E_D=0.044\ \text{eV}$，$kT=0.026\ \text{eV}$，取 $I_+=0.9$，代入式（1-58）

$$N_D=\frac{N_c}{2}\left(I_+^{-1}-1\right)\exp\left(-\frac{\Delta E_D}{k_BT}\right)=\frac{2.8\times10^{19}}{2}\cdot\frac{1}{9}\times\exp\left(-\frac{0.044}{0.026}\right)=2.86\times10^{17}\ \text{cm}^{-3}$$

$2.86\times10^{17}\ \text{cm}^{-3}$ 就是室温下 Si 中掺磷并且强电离的浓度上限，浓度再高电离就不充分了。

把非简并半导体 $\frac{n_0}{N_c}=\exp\left(-\frac{E_c-E_F}{kT}\right)$ 代入式（1-57）中，再利用 $n_0=n_D^+=I_+N_D$，得到

$$\left(\frac{\Delta E_D}{k_B}\right)\left(\frac{1}{T}\right)=\frac{3}{2}\ln T+\ln\left[\frac{1}{N_D}\left(\frac{1-I_+}{I_+^2}\right)\frac{(2\pi\, m_n^*\, k_B)^{3/2}}{h^3}\right] \tag{1-59}$$

对给定的 N_D 和 ΔE_D，由式（1-59）可以求得在任意杂质电离百分比情形下所对应的温度 T。

杂质强电离后，如果温度继续升高，本征激发也进一步增强，当 n_i 可以与 N_D 比拟时，式（1-52）中的本征载流子浓度 n_i 就不能忽略了，这样的温度区间称为过渡区。确定温度下的 n_i 可查图 1.32 获得，也可以通过式（1-45）计算得到该温度下的 n_i，注意 N_c, N_v, E_g 都是与温度有关的。将 n_i 代入式（1-52）就求出了过渡区的导带电子浓度 n_0。

对式（1-38）所示的 n_0 表达式做如下变形：

$$n_0=N_c\exp\left(-\frac{E_c-E_F}{k_BT}\right)=N_c\exp\left(-\frac{E_c-E_i+E_i-E_F}{k_BT}\right)=n_i\exp\left(-\frac{E_i-E_F}{k_BT}\right) \tag{1-60}$$

联立式（1-52）和式（1-60），就求出了过渡区以本征费米能级 E_i 为参考的费米能级 E_F

$$E_F=E_i+k_BT\ln\left(\frac{N_D+\sqrt{N_D{}^2+4n_i{}^2}}{2n_i}\right) \tag{1-61}$$

处在过渡区的半导体如果温度再升高，本征激发产生的 n_i 就会远大于杂质电离所提供的

载流子浓度，此时 $n_0 \gg N_D$， $p_0 \gg N_D$，电中性条件是 $n_0 = p_0$，称杂质半导体进入了高温本征激发区。由于 n_i 与温度有关，因此半导体中杂质浓度越高，本征激发起主导作用所需要的温度起点也就越高。在高温本征激发区，因为 $n_0 = p_0$，此时的 E_F 接近 E_i。

可见 N 型半导体的 n_0 和 E_F 是由温度和掺杂情况决定的。杂质浓度一定时，如果杂质强电离后继续升高温度，施主杂质对载流子的贡献就基本不变了，但本征激发产生的 n_i 随温度的升高逐渐变得不可忽视，甚至起主导作用，而 E_F 则随温度升高逐渐趋近 E_i。半导体器件和集成电路就正常工作在杂质全部离化而本征激发产生的 n_i 远小于离化杂质浓度的强电离温度区间内。在一定温度条件下，E_F 位置由杂质浓度 N_D 决定，随着 N_D 的增加，E_F 由本征时的 E_i 逐渐向导带底 E_c 移动。N 型半导体的 E_F 位于 E_i 之上，E_F 位置不仅反映了半导体的导电类型，也反映了半导体的掺杂水平。

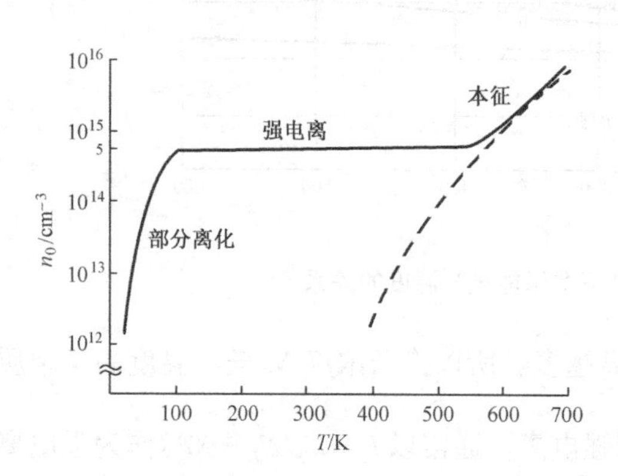

图 1.34　N 型 Si 中导带电子浓度和温度的关系曲线

图 1.34 是施主浓度为 5×10^{14} cm^{-3} 的 N 型 Si 中 n_0 与温度的关系曲线。低温段（100 K 以下）由于杂质不完全电离，n_0 随着温度的上升而增加；然后就达到了强电离区间，该区间 $n_0 = N_D$ 基本维持不变；温度再升高，进入过渡区，n_i 不可忽视；如果温度过高，本征载流子浓度开始占据主导地位，杂质半导体呈现出本征半导体的特性。

3. 少数载流子浓度

如果用 n_{n0} 表示 N 型半导体中的多数载流子电子浓度，而 p_{n0} 表示 N 型半导体中少数载流子空穴浓度，那么 N 型半导体中

$$p_{n0} = n_i^2 / n_{n0} \tag{1-62}$$

在器件正常工作的强电离温度区间，多子浓度 $n_{n0} = N_D$ 基本不变，而式（1-62）中的少子浓度正比于 n_i^2，而 $n_i^2 \propto T^3 \exp\left(-E_g / k_B T\right)$，也就是说在器件正常工作的较宽温度范围内，随温度的变化少子浓度发生显著变化，因此依靠少子工作的半导体器件的温度性能就会受到影响。

对 P 型半导体的讨论与上述类似，这里就不详细叙述了。

4. 杂质补偿半导体中的载流子浓度

对于杂质补偿半导体，若 n_D^+ 和 p_A^- 分别是离化施主和离化受主浓度，电中性条件为

$$p_0 + n_D^+ = n_0 + p_A^- \tag{1-63}$$

如果考虑杂质强电离及其以上的温度区间，$n_D^+ = N_D$， $p_A^- = N_A$，式（1-63）为

$$p_0 + N_D = n_0 + N_A \tag{1-64}$$

将式（1-64）与 $n_0 p_0 = n_i^2$ 联立求解得到

$$n_0 = \frac{N_D - N_A}{2} + \frac{\left[(N_D - N_A)^2 + 4n_i^2\right]^{1/2}}{2} \tag{1-65}$$

将式（1-60）与式（1-65）联立，得到杂质补偿半导体以 E_i 为参考的 E_F 表达式

$$E_F = E_i + k_B T \ln\left[\frac{(N_D - N_A)}{2n_i} + \frac{\left[(N_D - N_A)^2 + 4n_i^2\right]^{1/2}}{2n_i}\right] \tag{1-66}$$

对于杂质强电离及其以上温度区域，式（1-65）都适用。$(N_D - N_A) \gg n_i$ 对应于强电离区；$(N_D - N_A)$ 与 n_i 可以比拟时就是过渡区；如果 $(N_D - N_A) \ll n_i$，那么半导体就进入了高温本征激发区。

1.3.4 简并半导体及其载流子浓度

半导体中玻耳兹曼分布函数并不总是适用，N 型半导体中如果施主浓度 N_D 很高，E_F 就会与导带底 E_c 重合甚至进入导带，此时 $E - E_F \gg k_B T$ 不再成立，必须用费米分布函数计算导带电子浓度，这种情况称为载流子的简并化，而服从费米分布的半导体称为简并半导体。

图 1.35 是 N 型简并与非简并半导体的 n_0/N_c 与 $(E_F - E_c)/(k_B T)$ 关系，可见简并与非简并半导体两者 n_0/N_c 的差别与 $E_c - E_F$ 的值有关，因此用 $E_c - E_F$ 的大小作为判断简并与否的标准。简并半导体的 n_0 与非简并半导体计算类似，只是分布函数要代入费米分布

$$\begin{cases} E_c - E_F \leqslant 0 & \text{简并} \\ 0 < E_c - E_F \leqslant 2k_B T & \text{弱简并} \\ E_c - E_F > 2k_B T & \text{非简并} \end{cases}$$

$$\begin{aligned} n_0 &= \frac{1}{V}\int_{E_c}^{\infty} g_c(E) f(E) \mathrm{d}E \\ &= 4\pi \frac{(2m_n^*)^{3/2}}{h^3} \int_{E_c}^{\infty} (E - E_c)^{1/2} \frac{1}{1 + \exp\left(\dfrac{E - E_F}{k_B T}\right)} \mathrm{d}E \end{aligned} \tag{1-67}$$

因为 $N_c = \dfrac{2(2\pi m_n^* k_B T)^{3/2}}{h^3}$，再令 $\chi = \dfrac{E - E_c}{k_B T}$，$\xi = -\dfrac{E_c - E_F}{k_B T}$，式（1-67）化简为

$$n_0 = \frac{2}{\sqrt{\pi}} N_c \int_0^{\infty} \frac{x^{1/2}}{1 + e^{x - \xi}} \mathrm{d}x \tag{1-68}$$

式中，积分 $\int_0^{\infty} \dfrac{x^{1/2}}{1 + e^{x - \xi}} \mathrm{d}x = F_{1/2}\left(-\dfrac{E_c - E_F}{k_B T}\right) = F_{1/2}(\xi)$ 称为费米-狄拉克积分，因此

$$n_0 = \frac{2}{\sqrt{\pi}} N_c F_{1/2}(\xi) \tag{1-69}$$

式（1-69）就是简并半导体的 n_0 表达式。图 1.36 是费米-狄拉克积分 $F_{1/2}(\xi)$ 与 ξ 的关系。

究竟什么样的掺杂浓度会发生简并呢？如果 Si 中施主浓度为 N_D，施主杂质电离能为 ΔE_D，根据电中性条件 $n_0 = n_D^+$，代入 n_D^+ 和简并时的 n_0 表达式，得到

$$N_c \frac{2}{\sqrt{\pi}} F_{1/2}\left(-\frac{E_c - E_F}{k_B T}\right) = \frac{N_D}{1 + 2\exp\left(-\dfrac{E_D - E_F}{k_B T}\right)} \tag{1-70}$$

所以

$$N_D = N_c \frac{2}{\sqrt{\pi}} F_{1/2}\left(-\frac{E_c - E_F}{k_B T}\right)\left[1 + 2\exp\left(\frac{\Delta E_D}{k_B T}\right)\exp\left(-\frac{E_c - E_F}{k_B T}\right)\right] \tag{1-71}$$

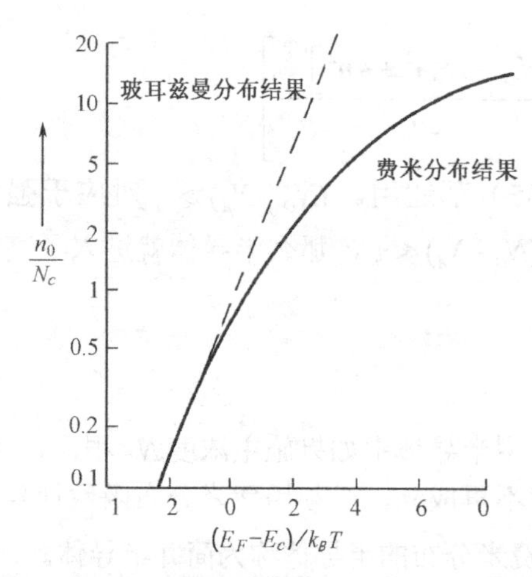

图 1.35　不同分布函数得到的n_0/N_c与$(E_F-E_c)/(k_BT)$关系

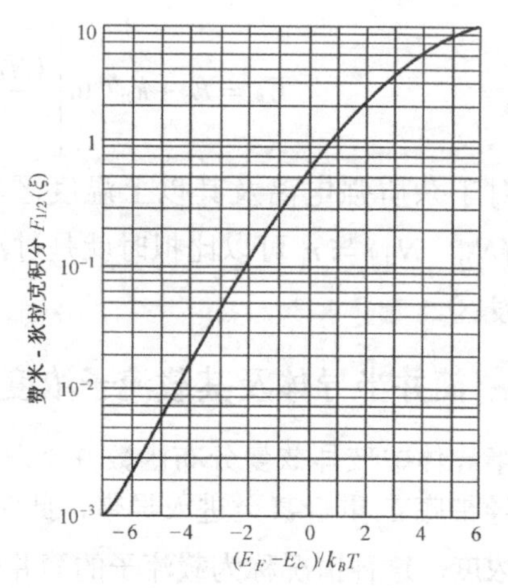

图 1.36　费米-狄拉克积分$F_{1/2}(\xi)$与ξ的关系

简并时$E_c-E_F=0$，$\xi=0$，根据图 1.36 得到$F_{1/2}(0)\approx 0.6$，所以

$$N_D=0.68\left[1+2\exp\left(\frac{\Delta E_D}{k_BT}\right)\right]N_c \tag{1-72}$$

式（1-72）中方括号内的值大于 3，所以简并时$N_D>N_c$，掺杂很高。发生简并的N_D还与ΔE_D有关，ΔE_D较大则发生简并所需要的N_D也大；另外简并化只在一定的温度区间内才会发生。

As 在 Ge 和 Si 中的ΔE_D分别为 0.0127 eV 和 0.049 eV，简并时$E_c-E_F=0$，代入式（1-57）得到室温下的离化率分别只有 23.5%和 7.1%。因此，简并时杂质没有充分电离，尽管杂质电离不充分，但由于掺杂浓度很高，多子浓度还是可以很高的。因为简并半导体中的杂质浓度很高，杂质原子之间相距较近，相互作用不可忽略，杂质原子上的电子可能产生共有化运动，从而使杂质能级扩展为能带。杂质能带的出现将使杂质电离能减小，当杂质能带与半导体能带相连时，会形成新的简并能带，同时使状态密度产生变化。

1.3.5　非平衡载流子的产生与复合及准费米能级

1. 非平衡载流子的注入与复合

平衡态半导体的标志就是具有统一的费米能级E_F，此时的平衡载流子浓度n_0和p_0统一由E_F决定。平衡态非简并半导体的n_0和p_0乘积为

$$n_0p_0=N_cN_v\exp\left(-\frac{E_g}{k_BT}\right)=n_i^2 \tag{1-73}$$

称$n_0p_0=n_i^2$为非简并半导体平衡态判据式。但是半导体的平衡态条件并不总能成立，如果某些外界因素作用于平衡态半导体上，如图 1.37 所示，例如在一定温度下用光子能量$h\nu\geqslant E_g$的光照射 N 型半导体，这时平衡态条件被破坏，样品就处于偏离平衡态的状态，称为非平衡态。光照前半导体中电子和空穴浓度分别是n_0和p_0，并且$n_0\gg p_0$。光照后，非平衡态半导体的载流子浓度就不再是n_0和p_0了，而是比n_0和p_0多出一部分

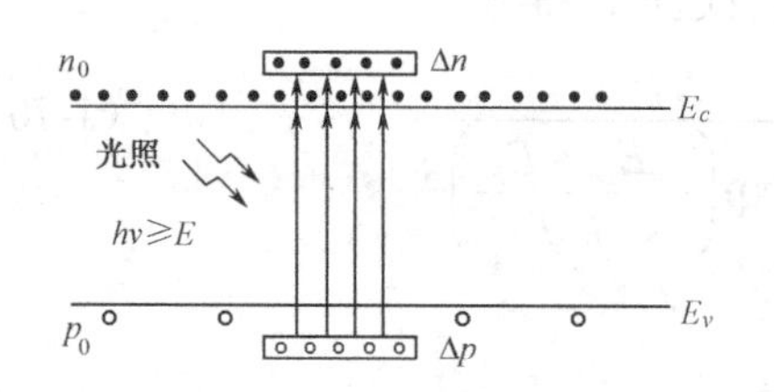

图 1.37　N 型半导体非平衡载流子的光注入

Δn 和 Δp，并且 $\Delta n = \Delta p$，比平衡态多出来的这部分载流子 Δn 和 Δp 就称为非平衡载流子。N型半导体中称 Δn 为非平衡多子，Δp 为非平衡少子。光照后的非平衡态半导体中电子浓度 $n=n_0+\Delta n$，空穴浓度 $p=p_0+\Delta p$。

光照产生非平衡载流子的方式称为非平衡载流子的光注入，此外还有电注入等形式。通常所注入的非平衡载流子浓度远远小于平衡态时的多子浓度。例如 N 型半导体中通常的注入情况是 $\Delta n \ll n_0$，$\Delta p \ll n_0$，满足这样的注入条件称为小注入。要说明的是即使满足小注入条件，非平衡少子浓度仍然可以比平衡少子浓度大得多。例如磷浓度为 $5\times10^{15}\text{cm}^{-3}$ 的 N-Si，室温下平衡态多子浓度 $n_0 = 5\times10^{15}\ \text{cm}^{-3}$，少子浓度 $p_0 = n_i^2/n_0 = 4.5\times10^4\ \text{cm}^{-3}$，如果对该半导体注入非平衡载流子浓度 $\Delta n = \Delta p = 10^{10}\ \text{cm}^{-3}$，此时 $\Delta n \ll n_0$，$\Delta p \ll n_0$，满足小注入条件。但必须注意：尽管此时 $\Delta n \ll n_0$，而 Δp（$10^{10}\ \text{cm}^{-3}$）却远大于 p_0（$4.5\times10^4\ \text{cm}^{-3}$）。因此相对来说非平衡多子的影响轻微，而非平衡少子的影响起重要作用。通常说的非平衡载流子都是指非平衡少子。非平衡载流子的存在使半导体的载流子数量发生变化，因而会引起附加电导率

$$\begin{aligned}\Delta\sigma &= \sigma - \sigma_0 = nq\mu_n + pq\mu_p - n_0q\mu_n - pq\mu_p \\ &= \Delta nq\mu_n + \Delta pq\mu_p = \Delta pq(\mu_n + \mu_p)\end{aligned} \tag{1-74}$$

当产生非平衡载流子的外部作用撤除以后，非平衡载流子也就逐渐消失，半导体最终恢复到平衡态。半导体由非平衡态恢复到平衡态的过程，也就是非平衡载流子逐步消失的过程，称为非平衡载流子的复合。其实平衡态也不是静止的、绝对的平衡，而是动态平衡。半导体中载流子时刻不停地产生与复合着，平衡态时单位时间、单位体积产生的电子空穴数与复合消失的电子空穴数相等，使载流子浓度稳定不变。光照时有净产生，出现了非平衡载流子而进入非平衡态；撤除光照后复合大于产生，有净复合发生直至恢复平衡态。

2. 准费米能级

由于存在外界因素作用，非平衡态半导体不存在统一的 E_F。但分别就导带和价带的同一能带范围而言，各自的载流子带内热跃迁仍然十分踊跃，极短时间内就可以达到各自的带内平衡而处于局部的平衡态，因此统计分布函数对导带和价带分别适用。为此引入了导带电子准费米能级 E_{FN} 和价带空穴准费米能级 E_{FP}，类似于平衡态的式（1-38）和式（1-40），有

$$n = N_c \exp\left(-\frac{E_c - E_{FN}}{k_B T}\right) \tag{1-75}$$

$$p = N_v \exp\left(\frac{E_v - E_{FP}}{k_B T}\right) \tag{1-76}$$

只要非简并条件成立，式（1-75）和式（1-76）就成立。知道了非平衡态载流子浓度 n 和 p，由式（1-75）和式（1-76）便可求出 E_{FN} 和 E_{FP}。变换式（1-75）和式（1-76）

$$\begin{aligned}n &= n_0 + \Delta n = N_c \exp\left(-\frac{E_c - E_{FN}}{k_B T}\right) \\ &= N_c \exp\left(-\frac{E_c - E_F + E_F - E_{FN}}{k_B T}\right) = n_0 \exp\left(-\frac{E_F - E_{FN}}{k_B T}\right)\end{aligned} \tag{1-77}$$

$$\begin{aligned}n &= n_0 + \Delta n = N_c \exp\left(-\frac{E_c - E_{FN}}{k_B T}\right) \\ &= N_c \exp\left(-\frac{E_c - E_i + E_i - E_{FN}}{k_B T}\right) = n_i \exp\left(-\frac{E_i - E_{FN}}{k_B T}\right)\end{aligned} \tag{1-78}$$

$$p = p_0 + \Delta p = N_v \exp\left(\frac{E_v - E_{FP}}{k_B T}\right)$$
$$= N_v \exp\left(\frac{E_v - E_F + E_F - E_{FP}}{k_B T}\right) = p_0 \exp\left(\frac{E_F - E_{FP}}{k_B T}\right) \tag{1-79}$$

$$p = p_0 + \Delta p = N_v \exp\left(\frac{E_v - E_{FP}}{k_B T}\right)$$
$$= N_v \exp\left(\frac{E_v - E_i + E_i - E_{FP}}{k_B T}\right) = n_i \exp\left(\frac{E_i - E_{FP}}{k_B T}\right) \tag{1-80}$$

式（1-77）和式（1-79）表明无论电子或空穴，非平衡载流子越多，准费米能级偏离平衡态E_F的程度就越大，但要注意E_{FN}和E_{FP}偏离E_F的程度不同。小注入时多子的准费米能级和E_F偏离不多，而少子准费米能级与E_F偏离较大。如N型Si小注入时$\Delta n \ll n_0$，$n = n_0 + \Delta n \approx n_0$，$E_F$偏离$E_F$而更接近导带底$E_c$，但偏移很小。同时$\Delta p \ll n_0$但$\Delta p \gg p_0$，即$p \gg p_0$，$E_{FP}$偏离$E_F$而更接近价带顶$E_v$，且$E_{FP}$与$E_F$的偏离较大。

非平衡状态下的载流子浓度乘积为

$$np = n_0 p_0 \exp\left(\frac{E_{FN} - E_{FP}}{k_B T}\right) = n_i^2 \exp\left(\frac{E_{FN} - E_{FP}}{k_B T}\right) \tag{1-81}$$

式（1-81）说明，E_{FN}和E_{FP}两者之差反映了np积与n_i^2相差的程度。E_{FN}和E_{FP}之差越大距离平衡态就越远，反之就越接近平衡态，若E_{FN}和E_{FP}重合就是平衡态了。引入E_{FN}和E_{FP}可以直观地了解非平衡态的情况。图1.38是N型半导体小注入前后E_F, E_{FN}和E_{FP}示意图。

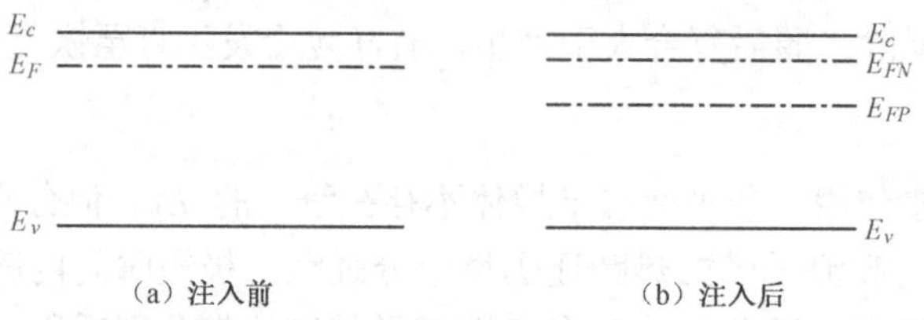

E_c / E_F / E_v

（a）注入前

E_c / E_{FN} / E_{FP} / E_v

（b）注入后

图1.38　N型半导体小注入前后费米能级和准费米能级示意图

半导体PN结、光伏效应等均与非平衡载流子的产生、复合及运动规律有关。非平衡载流子是半导体器件工作的基础。

1.3.6　非平衡载流子的寿命与复合理论

1. 非平衡载流子的寿命

光照停止后非平衡载流子生存一定时间后消失，把撤除光照后非平衡载流子的平均生存时间τ称为非平衡载流子的寿命。由于非平衡少子的影响占主导作用，故非平衡载流子寿命称为少子寿命。为描述非平衡载流子的复合消失速度，定义单位时间、单位体积内净复合消失的电子-空穴对数为非平衡载流子的复合率。如果N型半导体在$t = 0$时刻非平衡载流子浓度为$(\Delta p)_0$，并在此时突然停止光照，$\Delta p(t)$将因为复合而随时间变化，也就是非平衡载流子浓度随时间的变化率$-\mathrm{d}\Delta p(t)/\mathrm{d}t$而等于非平衡载流子的复合率$\Delta p/\tau$，即

$$-\frac{\mathrm{d}\Delta p(t)}{\mathrm{d}t} = \frac{\Delta p(t)}{\tau} \tag{1-82}$$

式（1-82）的解为$\Delta p(t) = (\Delta p)_0 e^{-t/\tau}$，表明光照停止后非平衡载流子浓度随时间按指数规律衰

减。而非平衡载流子的平均生存时间$\bar{t}$为

$$\bar{t} = \int_0^\infty t\mathrm{d}\Delta p(t) \Big/ \int_0^\infty \mathrm{d}\Delta p(t) = \tau \tag{1-83}$$

所以非平衡载流子寿命τ就是其平均生存时间。如果令$\Delta p(t) = (\Delta p)_0 e^{-t/\tau}$中的$t = \tau$，那么

$$\Delta p(\tau) = (\Delta p)_0 e^{-\tau/\tau} = (\Delta p)_0 e^{-1} = (\Delta p)_0 / e \tag{1-84}$$

所以寿命τ的另一个含义是非平衡载流子衰减至起始值的$1/e$倍所经历的时间。τ的大小反映了外界激励因素撤除后非平衡载流子衰减速度的不同，寿命越短衰退越快。不同材料或同一种材料在不同条件下，其寿命τ可以在很大范围内变化。

2. 非平衡载流子的复合理论

非平衡少子寿命取决于非平衡载流子的复合过程。按复合过程中载流子跃迁方式不同分为直接复合和间接复合。直接复合是电子在导带和价带之间的直接跃迁而引起电子-空穴的消失；间接复合指电子和空穴通过禁带中的能级（称为复合中心）进行的复合。按复合发生的部位分为体内复合和表面复合。伴随复合载流子的多余能量要予以释放，其方式包括发射光子（有发光现象）、把多余能量传递给晶格或者把多余能量交给其他载流子 （称为俄歇复合）。

对于直接复合过程，单位体积中每个电子在单位时间里都有一定的几率和空穴相遇而复合，如果用n和p表示电子和空穴浓度，那么复合率R与n和p有关，具有如下形式

$$R = rnp$$

r是电子-空穴复合几率。非简并半导体中r是平均值，它与温度有关，而与n和p无关。

对于复合的逆过程即产生过程，在一定温度下价带中每个电子都有一定的几率激发到导带而形成一对电子和空穴，如果价带缺少一些电子而导带存在一些电子，按泡利不相容原理则产生率会受到影响，非简并半导体中电子和空穴数量相对于总状态数是极微小的，可以认为价带是满的而导带是空的，所以非简并半导体的产生率基本不受n和p的影响，因此

$$\text{产生率} = G = \text{常数}$$

G与温度有关，与n和p无关。平衡态时的产生率等于复合率，所以

$$rn_0 p_0 = G = rn_i^2 \tag{1-85}$$

非平衡态的净复合率为复合率与产生率两者之差，因此直接复合的净复合率R_d为

$$R_d = rnp - rn_i^2 = r(np - n_i^2) \tag{1-86}$$

将$n = n_0 + \Delta n$，$p = p_0 + \Delta p$代入式（1-86），得到

$$R_d = r(n_0 + p_0)\Delta p + r(\Delta p)^2$$

$$\tau = \frac{\Delta p}{R_d} = \frac{1}{r[(n_0 + p_0) + \Delta p]} \tag{1-87}$$

所以复合几率 r 越大，净复合率R_d越大，τ就越小。τ与平衡和非平衡载流子浓度n_0，p_0，Δp都有关。如果是小注入，$\tau \approx 1/r(n_0 + p_0)$为常数。如果$\Delta p >> (n_0 + p_0)$，则$\tau \approx 1/r\Delta p$，复合过程中$\Delta p$减小使寿命不再是常数。Si 和 Ge 两种半导体的寿命远小于直接复合模型所得到的计算值，说明直接复合不是主要机制。直接复合强弱与能带结构和E_g值等因素有关。

载流子的另一种复合机制是间接复合。如前所述，杂质和缺陷在半导体禁带中形成能级，它们不但影响半导体导电性能，还可以促进非平衡载流子的复合而影响其寿命，通常把具有促进复合作用的杂质和缺陷称为复合中心。实验表明半导体中杂质和缺陷越多，载流子

寿命就越短。复合中心的存在使电子-空穴的复合可以分为两个步骤，先是导带电子落入复合中心能级，然后再落入价带与空穴复合，而复合中心被腾空后又可以继续进行上述过程，当然相反的逆过程也同时存在。当只存在一个复合中心能级 E_t 时，相对于 E_t 存在如图 1.39 所示的 4 个过程：①复合中心能级 E_t 从导带俘获电子；②复合中心能级 E_t 向导带发射电子；③复合中心能级 E_t 上电子落入价带与空穴复合；④价带电子被激发到复合中心能级 E_t。这 4 个过程中①和②互为逆过程，③和④也互为逆过程。如果半导体的导带电子浓度为 n 而价带空穴浓度为 p，复合中心浓度为 N_t，利用热平衡时①和②两个相反的微观过程相等、③和④两个相反的微观过程也相等的条件，再结合稳态时单位体积、单位时间导带减少的电子数等于价带减少的空穴数，也就是①和②两过程之差等于③和④两个过程之差，就可以得到非平衡载流子通过单一复合中心间接复合的复合率表示式

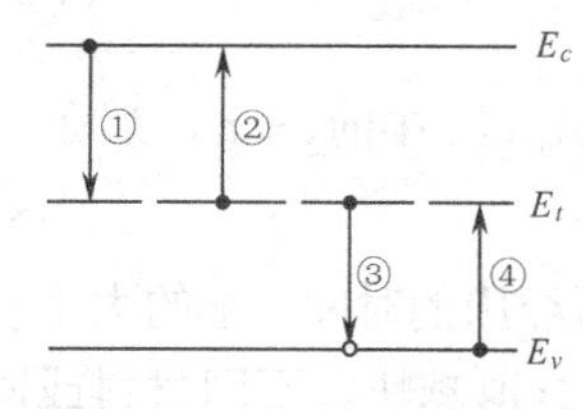

图 1.39 间接复合过程

$$R=\frac{N_t r_n r_p (np-n_i^2)}{r_n(n+n_1)+r_p(p+p_1)} \tag{1-88}$$

式（1-88）中 r_n 和 r_p 分别是电子和空穴俘获系数，反映了复合中心能级 E_t 俘获电子和空穴能力的强弱；n_1 和 p_1 分别是 E_F 恰好与 E_t 重合时的平衡导带电子和价带空穴浓度，即

$$n_1 = N_c \exp\left(-\frac{E_c-E_t}{k_BT}\right) = N_c \exp\left(-\frac{E_c-E_i+E_i-E_t}{k_BT}\right) = n_i \exp\left(-\frac{E_i-E_t}{k_BT}\right) \tag{1-89}$$

$$p_1 = N_v \exp\left(\frac{E_v-E_t}{k_BT}\right) = N_v \exp\left(\frac{E_v-E_i+E_i-E_t}{k_BT}\right) = n_i \exp\left(\frac{E_i-E_t}{k_BT}\right) \tag{1-90}$$

如果 $r_n \approx r_p = r$，同时利用式（1-89）和式（1-90），代入式（1-88）中得到

$$\begin{aligned} R &= \frac{N_t r(np-n_i^2)}{n+n_i\exp\left(-\frac{E_i-E_t}{k_BT}\right)+p+n_i\exp\left(\frac{E_i-E_t}{k_BT}\right)} \\ &= \frac{N_t r\left(np-n_i^2\right)}{n+p+2n_i\cosh\left(\frac{E_t-E_i}{k_BT}\right)} \end{aligned} \tag{1-91}$$

式（1-91）说明复合中心能级 E_t 越靠近禁带中线 E_i，复合率就越大，因此那些能级位置处在禁带中线附近的深杂质能级可以提供最有效的复合中心，例如 Si 中的 Au,Cu,Fe 等。而远离禁带中线的浅施主和浅受主杂质能级对复合的影响不大。器件生产中的掺金工艺是缩短少子寿命的有效手段，通过改变 Si 中金的含量，可以大幅度调整少子的寿命。

平衡态时由式（1-88）得到 $np=n_0p_0=n_i^2$，即净复合率 R=0，这是必然的；当存在非平衡载流子注入时，$np>n_i^2, R>0$。将 $n=n_0+\Delta n$，$p=p_0+\Delta p$ 及 $\Delta n=\Delta p$ 代入式（1-88）

$$R=\frac{N_t r_n r_p(n_0\Delta p+p_0\Delta p+\Delta p^2)}{r_n(n_0+n_1+\Delta p)+r_p(p_0+p_1+\Delta p)}$$

$$\tau=\frac{\Delta p}{R}=\frac{1}{R/\Delta p}=\frac{r_n(n_0+n_1+\Delta p)+r_p(p_0+p_1+\Delta p)}{N_t r_n r_p(n_0+p_0+\Delta p)} \tag{1-92}$$

式（1-92）表明寿命 $\tau \propto 1/N_t$，也就是复合中心浓度越高，寿命 τ 越小。小注入时 $\Delta p \ll (n_0+p_0)$，如果 r_n 和 r_p 相差不大，由式（1-92）得到

$$\tau \approx \frac{r_n(n_0+n_1)+r_p(p_0+p_1)}{N_t r_n r_p(n_0+p_0)} \tag{1-93}$$

所以小注入条件下间接复合所决定的寿命只取决于 n_0, p_0, n_1 和 p_1 的值，与 Δp 无关。n_0，p_0，n_1 和 p_1 的大小分别取决于费米能级 E_F 和复合中心能级 E_t 的位置，这几个值通常互相相差若干数量级，只要考虑其中的最大项即可。

如式（1-91）所示，因为有效的复合中心能级 E_t 接近于本征费米能级 E_i，那么由式（1-89）和式（1-90）可知，此时的 n_1 和 p_1 与本征载流子浓度 n_i 接近，而在掺杂浓度不太低的 N 型半导体中，n_0 远大于 p_0 和 n_i，因此式（1-93）中的 n_0, p_0, n_1 和 p_1 四个值中 n_0 最大，由此得到

$$\tau = \tau_p = \frac{1}{N_t r_p} \tag{1-94}$$

同样，对于掺杂浓度不太低的 P 型半导体，p_0 远大于 n_0, n_1 和 p_1，因此

$$\tau_n = \frac{1}{N_t r_n} \tag{1-95}$$

将式（1-94）和式（1-95）代入式（1-88），得到

$$R = \frac{np-n_i^2}{\tau_p(n+n_1)+\tau_n(p+p_1)} \tag{1-96}$$

式（1-96）是后面几章要用到的公式。这里只考虑了半导体体内复合过程，而少子寿命在很大程度上还受半导体表面形状和表面状态的影响，半导体表面和表面复合将在 1.5.4 节中介绍。

1.4 半导体中载流子的输运现象

1.4.1 载流子的漂移运动与迁移率

在得到半导体中电子浓度 n 和空穴浓度 p 的基础上，就可以着手讨论半导体的导电性问题了。在外场 $|E|$ 的作用下，半导体中载流子要逆（顺）电场方向做定向运动，这种运动称为漂移运动，定向运动速度称为漂移速度，它大小不一，取其平均值 $\overline{v}_d$ 称为平均漂移速度。

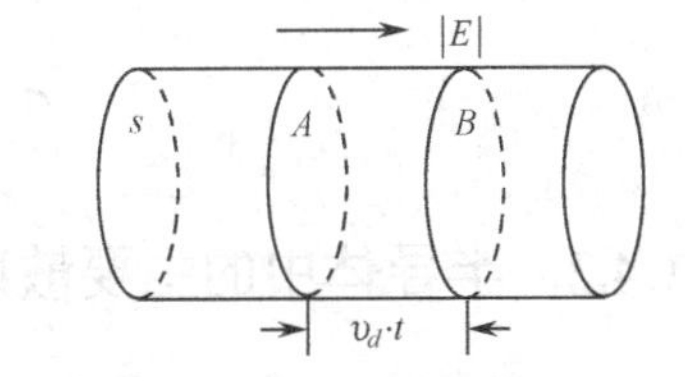

图 1.40 平均漂移速度分析模型

图 1.40 中截面积为 s 的均匀样品，内部电场为 $|E|$，电子浓度为 n。在其中取相距为 $\overline{v}_d \cdot t$ 的 A 和 B 两个截面，这两个截面间所围成的体积中总电子数为 $N = ns\overline{v}_d t$，这 N 个电子经过 t 时间后都将通过 A 面，因此按照电流强度的定义

$$I = \frac{Q}{t} = \frac{-qN}{t} = \frac{-nqs\overline{v}_d t}{t} = -nqs\overline{v}_d \tag{1-97}$$

与电流方向垂直的单位面积上所通过的电流强度定义为电流密度，用 J 表示，那么

$$J = \frac{I}{s} = -nq\overline{v}_d \tag{1-98}$$

已知欧姆定律微分形式为 $J = \sigma|E|$，σ 为电导率，单位为 S/cm。将式（1-98）与 $J = \sigma|E|$ 比较，$\overline{v}_d$ 由电场 $|E|$ 引起，$|E|$ 越强电子平均漂移速度 $\overline{v}_d$ 越大，令 $\overline{v}_d = \mu_n|E|$，称 μ_n 为电子迁移率，单位为 $cm^2/V \cdot s$。因为电子逆电场方向运动，$\overline{v}_d$ 为负，而习惯上迁移率只取正值，即

$$\mu_n = \left|\frac{\overline{\upsilon}_d}{E}\right| \quad (1\text{-}99)$$

迁移率μ_n也就是单位电场强度下电子的平均漂移速度，它的大小反映了电子在电场作用下运动能力的强弱。将式（1-99）代入式（1-98）并与欧姆定律微分形式比较，得到

$$\sigma_n = nq\mu_n \quad (1\text{-}100)$$

式（1-100）就是电导率与迁移率的关系。电阻率ρ和电导率σ互为倒数，即$\sigma = 1/\rho$，ρ的单位是$\Omega \cdot \mathrm{cm}$。半导体的电阻率可以直接采用四探针法测量得到，因而应用更加普遍。

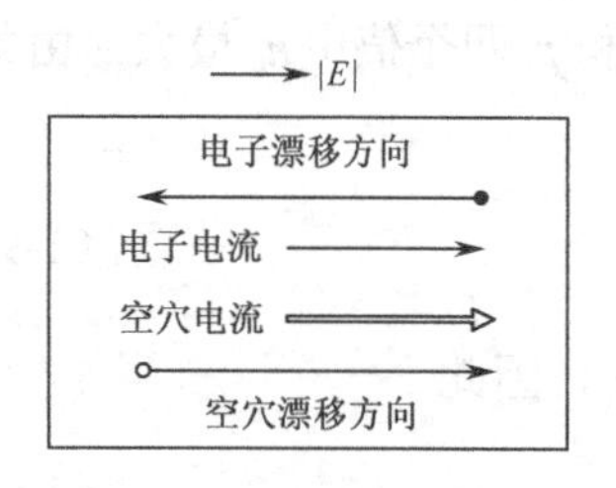

图 1.41　电子和空穴漂移电流密度

半导体中存在电子和空穴两种带相反电荷的粒子，如果在半导体两端加上电压，内部就形成电场，电子和空穴漂移方向相反，但所形成的漂移电流密度都是与电场方向一致的，因此总漂移电流密度是两者之和，如图1.41 所示。由于电子在半导体中做“自由”运动，而空穴运动实际上是共价键上电子在共价键之间的运动，所以两者在外电场作用下的平均漂移速度显然不同，因此用μ_n和μ_p分别表示电子和空穴的迁移率。通常用$(J_n)_{drf}$和$(J_p)_{drf}$分别表示电子和空穴漂移电流密度，那么半导体中的总漂移电流密度为

$$(J)_{drf} = (J_n)_{drf} + (J_p)_{drf} = (nq\mu_n + pq\mu_p)|E| \quad (1\text{-}101)$$

N 型半导体　$n >> p$　$(J)_{drf} = (J_n)_{drf} = nq\mu_n|E|$

$$\sigma_n = nq\mu_n \qquad \rho_n = \frac{1}{nq\mu_n} \quad (1\text{-}102)$$

P 型半导体　$p >> n$　$(J)_{drf} = (J_p)_{drf} = pq\mu_p|E|$

$$\sigma_p = pq\mu_p \qquad \rho_p = \frac{1}{pq\mu_p} \quad (1\text{-}103)$$

本征半导体　$p = n = n_i$　$(J)_{drf} = n_i q(\mu_n + \mu_p)|E|$

$$\sigma_i = n_i q(\mu_n + \mu_p) \qquad \rho_i = \frac{1}{n_i q(\mu_n + \mu_p)} \quad (1\text{-}104)$$

1.4.2　半导体中的主要散射机构及迁移率与平均自由时间的关系

1. 半导体中的主要散射机构

半导体中的载流子在没有外电场作用时，做无规则热运动，与格点原子、杂质原子（离子）和其他载流子发生碰撞，用波（即电子波）使之在传播过程中遭到散射。当外电场作用于半导体时，载流子一方面做定向漂移运动，另一方面又要遭到散射，因此运动速度大小和方向不断改变，漂移速度不能无限积累，也就是说，电场对载流子的加速作用只存在于连续的两次散射之间。因此上述的平均漂移速度$\overline{\upsilon}_d$是指在外力和散射的双重作用下，载流子是以一定的平均速度做漂移运动的。而“自由”载流子也只是在连续的两次散射之间才是“自由”的。半导体中载流子遭到散射的根本原因在于晶格周期性势场遭到破坏而存在附加势场，因此凡是能够导致晶格周期性势场破坏的因素都会引发载流子的散射。

施主杂质在半导体中未电离时是中性的，电离后成为正电中心，而受主杂质电离后接受

电子成为负电中心，因此离化的杂质原子周围就会形成库仑势场，载流子因运动靠近后其速度大小和方向均会发生改变，也就是发生了散射，这种散射机构就称为电离杂质散射。

为描述散射作用强弱，引入散射几率 P，它定义为单位时间内一个载流子受到散射的次数。如果离化的杂质浓度为 N_i，电离杂质散射的散射几率 P_i 与 N_i 及其温度的关系为

$$P_i \propto N_i T^{-3/2} \tag{1-105}$$

式（1-105）表明 N_i 越高，载流子受电离杂质散射的几率越大；而温度升高导致载流子的热运动速度增大，从而更容易掠过电离杂质周围的库仑势场，遭电离杂质散射的几率反而越小。需要说明的是，对于经过杂质补偿的 N 型半导体，在杂质充分电离时，补偿后的有效施主浓度为 N_D-N_A，导带电子浓度 $n_0=N_D-N_A$；而电离杂质散射几率 P_i 中的 N_I 应为 N_D+N_A，因为此时施主和受主杂质全部电离，分别形成了正电中心和负电中心及其相应的库仑势场，它们都对载流子的散射做出了贡献，这一点与杂质补偿作用是不同的。

一定温度下的晶体格点原子（或离子）在各自平衡位置附近振动。半导体中格点原子的振动同样要引起载流子的散射，称为晶格振动散射。格点原子的振动都是由被称为格波的若干个不同基本波动按照波的叠加原理叠加而成的。与电子波相似，常用格波波矢 $|q|=1/\lambda$ 表示格波波长以及格波传播方向。晶体中一个格波波矢 $\boldsymbol{q}$ 对应了不止一个格波，对于 Ge, Si,GaAs 等常用半导体，一个原胞含两个原子，则一个 $\boldsymbol{q}$ 对应 6 个不同的格波。由 N 个原胞组成的一块半导体，共有 $6N$ 个格波，分成 6 支。其中频率低的 3 支称为声学波，3 支声学波中包含 1 支纵声学波和 2 支横声学波，声学波相邻原子做相位一致的振动。6 支格波中频率高的 3 支称为光学波，3 支光学波中也包括 1 支纵光学波和 2 支横光学波，光学波相邻原子之间做相位相反的振动。

波长在几十个原子间距以上的长声学波对散射起主要作用，而长纵声学波散射更重要。纵声学波相邻原子振动相位一致，结果导致晶格原子分布疏密改变，产生了原子稀疏处体积膨胀、原子紧密处体积压缩的体变。原子间距的改变会导致禁带宽度产生起伏，使晶格周期性势场被破坏，如图 1.42 所示。长纵声学波对导带电子的散射几率 P_s 与温度的关系为

$$P_s \propto T^{3/2} \tag{1-106}$$

式（1-106）表明温度越高，晶格振动越强，声学波散射几率 P_s 越大。

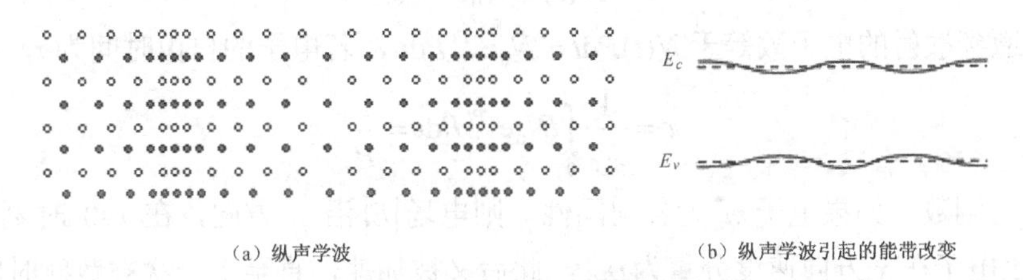

（a）纵声学波　　（b）纵声学波引起的能带改变

图 1.42　纵声学波及其所引起的附加势场

在 GaAs 等化合物半导体中，组成晶体的两种原子由于负电性不同，价电子在不同原子间有一定转移，As 原子带一些负电，Ga 原子带一些正电，晶体呈现一定的离子性。纵光学波是相邻原子相位相反的振动，在 GaAs 中也就是正负离子的振动位移相反，引起电极化现象，从而产生附加势场，如图 1.43 所示。离子晶体中光学波对载流子的散射几率 P_o 为

$$P_o \propto \frac{(h\nu_l)^{3/2}}{(k_B T)^{1/2}}\left[\exp\left(\frac{h\nu_l}{k_B T}\right)-1\right]^{-1}\frac{1}{f\left(\frac{h\nu_l}{k_B T}\right)} \tag{1-107}$$

式中，ν_l 为纵光学波频率，$f(h\nu_l/k_BT)$ 是随 $(h\nu_l/k_BT)h$ 变化的函数，其值为 0.6~1。P_o 与温度的关系主要取决于方括号项。低温下 P_o 较小，温度升高方括号项增大，P_o 增大。

除上述散射机构外，Ge,Si 晶体因具有多能谷的导带结构，载流子可以从一个能谷散射到另一个能谷，称为等同的能谷间散射，高温时谷间散射较重要。在低温下的重掺杂半导体中，大量杂质未电离而呈中性，而低温下的晶格振动散射较弱，这时中性杂质散射不可忽视。强简并半导体中载流子浓度很高，载流子之间也会发生散射。如果晶体位错密度较高，位错散射也应考虑。通常情况下，Si，Ge 元素半导体的主要散射机构是电离杂质散射和长声学波散射；而 GaAs 的主要散射机构是电离杂质散射、长声学波散射和光学波散射。

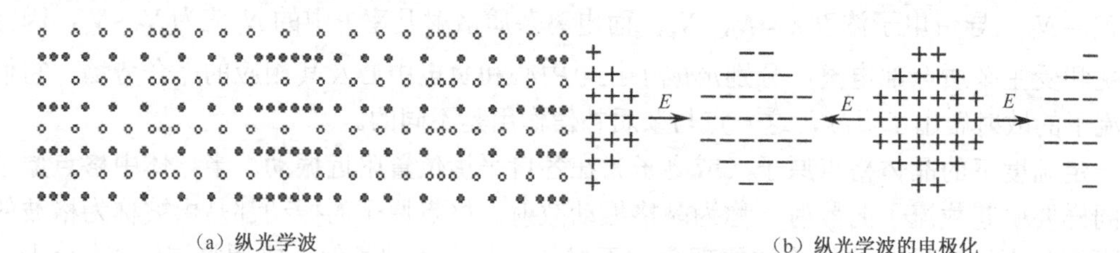

图 1.43　纵光学波及其所引起的附加势场

2. 迁移率与平均自由时间的关系

由于存在散射作用，在外电场 E 作用下定向漂移的载流子只在连续两次散射之间才被加速，这期间所经历的时间称为自由时间，其长短不一，它的平均值 τ 称为平均自由时间，τ 和散射几率 P 都与载流子的散射有关，τ 和 P 之间存在着互为倒数的关系。

如果 $N(t)$ 是在 t 时刻还未被散射的电子数，则 $N(t+\Delta t)$ 就是 $t+\Delta t$ 时刻还没有被散射的电子数，因此 Δt 很小时，$t \to t+\Delta t$ 时间内被散射的电子数为

$$\Delta N(t) = N(t+\Delta t) - N(t) = -N(t)P\Delta t$$

$$\lim_{\Delta t\to 0}\frac{\Delta N(t)}{\Delta t} = \lim_{\Delta t\to 0}\frac{N(t+\Delta t)-N(t)}{\Delta t} = \frac{\mathrm{d}N(t)}{\mathrm{d}t} = -N(t)P \tag{1-108}$$

$t=0$ 时所有 N_0 个电子都未遭散射，由式（1-108）得到 t 时刻尚未遭散射的电子数

$$N(t) = N_0\mathrm{e}^{-Pt} \tag{1-109}$$

在 $\mathrm{d}t$ 时间内遭到散射的电子数等于 $N(t)P\mathrm{d}t = N_0\mathrm{e}^{-Pt}P\mathrm{d}t$，若电子的自由时间为 t，则

$$\tau = \frac{1}{N_0}\int_0^{\infty} tN_0\mathrm{e}^{-Pt}P\mathrm{d}t = \frac{1}{P} \tag{1-110}$$

即 τ 和 P 互为倒数。如果电子 m_n^* 为各向同性，则电场 $|E|$ 沿 x 方向，在 t=0 时刻某电子遭散射，散射后该电子在 x 方向速度分量为 υ_{x0}，此后又被加速，直至下一次被散射时的速度 υ_x 如下

$$\upsilon_x = \upsilon_{x0} - \frac{q|E|}{m_n^*}t \tag{1-111}$$

对式（1-111）两边求平均，因为每次散射后 υ_0 完全没有规则，多次散射后 υ_0 在 x 方向分量的平均值 $\overline{\upsilon}_{x0}$ 为零，而 $\overline{t}$ 就是电子的平均自由时间 τ_n，因此

$$\overline{\upsilon}_x = \overline{\upsilon}_{x0} - \frac{q|E|}{m_n^*}\overline{t} = -\frac{q|E|}{m_n^*}\tau_n \tag{1-112}$$

根据式（1-99）迁移率的定义，得到电子迁移率 μ_n（迁移率只取正值）

$$\mu_n = \frac{q\tau_n}{m_n^*} \tag{1-113}$$

如果 τ_p 为空穴的平均自由时间，同理，空穴迁移率 μ_p 为

$$\mu_p = \frac{q\tau_p}{m_p^*} \tag{1-114}$$

Si 的导带底附近 $E(k) \sim k$ 关系是长轴沿<100>方向的 6 个旋转椭球等能面，而 Ge 的导带底则由 4 个长轴沿<111>方向的旋转椭球等能面构成。很容易证明如果令式（1-113）中的 $m_n^* = m_c = 3m_l m_t/(m_l + 2m_t)$，那么对于 Si，Ge 晶体，式（1-113）仍然是适用的，这时

$$\mu_n = \mu_c = \frac{q\tau_n}{m_c} \tag{1-115}$$

称 μ_c 为电导迁移率，m_c 称为电导有效质量。半导体中电导率与平均自由时间的关系为

$$\sigma = nq\mu_n + pq\mu_p = \frac{nq^2\tau_n}{m_n^*} + \frac{pq^2\tau_p}{m_p^*} \tag{1-116}$$

N 型半导体 $$\sigma = nq\mu_n = \frac{nq^2\tau_n}{m_n^*} \tag{1-117}$$

P 型半导体 $$\sigma = nq\mu_p = \frac{pq^2\tau_p}{m_p^*} \tag{1-118}$$

1.4.3 半导体的迁移率、电阻率与杂质浓度和温度的关系

半导体中几种散射机构同时存在，总散射几率为几种散射机构对应的散射几率之和

$$P = P_i + P_s + P_o + \cdots \tag{1-119}$$

平均自由时间 τ 和散射几率 P 之间互为倒数，所以

$$\frac{1}{\tau} = P = P_i + P_s + P_o + \cdots = \frac{1}{\tau_i} + \frac{1}{\tau_s} + \frac{1}{\tau_o} + \cdots \tag{1-120}$$

给式（1-120）两端同乘以 $1/(q/m_n^*)$ 得到

$$\frac{1}{\mu} = \frac{1}{\mu_i} + \frac{1}{\mu_s} + \frac{1}{\mu_o} + \cdots \tag{1-121}$$

所以总迁移率的倒数等于各种散射机构所决定的迁移率的倒数之和。多种散射机构同时存在时，起主要作用的散射机构所决定的平均自由时间最短，散射几率最大，迁移率主要由这种散射机构决定。

电离杂质散射 $P_i \propto N_i T^{-3/2}$ $\quad \tau_i \propto N_i^{-1} T^{3/2}$ $\quad \mu_i \propto N_i^{-1} T^{3/2}$ （1-122）

声学波散射 $P_s \propto T^{3/2}$ $\quad \tau_s \propto T^{-3/2}$ $\quad \mu_s \propto T^{-3/2}$ （1-123）

光学波散射 $P_o \propto \left[\exp\left(\frac{h\nu_l}{k_B T}\right) - 1\right]^{-1}$ $\quad \tau_o \propto \left[\exp\left(\frac{h\nu_l}{k_B T}\right) - 1\right]$ $\quad \mu_o \propto \left[\exp\left(\frac{h\nu_l}{k_B T}\right) - 1\right]$ （1-124）

Si,Ge 元素半导体中电离杂质散射和纵声学波散射起主导作用，因此

$$\frac{1}{\mu} = \frac{1}{\mu_i} + \frac{1}{\mu_s} \tag{1-125}$$

GaAs 中电离杂质散射、声学波散射和光学波散射均起主要作用，所以

$$\frac{1}{\mu}=\frac{1}{\mu_i}+\frac{1}{\mu_s}+\frac{1}{\mu_o} \tag{1-126}$$

图 1.44 是以杂质浓度为参变量的 Si 中迁移率与温度的关系曲线，图 1.45 是 300 K 时 Ge,Si 和 GaAs 的迁移率与杂质浓度的关系曲线。

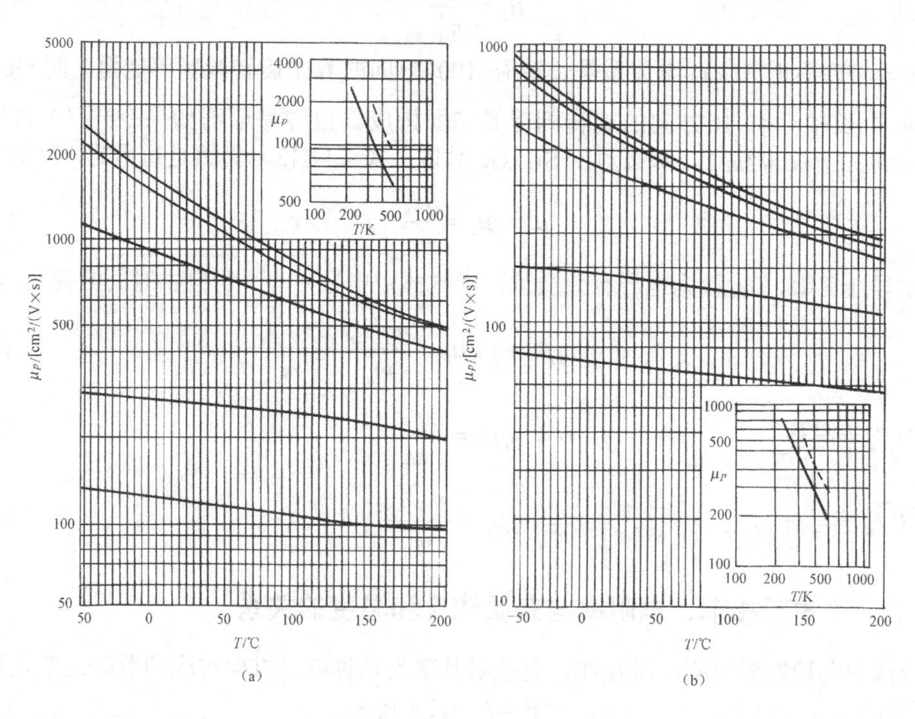

图 1.44　不同掺杂浓度时 Si 中电子（a）和空穴（b）迁移率与温度的关系，插图是低掺杂样品

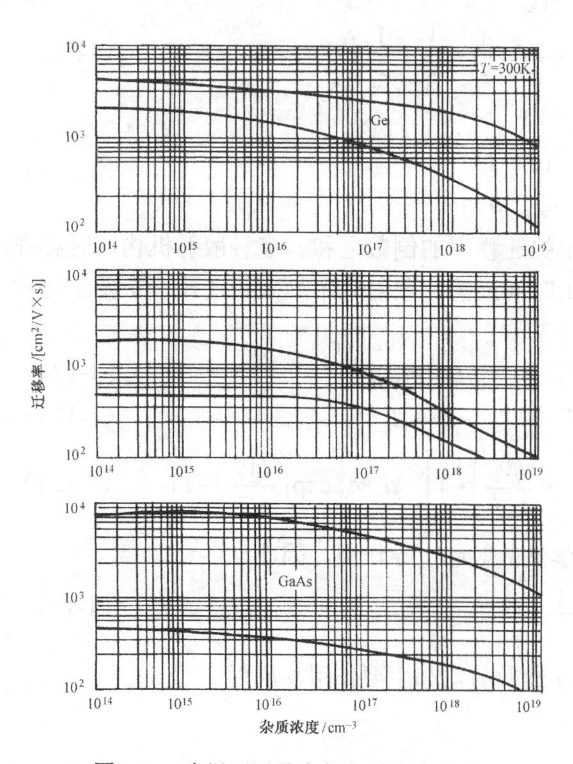

图 1.45　室温下迁移率与杂质浓度关系

电阻率和电导率互为倒数，因此半导体中 $\rho=(nq\mu_n+pq\mu_p)^{-1}$，$\rho$ 取决于载流子浓度和迁移率，而载流子浓度和迁移率都与掺杂情况和温度有关。因此半导体的电阻率 ρ 既与温度有关，也与杂质浓度有关。

图 1.46 是掺杂后的 Si 样品电阻率与温度的关系曲线。杂质半导体中杂质离化和本征激发都可以提供载流子，而这些载流子又要遭到电离杂质散射和晶格振动散射，因此影响电阻率与温度关系的因素较多。图中曲线随温度的变化规律可以根据

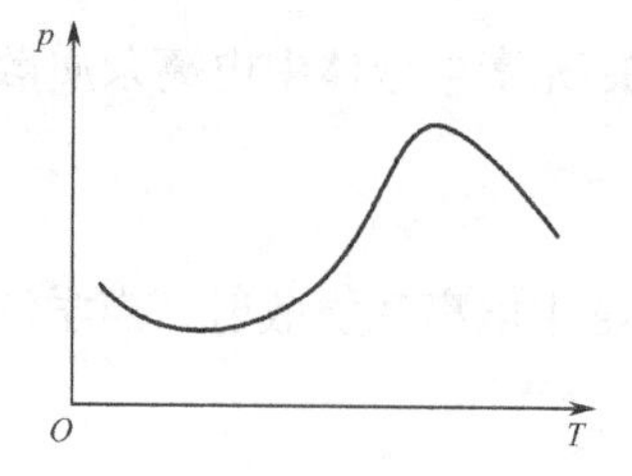

图 1.46　掺杂 Si 样品的电阻率 ρ 与温度关系

不同温度区间因杂质电离和本征激发的作用使载流子浓度发生变化以及相应的散射机制作用强弱不同加以解释，这里就不详述了。图 1.47 是几种半导体材料在 300 K 时的电阻率与杂质浓度的实验关系曲线，可以利用该曲线进行电阻率和杂质浓度间的换算，已知电阻率可以查出杂质浓度，反之已知掺杂浓度也可查出室温时的电阻率。

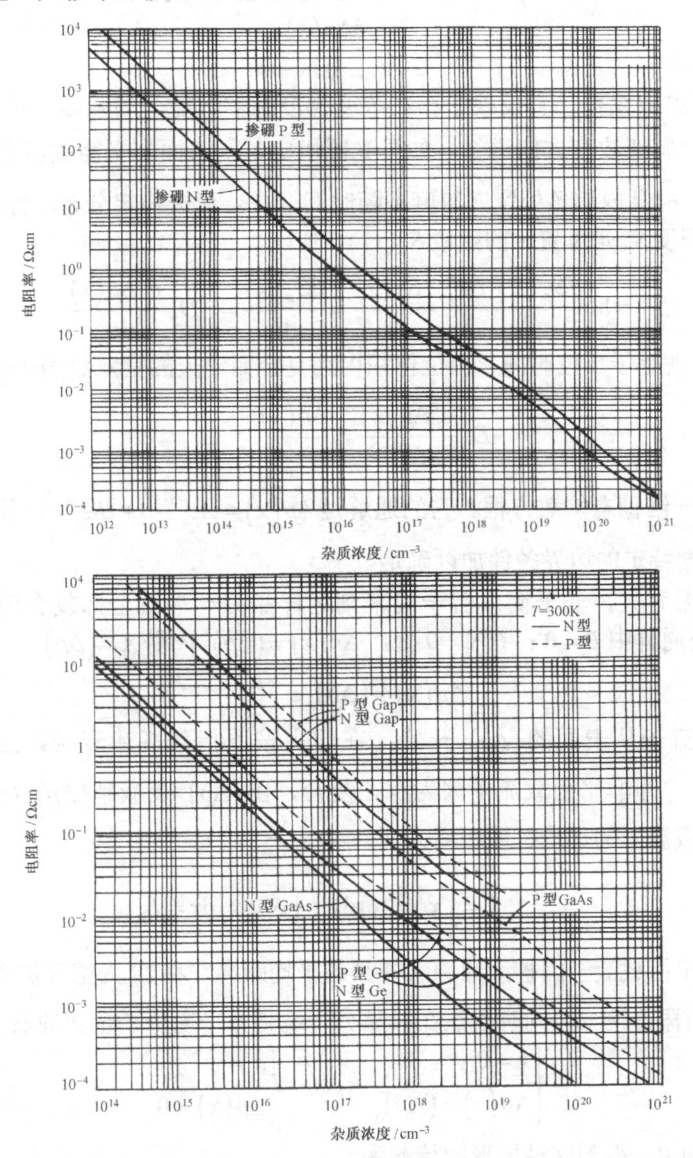

图 1.47　300 K 时半导体电阻率ρ 与杂质浓度的实验曲线

1.4.4　载流子的扩散运动及爱因斯坦关系

1. 载流子的扩散运动

扩散是因为无规则热运动而引起的粒子从浓度高处向浓度低处的有规则的输运，扩散运动起源于粒子浓度分布的不均匀。均匀掺杂的 N 型半导体中，因为不存在浓度梯度，也就不产生扩散运动，其载流子分布也是均匀的。但如果以适当波长的光照射该样品的一侧，同时假定在照射面的薄层内光被全部吸收，那么在表面薄层内就产生了非平衡载流子，而内部没有光注入，这样，由于表面和体内存在了浓度梯度，从而引起非平衡载流子由表面向内部扩散。一维情况下非平衡载流子浓度为$\Delta p(x)$，在x方向上的浓度梯度为$\mathrm{d}\Delta p(x)/\mathrm{d}x$。如果定义扩散流密度$S$为单位时间垂直通过单位面积的粒子数，那么$S$与非平衡载流子的浓度梯度成正比。设空穴的扩散流密度为S_p，则有下面所示的菲克第一定律

$$S_p = -D_p \frac{\mathrm{d}\Delta p(x)}{\mathrm{d}x} \tag{1-127}$$

式中，D_p为空穴扩散系数，它反映了存在浓度梯度时扩散能力的强弱，单位是$\mathrm{cm^2/s}$，负号表示扩散由高浓度向低浓度方向进行。如果光照恒定，则表面非平衡载流子浓度恒为$(\Delta p)_0$，因表面不断注入，样品内部各处空穴浓度不随时间变化，形成稳定分布，称为稳态扩散。

通常扩散流密度S_p是位置x的函数$S_p(x)$，则

$$\lim_{\Delta x \to 0} \frac{S_p(x+\Delta x) - S_p(x)}{\Delta x} = \frac{\mathrm{d}S_p(x)}{\mathrm{d}x} = -D_p \frac{\mathrm{d}^2 \Delta p(x)}{\mathrm{d}x^2} \tag{1-128}$$

稳态下$\mathrm{d}S_p(x)/\mathrm{d}x$就等于单位时间、单位体积内因复合而消失的空穴数$\Delta p/\tau_p$

$$D_p \frac{\mathrm{d}^2 \Delta p(x)}{\mathrm{d}x^2} = \frac{\Delta p(x)}{\tau_p} \tag{1-129}$$

式（1-129）就是一维稳态扩散方程。它的通解是$\Delta p(x) = Ae^{-x/L_p} + Be^{x/L_p}$，其中$L_p = \sqrt{D_p \tau_p}$，系数$A$和$B$要根据特定的边界条件加以确定。

如果样品半无穷大，非平衡载流子尚未到达样品另一端就全部复合消失，即$x \to \infty$时$\Delta p(x) \to 0$，因而通解中$B=0$；在$x=0$处，$\Delta p(x) = (\Delta p)_0$，则$A = (\Delta p)_0$，因此

$$\Delta p(x) = (\Delta p)_0 \, e^{-x/L_p} \tag{1-130}$$

这表明非平衡载流子从表面的$(\Delta p)_0$开始，在体内按照指数规律衰减。当$x = L_p$时，则有$\Delta p(L_p) = (\Delta p)_0/e$，即非平衡载流子因为存在复合，由$(\Delta p)_0$衰减到$(\Delta p)_0/e$所扩散的距离就是$L_p$。而非平衡载流子的平均扩散距离为

$$\overline{x} = \int_0^\infty x \Delta p(x)\,\mathrm{d}x \Big/ \int_0^\infty \Delta p(x)\,\mathrm{d}x = L_p \tag{1-131}$$

因此L_p反映了非平衡载流子因扩散而深入样品的平均距离，称L_p为空穴扩散长度。

如果样品为有限厚度w，同时设法在样品另一端将非平衡少子全部抽取干净，那么

$$\begin{cases} x = 0 \\ \Delta p(x) = (\Delta p)_0 \end{cases} \qquad \begin{cases} x = w \\ \Delta p(x) = 0 \end{cases}$$

由此确定系数A和B，得到这种情形的特解为

$$\Delta p(x) = (\Delta p)_0 \left[\mathrm{sh}\left(\frac{w-x}{L_p}\right) \Big/ \mathrm{sh}\left(\frac{w}{L_p}\right) \right] \tag{1-132}$$

由于α很小时$\mathrm{sh}(\alpha) \approx \alpha$，所以当样品厚度$w$远小于扩散长度$L_p$时，式（1-132）近似为

$$\Delta p(x) \approx (\Delta p)_0 \left(\frac{w-x}{L_p}\right) \Big/ \left(\frac{w}{L_p}\right) = (\Delta p)_0 \left(1 - \frac{x}{w}\right) \tag{1-133}$$

这种样品的$\Delta p(x)$与x呈线性关系，与双极晶体管基区的非平衡载流子分布近似符合。此时的扩散流密度$S_p = -D_p\left[\mathrm{d}\Delta p(x)/\mathrm{d}x\right] = (\Delta p)_0 \left(D_p/w\right)$为常数，表明由于样品很薄，非平衡载流

子还来不及复合就扩散到了样品的另一端。

半导体中载流子的扩散运动必然伴随扩散电流的出现，空穴扩散电流密度为

$$\left(J_p\right)_{Dif} = qS_p = -qD_p \frac{\mathrm{d}\Delta p(x)}{\mathrm{d}x} \tag{1-134}$$

电子扩散电流密度为

$$\left(J_n\right)_{Dif} = -qS_n = qD_n \frac{\mathrm{d}\Delta n(x)}{\mathrm{d}x} \tag{1-135}$$

如果载流子扩散系数是各向同性的，对于三维情况，则

$$S_p = -D_p \nabla(\Delta p) \tag{1-136}$$

而扩散流密度的散度的负值恰好为单位体积内空穴的积累率

$$-\nabla \cdot S_p = D_p \nabla^2(\Delta p) \tag{1-137}$$

稳态时，$-\nabla \cdot S_p$ 等于单位时间、单位体积内因复合而消失的空穴数，稳态扩散方程为

$$D_p \nabla^2(\Delta p) = \frac{\Delta p}{\tau_p} \tag{1-138}$$

空穴的扩散电流密度为

$$\left(J_p\right)_{Dif} = qS_p = -qD_p \nabla(\Delta p) \tag{1-139}$$

电子的扩散电流密度为

$$\left(J_n\right)_{Dif} = -qS_n = qD_n \nabla(\Delta n) \tag{1-140}$$

对均匀掺杂的一维半导体，如果存在外加电场 $|E|$ 的同时还存在非平衡载流子浓度的不均匀，那么平衡和非平衡载流子都要做漂移运动，非平衡载流子还要做扩散运动，因此

$$J_n = \left(J_n\right)_{Drf} + \left(J_n\right)_{Dif} = (n_0 + \Delta n) q \mu_n |E| + qD_n \frac{\mathrm{d}\Delta n}{\mathrm{d}x} \tag{1-141}$$

$$J_p = \left(J_p\right)_{Drf} + \left(J_p\right)_{Dif} = (p_0 + \Delta p) q \mu_p |E| - qD_p \frac{\mathrm{d}\,\Delta p}{\mathrm{d}x} \tag{1-142}$$

非均匀掺杂的一维半导体在同时存在外加电场 $|E|$ 和非平衡载流子浓度的不均匀时，由于平衡载流子浓度也是位置的函数，平衡载流子也要扩散，因此

$$J_n = \left(J_n\right)_{Drf} + \left(J_n\right)_{Dif} = [n_0(x) + \Delta n] q \mu_n |E| + qD_n \frac{\mathrm{d}[n_0(x) + \Delta n]}{\mathrm{d}x} \tag{1-143}$$

$$J_p = \left(J_p\right)_{Drf} + \left(J_p\right)_{Dif} = [p_0(x) + \Delta p] q \mu_p |E| - qD_p \frac{\mathrm{d}[p_0(x) + \Delta p]}{\mathrm{d}x} \tag{1-144}$$

2. 爱因斯坦关系

引起载流子漂移运动和扩散运动的原因虽然不同，但这两种运动的过程中都要遭到散射的作用，μ 和 D 之间也存在内在联系。载流子的 μ 和 D 之间有如下的爱因斯坦关系

$$D_n / \mu_n = (k_B T)/q \tag{1-145}$$

$$D_p / \mu_p = (k_B T)/q \tag{1-146}$$

因此由已知的 μ_n，μ_p 就可以得到 D_n 和 D_p。非均匀掺杂半导体同时存在扩散运动和漂移运动时，利用爱因斯坦关系，可将式（1-143）和式（1-144）改写为

$$J_n = \left(J_n\right)_{Drf} + \left(J_n\right)_{Dif} = nq\mu_n |E| + qD_n \frac{\mathrm{d}n}{\mathrm{d}x} = q\mu_n \left(n|E| + \frac{k_B T}{q} \frac{\mathrm{d}n}{\mathrm{d}x} \right) \tag{1-147}$$

$$J_p=\left(J_p\right)_{Drf}+\left(J_p\right)_{Dif}=pq\mu_p|E|-qD_p\frac{\mathrm{d}p}{\mathrm{d}x}=q\mu_p\left(p|E|-\frac{k_BT}{q}\frac{\mathrm{d}p}{\mathrm{d}x}\right) \tag{1-148}$$

半导体中的总电流密度为

$$J=J_n+J_p=q\mu_n\left(n|E|+\frac{k_BT}{q}\frac{\mathrm{d}n}{\mathrm{d}x}\right)+q\mu_p\left(p|E|-\frac{k_BT}{q}\frac{\mathrm{d}p}{\mathrm{d}x}\right) \tag{1-149}$$

1.4.5 连续性方程

仍以一维 N 型半导体为例，更普遍的情况是载流子浓度既与位置 x 有关，又与时间 t 有关，那么少子空穴的扩散流密度 S_p 和扩散电流密度 $\left(J_p\right)_{Dif}$ 分别为

$$S_p=-D_p\frac{\partial\Delta p}{\partial x} \tag{1-150}$$

$$\left(J_p\right)_{Dif}=-qD_p\frac{\partial\Delta p}{\partial x} \tag{1-151}$$

单位时间、单位体积中因扩散积累的空穴数为

$$-\frac{1}{q}\frac{\partial\left(J_p\right)_{Dif}}{\partial x}=D_p\frac{\partial^2\Delta p}{\partial x} \tag{1-152}$$

单位时间、单位体积中因漂移积累的空穴数为

$$-\frac{1}{q}\frac{\left(\partial J_p\right)_{Drf}}{\partial x}=-\mu_p\left(|E|\frac{\partial p}{\partial x}+p\frac{\partial|E|}{\partial x}\right) \tag{1-153}$$

小注入条件下，单位体积中复合消失的空穴数是 $\Delta p/\tau_p$，用 g_p 表示生产率，则可列出

$$\frac{\partial p(x,t)}{\partial t}=D_p\frac{\partial^2 p(x,t)}{\partial x^2}-\mu_p\left[|E|\frac{\partial p(x,t)}{\partial x}+\frac{\partial|E|}{\partial x}p(x,t)\right]+g_p-\frac{\Delta p(x,t)}{\tau_p} \tag{1-154}$$

式（1-154）称为空穴的连续性方程，它反映了漂移和扩散运动同时存在时少子空穴遵守的运动方程，类似地可得电子的连续性方程

$$\frac{\partial n(x,t)}{\partial t}=D_n\frac{\partial^2 n(x,t)}{\partial x^2}+\mu_n\left[|E|\frac{\partial n(x,t)}{\partial x}+\frac{\partial|E|}{\partial x}n(x,t)\right]+g_n-\frac{\Delta n(x,t)}{\tau_n} \tag{1-155}$$

三维情况下电子和空穴的连续性方程分别是

$$\frac{\partial n(x,y,z,t)}{\partial t}=\frac{1}{q}\nabla\cdot J_n(x,y,z,t)-\frac{\Delta n(x,y,z,t)}{\tau_n}+g_n \tag{1-156}$$

$$\frac{\partial p(x,y,z,t)}{\partial t}=-\frac{1}{q}\nabla\cdot J_p(x,y,z,t)-\frac{\Delta p(x,y,z,t)}{\tau_p}+g_p \tag{1-157}$$

连续性方程是半导体器件理论基础之一。

1.5 半导体表面

1.5.1 半导体表面和表面能级

任何半导体器件都存在表面，表面状态对半导体器件性能会产生很大影响，甚至可以成为决定半导体器件性能的关键因素，所以表面问题占有突出地位。

达姆指出，晶体自由表面的存在使晶体的周期性势场在表面中断，从而引起附加能级，

这种能级称为达姆表面能级。在晶体表面不附着氧化层或其他任何分子的所谓理想表面情况下，对晶体表面求解薛定谔方程，结果表明电子被局限在表面附近，这种电子状态称为表面态，对应的能级称为表面能级，每个表面原子对应禁带中一个表面能级。从晶体结构看，由于晶格在表面终止，表面上的每个硅原子都有一个称为悬挂键的未饱和键，对应的电子状态就是表面态，如图 1.48 和图 1.49 所示。原子面密度为10^{15} cm^{-2} 量级，悬挂键面密度（即表面态密度）也应该是10^{15} cm^{-2} 量级。

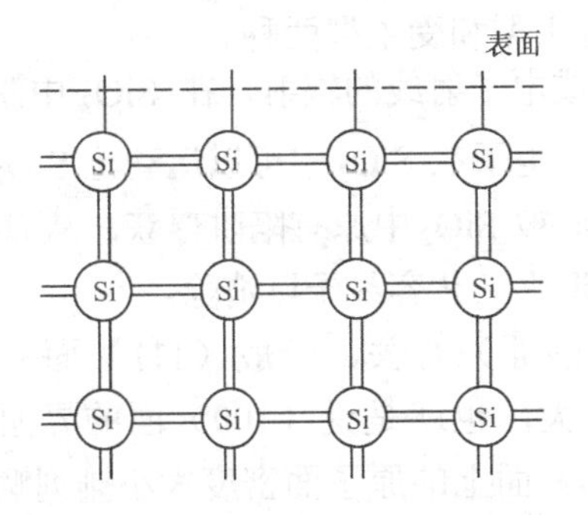

图 1.48　表面处原子排列终止图

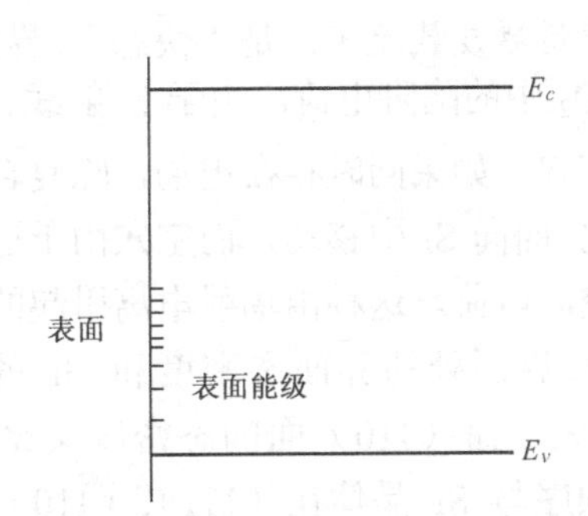

图 1.49　清洁表面的表面能级

理想表面并不存在。受环境影响表面可能有物理吸附层或与之接触过的物质留下的痕迹，或是生成氧化物或其他化合物。如果 Si 表面生长 SiO_2，表面大量悬挂键被氧原子饱和，表面态密度大为降低，实验测得的表面态密度常在$10^{10}\sim10^{12}$ cm^{-2}之间，比理论值低很多。

表面态能够与体内交换电子和空穴。通常将空态时呈中性而电子占据后带负电的表面态称为受主型表面态；而将空态时带正电而被电子占据后呈中性的表面态称为施主型表面态。根据表面态与体内交换电子所需时间不同又分为快态和慢态。快态与体内交换电子在毫秒或更短的时间内完成，慢态需要毫秒以上直至数小时或更长。一般那些位于 Si-SiO_2 界面上的电子状态为“快态”，当外界作用导致 Si 体内电子分布发生变化时，快态能与体内状态快速交换电子，表面态中的电子占据情况随之很快变化。与此对应，半导体表面还有一种“慢态”，慢态处于厚度为零点几纳米到几纳米的 Si 表面天然氧化层外表面上，也就是处于氧化层-空气界面上，也可能来自 Si-SiO_2 界面附近的缺陷或位于禁带中的杂质能级。慢态与体内交换电子时必须通过氧化层，因此就比较困难，时间可能很长。

1.5.2　Si-SiO_2 系统中的表面态与表面处理

研究表明在 Si-SiO_2 系统中存在着 4 种基本形式的电荷或能态，如图 1.50 所示。

① SiO_2 层中可动离子。可动离子包括 Na^+、K^+、H^+等，由于 Na^+在一般环境气氛中广泛存在，可以来源于工艺中的化学试剂、器皿和各种玷污。一般 SiO_2 中 Na^+的密度在10^{12} cm^{-2} 以上。可动离子在 SiO_2 中的扩散系数和迁移率都很大，受电场和温度的作用能够在 SiO_2 层中漂移，对器件性能影响显著，是一种重要的离子玷污来源。

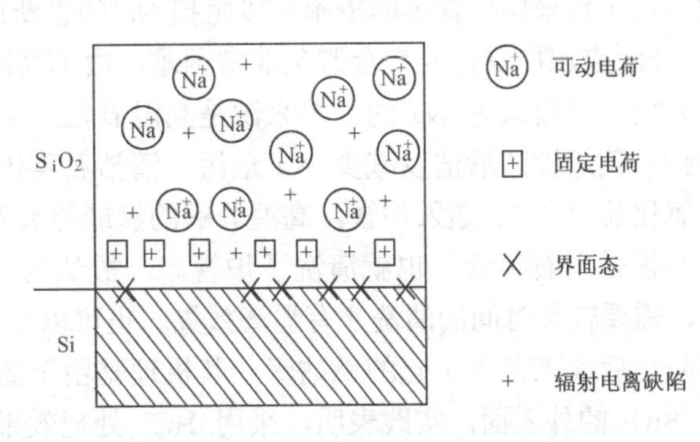

图 1.50　Si-SiO_2 系统中的能态和电荷

② SiO_2 层中的固定表面电荷。由

于在 Si-SiO_2 界面附近存在过剩硅离子，从而产生固定表面正电荷，它一般位于 Si-SiO_2 界面 20 nm 以内，并且不容易漂移。固定电荷密度与氧化层厚度、杂质类型、杂质浓度、表面电势等因素无关，一般不能充放电，不能与 Si 交换电荷。固定电荷密度与氧化工艺条件、退火条件以及 Si 单晶的晶向（晶面）有显著关系。

③ Si-SiO_2 界面处的界面态。界面处 Si 晶格中断，使 Si-SiO_2 界面 Si 禁带中存在许多准连续的表面电子能级。Si-SiO_2 界面处的界面态可以迅速地从半导体导带和价带俘获载流子或向导带和价带激发载流子，是"快态"，界面态分施主型和受主型两种。

④ SiO_2 中的陷阱电荷。由于 x 射线、γ 射线或电子射线的辐射，在 SiO_2 中激发产生自由电子和空穴，如果同时存在电场，除复合作用外，电子在 SiO_2 中可以运动至 SiO_2 外表面或由 Si-SiO_2 界面向 Si 中移动，而空穴由于运动困难而被 SiO_2 中原有陷阱俘获，从而在 SiO_2 中留下正的空间电荷。这种由辐射电离引起的电荷由退火工艺容易予以消除。

Si-SiO_2 界面处的界面态密度和 Si 的晶向（晶面）有关，一般（111）面的态密度比（110）面大，而（110）面的态密度又比（100）大，也就是说（100）面的界面态密度最小。这一顺序与 Si 晶体在（111）、（110）和（100）面上的原子面密度大小排列顺序相符。为减小界面态影响，在 MOS 器件和集成电路生产中常选用（100）晶面。将 Si-SiO_2 系统在氢或氢和氮的混合气体中进行 400～450 ℃低温退火，使氢与 Si 形成稳定的 H-Si 键，可以有效减小界面态密度。在惰性保护气体下的高温退火也是降低界面态密度的有效手段。

SiO_2 层中的固定表面电荷与 Si 单晶的晶向（晶面）、氧化工艺条件和退火工艺条件等因素有关。在不同的 Si 晶面上采用相同的氧化工艺条件所制备的 Si-SiO_2 系统，固定表面电荷密度也是按照（111）、（110）和（100）晶面的顺序下降的，因此为控制固定电荷也应采用（100）晶面。另外，与湿氧氧化和水汽氧化相比，采用干氧氧化工艺生长的 SiO_2 中固定电荷密度最低，因此适当增加干氧氧化时间、降低 SiO_2 生长速率都能使固定电荷密度降低。由于固定电荷起因于 Si-SiO_2 界面附近存在的过剩硅离子（即氧化不充分而在 SiO_2 中留下的氧空位），采用退火工艺也可以进一步降低 SiO_2 中已经形成的固定电荷，例如 700 ℃左右在干氧气氛中退火 30 分钟，能够在一定程度上补足氧空位，对减小固定电荷的影响有明显效果。

影响 Si 半导体器件性能最重要的因素是 Si-SiO_2 系统中 SiO_2 层内可动离子的漂移。其中形成可动电荷的主要来源是 Na^+沾污，另外还有 K^+、H^+等。如何降低 SiO_2 层中可动离子的影响可以从几个方面着手：首先是要设法控制并减少器件制造工艺过程中的 Na^+沾污；其次，由于要根本避免 Na^+沾污几乎不可能，那么对于已经存在于 SiO_2 中的 Na^+应该设法使其固定在空气- SiO_2 或金属-SiO_2 界面附近，以减弱它们的不良影响；还有就是芯片完成后，再采取制备钝化膜来保护管芯的措施，以阻挡 Na^+的重新沾污。

Na^+来源广泛，要完全避免非常困难。由于高纯化学试剂、高纯水和高等级净化环境的广泛采用，一般认为 Na^+的主要来源是高温氧化/扩散炉石英炉管表面的沾污造成的，应该经常保持石英炉管的清洁以减少 Na^+沾污。清洁石英炉管的方法之一是在炉管内通入 HCl，如果在氧化前把 HCl 通入炉管，高温分解的氯能与吸附在石英管壁上的钠反应生成氯化钠中性气体并被带出石英管，也就清洗了炉管。一般认为 HCl 清洗石英管减少 Na^+沾污是一种慢作用，需要较长时间的清洗才有显著效果。也可以在 HCl 气氛中进行氧化，这样能钝化 SiO_2 从而防止后续工艺中引起的钠沾污，其机理是由于氯气作用使 Na^+成为不活泼状态，使其固定在 SiO_2 的外表面。实践表明，采用 HCl 处理效果明显，SiO_2 的 Na^+沾污可以降低一个数量级。

对已经存在于 SiO_2 中的 Na^+，要尽量减小其可动性。采用所谓“磷处理”能达到这种目的。把金属化后的硅片在 $POCl_3$ 气氛中进行合金，合金过程使 SiO_2 膜中渗入 P_2O_5，从而在 SiO_2 外表面形成磷硅玻璃。磷硅玻璃具有“吸取” SiO_2 中 Na^+并且阻挡外界 Na^+玷污的双重作用。磷硅玻璃不但使钠等碱金属离子远离 Si-SiO_2 界面，而且能把已玷污在 SiO_2 中的 Na^+吸收到磷硅玻璃层内并加以固定，也就稳定了半导体的表面。另外，还可以制备比磷硅玻璃效果更好的钝化层以防止可动电荷 Na^+的玷污，氮化硅（Si_3N_4）具有比磷硅玻璃更强的阻挡外界 Na^+和吸收 SiO_2 中已经存在的 Na^+的作用。而通过采用 Si_3N_4-SiO_2-Si 多层结构，可以降低 Si_3N_4 直接代替 SiO_2 所带来的高界面态密度和陷阱等缺陷的影响。

1.5.3 表面能带弯曲与反型

如上所述，处于热平衡态的半导体具有统一的费米能级。当半导体表面与体内交换电子并最终达到平衡时，包括氧化层、表面、体内的各部分区域必定也具有统一的费米能级。因此在趋于平衡的过程中，如果半导体体内有较多的电子填充到表面能级，半导体表面就因此而带负电，反之半导体表面就会带正电。在表面能级中可以定出一个能量确定值 E_s，当电子填充的能级达到 E_s 时，表面恰好呈中性。如果原先半导体的费米能级比 E_s 高，为达到平衡必然有电子从体内运动至表面，表面能级上的这些负电荷所产生的电场又作用在半导体表面层上，使半导体表面附近的能带向上弯曲形成正空间电荷，表面能级中的负电荷与半导体表面层形成的正空间电荷的数量在达到平衡时完全相等。如果表面能级密度很大，在 E_F 略高于 E_s 时表面能级中就填入很多负电荷，这样在达到平衡后 E_F 与 E_s 接近，而电子填充前的 E_F 与 E_s 之差大约就是半导体表面附近能带上弯的高度。与此类似，当 E_s 高于半导体体内 E_F 时，表面能级中出现正电荷，因此表面附近出现能带下弯，产生负的空间电荷。上述情形分别示于图 1.51（a）、图 1.51（b）中。对于图 1.51（a）中表面能级接受体内电子、能级上弯的情况，N 型样品的近表面区域导带底 E_c 距 E_F 的距离要比体内大，同时 E_F 距价带顶 E_v 比体内更近，也就是近表面区域电子减少而空穴增多（多数载流子耗尽），甚至可以出现该区域转化为 P 型（反型）的情形。如果原来就是 P 型样品，那么能带上弯导致近表面区域空穴浓度更大，从而使表面层变为 P^+层（多数载流子积累）。同样对于图 1.51（b）所示的表面能级带正电、能

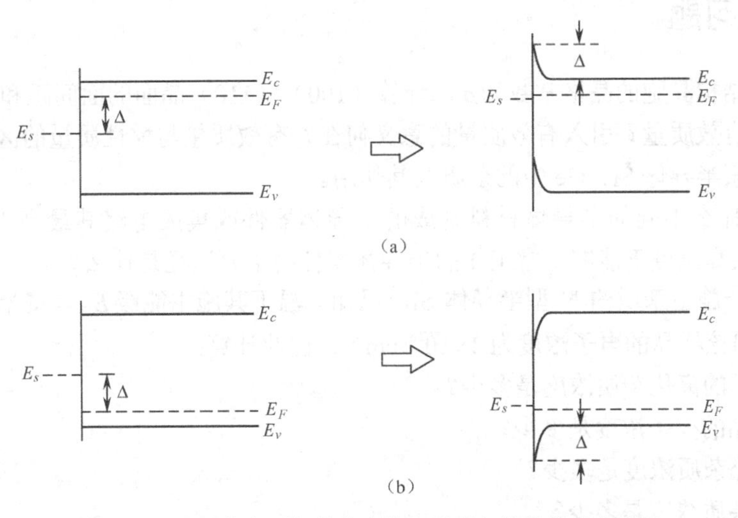

图 1.51　半导体表面与体内交换电子引起的能带弯曲情况

带下弯的情况，P 型样品在近表面区域其 E_F 距价带顶 E_v 的距离就有可能比距导带底 E_c 的距离更远，这样该区域电子浓度大于空穴浓度，呈现 N 型反型层。对 N 型样品则由于能带下弯将使近表面区域电子增多，呈现 N^+表面层（多数载流子积累）。

通常氧化层中的带电中心均为带正电的离子，受其作用表面能带要向下弯曲，因此氧化层下半导体表面的实际情况与图 1.51（b）所示的情况类似。

1.5.4 表面复合

前面只考虑了半导体体内的复合过程，实际上少子寿命在很大程度上受半导体表面形状和表面状态的影响。比如表面粗糙的半导体材料非平衡载流子寿命较短，而抛光后的样品则寿命较长；如果样品的几何尺寸不同而表面状况相同，那么较大的样品其寿命也较长。由于半导体表面处存在着特有的杂质和缺陷能级以及禁带中的表面能级，它们都可以形成复合中心能级而具有促进复合的作用，通常就把发生在半导体表面的复合过程称为表面复合。表面复合也是间接复合，间接复合理论同样适用于表面复合过程。

实际上半导体中表面复合与体内复合同时发生，如果这两种不同位置的复合独立发生互不影响，那么实际非平衡载流子的寿命应为表面复合和体内复合的综合效果，即

$$\frac{1}{\tau}=\frac{1}{\tau_v}+\frac{1}{\tau_s} \tag{1-158}$$

式（1-158）中，$1/\tau_v$ 是体内复合几率，$1/\tau_s$ 是表面复合几率，而 τ 称为有效寿命。

为描述发生在半导体表面的复合，定义表面复合率 R_s 为单位时间内通过单位表面积复合消失的电子-空穴对数。表面复合率 R_s 与表面处的非平衡载流子浓度 $(\Delta p)_s$ 成正比

$$R_s=s(\Delta p)_s \tag{1-159}$$

式（1-159）中，s 为表面复合速度，它反映了表面复合的强弱。s 的大小主要受到晶体表面的物理性质和外界气氛的影响。因为较高的表面复合速度会使更多的非平衡载流子在表面复合中消失，大多数半导体器件都希望具有稳定良好的表面和很少的表面复合。而在四探针法测量半导体材料电阻率时则要增大表面复合，以利于提高测试精度。

思考题和练习题

1. 金刚石结构晶胞的晶格常数为 a，计算（100）、（110）晶面的面间距和原子面密度。
2. 什么是有效质量？引入有效质量的意义何在？有效质量与惯性质量的区别是什么？
3. 综述元素半导体 Si、Ge 中的杂质及其作用。
4. 说明为什么不同的半导体材料制成的半导体器件或集成电路其最高工作温度各不相同？要获得在较高温度下能够正常工作的半导体器件的主要途径是什么？
5. 掺有单一施主杂质的 N 型半导体 Si，已知室温下其施主能级 E_D 与费米能级 E_F 之差为 $1.5\,kT$，而测出该样品的电子浓度为 $2\times10^{16}\ cm^{-3}$，由此计算：

（a）该样品的离化杂质浓度是多少？

（b）该样品的少子浓度是多少？

（c）未离化杂质浓度是多少？

（d）施主杂质浓度是多少？

6. 室温下的 Si，实验测得 $n_0=4.5\times10^4\ cm^{-3}$，$N_D=5\times10^{15}\ cm^{-3}$。

（a）该半导体是 N 型还是 P 型的？

（b）分别求出其多子浓度和少子浓度。

（c）样品的电导率是多少？

（d）计算该样品以本征费米能级 E_i 为参考的费米能级位置。

7. 室温下硅的有效态密度 $N_c = 2.8\times10^{19}\ \text{cm}^{-3}$，$N_v = 1.1\times10^{19}\ \text{cm}^{-3}$，$kT = 0.026\ \text{eV}$，禁带宽度 $E_g = 1.12\ \text{eV}$，如果忽略禁带宽度随温度的变化

（a）计算 77 K,300 K,473 K 三个不同温度下的本征载流子浓度；

（b）300 K 纯硅电子和空穴迁移率是 $1350\ \text{cm}^2/(\text{V}\cdot\text{s})$ 和 $500\ \text{cm}^2/(\text{V}\cdot\text{s})$，计算此时的电阻率；

（c）473 K 纯硅电子和空穴迁移率是 $420\ \text{cm}^2/(\text{V}\cdot\text{s})$ 和 $150\ \text{cm}^2/(\text{V}\cdot\text{s})$，计算此时的样品电阻率。

8. 若硅中的施主杂质浓度是 $1\times10^{17}\ \text{cm}^{-3}$、施主杂质电离能 $\Delta E_D = 0.012\ \text{eV}$ 时，求施主杂质 3/4 电离时所需要的温度是多少？

9. 现有一块掺磷（P）浓度为 $6\times10^{16}\ \text{cm}^{-3}$ 的 N 型 Si，已知 P 在 Si 中的电离能 $\Delta E_D = 0.044\ \text{eV}$，如果某一温度下样品的费米能级 E_F 与施主能级重合，此时的导带电子浓度是多少？对应的温度又是多少？

10. 对于掺 Sb 的半导体 Si，若 $E_c - E_F = kT$ 为简并化条件，试计算在室温下发生简并化的掺杂浓度是多少？

11. 半导体电子和空穴迁移率分别是 μ_n 和 μ_p，证明当空穴浓度为 $p_0 = n_i(\mu_n/\mu_p)^{1/2}$ 时，电导率最小且 $\sigma_{\min} = 2\sigma_i(\mu_n\mu_p)^{1/2}/(\mu_n+\mu_p)$，$\sigma_i$ 为本征电导率。

12. 掺有 $3\times10^{15}\ \text{cm}^{-3}$ 硼原子和 $1.3\times10^{16}\ \text{cm}^{-3}$ 磷原子的硅，室温下计算：

（a）热平衡态下多子、少子浓度，费米能级位置（E_i 为参考）。

（b）样品的电导率 σ_0。

（c）光注入 $\Delta n = \Delta p = 3\times10^{12}\ \text{cm}^{-3}$ 的非平衡载流子，是否小注入，为什么？

（d）附加光电导 $\Delta\sigma$。

（e）光注入下的准费米能级 E_{FN} 和 E_{FP}（E_i 为参考）。

（f）画出平衡态下的能带图，标出 E_c、E_v、E_F、E_i 等能级的位置，在此基础上再画出光注入时的 E_{FN} 和 E_{FP}，说明为什么 E_{FN} 和 E_{FP} 偏离 E_F 的程度是不同的。

（g）光注入时的样品电导率 σ。

13. 用 $h\nu \geqslant E_g$ 的光分别照射两块 N 型半导体，假定两个样品的空穴产生率都是 g_p，空穴寿命都是 τ_p。如果其中一块样品均匀地吸收照射光，而另一块样品则在光照表面的极薄区域内照射光就被全部吸收，写出这两个样品在光照稳定时非平衡载流子所满足的方程并指出它们的区别。

第2章　PN结

在前一章中，分析了P型和N型半导体中的载流子浓度分布和运动情况，如果将P型和N型半导体结合在一起，在二者的交界处就形成了所谓PN结。

PN结是构成各类半导体器件的基础，如双极型晶体管、结型场效应晶体管、可控硅等，都是由PN结构成的。PN结的性质集中反映了半导体导电性能的特点，如存在两种载流子、载流子有漂移、扩散、产生与复合三种基本运动形式等。

本章主要分析PN结形成的物理过程和PN结的物理特性，讨论PN结的几个重要性质，如电流–电压特性、击穿特性、电容效应和开关特性等。

2.1　平衡PN结

在一块本征半导体中掺入不同的杂质，使一部分为P型半导体，另一部分为N型半导体，那么在P型半导体与N型半导体的交界处就会形成一个具有特殊电学性能过渡区域，称之为PN结。

如果PN结没有受外加电压、光照、辐射等的影响，并且其所处环境的温度也保持恒定，则称为平衡PN结。除特别说明外，一般不讨论光照、辐射和温度的影响，所以平衡PN结实际上就是指没有外加电压的PN结。本节主要分析平衡PN结的性质和特点。

2.1.1　PN结的制造工艺和杂质分布

图2.1为PN结基本结构示意图。形成PN结的工艺有合金法、扩散法、生长法、离子注入法等。下面简单介绍常用的合金法、扩散法和离子注入法的工艺过程以及用这三种方法制得的PN结中的杂质分布情况。

本节要了解的主要内容包括PN结制造工艺和杂质分布，突变结和单边突变结，缓变结和线性缓变结等。

1. 合金法及其杂质分布

图2.2表示用合金法制造PN结的过程。把一小颗铟球（In）放在N型锗单晶片上，加热到一定的温度，形成铟锗共熔体，然后降低温度，在降温过程中，锗便从共熔体中析出，沿着锗片的晶向再结晶。在再结晶的锗区中，将含有大量的P型杂质铟，使该区变成P区，从而形成了PN结。

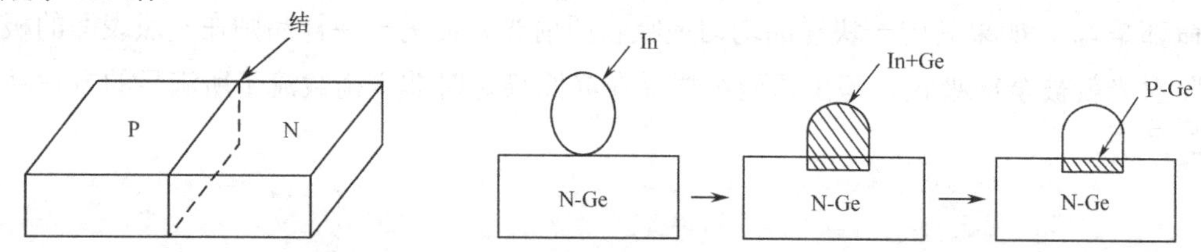

图2.1　PN结基本结构示意图　　　　图2.2　合金法制造PN结的过程

合金法PN结的杂质分布如图2.3所示。其特点是，N区中施主杂质浓度为N_D，而且均匀分布；P区中受主杂质浓度为N_A，也是均匀分布的。在交界面处，杂质浓度由N_A（P

型）突变为 N_D（N 型），具有这种杂质分布的 PN 结称为突变结。设 PN 结的位置在 $x=X_j$ 处，则突变结的杂质分布可以表示为

$$\left.\begin{aligned} x < X_j,\ N(x) = N_A \\ x > X_j,\ N(x) = N_D \end{aligned}\right\} \tag{2-1}$$

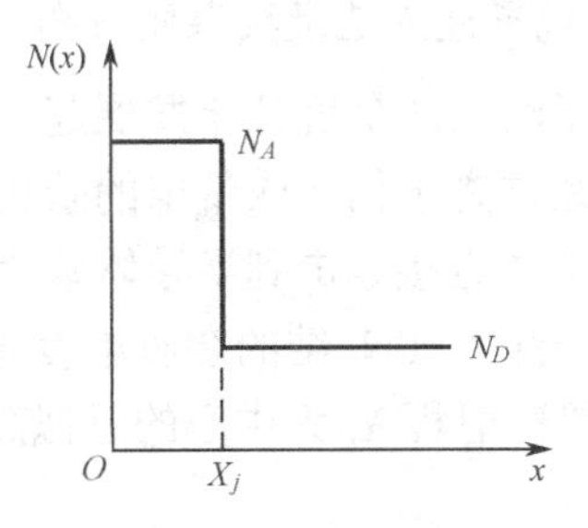

图 2.3　合金法 PN 结（突变结）的杂质分布

实际突变结两边的杂质浓度相差很多，例如 N 区的施主杂质浓度为 $10^{16}\ \text{cm}^{-3}$，而 P 区的受主杂质浓度为 $10^{19}\ \text{cm}^{-3}$，通常把这种结称为单边突变结。对于单边突变结，若 $N_A \gg N_D$，则记为 P^+N 结；若 $N_A \ll N_D$，则记为 PN^+结。

2. 扩散法及其杂质分布

图 2.4 表示用扩散法制造 PN 结（也称扩散结）的过程。它是在 N 型（或 P 型）单晶硅片上，通过氧化、光刻、扩散等工艺制得的 PN 结，其杂质分布由扩散过程及杂质补偿决定。在这种 PN 结中，杂质浓度从 P 区到 N 区是逐渐变化的，通常称为缓变结，如图 2.5（a）所示。

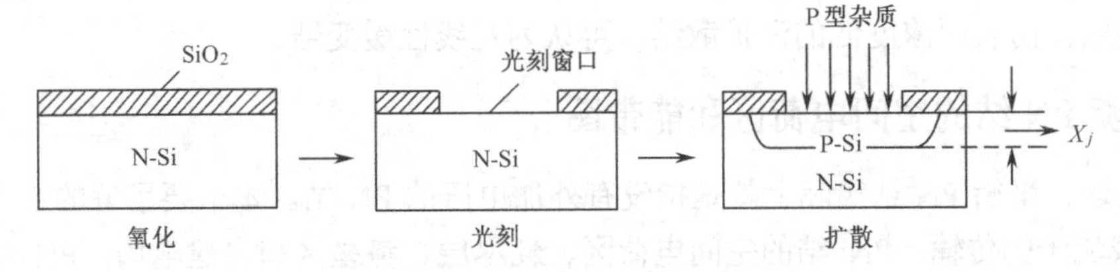

图 2.4　扩散法制造 PN 结的过程

设 PN 结位置在 $x = X_j$ 处（参见图 2.4 所示，X_j为 PN 结的结深），则 PN 结中的杂质分布可表示为

$$\left.\begin{aligned} x < X_j,\ N_A > N_D \\ x > X_j,\ N_D > N_A \end{aligned}\right\} \tag{2-2}$$

在扩散结中，若杂质分布可用 $x = X_j$ 处的切线近似表示，则称为线性缓变结，如图 2.5（b）所示。线性缓变结的杂质分布可表示为

$$N_D - N_A = a_j(x - X_j) \tag{2-3}$$

式中 a_j 是 $x = X_j$ 处切线的斜率，称为杂质浓度梯度，它决定于扩散杂质的实际分布。但是，对于高表面浓度的浅扩散结，X_j 处的斜率 a_j 很大，这时扩散结可用突变结来近似，如图 2.5（c）所示。

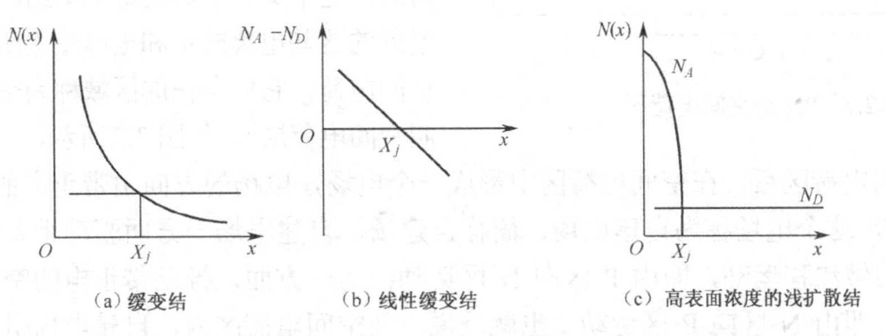

图 2.5　扩散法 PN 结（扩散结或缓变结）的杂质分布

3. 离子注入法及其杂质分布

离子注入法是近几年发展起来的新掺杂技术，该方法是把杂质元素（如硼、磷、砷）的原子，经过离子化变成带电的杂质离子，然后用强电场加速，获得高能量（约几万到几十万eV）的离子直接轰击到半导体基片内，经过退火激活，在体内形成一定杂质浓度的PN结。

离子注入 PN 结的杂质浓度分布，在掩蔽膜窗口附近的横向分布为余误差分布；纵向是以平均投影射程 R_P 为中心的近似高斯分布，如图 2.6 所示。

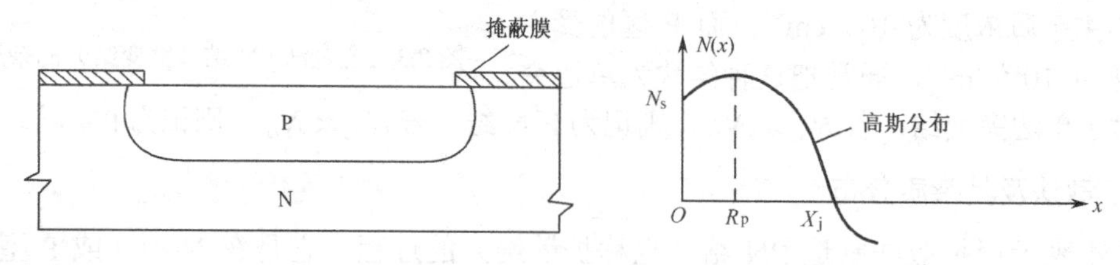

图 2.6　离子注入 PN 结及其杂质分布

可见，采用不同的制作工艺，就会得到不同的杂质分布，但为了简化理论分析，通常将PN 结的杂质分布分为突变结和线性缓变结两种情况：合金结和表面浓度高的浅扩散结一般可认为是突变结；而表面浓度低的深扩散结，可认为是线性缓变结。

2.1.2　平衡 PN 结的空间电荷区和能带图

如前所述，平衡 PN 结实际上就是指没有外加电压的 PN 结。本节要了解的主要内容为平衡 PN 结载流子的传输；PN 结的空间电荷区、耗尽层、势垒区和自建电场；PN 结的动态平衡；平衡 PN 结的能带图；平衡 PN 结的接触电势差。

1. 平衡 PN 结空间电荷区的形成

当 P 型和 N 型半导体单独存在时，在 P 型半导体一边，空穴是多数载流子（简称多子），电子是少数载流子（简称少子）；在 N 型半导体一边，电子是多子，空穴是少子，它们都是电中性的。但当这两部分半导体靠得很近，甚至相互接触时，由于在交界面处存在着电子和空穴的浓度差，N 区中的电子要向 P 区扩散，P 区中的空穴要向 N 区扩散。这样，对于 P 区，空穴离开后，留下了不可动的带负电荷的电离受主，这些电离受主在 PN 结的 P 区侧形成了一个负电荷区；同样，在 N 区由于走失电子而出现了由不可移动的电离施主构成的正电荷区，这个交界区域就是 PN 结。通常把 PN 结附近的这些电离施主和电离受主所带的电荷称为空间电荷，它们所在的区域称为空间电荷区（也叫空间电荷层），如图 2.7 所示。

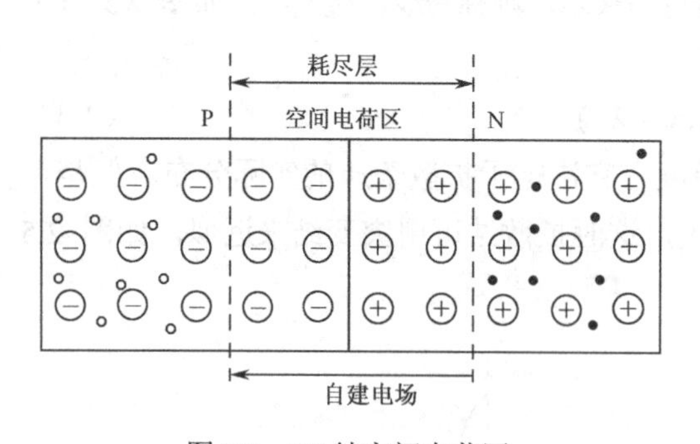

图 2.7　PN 结空间电荷区

出现空间电荷区后，在空间电荷区中形成一个电场，电场的方向由带正电的 N 区指向带负电的 P 区，这个电场称为自建电场，简称自建场。自建电场一方面驱动带负电的电子沿电场相反的方向做漂移运动，即由 P 区向 N 区运动；另一方面，推动带正电的空穴沿电场方向做漂移运动，即由 N 区向 P 区运动。也就是说，在空间电荷区内，自建电场引起的电子和空穴的漂移运动与它们扩散运动方向正好相反。随着扩散的进行，空间电荷数量不断增加，自建电场越来越强，直到电场强到使载流子的漂移运动和扩散运动相抵消（即大小相等、方向相反）。此时，PN 结达到了动态平衡，这就是平衡 PN 结的情况。

2. 平衡 PN 结能带图

平衡 PN 结的状态可以用能带图来分析，如图 2.8 所示。

从图 2.8 所示的能带图可见，N 型半导体的费米能级 E_{FN} 在本征费米能级 E_i 之上，P 型半导体费米能级 E_{FP} 在 E_i 之下。当 N 型和 P 型半导体结合成 PN 结时，若没有外加电压（外加电压为零），则有统一的费米能级 E_F，即费米能级处处相等。也就是说，N 区的能带相对 P 区下移（或说 P 区的能带相对 N 区上移），使两个区的费米能级拉平为 E_F，如图 2.8（b）所示。

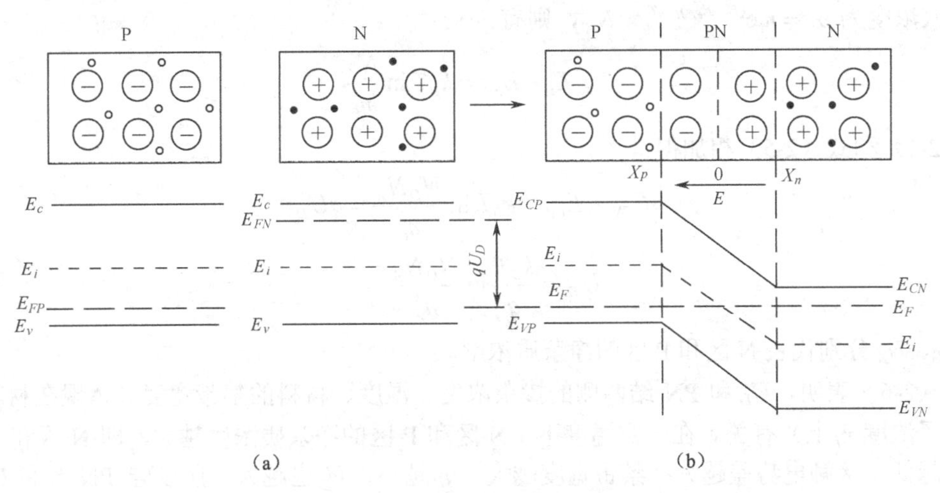

图 2.8　平衡 PN 结的能带图

事实上，E_{FN} 随着 N 区能带一起下移，E_{FP} 随着 P 区能带一起上移。能带相对移动是 PN 结空间电荷区存在自建电场的结果，由于自建电场的方向是由 N 区指向 P 区，它表明 P 区的电势（电位）比 N 区的低，如图 2.9 所示。也就是，空间电荷区内电势 $U(x)$ 由 N 区向 P 区不断降低。能带图就是按电子能量的高低画的，所以 P 区电子的电势能比 N 区高，也即电子的电势能 $-qU(x)$ 由 N 区向 P 区不断升高。因此，P 区的能带相对 N 区上移，而 N 区能带相对 P 区下移，直至费米能级处处相等，PN 结达到平衡状态为止。平衡 PN 结具有统一的费米能级，恰好体现了每一种载流子的扩散电流和漂移电流都互相抵消，从而没有净电流通过 PN 结。达到平衡状态时，N 区、P 区费米能级拉平，P 区能带相对 N 区能带上移，如果电势能变化量用 qU_D 表示，则有 $qU_D = E_{FN} - E_{FP}$，其中 U_D 称为 PN 结接触电势差，下面将会详细讨论。

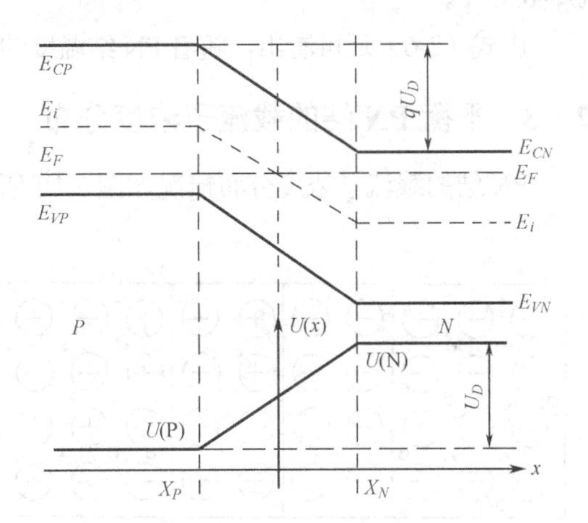

图 2.9　平衡 PN 结的能带和电位分布

从图 2.9 可以看出，在 PN 结空间电荷区内，能带发生弯曲，它反映了空间电荷区内电子电势能的变化。因能带弯曲，电子从势能低的 N 区向势能高的 P 区运动时，必须克服这个势能“高坡”或“势垒”，才能到达 P 区；同理，空穴也必须克服这个势能“高坡”，才能从 P 区到达 N 区，这一势能“高坡”通常称为 PN 结的势垒，所以空间电荷区也叫势垒区。

3. 平衡 PN 结接触电势差

由于平衡 PN 结空间电荷区内存在自建电场，使得 N 区和 P 区之间存在电势差，这个电势差称为 PN 结接触电势差，用U_D表示。下面推导U_D与半导体材料参数的关系，已知 N 区电子浓度为$n_n = n_i e^{(E_{FN}-E_i)/k_BT} \approx N_D$，则有

$$E_{FN} - E_i = k_B T \ln \frac{N_D}{n_i} \tag{2-4}$$

P 区空穴浓度为$p_p = n_i e^{(E_i - E_{FP})/k_BT} \approx N_A$，则有

$$E_i - E_{FP} = k_B T \ln \frac{N_A}{n_i} \tag{2-5}$$

将式（2-4）和式（2-5）相加得

$$E_{FN} - E_{FP} = k_B T \ln \frac{N_D N_A}{n_i^2} = qU_D$$

所以

$$U_D = \frac{k_B T}{q} \ln \frac{N_D N_A}{n_i^2} \tag{2-6}$$

式中N_D、N_A分别代表 N 区和 P 区的净杂质浓度。

式（2-6）表明，U_D和 PN 结两侧的掺杂浓度、温度、材料的禁带宽度（体现在材料的本征载流子浓度n_i上）有关。在一定温度下，N 区和 P 区的净杂质浓度越大，即 N 区和 P 区的电阻率越低，接触电势差越大；禁带宽度越大，n_i越小，U_D也越大，所以硅 PN 结的U_D比锗 PN 结的U_D大。若 $N_A=10^{17}\ \text{cm}^{-3}$，$N_D=10^{15}\ \text{cm}^{-3}$，则在室温下可以算得硅的$U_D$=0.70 V，锗的$U_D$=0.32 V。

由式（2-6）还可看出，随着 PN 结温度的升高和本征载流子浓度n_i的增大，U_D将减小。

2.1.3 平衡 PN 结的载流子浓度分布

PN 结的载流子浓度分布情况如图 2.10 所示。在空间电荷区靠 P 区边界X_P处，电子浓度等于 P 区的平衡少子浓度n_{p0}，空穴浓度等于 P 区的平衡多子浓度p_{p0}；在靠 N 区边界X_N处，空穴浓度等于 N 区的平衡少子浓度p_{n0}，电子浓度等于 N 区的平衡多子浓度n_{n0}。在空间电荷区内，空穴浓度从X_P处的p_{p0}减小到X_N处的p_{n0}，电子浓度从X_N处的n_{n0}减小到X_P处的n_{p0}。

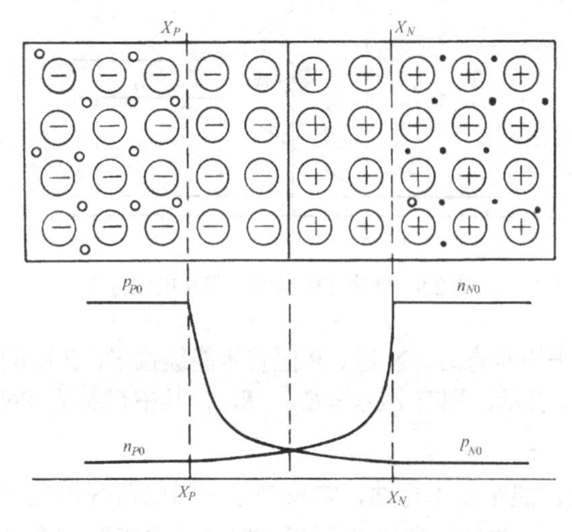

图 2.10　PN 结的载流子浓度分布

在 PN 结的形成过程中，电子从 N 区向 P 区扩散，从而在结面的 N 区侧留下不能移动的电离施主（正电中心）；空穴自 P 区向 N 区扩散，留下不能移动的电离受主（负电中心）。而在空间电荷区内可移动载流子的分布是按指数规律变化的，变化非常显著，

绝大部分区域的载流子浓度远小于中性区域，即空间电荷区的载流子基本已被耗尽，参见图2.10。所以空间电荷区又叫耗尽区或耗尽层。

在 PN 结理论分析中，常常假设空间电荷区中的电子和空穴完全被耗尽，即正、负空间电荷密度分别等于施主浓度和受主浓度，这种假设称为耗尽层假设或耗尽层近似。

2.2 PN 结的直流特性

以上分析了平衡 PN 结（没有外加电压的 PN 结）的性质和载流子浓度分布，当 PN 结无外加电压时，空间电荷区内载流子的扩散电流等于漂移电流，但两者方向相反，所以通过 PN 结的总净电流为零。但当在 PN 结上施加偏置电压时，PN 结就处于非平衡状态（称为非平衡 PN 结）了，那么此时 PN 结的性质会有什么变化呢？

本节将讨论非平衡 PN 结物理特性的变化，如能带图、少子浓度分布、电流的传输和转换以及电流–电压特性等。

为了分析方便和分析问题简化，规定 PN 结的 P 区接电源正极为正向偏置（简称正偏），否则为反向偏置（简称反偏），并假设：

① P 型区和 N 型区宽度远大于少子扩散长度；

② P 型区和 N 型区电阻率足够低，外加电压全部降落在势垒区，势垒区外没有电场；

③ 空间电荷区宽度远小于少子扩散长度，空间电荷区不存在载流子的产生与复合；

④ 不考虑表面的影响，且载流子在 PN 结中做一维运动；

⑤ 假设为小注入，即注入的非平衡少子浓度远小于多子浓度。

2.2.1 PN 结的正向特性

1. PN 结的正向偏置及其能带图

PN 结正偏连接如图 2.11 所示，外加正偏电压为 U。PN 结加上正向偏压时，根据前面的假设②，由于势垒区载流子浓度很低，是一个高阻区，外加电压几乎全部降落在势垒区，在势垒区内产生一个外加电场 E'，其方向与原来的自建电场 E 方向相反，从而削弱了势垒区电场的强度。

由于势垒区中电场被削弱，势垒区中的空间电荷数量将减少，势垒区宽度由 X_m（虚线）变窄为 X_{m1}。同时，势垒区两边之间的电势差降低，由原来的 U_D 降至 U_D-U，势垒高度也就由原来的 qU_D（虚线）降至 $q(U_D-U)$，因此与平衡 PN 结相比，非平衡 PN 结的能带图将发生变化，如图 2.11 所示，其中虚线为平衡 PN 结的能带图。

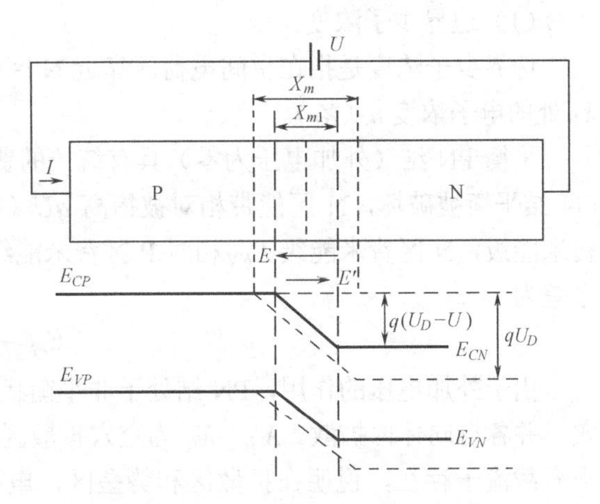

图 2.11　正偏 PN 结及其能带图

同时，由于正偏使势垒区电场削弱，破坏了原来的动态平衡，载流子的扩散作用将超过漂移作用，所以有净扩散电流流过 PN 结，构成 PN 结的正向电流。

2. PN 结的正向注入效应

在加正向偏压时，外加电场的方向与自建场方向相反，结果空间电荷区的电场被削弱了。因此，载流子的扩散大于漂移，电子从 N 区扩散（或说注入）到 P 区，空穴从 P 区扩散（或说注入）到 N 区，这种现象称为 PN 结的正向注入效应。

不论是自 N 区注入到 P 区的电子，还是自 P 区注入到 N 区的空穴，在注入之后都成了所在区域的非平衡少子。它们主要以扩散方式运动，即在边界附近积累形成浓度梯度，并向体内扩散，同时进行复合，最终形成一个稳态分布。图 2.12 画出了 P 区和 N 区中这种注入少子浓度分布的示意图（图中标有阴影部分代表非平衡少子），图中 L_n 为电子扩散长度，L_p 为空穴扩散长度。由于 P 区和 N 区宽度远大于少子扩散长度（假设①），所以在远离 PN 结的区域，非平衡少子因全部复合而浓度趋于零。

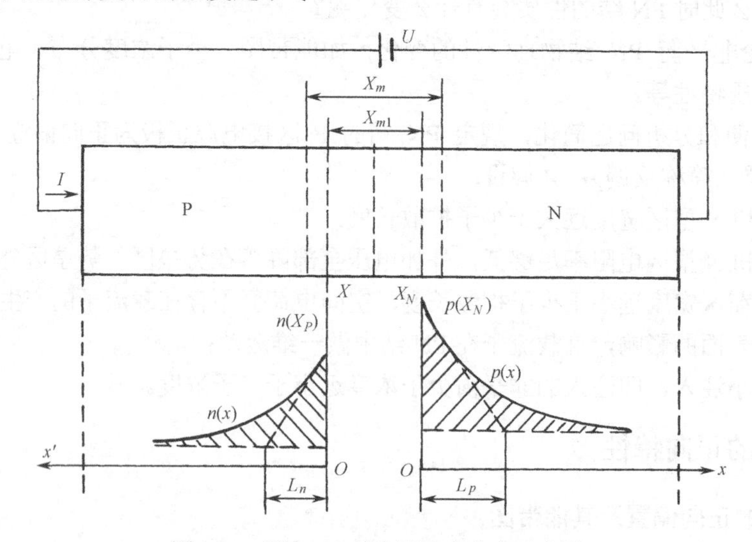

图 2.12　正向 PN 结少子浓度分布示意图

3. 正向 PN 结的边界少子浓度和少子浓度分布

（1）边界少子浓度

边界少子浓度是指在空间电荷区靠近 N 区边界 X_N 处的空穴浓度 p（X_N）和靠近 P 区边界 X_P 处的电子浓度 n（X_P）。

平衡 PN 结（外加电压为零）具有统一的费米能级 E_F，但当 PN 结加有正向偏压 U 时，PN 结平衡被破坏，N 区能带相对被抬高 qU（参见图 2.11），这时 P 区和 N 区将没有统一的费米能级，N 区费米能级 E_{FN} 相对 P 区费米能级 E_{FP} 也随之抬高 qU，即 N 区与 P 区费米能级之差为

$$E_{FN} - E_{FP} = qU \tag{2-7}$$

由于外加电压的作用，PN 结处于非平衡状态，N 区向 P 区注入电子，P 区向 N 区注入空穴，并各自向体内扩散。$X'_N - X_N$ 为空穴扩散区，$X_P - X'_P$ 为电子扩散区，在这些区域内都有非平衡载流子存在，说明在扩散区和势垒区，电子和空穴没有统一的费米能级，这时必须用电子准费米能级 E'_{FN} 和空穴准费米能级 E'_{FP} 来表示，如图 2.13 所示。

在 P 区，包括来自 N 区的电子（少子）扩散区，由于仅考虑小注入（假设⑤）的情况，空穴浓度很高，所以 E_{FP} 维持不变。同时由于势垒区宽度很窄（假设③），费米能级的变化也

可以忽略。因此，空穴的费米能级从 P 区到势垒区保持平衡时的 E_{FP}。但在空穴扩散区 X'_N–X_N 内，由于空穴浓度很低，且变化显著，所以空穴的费米能级也将随之急剧变化，如图 2.13 所示的 E'_{FP}。

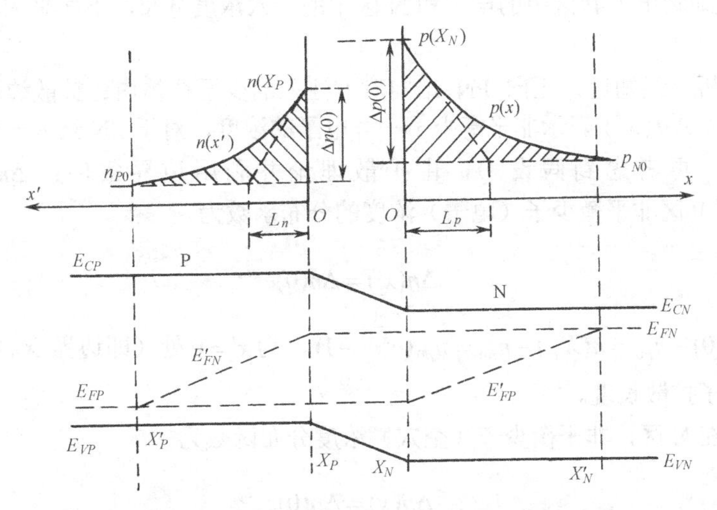

图 2.13　正向 PN 结的少子分布和准费米能级

在 N 区，根据同样的道理可以推得，电子的费米能级从 N 区到势垒区保持平衡时的 E_{FN}。但在电子扩散区 X_P–X'_P 内，由于电子浓度很低，且变化显著，所以电子的费米能级也将随之急剧变化，如图 2.13 所示的 E'_{FN}。

引入了电子准费米能级 E'_{FN} 和空穴准费米能级 E'_{FP} 后，非平衡状态下的载流子浓度，仍然可以按类似于平衡条件下的情况来处理。下面就据此来求出，P 区边界 X_P 处电子的浓度 $n\left(X_P\right)$ 和 N 区边界 X_N 处空穴的浓度 $p\left(X_N\right)$。

在 P 区边界 X_P 处，$E'_{FN}=E_{FN}$，则电子和空穴的浓度分别为

$$n(X_P)=n_i \mathrm{e}^{(E_{FN}-E_i)/k_BT} \tag{2-8}$$

$$p(X_P)=n_i \mathrm{e}^{(E_i-E_{FP})/k_BT} \tag{2-9}$$

考虑到 $E_{FN}-E_{FP}=qU$，于是有

$$n(X_P)\cdot p(X_P)=n_i^2 \mathrm{e}^{(E_{FN}-E_{FP})/kT}=n_i^2 \mathrm{e}^{qU/k_BT} \tag{2-10}$$

所以有

$$n(X_P)=\frac{n_i^2}{p(X_P)} \mathrm{e}^{qU/k_BT} \tag{2-11}$$

由于 $p(X_P)$ 为 P 区边界 X_P 处多子浓度，所以 $p(X_P)\approx p_{P0}$（p_{P0} 为 P 区多子平衡浓度），又由于 $n_{P0}=\dfrac{n_i^2}{p_{P0}}$，将这些关系代入式（2-11），可得在 P 区边界 X_P 处电子的浓度为

$$n\left(X_P\right)=n_{p0} \mathrm{e}^{\frac{qU}{k_BT}} \tag{2-12}$$

同理可以得到，在 N 区边界 X_N 处，空穴的浓度为

$$p\left(X_N\right)=p_{n0} \mathrm{e}^{\frac{qU}{k_BT}} \tag{2-13}$$

式（2-12）和式（2-13）中 n_{P0}、p_{N0} 分别代表 P 区和 N 区的平衡少子浓度，U 代表外加正向电压。从式（2-12）和式（2-13）这两个重要关系式可见：正向 PN 结边界处的少子浓度等于

体内平衡少子浓度乘上一个指数因子 $e^{\frac{qU}{k_BT}}$。

（2）少子浓度分布

图 2.13 定性地画出了 P 区中的电子和 N 区中的空穴浓度分布，下面来求浓度分布的表达式。

由前面的分析已经知道，正向 PN 结向对方注入的少子往体内边扩散边复合，形成一个稳态分布。如果以 $\Delta n(x')$ 表示非平衡少子——电子的浓度，对于 PN 结为一维注入（根据假设④）的情况，再考虑到假设①，由扩散理论并利用边界条件：$\Delta n(X_P) \approx \Delta n(0)$，$\Delta n(\infty) \approx 0$，可得 P 区非平衡少子（电子）浓度的分布函数为

$$\Delta n(x') = \Delta n(0) e^{-\frac{x'}{L_n}} \tag{2-14}$$

式中，$\Delta n(0) = n(0) - n_{p0} = n(X_P) - n_{p0} = n_{p0}(e^{\frac{qU}{k_BT}} - 1)$，为 $x' = 0$ 处（即边界 X_P 处）的非平衡电子浓度；L_n 为电子扩散长度。

同理可得，在 N 区，非平衡少子（空穴）浓度分布函数为

$$\Delta p(x) = \Delta p(0) e^{-\frac{x}{L_p}} \tag{2-15}$$

式中，$\Delta p(0) = p(0) - p_{N0} = p(X_N) - p_{N0} = p_{N0}(e^{\frac{qU}{k_BT}} - 1)$，为 $x = 0$ 处（即边界 X_N 处）的非平衡空穴浓度；L_p 为空穴扩散长度。

从式（2-14）和式（2-15）可以看到，非平衡少子浓度等于边界处非平衡少子浓度乘上指数因子，即非平衡少子浓度随着距离的增加而按指数规律衰减，衰减常数为少子的扩散长度。当 x 比少子扩散长度大几倍时，非平衡少子浓度才基本为零，即少子扩散长度并不等于扩散区的长度。

4. 正向 PN 结的电流转换和传输

图 2.14 画出了正偏 PN 结载电流转换和少子分布示意图。在 N 型区的右侧区域，由于注入过来的非平衡少子（空穴）已经基本上复合消失，少子（空穴）的扩散电流为零，流过的电流主要是多子——电子的漂移电流（因为少子——空穴的浓度很低，其漂移电流可忽略不计）。同样，在 P 型区的左侧区域，通过的主要是多子——空穴的漂移电流。

在扩散区中，少子扩散电流和多子漂移电流将互相转换。N 型区中的电子，在外加电压的作用下，向边界 X_N 漂移，越过空间电荷区，经过边界 X_P 注入 P 区，然后向前扩散形成电子扩散电流，但在电子扩散区域 L_n 中，电子边扩散、边复合，不断与从左面漂移过来的空穴复合而转化为空穴漂移电流，直到 X'_P 处注入电子全部复合掉，电子扩散电流全部转变为空穴漂移电流。同样，P 型区中的空穴，在外加电压的作用下，向边界 X_P 漂移，越过空间电荷区，经过边界 X_N 注入 N 区，在空穴扩散区域 L_P 中，空穴扩散电流通过复合转换为电子漂移电流。总之，经过上述过程，扩散区中的少子扩散电流都通过复合转换为多子漂移电流。

电子电流与空穴电流的大小在 PN 结附近扩散区域内的各处是不相等的，但两者之和始终相等。这说明电流转换并非电流的中断，而仅仅是电流的具体形式和载流子类型发生了改变，PN 结内电流是连续的。

5. PN 结正向电流-电压关系

由以上分析可知，PN 结内各处电流是连续的，则通过 PN 结的任意截面电流都一样。因

此，只要求出空间电荷区与 N 区的交界面 X_N 处的电子电流与空穴电流，它们的和就是流过 PN 结的总电流，即

$$
\begin{aligned}
I &= (X_N\text{处的电子漂移电流}) + (X_N\text{处的空穴扩散电流}) \\
&= (X_P\text{处的电子扩散电流}) + (X_N\text{处的空穴扩散电流}) \\
&= I_n(X_P) + I_p(X_N)
\end{aligned}
$$

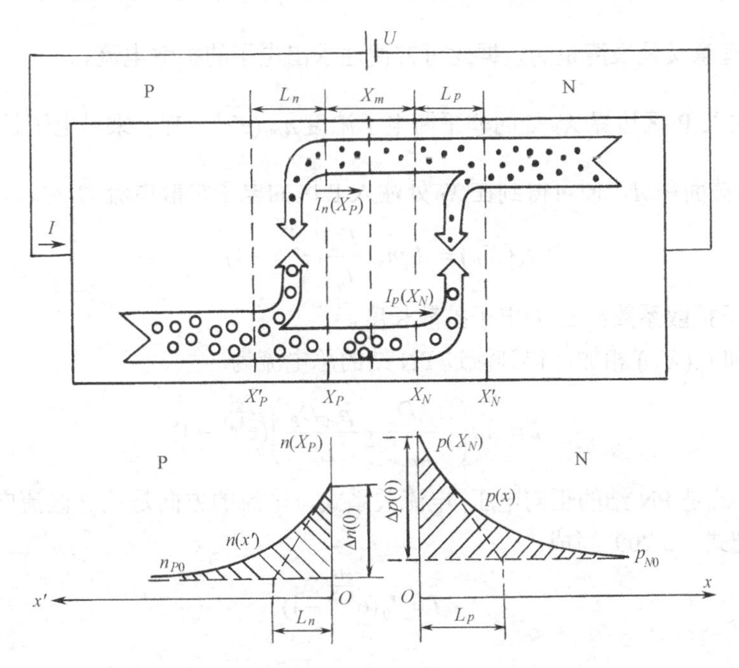

图 2.14　正偏 PN 结电流转换和少子分布示意图

下面先求 $I_p(X_N)$ 和 $I_n(X_P)$，再求得 I。

N 区非平衡少子——空穴的分布函数为 $\Delta p(x) = \Delta p(0)\mathrm{e}^{-\frac{x}{L_p}}$，则空穴扩散电流密度为

$$j_p(x) = -qD_p \frac{\mathrm{d}\Delta p(x)}{\mathrm{d}x} = \Delta p(0)\frac{qD_p}{L_p}\mathrm{e}^{-x/L_p} \tag{2-16}$$

式中负号表示载流子从浓度高的地方向浓度低的地方扩散，即载流子浓度是随 x 增加而减小的，则在 $x=0$ 处（边界 X_N 处）空穴电流密度为

$$j_p(0) = j_p(X_N) = \Delta p(0)\frac{qD_p}{L_p} \tag{2-17}$$

则

$$
\begin{aligned}
I_p(X_N) &= Aj_p(X_N) = qA\Delta p(0)\frac{D_p}{L_p} \\
&= Aqp_{n0}\frac{D_p}{L_p}(\mathrm{e}^{\frac{qU}{k_BT}} - 1)
\end{aligned} \tag{2-18}
$$

式中，D_p 为空穴扩散系数，L_p 为空穴扩散长度。

式（2-18）中，D_p/L_p 与速度有相同的单位（cm/s），因此将 D_p/L_p 叫做扩散速度。这样，$I_p(X_N)$ 可以认为是边界处非平衡少子——空穴 $p_{n0}(\mathrm{e}^{\frac{qU}{k_BT}} - 1)$，以速度 D_p/L_p 注入 N 区形成的电流。

式（2-18）的物理意义进一步说明如下，$p_{n0}(\mathrm{e}^{\frac{qU}{k_BT}}-1)$ 为注入 N 区边界的非平衡空穴浓度，则单位时间内注入N区的非平衡空穴总数为 $Ap_{n0}\dfrac{D_p}{L_p}(\mathrm{e}^{\frac{qU}{k_BT}}-1)$，单位时间内注入的总电荷量为 $Aqp_{n0}\dfrac{D_p}{L_p}(\mathrm{e}^{\frac{qU}{kT}}-1)$——根据电流的定义，这就是 $I_p(X_N)$。可见，X_N 处少子空穴的扩散电流 $I_p(X_N)$ 的物理意义是很清楚的，据此可方便地求出电子的扩散电流。

因此，把注入 P 区边界 X_P 处的非平衡电子浓度 $n_{P0}(\mathrm{e}^{\frac{qU}{k_BT}}-1)$，乘以电子扩散速度 $\dfrac{D_n}{L_n}$、电量 q 和PN结的截面积 A，便可得到在 X_P 处注入P区的电子扩散电流为

$$I_n(X_P)=Aqn_{p0}\frac{D_n}{L_n}(\mathrm{e}^{\frac{qU}{k_BT}}-1) \tag{2-19}$$

式中，D_n 为电子扩散系数；L_n 为电子扩散长度。

将 $I_n(X_P)$ 和 $I_p(X_N)$ 相加，得到流过PN结的总电流为

$$I=Aq\left(\frac{n_{p0}D_n}{L_n}+\frac{p_{n0}D_P}{L_P}\right)(\mathrm{e}^{\frac{qU}{k_BT}}-1) \tag{2-20}$$

式（2-20）就是PN结的正向电压–电流关系式，电流的方向是从P区流向N区，在实际应用中，通常把式（2-20）写成：

$$I=I_0(\mathrm{e}^{\frac{qU}{k_BT}}-1) \tag{2-21}$$

式中

$$I_0=Aq\left(n_{p0}\frac{D_n}{L_n}+p_{n0}\frac{D_p}{L_p}\right)=Aq\left(\frac{n_i^2}{p_{p0}}\frac{D_n}{L_n}+\frac{n_i^2}{n_{n0}}\frac{D_p}{L_p}\right) \tag{2-22}$$

在常温下，$N_A\approx p_{P0}$，$N_D\approx n_{N0}$，并考虑到 $L_n=\sqrt{D_n\tau_n}$，$L_p=\sqrt{D_p\tau_p}$，则式（2-22）可近似为

$$I_0=Aq\left(\frac{n_i^2}{N_A}\frac{L_n}{\tau_n}+\frac{n_i^2}{N_D}\frac{L_p}{\tau_p}\right) \tag{2-23}$$

式中，τ_n 为P区非平衡电子寿命；τ_p 为N区非平衡空穴寿命。

若已知PN结的杂质浓度、结面积和两边载流子的寿命，便可用式（2-21）和式（2-23）计算出在一定外加电压下PN结的电流。在常温（300 K）下，$U_T=kT/q=0.026\text{ V}$，而实际的正向电压 U 为零点几伏，所以 $\mathrm{e}^{\frac{qU}{kT}}>>1$，则式（2-12）可近似为

$$I=I_0\mathrm{e}^{\frac{qU}{k_BT}} \tag{2-24}$$

即 PN 结正向电流随外加正偏压的增加按指数规律快速增大（I_0 是不随外加正偏压而变化的）。

对于 P^+N 结，由于P区掺杂浓度比N区高得多，即P区的平衡多子浓度 p_{p0} 远大于N区平衡多子浓度 n_{n0}，即 $p_{p0}>>n_{n0}$，因此 $p_{n0}>>n_{p0}$（p_{n0} 为N区平衡少子浓度，n_{p0} 为P区平衡少子浓度），所以由式（2-20）知，P^+N 结的正向电流近似为

$$I = Aq\frac{p_{n0}D_p}{L_p}(\mathrm{e}^{\frac{qU}{k_BT}} - 1) \tag{2-25}$$

反之，PN⁺结（也就是 N 区掺杂浓度比 P 区高很多）的正向电流则由式（2-20）中的第一项决定，即

$$I = Aq\frac{n_{p0}D_n}{L_n}(\mathrm{e}^{\frac{qU}{k_BT}} - 1) \tag{2-26}$$

式（2-20）、式（2-21）、式（2-25）和式（2-26）就是在不同情况下，PN 结的正向电压–电流关系式，可以根据实际情况选用。

2.2.2 PN 结的反向特性

1. PN 结的反向抽取作用

图 2.15 为加反向偏压时 PN 结及其载流子浓度分布的示意图。外加电场 E' 与自建场 E 方向相同，空间电荷区电场加强，空间电荷区宽度变宽（由 X_m 变宽为 X_{m2}），破坏了漂移与扩散相抵的动态平衡状态，空间电荷区中载流子的漂移大于扩散。电子向 N 区运动，空穴向 P 区运动。于是，使空间电荷区 X_N 附近的空穴浓度和 X_P 附近的电子浓度低于平衡值。

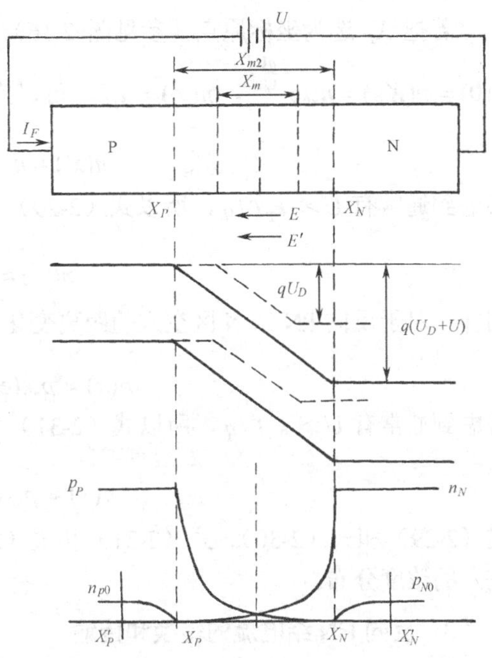

图 2.15 反向 PN 结及其载流子浓度分布示意图

在 N 区 X_N 附近，由于存在空穴浓度梯度，X_N 附近的空穴就向空间电荷区扩散，而且一旦进入空间电荷区，立即被电场扫向 P 区，这种作用称为 PN 结空间电荷的反向抽取作用。因此，在 X_N～X'_N 区域中空穴浓度低于平衡浓度，就有载流子的净产生。空穴一方面产生，一方面又不断地向空间电荷区扩散，当二者相抵时，便形成稳定分布。

用类似的方法可对 P 区 X_P～X'_P 区域的电子进行分析。

以上分析可见，反向 PN 结空间电荷区具有“抽取”少子的作用，或叫反向抽取作用。

2. 反向 PN 结的边界少子浓度和少子浓度分布

（1）边界少子浓度

反向 PN 结的少子分布示意图如图 2.16 所示。

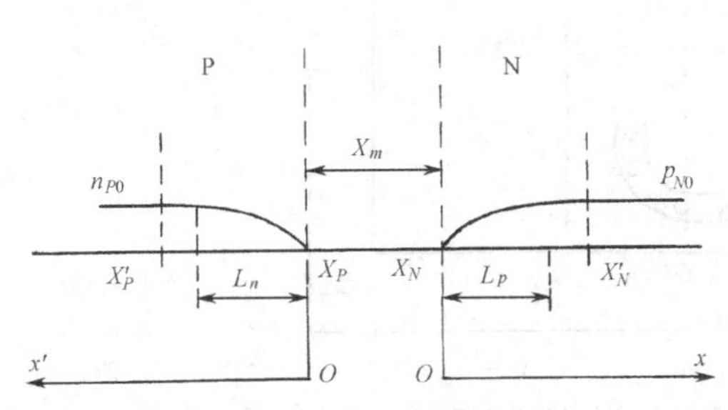

图 2.16 反向 PN 结的少子分布示意图

边界少子浓度是指在空间电荷区 N 区边界 X_N 处的空穴浓度和 P 区边界 X_P 处的电子浓度。利用与前面正偏 PN 结类似的方法可推得边界少子浓度分布为

$$p(X_N) = p_{n0}\mathrm{e}^{-\frac{qU}{k_BT}} \tag{2-27}$$

$$n(X_P) = n_{p0}\mathrm{e}^{-\frac{qU}{k_BT}} \tag{2-28}$$

这个结果在形式上与正向 PN 结完全一样，所不同的是指数项由 $-U$ 代替了 U，表示此时 PN 结加的是反向电压。反向 PN 结外加反向偏压 U 的数值一般比 $\frac{k_B T}{q}$ 大很多，即 $U \gg \frac{k_B T}{q}$，因此，$\mathrm{e}^{-\frac{qU}{k_B T}} \to 0$，所以边界处少子浓度为

$$p(X_N) \approx 0$$
$$n(X_P) \approx 0$$

这正好反映了由于反向 PN 结的抽取作用，边界 X_N 和 X_P 处少子浓度低于平衡值这一现象。

（2）少子浓度分布

若把 X_P 选为坐标原点（参见图 2.16）。用与正向 PN 结类似的方法，并利用边界条件：$n(0) = n(X_P) = n_{p0}\mathrm{e}^{-\frac{qU}{k_B T}}$，$n(\infty) \approx n_{p0}$，可以推出，对于反向 PN 结 P 区电子的浓度分布为

$$n(x') \approx n_{p0}(\mathrm{e}^{-\frac{qU}{k_B T}} - 1)\mathrm{e}^{-\frac{x'}{L_n}} + n_{p0} \tag{2-29}$$

考虑到通常有 $U >> k_B T/q$，所以式（2-29）变为

$$n(x') \approx n_{p0}(1 - \mathrm{e}^{-\frac{x'}{L_n}}) \tag{2-30}$$

同样，对于反向 PN 结 N 区空穴随距离变化的规律为

$$p(x) \approx p_{n0}(\mathrm{e}^{-\frac{qU}{k_B T}} - 1)\mathrm{e}^{-\frac{x}{L_n}} + p_{n0} \tag{2-31}$$

考虑到通常有 $U \gg k_B T/q$，所以式（2-31）变为

$$p(x) \approx p_{n0}(1 - \mathrm{e}^{-\frac{x}{L_P}}) \tag{2-32}$$

式（2-29）和式（2-30）、式（2-31）和式（2-32）就是反向 PN 结 P 区少子电子和 N 区少子空穴的浓度分布。

3. 反向 PN 结电流的转换和传输

由于反向 PN 结具有抽取作用，使得其边界附近 X_N～X'_N 和 X_P～X'_P 区域的少子浓度低于平衡少子浓度（参见图 2.16），因而产生大于复合，即有电子空穴对的净产生。

图 2.17 给出了反向 PN 结载流子传输和电流转换示意图。在 X_N～X'_N 区域净产生的空穴往结区扩散，到达空间电荷区边界 X_N 后，便被电场扫过空间电荷区进入 P 区；产生的电子，则以漂移的形式流出 X_N～X'_N 区。在 X_P～X'_P 区域中净产生的电子往 X_P 方向扩散，一到达空

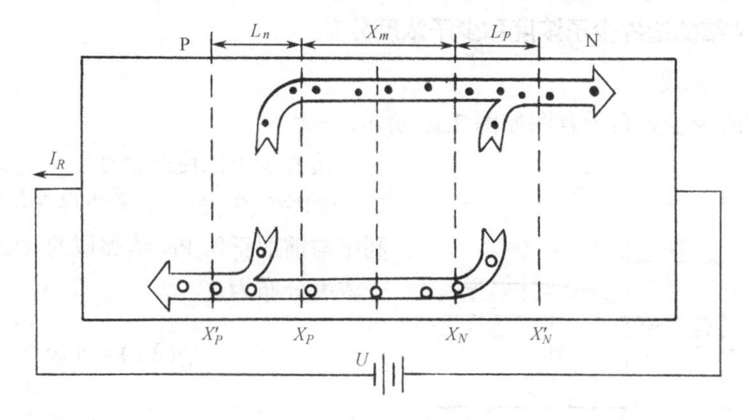

图 2.17　反向 PN 结载流子传输和电流转换示意图

间电荷区边界 X_P，即被电场扫过空间电荷区进入 N 区；产生的空穴，则以漂移的形式流出 $X_P \sim X'_P$ 区。这样，就形成由 N 区流向 P 区的 PN 结反向电流，与正向 PN 结电流方向相反。PN 结反向电流在 N 区 X'_N 的右侧为电子漂移电流，到了扩散区（L_n 和 L_p 内）逐步转换成空穴电流，在 P 区 X'_P 的左侧全部变为空穴电流。和 PN 结正向电流一样，反向电子电流与空穴电流的大小在 PN 结扩散区内各处是不相等的，但两者之和始终相等。

4. 反向PN结电流

用与正偏 PN 结类似的方法，可求出 PN 结反向电流为

$$I_R = Aq\left(\frac{D_n n_{p0}}{L_n} + \frac{D_P p_{n0}}{L_p}\right)(e^{-\frac{qU}{k_B T}} - 1) \tag{2-33}$$

通常反向 PN 结外加反向偏压 U 的数值一般比 $k_B T/q$ 大很多，即 $U \gg k_B T/q$，$e^{-\frac{qU}{k_B T}} \to 0$，这样式（2-33）变为

$$\begin{aligned} I_R &= -Aq\left(\frac{D_n n_{p0}}{L_n} + \frac{D_P p_{n0}}{L_p}\right) \\ &= -Aq\left(\frac{n_i^2}{p_{p0}}\frac{D_n}{L_n} + \frac{n_i^2}{n_{n0}}\frac{D_p}{L_p}\right) \\ &= -I_0 \end{aligned} \tag{2-34}$$

即随着反向电压 U 的增大，I_R 将趋于一个恒定值 $-I_0$，它仅与少子浓度、扩散长度、扩散系数有关，称 $-I_0$ 为反向饱和电流。式（2-34）中的负号表示电流方向与正向时相反，电流的方向是从 N 区流向 P 区的。

少子浓度与本征载流子浓度 n_i^2 成正比，并且随温度升高而快速增大。因此，反向扩散电流随温度升高而快速增大。

PN 结的反向电流实质上是在 PN 结附近所产生的少子构成的电流。在一般情况下，不论 P 区还是 N 区其少子浓度都是很小的，因而反向电流也是很小的。图 2.18 给出了反向电流的产生示意图。

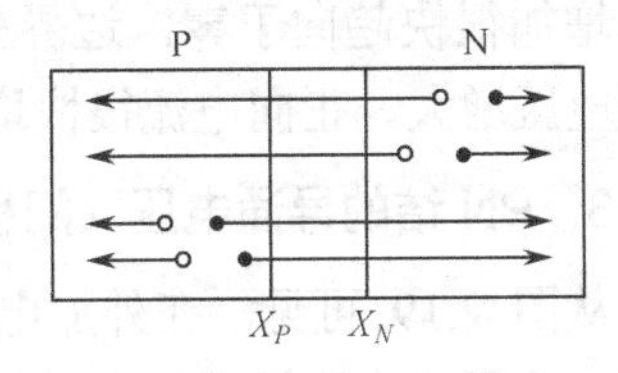

图 2.18　PN 结反向电流的产生示意图

根据以上分析，PN 结两端的反向电压 U 和流过 PN 结的反向电流 I_R 之间的关系为

$$I_R = I_0(e^{-U/U_T} - 1)$$

式中，$-I_0$ 为反向饱和电流，$U_T = k_B T/q$。其中 k_B 为玻耳兹曼常数，T 为热力学温度。在 300 K 时，$U_T \approx 26$ mV。

2.2.3　PN 结的伏安特性

1. PN 结的正、反向电压–电流关系式

将前面分析得到的 PN 结的正向电压–电流关系式（2-20）和式（2-21）重复如下：

$$I = Aq\left(\frac{n_{p0}D_n}{L_n} + \frac{p_{n0}D_P}{L_P}\right)(e^{\frac{qU}{k_B T}} - 1) = I_0(e^{\frac{qU}{k_B T}} - 1) \tag{2-35}$$

将 PN 结的反向电压–电流关系式（2-33）和式（2-34）重复如下：

$$I_R = Aq\left(\frac{n_{p0}D_n}{L_n} + \frac{p_{n0}D_P}{L_P}\right)(\mathrm{e}^{-\frac{qU}{k_BT}} - 1) = I_0(\mathrm{e}^{-\frac{qU}{k_BT}} - 1) \quad (2\text{-}36)$$

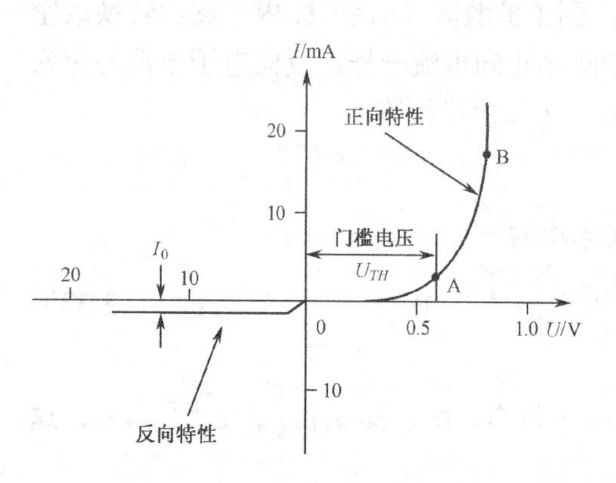

图 2.19 PN 结的电流–电压特性

以上两式就是 PN 结的正、反向电压–电流特性，两式的差别在于反向特性多了一个“–”号，表示外加的为反向电压。将 PN 结的正向特性和反向特性组合起来，就形成 PN 结的电流–电压特性（伏安特性），其伏安特性曲线如图 2.19 所示。

2. PN 结的单向导电性

从图 2.19 可看出，PN 结外加正向电压时，表现为正向导通；外加反向电压时，表现为反向截止，即表示 PN 结的具有单向导电性。

PN 结具有单向导电性，这是 PN 结最重要的性质之一。所谓单向导电性，就是当 PN 结的 P 区接电源正极，N 区接负极，PN 结能通过较大电流，并且电流随着电压的增加快速增大，这时 PN 结处于正向导通；反之，如果 P 区接电源负极，N 区接正极，则电流很小，而且电压增加时电流趋于“饱和”，此时称 PN 结处于反向截止。也就是说，PN 结正向导电性能好（正向电阻小），反向导电性能差（反向电阻大），这就是 PN 结单向导电性的含义。

PN 结的这种单向导电特性是由正向注入和反向抽取所决定的。正向注入使边界少数载流子浓度增加很大（几个数量级），从而形成大的浓度梯度和大的扩散电流，而且注入的少数载流子浓度随正向偏压增加成指数规律增加；而反向抽取使边界少数载流子浓度减小，随反向偏压增加很快趋向于零，边界处少子浓度的变化量最大不超过平衡时少子浓度。这就是 PN 结随电压增大，正向电流很快增长而反向电流很快趋于饱和的物理原因。

3. PN 结的导通电压（门槛电压）和正向压降

从图 2.19 可见，在外加电压 U 较低时，正向电流很小，几乎等于零；随着外加电压 U 的增加，正向电流慢慢增大，只有当 U 大于某一值时，正向电流才有明显的增加。通常规定正向电流达到某一明显数值时所需外加的正向电压称为 PN 结的导通电压（或称门槛电压）U_{TH}，即外加电压要大于 U_{TH} 后，正向电流才随着外加电压 U 的增加急剧增大。室温时，锗 PN 结的导通电压约为 0.25 V，硅 PN 结为 0.5 V。

这也可以用 PN 结的正向电压–电流关系式（2-35）来说明由半导体物理知识可知，在小注入和通常温度条件下有

$$p_{n0} = n_i^2/N_D\,,\quad n_{p0} = n_i^2/N_A\,,\quad n_i^2 = N_C N_V \mathrm{e}^{-E_g/k_BT}$$

将以上各式代入式（2-35）中，可得 PN 结的正向电流为

$$\begin{aligned} I &= I_0 \mathrm{e}^{qU/k_BT} \\ &= A\left(\frac{qD_p}{L_p N_D} + \frac{qD_n}{L_n N_A}\right) N_C N_V \mathrm{e}^{(qU - E_g)/k_BT} \end{aligned} \quad (2\text{-}37)$$

式中，E_g 为禁带宽度，N_C 为导带的有效状态密度，N_V 为价带的有效状态密度。

从式（2-37）可见，在外加电压 U 比 E_g/q 小得多时，正向电流很小，几乎等于零。只有

当 U 接近或大于 E_g/q 时，才有明显的正向电流。E_g/q 具有电压的量纲，基本上对应于 PN 结的导通电压。

由于 PN 结的正向电流与正向电压成指数关系，当正向电压超过 PN 结的导通电压后，正向电压的微小变化将引起正向电流的很大变化，即使正向电流有很大的变化，正向电压也几乎不变，称此时的正向电压为 PN 结的正向压降。正向压降与材料有关，锗 PN 结的正向压降为 0.3~0.4 V，硅 PN 结的正向压降为 0.7~0.8 V。

可见，用禁带宽度不同的半导体材料制成的 PN 结，其正向导通电压和正向压降的数值是不一样的。硅 PN 结的正向导通电压和正向压降均比锗 PN 结大，其原因在于硅的禁带宽度 E_g 比锗的大。我们知道，材料的禁带宽度越大，平衡时的少子浓度就越小，那么为了能通过同样大的电流，就必须有更大的正向电压。这就是禁带宽度越大，PN 结正向电压越高的原因。图 2.20 给出了禁带宽度对正向电压影响的实例。

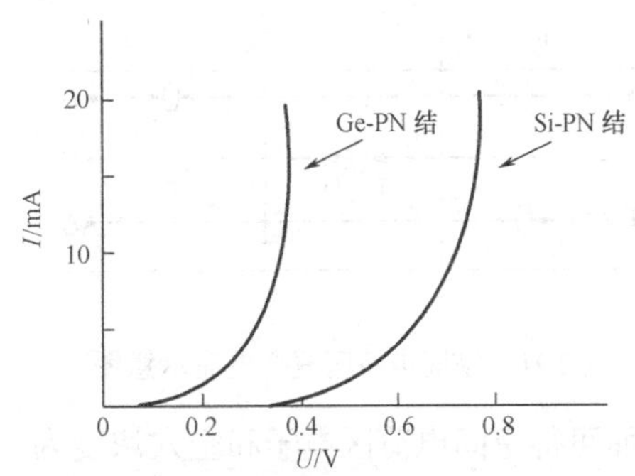

图 2.20　禁带宽度对正向电压的影响

2.2.4　影响 PN 结伏安特性的因素

前面推导出了 PN 结的电流–电压表达式，但是实验表明，理想的电流电压方程式和小注入下锗 PN 结的实验结果符合较好，与硅 PN 结的实验结果则偏离较大。引起偏离的主要原因有包括空间电荷区中的产生及复合、大注入效应、表面效应、串联电阻效应、温度的影响等。下面对各影响因素进行简单讨论。

1. 正向 PN 结空间电荷区复合电流

PN 结正偏时，由于空间电荷区内有非平衡载流子的注入，载流子浓度高于平衡值，故复合率大于产生率，净复合率不为零，所以空间电荷区内存在复合电流。

图 2.21 中的 ABCD 和 A'B'C'D'分别表示通过 PN 结的电子和空穴的注入电流，AB 段表示电子从 N 区注入到 P 区，然后在 B 点与从左方来的空穴 C 复合；A'B'表示空穴从 P 区注入到 N 区，在 B'点与来自右方的电子 C'复合。EFGH 则代表由 PN 结空间电荷区中的复合中心造成的所谓复合电流，它是由右边来的电子和由左边来的空穴在 PN 结空间电荷区中复合形成的，这个复合电流在上一节讲正向注入电流时被忽略掉了，所以实际 PN 结的正向电流还要加上这一复合电流。

从图 2.21 可以看出，注入的扩散电流和空间电荷区中的复合电流的区别只是复合地点不同。在电子扩散区或空穴扩散区中，电子和空穴，一个是多子，一个是少子，其浓度相差很大。而在空间电荷区内，位于禁带中央附近的复合中心能级 E_t 处，如图 2.22 的 AB 线处有 $E_t = E_i$，即电子浓度和空穴浓度基本相等，所以通过空间电荷区复合中心的复合相对较强。

由第 1 章的式（1-96）可知，在稳态情况下，电子和空穴通过复合中心的净复合率（单位时间、单位体积内复合掉的载流子数）为

$$R = \frac{np - n_i^2}{\tau_p(n + n_1) + \tau_n(p + p_1)}$$

式中 τ_p、τ_n 分别为非平衡载流子——空穴和电子的寿命，它们与复合中心浓度成反比；n_1、

p_1分别是费米能级与复合中心能级重合时的导带电子浓度和价带空穴浓度。为简化计算，假设$\tau_p = \tau_n = \tau$，复合中心分布均匀且具有单一有效能级，位于本征费米能级E_i处，这样就有$n_1 = p_1 = n_i$。同时还认为空间电荷区中n≈p，则PN结在外加电压U时，有

$$n \cdot p = n_i^2 \mathrm{e}^{\frac{qU}{k_B T}}$$

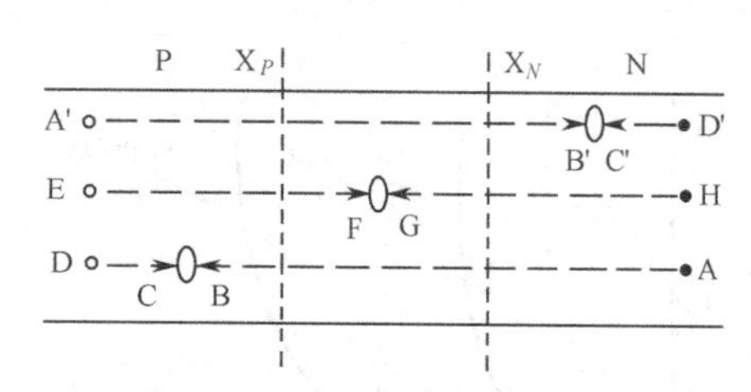

图 2.21　空间电荷区复合电流示意图

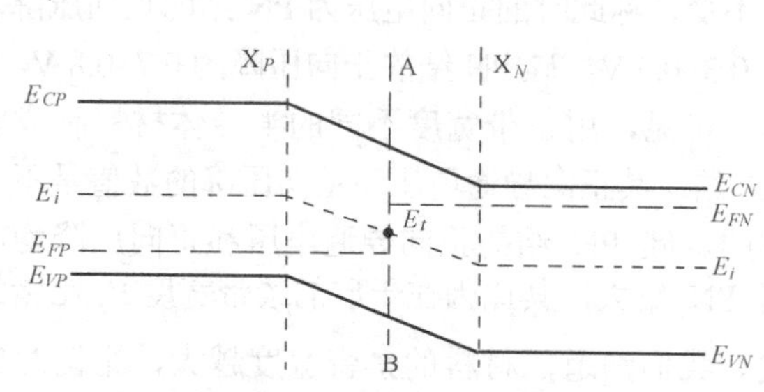

图 2.22　正向 PN 结空间电荷区中费米能级

从而可得空间电荷区电子和空穴浓度为

$$n = p = n_i \mathrm{e}^{\frac{qU}{2k_B T}}$$

把这些简化假设都代入上述净复合率表达式，则可得净复合率为

$$R = \frac{n_i}{2\tau} \frac{(\mathrm{e}^{qU/k_B T} - 1)}{(\mathrm{e}^{qU/2k_B T} + 1)} \tag{2-38a}$$

考虑到PN结正偏且$U.>>k_B T/q$，则有

$$R = \frac{n_i}{2\tau} \mathrm{e}^{\frac{qU}{2k_B T}} \tag{2-38b}$$

如果用X_m表示空间电荷区的宽度，则空间电荷区复合电流I_{rg}为

$$I_{rg} = Aq \frac{n_i}{2\tau} X_m \mathrm{e}^{\frac{qU}{2k_B T}} \tag{2-39}$$

通过比较正向注入电流和复合电流的表达式，可以看出，复合电流有两个基本的特点。

① 正向偏压比较低时，空间电荷区复合电流随外加电压增加的比较缓慢。例如，当外加正向偏压U从零增加0.1V时，则正向注入电流增加$\mathrm{e}^{\frac{qU}{k_B T}} = \mathrm{e}^{\frac{0.1}{0.026}} \approx 50$倍，而复合电流增加的倍数为$\mathrm{e}^{\frac{qU}{2k_B T}} = \mathrm{e}^{\frac{0.1}{2\times 0.026}} \approx 7$倍。因此，仅当正向偏压比较低（或者说PN结电流比较小）时，空间电荷区复合电流才起重要作用。当U >0.5 V，电流密度$j > 10^{-5}$ A/cm^{2}时，空间电荷区复合电流的影响就变得比较小了。

② 空间电荷区复合电流正比于n_i，而注入的扩散电流正比于少子浓度，少子浓度正比于n_i^2。因此，空间电荷区复合电流与正向注入电流的比值反比于n_i，即：$\frac{复合电流}{注入电流} \propto \frac{1}{n_i}$所以$n_i$越大，空间电荷区复合电流的影响就越小。锗的$n_i$很大，空间电荷区复合电流的影响可以略去不计；而硅的n_i较小，在小电流范围内复合电流的影响就必须考虑，这是硅晶体管小电流下电流放大系数下降的重要原因之一。

当考虑空间电荷区复合电流后，PN结的正向电流表达式为

$$I = Aq\left(\frac{D_n n_{p0}}{L_n} + \frac{D_n p_{n0}}{L_p}\right)(\mathrm{e}^{\frac{qU}{k_B T}} - 1) + Aq \frac{n_i}{2\tau} X_m \mathrm{e}^{\frac{qU}{2k_B T}} \tag{2-40}$$

2. 反向 PN 结空间电荷区的产生电流

前面推导了 PN 结的反向电流，它是由在 PN 结两侧的 P 区和 N 区产生出来的电子和空穴构成的。实际上，它并不代表 PN 结反向电流的全部，而只是反向电流的一部分。因此这部分电流，通常称为体内扩散电流。

PN 结反偏时，由于空间电荷区对载流子的抽取作用，空间电荷区内载流子浓度低于平衡值，故产生率大于复合率，净产生率不为零，所以空间电荷区内存在产生电流。

在锗 PN 结的反向电流中，体内扩散电流是很重要的，然而对硅 PN 结来说，更为重要的往往是空间电荷区中的产生电流。体内扩散电流来自 PN 结两侧 P 区和 N 区内产生的电子和空穴，而空间电荷区中的产生电流，则是指空间电荷区中的复合中心产生出来的电子–空穴对形成的电流。

图 2.23 所示是硅 PN 结反向电流产生的物理过程，其中 CBAD 和 D'A'B'C'分别表示反向电子扩散电流和空穴扩散电流。在 P 区通过复合中心产生电子 A 和空穴 B，电子由 A 扩散到 PN 结空间电荷区并被电场扫到 N 区流向左方，而空穴流向右方。N 区复合中心产生的电子 A'向左方流去，空穴 B'扩散到 PN 结空间电荷区被电场扫到 P 区，从右方流走。

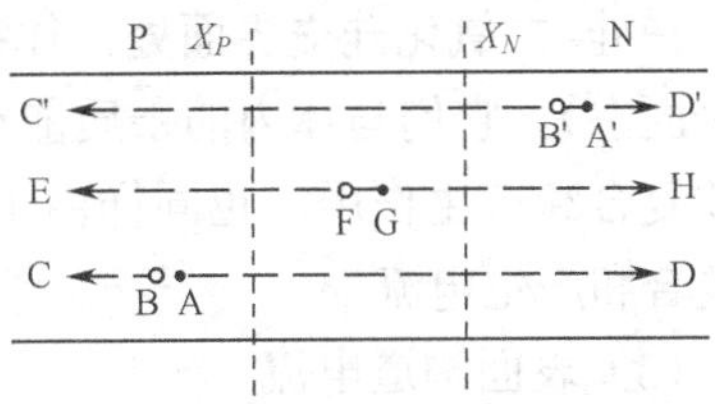

图 2.23　硅 PN 结反向电流产生的物理过程

EFGH 则表示 PN 结空间电荷区复合中心产生的电子空穴对被电场分别扫进 N 区和 P 区，这个产生电流是反向扩散电流之外的一个附加的反向电流，在硅 PN 结中这种电流往往比体内扩散电流还大。和正向一样，反向扩散电流和空间电荷区中产生电流的区别只在于复合中心的地点不同。所以，实际 PN 结的反向电流还要加上空间电荷区的产生电流。

在 PN 结反偏且 $U>>k_BT/q$ 时，由式（2-38a）得，$R=-\dfrac{n_i}{2\tau}$，所以净产生率为

$$G=-R=\frac{n_i}{2\tau} \tag{2-41}$$

则空间电荷区中复合中心的产生电流为

$$I_g=AqX_m\frac{n_i}{2\tau} \tag{2-42}$$

可见，空间电荷区复合中心的产生电流有个明显的特点，它不像反向扩散电流那样会达到饱和值，而是随反向偏压增大而增大。这是因为，PN 结空间电荷区宽度随着反向偏压的增大而展宽，处于空间电荷区的复合中心数目增多，所以产生电流增大。

考虑了空间电荷区的产生电流后，PN 结的反向电流表达式为

$$I_R=Aq\left(\frac{D_nn_{p0}}{L_n}+\frac{D_pp_{n0}}{L_p}\right)(\mathrm{e}^{-\frac{qU}{k_BT}}-1)+AqX_m\frac{n_i}{2\tau} \tag{2-43}$$

3. PN 结表面复合和产生电流

目前，硅平面器件的表面都用二氧化硅层进行掩蔽，这对 PN 结起了保护作用。但是，有二氧化硅保护的硅器件表面仍对 PN 结有一定的影响，引进了附加的复合和产生电流，从而影响了器件性能。

（1）表面电荷引起表面空间电荷区

在二氧化硅层中，一般都含有一定数量的正电荷（最常见的是工艺沾污引进的钠离子

Na^+），这种表面电荷将吸引或排斥半导体内的载流子，从而在半导体表面形成一定的空间电荷区。如果表面正电荷足够多，就会把 P 型硅表面附近的空穴排斥走，形成一个基本上是由电离受主构成的空间电荷区。图 2.24 示出了用平面工艺制造的 PN 结的空间电荷区和由氧化层正电荷引起的表面空间电荷区。由图 2.24 看到，表面电荷引起的空间电荷区的作用，是使 PN 结的空间电荷区延展、扩大。表面空间电荷区中的复合中心将引起附加的正向复合电流和反向产生电流。表面空间电荷区越大，产生的附加电流也就越大。并且在表面电荷足够多的情况下，表面空间电荷区的宽度随反向偏压的增加而加大。这点跟 PN 结本身的空间电荷区宽度变化大体相似。但是，当表面空间电荷区中电荷的数量和氧化层电荷相等时，宽度就不再增加。

（2）硅–二氧化硅交界面的界面态

在硅–二氧化硅交界面处，往往存在着相当数量的、位于禁带中的能级，称为界面态（或称表面态）。它们与体内的杂质能级相似，能接受、放出电子，可以起复合中心的作用。界面态的复合和产生作用，也同样由于表面空间电荷区而得到加强，它们对 PN 结也将产生附加的复合和产生电流。

（3）表面沟道电流

当 P 型衬底的杂质浓度较低，SiO_2 膜中的正电荷较多时，衬底表面将形成 N 型反型层，如图 2.25 所示。这个 N 型反型层与 N^+ 型扩散层连成一片，使 PN 结面积增大，因而反向电流增大。

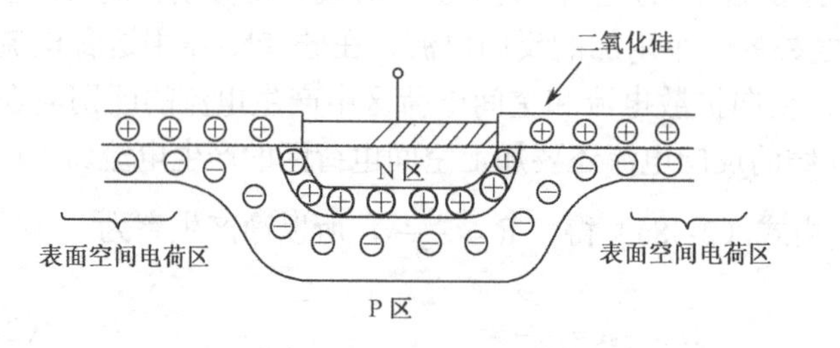

图 2.24　表面电荷引起的表面空间电荷

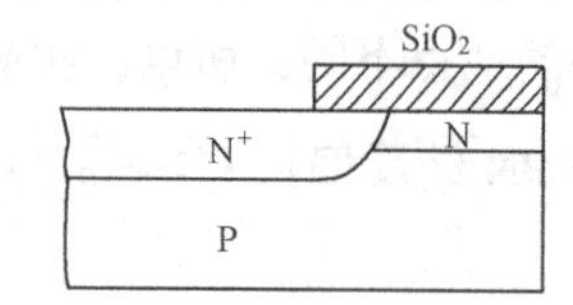

图 2.25　表面沟道

（4）表面漏导电流

当 PN 结表面由于材料原因，或吸附水气、金属离子等而引起表面玷污时，如同在 PN 结表面并联了一个附加电导，因而引起表面漏电，使反向电流增加，如图 2.26 所示。

4. 串联电阻的影响

前面讨论理想 PN 结直流电流–电压特性时，忽略了 PN 结的串联电阻（包括体电阻和欧姆接触电阻）R_S 的影响。在制造 PN 结的工艺过程中，为了保证硅片的机械强度，对其厚度有一定要求，一般厚度接近 500 μm。同时，为了满足 PN 结击穿电压的要求，低掺杂区的电阻率又不能太低，所以 PN 结的体电阻较大。当结电流流过串联电阻时，在串联电阻上存在电压降 IR_S，这时 PN 结上电压降应为

$$U_j = U - IR_S \tag{2-44}$$

可见，考虑串联电阻上的压降后，使实际加在 PN 结上的电压降低，从而使电流随电压的上升而变慢。而且，由于 U_j 与 I 成对数关系，在结电流足够大时，U_j 随电流的增加而变化不大，而串联电阻上的压降却明显增加。也就是说，当电流足够大时，外加电压的增加主要降落在串联电阻上，电流–电压特性近似线性关系。

为了减小 PN 结体电阻，常采用外延层结构，即选择电阻率很低、杂质浓度很高的硅片作为衬底，如图 2.27 中的 N^+层。在 N^+层衬底上用外延技术生长一层很薄的、杂质浓度较低的 N 型层–外延层。然后在 N 型层上制作 PN 结，这样既减小了体电阻，又可满足反向击穿电压的要求。

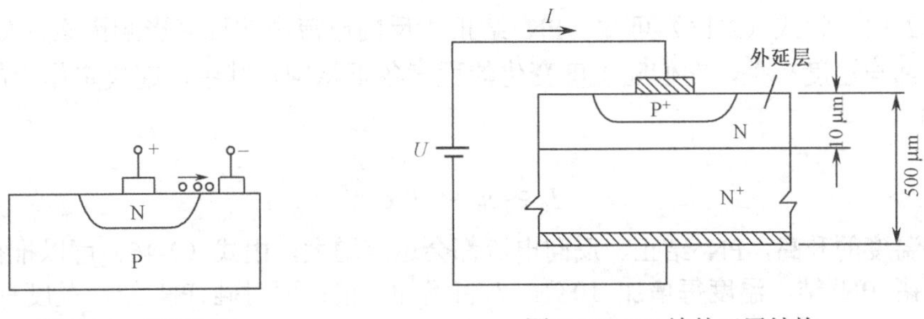

图 2.26 表面漏导

图 2.27 PN 结外延层结构

5. 大注入的影响

在前面推导正向电流公式时，采用了小注入的假设条件（注入扩散区的非平衡少子浓度要比那里的平衡多子浓度小得多），但在 PN 结正向偏压较大时，注入扩散区的非平衡少子可能超出小注入的限度，这时式（2-35）的计算结果将偏离 PN 结的实际特性，因而必须修正。

测量发现，硅 PN 结在正向大电流超过一定范围时，正向电流的实际值要比式（2-35）给出的为低，原因是小注入条件遭到了破坏。例如，硅的 PN^+整流二极管，若 P 区的掺杂浓度为 10^{14} cm^{-3}，则电流密度只要达到0.1 A/cm^2，注入 P 区的非平衡少子浓度已接近等于或大于平衡多子浓度。将注入非平衡少子浓度$\Delta n(X_P) \geqslant p_{p0}$（平衡多子浓度）的情况，称为大注入。

在大注入条件下，PN 结的电流–电压特性将发生变化，现以 PN^+结为例进行说明。在大注入时，注入 P 区的非平衡少子电子将产生积累，浓度为$\Delta n(X_P)$，为了维持电中性要求必然要求多子空穴也有相同的积累，即有$\Delta n(X_P) = \Delta p(X_P)$，且与少子具有相同的浓度梯度 $\frac{dn_P(x)}{dx} = \frac{dp_P(x)}{dx}$。多子空穴存在浓度梯度，必然使空穴产生扩散趋势，一旦空穴离开，P 区的电中性就被打破，在 P 区必然建立起一个电场 E，阻止空穴的扩散以维持电中性，称该电场为大注入自建电场。显然，该电场的方向是在阻止空穴扩散的，但有助于加速电子的扩散。因此，在大注入情况下，由于自建电场的作用，PN 结正向电流公式必须加以修正。可以证明，大注入时 PN 结的正向电流应修正为

$$I = \frac{Aq(2D_n)n_i}{L_n} e^{\frac{qU}{2k_BT}} \tag{2-45}$$

式（2-45）为大注入条件下的正向电流公式，与小注入条件下的表达式（2-26）相比有三点不同：①大注入时，电子电流密度与 P 区杂质浓度 N_A 无关。这是因为大注入时，注入 P 区的非平衡少子电子浓度比 P 区杂质浓度高得多，P 区多子空穴浓度主要决定于多子积累，这就减弱了 P 区杂质浓度 N_A 对正向电流的影响。②大注入时相当于少子扩散系数大一倍。这是因为在小注入时，忽略了 P 区电场的作用，少子电子在 P 区只做扩散运动。但在大注入时，电场对电子的漂移作用不能忽略。若将漂移作用等效为扩散作用，就相当于加速了电子的扩散，使等效扩散系数增大一倍。③小注入时，$I \propto e^{qU/k_BT}$，而大注入时 $I \propto e^{qU/2k_BT}$。因此，大注入时，正向电流随外加电压的增加上升缓慢。这是因为外加电压 U 不是全部降落在

空间电荷区，而有一部分降落在 P 区，以建立 P 区自建电场，维持多子积累，保持电中性。

6. 温度的影响

最后讨论一下温度对 PN 结电压电流特性的影响。

（1）温度对 PN 结正、反向电流的影响

从式（2-12）和式（2-13）可知，PN 结正、反向电流中的许多影响因素，如 D、n_i 和 e^{qU/k_BT} 等，都与温度有关，它们随温度变化的程度各不相同。其中，起决定作用的因素主要是 n_i，已知

$$I_0 \propto n_i^2 \propto T^3 e^{-\frac{E_g}{k_BT}} \tag{2-46}$$

可见，随着温度的升高，PN 结正、反向电流都会迅速增大。由式（2-46）可以推得，在室温附近，对于锗 PN 结，温度每增加 10℃，I_0 将增加一倍；而对硅 PN 结，温度每增加 6 ℃，I_0 就增加一倍。

（2）温度对 PN 结正向导通电压的影响

通常规定正向电流达到某一数值时的正向电压称为 PN 结的导通电压 U_{TH}。根据上面的分析，随着温度的升高，I_0 将迅速增大；随着外加正向电压的增加，正向电流也会指数增大。可见对于某一特定的正向电流值，随着温度的升高，外加电压将会减小，即 PN 结正向导通电压随着温度的升高而下降。

在室温附近，通常温度每增加 1 ℃，对于锗 PN 结，正向导通电压将下降 2 mV；而对硅 PN 结，正向导通电压将下降 1 mV。

2.3 PN 结空间电荷区的电场和宽度

前面讨论了 PN 结的正向和反向电流特性，这一节主要讨论 PN 结空间电荷区的电场强度分布、空间电荷区宽度与杂质浓度和外加偏压的关系。

为了简化问题的处理，在分析过程中采用“耗尽层”近似，假设有

① 空间电荷区不存在自由载流子，只存在电离施主和电离受主的固定电荷；

② 空间电荷区边界是突变的，边界以外的中性区电离施主和受主的固定电荷突然下降为零。

2.3.1 突变结空间电荷区的电场和宽度

1. 突变结空间电荷区的电场

突变结是指 N 区和 P 区掺杂浓度是均匀的，但在 P 区和 N 区交界面处杂质浓度突然变化的 PN 结，其杂质分布如图 2.28 所示。

假定突变结 N 区的净施主浓度为 N_D，P 区净受主浓度为 N_A，空间电荷区在 P 区（即负电荷区）和在 N 区（即正电荷区）的宽度分别用 X_P 和 X_N 表示，如图 2.29 所示。根据耗尽层近似，可认为空间电荷区中正、负空间电荷密度分别等于电离净施主浓度和电离净受主浓度，即 $+qN_D$ 和 $-qN_A$。由于电中性的要求，整个空间电荷区中正负电荷相等，即 $qN_DX_NA = qN_AX_PA$，则有

$$N_DX_N = N_AX_P \quad 或 \quad \frac{X_N}{X_P} = \frac{N_A}{N_D} \tag{2-47}$$

式（2-47）说明，空间电荷区在 N 区和 P 区的宽度与它们的杂质浓度成反比。特别是对于单边突变结 PN^+或 P^+N 来说，整个空间电荷区的宽度（X_P+X_N）主要由低掺杂区决定。

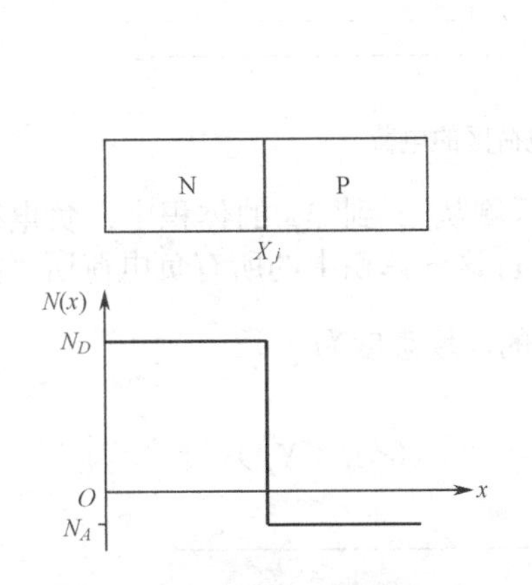

图 2.28　突变结杂质浓度分布

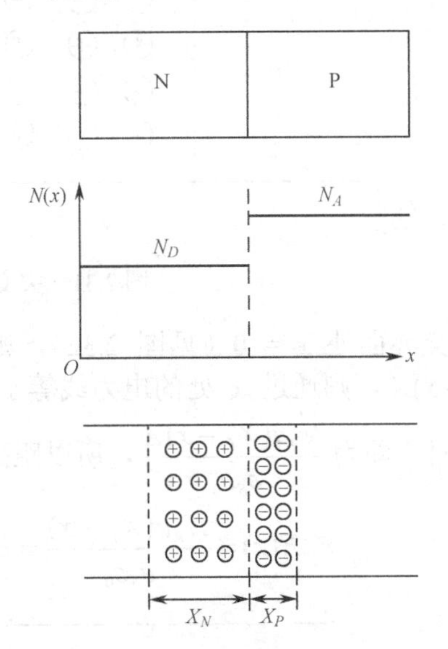

图 2.29　突变结空间电荷区

由于正、负空间电荷都分布在一定的体积中，而电力线总是从正电荷出发，终止于负电荷的。因此，电场强度（等于通过单位横截面积的电力线数目）在空间电荷区内各处是不相同的，如图 2.30 所示。从图 2.30 可看出，穿过 P 区和 N 区交界面上的电力线数目最多，则电场强度最大，因为左边所有正电荷发出的电力线都要通过交界面到达负电荷。相反，在空间电荷区边界 X_N 和 X_P 处，由于没有电力线通过，所以电场强度为零。

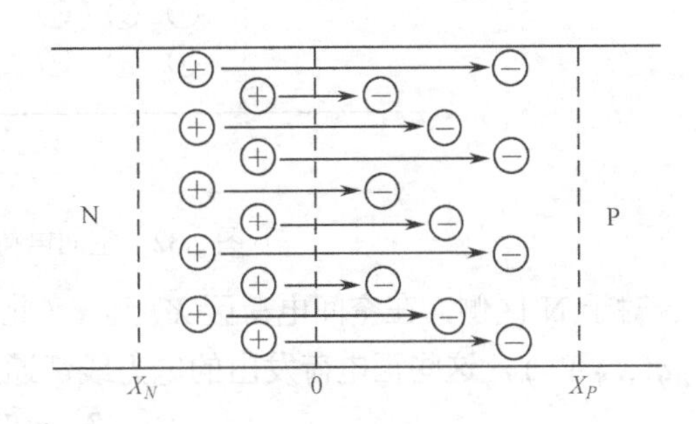

图 2.30　空间电荷区内电力线分布示意图

由于电荷密度是均匀的，所以平行结面方向上电场强度不变，用计算电力线密度的方法，可求出突变结的电场分布。如果选用半导体技术中常用的实用制单位，则在真空中每库仑电荷发出的电力线数目为$\dfrac{1}{\varepsilon_0}$（$\varepsilon_0=\dfrac{1}{36\pi\times10^{11}}\text{F/cm}\approx8.85\times10^{-14}\text{F/cm}$，为真空电容率或真空介电常数），则 PN 结交界面处的电场强度（根据 N 区侧）即最大电场强度为

$$E_M=\frac{qN_DX_NA}{\varepsilon_S\varepsilon_0A}=\frac{qN_DX_N}{\varepsilon_S\varepsilon_0} \tag{2-48}$$

其中 ε_S 为半导体的电容率（由于材料本身的极化作用，使电场强度减弱为真空情况的 $1/\varepsilon_S$），而 N_DqX_NA 就是正电荷总量，如图 2.31 所示。当然，最大电场 E_M 也可以根据 P 型侧的空间电荷写成

$$E_M=\frac{qN_AX_P}{\varepsilon_S\varepsilon_0} \tag{2-49}$$

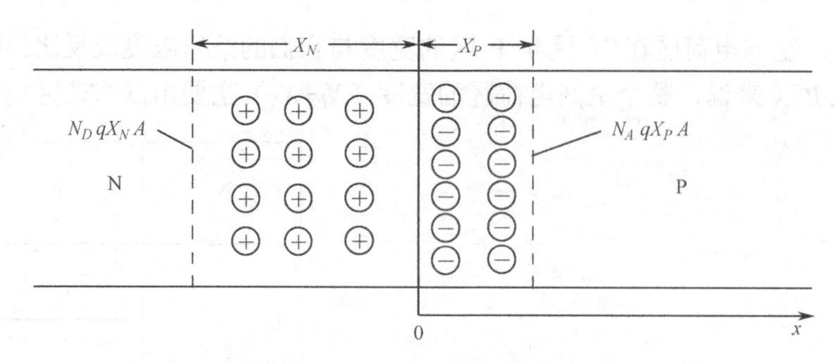

图 2.31　突变结空间电荷区的电荷

若设交界面处 $x = 0$（见图 2.32），则在 P 区侧从 x 到 X_P 的体积中，负电荷总量为 $N_A q(X_P - x)A$，则通过 x 处的电力线等于 $A(X_P - x)$ 这一体积中的所有负电荷所“接受”的电力线数目，即为 $\dfrac{N_A q(X_P - x)A}{\varepsilon_S \varepsilon_0}$，所以距离为 x 处的电场强度为

$$E(x) = \frac{N_A q(X_P - x)}{\varepsilon_S \varepsilon_0} = E_m\left(1 - \frac{x}{X_P}\right) \qquad (0 < x < X_P) \tag{2-50}$$

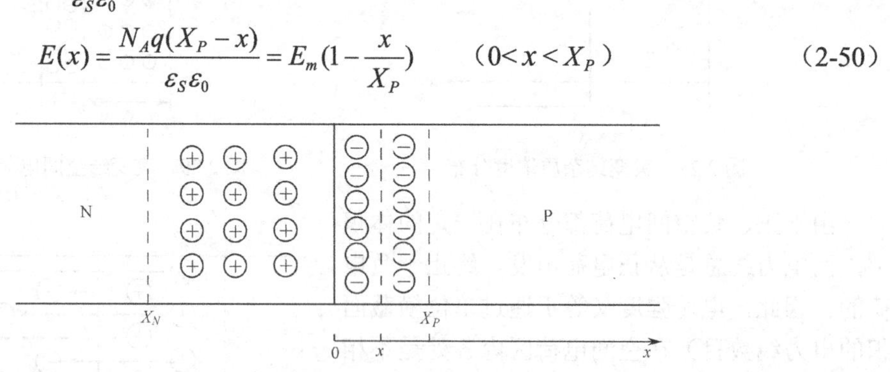

图 2.32　空间电荷区坐标选择（P 侧）

对于 N 区侧，在空间电荷区 X_N 到 x（此时 $x < 0$，见图 2.33）的体积中的正电荷总量为 $N_D q(X_N + x)$，这些正电荷发出的电力线都通过 x 点的横截面。因此，x 点的电场强度为

$$\begin{aligned} E(x) &= \frac{N_D q(X_N + x)}{\varepsilon_S \varepsilon_0} \\ &= E_m\left(1 + \frac{x}{X_N}\right) \qquad (-X_N < x < 0) \end{aligned} \tag{2-51}$$

由式（2-50）和式（2-51）知，突变结空间电荷区中的电场分布如图 2.34 所示。可以看出，在 P 区和 N 区 $E(x)$都是直线，直线的斜率正比于掺杂浓度。

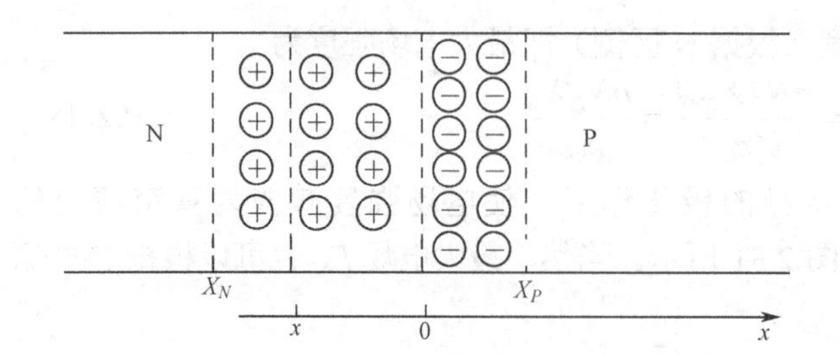

图 2.33　空间电荷区坐标选择（N 区侧）

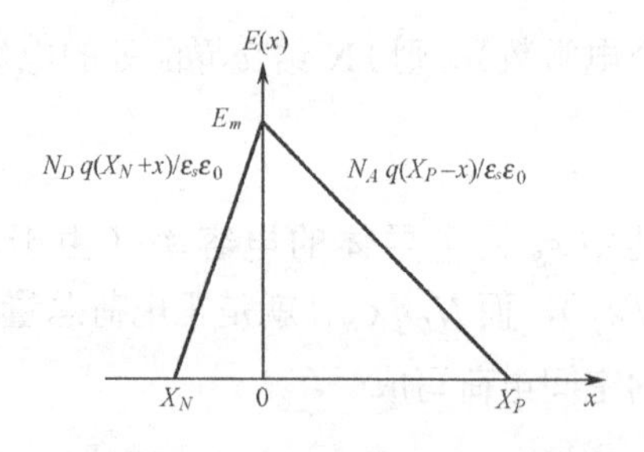

图 2.34　突变结电场分布示意图

若 P 区和 N 区的掺杂浓度相差很大（单边突变结），如 PN^+结，由于 N 区掺杂浓度远远

大于 P 区，空间电荷区将主要在 P 区一侧，其电场分布如图 2.35 所示。

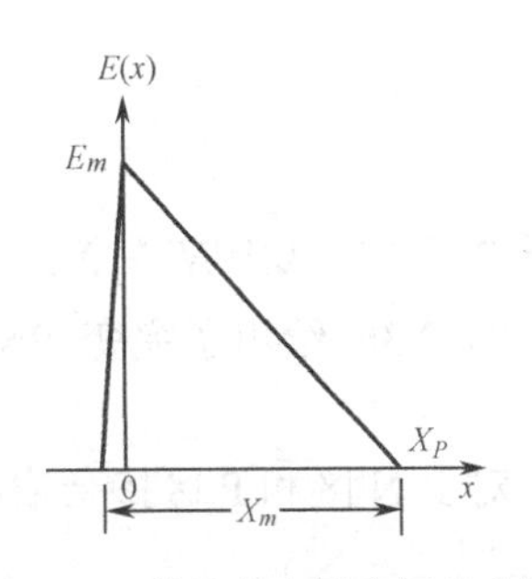

图 2.35　单边突变结电场分布图

2. 突变结空间电荷区的宽度

在分析 PN 结和晶体管的特性时，不仅需要知道空间电荷区内的电场分布，往往还需要了解空间电荷区的宽度。下面先讨论外加偏压与空间电荷区电场之间的关系。

以 PN^+单边突变结为例，则空间电荷区宽度为

$$X_m = X_N + X_P \approx X_P \tag{2-52}$$

根据电学原理，N 区与 P 区电位差（实际上就是 N 区边界 X_N 处与 P 区边界 X_P 处的电位差。因为根据假设，N 区和 P 区电阻率足够低，空间电荷区外没有电场）的数值等于 $E(x)$曲线下的面积。对于突变结，这个面积是一个三角形（参见图 2.34 和图 2.35）的面积，其底边长为 X_m，高为E_M。如果 N 区与 P 区电位差用U_D来表示，则对于 PN^+结，N 区与 P 区电位差为

$$U_D = \frac{1}{2}E_m X_m = \frac{1}{2}E_m X_P \tag{2-53}$$

将式（2-49）代入上式，则有

$$U_D = \frac{1}{2}\left(\frac{N_A X_P q}{\varepsilon_S \varepsilon_0}\right)X_m \approx \frac{1}{2}\frac{N_A q}{\varepsilon_S \varepsilon_0}X_m{}^2 \tag{2-54}$$

应当强调指出，因为外加电场是从 N 区指向 P 区，N 区的电位总高于 P 区，即上面讲的电位差并不再是接触电位差U_D，而是外加电场和内建电场形成的 N 区与 P 区的总电位差。所以，对于平衡 PN 结（未加偏压），N 区与 P 区的电位差就是接触电位差U_D（N 区比 P 区电位高U_D），即 PN 结平衡时二者相等。因此，由式（2-54）可得到平衡时单边突变结的空间电荷区宽度为

$$X_m = \left(\frac{2\varepsilon_S \varepsilon_0 U_D}{N_A q}\right)^{1/2} \tag{2-55}$$

当 PN 结加正向偏压时，N 区相对于 P 区的电位差减小，电位差为$U_D - U$；当 PN 结加反向偏压时，N 区相对 P 区的电位差增加，电位差为（$U_D + U$）。因此，当单边突变结加有外加偏压时，N 区与 P 区电位差（即空间电荷区的电位差）可表示为$U_D \pm U$，则由式（2-54）得

$$X_m = \left[\frac{2\varepsilon_S \varepsilon_0 (U_D \pm U)}{N_A q}\right]^{1/2} \tag{2-56}$$

式中“+”对应于加反向偏压，“−”对应于加正向偏压。后面的公式中如遇到“$U_D \pm U$”的项，则“+”和“−”均遵循同样的对应关系。

由此可看出，当外加反向偏压较大时，U_D和 U 相比可略去，空间电荷区宽度 X_m 与反向偏压的平方根成正比。

P^+N 结的电位差和空间电荷区宽度与前面完全类似。所以，为了统一表达单边突变结，有时用 N_B 表示低掺杂一侧的浓度，则式（2-56）写成

$$U_D \pm U = \frac{1}{2}\frac{N_B q}{\varepsilon_S \varepsilon_0}X_m{}^2 \tag{2-57}$$

或

$$X_m = \left[\frac{2\varepsilon_S\varepsilon_0(U_D \pm U)}{N_B q}\right]^{1/2} \tag{2-58}$$

对于 PN^+结，式中 $N_B = N_A$；对于 P^+N 结，$N_B = N_D$。

图 2.36 给出了突变 PN 结空间电荷区宽度与杂质浓度及 PN 结上电位差之间的关系曲线。

对于 N 区和 P 区掺杂浓度差别不是很大的突变结，式（2-58）中的 N_B 可用下式来表示

$$N_B = \frac{N_A N_D}{N_A + N_D} \tag{2-59}$$

例 设低掺杂一侧的杂质浓度 $N_B = 10^{15}\ \text{cm}^{-3}$，反向偏压 $U = 10\ \text{V}$，估算空间电荷区宽度 X_m 和最大场强 E_M。其中硅的 $\varepsilon_S = 11.8$，$\varepsilon_0 = 8.85\times10^{-14}\ \text{F/cm}$。

解 $U_D + U \approx 10\ \text{V}$，代入（2-58）式可得

$$X_m = \left(\frac{2\times11.8\times8.85\times10^{-14}\times10}{10^{15}\times1.6\times10^{-19}}\right)^{1/2} \approx 3.6\times10^{-14}\ \text{(cm)}$$

最大场强

$$E_m = \frac{N_B q X_m}{\varepsilon_S\varepsilon_0} = 5\times10^4\ \text{V/cm}$$

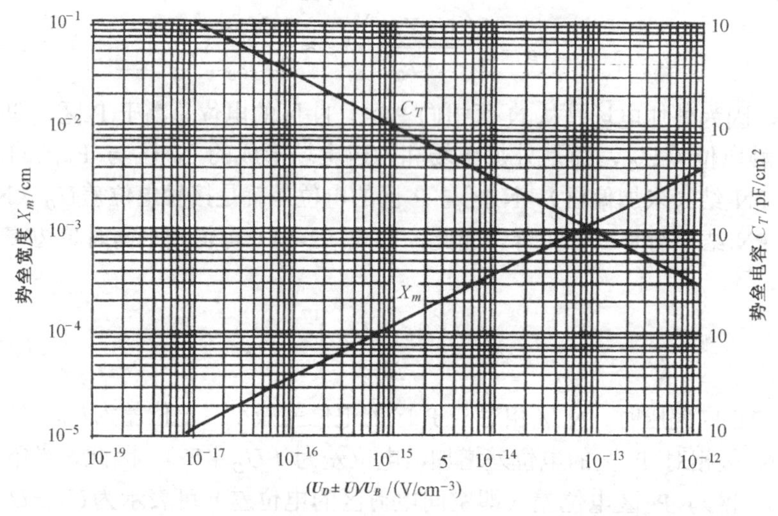

图 2.36 突变结空间电荷区、势垒电容与 $(U_D\pm U)/U_B$ 的关系

2.3.2 缓变结空间电荷区的电场和宽度

用扩散法制造的 PN 结称为缓变结。图 2.37 画出了扩散结的杂质分布示意图，其中原材料是均匀掺杂的，浓度为 N_B，曲线代表扩散进去的杂质浓度分布，两条线的交点处即为 PN 结的结面。结面与片子表面的距离叫结深，以 X_j 表示。可以看出，这种结的净杂质浓度是逐渐变化的，因此称为缓变结。

当外加反向电压较小，空间电荷区宽度比较窄（如图 2.38 中的 X_{m2}）时，则结区的杂质浓度分布可看作线性的，即可近似看作线性缓变结。

当反向偏压较大，空间电荷区较宽（如图 2.38 中的 X_{m3}）时，可看作单边突变结。

一般来讲，表面浓度很低、结深很深的扩散结，可看作线性缓变结；而表面浓度高、结

深很浅的扩散结可看作单边突变结。

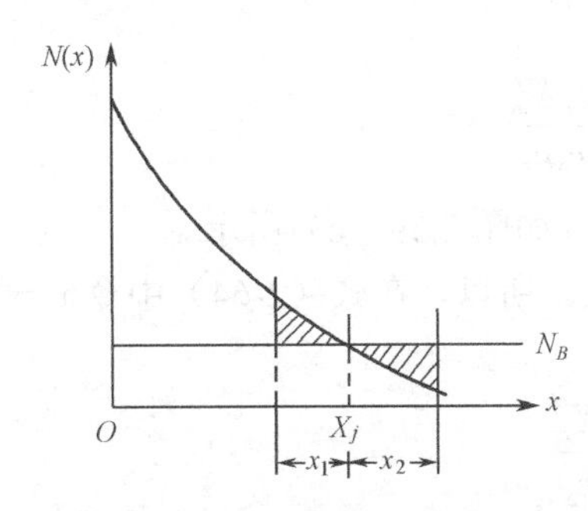

图 2.37　扩散结杂质分布示意图

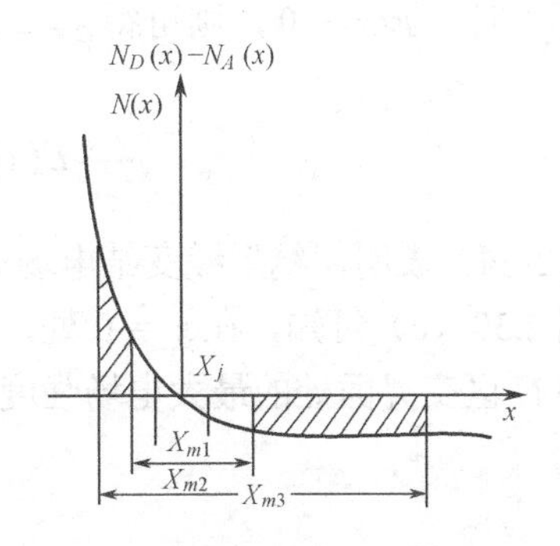

图 2.38　加反向偏压的扩散 PN 结的空间电荷区

对于结深较浅、表面浓度较高的扩散结（一般晶体管中的 PN 结均属于此情况），可直接用式（2-58）或图 2.36 求出空间电荷区宽度。

1. 线性缓变结的电场

线性缓变结的电场强度也是在 P 区和 N 区交界处最大，边界处为零，如图 2.39（a）所示。与单边突变结的不同之处是正、负空间电荷区宽度相等，即 $X_N=X_P=\frac{1}{2}X_m$。

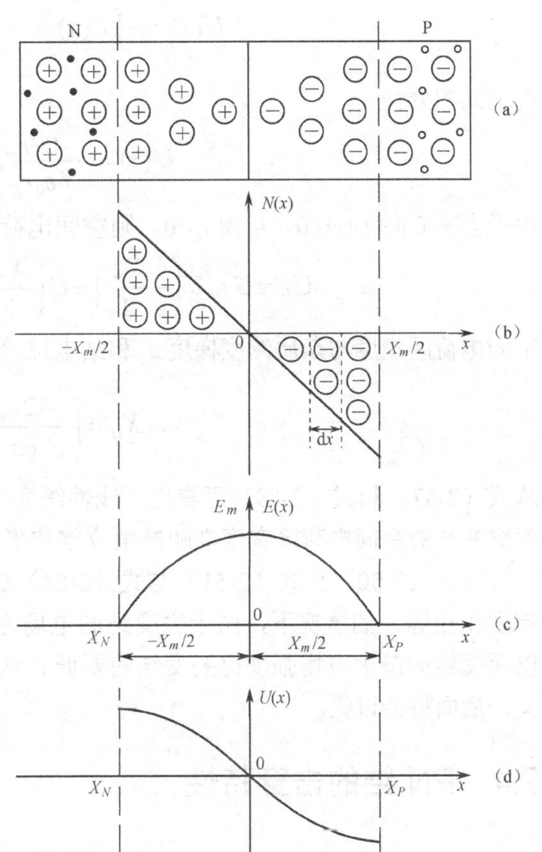

图 2.39　线性缓变结的空间电荷区和电场分布

线性缓变结空间电荷区如图 2.39（b）所示，当 x 坐标从 x 变到 x+dx 时，空间电荷区内电场强度的增量为

$$\mathrm{d}E(x)=\frac{\mathrm{d}Q(x)}{A\varepsilon_o\varepsilon_S}\qquad(2\text{-}60)$$

式中 A 为空间电荷区的横截面积，d$Q(x)$为 $A\cdot dx$ 薄层内的空间电荷总量，则有

$$\mathrm{d}Q(x)=AqN(x)\mathrm{d}x=Aqa_jx\mathrm{d}x\qquad(2\text{-}61)$$

式中 $N(x)=N_D(x)-N_A(x)$，$a_j=\frac{N(x)}{x}$ 为杂质浓度梯度，对于线形缓变结它是一常数，且从图 2.39（b）中可看出 a_j 是负数，则 d$Q(x)$也为负数，表示当 x>0 时，空间电荷区负电荷随 x 增大而增加。将式（2-61）代入式（2-60）得

$$\mathrm{d}E(x)=\frac{qa_jx\mathrm{d}x}{\varepsilon_0\varepsilon_S}\qquad(2\text{-}62)$$

对上式积分，可得空间电荷区内之电场分布函数 E（x）为

$$E(x)=\int\mathrm{d}E(x)\mathrm{d}x=\frac{qa_j}{\varepsilon_0\varepsilon_S}\int x\mathrm{d}x=\frac{qa_j}{\varepsilon_0\varepsilon_S}\left(\frac{x^2}{2}+c\right)\qquad(2\text{-}63)$$

当 $x=\pm\frac{X_m}{2}$ 时，$E(x)=0$，则可得 $c=-\frac{qa_jX_m^2}{8\varepsilon_0\varepsilon_S}$，于是有

$$E(x)=\frac{qa_jx^2}{2\varepsilon_0\varepsilon_S}-\frac{qa_jX_m^2}{8\varepsilon_0\varepsilon_S} \tag{2-64}$$

式（2-64）表明，线形缓变结电场分布呈抛物线，如图 2.39（c）所示。

由图 2.39（c）可知，在 x = 0 处，电场强度最大。所以，在式（2-64）中令 x = 0，即可得 P 区和 N 区交界面处的最大电场强度为

$$E_m=-\frac{qa_jX_m^2}{8\varepsilon_0\varepsilon_S} \tag{2-65}$$

2. 线性缓变结的电位和空间电荷区宽度

由于 $\mathrm{d}U(x)=-E(x)\mathrm{d}x$，将式（2-64）代入该式，得

$$U(x)=-\int E(x)\mathrm{d}x=\int\left(\frac{qa_jX_m^2}{8\varepsilon_0\varepsilon_S}-\frac{qa_jx^2}{2\varepsilon_0\varepsilon_S}\right)\mathrm{d}x$$

对上式积分得

$$U(x)=-\frac{qa_j}{6\varepsilon_0\varepsilon_S}x^3+\frac{qa_jX_m^2}{8\varepsilon_0\varepsilon_S}x+c'$$

由于当 x=0 时 $U(x)$=0，可得 c'=0，则空间电荷区的电位差为

$$U_D\pm U=U\left(-\frac{X_m}{2}\right)-U\left(\frac{X_m}{2}\right)=\frac{qa_jX_m^3}{24\varepsilon_0\varepsilon_S}-\frac{qa_jX_m^3}{8\varepsilon_0\varepsilon_S}=\frac{-qa_jX_m^3}{12\varepsilon_0\varepsilon_S} \tag{2-66}$$

空间电荷区宽度与杂质浓度梯度 a_j 和结电位差的关系为：

$$X_m=\left(\frac{-12\varepsilon_0\varepsilon_S}{qa_j}\right)^{1/3}(U_D\pm U)^{1/3} \tag{2-67}$$

从式（2-67）和式（2-58）可看出，线性缓变结的空间电荷区宽度随结电位差按立方根变化，而突变结的空间电荷区宽度则随结电位差按平方根变化。

将式（2-50）和式（2-51）与式（2-64）进行比较可知，在外加电压相同（即电场曲线所围面积相等）的情况下，由于突变结的电场为线性分布，而缓变结的电场为抛物线分布，所以缓变结的最大电场强度比突变结的要低。这一点对提高 PN 结的反向击穿电压具有指导意义，后面将会讨论。

2.4 PN 结的击穿特性

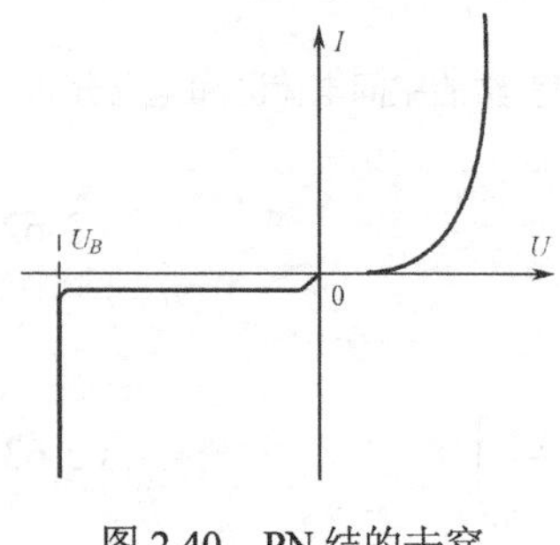

图 2.40 PN 结的击穿

由 PN 结的电流–电压特性可知，在加正向偏压时，正向电流随电压指数上升；在加反向偏压时，开始时反向电流随电压增大而略有增长，随后就与反向偏压无关而保持一很小的数值，这就是反向饱和电流。然而，在实际的反向 PN 结中，由于空间电荷区的产生电流和其他因素的影响，反向电流随着反向电压的增大而略有增长。当反向偏压增大到某一数值 U_B 时，反向电流骤然变大，这种现象称为 PN 结击穿，如图 2.40 所示。发生击穿时的反向偏压称

为 PN 结的击穿电压，用 U_B 表示。

PN 结的击穿电压是半导体器件的重要参数之一。因此，研究 PN 结的击穿现象，对于提高半导体器件的使用电压，以及利用 PN 结击穿现象制造新型器件都有很大的实际意义。

2.4.1 击穿机理

到目前为止，已经提出的击穿机理有雪崩击穿、隧道击穿（齐纳击穿）和热电击穿三种。下面分别加以讨论。

1．雪崩击穿

在加反向偏压时，流过 PN 结的反向电流主要是由 P 区扩散到空间电荷区中的电子电流和 N 区扩散到空间电荷区中的空穴电流组成的。当反向偏压很大时，在空间电荷区内的电子和空穴由于受到强电场的作用，获得很大的动能，它们与空间电荷区内晶格原子发生碰撞，能把价键上的电子碰撞出来，成为导电电子，同时产生一个空穴，如图 2.41 所示。例如，PN 结中势垒区电子 1 碰撞出来一个电子 2 和一个空穴 2，于是一个载流子变成了三个载流子。电子和空穴在强电场作用下，向相反的方向运动，还会继续发生碰撞，产生第三代载流子。如此继续下去，载流子就大量增加，这种产生载流子的方式称为载流子的倍增。当反向偏压增大到某一数值后，载流子的倍增如同雪山上的雪崩现象一样，载流子数迅速增多，使反向电流急剧增大，从而发生了 PN 结击穿，称为雪崩击穿。

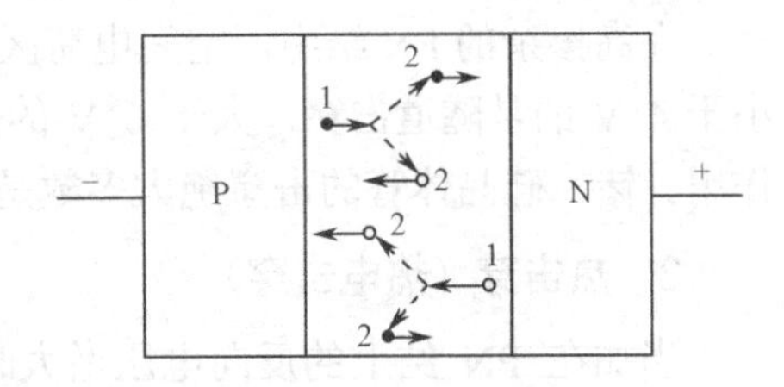

图 2.41 雪崩倍增机理

2．隧道击穿（齐纳击穿）

隧道击穿是在强电场作用下，由于隧道效应（P 区价带中的电子有一定的几率直接穿透禁带而到达 N 区导带中），使大量电子从价带进到导带所引起的一种击穿现象。因为最初齐纳用这种现象解释电介质的击穿，故又称齐纳击穿。图 2.42 是 PN 结加反向偏压时的能带图，当 PN 结施加反向偏压时，势垒升高，能带发生弯曲，势垒区导带和价带的水平距离 d 随着反向偏压的增加而变窄。根据能带理论，能带的弯曲是空间电荷区存在电场的缘故，因为这个电场使得电子有一附加的静电势能。当反向偏压足够高时，这个附加的静电势能可以使 P 区价带中的电子在能量上已经达到甚至高于 N 区导带底的能量。如图 2.42 所示，价带中 A 点的电子能量和 B 点相等，中间区域为禁带宽度（用 d 表示），根据量子力学，价带中 A 点的电子将有一定的几率穿透禁带，而进入导带的 B 点，穿透几率随着 d 的减小按指数规律增加，这就是隧道效应。外加反向偏压越大，水平距离 d 越小，电场就越强，能带弯曲的陡度越大，穿透几率就越大。因此，只要外加反向偏压足够高，空间电荷区中的电场足够强，就有大量电子通过隧道效应穿透而从价带进入导带，反向电流很快增加，从而发生击穿——这就是隧道击穿（齐纳击穿）。

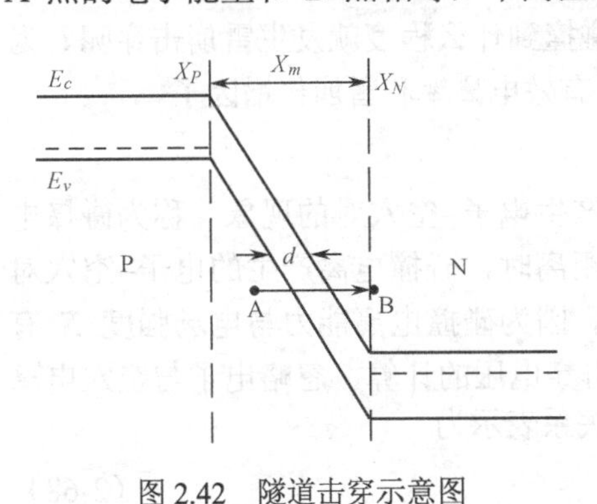

图 2.42 隧道击穿示意图

上述两种击穿机理是完全不同的，主要区别有以下三点。

① 掺杂浓度对两种击穿机理的影响不同。

隧道击穿主要取决于穿透隧道的几率，而穿透几率与禁带水平距离有关，水平距离越窄，穿透几率越高。而掺杂浓度越高，空间电荷区的宽度越窄，水平距离 d 就越小，穿透几率就越大。因此，隧道击穿只发生在两边重掺杂的 PN 结中。

雪崩击穿主要取决于碰撞电离。在雪崩击穿中，载流子能量的增加需要一个加速过程。因此，雪崩击穿除与电场强度有关外，还与空间电荷区的宽度有关，空间电荷区越宽，倍增次数就越多。因此，在 PN 结掺杂浓度不太高时，所发生的击穿往往是雪崩击穿。

② 外界作用对两种击穿机理的影响不同。因为雪崩击穿是碰撞电离的结果，光照或快速离子轰击等都能增加空间电荷区中的电子和空穴，引起倍增效应。而这些外界作用，对于隧道击穿则不会有明显的影响。

③ 温度对两种击穿机理的影响不同。

隧道击穿的击穿电压具有负的温度系数特性，即击穿电压随温度升高而减小，这是因为禁带宽度随温度升高而减小。而由雪崩倍增决定的击穿电压，由于碰撞电离率随温度升高而减小，所以击穿电压随温度升高而增加，温度系数是正的。

在高掺杂的 PN 结中，空间电荷区很薄，较容易发生隧道击穿。对于硅 PN 结，击穿电压小于 4 V 的是隧道击穿，大于 6 V 的是雪崩击穿，介于两者之间时，两种击穿机理可能都起作用。锗、硅晶体管的击穿绝大多数是雪崩击穿。

3. 热击穿（热电击穿）

当加在 PN 结上的反向电压增大时，反向电流所引起的热损耗（反向电流和反向电压的乘积）也增大。如果这些热量不能及时传递出去，将引起结温上升，而结温上升又导致反向电流和热损耗的增加。若没有采取有效措施，就会形成恶性循环，一直到 PN 结被烧毁。这种热不稳定性引起的击穿称为热击穿或热电击穿。用禁带宽度小的半导体材料所制成的 PN 结（如锗 PN 结），其反向电流大，容易发生热击穿，但在散热较好、温度较低时，这种击穿并不十分重要。

2.4.2 雪崩击穿电压

雪崩击穿是重要的击穿机理，下面对 PN 结的雪崩击穿电压进行比较详细的讨论，并推导雪崩击穿电压的表达式。

1. 雪崩击穿条件

雪崩击穿是由碰撞电离的倍增效应引起的，那么碰撞到什么程度就发生雪崩击穿呢？为此，在分析雪崩击穿条件之前，先引入两个物理量——有效电离率和雪崩倍增因子。

（1）有效电离率 α_{eff}

高速运动的电子和空穴与半导体晶格原子碰撞，产生电子–空穴对的现象，称为碰撞电离。电离率表示一个载流子在电场作用下，漂移单位距离时，碰撞电离产生的电子–空穴对数。因此，电离率是表示碰撞电离能力的一个物理量。因为碰撞电离能力与电场强度 E 有关，所以电离率也就与电场强度有关。为了简化雪崩击穿电压的计算，忽略电子与空穴电离率的差别，均采用有效电离率 α_{eff} 来近似。α_{eff} 与 E 的关系表示为

$$\alpha_{eff} = c_i E^n \tag{2-68}$$

式中 c_i 和 n 为常数。

对于锗 PN 结，$\alpha_{eff}=6.25\times10^{-34}E^7$，即 $c_i=6.25\times10^{-34}$，n=7；

对于硅 PN 结，$\alpha_{eff}=8.45\times10^{-36}E^7$（$E<4.5\times10^5$ V/ cm），即 $c_i=8.45\times10^{-36}$，n=7。

所以对于锗和硅 PN 结，式（2-68）可变为

$$\alpha_{eff}=c_iE^7 \tag{2-69}$$

由于 PN 结势垒区 X_m 内电场强度不等，因此 α_{eff} 在 X_m 内各处不一样，而成为与位置有关的函数。由 $\alpha_{eff}\propto E^7$ 可知，有效电离率主要集中在电场强度最大处附近，在 X_m 内对 α_{eff} 积分，可得到一个载流子通过势垒区时，由碰撞电离所产生的电子–空穴对数为 $\int_0^{X_m}\alpha_{eff}\mathrm{d}x$。

（2）雪崩倍增因子

当 PN 结的反向偏压接近击穿电压时，反向电流出现倍增现象，为了表示电流倍增的程度，引入一个参数，叫雪崩倍增因子 M，其定义为

$$M=I/I_0 \tag{2-70}$$

式中，I_0 是没有雪崩倍增时 PN 结的反向电流，I 是发生雪崩倍增后的反向电流。

（3）雪崩击穿条件

有效电离率 α_{eff} 和雪崩倍增因子 M 均与碰撞电离有关，因此二者之间存在一定的关系，其关系为

$$M=\frac{I}{I_0}=\frac{1}{1-\int_0^{X_m}\alpha_{eff}\mathrm{d}x} \tag{2-71}$$

由上式可知，当 $\int_0^{X_m}\alpha_{eff}\mathrm{d}x\to1$ 时，$M\to\infty$，$I\to\infty$，所以可得 PN 结发生雪崩击穿条件为

$$\int_0^{X_m}\alpha_{eff}\mathrm{d}x=1 \tag{2-72}$$

可见，雪崩击穿不仅与电场强度有关，还与空间电荷区宽度有关。

由实验得到，倍增因子 M 随外加偏压 U 的变化规律为

$$M=\frac{1}{1-\left(\frac{U}{U_B}\right)^n} \tag{2-73}$$

式中 n 为常数，其数值根据半导体材料（PN 结高阻一边），即低掺杂浓度一侧的导电类型而定。

2. 单边突变结的雪崩击穿电压

现以 PN$^+$结为例，推导单边突变结雪崩击穿电压的表达式，其步骤是：① 根据雪崩击穿条件，求出发生击穿时的临界电场强度 E_{mB}；② 根据电压与电场关系导出击穿电压 U_B。

（1）击穿时的临界电场强度

将 $\alpha_{eff}=c_iE^7$ 代入式（2-72），便可得到用电场强度表示的雪崩击穿条件为

$$\int_0^{X_m}c_iE^7\mathrm{d}x=1 \tag{2-74}$$

为了使计算方便和简化，下面先做积分变量变换。对于 PN$^+$结，空间电荷区几乎全部扩展在低掺杂 P 型一侧，则由式（2-50）有

$$E(x)=\frac{N_Aq(X_P-x)}{\varepsilon_S\varepsilon_0}\approx\frac{qN_A}{\varepsilon_S\varepsilon_0}(X_m-x) \tag{2-75}$$

由上式可得在边界 $x=0$ 和 $x=X_m$ 处的边界条件为

$$E(0)=E_m=\frac{qN_A}{\varepsilon_S\varepsilon_0}X_m \qquad (x=0) \tag{2-76 a}$$

$$E(X_m)=0 \qquad (x=X_m) \tag{2-76 b}$$

对式（2-75）微分并进行变换得

$$\mathrm{d}x=-\frac{\varepsilon_S\varepsilon_0}{qN_A}\mathrm{d}E \tag{2-77}$$

将式（2-77）代入式（2-74）进行积分变换，再进行积分计算，并考虑到上面得到的边界条件式（2-76 a）和式（2-76 b）即可得在雪崩击穿条件下的电场强度（临界电场强度）E_{mB} 为

$$E_{mB}=\left(\frac{8qN_A}{\varepsilon_S\varepsilon_0 c_i}\right)^{1/8} \tag{2-78}$$

即当 PN^+ 结的最大电场强度达到临界电场强度 E_{mB} 时，PN^+ 结就会发生雪崩击穿。

（2）雪崩击穿电压

由式（2-57）可知，对于 PN^+ 结（$N_0=N_A$），有

$$X_m\approx X_P=\left[\frac{2\varepsilon_S\varepsilon_0}{qN_A}(U_D\pm U)\right]^{1/2} \tag{2-79}$$

所以，式（2-49）的最大电场强度为

$$E_m=\frac{qN_A}{\varepsilon\varepsilon_0}X_m=\left[\frac{2qN_A}{\varepsilon_S\varepsilon_0}(U_D\pm U)\right]^{1/2} \tag{2-80}$$

当最大电场强度 E_m 达到雪崩击穿临界电场强度 E_{mB} 时，PN 结就发生击穿，这时的外加电压 U 就是击穿电压 U_B。在外加反向电压比 U_D 大得多时，式（2-80）中的 U_D 可略去不计，从而得到击穿电压 U_B 与临界电场强度 E_{mB} 的关系为

$$U_B=\frac{\varepsilon_S\varepsilon_0}{2qN_A}E_{mB}^2 \tag{2-81}$$

将式（2-78）代入式（2-81），得

$$U_B=\frac{1}{2}\left(\frac{\varepsilon_S\varepsilon_0}{q}\right)^{3/4}\left(\frac{8}{c_i}\right)^{1/4}N_A^{-3/4} \tag{2-82}$$

式中，N_A 为低掺杂 P 区的杂质浓度，且对硅 PN 结 $c_i=8.45\times10^{-36}$，$\varepsilon_S=12$；对锗 PN 结 $c_i=6.25\times10^{-34}$，$\varepsilon_S=16$。分别把各值代入上式，并用 N_0（这里代替 N_A）表示低掺杂一边的杂质浓度，则有：

$$U_B=6\times10^{13}N_0^{-3/4} \quad \text{(V)（硅单边突变结）} \tag{2-83}$$

$$U_B=2.76\times10^{13}N_0^{-3/4} \quad \text{(V)（锗单边突变结）} \tag{2-84}$$

这就是单边突变结雪崩击穿电压的表达式。可见，在 N_B 相同的情况下，锗 PN 结的雪崩击穿电压比硅 PN 结的低，其原因是锗的禁带宽度 E_g 比硅小。下面给出适用于各种半导体材料的单边突变结雪崩击穿电压的经验公式：

$$U_B=60\left(\frac{E_g}{1.1}\right)^{3/2}\cdot\left(\frac{N_B}{10^{16}}\right)^{-3/4} \quad \text{(V)} \tag{2-85}$$

式中，E_g 为相应半导体材料的禁带宽度。突变结雪崩击穿电压与低掺杂一边的杂质浓度关系

如图 2.43 所示。

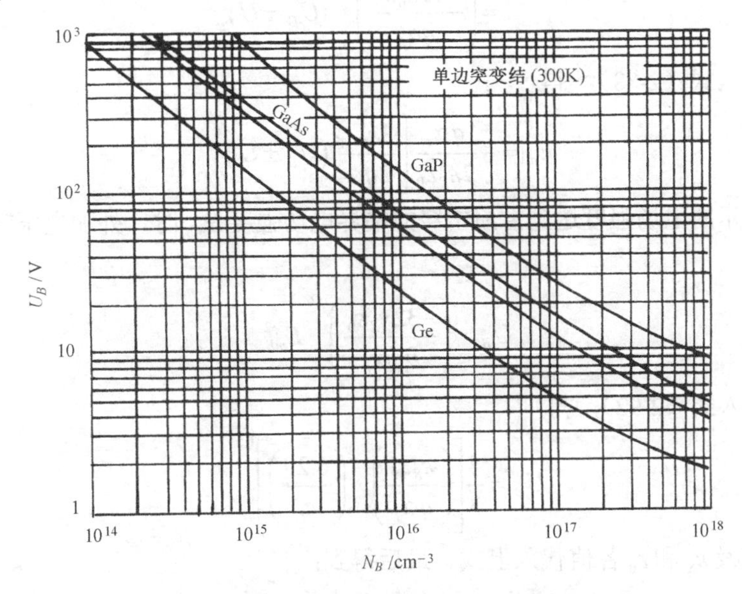

图 2.43　突变结雪崩击穿电压与杂质浓度关系

3. 线性缓变结的雪崩击穿电压

和单边突变结一样，线性缓变结的雪崩击穿电压由击穿条件决定，即

$$\int_0^{X_m} \alpha_{eff} \mathrm{d}x = 1$$

做变换 $x' \to \dfrac{x}{2}$，并将 $\alpha_{eff} = c_i E^7$ 代入上式得

$$2\int_0^{\frac{X_m}{2}} c_i E^7 \mathrm{d}x' = 1 \tag{2-86}$$

由式（2-64）可知，对于线性缓变结，有

$$E(x) = \frac{qa_j x'^2}{2\varepsilon_0\varepsilon_S} - \frac{qa_j X_m^2}{8\varepsilon_0\varepsilon_S} \tag{2-87}$$

当 $x' = 0$ 时，电场强度最大，且有

$$E_M = -\frac{q\alpha_j}{2\varepsilon_S\varepsilon_0}\left(\frac{X_m}{2}\right)^2 \tag{2-88}$$

当 $x' = \dfrac{X_m}{2}$ 时，$E = 0$。

与单边突变结的求解程序一样，经过一系列计算，可得线性缓变结雪崩击穿时的临界电场强度为

$$E_{mB} = \left[\frac{1}{0.636c_i}\left(\frac{-q\alpha_j}{2\varepsilon_S\varepsilon_0}\right)^{1/2}\right]^{2/15} \tag{2-89}$$

而线性缓变结空间电荷区宽度表达式为

$$X_m = \left[\frac{-12\varepsilon_S\varepsilon_0}{q\alpha_j}(U_D \pm U)\right]^{1/3}$$

$$=\left(\frac{-12\varepsilon_0\varepsilon_S}{qa_j}\right)^{1/3}(U_D \pm U)^{1/3} \tag{2-90}$$

将式（2-90）代入式（2-88），得

$$E_m=-\frac{q\alpha_j}{2\varepsilon_S\varepsilon_0}\left[\frac{3\varepsilon_S\varepsilon_0}{2q\alpha_j}(U_D \pm U)\right]^{2/3} \tag{2-91}$$

当式（2-91）表示的电场强度达到雪崩击穿的临界电场强度 E_{mB} 时，外加电压就是击穿电压，略去 U_D 后得到

$$U_B=\left(\frac{-32\varepsilon_S\varepsilon_0}{9q\alpha_j}\right)^{1/2} E_{mB}^{3/2} \tag{2-92}$$

将式（2-89）代入式（2-92），得

$$U_B=\frac{4}{3}\left[\left(\frac{\varepsilon_S\varepsilon_0}{q\alpha_j}\right)^2\cdot\left(\frac{6.29}{c_i}\right)\right]^{1/5} \tag{2-93}$$

把硅和锗的 c_i 值及 ε_S 和 ε_0 各值代入上式，最后得到：

$$U_B=10.4\times10^9\alpha_j^{-2/5}\ \text{(V)（硅线性缓变结）} \tag{2-94}$$

$$U_B=5.05\times10^9\alpha_j^{-2/5}\ \text{(V)（锗线性缓变结）} \tag{2-95}$$

对各种半导体材料普遍适用的线性缓变结雪崩击穿电压的经验公式为

$$U_B=60\left(\frac{E_g}{1.1}\right)^{6/5}\cdot\left(\frac{\alpha_j}{3\times10^{20}}\right)^{-2/5} \tag{2-96}$$

线性缓变结雪崩击穿电压与低掺杂一边的杂质浓度关系如图 2.44 所示。

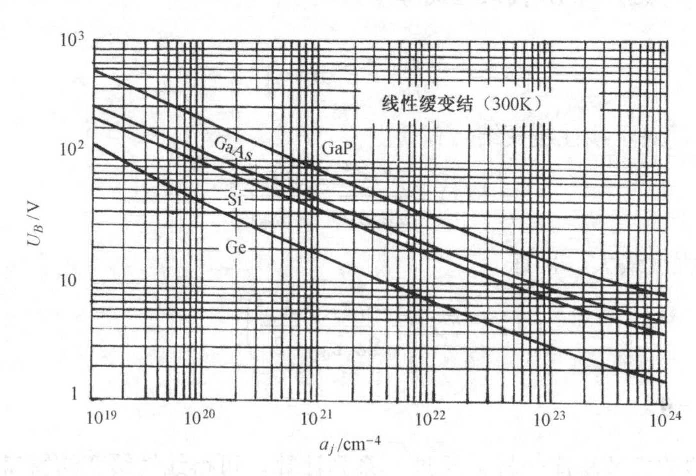

图 2.44　线性缓变结的雪崩击穿电压与杂质浓度梯度的关系

4. 实际扩散结的雪崩击穿电压

实际扩散结的雪崩击穿电压，在扩散层表面杂质浓度 N_S 比较高，结深又比较浅时，可用突变结的雪崩击穿电压公式近似计算；而在 N_S 较低，X_j 较深的情况下，则可用线性缓变结的雪崩击穿电压公式计算。一般情况下，由于扩散结的杂质分布为高斯分布或余误差分布，要计算扩散结的雪崩击穿电压是比较复杂的，需要用计算机进行计算。

2.4.3 影响雪崩击穿电压的因素

影响击穿电压的因素很多，下面我们分别讨论杂质浓度、外延层厚度、扩散结结深以及表面状态等因素对 PN 结击穿电压的影响。

1. 杂质浓度对击穿电压的影响

从式（2-83）和式（2-94）可见，如果衬底杂质浓度 N_B 低或杂质浓度梯度 α_j 小，则 PN 结的雪崩击穿电压就高。因为 N_B 低（或 α_j 小），意味着在同样的外加反向偏压下，空间电荷区宽度 X_m 较宽，最大电场强度 E_m 较低，因而达到临界电场 E_{mB} 所需加的电压就高，如图 2.45 所示。因此，要得到反向耐压高的 PN 结，可选用低掺杂的高阻材料做衬底，或通过深扩散以减小 α_j。

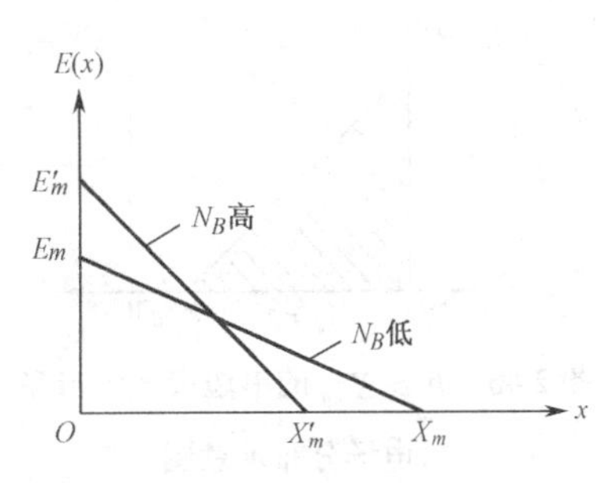

图 2.45 不同衬底杂质浓度对 PN 结电场分布的影响

2. 雪崩击穿电压与半导体外延层厚度的关系

为了保证 PN 结有较高的击穿电压，实际的 PN 结总有一侧掺杂较低，电阻率较高。高电阻率侧的厚度是有一定限制的（例如，为了避免串联电阻太大，有意限制这一层的厚度），这对 PN 结的击穿电压有直接的影响。PN 结的空间电荷区的宽度是随着反向电压的升高而增大，如果在 PN 结击穿以前，空间电荷区已经扩展并穿透电阻率较高的半导体层，则击穿电压显然受到影响。

下面以 P^+NN^+ 结构为例进行讨论。设低掺杂的 N 区（通常为外延层）的厚度为 W，如果 $W > X_{mB}$（X_{mB} 代表 PN 结击穿时的空间电荷区宽度），则在 PN 结发生击穿时，空间电荷区还未扩展到 N^+ 区，如图 2.46 所示。在这种情况下，击穿电压由 N 型区的电阻率决定。

如果 N 型外延层比较薄，即有 $W < X_{mB}$，则在较低的反偏压下，空间电荷区就扩展满了低掺杂半导体层（空间电荷区占满低掺杂半导体层的情况称为穿通，相应的电压为穿通电压），见图 2.47 中的虚线，显然这时 PN 结还没有被击穿。当反向偏压继续增大时，空间电荷区就要进入杂质浓度很高的 N^+ 区（若无 N^+ 区就是金属电极）。在 N^+ 区中，只要空间电荷区宽度稍有增加，空间电荷数量就增加很多，因此空间电荷区的宽度基本上不随外加偏压增加而增大，但空间电荷区内电场强度随着偏压升高而增大。再者，由 N^+ 层内新增加的空间电荷区发出的电力线均通过厚度为 W 的低掺杂区，所以该区各处电场强度的增加量都相同。也就是说，随着反向偏压的增加，空间电荷区中 E（x）函数曲线平行地向上移动，如图 2.47 所示。

比较一下在相同的反向偏压下，两个 N 区掺杂浓度相同但厚度不同（一个 $W<X_{mB}$，另一个 $W>X_{mB}$）的 P^+NN^+ 结构的电场分布（见图 2.48），可以看出，对于 $W<X_{mB}$ 的情况，电场强度较大（由于反向偏压相同，其 E（x）函数曲线下的面积应该相等）。所以，$W<X_{mB}$ 的 P^+NN^+ 结，在比较低的反向偏压下就会发生击穿。如果粗略地认为，无论是 $W>X_{mB}$ 还是 $W<X_{mB}$，在击穿时 PN 结界面处的最大电场强度相同（见图 2.49），那么对于 $W>X_{mB}$ 的情况，击穿电压 U_B 就是三角形 ABC 的面积；而对于 $W<X_{mB}$ 的情况，击穿电压 U'_B 就是梯形 ABEF 的面积。显然，$U'_B<U_B$，

$$\frac{U'_B}{U_B}=\frac{梯形ABEF面积}{三角形ABC面积}=1-\frac{(X_{mB}-W)^2}{X_{mB}^{\ 2}} \tag{2-97}$$

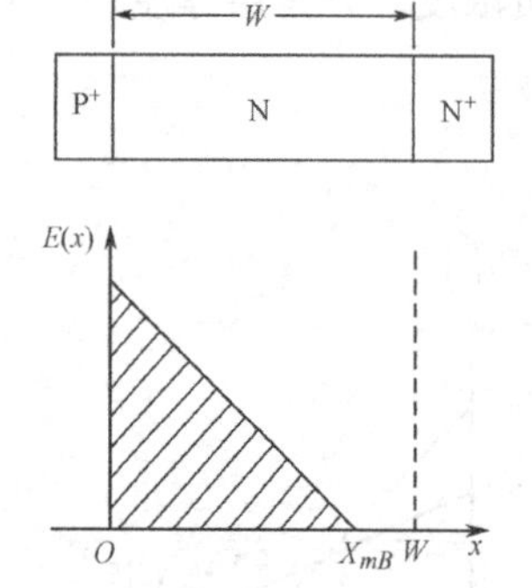

图 2.46　$W > X_{mB}$ 的单边突变结击穿时电场分布示意图

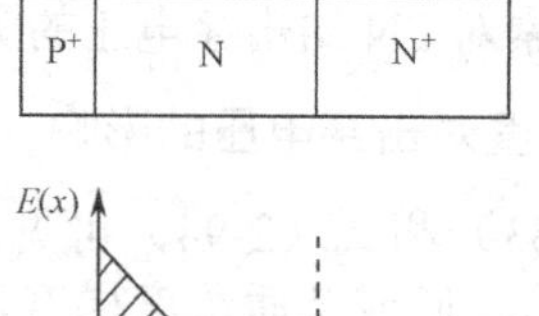

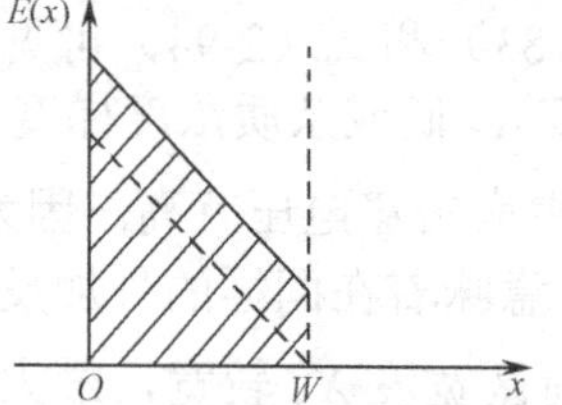

图 2.47　$W < X_{mB}$ 的单边突变结击穿时电场分布示意图

这一结果说明，P^+NN^+结低掺杂半导体层的厚度 W 比 X_{mB} 小得越多，其击穿电压 U'_B 就比 W 大于 X_{mB} 时雪崩击穿电压 U_B 低得越多。

为了防止外延层穿通，外延层厚度必须大于结深 X_j 和 X_{mB} 之和。

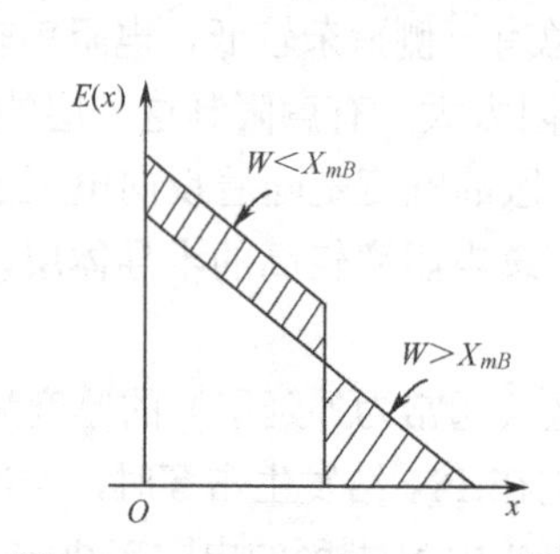

图 2.48　$W < X_{mB}$ 和 $W > X_{mB}$ 的单边突变结电场分布示意图

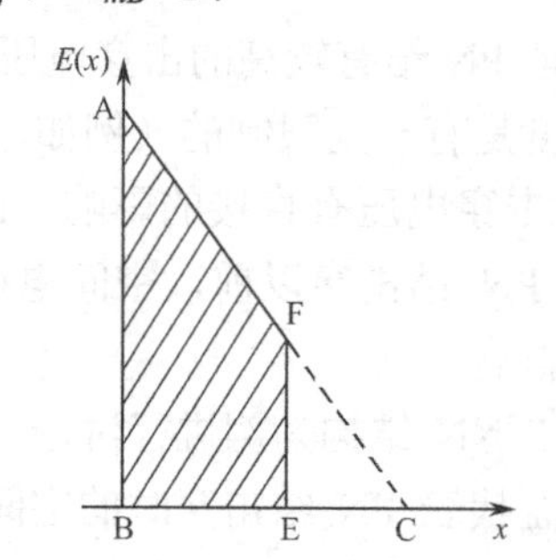

图 2.49　$W < X_{mB}$ 和 $W > X_{mB}$ 击穿时电场分布和击穿电压大小示意图

3. 扩散结结深对击穿电压的影响

用平面工艺制造的 PN 结，在杂质原子通过二氧化硅窗口从表面向体内扩散的同时，也沿表面方向横向扩散，可以近似认为横向的扩散深度与纵向相同。因此，扩散结的底部是一个平面；而其侧面近似为 1/4 圆柱形曲面，如图 2.50 所示，这部分结叫柱面结。如果扩散掩膜中有尖锐的角（如矩形扩散窗口的四个顶角），则尖角附近结的形状近似为球面（1/8 个球体），称为球面结，如图 2.51 所示。

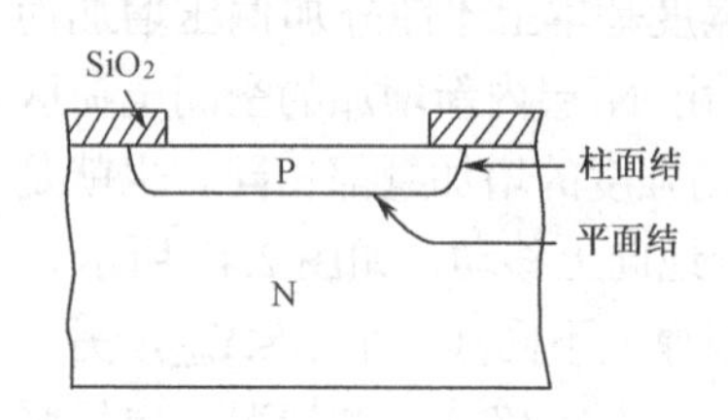

图 2.50　扩散 PN 结形状

柱面结和球面结将会引起电场集中，电场强度比平面结大，因而在这些区域中先发生雪崩击穿，从而使击穿电压降低。图 2.52 画出了平面结、柱面结和球面结空间电荷区中的电场分布，它们是在原材料的杂质浓度为$10^{15}\ cm^{-3}$，结深为 1 μm，外加反向偏压为 40 V 的条件下计算得到的。因为外加反向偏压相同，三种情况 E（x）曲线下的面积是一样的，但是因空间电荷区厚度 X_m 不同，X_m（球）$<X_m$（柱）$<X_m$（平面），因此，最大电场强度为

$$E_M\text{（球）}>E_M\text{（柱）}>E_M\text{（平面）}$$

由于碰撞电离率随电场强度的增加快速增大，因此它们的击穿电压为

$$U_B\text{（球）}<U_B\text{（柱）}<U_B\text{（平面）}$$

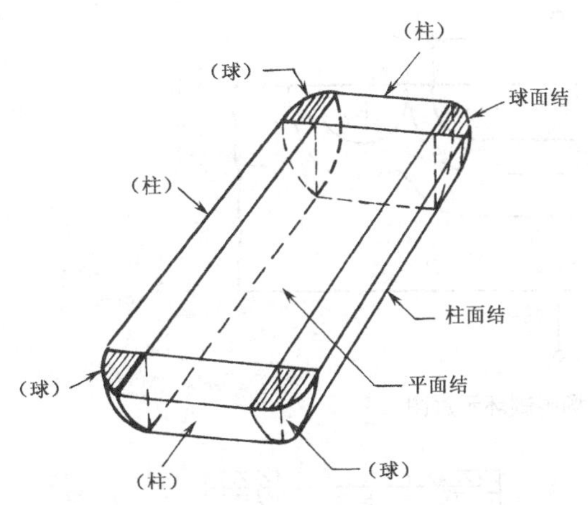

图 2.51 矩形窗口扩散区各部分 PN 结结面形状

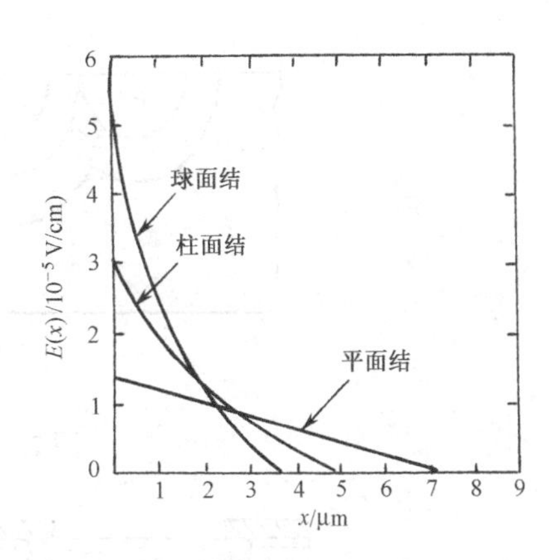

图 2.52 平面、柱面、球面结电场分布的比较

对于浅结扩散，柱面结和球面结引起的击穿电压降低特别显著。

为了减小结深对击穿电压的影响，可采取下面一些措施。

① 深结扩散：增大曲率半径，减弱电场集中现象，从而提高雪崩击穿电压；

② 磨角法：将电场集中的柱面结和球面结磨去，形成台面 PN 结；

③ 采用分压环：在 PN 结（主结）周围增加环状 PN 结（环结），如图 2.53 所示。环结与主结是同时扩散制成的，环结与主结的距离 d 较小。当对主结所加的反向电压 U 还低于主结的雪崩击穿电压U_B时，主结的空间电荷区已经扩展到了环结（$X_m=d$），使主结和环结的空间电荷区连成一片。此时，若进一步增加反向偏压，所增加的电压在表面处附近将由环结承担。这样，环结就相当于一个分压器，故称为分压环。由于采用分压环，主结的击穿电压 U 等于表面棱角处的雪崩击穿电压与环结雪崩击穿电压之和，从而改善了棱角电场集中对 PN 结雪崩击穿电压的影响。例如，假定 PN 结平面区域的雪崩击穿电压为 100 V，在棱角处由于电场集中，其击穿电压只有 80 V。若不加分压环，则主结的雪崩击穿电压只有 80 V，如加上分压环，并且当主结反向偏压为 U=70 V 时，主结和环结的空间电荷区开始连成一片，若此时主结的反向偏压继续增加，则环结处于反偏状态。设环结的雪崩击穿电压也是 80 V，则主结在表面棱角处的雪崩击穿电压为 70 V+80 V=150 V，即大于平面结区域的雪崩击穿电压。所以，PN 结不会在棱角处击穿，而是发生在平面结区域处的正常击穿。在设计分压环时，关键在于适当地选择主结与环结间的距离 d。若 d 值太大，环结就会失去作用；d 值太小，又不能有效地降低电场集中的影响。

4．表面状态对击穿电压的影响

半导体器件的 PN 结都要延伸到半导体表面，而在半导体表面存在着许多带电的表面状态，氧化层中也有许多带电中心，这些表面电荷产生的表面电场作用于半导体的表面，必将改变 PN 结在表面附近的电场分布，影响 PN 结的击穿电压。

对于平面晶体管中的 PN 结来说，表面状态将在表面产生沟道效应。对于 P^+N 结来说，氧化层中的正电荷会在原来是 N 型半导体表面感应出负电荷，形成 N^+层，从而使表面层中的

势垒宽度变薄，使击穿电压下降，如图 2.54（a）所示。对于 PN^+结来说，正电荷的感应会使 P 型半导体表面变成 N 型层，扩散的 N^+区与表面反型层连在一起，造成了漏电流，如图 2.54（b）所示。因此，在工艺上控制半导体的表面状态是十分重要的。

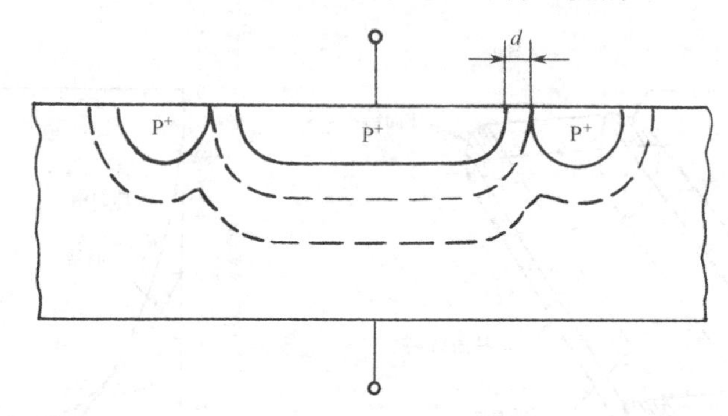

图 2.53 电场限制环示意图

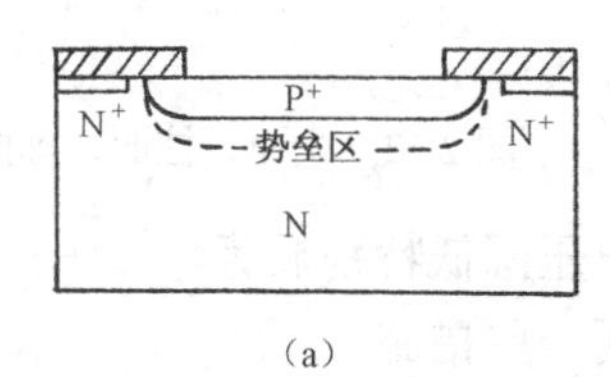

（a）

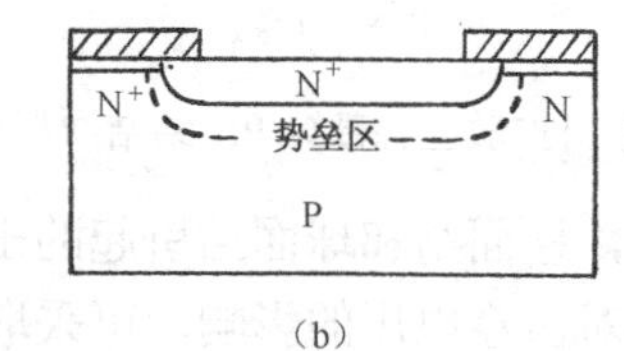

（b）

图 2.54 表面沟道对 PN 结击穿电压的影响

2.5 PN 结的电容效应

由前面分析可知，在 PN 结空间电荷区中有空间电荷存在，空间电荷区越宽，空间电荷就越多。进一步的分析指出，空间电荷区的宽度，除了与材料的掺杂浓度有关以外，还和外加电压有关。PN 结空间电荷区的电荷量随着外加偏压而变化的现象，表明 PN 结具有电容效应。

PN 结的电容效应是 PN 结的基本性质之一，它是研究半导体器件频率特性的基础。利用 PN 结电容效应可制成变容二极管和集成电路中所需的电容。

PN 结电容是由势垒电容和扩散电容两部分组成的，下面分别予以讨论。

2.5.1 PN 结的势垒电容

1. PN 结势垒电容的概念

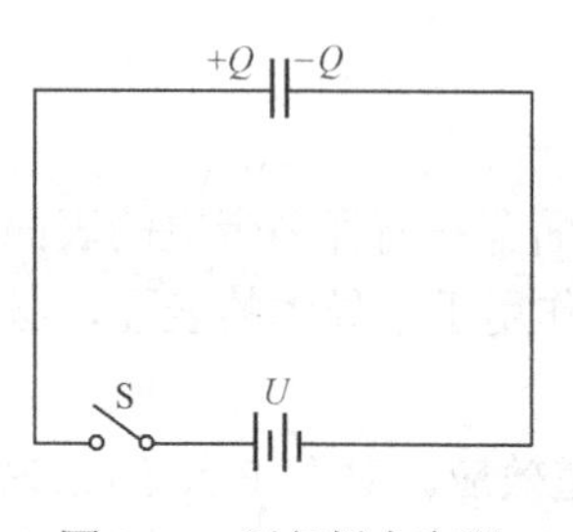

图 2.55 平行板电容器

为了了解势垒电容的概念，可先回顾一下平行板电容器的充放电过程，如图 2.55 所示。当图 2.55 中的开关 S 接通时，电源产生的电流给电容充电，电容器两极板上的电荷逐渐增加，直至两个极板间的电位差等于外加电压 U 时，充电过程才结束，此时电容器的电荷量 $Q=CU$。如果电源电压由 U 增大到（$U+\Delta U$），极板上的电荷量将由 Q 增加到（$Q+\Delta Q$），电容器内电场增强，电容器两极板间的电压也由 U 增加到（$U+\Delta U$）。可见，电容器上电压的变化是靠极板上电荷的改变而实现的。

和平行板电容器一样，PN 结上电压降的变化，也是通过空间电荷区正、负电荷发生变化来实现的。正、负电荷增加，PN 结上压降增大；空间电荷区中正、负电荷减少，PN 结上压降减小。可见，PN 结很像一个平板电容器。当加上反向偏压 U 时，PN 结上的电压降为 U_D+U。假定这时空间电荷区中的正、负电荷量为 Q，空间电荷区宽度为 X_m。如果反向偏压由 U 增加到 $U+\Delta U$，必有一股放电电流使得空间电荷区的正、负电荷增加到 $Q+\Delta Q$。在耗尽层近似的情况下，正、负电荷的增减是靠空间电荷区宽度变化来实现的，所以空间电荷区宽度由 X_m 变为 $X_m+\Delta X_m$。也就是说，原来在ΔX_m 层内的多数载流子（N 区中的电子，P 区中的空穴）流走了，形成了放电电流，使空间电荷区电荷量增加，如图 2.56（a）所示。同样道理，如果外加反向偏压减小，结上压降下降，这就要求空间电荷量减少。在耗尽层近似的情况下，空间电荷量的减少只能靠空间电荷区宽度的减小来实现，如图 2.56（b）所示。

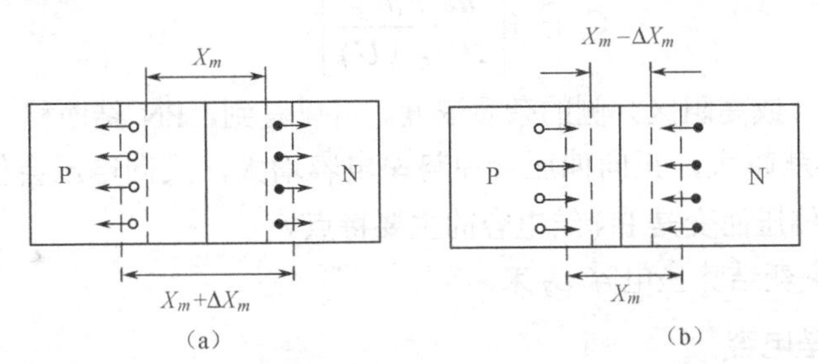

图 2.56　反向偏压改变时 PN 结空间电荷区的变化

显然，当外加电压保持不变时，空间电荷区中的空间电荷量也就保持不变，空间电荷区电容的充电和放电也就停止了。因此，PN 结电容只在外加电压变化时才起作用。外加电压频率越高，每秒充放电的次数越多，通过空间电荷区电容的电流就越大，空间电荷区电容的作用也就越显著。

以上所分析的 PN 结的电容效应发生在势垒区，所以常称为 PN 结势垒电容。

平行板电容器两极板间储存的电荷量 Q 与电压 U 成正比，其比值就是平行板电容器的电容值。平行板电容器电容值与极板面积 A、两极板间的间距 d 有关，也与两极板间介质的介电常数有关，即

$$C=\frac{\varepsilon_S\varepsilon_0 A}{d} \tag{2-98}$$

PN 结势垒电容与平行板电容器很相似，但是有区别。当 PN 结的外加偏压 U 改变ΔU 时，空间电荷区中的电荷量也要改变ΔQ，当ΔU 足够小时，ΔQ 与ΔU 成正比，其比值就是 PN 结势垒电容 C_T，即

$$C_T=\lim_{\Delta U\to 0}\frac{\Delta Q}{\Delta U}\approx\frac{\mathrm{d}Q}{\mathrm{d}U} \tag{2-99}$$

类似于平行板电容器，势垒电容的电容值 C_T 也正比于结面积，反比于空间电荷区宽度 X_m。在这里，X_m 相当于平行板电容器两极板的间距。因为微量的充电电荷 $\pm\Delta Q$ 集中在空间电荷区两边的薄层内，如图 2.57 所示，这两个薄层就相当于电容的两个极板，而半导体本身就构成了电容器的介质，其电容率为 ε_S，所以有

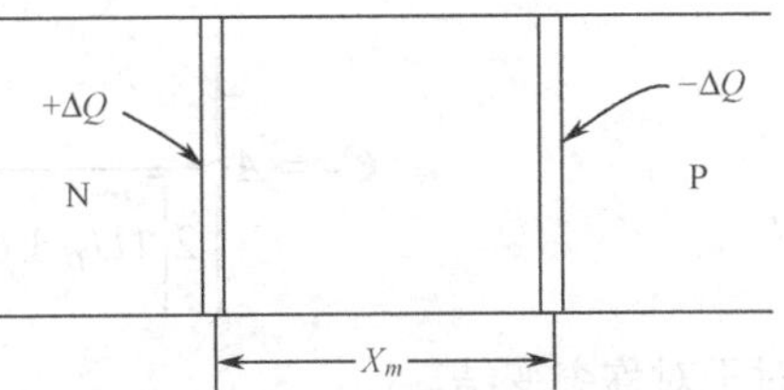

图 2.57　PN 结势垒电容充电电荷

$$C_T = \frac{\varepsilon_S \varepsilon_0 A}{X_m} \tag{2-100}$$

这里还需强调指出，所谓 PN 结的电容应这样来理解，即当所加电压随时间变化时，通过 PN 结的电流就好像是通过一个电容器那样。然而，PN 结电容与通常的电容器还是有很大区别。通常的电容器能隔直流，而 PN 结则明显地允许直流通过。因此，不能用 PN 结作为“隔直电容”。另外，平行板电容器两极板间的距离 d 是一个常数，平行板电容器的电容量也与电压无关；而 PN 结势垒电容空间电荷宽度 X_m 却是电压 U 的函数，因此势垒电容的电容值 C_T 将随电压 U 的改化而变化。

2. 单边突变结势垒电容

对于单边突变结，把式（2-58）代入式（2-100），得

$$C_T = A\left[\frac{q\varepsilon_S \varepsilon_0 N_B}{2(U_D \pm U)}\right]^{1/2} \tag{2-101}$$

其中 N_B 为低掺杂（或高阻区）侧的杂质浓度。可以看到，PN 结面积 A 和高阻区杂质浓度 N_B 越大，势垒电容就越大，正向偏压会使势垒电容增大，反向电压会使势垒电容减小。PN 结势垒电容随外加偏压而变是 PN 结电容的主要特点。

由图 2.36 可查出突变结势垒电容 C_T 来。

3. 线性缓变结势垒电容

对于线性缓变结，我们知道

$$X_m = \left(\frac{-12\varepsilon_0 \varepsilon_S}{qa_j}\right)^{1/3} (U_D \pm U)^{1/3}$$

代式（2-100），得

$$C_T = A\left[\frac{a_j q \varepsilon_S^2 \varepsilon_0^2}{12(U_D \pm U)}\right]^{1/3} \tag{2-102}$$

可以看到，线性结的势垒电容与面积 A、杂质梯度 a_j 和两端电压（$U_D \pm U$）有关，与突变结不同的是线性结的 C_T 不是随（$U_D \pm U$）的（-1/2）次方变化，而是按照（-1/3）次方变化的。

上面的公式均是在耗尽层近似下推导的，当 PN 结的反向偏压较高时，耗尽层近似是合理的，势垒电容的理论计算值与实验结果基本一致。但在反向偏压较低，特别是施加正向偏压时，空间电荷区内有大量载流子通过，载流子电荷随外加电压变化而改变的电容效应增大。因此，利用上述公式计算正向偏置的 PN 结势垒电容将产生较大的误差，应进行适当的修正。在反向偏压较低时，对于不对称突变结，其修正式为

$$C_T = A\left\{\frac{q\varepsilon_S \varepsilon_0 N_D}{2\left[\left(U_D \pm U\right) - \frac{k_B T}{q}\left(1 + \ln\frac{N_A}{N_D}\right)\right]}\right\}^{1/2} \quad \left(N_A/N_D > 10\right) \tag{2-103}$$

对于对称突变结，

$$C_T = A\left[\frac{q\varepsilon_S \varepsilon_0}{2\left(U_D \pm U - 2k_B T/q\right)} \frac{N_A \cdot N_D}{N_A + N_D}\right]^{1/2} \quad (1 \leqslant N_A / N_D \leqslant 10) \tag{2-104}$$

对于线性缓变结，

$$C_T = A\left[\frac{a_j q \varepsilon_S^2 \varepsilon_0^2}{12(U_g \pm U)}\right]^{1/3} \tag{2-105}$$

其中$U_g = \frac{2}{3}\frac{k_B T}{q}\ln\left[\frac{\alpha_j \varepsilon_S \varepsilon_0 \left(k_B T/q\right)}{8qn_i^3}\right]$。

式（2-103）至式（2-105）适用于计算反偏、零偏和正向偏压较低时的 PN 结势垒电容。但当正向偏压较高时，如处于正常工作状态的发射结，还存在一定的误差。因此，通常用零偏势垒电容 $C_T(0)$ 的 2.5～4 倍进行计算。

4. 实际扩散结势垒电容

实际扩散结的杂质分布为余误差函数或高斯函数。因此，扩散结势垒电容的计算十分复杂，通常采用查表法求得。图 2.58 是在耗尽层近似下，用电子计算机计算的结果绘出的图表曲线，适用于余误差分布和高斯分布。N_S 表示扩散层表面杂质浓度，N_0 为衬底杂质浓度、X_j 代表结深、X_m 为空间电荷区总宽度，X_1 为扩散侧的空间电荷区的宽度。

下面举例说明如何用查表法求扩散结的势垒电容。

例如，已知硅 PN 结的 $N_S = 10^{18}\ \text{cm}^{-3}$，$N_B = 10^{15}\ \text{cm}^{-3}$，$X_j = 2\times10^{-4}$ cm，求反向偏压 $U = -5.3$ V 时，PN 结的 C_T，X_m，X_1。查表步骤如下：

第一步，根据$\frac{N_B}{N_S} = \frac{10^{15}}{10^{18}} = 10^{-3}$，应查图 2.58（c）和图 2.58（d）；

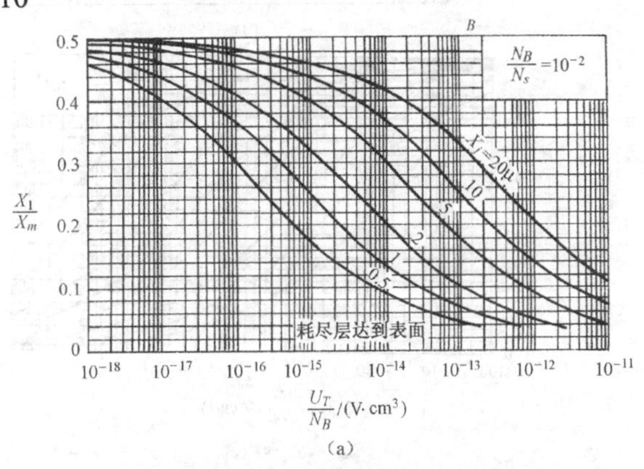

（a）

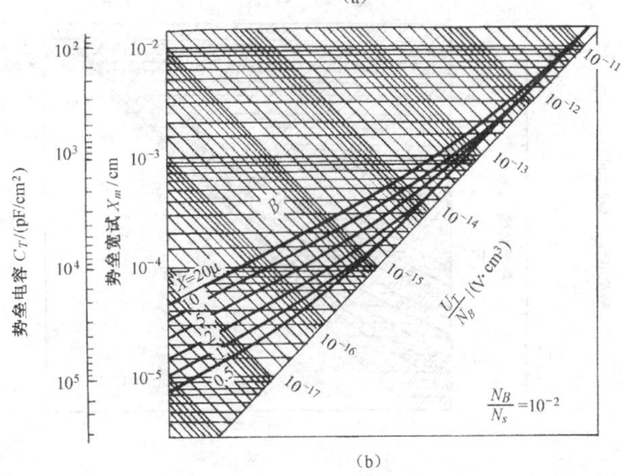

（b）

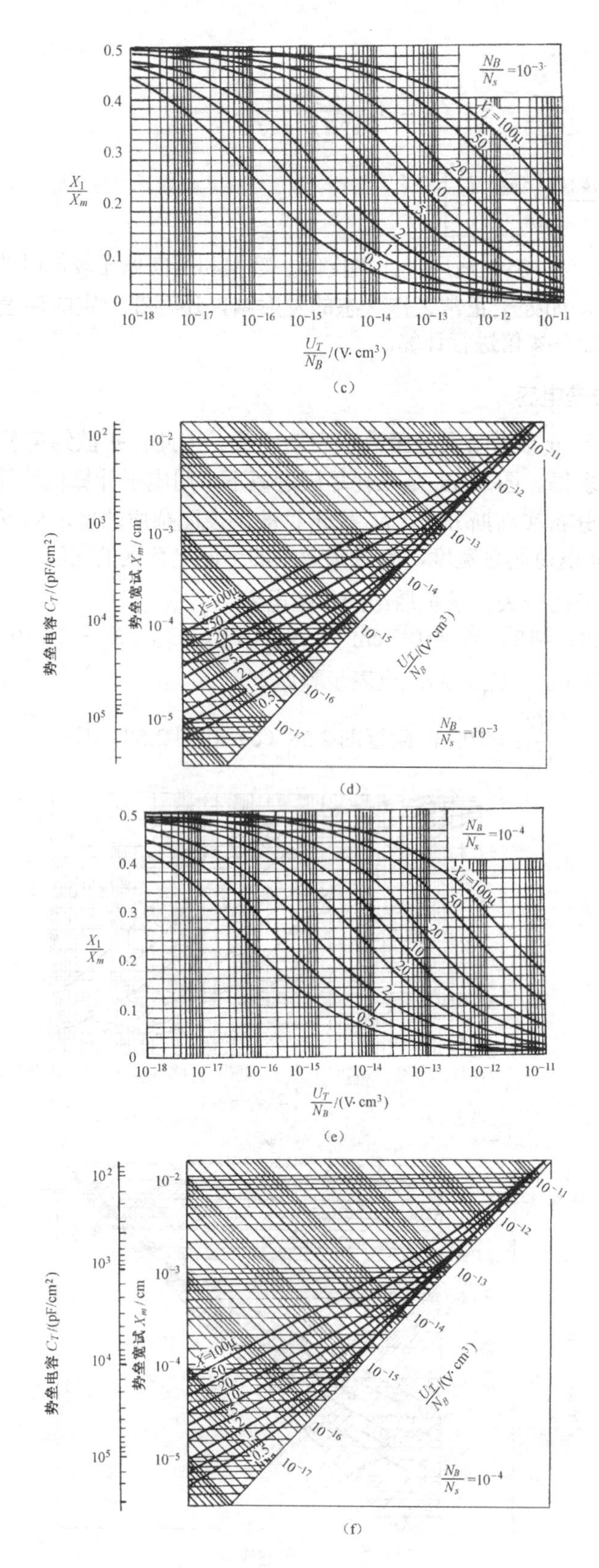

图 2.58　扩散结势垒电容和势垒宽度

第二步，在图 2.58（d）的$\frac{U_T}{N_B}$坐标上，根据$\frac{U_D+U}{N_B}=\frac{0.7\text{V}+5.3\text{V}}{10^{15}\text{cm}^{-3}}=6\times10^{-15}\text{V}\cdot\text{cm}^3$，找出对应点，然后沿左上斜线找出与 $X_j=2\times10^{-4}$ cm 曲线的交点，再由交点沿水平线对应的坐标值，可得

$$C_T=3.7\times10^3\ \text{pF/cm}^2 \text{及} X_m=3\times10^{-4}\ \text{cm}$$

第三步，在图 2.58（c）上，$\frac{U_T}{N_B}=6\times10^{-15}\text{V}\cdot\text{cm}^3$ 处与 $X_j=2\times10^{-4}$ cm 曲线的交点，水平向左可得$\frac{X_1}{X_m}$=0.17，所以 X_1=0.17X_m=0.6×10^{-4}cm。

考虑 PN 结的势垒电容之后，在交流情况下，PN 结可以看成一个交流电导（或动态电阻）和一个势垒电容相并联的等效电路。

2.5.2 PN 结的扩散电容

PN 结电流主要是由 P 型扩散区中的电子扩散电流和 N 型扩散区中的空穴扩散电流组成的。这两部分电流都是非平衡少子的扩散电流，它们的增减是与扩散区中非平衡载流子浓度梯度的增减相联系。要增大或减小载流子的浓度梯度，就要有载流子“充入”或“放出”扩散区。因此，当 PN 结正向电压加大时，为了使正向电流随着加大，扩散区就要积累更多的非平衡载流子。而当正向电压减小时，为了使正向电流随着减小，积累在扩散区中的非平衡载流子就要减少。显然，在扩散区中积累电荷量也随着外加电压而改变，因而 PN 结也可等效成一个电容，这个电容称为PN结的扩散电容。

在加正向偏压时，在扩散区中积累的非平衡载流子的电量随偏压很快增加，因此正偏时的扩散电容很大；而加反向偏压时，扩散区中的少子浓度将低于平衡时的浓度，载流子电量随电压的变化很小，因此反偏时的扩散电容可以忽略。

进一步的分析可以得到，正向 PN 结的扩散电容 C_D 为空穴扩散区电容 C_{Dp} 和电子扩散区电容 C_{Dn} 之和。

空穴扩散区积累的电荷为：$Q_P=Aqp_{n0}L_p(\text{e}^{qU/k_BT}-1)$，所以

$$C_{Dp}=\frac{\text{d}Q_p}{\text{d}U}=\frac{Aq^2}{k_BT}p_{n0}L_p\text{e}^{\frac{qU}{k_BT}} \tag{2-106}$$

电子扩散区积累的电荷为：$Q_n=Aqn_{p0}L_n(\text{e}^{\frac{qU}{k_BT}}-1)$，所以

$$C_{Dn}=\frac{\text{d}Q_n}{\text{d}U}=\frac{Aq^2}{k_BT}n_{p0}L_n\text{e}^{\frac{qU}{k_BT}} \tag{2-107}$$

于是

$$C_D=C_{Dp}+C_{Dn}=\frac{Aq^2}{k_BT}(p_{n0}L_p+n_{p0}L_n)\text{e}^{\frac{qU}{k_BT}} \tag{2-108}$$

对于 PN^+结
$$C_D=C_{Dn} \tag{2-109}$$
对于 P^+N 结
$$C_D=C_{Dp} \tag{2-110}$$

从式（2-108）可见，扩散电容随正向电压加大而呈指数增加，所以扩散电容和正向电流成正比，正向电流较大时，扩散电容也较大，将起主要作用。

二极管和晶体管的开关特性及高频特性都与扩散电容有关。

2.6 PN 结的开关特性

从 PN 结的两端各引出一个电极就成为 PN 结二极管（以下简称二极管），所以 PN 结的开关特性实际上就是指二极管的开关特性。二极管大量应用于开关电路中，因此对 PN 结开关特性的讨论具有重要的意义

2.6.1 PN 结的开关作用

“开关”这个概念早已为人们所熟悉。在生产和日常生活中，我们接触到多种多样的开关，如电灯的拉线开关、机床的按钮开关等，它们的作用就是使电路接通和切断。在自动控制装置中经常使用的继电器，也是起开关作用的。不过，这些开关都是靠人手或机械动作来接通和切断电路的，开关速度很慢。在电子设备中，要求开关速度极快，机械开关是无法胜任的，而晶体二极管和后面介绍的晶体管却能够很好地完成这一任务。

1. 二极管的开关作用

在前面我们已讲过，在正向电压下 PN 结的电阻很小，而在反向电压下电阻很大，利用这个特性就可以将二极管用作开关元件。

如果将一只二极管接在如图 2.59（a）所示的电路里，在输入端加上正电压（A 端比 B 端电压高），这个电压可以是持续时间很短的正脉冲，也可以是持续时间相当长的正电压，这时二极管处于正向导通状态，它的电阻很小。假如忽略掉正向电阻，这个电路就可以等效为图 2.59（b）。当输入端加负脉冲或负电压，如图 2.59（c）所示，则二极管处在反向状态，电阻很大，假如把它看成无穷大，这个电路就可等效成图 2.59（d）。所以，在这个电路里，二极管的作用就好像一个开关 S，当输入正脉冲或正电平时，开关 S 接通，二极管处在开态；当输入负脉冲或负电平时，开关 S 切断，二极管处在关态。如果输入脉冲电压的极性不断变化，则二极管就不断开、关，在负载 R 上输出一个和输入波形中的正脉冲相仿的电压波形，如图 2.60 所示。二极管的开关速度极快，这是机械开关远不能比的。

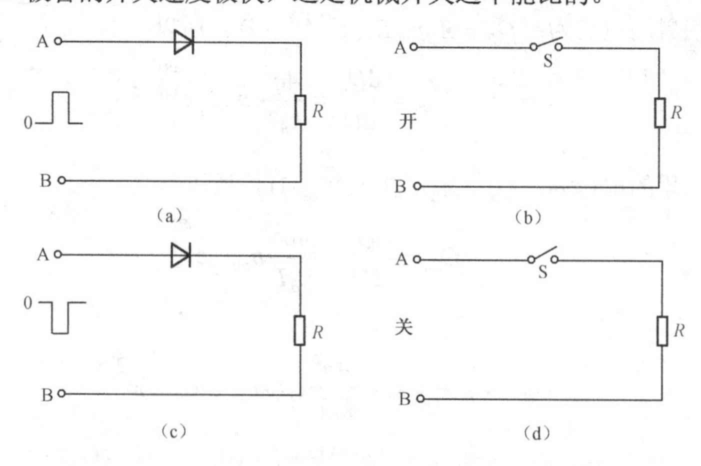

图 2.59　二极管的开关作用

2. 二极管的静态开关特性分析

所谓静态是指处于相对静止的稳定状态。

（1）“开”态——正向导通

把二极管当作一个理想的开关 S，这只是一种近似的比拟，因为理想的开关在开的时候，电阻为零，开关上的压降也是零。而实际的二极管在正向导通时，它两端总会有一个“正向压降 U_D”，对于硅二极管，U_D 的数值大约为 0.7 V 左右。

图 2.61 示出了硅二极管的正向伏安特性。从图 2.61 可以看出，在开态时，流过二极管的正向电流比较大，二极管上有 0.7 V 左右的正向压降。这时负载上的电压并不等于外加正向电压 U_1，而是 U_1 与 U_D 之差，如图 2.62 所示。

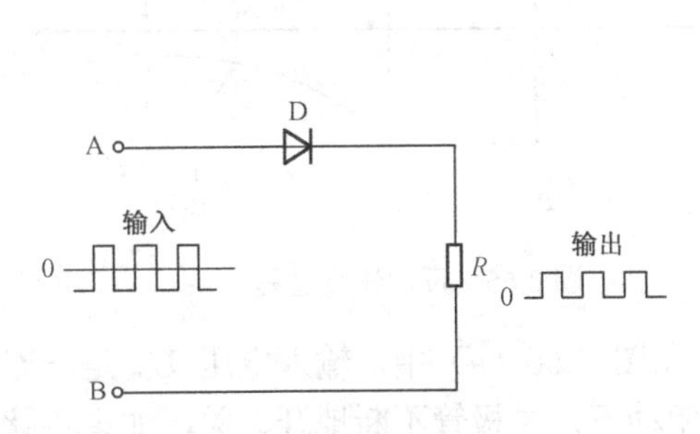

图 2.60　二极管开关的输入和输出

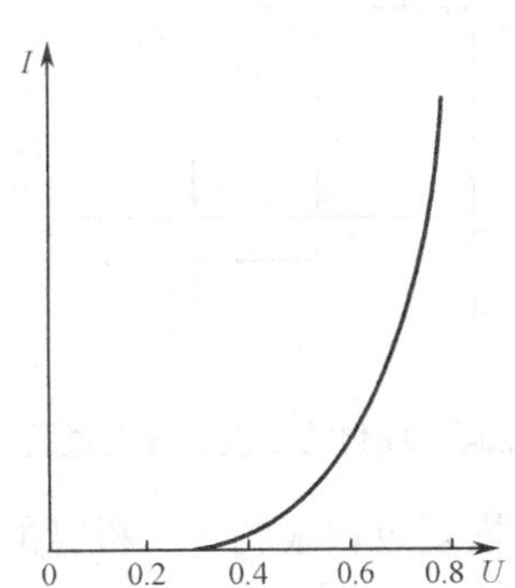

图 2.61　硅二极管的正向特性

（2）“关”态——反向截止

理想的“关”态应该是电阻无穷大，电流为零。然而二极管在反向截止时仍流过一定的反向漏电流。

在正常情况下，硅 PN 结的反向漏电流很小，只有纳安（nA）数量级，它的数值越小越好。

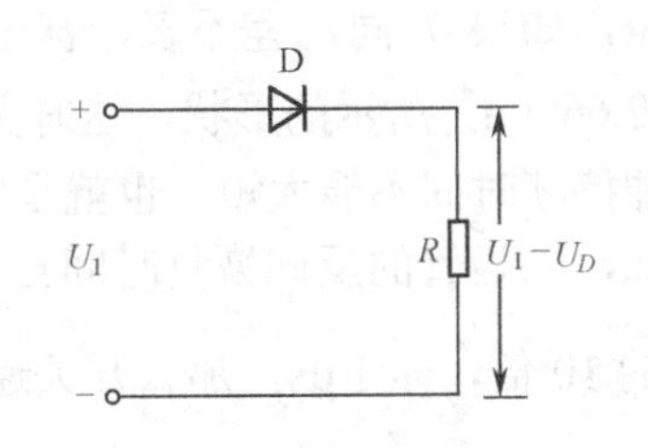

图 2.62　考虑二极管正向压降时的输出电压

2.6.2　PN 结的反向恢复时间

二极管从关态转变到开态所需的开启时间一般是很短的，它对开关速度的影响很小；从开态转变到关态所需要的关闭时间却要长得多，所以对二极管开关过程的分析可只考虑关闭过程。

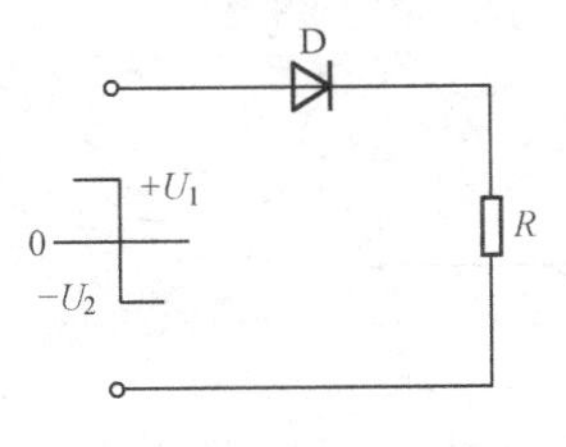

图 2.63　二极管开关电路

1. 反向恢复过程

二极管从开态到关态是怎样转变的呢？我们用图 2.63 的简单情况来说明。如果不考虑二极管的开启时间和关闭时间，则在加 $+U_1$ 的期间，流过二极管的正向电流为

$$I_D = \frac{U_1 - U_D}{R} \tag{2-111}$$

式中，U_D 为二极管的正向压降，约为 0.7 V。

当电压在某一时刻 t_0 突然从 $+U_1$ 下降到 $-U_2$ 时，则理想二极管的电流应从 I_D 瞬间变到反向漏电流 I_0，如图 2.64 所示。

但实际情是这样的：当外加电压突然从正变到负时，二极管的电流先从正向的 I_D 变到一个很大的反向电流 I_F，它近似为：$I_F \approx \dfrac{U_2}{R}$。

这个电流维持一段时间 t_s 以后，开始减小，再经过时间t_f后，减小到I_F的十分之一，然后才逐渐趋向I_0，二极管进入了反向截止状态，如图 2.65 所示。

通常将处于正向导通的二极管从施加反向电压开始，一直到反向截止的过程称为反向恢复过程（参见图 2.65）。其中t_s叫贮存时间，t_f叫下降时间，$t_{rr}=t_s+t_f$叫反向恢复时间。

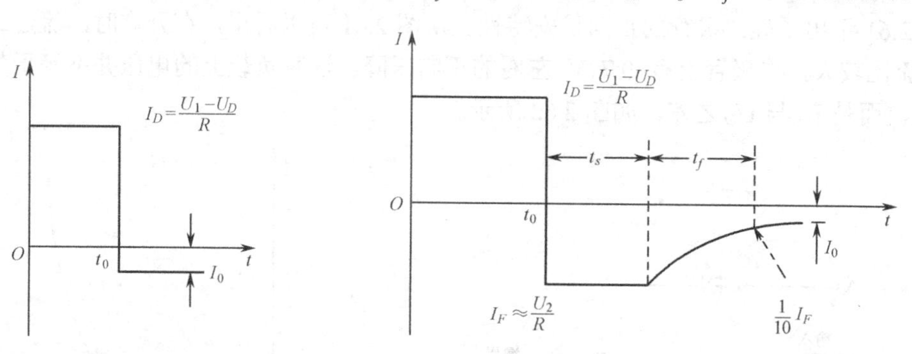

图 2.64 理想的二极管开关过程

图 2.65 反向恢复过程

反向恢复过程限制了二极管的开关速度。在图 2.66（a）中，输入电压 U_{in} 是一连串正负相间的脉冲，如图 2.66（b）所示。在脉冲的驱动下，二极管不断地开、关，如果负脉冲的持续时间 T 比二极管的反向恢复时间t_{rr}大得多，那么基本上可以得到图 2.66（c）所示的理想波形。但是，如果 T 同t_{rr}差不多，甚至比t_{rr}小，那么由于反向恢复过程的影响，输出波形就变成了图 2.66（d）所示的形状，这时负脉冲并不能使二极管关断。所以，要保持良好的开关作用，脉冲持续时间不能太短，也就是脉冲的重复频率不能太高，这就限制了开关速度。

例如，二极管的反向恢复时间t_{rr}是 100 ns，为了获得良好的开关作用，选取脉冲间隔时间是t_{rr}的 10 倍，即 1 μs，那么开关速度最高可达：$\frac{1}{1\times10^{-6}\ \text{s}}=1\ \text{MHz}$。

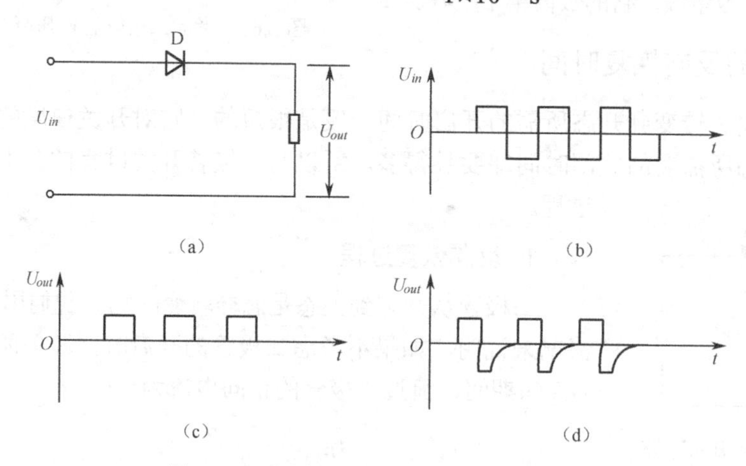

图 2.66 反向恢复过程对开关速度的限制

2. PN 结的电荷贮存效应

二极管为什么会存在反向恢复过程呢？这实际上是由电荷贮存效应引起的，下面对此进行简要分析。

以 PN^+结为例，如果 PN^+结原来加有正向偏压，在某一时刻突然变为负偏压，那么正向时积累在 P 区的大量电子就要被反向电场拉回到 N^+区，如图 2.67（a）所示。所以在开始的瞬间，反向电流很大，经过一段时间以后，这些积累电子一部分在 P 区被复合掉，一部分已流到了 N^+区，P 区的电子分布就从图 2.67（b）的实线变成虚线所示的情况，这时反向电流也恢复到正常情况下的反向饱和电流。这种正向导通时少数载流子积累的现象，叫电荷贮存效应，二极管的反向恢复过程就是由于电荷的贮存所引起的。

从图 2.67（b）可以看出，贮存电荷的总量就是图中斜线部分的面积。当正向电流越大，贮存的电荷量也越多，二极管的反向恢复时间就越长。反向恢复时间 t_{rr} 正是这部分贮存电荷的回流和复合消失所需的时间。

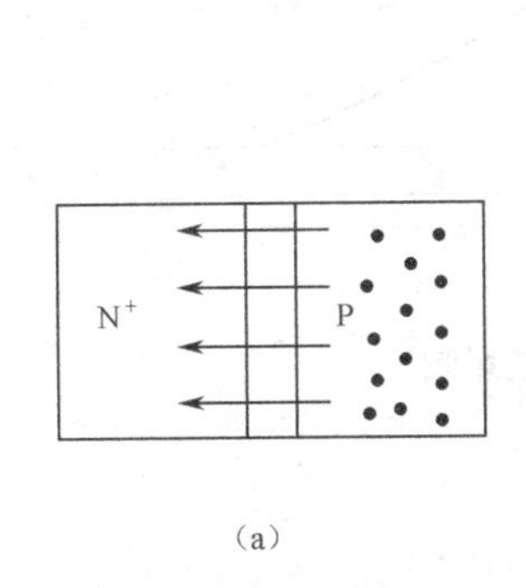

（a）

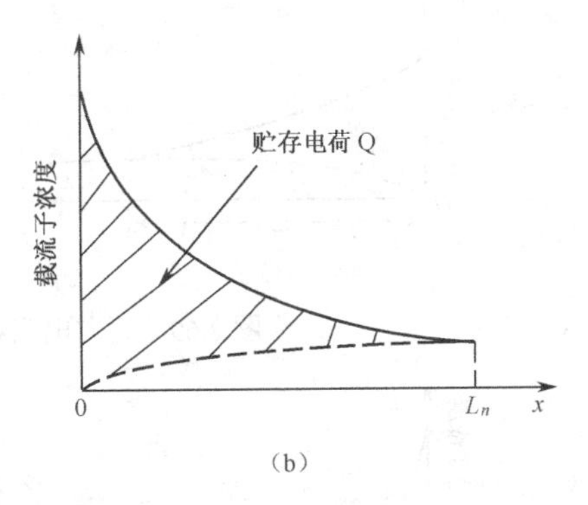

（b）

图 2.67　电荷贮存效应

下面我们具体分析一下反向恢复过程中贮存电荷的变化情况，如图 2.68 所示。当外加电压刚反向时，P 区势垒边界的电子就要流回 N^+区，边界处电子浓度开始减小，这时 P 区内部的电子就向边界处扩散，加上电子不断同空穴复合，整个扩散区中的电子浓度就逐渐减小。于是，随着时间的推移，P 区中积累电子的分布就从图 2.68 中的曲线①变为②，再变为③、④、⑤，最后变为曲线⑥。在从①变到④的这段时间内，P 区电子浓度仍大于其平衡电子浓度，此时 PN 结上的压降大于零，即尽管外加电压已由正跳至负，但由于内部载流子的贮存，P 区边界处电子浓度仍大于其平衡浓度，二极管仍处于正向导通状态，所以电流仍然取决于外加电压和外接电阻，即 $I_F = \dfrac{U_2}{R}$，从①变到④这段时间就是贮存时间 t_s。

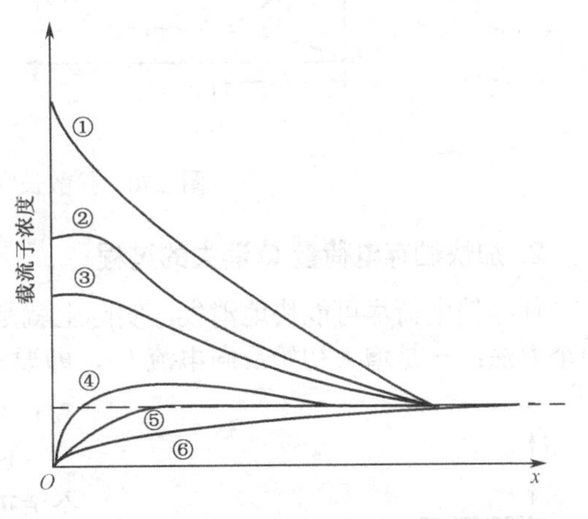

图 2.68　反向恢复过程中的载流子浓度的变化

从曲线⑤开始，边界处的电子浓度等于或小于平衡浓度，PN 结由正向转至反向，电流逐渐减小。当其分布如曲线⑥时，二极管处于真正的反向状态，电流等于反向饱和电流 I_0，这一过程所需的时间就是下降时间 t_f，而从①变到⑥所需的总时间就是反向恢复时间 t_{rr}。

2.6.3　提高 PN 结开关速度的途径

如上所述，影响二极管开关速度的关键因素是反向恢复时间，它的内因在于非平衡载流子的贮存效应。因此，提高二极管开关速度的途径可以归结如下。

1. 减小正向导通时非平衡载流子的贮存量 Q

减小 Q 的办法，一是减小正向电流 I_D，因为积累电子的浓度梯度由 I_D 决定。I_D 越小，浓度梯度就小，电荷贮存量 Q 也越小。图 2.69 画出了不同 I_D 时的电荷贮存量。另一种办法是降低 P 区电子的扩散长度 L_n（也就是降低 P 区的少数载流子寿命）。如图 2.70 所示，在同样的正向电流（即相同的浓度梯度）下，L_n 越小，则电荷贮存量 Q 也越小。

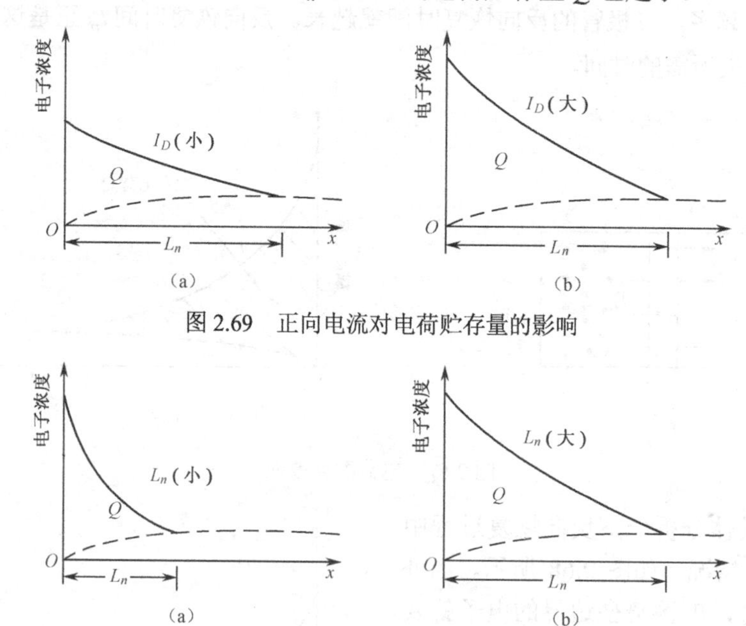

图 2.69　正向电流对电荷贮存量的影响

图 2.70　扩散长度对电荷贮存量的影响

2. 加快贮存电荷量 Q 消失的过程

使存储电荷尽可能快地消失，实际上就是加快图 2.68 中从曲线①变到⑥的速度。这也有两个办法：一是增大初始反向电流 I_F，即要求增大 U_2，减小 R；二是减小 P 区的电子寿命 τ_n，加快电子的复合速度。

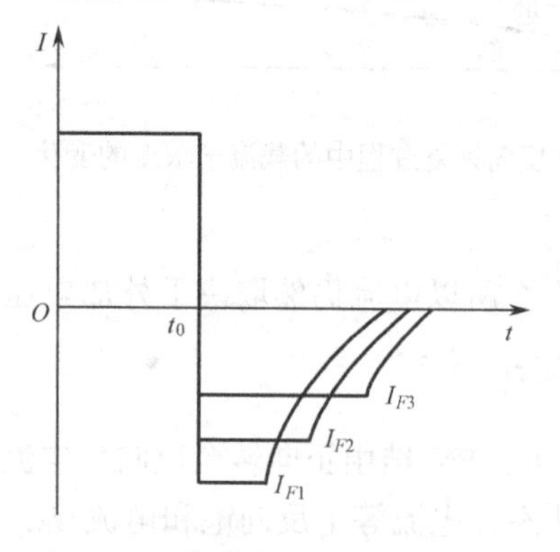

图 2.71　反向恢复时间随抽出电流的变化（$I_{F1}>I_{F2}>I_{F3}$）

归结起来，提高二极管开关速度的途径可以从两个方面入手。一方面是从电流角度考虑，可以减小正向注入电流 I_D 和增大抽出电流（即初始反向电流）I_F。图 2.71 画出了不同的抽出电流的情况下二极管的反向恢复时间，I_F 越大，反向恢复时间 t_{rr} 就越小。另一方面从二极管本身的结构来考虑，就是降低少数载流子的寿命，这是提高二极管开关速度的最主要方法。二极管的反向恢复时间同寿命 τ 成正比，在注入电流和抽出电流相等（即 $I_D=I_F$）的条件下，t_{rr} 同 τ 之间有如下的经验公式：

对突变结，$t_{rr}=0.9\tau$；对缓变结，$t_{rr}=0.5\tau$

硅中的复合中心杂质（如金、铜、镍等）都可以有效地降低非平衡载流子的寿命，所以在制造高速开关二极管时，通常都要掺金，即进行金扩散。实验指出，掺金二极管的反向恢复时间是未掺金的几十分之一。

2.7 金属–半导体的整流接触和欧姆接触

通过前面的分析我们已经知道：P 型与 N 型半导体在接触时，其交界面会形成 PN 结，其最主要的特性就是单向导电性（或称整流特性）。但我们常常还会遇到金属与半导体接触的问题，如从 P 型或 N 型半导体引出连接线，或从 PN 结的两端引出连线，等等。因此，研究金属–半导体接触问题，并了解其特性，具有重要意义。

当金属与半导体接触时，若二者的接触有整流作用，则叫整流接触，反之叫欧姆接触。整流接触和欧姆接触在半导体器件中都有重要应用。点接触二极管就是用金属细丝与半导体表面形成整流接触的；当半导体器件需要向外引出连线时，就要求是欧姆接触，欧姆接触可等效为一个小电阻。

金属–半导体接触为什么既可以是整流接触，又可以是欧姆接触呢？这主要是由于金属与半导体相接触时在半导体表面形成了一个“表面势垒”所引起的，这种因金属–半导体接触引起的表面势垒，通常称为“肖特基势垒”，下面就对此进行讨论和分析。

2.7.1 金属–半导体接触的表面势垒

与 PN 结相似，金属与半导体接触时也将发生载流子的转移，但它不是像 PN 结那样靠 P 区与 N 区之间载流子的浓度梯度引起扩散，而是由于金属和半导体中电子的能量状态不一样，使电子从能量高的地方流到能量低的地方。那么，金属与半导体相接触时，究竟是金属中的电子流到半导体，还是半导体的电子流到金属呢？这要取决于两者“功函数”（或称逸出功）的相对大小，电子将从功函数小的地方跑到功函数大的地方。因此，在分析金属与半导体接触之前，有必要首先介绍一下关于金属和半导体的功函数。

功函数是指电子脱离物体进入周围空间（假定在真空环境）所必须给予电子的能量。由于金属中的自由电子大部分集中在费米能级附近（这是由费米分布所决定的），因而跑出来的电子大部分来自费米能级附近，故金属的功函数应该从金属费米能级 E_{Fm} 算起，如图 2.72 所示。图中 E_0 为真空中静止自由电子的能量，金属功函数 W_m 为

$$W_m = E_0 - E_{Fm} \tag{2-112}$$

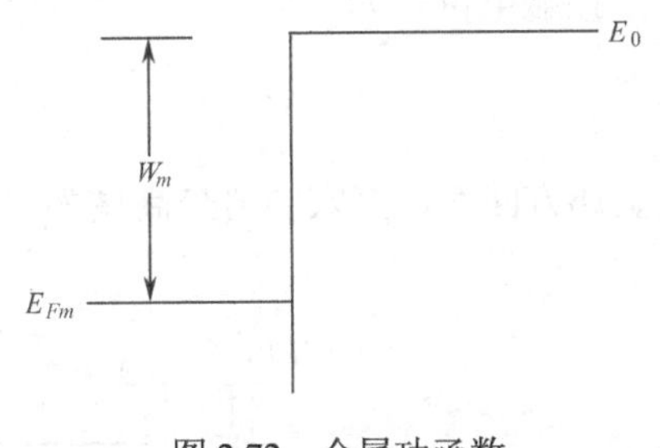

图 2.72 金属功函数

式中 E_{Fm} 可以认为是金属中电子的最高能量。

半导体的功函数也可以认为是真空中静止电子的势能同半导体的费米能级之差，如图 2.73（a）所示。若把 N 型半导体同一个功函数比它大的金属紧密接触，由于 $W_m>W_n$，即 $E_{Fm} < E_{FN}$，即使金属中有大量的电子，但它们的能量大都低于 N 型半导体的 E_c，因而大部分电子无法进入半导体。而 N 型半导体中的电子能量却比较大，因此一部分电子很容易进入金属。电子在金属与半导体之间进行交换的结果就使金属因多余电子而带负电，而 N 型半导体因缺少电子而带正电。金属中的负电荷是以电子形式出现的，其密度可以很高，在 N 型半导体中正电荷的吸引下，这些多余电子就集中在界面处的金属薄层中。半导体中的正电荷是以施主离子形式出现的，它们分布在一定厚度的区域中，形成空间电荷区。和 PN 结类似，在空间电荷区中能带将发生弯曲，形成势垒。当势垒达到一定高度，以至于 N 型半导体中能够

越过势垒而进入金属的电子数和从金属越过势垒进入 N 型半导体的电子数一样多时，就达到了平衡。平衡时金属与半导体的费米能级也应拉平，如图 2.73（b）所示。整个势垒主要位于半导体表面的区域中而在金属的区域极薄，这种势垒称为金属与半导体接触的表面势垒（肖特基势垒）。势垒中电场的方向从 N 型半导体指向金属，势垒两边的电位差即接触电位差，由金属和半导体的费米能级之差决定，即

$$U_D = \frac{1}{q}(E_{FN} - E_{Fm}) \tag{2-113}$$

这时，从金属方面看，电子的势垒高度为

$$\phi_{mn} = E_c - E_{Fm} \tag{2-114}$$

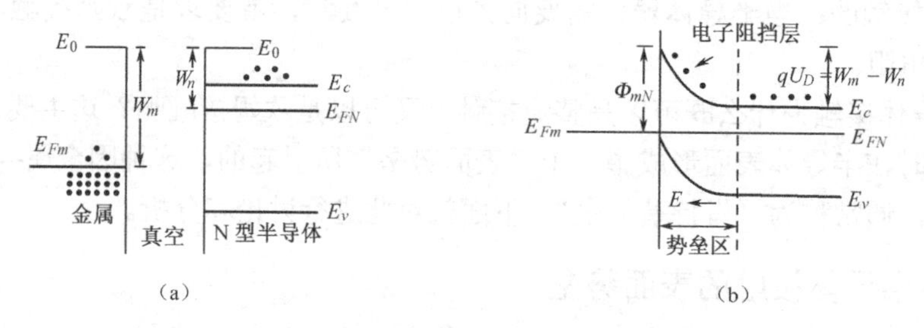

图 2.73　金属与 N 型半导体接触的表面势垒（阻挡层）

对于 P 型半导体，若 P 型半导体的功函数 W_p 大于金属的功函数 W_m，如图 2.74（a）所示，则在紧密接触时，金属中的电子跑向半导体（或者说半导体中的空穴跑向金属），于是金属带正电，半导体带负电，这些负电荷以电离受主杂质的形式分布在 P 型半导体靠近表面处的空间电荷层内，其电场方向由金属指向半导体，所以这个表面势垒是阻挡空穴从半导体跑向金属的，平衡时如图 2.74（b）所示。

接触电位差为

$$U_D = \frac{1}{q}(E_{Fm} - E_{FP}) \tag{2-115}$$

从金属方面看，空穴的势垒高度为

$$\phi_{mp} = E_{Fm} - E_v \tag{2-116}$$

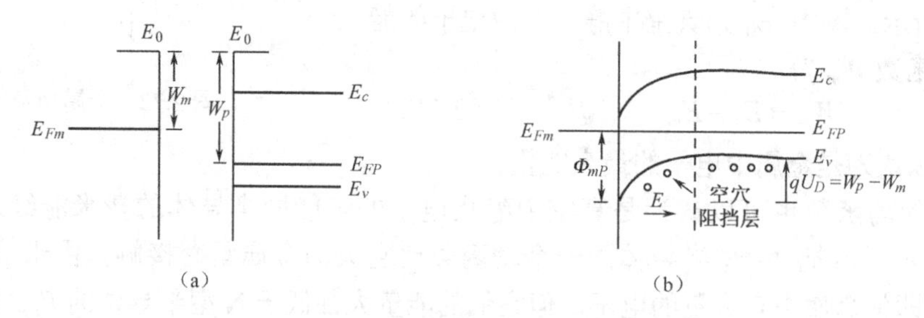

图 2.74　金属与 P 型半导体接触的表面势垒（阻挡层）

上面讨论的是 N 型半导体同功函数较大的金属接触或 P 型半导体同功函数较小的金属接触，这时都会形成表面势垒（阻挡层）。如果将 N 型半导体同功函数较小的金属接触或 P 型半导体同功函数较大的金属接触，则根据同样的分析可知：在平衡时靠近表面处将形成一个载流子浓度更大的高电导区，我们称之为反阻挡层，如图 2.75 所示。

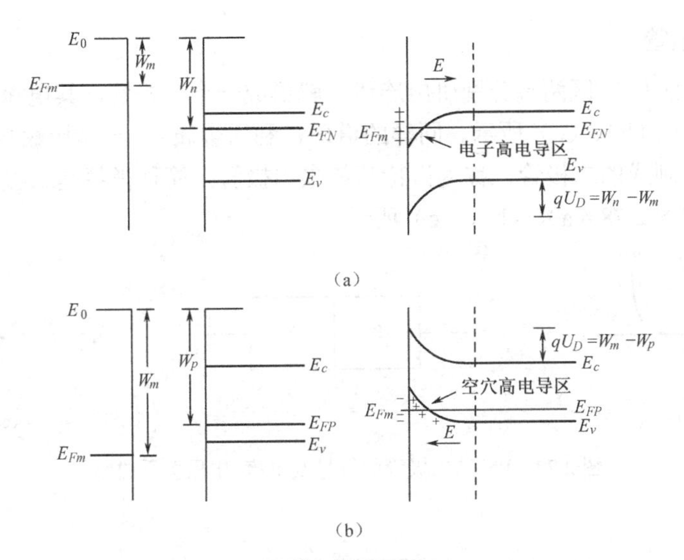

图 2.75 金属与半导体接触的反阻挡层（高电导层）

2.7.2 金属–半导体接触的整流效应与肖特基二极管

1. 金属–半导体接触的整流效应

如果在紧密接触的金属和半导体之间加上电压，由于表面势垒的作用，加正、反向电压时所产生的电流大小不同，即有整流效应。

金属和 N 型半导体接触时，在未加偏压（即平衡时）的情况下，金属–半导体接触的能带如图 2.76（a）所示。当金属一边加正电压，半导体加负电压时，N 型半导体中的势垒将降低，如图 2.76（b）所示，则从 N 型半导体流向金属的电子流大大增加，成为金属–半导体整流接触的正向电流。

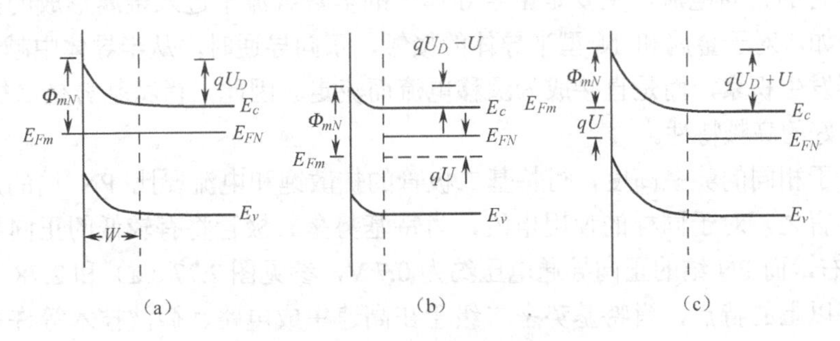

图 2.76 金属–半导体接触能带图

当在金属一边加负电压，半导体一边加正电压时，势垒将增高，如图 2.76（c）所示。因此，N 型半导体中的电子基本上都爬不过去了，即从 N 型半导体流向金属的电子流减小到接近于零，而从金属流向 N 型半导体的电子流还是同以前一样，保持很小的数值，结果就出现了由金属流向半导体的小的电子流，这就是金属–半导体整流接触的反向电流。

上面介绍的就是金属–半导体接触的整流特性。不难发现，金属–半导体接触的整流效应，与 PN 结的整流特性有许多相似之处，也具有单向导电性。

整流接触常用合金、扩散、外延（或蒸发）、离子注入等方法来获得。

2. 肖特基二极管

在 PN 结的 P 区和 N 区两端分别引出连线，就形成一个二极管，其电流–电压特性曲线及符号如图 2.77（a）、（b）、（c）所示。同样的道理，利用金属–半导体接触与 PN 结具有相似的整流效应的特性制成的二极管，称为肖特基势垒二极管，简称肖特基二极管，其电流–电压特性曲线及符号如图 2.78（a）、（b）、（c）所示。

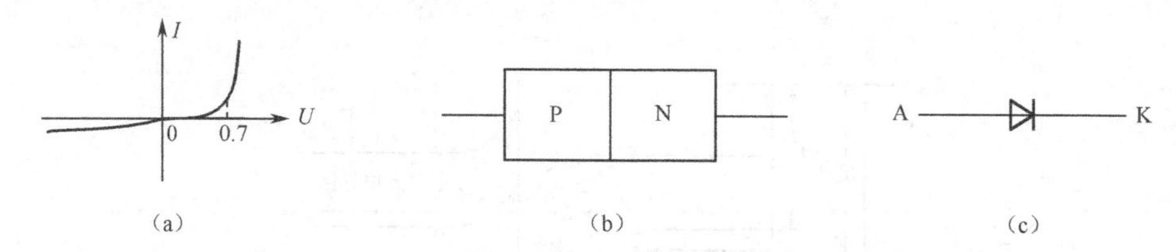

图 2.77　PN 结二极管的符号及电流–电压关系曲线

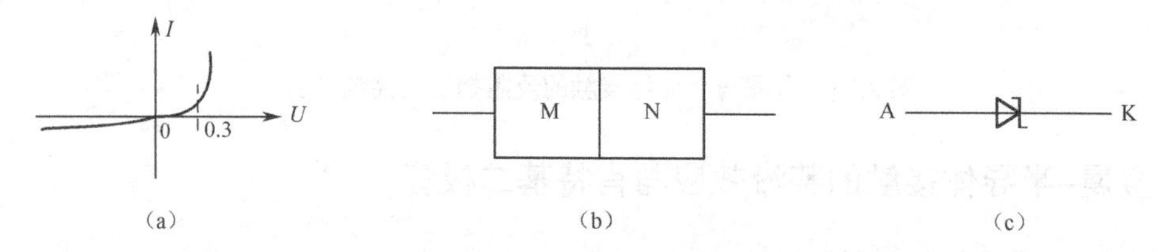

图 2.78　肖特基二极管的符号及电流–电压关系曲线

可见，肖特基二极管和 PN 结二极管具有类似的电流–电压关系，即它们都有单向导电性。但肖特基二极管与 PN 结二极管的相比又具有一些不同的特点，简要说明如下：

首先，就载流子的运动形式而言，PN 结正向导通时，由 P 区注入 N 区的空穴或由 N 区注入 P 区的电子，都是少数载流子，它们先形成一定的积累，然后靠扩散运动形成电流。这种注入的非平衡载流子的积累称为电荷贮存效应，它严重地影响了 PN 结的高频性能。而肖特基势垒二极管的正向电流，主要是由半导体中的多数载流子进入金属形成的，它是多数载流子器件。例如，对于金属和 N 型半导体的接触，正向导通时，从半导体中越过界面进入金属的电子并不发生积累，而是直接成为漂移电流而流走。因此，肖特基势垒二极管比 PN 结二极管具有更好的高频特性。

其次，对于相同的势垒高度，肖特基二极管的扩散饱和电流要比 PN 结的反向饱和电流 I_0 大得多。换言之，对于同样的使用电流，肖特基势垒二极管将有较低的正向导通电压，一般为 0.3 V 左右，而 PN 结的正向导通电压约为 0.7 V，参见图 2.77（a）和 2.78（a）。

正因为有以上的特点，肖特基势垒二级管在高速集成电路、微波技术等许多领域得到广泛应用。例如，在硅高速 TTL 电路中，就是把肖特基二极管连接到晶体管的基极与集电极之间，从而组成钳位晶体管，大大提高了电路的速度。在 TTL 电路中，制作肖特基二极管常用的方法是，把铝蒸发到 N 型集电区上，然后在 520～540 ℃的真空中或氮气中恒温加热约 10 min，这样就形成铝和硅的良好接触，制成肖特基势垒二极管。

又如，掺有浓度约为 5×10^{15} cm^{-3} 的 N 型外延硅衬底与 PtSi 接触，经钝化，所制成的金属–半导体雪崩二极管，能产生连续的微波振荡，并且能在大功率下工作。

此外，也可以用金属–半导体势垒作为控制栅极，制成肖特基势垒栅场效应晶体管，砷化镓肖特基势垒栅场效应晶体管的功率及噪声性能比各种砷化镓晶体管都好。肖特基势垒二极管的其他应用就不一一列举了。

2.7.3 欧姆接触

从理论上讲，只要选用那些功函数比 N 型半导体的小（$E_{Fm}>E_{FN}$）或比 P 型半导体的大（$E_{Fm}<E_{FP}$）的金属，就可以与半导体形成没有整流作用的反阻挡层（高电导区）。但是，金属–半导体接触的势垒高度还受半导体表面状态的影响，并且作为欧姆电极的材料还要导电性能好，易于焊接，同半导体有良好的粘附作用，性能稳定不易氧化等特点。显然，依靠选择金属材料形成反阻挡层来实现欧姆接触，具有一定的局限性。下面介绍几种形成欧姆接触的方法。

1．低势垒接触

如果金属与半导体接触形成的势垒比较低，在室温下就有足够的载流子可以从半导体进入金属或由金属进入半导体，这样的接触，其整流效应极小。一般金属同 P 型半导体的接触势垒都比较低，例如金–P 型硅接触势垒高度约为 0.34 eV，而铂–P 型硅形成的势垒只有 0.25 eV，在室温以上它们可以保证是良好的欧姆接触。

2．高复合接触

在金属–半导体接触面附近用一定的方法引入大量的强复合中心，就构成了高复合接触。高复合接触不会向半导体注入非平衡载流子，因为原来可能注入体内的非平衡少数载流子在通过高复合接触区时都复合掉了。高复合接触也不会有整流作用，因为在反向时，高复合中心将成为高产生中心，使反向电流变得很大，反向的高阻状态就不存在了。

被打磨的半导体表面将形成大量的晶格缺陷，这些缺陷起强复合中心作用，因而在这样的表面上制成的金属–半导体接触是欧姆接触。用扩散、合金等方法，在接触面处掺入金、镍、铜等起强复合中心作用的杂质，也可以制成高复合接触。

3．高掺杂接触

在半导体表面与金属接触处，如果先用扩散或合金等方法，掺入高浓度的施主或受主杂质，构成金属–N^+–N 或金属–P^+–P 结构，就形成了高掺杂接触。

高掺杂的 N^+或 P^+层可以有效地降低非平衡载流子的注入，金属–N^+–N 接触的能带图如图 2.79 所示。此时，流过金属–N^+–N 接触的电流主要是电子电流，空穴电流很小。因此对高掺杂接触来说，非平衡载流子的注入是可以忽略的。

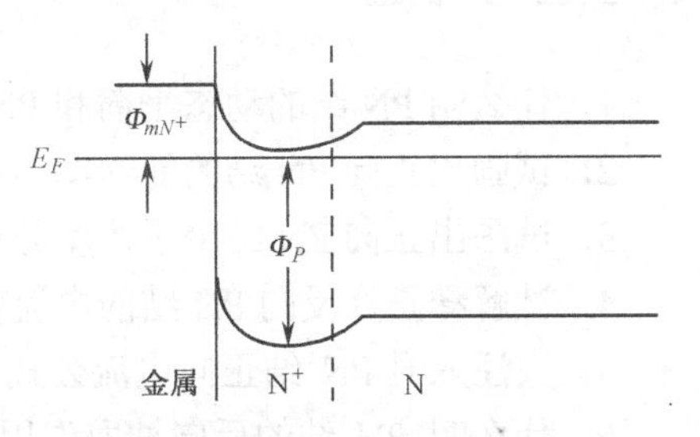

图 2.79 金属–N^+–N 接触的能带

在高掺杂接触处也存在着势垒，但只要高掺杂的 N^+（或 P^+）层杂质浓度足够高，其势垒宽度也将很薄，势垒越薄就越容易发生电子的隧道穿透。因此，当势垒减薄到一定程度以后，就不再能够阻挡电子的运动，从而使高掺杂接触的反向阻抗减小。只要 N^+（或 P^+）层的杂质浓度足够高（10^{19} cm^{-3} 以上），高掺杂接触的接触阻抗就可以减到足够小。

由于高掺杂接触在工艺上易于实现，效果又好，因此大部分半导体器件的欧姆接触都采用这种方法。

欧姆接触电极的制法有合金、蒸发、溅射、电镀等多种。所用的金属应能与半导体形成低共熔合金，有良好的导电性，易于焊接，能牢固地附着在二氧化硅表面而对二氧化硅层又没有破坏作用，又含有足够的施主或受主杂质，而且还应是延展性良好的软金属。当单独用一种金属不能同时满足所有上述要求时，可用几种金属配成合金来制造欧姆电极。表 2.1 列出了在锗、硅和砷化镓上制造欧姆电极的常用材料。

表 2.1　制造欧姆电极的常用材料

半导体材料	N 型欧姆接触合金材料	P 型欧姆接触合金材料
锗	锡、锡锑合金、锡砷合金、铅锑合金、铅锑锡合金、金锑合金	铟、铟铅合金、铟镓合金、金镓合金、金锗合金
硅	金锑合金、金砷合金、银铅锑合金、镍、铝	铝、铝镓合金、铝锡合金、金硼镓合金、镍
砷化镓	金锡合金、金硒合金、银合金、锡铝合金、铟	金锌合金、银锌合金、银铋合金、银锰合金、铟、铟锌合金

平面晶体管欧姆电极通常采用高复合接触与高掺杂接触，电极材料通常选用铝、金等。

铝对二氧化硅的附着性能很好，因此在工艺中都用蒸铝的方法来制造晶体管发射区与基区的欧姆电极，也用铝作为集成电路元件间的互连线。

NPN 型晶体管的发射区是高掺杂 N^+层，磷的浓度通常是$10^{21}\sim10^{22}\ cm^{-3}$，它超过硅铝合金再结晶层中铝的浓度$5\times10^{18}\ cm^{-3}$，因而铝对 N^+层形成高掺杂欧姆接触。基区本身是 P 型的，铝是 P 型杂质，因此在合金化后容易得到欧姆接触。

PNP 型晶体管的发射极是高掺杂 P^+层，铝与 P^+层形成高掺杂欧姆接触，基区为 N 型半导体，而且基区浓度不一定高于$5\times10^{18}\ cm^{-3}$，这时必须在基区电极处做 N^+扩散，以形成铝与 N^+高掺杂接触。

思考题与习题

1．什么叫 PN 结的动态平衡和 PN 结空间电荷区？

2．试画出正向 PN 结的能带图，并进行简要说明。

3．试画出正向 PN 结少子浓度分布示意图。其少子分布表达式是什么？

4．试解释正、反向 PN 结的电流转换和传输机理。

5．大注入时 PN^+结正向电流公式是什么？试比较大注入与小注入的不同之处。

6．什么叫 PN 结的反向抽取作用？试画出反向 PN 结少子浓度分布示意图。少子分布的表达式是什么?

7．PN 结正、反向电流–电压关系表达式是什么？PN 结的单向导电性的含义是什么？

8．什么是正向 PN 结空间电荷区复合电流，什么是反向 PN 结空间电荷区的产生电流？并用示意图说明之。正向 PN 结空间电荷区复合电流公式是什么？反向 PN 结空间电荷区产生电流公式是什么？并指出复合电流有什么特点。

9．求出硅突变 PN 结空间电荷区电场分布及其宽度的函数表达式。

10．求出硅缓变 PN 结空间电荷区电场分布及其宽度的函数表达式。

11．什么叫 PN 结的击穿及击穿电压？试叙述 PN 结雪崩击穿和隧道击穿的机理，并说明其不同之处。

12．硅突变结雪崩击穿电压与原材料杂质浓度（或电阻率）及半导体层厚度有何关系？

13．硅缓变 PN 结击穿电压与原材料杂质浓度有何关系？

14．什么叫 PN 结的电容效应？什么是 PN 结势垒电容？写出单边突变结和线性缓变结的势垒电容与偏压的关系式。

15．什么叫反向恢复过程？什么叫反向恢复时间？提高二极管开关速度的途径有哪些？

16．什么叫金属–半导体的整流接触和欧姆接触？形成欧姆接触的方法主要有哪些？

17．已知硅 PN 结的 N 区和 P 区的杂质浓度均为 1×10^{15} cm^{-3}，试求平衡时的 PN 结接触电位差。已知室温下，硅的 n_i=1.5×10^{16} cm^{-3}。

18．已知硅 P^+N 结的 N 区杂质浓度为 1×10^{16} cm^{-3}，试求当正向电流为 0.1 mA 时该 P^+N 结的导通电压。若 N 区的杂质浓度提高到 1×10^{18} cm^{-3}，其导通电压又是多少？已知：D_p=13 cm^2/s，L_p=2×10^{-3} cm，A=10^{-5} cm^2，q=1.6×10^{-19} C，n_i=1.4×10^{10} cm^{-3}。

19．一个硅 P^+N 结的 N 区杂质浓度为 1×10^{16} cm^{-3}。在反向电压为 10 V，50 V 时，分别求势垒区的宽度和单位面积势垒电容。

20．一个硅 P^+N 结，P 区的 N_A=1×10^{19} cm^{-3}，N 区的 N_D=1×10^{16} cm^{-3}，求在反向电压 300 V 时的最大电场强度。

第 3 章　双极型晶体管

双极型晶体管是最早出现的具有放大功能的三端半导体器件，自 1948 年诞生至今，在高速电路、模拟电路和功率电路中占据着主导地位。因此，对双极型晶体管原理和特性的透彻了解十分重要。习惯上，常用缩写词 BJT（Bipolar Junction Transistor）代表双极型晶体管，以下简称晶体管。实际上，通常所说的晶体管就是指双极型晶体管。

本章首先讲述晶体管的基本结构和电流放大原理，然后依次论述晶体管的直流电压–电流特性和电流放大系数，晶体管的反向电流和击穿电压，晶体管的频率特性，晶体管的功率特性，晶体管的开关特性，最后简要介绍晶体管的一般设计方法。

3.1　晶体管的基本结构、制造工艺和杂质分布

3.1.1　晶体管的基本结构和分类

晶体管的种类诸多，按用途可分为低频管和高频管、小功率管和大功率管、低噪声管、高反压管及开关管等，按制造工艺和管芯结构可分为合金管、扩散管、离子注入管、台面管和平面管等，但各种晶体管的基本结构是相同的，即由两层同种导电类型的材料夹一相反导电类型的薄层而构成。其中，中间夹层的厚度必须远远小于该层材料中少数载流子的扩散长度（这一点很重要）。这样的组合有两种情况，即 P-N-P 结构和 N-P-N 结构，分别称为 PNP 和 NPN 晶体管。图 3.1 给出了两种常见晶体管的结构和符号，其中的箭头方向表示发射结电流方向。

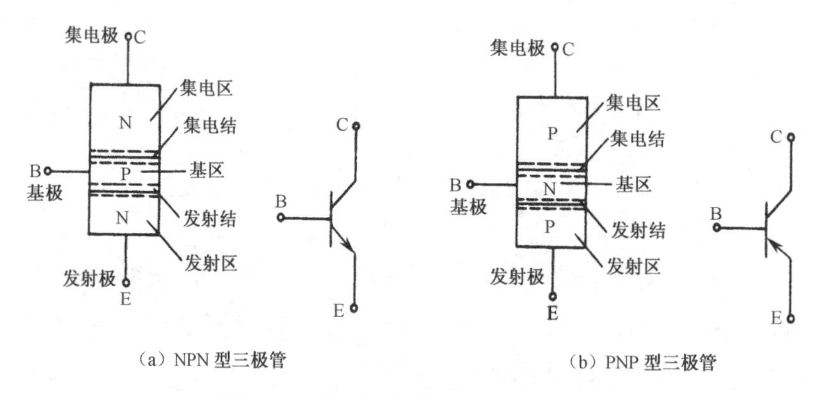

图 3.1　双极型三极管的结构和符号图

从基本结构来看，晶体管实质上是两个彼此十分靠近的背靠背的 PN 结，分别称为发射结和集电结；两个 PN 结隔离开的三个区域分别称为发射区、基区和集电区；从三个区引出的电极则称发射极、基极和集电极，分别用符号 E、B、C 表示。

在实际的晶体管中，在发射结和集电结边缘还有弯曲的二维部分，不过所占的比例很小，图 3.1 所示的一维结构代表着晶体管内的主要部分，因此称为晶体管的一维模型。如不特别说明，后面提到的晶体管均指一维情况。

3.1.2 晶体管的制造工艺和杂质分布

本节主要讨论晶体管的常用制作工艺和杂质分布情况。不同工艺制造出的晶体管，其基区杂质分布有很大不同，而此分布形式将对晶体管的性能产生重大的影响。

下面简单介绍一下合金晶体管、合金扩散晶体管、台面晶体管和平面晶体管的制作工艺、杂质分布、管芯结构及其特点。

1. 合金晶体管

合金管是早期发展起来的晶体管，如锗 PNP 合金晶体管是在 N 型锗片的一面放上受主杂质铟镓球做发射极，另一面放铟球做集电极，经烧结冷却后而形成 PNP 结构。其管芯结构和杂质分布分别如图 3.2（a）、图 3.2（b）所示。由图 3.2（b）可见，合金晶体管的基区杂质分布是均匀的，其发射结和集电结都是突变结，一般将基区杂质均匀分布的晶体管称为均匀基区晶体管。图中 W_b 为基区宽度，X_{je} 和 X_{jc} 分别为发射结和集电结的结深。

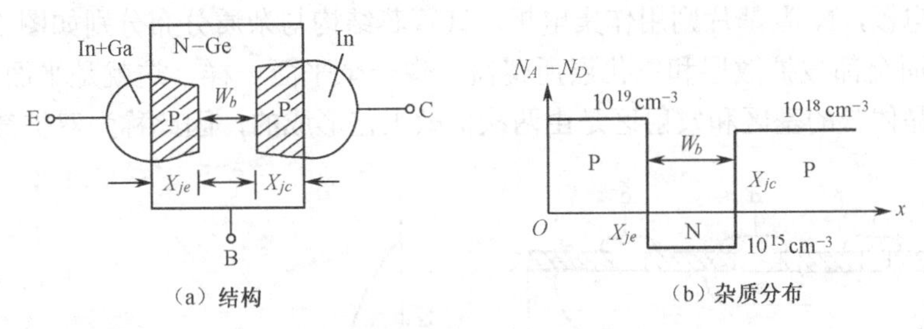

图 3.2 合金管结构及杂质分布

合金晶体管的主要缺点是基区宽度宽，一般为 10 μm 左右。所以合金晶体管频率特性差，多工作于低频场合。

2. 合金扩散晶体管

这种晶体管的发射结是合金结，集电结是扩散结，其管芯结构和杂质分布如图 3.3（a）、（b）所示。由图 3.3（b）可见，发射结为突变结，集电结为缓变结，基区杂质分布有一定的梯度，故称梯度基区晶体管或缓变基区晶体管。

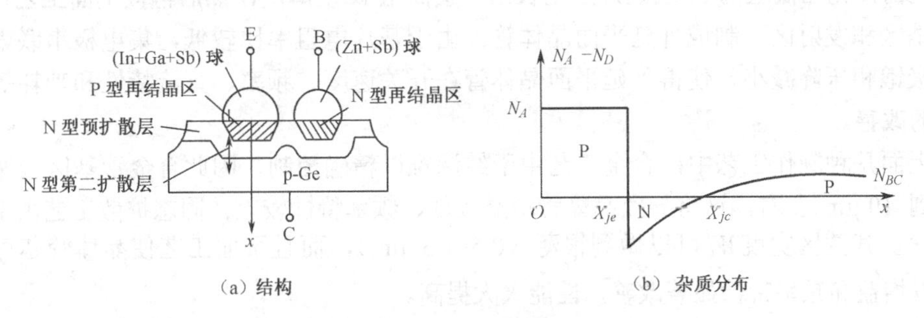

图 3.3 合金扩散管结构及杂质分布

合金扩散晶体管的基区采用扩散法形成，基区宽度可以达到 2 至 3 μm。同时，基区杂质具有一定的分布梯度，因此具有较好的频率特性，可用于高速开关、高频放大等场合。

3. 台面晶体管

台面晶体管的管芯结构如图 3.4 所示。集电结一般是扩散结，发射结可以用扩散法，也

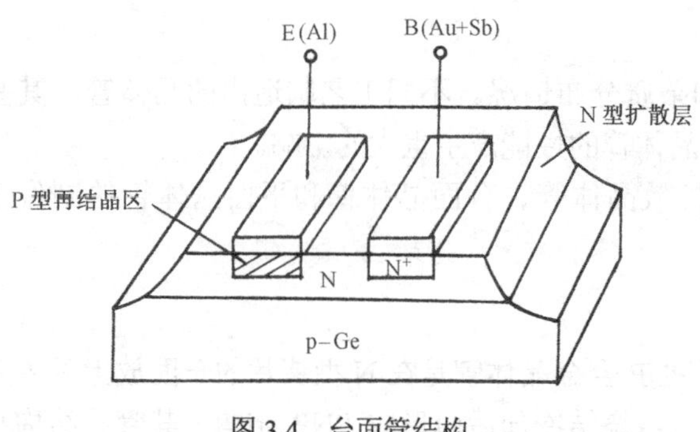

图 3.4　台面管结构

可以用合金法制成。

台面晶体管的基区可以做得更薄，而且采用条形电极，PN 结面积更小，从而减小了 PN 结电容。因此，台面管具有比合金扩散晶体管更好的高频特性。

4．平面晶体管

采用平面工艺制造的平面晶体管是在台面晶体管基础上发展起来的，是目前生产的最主要的一种晶体管。其主要过程是：在 N 型硅片上生长一层二氧化硅膜，在氧化膜上光刻出一个窗口，进行硼扩散，形成 P 型基区，然后在此 P 型层的氧化膜上再光刻一个窗口，进行高浓度的磷扩散，得到 N 型发射区，并用铝蒸发工艺以制出基极与发射极的引出电极，N 型基片则用作集电极，其管芯结构与杂质分布分别如图 3.5（a)、(b）所示。硅片表面全都被扩散层和氧化层所覆盖，像一个平面一样，这就是平面晶体管名称的由来。由于此晶体管的基区和发射区是由两次扩散工艺形成的，因此称为双扩散管。

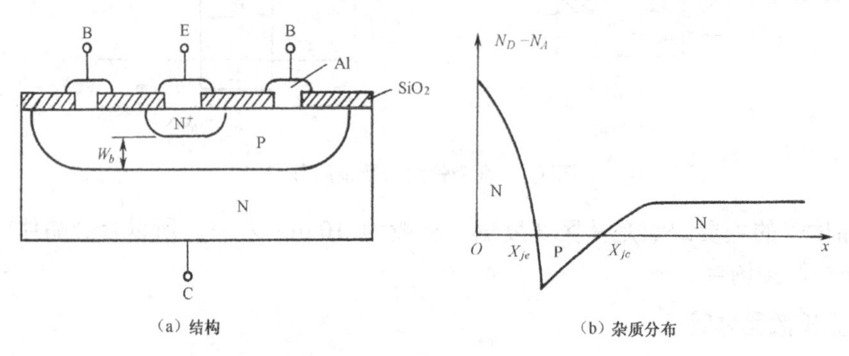

图 3.5　平面管结构及杂质分布

在平面晶体管制造工艺基础上又发展了一种外延平面扩散技术，其方法是在制造基区与发射区之前，先在低阻的 N^+型硅片上生长出一层高阻 N 型薄层，然后再按平面工艺在外延层上制作基区和发射区，制成外延平面晶体管。由于基片电阻率比较低，集电极串联电阻小，使集电极饱和压降减小，使得外延平面晶体管在开关速度、频率、直流特性和功耗等方面都有较大的改善。

在上面几种制作工艺中，合金工艺由于结深难以精确控制，因此合金管基区较宽，一般只能做到 10 μm 左右，这将导致晶体管增益较低、频率特性较差；固态扩散工艺由于能精确控制结深，其基区宽度 W_b 可以做到很薄（0.5~1.5 μm），而且平面工艺使晶体管芯可做到很小，所以增益和频率特性显著改善，性能大大提高。

3.1.3　均匀基区晶体管和缓变基区晶体管

在晶体管内部，载流子在基区中的传输过程是决定晶体管诸多性能, 例如增益、频率特性等的重要环节。而在几何参数（基区宽度）确定后，基区杂质分布是影响载流子基区输运过程的关键因素。尽管晶体管有很多制造工艺，但在理论上分析其性能时，为方便起见，通常根据晶体管基区的杂质分布情况的不同，将晶体管分为均匀基区晶体管和缓变基区晶体管。

下面分别加以简要介绍。

均匀基区晶体管的基区杂质是均匀分布的，例如合金晶体管。在这类晶体管中，载流子在基区内的传输主要靠扩散机理进行，所以又称为扩散型晶体管。

缓变基区晶体管的基区杂质分布是缓变的，例如各种扩散管。这类晶体管的基区存在自建电场，载流子在基区除了扩散运动外，还存在漂移运动且往往以漂移运动为主，故也称漂移晶体管。

值得指出的是，在对晶体管进行理论分析时，常以合金管和外延平面管为典型例子。因此，均匀基区晶体管和缓变基区晶体管往往是合金管和双扩散外延平面管的代名词。均匀基区晶体管三个区域的杂质分布均为均匀的，缓变基区晶体管则除基区为缓变杂质分布外，发射区杂质分布也是缓变的。

3.2 晶体管的电流放大原理

晶体管的最主要的作用就是具有放大电信号的功能。

单个PN结只具有整流作用而不能放大电信号，但是当两个彼此背靠背的PN结形成晶体管时（晶体管的基区宽度要远小于基区少子扩散长度），两个 PN 结之间就会相互作用而发生载流子交换，晶体管的电流放大作用正是通过载流子的输运体现出来的。下面以 NPN 晶体管为例，分析晶体管的电流放大原理。

制造晶体管有多种不同的方法，其杂质分布差异也很大，为了能定量地了解晶体管的各项性能指标参数，使分析方便和分析的问题简化，后面讨论的晶体管通常是指均匀基区晶体管（除非特别说明），并假设：

① 发射区和集电区宽度远大于少子扩散长度，基区宽度远小于少子扩散长度；

② 发射区和集电区电阻率足够低，外加电压全部降落在势垒区，势垒区外没有电场；

③ 发射结和集电结空间电荷区宽度远小于少子扩散长度，且不存在载流子的产生与复合；

④ 各区杂质均匀分布，不考虑表面的影响，且载流子仅做一维传输；

⑤ 小注入，即注入的非平衡少子浓度远小于多子浓度；

⑥ 发射结和集电结为理想的突变结，且面积相等（用 A 表示）。

3.2.1 晶体管的能带及其载流子的浓度分布

1. 平衡晶体管的能带和载流子的分布

在晶体管的三个端均不加外电压时（即平衡状态下），晶体管的能带和载流子的分布如图3.6 所示。晶体管的三个区，发射区 E、基区 B、集电区 C 的杂质为均匀分布，其中发射区为高掺杂、杂质浓度最高，其余两区浓度相对较低。发射结和集电结的接触电势差分别为U_{DE}和U_{DC}。平衡状态时，晶体管有统一的费米能级。

2. 非平衡晶体管的能带和载流子的分布

当晶体管正常工作时，所加的外加电压必须保证发射结正偏，集电结反偏。发射结加正向偏压（用 U_E 表示），集电结加反向偏压（用 U_C 表示）。此时，晶体管的发射结和集电结处于非平衡状态，没有统一的费米能级，其能带和载流子的分布如图 3.7 所示。

能带的变化如图 3.7（b）所示。相比平衡状态，如果假设基区能带不变，由于发射结正偏，发射区能带相对抬高qU_E；集电结反偏，集电区能带相对压低qU_C。

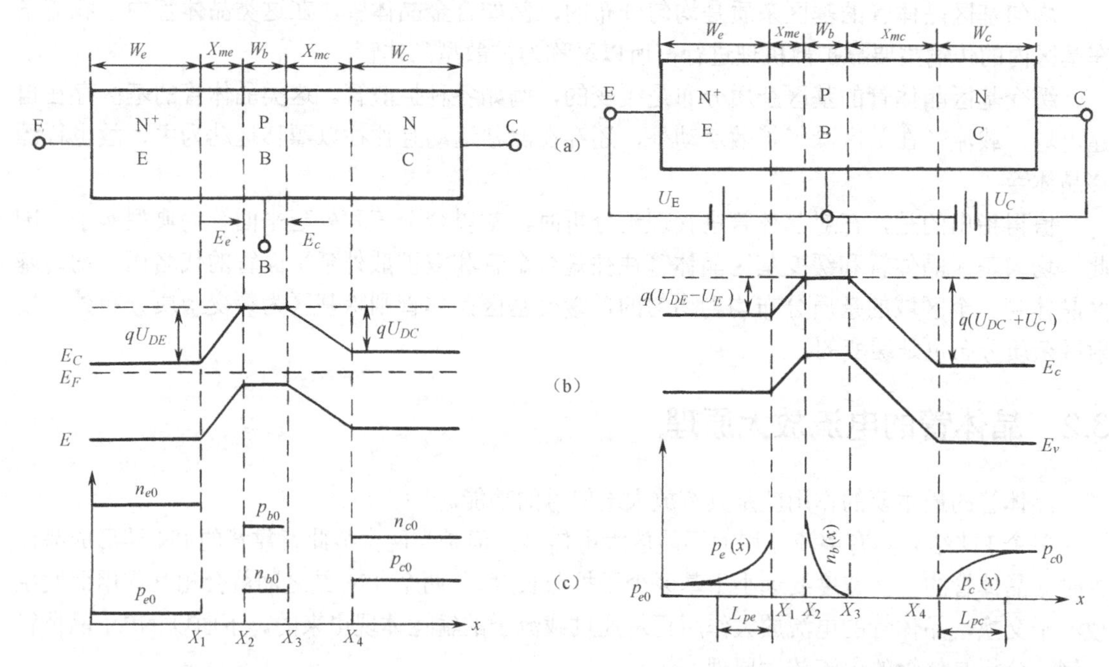

图 3.6　平衡晶体管的能带和载流子的分布　　　　图 3.7　非平衡晶体管的能带和载流子的分布

对于载流子的分布，如图 3.7（c）所示。由于发射结正偏，发射区向基区注入电子（少子）在基区边界积累，并向基区体内扩散，边扩散边复合，最后形成一稳定分布，用$n_b(x)$表示；同时，基区也向发射区注入空穴（少子），并形成一稳定分布，用$p_e(x)$表示。对于集电结，由于处于反向偏置，将对载流子起抽取作用，集电结势垒区两边边界少子浓度下降为零，集电区少子浓度分布用$p_c(x)$表示。

3.2.2　晶体管载流子的传输及各极电流的形成

晶体管正常工作时发射结要正偏，集电结要反偏。发射结加正向偏压U_E，才能使发射区的多数载流子注入基区，形成发射极电流；给集电结加上较大的反向电压U_C，才能保证发射区注入到基区并扩散到集电结边缘的载流子，被集电区收集形成集电极电流。这两点将在后面的分析中说明。

下面详细讨论管子内部载流子的运动和电流分布情况。

1. 载流子的传输

发射区、基区、集电区的少子分布如图 3.8（a）所示，图 3.8（b）示意地画出了载流子的输运过程，从中可见内部载流子的运动可分为以下三个过程。

（1）发射结正向偏置——发射电子

由于发射结正向偏置，因而外加电场有利于多数载流子的扩散运动，高掺杂发射区的多数载流子（电子）将向基区扩散（或注入）；同时，基区中的多数载流子（空穴）也向发射区扩散并与发射区中的部分电子复合。

（2）载流子在基区的传输与复合

到达基区的一部分电子将与 P 型基区的多数载流子空穴复合。但是，由于低掺杂基区的空穴浓度比较低，而且基区很薄，所以到达基区的电子与空穴复合的机会很少，大多数电子在基区中继续传输，到达靠近集电结的一侧。

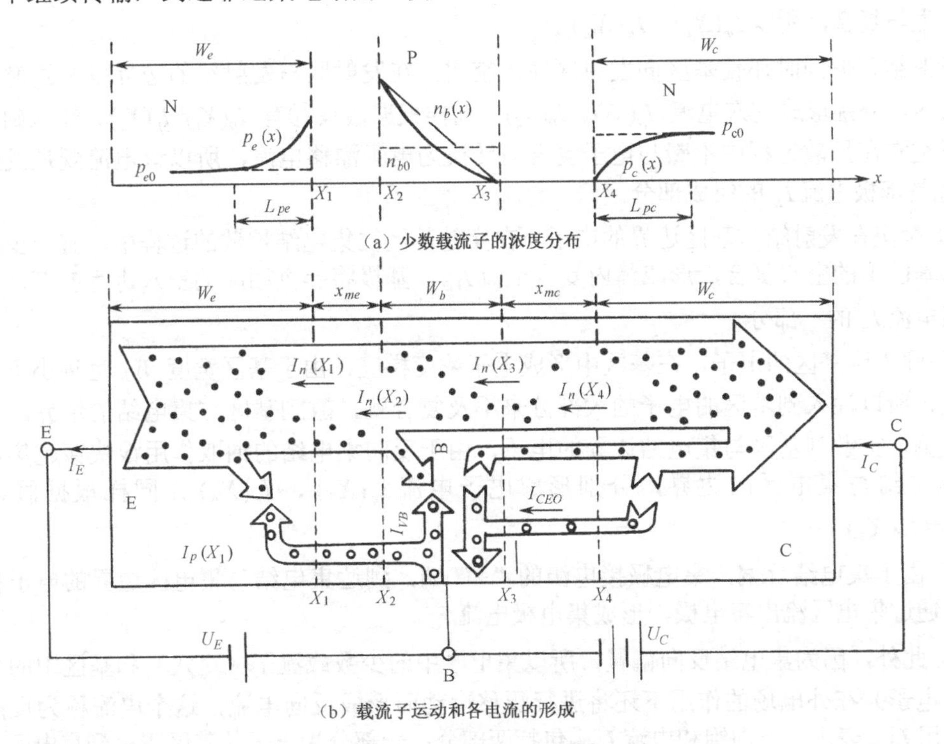

图 3.8　三极管中载流子的运动和电流关系

（3）集电结反向偏置——收集电子

由于集电结反向偏置，外电场的方向将阻止集电区中的多数载流子（电子）向基区运动，但是有利于将基区中扩散过来的电子，扫向集电区被集电极收集。

以上就是载流子三个主要传输过程，由于发射区的高掺杂，多数载流子（电子）浓度很高，所以晶体管载流子的传输主要是以电子的传输为主，因此我们可将上述三个过程简单地总结为：

① 发射极发射电子，电子穿越发射结进入基区——发射区向基区注入电子；

② 电子穿越基区——基区传输电子；

③ 电子穿越集电结，被集电极收集——集电极收集电子。

此外，因为集电结反向偏置，所以集电区中的少数载流子空穴和基区中的少数载流子电子在外电场的作用下还将进行漂移运动。

2. 各电流的形成

载流子是带电粒子，不管是电子还是空穴，只要做定向运动就会形成电流。图 3.8（b）标明了载流子传输过程中形成的各电流及其方向（用小箭头表示）：空穴带正电，其传输方向就是空穴电流方向；电子带负电，其传输方向与电子电流方向相反。

由图 3.8（b）可知，各电流的形成过程如下：

① 由于发射结加正偏，发射极为电源“–”端，发射极将发射大量的电子，形成发射极电流 I_E。

② 发射区发射电子的大部分，扩散到发射区与发射结的边界，迅速穿越发射结到达发射结与基区的边界，分别形成电子电流 $I_n(X_1)$、$I_n(X_2)$。根据假设③，空间电荷区不存在载流子的产生与复合，所以 $I_n(X_1)=I_n(X_2)$。

发射结正偏同时还使基区向发射区注入空穴，在发射区与发射结的边界以及发射结与基区的边界，分别形成空穴电流 $I_p(X_1)$、$I_p(X_2)$，同样根据假设③有 $I_p(X_1)=I_p(X_2)$。注入到发射区的少子空穴在扩散过程中不断与电子复合而转换为电子漂移电流，所以该电流既是发射极电流 I_E 也是基极电流 I_B 的组成部分。

③ 聚集在发射结与基区边界的电子，在穿越基区往集电结扩散的过程中，有一少部分电子将与基区中的空穴复合，形成体内复合电流 I_{VB}，基极将提供相应的空穴进行补充，该电流为基极电流 I_B 的一部分。

④ 注入到基区的电子，在基区中形成电子浓度梯度，由于基区宽度 W_b 远远小于电子扩散长度，所以注入到基区的电子的大部分来不及复合就扩散到基区与集电结的边界。由于集电结反偏，扩散到基区与集电结边界的电子，由于反向集电结的抽取作用很快穿越集电结，到达集电结与集电区的边界，分别形成电子电流 $I_n(X_3)$、$I_n(X_4)$；同样根据假设③有 $I_n(X_3)=I_n(X_4)$。

⑤ 由于集电结反偏，集电极接电源的“+”端，到达集电结与集电区边界的电子将进行漂移，通过集电区流出集电极，形成集电极电流 I_C。

⑥ 此外，因为集电结反向偏置，所以集电区中的少数载流子（空穴）和基区中的少数载流子（电子）在外电场的作用下还将进行漂移运动而形成反向电流，这个电流称为反向饱和电流，用 I_{CBO} 表示。反向饱和电流 I_{CBO} 包括两部分：一部分为电子从基区漂移到集电区，形成的电子漂移电流 I_{nCB}；另一部分为空穴从集电区漂移到基区形成的空穴漂移电流 I_{pCB}，所以有

$$I_{CBO}=I_{nCB}+I_{pCB} \tag{3-1}$$

式中，I_{CBO} 是少子漂移形成的反向电流，通常很小。

由图 3.8（b）可知，发射极发射的电子大部分都到达了集电极。可见，尽管集电结处于反偏，但流过很大的反向电流，即处于反向大电流状态。正是由于发射结的正向注入作用和集电结反向抽取作用，使得有一股很大的电子流由发射区流向集电区，这就是晶体管所以能有电流放大作用的根本原因。

3. 晶体管各端电流的组成

（1）发射极电流 I_E

从上面的分析可知，发射极的正向电流 I_E 是由两部分电流组成的：一部分是注入基区的电子扩散电流 $I_n(X_2)$，大部分电流能够传输到集电极，成为集电极电流 I_C 的主要部分，见图 3.8（b）；另一部分是注入发射区的空穴扩散电流 $I_p(X_1)$，是基极电流 I_B 的一部分，对集电极电流 I_C 无贡献。那么，则有

$$I_E=I_p(X_1)+I_n(X_2) \tag{3-2}$$

（2）基极电流 I_B

基极电流 I_B 是由三部分电流组成的：一部分是基区复合电流 I_{VB}，它代表进入基区的电子与空穴复合形成的电流；另一部分是发射结正偏，由基区注入发射区的空穴扩散电流 $I_p(X_1)$；还有一部分是集电结反偏的反向饱和电流 I_{CBO}，所以有

$$I_B=I_p(X_1)+I_{VB}-I_{CBO} \tag{3-3}$$

由于集电结反偏的反向饱和电流 I_{CBO} 是由少子的漂移形成的，通常 I_{CBO} 要比 $I_p(X_1)$ 和 I_{VB} 小很多，故式（3-3）可变为

$$I_B \approx I_p(X_1) + I_{VB} \tag{3-4}$$

（3）集电极电流 I_C

通过集电结和集电区的电流主要有两部分：一部分是扩散到集电结边界 X_3 的电子扩散电流 $I_n(X_3)$，这些电子在集电结电场作用下漂移，通过集电结空间电荷区，变为电子漂移电流 $I_n(X_4)$，$I_n(X_4)=I_n(X_3)$，它是一股反向大电流，是集电结电流 I_C 的主要部分；另一部分是集电结反向漏电流 I_{CBO}。因此，集电极电流为

$$I_C = I_n(X_4) + I_{CBO} \tag{3-5}$$

通常，I_{CBO} 很小，所以式（3-5）变为

$$I_C \approx I_n(X_4) \tag{3-6}$$

（4）I_E，I_C 和 I_B 三者的关系

从上面对电流传输机理的分析，可得

$$I_n(X_2) = I_{VB} + I_n(X_3) = I_{VB} + I_n(X_4) \tag{3-7}$$

将式（3-7）代入式（3-2），得

$$I_E = I_p(X_1) + I_{VB} + I_n(X_4) \tag{3-8}$$

将式（3-3）、式（3-5）代入式（3-8），得 I_E，I_C 和 I_B 的关系为

$$I_E = I_C + I_B \tag{3-9}$$

由此可见，总的发射极电流 I_E 等于到达集电极的电子电流 I_C 和流入基极的空穴电流 I_B 之和。一只良好的晶体管，I_C 与 I_E 十分接近，而 I_B 是很小（只有 I_C 的 1%～2%）。

3.2.3 晶体管的直流电流-电压关系

上面定性地分析了晶体管载流子的传输过程、各电流的形成和它们的基本关系，那么这些电流与器件的结构参数、材料参数及外加电压又是什么关系呢？下面将分别进行讨论。由图 3.8（b）可知，只需求出 $I_p(X_1)$，I_{VB}，$I_n(X_2)$，I_{CBO} 的关系表示式，就可方便地得到晶体管各端电流与电压的关系式了。

1. 求 $I_n(X_2)$

$I_n(X_2)$ 是注入基区的电子在基区扩散形成的电流，所以有

$$I_n(X_2) = AqD_{nb}\frac{\mathrm{d}n_b(x)}{\mathrm{d}(x)} \tag{3-10}$$

根据假设有，基区宽度 $W_b << L_{nb}$，则少子电子通过基区由于复合而损失的那部分是很少的，基区电子可近似看成线性分布（如图 3.9 基区中的虚线所示）。根据 PN 结理论，由图 3.9 可知，基区 X_2 和 X_3 处电子浓度分别为

$$n_b(X_2) = n_{b0}\mathrm{e}^{qU_E/k_BT} \tag{3-11}$$

$$n_b(X_3) = 0 \tag{3-12}$$

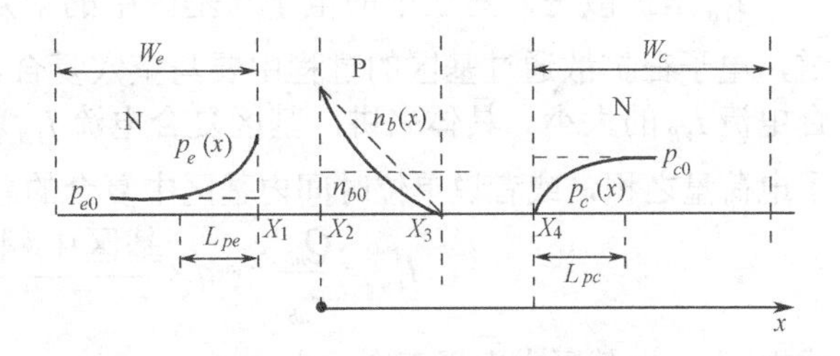

图 3.9　基区少子分布示意图

式中，n_{b0} 为基区平衡少子浓度，则可得基

区电子线性分布函数为

$$n_b(x) = n_{b0}\left(1-\frac{x}{W_b}\right)e^{qU_E/k_BT} \tag{3-13}$$

则基区电子的扩散电流$I_n(X_2)$为

$$I_n(X_2) = AqD_{nb}\frac{dn_b(x)}{d(x)} = -A\frac{qD_{nb}n_{b0}}{W_b}e^{qU_E/k_BT} \tag{3-14}$$

式中，D_{nb}为基区电子扩散系数；W_b为基区宽度。

值得注意的是，以上推导是考虑到集电结反偏，且$U_C >> \frac{k_BT}{q}$的情况下得到的，如果U_C较小，则边界条件应为

$$n_b(X_3) = n_{b0}e^{-qU_C/k_BT} \tag{3-15}$$

当U_C=0 时，有

$$n_b(X_3) = n_{b0} \tag{3-16}$$

式中，n_{b0}为平衡时基区少子浓度。

类似于前面的推导，可得$I_n(X_2)$近似为

$$I_n(X_2) = AqD_{nb}\frac{dn_b(x)}{d(x)} = -A\frac{qD_{nb}n_{b0}}{W_b}(e^{qU_E/k_BT}-1) \tag{3-17}$$

2. 求 $I_p(X_1)$

$I_p(X_1)$是由基区注入发射区的空穴，形成的扩散电流。在发射区，少子空穴浓度呈指数分布，且发射区宽度远大于少子扩散长度。根据正向 PN 结理论，空间电荷区边界 X_1 处的少子空穴的浓度为

$$p_e(X_1) = p_{e0}e^{qU_E/k_BT} \tag{3-18}$$

式中，p_{e0}为发射区平衡少子浓度，则可以写出空穴扩散电流为

$$I_p(X_1) = -A\frac{qD_{pe}p_{e0}}{L_{pe}}(e^{qU_E/k_BT}-1) \tag{3-19}$$

式中，L_{pe}为发射区空穴扩散长度；D_{pe}为发射区空穴扩散系数。

如果发射结很浅，发射区宽度W_e比发射区中少子扩散长度L_{pe}小，可认为发射区注入的空穴浓度从$p_e(X_1)$线性地减小，至发射极欧姆接触处变为零，此时式（3-19）中的L_{pe}应该用W_e代替。

3. 求 I_{VB}

I_{VB}是扩散进入基区中的电子与基区中的空穴复合而形成的电流。从前面的讨论已经知道，电子在扩散通过基区的过程中要与空穴复合，基区中积累的注入电子数目决定了基区复合电流I_{VB}的大小。具体来讲，基区复合电流I_{VB}就是指单位时间内基区中复合的电子数与电子电荷量之积，或者说单位时间内基区中复合的总电子电荷量，即有

$$I_{VB} = \frac{Q_{nb}}{\tau_{nb}} = -q\times\frac{\text{基区中积累的注入电子数}}{\tau_{nb}} \tag{3-20}$$

式中，τ_{nb}为基区中电子寿命。

在基区很窄、电子分布为线性的假设下，基区中积累的注入电子总数，大致等于载流子线性浓度分布曲线下的面积（参见图3-9），即

$$\text{基区积累的注入电子数} = \frac{1}{2}W_b A[n_b(X_2) - n_{b0}]$$
$$= \frac{1}{2}AW_b n_{b0}[\mathrm{e}^{qU_E/k_BT} - 1] \tag{3-21}$$

将式（3-21）代入式（3-20），可得

$$I_{VB} = -\frac{qAW_b n_{b0}}{2\tau_{nb}}[\mathrm{e}^{qU_E/k_BT} - 1] \tag{3-22}$$

4. 求 I_{CBO}

I_{CBO} 是由于集电结反偏，少子漂移形成的反向电流，它由电子漂移电流 I_{nCB} 和空穴漂移电流 I_{pCB} 两部分组成，即 $I_{CBO} = I_{nCB} + I_{pCB}$。

同样，根据反偏PN结的理论，并考虑到 $W_b << L_{nb}$， $W_c >> L_{pc}$，可得

$$I_{pCB} = A\frac{qD_{pc}p_{c0}}{L_{pc}}(\mathrm{e}^{-qU_C/k_BT} - 1) \tag{3-23}$$

$$I_{nCB} = A\frac{qD_{nb}n_{b0}}{W_b}(\mathrm{e}^{-qU_C/k_BT} - 1) \tag{3-24}$$

所以有

$$I_{CBO} = I_{nCB} + I_{pCB}$$
$$= \left(A\frac{qD_{pc}p_{c0}}{L_{pc}} + A\frac{qD_{nb}n_{b0}}{W_b}\right)(\mathrm{e}^{-qU_C/k_BT} - 1) \tag{3-25}$$

当晶体管处于放大区，且有 $U_C >> \frac{k_BT}{q}$ 时，

$$I_{CBO} = -\left(A\frac{qD_{pc}p_{c0}}{L_{pc}} + A\frac{qD_{nb}n_{b0}}{W_b}\right) \tag{3-26}$$

式中，L_{pc} 为集电区空穴扩散长度；D_{pc} 为集电区空穴扩散系数。

5. 求 I_E、I_C、I_B

$$I_E = I_p(X_1) + I_n(X_2)$$
$$= -\left(A\frac{qD_{nb}n_{b0}}{W_b} + A\frac{qD_{pe}p_{e0}}{L_{pe}}\right)(\mathrm{e}^{qU_E/k_BT} - 1) \tag{3-27}$$

$$I_C = I_n(X_4) + I_{CBO} = I_n(X_2) - I_{VB} + I_{CBO}$$
$$= -\left(A\frac{qD_{nb}n_{b0}}{W_b} - \frac{qAW_b n_{b0}}{2\tau_{nb}}\right)(\mathrm{e}^{qU_E/k_BT} - 1)$$
$$+\left(A\frac{qD_{pc}p_{c0}}{L_{pc}} + A\frac{qD_{nb}n_{b0}}{W_b}\right)(\mathrm{e}^{-qU_C/k_BT} - 1) \tag{3-28}$$

$$I_B = I_p(X_1) + I_{VB} - I_{CBO}$$
$$= -\left(A\frac{qD_{pe}p_{e0}}{L_{pe}} + \frac{qAW_b n_{b0}}{2\tau_{nb}}\right)(\mathrm{e}^{qU_E/k_BT} - 1)$$

$$+\left(A\frac{qD_{pc}p_{c0}}{L_{pc}}+A\frac{qD_{nb}n_{b0}}{W_b}\right)(\mathrm{e}^{-qU_C/k_BT}-1) \tag{3-29}$$

以上各式就是晶体管的电流–电压关系，是均匀基区晶体管电流–电压基本方程。它们描述了晶体管的各电流与外加偏压、晶体管的结构参数、工艺参数和制作晶体管的材料参数之间的关系，是分析晶体管其他性能参数的基础。

3.2.4 晶体管的直流电流放大系数

1. 电流放大系数的定义和晶体管的电流放大能力

晶体管的电流放大能力可用电流放大系数来描述。

（1）共基极直流电流放大系数α_0

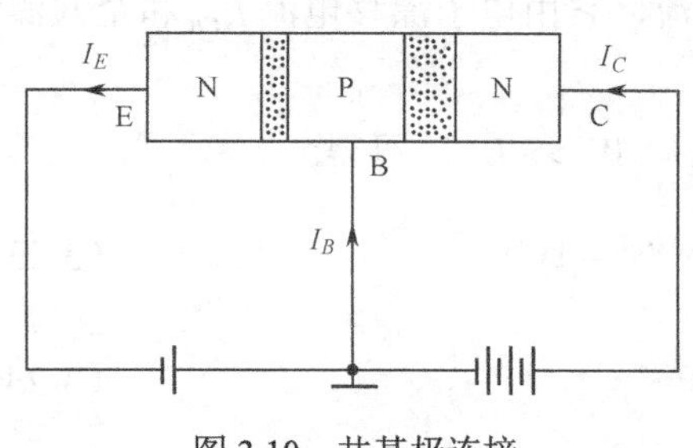

图 3.10　共基极连接

图 3.10 给出了晶体管共基极接法，其特点是基极作为输入与输出的公共端。

共基极直流电流放大系数α_0定义为集电极输出电流I_C与发射极输入电流I_E之比，即

$$\alpha_0=\frac{I_C}{I_E} \tag{3-30}$$

共基极直流电流放大系数α_0表征从发射极输入的电流I_E中有多大比例传输到集电极成为输出电流I_C，或者说由发射极发射的电子有多大比例传输到了集电极。α_0越大，说明晶体管的放大性能越好。在共基极电路中，通过I_E控制I_C，I_C总是小于I_E（相差I_B），可见α_0小于 1。但是，性能良好的晶体管的α_0是很接近于 1 的。虽然共基极接法的晶体管不能放大电流，但由于集电极允许接入阻抗较大的负载，所以能够获得电压放大和功率放大。

（2）共发射极直流电流放大系数β_0

图 3.11 给出了晶体管共发射极接法，共发射极电路的特点是发射极作为输入与输出的公共端。共发射极直流电流放大系数 β_0 的定义为集电极输出电流I_C与基极输入电流I_B之比，用β_0表示，即有

$$\beta_0=\frac{I_C}{I_B} \tag{3-31}$$

共发射极直流电流放大系数β_0是晶体管的重要参数之一。共发射极电路是用I_B去控制I_C以实现电流放大的。

（3）α_0与β_0的关系

根据$I_C=I_E-I_B$，则有

$$\beta_0=\frac{I_C}{I_B}=\frac{I_C}{I_E-I_C}=\frac{\alpha_0}{1-\alpha_0} \tag{3-32}$$

（4）晶体管的放大能力和具备放大作用的条件

因为α_0十分接近于 1，所以β_0就远大于 1。例如，$\alpha_0=0.98$，$\beta_0=49$，β_0一般在 20～150 之间或更大。由此可以看出，I_B的微小变化将引起I_C的很大变化，因而晶体管具有电流放大能力。从上面的分析还可见，晶体管要具有放大能力，必须满足下列条件

① 发射区高掺杂，能发射大量的电子（对 NPN 管）；

② 基区低掺杂且基区宽度窄，减少电子（对 NPN 管）的复合损失；

③ 发射结正偏，发射电子（对 NPN 管）；

④ 集电结反偏，收集电子（对 NPN 管）。

图 3.12 给出了 β_0 和 α_0 的关系曲线，可见随着 α_0 的增大，β_0 迅速增大。α_0 从 0.98 增加到 0.99，β_0 则从 49 增加到 99。

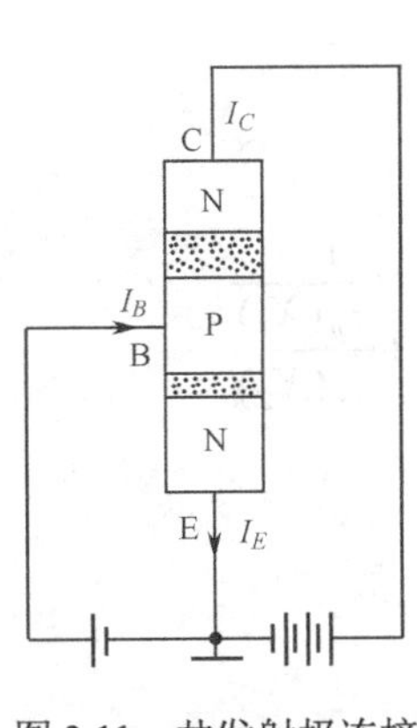

图 3.11　共发射极连接

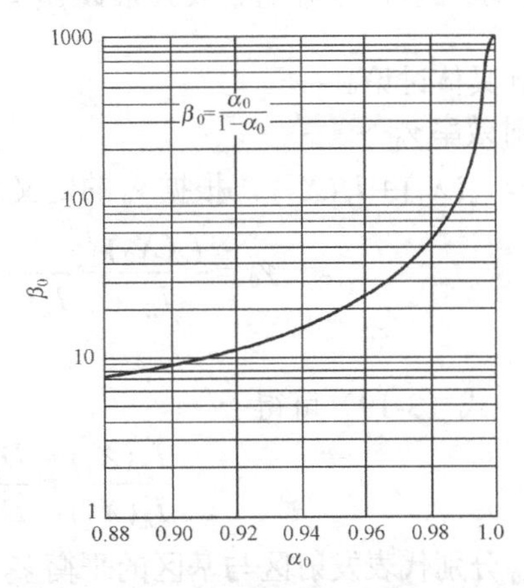

图 3.12　共发射极电流系数 β_0 和共基极电流放大系数 α_0 的关系曲线

2. 均匀基区晶体管的电流放大系数

前面得到的晶体管电流–电压关系，是基于均匀基区晶体管的假设推导的，所以利用前面的关系式和定义就可求得晶体管电流放大系数了。

根据定义，共基极直流电流放大系数 $\alpha_0=\dfrac{I_C}{I_E}$，从图 3.11 中显然能看出，$I_C$ 总是小于 I_E 的（相差 I_B），即 α_0 小于 1，那么 I_C 为什么总是小于 I_E 呢？主要原因在于发射极发射的电子在传输到集电极的过程中，有两个阶段电子会损失：一是发射区的电子与来自基区的少子空穴的复合损失，该复合形成了空穴电流 $I_p(X_1)$；一是电子在穿越基区往集电结扩散的过程中，与基区中空穴的复合损失，形成体内复合电流 I_{VB}。为了表征两个阶段电子损失的比例大小，再定义两个参量：

① 发射效率 γ_0——对于 NPN 晶体管，发射效率 γ_0 是注入基区的电子电流与发射极电流的比值，即有

$$\gamma_0=\frac{I_n(X_2)}{I_E} \tag{3-33}$$

② 基区输运系数 β_0^*——对于 NPN 晶体管，基区输运系数 β_0^* 是指到达集电结的电子电流 $I_n(X_3)$ 与注入基区的电子电流 $I_n(X_2)$ 的比值，即有

$$\beta_0^*=\frac{I_n(X_3)}{I_n(X_2)}\approx\frac{I_C}{I_n(X_2)} \tag{3-34}$$

因此，可得 α_0，γ_0 和 β_0^* 的关系为

$$\alpha_0=\frac{I_C}{I_E}=\frac{I_n(X_2)}{I_E}\frac{I_C}{I_n(X_2)}=\frac{I_n(X_2)}{I_E}\frac{I_n(X_3)}{I_n(X_2)}=\gamma_0\beta_0^* \tag{3-35}$$

所以，可按下面的步骤求解晶体管的电流放大倍数：

第一步，求发射效率γ_0；

第二步，求基区输运系数β_0^*；

第三步，求共基极直流电流放大系数$\alpha_0=\gamma_0\beta_0^*$；

第四步，求共射极直流电流放大系数$\beta_0=\dfrac{\alpha_0}{1-\alpha_0}$。

下面进行具体讨论。

（1）发射效率γ_0

由于$I_E=I_p(X_1)+I_n(X_2)$，根据γ_0的定义有

$$\gamma_0=\frac{I_n(X_2)}{I_E}=\frac{I_n(X_2)}{I_p(X_1)+I_n(X_2)}=\frac{1}{1+\dfrac{I_p(X_1)}{I_n(X_2)}} \tag{3-36}$$

由式（3-17）、式（3-19）可得

$$\frac{I_p(X_1)}{I_n(X_2)}=\frac{D_{pe}}{D_{nb}}\cdot\frac{p_{e0}W_b}{n_{b0}L_{pe}} \tag{3-37}$$

若用n_{e0}，p_{b0}分别代表发射区与基区的平衡多子浓度，则有

$$n_{b0}p_{b0}=n_{e0}p_{e0}\approx n_i^2 \tag{3-38}$$

又因为

$$D_{pe}=\frac{k_BT}{q}\mu_{pe}\text{，}\quad D_{nb}=\frac{k_BT}{q}\mu_{nb} \tag{3-39}$$

式中，μ_{pe}为发射区空穴迁移率；μ_{nb}为基区电子迁移率。

因此，式（3-37）可改写成

$$\frac{I_p(X_1)}{I_n(X_2)}=\frac{\mu_{pe}p_{b0}}{\mu_{nb}n_{e0}}\cdot\frac{W_b}{L_{pe}} \tag{3-40}$$

则注射效率为

$$\gamma_0=\frac{1}{1+\dfrac{\mu_{pe}p_{b0}}{\mu_{nb}n_{e0}}\cdot\dfrac{W_b}{L_{pe}}} \tag{3-41}$$

若近似认为$\mu_{nb}=\mu_{ne}$，$\mu_{pe}=\mu_{pb}$，其中μ_{ne}为发射区电子迁移率，μ_{pb}为基区空穴迁移率，并用ρ_b,ρ_e分别代表基区和发射区的电阻率，则$\rho_b=1/(q\mu_{pb}p_{b0})$，$\rho_e=1/(q\mu_{ne}n_{e0})$，所以有

$$\gamma_0=\frac{1}{1+\dfrac{\rho_eW_b}{\rho_bL_{pe}}} \tag{3-42}$$

从式（3-42）可看到，发射区掺杂浓度越高（ρ_e越小），基区掺杂浓度越低（ρ_b越大），即ρ_e/ρ_b越小，注射效率γ_0越大；基区宽度W_b越小，使W_b/L_{pe}越小，γ_0也越大。

如果发射结很浅，发射区宽度W_e比发射区中少子扩散长度L_{pe}小，可认为发射区注入的空穴浓度从$p_e(X_1)$线性地减小，至发射极欧姆接触处变为零，这时式（3-42）中的L_{pe}应该用W_e代替。

（2）基区输运系数β_0^*

根据定义：

$$\beta_0^* = \frac{I_n(X_3)}{I_n(X_2)} \approx \frac{I_C}{I_n(X_2)} \tag{3-43}$$

式中$I_n(X_2) = I_{VB} + I_n(X_3)$，其中$I_{VB}$是扩散进入基区中的电子与基区中的空穴复合形成的电流，所以

$$\beta_0^* = \frac{I_n(X_3)}{I_n(X_2)} = 1 - \frac{I_{VB}}{I_n(X_2)} \tag{3-44}$$

由于$L_{nb}^2 = D_{nb}\tau_{nb}$，将其代入式（3-22）可得

$$I_{VB} = \frac{qAW_b n_{b0}}{2\tau_{nb}}\left[e^{qU_E/k_BT} - 1\right] = \frac{qAW_b^2 D_{nb} n_{b0}}{2L_{nb}^2 W_b}\left[e^{qU_E/k_BT} - 1\right] \tag{3-45}$$

又因为

$$I_n(X_2) = A\frac{qD_{nb}n_{b0}}{W_b}\left(e^{qU_E/k_BT} - 1\right) \tag{3-46}$$

所以有

$$I_{VB} = \frac{1}{2}\frac{W_b^2}{L_{nb}^2} I_n(X_2) \tag{3-47}$$

将式（3-47）代入式（3-44），可得

$$\beta_0^* = 1 - \frac{1}{2}\frac{W_b^2}{L_{nb}^2} \tag{3-48}$$

由此可见，基区宽度W_b与基区少子（电子）扩散长度L_{nb}之比越小，β_0^*越大。也就是说，如果$W_b << L_{nb}$，就可以使β_0^*近似等于1。

（3）共基极直流电流放大系数α_0

将以上关于γ_0, β_0^*的表达式，代入式（3-35）即可求出 NPN 晶体管的共基极直流电流放大系数α_0，即

$$\alpha_0 = \gamma_0\beta_0^* = \frac{1}{1 + \dfrac{\rho_e}{\rho_b}\dfrac{W_b}{L_{pe}}}\left(1 - \frac{1}{2}\frac{W_b^2}{L_{nb}^2}\right) \tag{3-49}$$

由于通常$\frac{1}{2}\frac{W_b^2}{L_{nb}^2} << 1$，$\frac{\rho_e W_b}{\rho_b L_{pe}} << 1$，所以对上式展开并整理后，可近似得到

$$\alpha_0 = \left(1 - \frac{\rho_e W_b}{\rho_b L_{pe}}\right)\left(1 - \frac{1}{2}\frac{W_b^2}{L_{nb}^2}\right) \approx 1 - \frac{\rho_e W_b}{\rho_b L_{pe}} - \frac{W_b^2}{2L_{nb}^2} \tag{3-50}$$

（4）共射极直流电流放大系数β_0

由定义可知，$\beta_0 = \frac{\alpha_0}{1-\alpha_0} \approx \frac{1}{1-\alpha_0}$或$\frac{1}{\beta_0} \approx 1 - \alpha_0$，所以有

$$\frac{1}{\beta_0} \approx 1 - \alpha_0 = \frac{\rho_e W_b}{\rho_b L_{pe}} + \frac{W_b^2}{2L_{nb}^2} \tag{3-51}$$

从式（3-51）可看出，α_0和β_0是由晶体管的结构（W_b）和材料性质（ρ_e，ρ_b和L_{nb}）决定的，而与外电路无关。W_b和ρ_e/ρ_b越小，α_0和β_0就越大；L_{nb}越大，α_0和β_0也越大。其中W_b的影响最为显著。实际上，主要是通过减小W_b和ρ_e来提高α_0或β_0的。

3. 缓变基区晶体管的电流放大系数

以上的内容，仅限于对均匀基区晶体管的讨论，即除了基区杂质为均匀分布外，发射区和集电区杂质分布也是均匀的。然而，实际应用中需要大量扩散基区晶体管，例如合金扩散晶体管、台面晶体管和平面晶体管等，基区掺杂都是不均匀的，所以对缓变基区晶体管的分析也是很重要的。但由于缓变基区晶体管的杂质分布不均匀，其分析要复杂得多。因而，在此只进行一些简单的讨论和分析，仅根据缓变基区晶体管的特点，对推导出的均匀基区晶体管的电流放大系数进行修正，得出缓变基区晶体管的电流放大系数。对缓变基区晶体管的详细分析可参考有关资料。

（1）缓变基区晶体管的自建电场和电场因子

如图 3.13 所示，缓变基区晶体管除基区为缓变杂质分布外，发射区杂质分布也是缓变的。因此，基区存在着杂质浓度梯度，基区的多数载流子空穴相应地具有相同的浓度分布梯度，这将导致空穴向浓度低的方向扩散，空穴一旦离开，基区中的电中性将被破坏。为了维持基区的电中性，必然会在基区中产生一个电场，使空穴做反方向的漂移运动来抵消空穴的扩散运动。这个为了维持基区的电中性而产生的电场，称为缓变基区的自建电场 E_b。

在动态平衡时，基区中空穴的漂移电流密度与扩散电流密度大小相等、方向相反，总空穴电流密度为零，即有

$$j_{pb} = -qD_{pb}\frac{\mathrm{d}p_b(x)}{\mathrm{d}x} + q\mu_{pb}p_b(x)E_b = 0 \tag{3-52}$$

所以

$$E_b(x) = \frac{D_{pb}}{\mu_{pb}}\frac{1}{p_b(x)}\frac{\mathrm{d}p_b(x)}{\mathrm{d}x} \tag{3-53}$$

利用 $\dfrac{D_{pb}}{\mu_{pb}} = \dfrac{k_B T}{q}$，$\dfrac{\mathrm{d}p_b(x)}{\mathrm{d}x} = \dfrac{\mathrm{d}N_B(x)}{\mathrm{d}x}$，式（3-53）可变为

$$E_b(x) = \frac{k_B T}{q}\frac{1}{N_B(x)}\frac{\mathrm{d}N_B(x)}{\mathrm{d}x} \tag{3-54}$$

可见，自建电场由基区的杂质浓度梯度决定，而基区的杂质浓度分布一般为高斯分布或者余误差分布。因此，$E_b(x)$ 在基区中的分布是十分复杂的。但是，在基区内，不管杂质的浓度分布是高斯分布还是余误差分布，均比较接近指数分布，因此可用指数近似，将问题简化。当选取如图 3.14 所示坐标时，基区杂质分布可近似为

$$N_B(x) = N_B(0)\mathrm{e}^{-\frac{\eta}{W_b}x} \tag{3-55}$$

式中，$N_B(0)$ 为基区发射结边界处的杂质浓度；η 称为电场因子，是一个无量纲数。

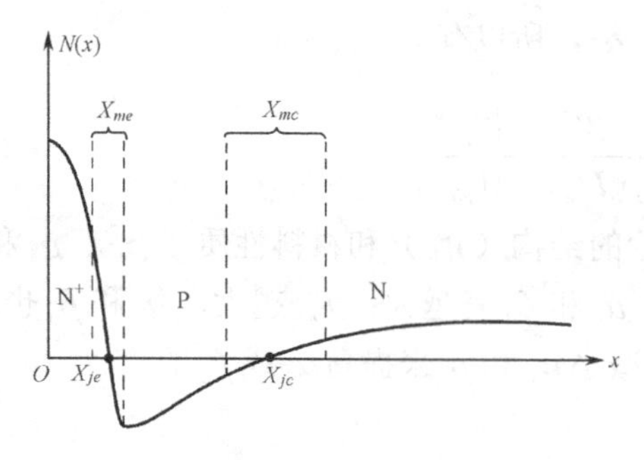

图 3.13　平面管净杂质浓度分布

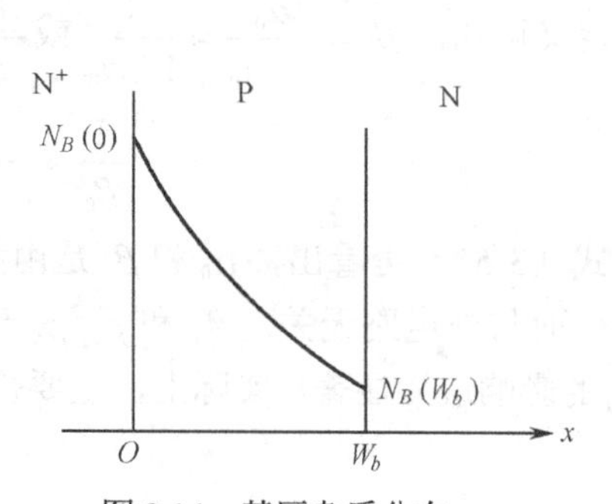

图 3.14　基区杂质分布

将式（3-55）代入式（3-54），便得

$$E_b(x) = -\frac{k_B T}{q}\frac{\eta}{W_b} \tag{3-56}$$

可见，用指数分布近似后，基区电场与位置 x 无关。在 $x = W_b$ 处，由式（3-55）得到 $N_B(W_b) = N_B(0)\mathrm{e}^{-\eta}$，故有

$$\eta = \ln\frac{N_B(0)}{N_B(W_b)} \tag{3-57}$$

这说明电场因子 η 由基区两个边界的杂质浓度决定。不难看出，基区杂质分布越陡，电场因子越大，基区的自建电场就越强。在小功率平面管中，当 $N_B(W_b)$ =5×10^{15} cm^{-3}，$N_B(0) = 5\times10^{17}$ cm^{-3} 时，η =4.6。

（2）缓变基区晶体管的基区输运系数 β_0^*

均匀基区晶体管的基区没有自建电场，从发射区注入过来的电子仅做扩散运动。根据前面的分析，缓变基区晶体管的基区存在自建电场，这个电场阻止空穴的扩散，却有助于电子的漂移，且所引起的电子漂移运动是与电子扩散运动同方向的。因此，基区电子既做扩散运动又做漂移运动。显然，如果注入电子浓度相同，则缓变基区晶体管的集电极电流必然比均匀基区的大。换言之，如果集电极电流相同，则缓变基区需要注入到基区的电子浓度比均匀基区的少。基区电子浓度低，单位时间内复合的数目也少了，因而基区输运系数 β_0^* 就提高了。所以，对于缓变基区晶体管，式（3-48）的应修正为

$$\beta_0^* = 1 - \frac{W_b^2}{\lambda L_{nb}^2} \quad (\lambda > 2) \tag{3-58}$$

式中，λ与杂质浓度分布，即与电场因子有关，其关系为

$$\frac{1}{\lambda} = \frac{\eta - 1 + \mathrm{e}^{-\eta}}{\eta^2}$$

若基区杂质是线性分布的，则$\lambda = 4$，即有

$$\beta_0^* = 1 - \frac{W_b^2}{4L_{nb}^2} \tag{3-59}$$

这就是常用的缓变基区晶体管基区输运系数 β_0^* 的公式。当基区杂质均匀分布时，$\lambda = 2$，$\beta_0^* = 1 - W_b^2/2L_{nb}^2$，这与前面均匀基区晶体管的基区输运系数公式相同。

（3）缓变基区晶体管的发射结注射效率 γ_0

缓变基区晶体管的电阻率 ρ_b 和 ρ_e 都是非均匀的，因此要用平均电阻率 $\overline{\rho}_b$ 和 $\overline{\rho}_e$ 来代替式（3-42）中的 ρ_b 和 ρ_e。另外，发射区的宽度 W_e 也不一定远大于发射区空穴的扩散长度 L_{pe}。当 $W_e \ll L_{pe}$ 时，载流子扩散的平均距离是 W_e，应当用 W_e 代替 L_{pe}。因此，缓变基区晶体管发射结注射效率 γ_0 应改写为

$$\gamma_0 = \frac{1}{1 + \dfrac{\overline{\rho}_e W_b}{\overline{\rho}_b L_{pe}}} \quad （当 W_e \gg L_{pe} 时） \tag{3-60}$$

$$\gamma_0 = \frac{1}{1 + \dfrac{\overline{\rho}_e W_b}{\overline{\rho}_b W_e}} \quad （当 W_e \ll L_{pe} 时） \tag{3-61}$$

这两种表达式可以统一写成

$$\gamma_0 = \frac{1}{1 + R_{Se} / R'_{Sb}} \tag{3-62}$$

式中，R'_{Sb} 为基区方块电阻，$R'_{Sb} = \bar{\rho}_b / W_b$；$R_{Se}$ 为发射区方块电阻。

当$W_e >> L_{pe}$时，$R_{Se} = \bar{\rho}_e / L_{pe}$；当$W_e << L_{pe}$时，$R_{Se} = \bar{\rho}_e / W_e$。方块电阻又称为薄层电阻，是为了描写一个薄层（如扩散层、外延展、淀积金属薄膜层等）导电能力的强弱而引入的物理量。一个边长为 a，厚度为 W，电阻率为 ρ 的薄层体，正方形两边之间的电阻 R_S，就是该薄层的方块电阻，且有

$$R_S = \rho \frac{a}{aW} = \frac{\rho}{W} \tag{3-63}$$

可见，R_S 与正方形边长无关。方块电阻的大小决定于单位表面积下薄层中所含的杂质总量，方块电阻可以用四探针法来测量。

（4）缓变基区晶体管的共基极直流电流放大系数 α_0

将式（3-59）和式（3-62）代入式（3-35），得

$$\alpha_0 = \gamma_0 \beta_0^* = \frac{1}{1 + \frac{R_{Se}}{R'_{Sb}}} (1 - \frac{W_b^2}{4L_{nb}^2}) \tag{3-64}$$

类似于均匀基区晶体管，上式可近似为

$$\alpha_0 = 1 - \frac{R_{Se}}{R'_{Sb}} - \frac{W_b^2}{4L_{nb}^2} \tag{3-65}$$

（5）缓变基区晶体管共射极直流电流放大系数 β_0

类似于均匀基区晶体管，有

$$\frac{1}{\beta_0} \approx 1 - \alpha_0 = \frac{R_{Se}}{R'_{Sb}} + \frac{W_b^2}{4L_{nb}^2} \tag{3-66}$$

可见，提高 α_0 和 β_0 的途径是提高 R'_{Sb} 或减小 R_{Se}，其实质就是减小基区平均掺杂浓度（提高 R'_{Sb}）、减薄基区宽度 W_b（提高 R'_{Sb}）以及提高发射区掺杂平均浓度（减小 R_{Se}）。

从以上的分析可见，采取以下几个方面的措施，可以提高晶体管的电流放大系数：

① 提高发射区掺杂浓度，增大正向注入电流；

② 减小基区宽度，减小复合电流；

③ 提高基区杂质分布梯度，以提高电场因子；

④ 提高基区载流子的寿命和迁移率，以增大载流子的扩散长度。

当然，在实际应用中还要注意其他因素，进行综合考虑。

3.2.5 影响晶体管直流电流放大系数的因素

在晶体管的发展过程中，人们逐渐认识到，影响电流放大系数的因素有很多，如发射结空间电荷区中的复合和基区表面复合等。

1. 发射结空间电荷区复合对电流放大系数的影响

在上面的讨论中，认为通过发射结的电子电流和空穴电流在流过空间电荷区前后保持不变，即

$$I_p(X_1) = I_p(X_2)，\ I_n(X_2) = I_n(X_1) \tag{3-67}$$

因而

$$I_E = I_p(X_1) + I_n(X_2) \tag{3-68}$$

实际上，在第 2 章已讨论过的硅 PN 结的空间电荷区复合作用并不是总可以忽略的。特别是在小电流（小注入）情况下，PN 结空间电荷区复合还占了比较重要的地位。由于发射结空间电荷区的复合作用，使电子在从发射区注入到基区之前，已有一部分在空间电荷区和空穴复合而转化为空穴电流（用 I_{VE} 代表），变为基极电流的一部分。这种复合减少了注入到基区的电子数，因而降低了发射结注射效率 γ_0，见图 3.15。

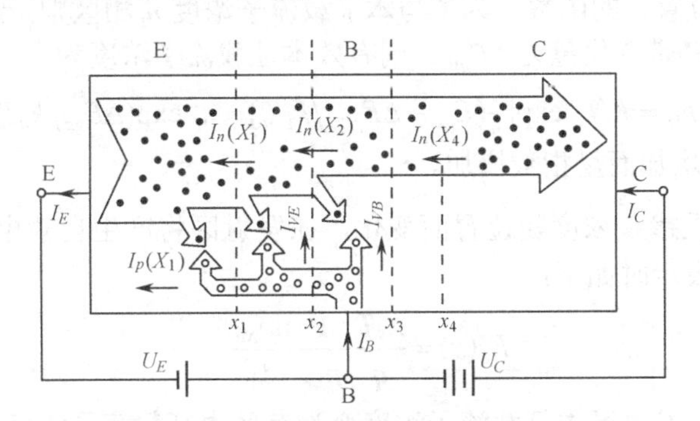

图 3.15　发射结空间电荷区复合电流

考虑了发射结空间电荷区复合电流 I_{VE} 之后，发射极电流

$$I_E = I_n(X_2) + I_p(X_1) + I_{VE} \tag{3-69}$$

则有

$$\gamma_0 = \frac{I_n(X_2)}{I_n(X_2) + I_p(X_1) + I_{VE}} = \frac{1}{1 + \dfrac{I_p(X_1)}{I_n(X_2)} + \dfrac{I_{VE}}{I_n(X_2)}} \tag{3-70}$$

显然，I_{VE} 的存在使 γ_0 下降。减小 I_{VE} 的途径是尽量减小空间电荷区中的复合中心。通常认为，这些复合中心来自原始硅单晶或后续工艺过程中引入的重金属杂质（铜、镍、铁、锰等）。

根据空间电荷区复合电流公式，可推得：

$$I_{VE} = \frac{1}{2} q \frac{n_i}{\tau} A_e X_{me} \mathrm{e}^{qU_E/2k_BT} \tag{3-71}$$

式中，X_{me} 为发射结空间电荷区的宽度；n_i 为发射区本征电子的浓度；τ 为发射结载流子的有效寿命。

一般硅晶体管在小电流下的电流放大系数较小，主要受发射结空间电荷区复合的影响。

2. 发射区重掺杂对发射效率的影响

在前面的分析中知道，要提高晶体管的发射效率，必须降低基区杂质浓度，提高发射区杂质浓度。但是，若 N_B 偏低，则基极电阻 r_b 过大，会使晶体管的功率增益下降，大电流特性变坏，这将在后面讨论。因此，通常采用提高发射区杂质浓度 N_E 来提高发射效率。然而，过份地提高 N_E 又会引起发射区禁带变窄及俄歇复合加强，反而导致发射效率降低。下面分别讨论它们对发射效率的影响。

（1）禁带变窄对发射效率的影响

在轻掺杂时，杂质原子数与半导体原子数相比是很少的，但在重掺杂时，大量的杂质原子破坏了半导体晶格的周期性，禁带中的杂质能级已由轻掺杂时的分立能级变为杂质劈裂的能带，使实际的禁带宽度变窄。

当不考虑发射区禁带变窄时，本征载流子浓度与禁带宽度关系为

$$n_i^2 = K'T^3 \exp(-E_{ge}/k_B T) \tag{3-72}$$

式中 $K'=9.6\times10^{32}$；E_{ge} 是外推到绝对零度时的禁带宽度，对于 Si，$E_{ge}=1.205$ eV。

考虑发射区重掺杂引起禁带变窄后，本征载流子浓度将随着禁带变窄而增加，并随重掺杂浓度的变化而成为位置 x 的函数。为了与本征载流子浓度 n_i 相区别，这里用有效本征载流子浓度 n_{ie} 来表示。若禁带变化量为 ΔE_{g0}，则有效本征载流子浓度为

$$n_{ie}^2 = K'T^3 \exp[-(E_{ge}-\Delta E_{g0})/k_B T] = n_i^2 \exp(\Delta E_{ge}/k_B T) \tag{3-73}$$

可见，n_{ie} 随 ΔE_{ge} 增加而呈指数增加。

另一方面，由于重掺杂浓度随位置而变化，在发射区将产生自建电场。发射区自建电场 $E_e(x)$ 用少子浓度 p_{ne} 表示时如下：

$$E_e(x) = \frac{k_B T}{q}\frac{1}{p_{Ne}}\frac{\mathrm{d}p_{Ne}}{\mathrm{d}x} \tag{3-74}$$

考虑禁带变窄后，发射区本征载流子浓度变为有效本征载流子浓度 n_{ie}，则发射区少子浓度为

$$p_{ne}(x) = \frac{n_{ie}^2(x)}{N_E(x)} \tag{3-75}$$

代入式（3-74）得到

$$E_e(x) = \frac{k_B T}{q}\frac{2}{n_{ie}^2}\frac{\mathrm{d}n_{ie}}{\mathrm{d}x} - \frac{k_B T}{q}\frac{1}{N_E(x)}\frac{\mathrm{d}N_E(x)}{\mathrm{d}x} \tag{3-76}$$

式中，右边第二项是由发射区杂质分布所产生的自建电场；第一项则是由于重掺杂时，有效本征载流子浓度随位置变化，其分布梯度所产生的附加电场。这个附加电场分量与由杂质浓度梯度引起的电场方向相反，它将加速基区向发射区注入空穴，从而使发射效率降低。

考虑到发射区重掺杂的影响后，发射效率表达式应修改为

$$\gamma_0 = \left[1 + \frac{\bar{D}_{pe}\int_0^{W_b} N_B(x)\mathrm{d}x}{\bar{D}_{nb}\int_{-W_e}^{0} N_E(x)\left(\dfrac{n_i^2}{n_{ie}^2}\right)\mathrm{d}x}\right]^{-1} \tag{3-77}$$

式中，$\bar{D}_{pe}$ 和 $\bar{D}_{nb}$ 分别是 D_{pe} 和 D_{nb} 的平均值。若引进有效发射区杂质浓度

$$N_{eff} = \frac{n_i^2}{n_{ie}^2} N_E \tag{3-78}$$

则式（3-77）变为

$$\gamma_0 = \left[1 + \frac{\bar{D}_{pe}\int_0^{W_b} N_B(x)\mathrm{d}x}{\bar{D}_{nb}\int_{-W_e}^{0} N_{eff}\mathrm{d}x}\right]^{-1} \tag{3-79}$$

图 3.16 表示了有效杂质浓度 N_{eff} 与实际掺杂浓度 N_E 的关系。从图 3.16 中可见，N_E 越高，N_{eff} 就越低。因为对发射效率起作用的是有效杂质浓度，所以重掺杂过大时，发射效率

反而降低。

若将有效杂质浓度 N_{eff} 代入发射区自建电场表达式，则式（3-74）变为

$$E_e(x) = -\frac{k_B T}{q}\frac{1}{N_{eff}}\frac{dN_{eff}}{dx} \qquad (3\text{-}80)$$

式中，负号表示自建电场指向有效杂质浓度下降的方向。从图 3.16 还可看出，当发射区重掺杂且结深很浅（如 $X_{je}<1\,\mu m$）时，发射区自建电场指向发射区表面，加速了空穴流向发射极，使 I_{pE} 增大，导致发射效率降低。因此，禁带变窄对发射效率影响的程度还与结深有关。

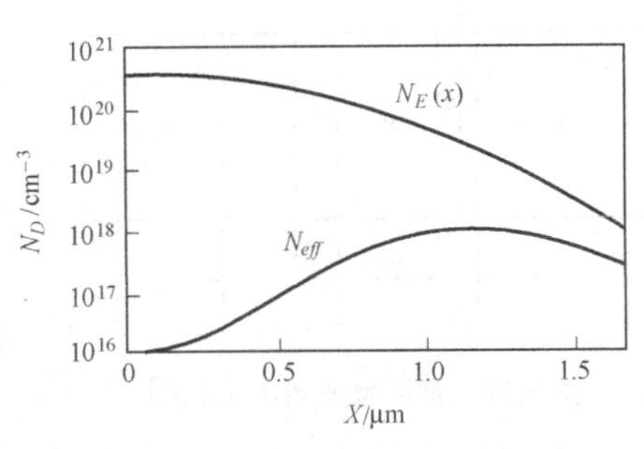

图 3.16 有效杂质浓度 N_{eff} 与实际掺杂浓度 N_E 的关系曲线

在高频小功率晶体管和集成电路的生产过程中，若基区硼扩散方块电阻偏低，则用增加磷扩散的掺杂浓度来提高放大倍数往往无济于事，这是由于发射区重掺杂而导致发射效率降低的结果。

（2）俄歇复合对发射效率的影响

在前面分析晶体管载流子的传输过程时涉及到的复合是通过复合中心进行的间接复合。而俄歇复合是一个电子和一个空穴的直接复合。在重掺杂的发射区中，由于施主杂质浓度提高，多子电子浓度也相应增加，俄歇复合迅速增强，使发射区少子空穴的寿命缩短，这样就使注入到发射区的空穴增加，空穴电流密度 j_{pE} 增大，致使发射效率降低。

3. 基区表面复合对电流放大系数的影响

在前面推导电流放大系数的过程中，只考虑了电子在基区的体内复合。实际上从发射区注入基区的电子，还有一部分流向表面，由于表面存在表面正电荷和界面态，所以在 P 型基区表面将形成附加的复合电流，称为基区表面复合电流。若用 I_{Sb} 代表基区表面复合电流，那么，基区复合电流 I'_{VB} 应为体内复合电流 I_{VB} 和基区表面复合电流 I_{Sb} 之和，即

$$I'_{VB} = I_{VB} + I_{Sb} \qquad (3\text{-}81)$$

显然，I_{Sb} 的存在将使 β_0 和 α_0 下降，这是因为被复合掉的少子电流变成了基极电流而不能到达集电极的缘故。因此，为了减小基区表面复合对 β_0 的影响，主要是减小 I_{Sb}。

基区表面复合电流为

$$I_{Sb} = qsA_s n_s \qquad (3\text{-}82)$$

式中，s 为基区表面复合速度；A_s 为基区表面有效复合面积；n_s 为表面处电子浓度。

由于绝大部分表面复合都发生在发射结边缘，所以 n_s 可近似用 X_2 处的电子浓度 $n_b(X_2)$ 代替，则有

$$I_{Sb} = qsA_s n_b(X_2) = qsA_s n_{b0}\mathrm{e}^{qU_E/k_BT} \qquad (3\text{-}83)$$

可见，I_{Sb} 大小受基区表面有效复合面积 A_s、表面复合速度 s 和表面处电子浓度 n_s 等多种因素的影响。其中，减小表面复合速度 s 是减小 I_{Sb} 的有效方法，而 s 的大小主要取决于表面状况。所以，在制造合金晶体管时，必须对管芯进行适当的表面处理（例如电解腐蚀等），以减小 s。对于硅平面晶体管来说，因其表面有一层氧化层覆盖膜，表面复合的影响可有效地减小。然而，当发射极电流较小时，表面复合的影响仍旧比较大。

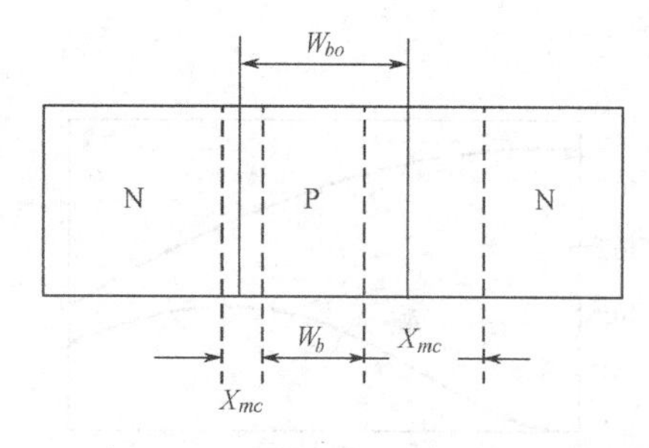

图 3.17　基区宽变效应示意图

4. 基区宽变效应对电流放大系数的影响

当晶体管的集电结反向偏压发生变化时，集电结空间电荷区宽度 X_{mc} 也将发生变化，因而有效基区宽度也随着变化，如图 3.17 所示。这种由于外加电压变化，引起有效基区宽度变化的现象称为基区宽变效应。

基区宽变效应对电流放大系数的影响，在晶体管输出特性曲线族（输出特性曲线将在 3.3 节详细讨论）上，表现为曲线随外加电压增加而倾斜上升。因为集电结反向偏压增加时，耗尽层扩大，并有部分向基区一侧扩展，使有效基区宽度减小，从而引起电流放大系数增大，特性曲线倾斜上升，如图 3.18（a）所示。若将特性曲线延长，其延长线将交于横坐标轴上一点 U_{EA}，U_{EA} 称为厄尔利（Early）电压。忽略晶体管的饱和压降时，图 3.18（a）变成图 3.18（b）。

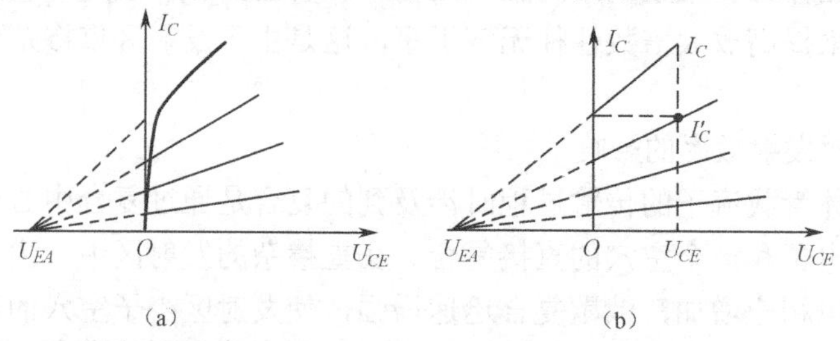

图 3.18　基区宽变效应对输出特性曲线的影响

在图 3.18（b）中，在工作电压 U_{CE} 点，晶体管的电流放大系数为 $\beta_0=I_C / I_B$。若不考虑基区宽变效应，则集电极电流恒为 I'_C，所以有

$$\beta'_0=\frac{I'_C}{I_B}$$

由图 3.18（b）的三角形关系可得

$$\frac{I'_C}{I_C}=\frac{U_{EA}}{U_{CE}+U_{EA}}$$

则有

$$\beta_0=\frac{I_C}{I_B}=\beta'_0\left(1+\frac{U_{CE}}{U_{EA}}\right)$$

上式就是晶体管的电流放大系数随集电结反向偏压的变化关系。可见，电流放大系数随反向偏压 U_{CE} 的增加而增大，随厄尔利（Early）电压 U_{EA} 的增加而减小。

进一步分析可得出，对均匀基区晶体管，电流放大系数为

$$\beta_0=\beta'_0\left(1+\frac{X_{mc}}{2W_b}\right) \tag{3-84}$$

对缓变基区晶体管，电流放大系数为

$$\beta_0=\beta'_0\left(1+\frac{N_B(W_b)X_{mc}}{6\bar{N}_B W_b}\right) \tag{3-85}$$

式中，$\bar{N}_B$ 为基区平均杂质浓度。

可见，晶体管的基区宽度越窄，反向偏压越高，X_{mc} 越宽，则基区宽变效应对电流放大

系数的影响越严重。

5. 温度对电流放大系数的影响

温度对电流放大系数的影响是比较显著的。从图 3.19（a）可见，当温度升高时 β_0 增大，其主要原因是：

① 发射区总是重掺杂的，在重掺杂下禁带变窄，使 γ_0 随温度升高而增大。

② 发射区掺杂浓度在 10^{19} cm^{-3} 以上时，少子空穴的迁移率几乎不随温度变化。而根据爱因斯坦关系，扩散系数却随温度上升而增大，发射区少子寿命也随温度上升而增加，所以，发射区扩散长度 L_{pe} 随温度上升而增长，使发射效率提高。

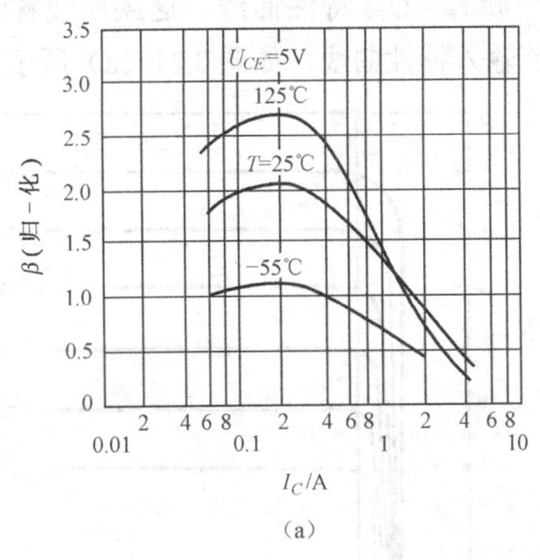

(a)

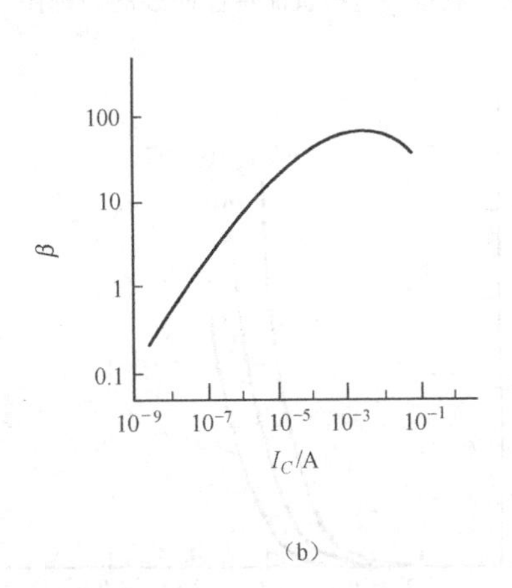

(b)

图 3.19　β 随 I_C 和温度的变化曲线

③ 基区的掺杂浓度总是远低于 10^{19} cm^{-3}，在这样的浓度下，少子电子的扩散系数与温度成反比。但是，少子寿命随温度的增大超过扩散系数的减小，所以基区扩散长度 L_{nb} 随温度上升而增加。

基于上述原因，温度升高时，发射效率和基区输运系数都增大。因此，电流放大系数随温度上升而增加，基区输运系数也就随温度上升而增大。

此外，电流放大系数也与晶体管的工作电流大小有关，如图 3.19（b）所示。在小电流和大电流下，β_0 都会下降。小电流时，发射结空间电荷区复合对发射效率的影响和基区表面复合对输运系数的影响，都导致 β_0 下降；大电流时，β_0 下降则是大注入效应影响的结果，这将在后面讨论。

3.3　晶体管的直流伏安特性曲线

晶体管的直流伏安特性曲线是指晶体管输入和输出的电流–电压关系曲线。晶体管的三个端，共有输入电流、输入电压、输出电流和输出电压四个参数。可以把任何两个参数之间的关系用曲线表示出来（以其余两个参数中的一个作为参变数）得到一族曲线，最常用的是输入特性曲线和输出特性曲线。晶体管的直流特性曲线比较形象地反映了晶体管内部的物理过程，它不仅对于晶体管的使用者非常重要，而且对于晶体管的设计和制造者同样也是很重要的。

不同接法的晶体管，其特性曲线是不同的，但是不同接法的特性曲线之间存在相互联系。下面以共基极连接与共发射极连接为例，分析晶体管的输入、输出特性曲线。

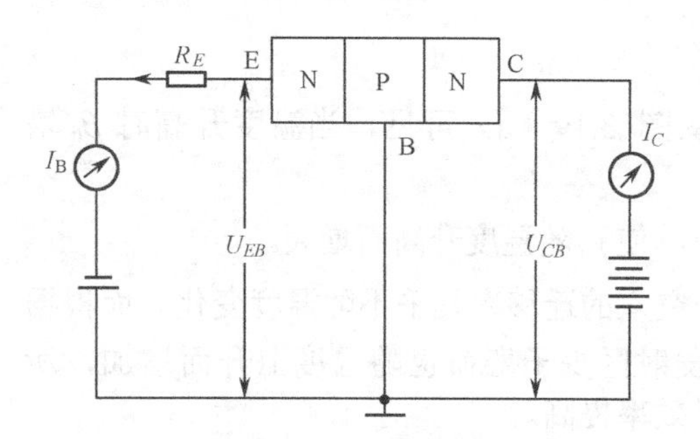

图 3.20 测量共基极直流特性曲线的原理图

3.3.1 共基极连接的直流特性曲线

图 3.20 为测量晶体管共基极直流特性曲线的原理图。图 3.20 中，U_{EB} 为发射极和基极之间的电压降，U_{CB} 为集电极和基极之间的电压降，R_E 为发射极串联电阻，用以控制和调节 I_C 或 U_{EB}。

1. 共基极直流输入特性曲线

在不同的 U_{CB} 下，改变 U_{EB}，测量 I_E，便可得出一族 $I_E - U_{EB}$ 特性曲线，这族曲线称为共基极直流输入特性曲线，如图 3.21（a）所示。

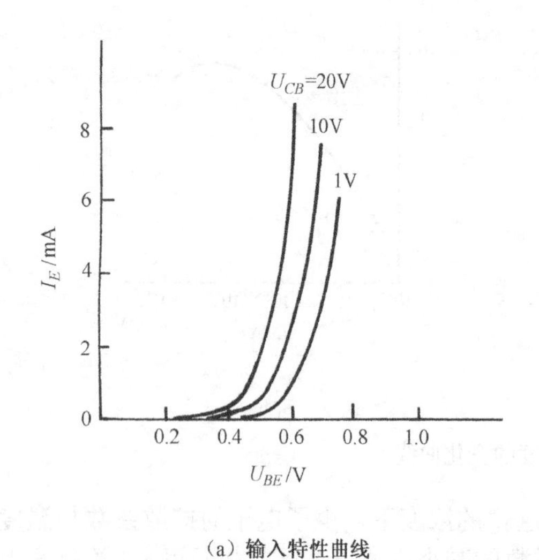

（a）输入特性曲线

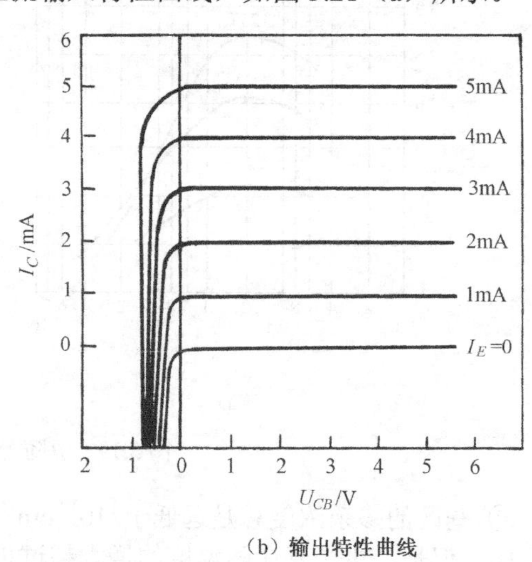

（b）输出特性曲线

图 3.21 共基极直流特性曲线

由于

$$I_E = \left(j_p(X_1) + j_n(X_2)\right) A_e \tag{3-86}$$

式中，$j_p(X_1)$ 为电子扩散电流密度；$j_n(X_2)$ 为空穴扩散电流密度；A_e 为发射结面积。

电流密度 $j_p(X_1)$ 和 $j_n(X_2)$ 都随正向压降而呈指数增大，因此 I_E 也与 U_{EB} 成指数的关系，图 3.21（a）也说明了这一点。实际上输入特性曲线就是正向 PN 结的特性曲线，但也存在着差别：在同样 U_{EB} 下，I_E 随着 U_{CB} 增大而增大，这是因为集电极空间电荷区宽度随着 U_{CB} 的增大而增加，因而有效基区宽度减小，使得在同样 U_{EB} 下，基区少子的浓度梯度增大，所以 I_E 增大。这种有效基区宽度随 U_{CB} 的增大（减小）而减小（增大）的现象，就是上面讨论的基区宽度调变效应。所以，输入特性曲线随着 U_{CB} 的增大而左移。

2. 共基极直流输出特性曲线

在不同的 I_E 下，改变 U_{CB}，测量 I_C，可得出一族 $I_C - U_{CB}$ 曲线，这族曲线称为共基极直流输出特性曲线，如图 3.21（b）所示。从图 3.21（b）可见，在 $U_{CB} > 0$ 时，$I_C \approx I_E$（因为 $I_C = \alpha_0 I_E$，$\alpha_0 \approx 1$），而且基本与 U_{CB} 无关。在 $U_{CB} = 0$ 时，I_C 仍保持不变，这是因为在 $U_{CB} = 0$ 时，基区靠集电结空间电荷区边界处少子浓度等于平衡少子浓度，但因基区中存在少子浓度梯度，不断地有少子向集电结边界扩散，为了保证该处少子浓度等于平衡少子浓度，漂移通过集电结的少子必须大于从集电区扩散到基区的少子（扩散到基区靠近集电结边界的少子仍然靠漂移通过集电结），因而虽然$U_{CB}=0$，但I_C不等于零。要使集电极电流减至零，必须在集电结上加一个小的正向偏压，使基区中少子浓度梯度接近于零方可。

3.3.2 共发射极连接的直流特性曲线

图 3.22 为测量晶体管共发射极直流特性曲线的原理图。U_{BE}为基极与发射极间电压降，U_{CE}为集电极与发射极间电压降，R_B为基极串联电阻，用以控制U_{BC}或I_B。

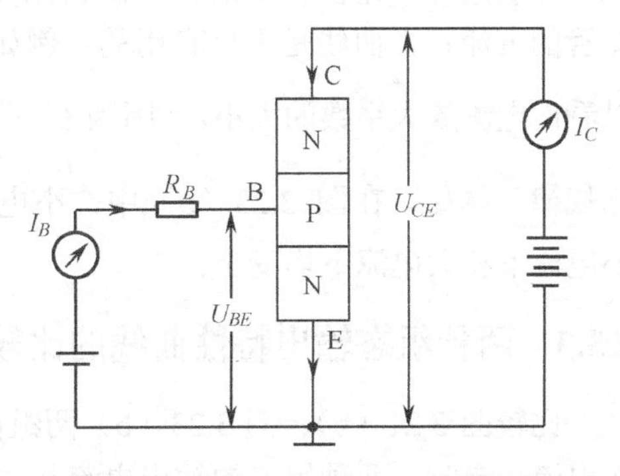

图 3.22 测量共发射极直流特性曲线原理图

1. 共发射极直流输入特性曲线

在不同的U_{CE}下，改变U_{BE}，测量I_B，可得出一族I_B-U_{BE}关系曲线，这族曲线称为共发射极直流输入特性曲线，如图 3.23（a）所示。它与 PN 结正向特性相似，但当U_{CE}增加时，由于基区宽度减小，注入到基区中的少子的复合减少，故I_B减小。即在同样的U_{BE}下，U_{CE}越大，I_B越小。由图 3.23（a）还可以看出，当$U_{BE}=0$时，I_B不为零，而为I_{CBO}。因为这时集电结反偏，U_{CB}不等于 0，所以流过基极的电流为集电结反向饱和电流I_{CBO}。

2. 共发射极直流输出特性曲线

固定不同的I_B，改变U_{CE}，测量I_C，可得出一族I_C-U_{CE}曲线，这族曲线称为共发射极直流输出特性曲线，如图 3.23（b）所示。当$I_B=0$时，晶体管的电流等于I_{CEO}。当I_B增加时，集电极电流I_C按$\beta_0 I_B$的规律增加，而且U_{CE}增大，晶体管的基区宽度减小，电流放大系数β_0增大，特性曲线微微向上倾斜。

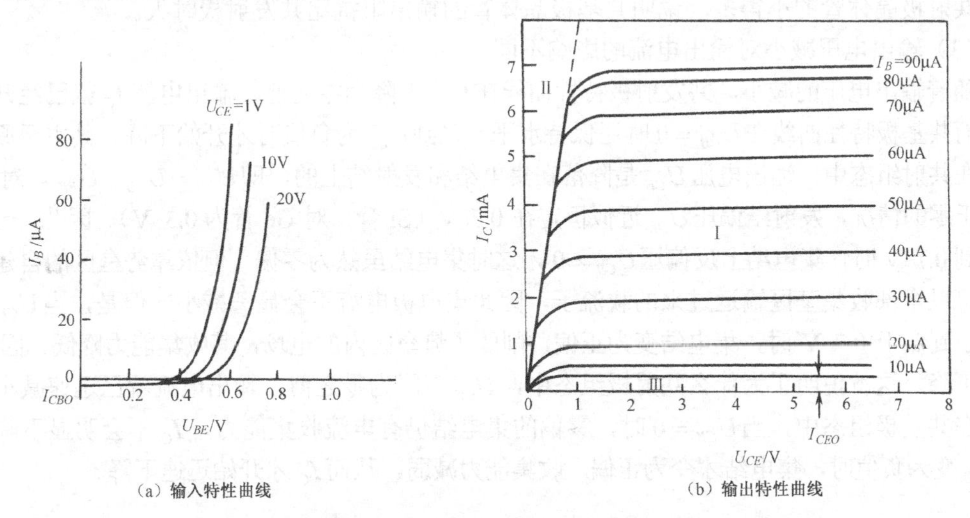

图 3.23 共发射极直流特性曲线

根据发射结、集电结的偏压情况，晶体管的直流特性曲线可分为放大区、饱和区和截止区三个区域，在图 3.23（b）中分别以 I、II、III 表示。即晶体管共发射极时有三种工作状态，各自的特点分别为：

① 有源放大状态，特点是发射结正偏（U_{BE}>0），集电结反偏（U_{CE}<0）；

② 饱和状态，特点是 U_{BE}>0，U_{CE}>0；

③ 截止状态，特点是 U_{BE}<0，U_{CE}<0。

在制造和使用晶体管时，一般常用晶体管特性图示仪来显示晶体管的直流特性曲线。晶体管的直流特性曲线是十分有用的，例如，在 I_B 改变量相同的前提下，从特性曲线的疏密可以看出电流放大系数的大小，（因为 $\beta_0 = \dfrac{\Delta I_C}{\Delta I_B}$），从曲线的疏密变化情况可以看出 β_0 随 I_E 的变化规律。例如，在图 3.23（b）中，小电流和大电流下的特性曲线族都比较密，这说明 β_0 在小电流下和大电流下均变小。

3.3.3 两种组态输出特性曲线的比较

比较图 3.21（b）、图 3.23（b）两组曲线可知，两种组态输出特性曲线的共同之处是当输入电流一定时，两种组态的输出电流基本上保持不变（随输出电压的变化很微弱），只有输入电流改变时，输出电流才随之变化。因此，晶体管的输出电流受输入电流控制，是一种电流控制器件。但是，两组输出特性曲线也有一些不同之处。

（1）电流放大系数的差别

在共发射极输出特性中，输入电流 I_B 较小的变化量（几十 μA），就会引起输出电流 I_C 较大的变化（几十 mA）；在共基极输出特性中，输出电流 I_C 的改变量基本与输入电流 I_E 的变化量相等。可见，共发射极电流放大系数远大于共基极电流放大系数。

（2）输出电压增大对电流放大系数的影响不同

随输出电压的增大，共发射极输出特性曲线逐渐上翘，而共基极特性曲线基本上保持水平。这是因为基区宽变效应对共发射极电流放大系数 β_0 的影响比对共基极电流放大系数 α_0 的影响大得多，即在输出电压变化量相同的情况下，共基极晶体管的集电极电流的变化量 ΔI_C 要比共射极晶体管的小得多，说明共基极晶体管的输出阻抗比共发射极时大。

（3）输出电压减小对输出电流的影响不同

随着输出电压的减小，共发射极特性曲线在 U_{CE} 下降为零之前，输出电流 I_C 就已经开始下降，而共基极特性曲线在 $U_{CB}=0$ 时还保持水平，直到 U_{CB} 为负值时才开始下降。其主要原因在于，在共射组态中，输出电压 U_{CE} 是降落在集电结和发射结上的，即 $U_{CE}=U_{CB}+U_{BE}$。对于 I_B 不等于零的情况，发射结偏压 U_{BE} 近似恒定在 0.7 V（Si 管，对 Ge 管为 0.3 V）。因此，当 U_{CE} 减小到 0.7 V 时，集电结上反偏压 $U_{CB}\approx 0$，这时集电结虽然为零偏，但依靠势垒区的自建电场仍然可以全部收集基区输运过来的载流子，因此集电极电流不会显著减小。但是，当 U_{CE} 进一步减小到低于 0.7 V 时，集电结变为正偏，削弱了势垒区内的电场，其收集能力降低，因而 I_C 迅速下降。这就说明了为什么共射极组态中，U_{CE} 下降为零之前，输出电流就已迅速减小。然而，在共基极组态中，当 $U_{CB}=0$ 时，零偏的集电结仍有电流收集能力，I_C 不会明显下降，只有 U_{CB} 变为负值时，集电结才变为正偏，收集能力减弱，从而 I_C 才开始迅速下降。

3.4 晶体管的反向电流与击穿特性

晶体管有两个 PN 结，在一定的反向偏压下存在反向电流，并在反向偏压高到一定程度时会发生反向击穿现象。晶体管的反向电流主要有：$I_{CBO}, I_{EBO}, I_{CEO}$。反向电流对晶体管的放大作用没有贡献，它消耗了一部分电源的能量，甚至影响晶体管工作的稳定性，因此希望反向电流要尽可能小。晶体管的击穿电压有 BU_{CBO}，BU_{EBO}，BU_{CEO} 及穿通电压 U_{PT}。击穿电压决定了晶体管外加电压的上限。

晶体管的反向电流与击穿电压标志着晶体管性能的优劣与使用的电压范围，它们都是晶体管的主要参数，下面分别予以讨论。

3.4.1 晶体管的反向电流

1．集电结反向电流（发射极开路）I_{CBO}

I_{CBO} 定义为发射极开路时，集电极—基极（即集电结）的反向电流，如图 3.24 所示。在第 2 章已经指出，PN 结反向电流由空间电荷区外的反向扩散电流 I_R、空间电荷区内的产生电流 I_g 和表面漏电流 I_s 三部分构成。以 NPN 晶体管为例，有

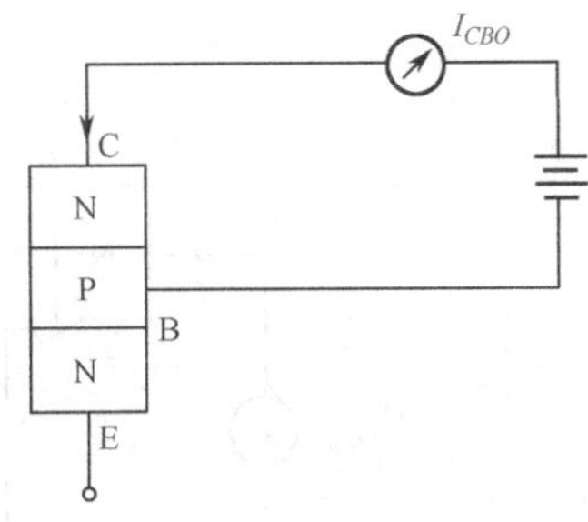

图 3.24 I_{CBO} 测量原理图

$$I_R = \left(\frac{qD_{nb}n_i^2}{W_b N_B} + \frac{qD_{pc}n_i^2}{L_{pc}N_C} \right) A_c \tag{3-87}$$

式中，N_B 为基区净杂质浓度；N_C 为集电区净杂质浓度；A_c 为集电结面积。

反向集电结空间电荷区内的产生电流为

$$I_g = \frac{qn_i X_{mc} A_c}{2\tau} \tag{3-88}$$

式中，$\frac{n_i}{2\tau}$ 为净产生率；X_{mc} 为集电结空间电荷区宽度。

通常在室温下，锗 PN 结的 $I_R >> I_g$，反向扩散电流起主要作用；而硅的 $I_g >> I_R$，反向产生电流起主要作用。从式（3-87）、（3-88）可见，由于 n_i 随温度升高而指数增大，所以 I_R 和 I_g 都随着温度的升高而呈指数增大，说明 I_{CBO} 随温度升高而快速增大。

通常，表面漏电流 I_s 比 I_R，I_g 大得多，因此减小 I_{CBO}，关键在于减小 I_s。搞好表面处理，减少玷污，是减小表面漏电流的关键。

2．发射结反向电流（集电极开路）I_{EBO}

I_{EBO} 定义为集电极开路（$I_C = 0$）时，发射极—基极（即发射结）的反向电流，如图 3.25 所示。I_{CBO} 与 I_{EBO} 类同，对于锗晶体管来说，I_{EBO} 主要是反向扩散电流，而硅晶体管的 I_{EBO} 主要是发射结空间电荷区的产生电流，其表示式与式（3-88）类似。

3．集电极发射极间的穿透电流（基极开路）I_{CEO}

I_{CEO} 定义为基极开路（$I_B = 0$）时，集电极—发射极之间的反向电流，如图 3.26 所示。I_{CEO} 就是共发射极电路输入开路时流过晶体管的电流，它不受基极电流控制。I_{CEO} 一般都比 I_{CBO} 大。

从图 3.26 可见，在集电极—发射极间加的是反向偏压，在基极开路的情况下，发射结为正向偏置，集电结为反向偏置。

图 3.27 画出了基极开路时的电流传输示意图。集电结反偏使空穴流向基区，并在基区积累，从而使发射结变为正偏，因此发射区就有电子注入基区，这样就和晶体管正常工作情况

一样，注入基区的大部分电子传输到集电极形成集电极电流$I_n(X_4)$。同时，基区积累的空穴的一部分在基区与电子复合，另一部分注入发射区与发射区电子复合。显然，这股空穴流动形成的电流I_{CBO}就相当于基极电流，亦即在基极开路时，I_{CBO}相当于I_B。所以，从图3.27可得

$$I_n(X_4)=\beta_0 I_B=\beta_0 I_{CBO} \tag{3-89}$$

$$I_{CEO}=\beta_0 I_{CBO}+I_{CBO}=(\beta_0+1)I_{CBO} \tag{3-90}$$

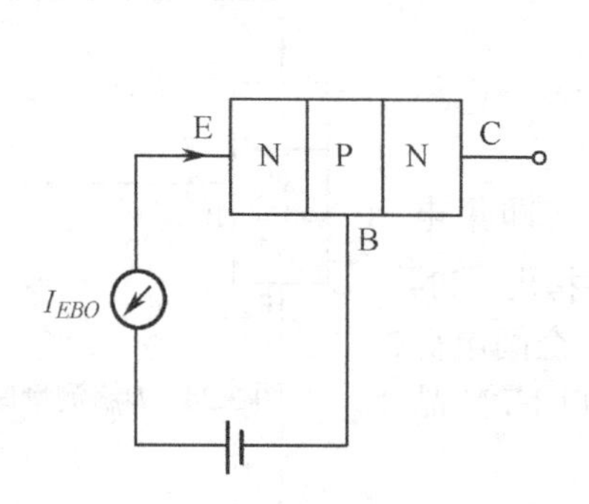

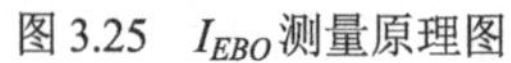
图3.25　I_{EBO}测量原理图

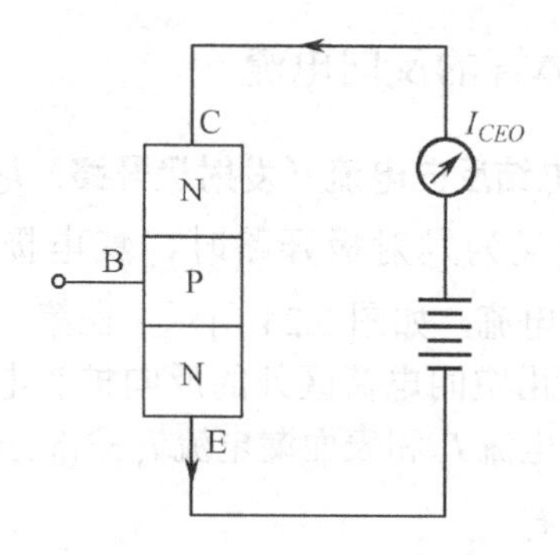

图3.26　I_{CEO}测量原理图

式（3-90）说明，I_{CEO}约比I_{CBO}大β_0倍。然而，式（3-90）中的β_0是电流为I_{CEO}时所对应的电流放大系数，通常I_{CEO}数值较小。从β_0和I_C关系可知，这时的β_0比正常工作时的β_0要小得多。因此，一般来讲，I_{CEO}比I_{CBO}大不了太多。

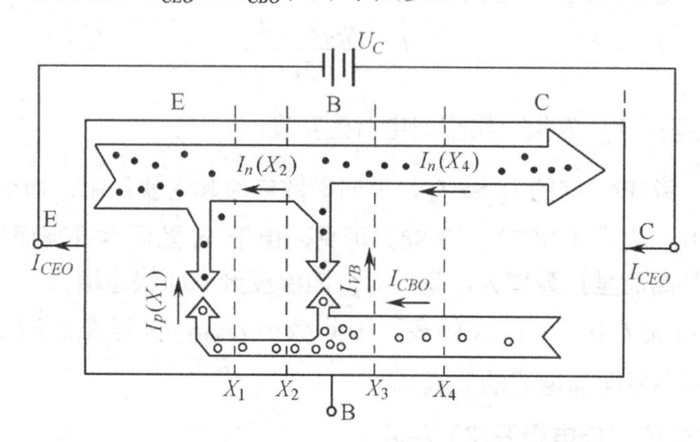

图3.27　晶体管基极开路时的电流传输示意图

3.4.2　晶体管的反向击穿电压

1. 集电极—基极反向击穿电压（发射极开路）BU_{CBO}

图3.28所示为测量BU_{CBO}的原理图。其中发射极开路，集电结加反向偏置。改变电源电压时，反向电流随着增加，当反向电流得到规定的反向电流时所对应的电压即为BU_{CBO}。在软击穿特性情况下（见图3.29中乙），BU_{CBO}比集电结雪崩击穿电压U_B小；在硬击穿特性情况下（见图3.29中甲），BU_{CBO}是由U_B决定的。

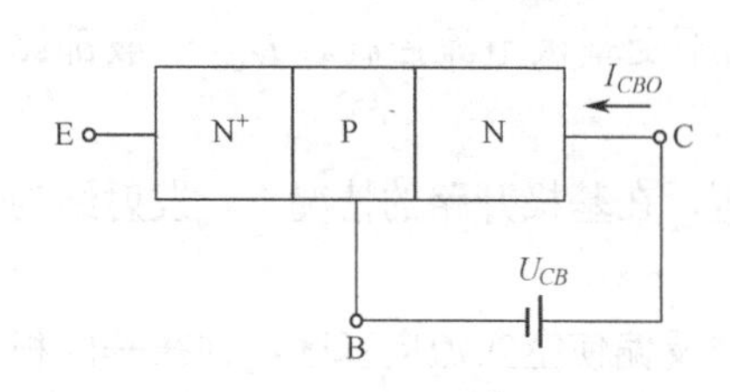

图3.28　BU_{CBO}测量原理图

从PN结反向击穿特性讨论知道，对于突变结，雪崩击穿电压由低掺杂一侧的杂质浓度（或电阻率）决

定。因此，合金晶体管的雪崩击穿电压由基区电阻率决定。合金扩散晶体管、台面晶体管、平面晶体管的集电结都是缓变结。如果是浅结扩散，则可近似看成单边突变结，BU_{CBO} 由集电区电阻率决定。

对于外延扩散晶体管，除去选定外延层电阻率之外，外延层厚度也是十分重要的。一般平面晶体管的集电结可以看成单边突变结，集电区高电阻率层的厚度，至少要等于集电结雪崩击穿时的空间电荷区宽度 X_{mc}。如果再把多次高温工艺过程中高掺杂衬底向外延层中反扩散的厚度（这种反扩散使靠近衬底附近的外延层内的电阻率下降）考虑在内，则外延层总厚度 W_c 至少应为

$$W_c = X_{jc} + X_{mc} + \text{反扩散层厚度} \tag{3-91}$$

式中 X_{jc} 为集电结结深，X_{mc} 可从图 2.36 或图 2.58 中的曲线查出。

2. 集电极—发射极反向击穿电压（基极开路）BU_{CEO}

图 3.30 为测量集电极—发射极反向击穿电压 BU_{CEO} 的原理电路图。基极开路状态，当改变外加电压时，电流 I_{CEO} 随着增加，当 I_{CEO} 得到规定的电流值时所对应的电压即为 BU_{CEO}。在软击穿特性情况下，实测 BU_{CEO} 比 I_{CEO} 趋向无穷大时所对应的电压要小很多。

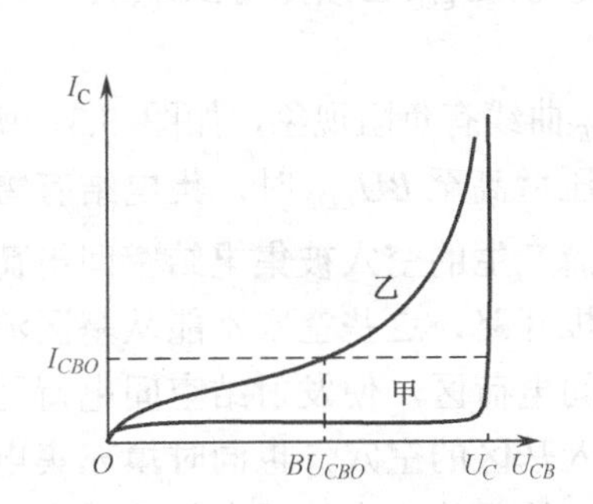

图 3.29　BU_{CBO} 的实际测量

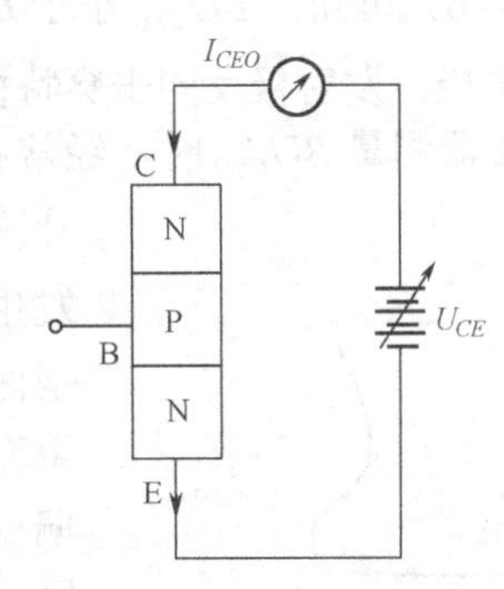

图 3.30　BU_{CEO} 测量原理图

BU_{CEO} 是晶体管在共发射极运用时，集电极—发射极间所能承受的最大反向电压。

（1）BU_{CEO} 与 BU_{CBO} 的关系

在基极开路，集电结没发生雪崩倍增的情况下，式（3-90）可变换成

$$I_{CEO} = \frac{I_{CBO}}{1-\alpha_0} \tag{3-92}$$

式中，α_0 为集电结无雪崩倍增时的共基极电流放大系数。

当外加偏压增高，集电结发生雪崩倍增效应时，在同样发射极电流 I_E 下，集电极电流却增大了 M（倍增因子）倍。此时，电流放大系数应为 $\alpha_0 M$，而流入基区的空穴电流变为 MI_{CBO}，则有

$$I_{CEO} = \frac{MI_{CBO}}{1-\alpha_0 M} \tag{3-93}$$

显然，当 $\alpha_0 M \approx 1$ 时，$I_{CEO} \to \infty$，发生了击穿，此时在集电极–发射极间所加的反向电压即为 BU_{CEO}。

因 BU_{CBO} 为集电结雪崩倍增因子 M 趋于无穷大时集电结上的反向电压，所以 M 稍大于 1 时，集电结上的反向电压显然要比 BU_{CBO} 小。而基极开路时，集电极–发射极间反向电压近似等于集电结上反向电压，因此 $BU_{CEO} < BU_{CBO}$。

实验指出，集电结倍增因子M与外加反向电压的关系为

$$M=\frac{1}{1-\left(U/U_B\right)^n} \tag{3-94}$$

式中，U_B为集电结雪崩击穿电压；U为反向偏压；n为实验常数。

对于硅晶体管，集电结低掺杂区为N型时n=4，为P型时n=2；对于锗晶体管，集电结低掺杂区为N型时n=3，P型时n=6。例如，NPN平面硅晶体管的集电结低掺杂区为N型，n约等于4。

当在集电结发生雪崩击穿，并且有$BU_{CBO}\approx U_B$，$I_{CEO}\to\infty$时，即有$\alpha_0 M=1$，那么式（3-94）可写成

$$\alpha_0 M=\frac{\alpha_0}{1-\left(BU_{CEO}/BU_{CBO}\right)^n}=1 \tag{3-95}$$

经整理，可得集电极—发射极的反向击穿电压的最大值为

$$BU_{CEO}=\frac{BU_{CBO}}{\sqrt[n]{1+\beta_0}} \tag{3-96}$$

从式（3-96）可知，BU_{CEO}小于BU_{CBO}，为提高BU_{CEO}必须提高BU_{CBO}。

（2）集电极—发射极反向击穿特性曲线

在用示波器测量BU_{CEO}时，经常看到I_C-U_{CE}曲线有负阻现象，如图3.31所示。在基极开路、外加电压增高至BU_{CEO}时，集电结有雪崩倍增效应发生，雪崩碰撞产生的空穴被集电结空间电荷区电场扫入基区，由于基极开路，这些空穴不能从基区流走，而是去填充发射结空间电荷区，使发射结空间电荷区变窄，正向偏压增大。扫入基区的空穴，也同时填充集电结空间电荷区，使其变窄，结果使集电结反向偏压减小。虽然集电结反向偏压减小，雪崩倍增因子M减小了，但因α_0随集电极电流增大而增大，a_0M仍朝着趋近于1的方向增大。从式（3-93）可见，集电极电流将随a_0M的增大不断地增大，也就是出现集电结反向偏压减小而集电极电流却增大的负阻现象。这种现象是集电极电流较小时，a_0随集电极电流增大的结果。

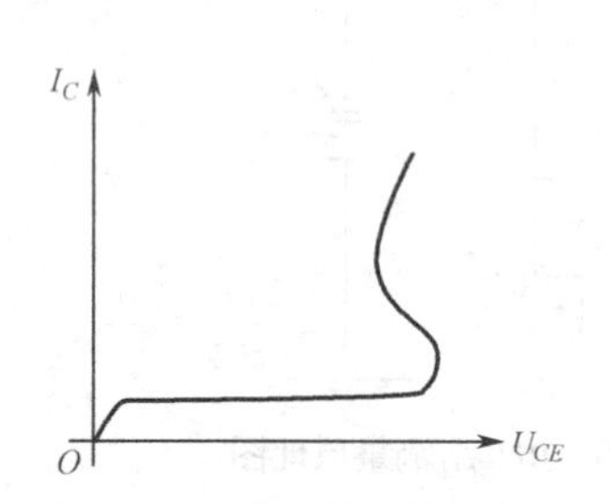

图3.31　基极开路时反向击穿特性曲线

3. BU_{CEO}与BU_{CES}，BU_{CER}，BU_{CEX}，BU_{CEZ}的关系

上面讨论了基极开路条件下，集电极与发射极间的击穿电压BU_{CEO}。然而，晶体管在实际电路应用中，基极并不是开路的，而是有各种不同的偏置情况，如图3.32所示。在不同偏置条件下，所得到的集电极—发射极间的击穿电压都与基极开路时的击穿电压BU_{CEO}不同，彼此之间也不尽相同。下面分别进行简要分析。

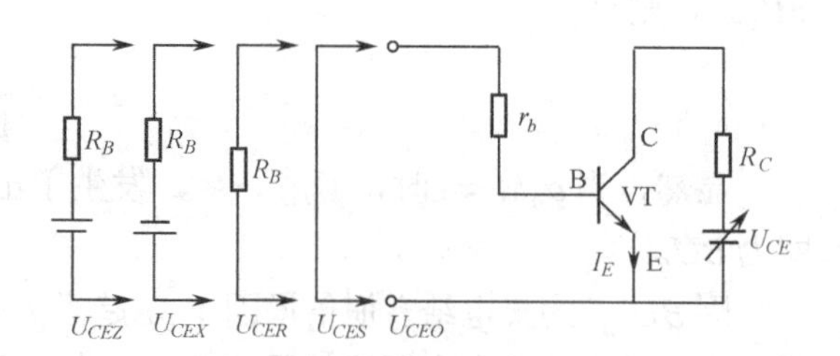

图3.32　基极不同情况的共射击穿电压测量原理图

（1）BU_{CES}

BU_{CES}是基极对地即发射极短路时，集电极与发射极之间的击穿电压。这种情况的应用之一是在集成电路芯片中，将晶体管作

为 PN 结使用的效果。

从对基极开路时电流传输的情况和 BU_{CEO} 的分析中知道，对于 NPN 晶体管，集电结流入基区反向电流 I_{CBO}，由于基极开路，空穴全部积累于基区内，使发射结正偏产生正向电子流注入基区，并输运到集电结形成集电极电流 $I_n(X_4)$。由于 $I_n(X_4)$ 的存在，只要集电结势垒区稍稍发生雪崩倍增，即有倍增因子 M 稍大于 1，集电极与发射极之间就会发生击穿。然而，在发射极开路的情况下，只有集电结雪崩倍增因子 $M \to \infty$ 时，集电结才会发生雪崩击穿。因此，存在 $BU_{CEO}<BU_{CBO}$。

但在基极短路的情况下，由于反向电流 I_{CBO} 有一部分流出基极，所以在基区积累的空穴量减少，与基极开路时相比，发射结正偏程度减弱（注意 r_b 的存在使得 U_E 不可能降为零），正向注入的电子流 $I_n(X_2)$ 和到达集电结的电流 $I_n(X_4)$ 也随之减小。通过集电结电流 $I_n(X_4)$ 的减小意味着要发生击穿（$I_{CES} \to \infty$），需要的集电结雪崩倍增因子 M 比基极开路时大，即需要的集电结反偏压比基极开路时高，故 $BU_{CES} > BU_{CEO}$。

此外，注意在基极短路条件下，基极电流是流出基极的，与晶体管正常工作时基极电流是流入基极不同，即有 $I_B < 0$。

（2）BU_{CER}

BU_{CER} 是基极接有电阻 R_B 时，集电极与发射极间的击穿电压。这种偏置条件实际上与基极短路时相同，只是相当于 r_b 增大了 R_B（二者相串联），因此电流传输过程的分析是相同的。由于 R_B 的接入，流出基极的空穴流减小，即 I_{CBO} 被分流量减小，所以发射结正偏度比短路时高，$I_n(X_4)$ 也比短路时大，集电极与发射极之间击穿时所需要的 M 值比短路时低些，故有 $BU_{CER} < BU_{CES}$。

（3）BU_{CEX}

BU_{CEX} 是基极接有反向偏压时的集电极与发射极之间的击穿电压。由于该偏压使发射结正偏程度更小（甚至反偏），$I_n(X_4)$ 比基极接电阻时更小，故要求 M 值更大，因而存在 $BU_{CER} < BU_{CEX}$。

（4）BU_{CEZ}

BU_{CEZ} 是基极加有正向偏压时集电极与发射极之间的击穿电压，当晶体管工作在正常放大状态时就属这种情况。外接正偏压使得发射结正偏程度比基极开路时更甚，$I_n(X_4)$ 比基极开路时更大，因而击穿所需倍增因子 M 值更小，故 $BU_{CEZ} < BU_{CEO}$。

从以上讨论可知，各种偏置时集电极与发射极之击穿电压的大小关系为

$$BU_{CEZ} < BU_{CEO} < BU_{CER} < BU_{CES} < BU_{CEX} < BU_{CBO} \tag{3-97}$$

4．发射极—基极反向击穿电压（集电极开路）BU_{EBO}

图 3.33 为测量 BU_{EBO} 的原理电路。其中，集电极开路、发射极加反向偏置，若改变外加电压，当 I_{EBO} 得到规定的电流值时所对应的发射结外加反向偏压即为 BU_{EBO}。

合金结晶体管或扩散结晶体管的发射区均为重掺杂区，BU_{EBO} 通常由基区净杂质浓度决定。合金结晶体管的 BU_{EBO} 较高，而且与 BU_{CBO} 相近；扩散结晶体管的基区表面杂质浓度较高，因而 BU_{EBO} 相对较小。

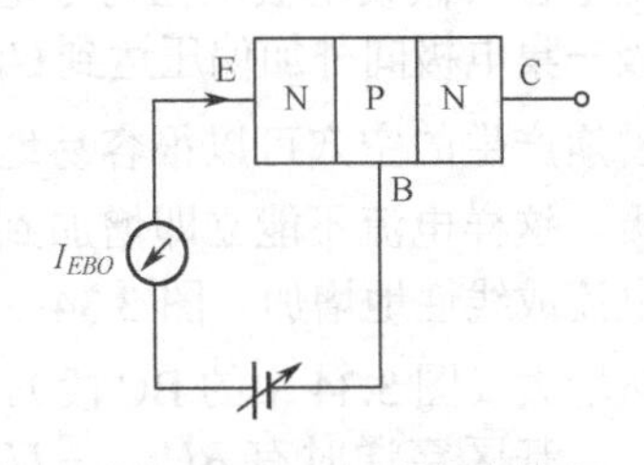

图 3.33　BU_{EBO} 测量原理图

3.4.3 穿通电压

1. 基区穿通电压 U_{PT}

在测量平面晶体管集电结反向击穿特性时，有时会出现如图 3.34 所示的电流–电压曲线。当反向电压超过U_{PT}（基区穿通电压）时，反向电流随电压近于线性地增加，电压增高到U_B（雪崩击穿电压）时才发生正常的雪崩击穿，发生这种现象的原因，一般认为是基区穿通引起的。基区穿通是指在发生雪崩倍增效应之前，集电结空间电荷区在反向偏压的作用下，往基区一侧扩展，而与发射结空间电荷区连通在一起的现象。

对于扩散晶体管，因为基区掺杂浓度远高于集电区，集电结空间电荷区主要往集电区侧扩展，而往基区侧扩展得很少，不易与发射结空间电荷区相连而出现穿通现象。但是，由于材料缺陷和工艺不良等，发射结结面会出现“尖峰”（如图 3.35 所示），而在“尖峰”处的基区宽度较薄，这样就有可能发生局部穿通。

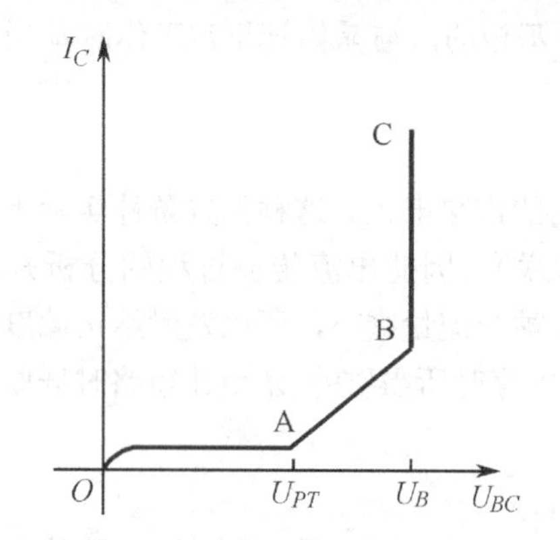

图 3.34　基区穿通时的反向击穿曲线

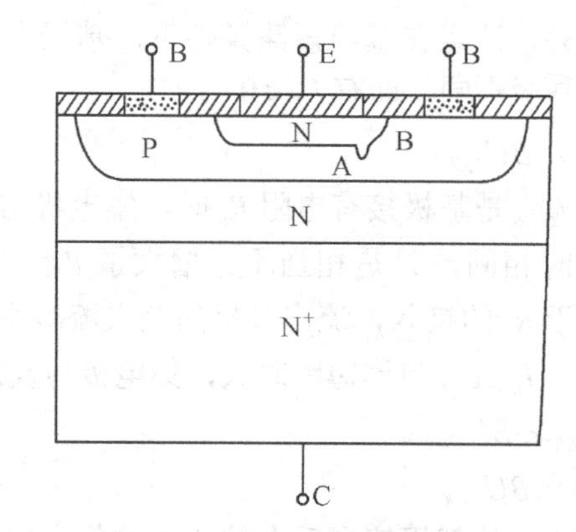

图 3.35　结“尖峰”示意图

对于基区为低掺杂的合金晶体管，由于集电结空间电荷区主要往基区侧扩展，若基区宽度选取不当，则较易发生基区穿通。为此，合金结晶体管的基区宽度W_{b0}（对 NPN 晶体管即为 P 区宽度）必须大于集电结雪崩击穿时对应的空间电荷区宽度，即有

$$W_{b0} \geqslant \left(\frac{2\varepsilon_0 \varepsilon_S U_B}{qN_B}\right)^{1/2} \tag{3-98}$$

式中，N_B为基区净杂质浓度。

在基区未发生穿通之前，集电结呈现正常的反向电流–电压特性（图 3.34 中的 OA 段），若外加电压加到U_{PT}，发生局部基区穿通，U_{PT}称为基区穿通电压。此时可认为电压仍加在集电结上，对发射结无影响。当电压高于U_{PT}后，发射结的一部分（如图 3.35 的 A 处），处于正电位（假设基极电位为零电位），另外一部分（如图 3.34 的 B 处）处于反向偏置。当基极—集电极间外加偏压达到$U_{PT}+BU_{EBO}$时，反向偏置的那部分发射结便发生雪崩击穿。虽然雪崩产生的空穴可以很容易地从基极流走，但电子必须经过狭窄的局部穿通区才能流到集电极，这样电流不能立即增加到很大。由于穿通区具有电阻的性质，所以外加反向偏压增大，电流成线性地增加（图 3.34 中的 AB 段）。当反向电压增加到U_B，集电结雪崩击穿，电流骤然增大（图 3.34 中的 BC 段）。

基区穿通时有$BU_{CBO}=U_{PT}+BU_{EBO}$，若U_{PT}远小于集电区电阻率决定的雪崩击穿电压

U_B，那么 BU_{CBO} 便远小于 U_B。可见，击穿电压 BU_{CBO} 不仅由电阻率、外延层厚度决定，还受基区穿通的限制。此外，在晶体管制造中还有许多因素影响 BU_{CBO}。

2. 外延层穿通电压

对于双扩散外延平面管之类的晶体管，由于基区杂质浓度高于集电区，其势垒区主要向集电区（外延层）扩展，所以一般不会发生基区穿通，但容易发生外延层穿通，即在集电结发生雪崩击穿之前，集电结势垒区已扩展到衬底 N^+层。这就相当于集电结由 PN^-变为基区与衬底形成的 PN^+结，而 PN^+结的击穿电压相对较低，因此发生外延层穿通后，PN^+随即产生击穿。发生外延层穿通的击穿电压可由第 2 章的式（2-97）得到，即有

$$BU_{CBO} = U_B\left[\frac{W_c}{X_{mc}}\left(2-\frac{W_c}{X_{mc}}\right)\right] \tag{3-99}$$

式中，W_c 为外延层厚度，U_B 为集电结雪崩击穿电压的理论值，X_{mc} 为在电压为 U_B 时的势垒区宽度的理论值。

因此，为了防止外延层穿通，外延层厚度 W_C 必须大于结深 X_{jc} 和 X_{mc} 之和，即有

$$W_c \geqslant X_{jc} + X_{mc} + \text{反扩散层厚度} \tag{3-100}$$

3.5 晶体管的频率特性

前面几节对晶体管的分析仅限于直流情况，忽略了载流子传输的动态过程和晶体管的一些寄生参数的影响。但当输入为交流信号，且频率高到一定程度时，传输的瞬态过程和一些寄生电容的影响就不得不考虑了。随着频率的增高，一方面构成晶体管的 PN 结寄生电容的等效阻抗下降，对结电容的充放电电流将增加；另一方面，由于信号变化节奏加快，晶体管载流子的传输时间也会影响信号的传输，最终将导致晶体管电流放大能力的下降和信号相移的增加。因此，晶体管的使用频率受到限制。所以，可按工作频率范围把晶体管分为低频晶体管、高频晶体管和超高频晶体管三种。低频晶体管只能在 3 MHz 以下的频率范围内使用，高频晶体管可在几十到几百兆赫的频率下使用。能在 750 MHz 以上频率范围内使用的晶体管称为超高频晶体管。

本节首先介绍晶体管的交流电流放大系数及其在高频工作时下降的原因，再讨论晶体管的频率特性参数以及如何从结构和工艺上来改善晶体管的频率特性。

3.5.1 晶体管交流特性和交流小信号传输过程

1. 频率对晶体管电流放大系数的影响

在使用晶体管时，常常会发现，当工作频率较低时，晶体管的放大作用比较正常，电流放大系数基本上不因工作频率而改变。但当工作频率高到一定程度时，电流放大系数将随工作频率的升高而下降，直到失去电流放大能力。

如图 3.36 所示，高频时输出电流 i_c 明显比输入电流 i_e 小，也就是电流放大系数 α 下降了，同时也发生了相移。频率越高，输出电流幅度下降越大，相移也越明显。那么为什么随着频率的升高，晶体管的电流放大倍数会下降呢？

晶体管工作在高频状态时，电流放大系数将下降且产生相移，主要是晶体管中载流子的分布情况随交流信号而变化引起的。由于要提供再分布的电荷，消耗掉了一部分注入载流子

的电流，变为基极电流。交流信号频率越高，单位时间内用于再分布的电荷也越多，即消耗的电流也越大，i_c 则越小，这就是高频时电流放大系数下降的原因。与此同时，交流电流在从发射极传输到集电极的过程中，要经过四个区：发射结、基区、集电结空间电荷区和集电区。显然，完成上述的传输，必然要消耗掉部分电流，也需要一定的时间。所以，随着频率的增高，不仅电流放大系数下降，i_c 相对于 i_e 也将产生相移，且随频率的增高而增大。

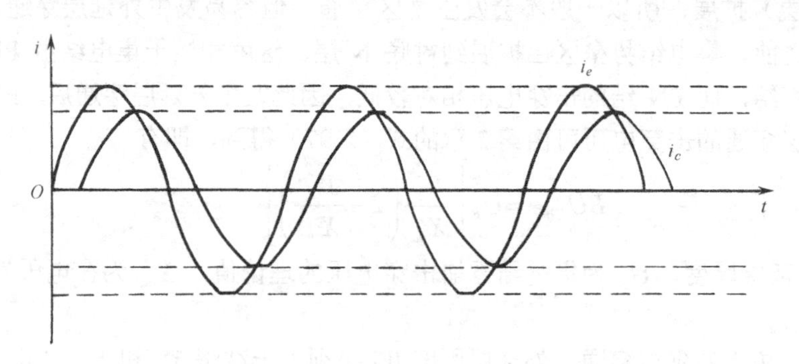

图 3.36　高频时输出电流幅度变化和相移的示意图

2．晶体管交流小信号传输过程

直流电流在晶体管内部的传输过程是：发射极电流由发射结注入到基区，通过基区输运到集电结，被集电结收集形成集电极输出电流。在这个电流传输过程中有两次电流损失（对理想情况）：一是与发射结反向注入电流的复合；二是基区输运过程中在基区体内的复合。对于交流小信号电流，其传输过程与直流情况有很大不同，一些被忽视的因素开始起作用了，这些因素主要有四个：发射结势垒电容充放电效应，基区电荷存储效应或发射结扩散电容充放电效应，集电结势垒区渡越过程，集电结势垒电容充放电效应。结电容的充放电电流的分流作用使输运到集电极的电流减小，导致电流增益下降；同时，对结电容的充放电和载流子的传输均需要一定时间，从而产生信号延迟，而使输出信号与输入信号存在相位差。

图 3.37 画出了交流小信号电流在晶体管内部的传输过程（注意晶体管工作在放大区，图中只画出了交流小信号电流成分）。根据以上的四个因素，下面分为四个传输过程进行分析，并且引入几个中间参量来描述每个传输过程的效率。

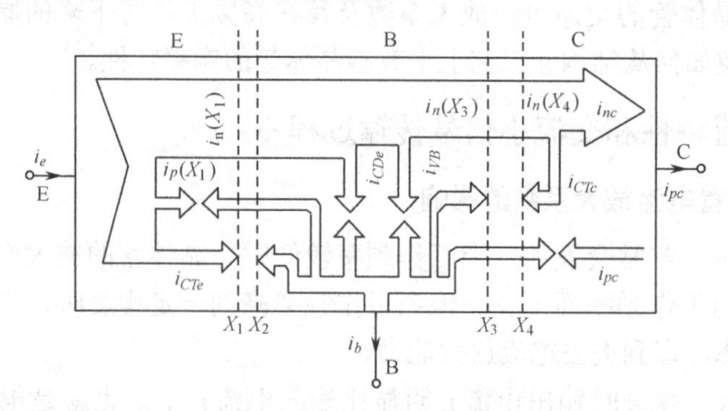

图 3.37　晶体管交流小信号电流传输分布示意图

（1）发射过程和发射效率

当发射极输入一交变信号时，交变信号作用在发射结上，发射结的空间电荷区宽度将随着信号电压的变化而改变，因此需要一部分电子电流对发射结势垒电容进行充放电。例如在信号正半周时，发射结处除产生正向注入 i_n（X_1）和反向注入 i_p（X_1）外，还有一部分电子将从发射极流入正空间电荷区，去中和掉部分正空间电荷以使空间电荷区变窄，即对势垒电容充电。与此同时，基极必须向负空间电荷区注入等量空穴，中和掉相同数量的负空间电荷使空间电荷区变窄。因此，发射极电流中的一部分电子通过对势垒电容的充放电，转换成基极电流的一部分，造成电子流向集电极传输过程中比直流时多出一部分损失。所以，发射极交流小信号电流由三部分组成，即

$$i_e = i_n(X_1) + i_p(X_1) + i_{CTe} \tag{3-101}$$

交流发射效率定义为

$$\begin{aligned}\gamma &= \frac{i_n(X_1)}{i_e} = \frac{i_n(X_1)}{i_n(X_1)+i_p(X_1)+i_{CTe}} \\ &= \frac{i_n(X_1)}{i_n(X_1)+i_p(X_1)} \Bigg/ \left[1+\frac{i_{CTe}}{i_n(X_1)+i_p(X_1)}\right] \\ &= \gamma_0 \Bigg/ \left[1+\frac{i_{CTe}}{i_n(X_1)+i_p(X_1)}\right]\end{aligned} \tag{3-102}$$

式中，$\gamma_0 = \dfrac{i_n(X_2)}{i_n(X_2)+i_p(X_1)} = \dfrac{i_n(X_1)}{i_n(X_2)+i_p(X_1)}$，为直流或低频时的发射效率。

显然，信号频率越高，结电容分流电流 i_{CTe} 越大，交流发射效率越低。此外，由于对发射结势垒电容充放电需要一定的时间，因而使电流发射过程产生延迟。

（2）基区输运过程和基区输运系数

当发射极输入交变信号时，除发射结势垒区宽度随信号变化外，基区积累电荷量也将随之变化。例如，在信号正半周，交变电压叠加在发射结直流偏压上，使结偏压升高，注入基区的电子增加，使基区电荷积累增加。因此，注入到基区的电子，除一部分消耗于基区复合而形成复合电流 i_{VB} 外，还有一部分电子用于增加基区电荷积累，即相当于对扩散电容的充电。同时，为了保持基区电中性，基极必须提供等量的空穴用于基区积累，即对扩散电容的充放电电流也转换为基极电流的一部分。以 i_{CDe} 表示扩散电容分流电流，$i_n(X_3)$ 表示输运到基区集电结边界的电子电流，则注入基区的电子电流

$$i_n(X_2) = i_n(X_3) + i_{VB} + i_{CDe} \tag{3-103}$$

交流基区输运系数定义为

$$\begin{aligned}\beta^* &= \frac{i_n(X_3)}{i_n(X_2)} = \frac{i_n(X_3)}{i_n(X_3)+i_{VB}+i_{CDe}} = \frac{i_n(X_3)}{i_n(X_3)+i_{VB}} \Bigg/ \left[1+\frac{i_{CDe}}{i_n(X_3)+i_{VB}}\right] \\ &= \beta_0^* \Bigg/ \left[1+\frac{i_{CDe}}{i_n(X_3)+i_{VB}}\right]\end{aligned} \tag{3-104}$$

其中，$\beta_0^* = \dfrac{i_n(X_3)}{i_n(X_3)+i_{VB}}$ 为直流或低频时的基区输运系数。

因此，频率越高，分流电流 i_{CDe} 越大，到达集电结的有用电子电流 $i_n(X_3)$ 越小，即基区输运系数 β^* 随频率升高而下降。同样，对 C_{De} 的充放电时间也对信号产生一定延迟。

（3）集电结势垒区渡越过程和集电结势垒区输运系数

在直流电流传输过程中，由基区输运到集电结边界的电子流，被反偏集电结势垒区内的强电场全部拉向集电区，并且穿过势垒区的时间 t_d（称为集电结势垒区渡越时间）很短。因

此，电子流在势垒区渡越过程中，既无幅度也无相位上的变化，可以认为这一过程对电流传输没有影响。但是，对于交流信号，特别是信号频率较高以致集电结势垒区渡越时间 t_d 可与信号周期相比拟时，就必须考虑集电结势垒区的渡越过程了。在后面章节中，可看到交流小信号电流在这一过程中，不仅信号幅度将降低，也会产生相位滞后。为描述这一过程载流子的输运情况，引入集电结势垒区输运系数 β_d，它定义为流出与流入集电结势垒区的电子电流之比，即

$$\beta_d = \frac{i_n(X_4)}{i_n(X_3)} \tag{3-105}$$

式中，$i_n(X_4)$ 为到达集电区边界的电子电流。

（4）集电区传输过程和集电区衰减因子 α_c

到达集电区边界的电流 $i_n(X_4)$ 并不能全部经集电区输运而形成集电极电流 i_c，这是因为交变电流在通过集电区时，会在体电阻 r_{cs} 上产生一个交变的电压降。这个交变信号电压叠加在集电极直流偏置电压上，使集电结空间电荷区宽度随着交变信号的变化而变化。因此，在 $i_n(X_4)$ 中需要有一部分电子电流对集电结势垒电容充放电，形成分流电流 i_{CTc}。同时，基极也提供相应大小的空穴流对 C_{Tc} 充放电，故分流电流 i_{CTc} 形成了基极电流的一部分。

从以上分析可见，最终到达集电极的电子电流大小为

$$i_c = i_n(X_4) - i_{CTc} \tag{3-106}$$

引入集电区衰减因子 α_c 来描述这一传输过程

$$\alpha_c = \frac{i_c}{i_n(X_4)} = \frac{i_c}{i_c + i_{CTc}} = 1\bigg/\left(1 + \frac{i_{CTc}}{i_c}\right) \tag{3-107}$$

综上分析可以看到，与直流电流传输情况相比，在交流小信号电流的传输过程中，增加了四个信号电流的损失途径：

① 发射结发射过程中的势垒电容充放电电流；

② 基区输运过程中扩散电容的充放电电流；

③ 集电结势垒区渡越过程中的衰减；

④ 集电区输运过程中对集电结势垒电容的充放电电流。这四个途径的分流电流随着信号频率的增加而增大，同时使信号产生的附加相移也增加。因此，造成电流增益随频率升高而下降。

3.5.2 晶体管的高频等效电路和交流电流放大系数

利用电阻、电容、恒流源、恒压源等构成的，在功能上与晶体管等效的电路，称之为晶体管等效电路。在晶体管电路分析和测试中，常常采用等效电路作为工具，以使分析过程简化。晶体管等效电路的种类很多，常用的有从晶体管的物理结构出发等效出来的“T”型等效电路和根据各电极间的电流电压特性来进行功能模拟而得到 H 参数、Y 参数、Z 参数等效电路。这些等效电路虽然形式不同，但都是利用电阻、电容、恒流源等常见的电子元件构成的线性电路，来等效晶体管的放大与输入、输出特性。

这里应注意，用线性电路来表示非线性的晶体管，只有在晶体管的输入、输出信号都比较小的条件下才成立。因为只有在小信号下，本来是非线性的晶体管在工作点附近的小范围内才可看成线性的，所以我们所介绍的等效电路，实际上是晶体管的交流小信号等效电路。下面简单介绍晶体管的高频等效电路及交流放大系数。

1. 晶体管共基极高频等效电路

如图 3.38 所示，对于输入部分，由于晶体管的发射结在正常工作时是正向偏置的，因此可用一个发射结动态电阻r_e和发射结电容C_e的并联电路来表示；发射区可等效为一电阻，串联在电路中，发射区等效电阻用r_{es}表示。

对于输出部分，由于集电结是反向偏置的，因此可用一个大集电结电阻r_c与集电结电容C_c并联来表示，集电区也可等效为一电阻，串联在电路中，集电区等效电阻用r_{cs}表示。

两个 PN 结的 P 区是晶体管的基区，可看成是基区体电阻，用r_b表示。在低频时r_b在几十到几百欧之间。

上面的等效描述，并没有反映出晶体管的发射结和集电结之间的相互关系，即没有反映出晶体管的两个结的控制功能。我们知道，共基极应用的晶体管的集电极电流i_c是受发射极电流i_e控制的，因此必须把发射极电流i_e通过基区输运而转化为集电极电流的相互控制关系反映出来，为此可用一个与r_c并联的、内阻为无穷大的受控电流源αi_e来表示，这样就可得到晶体管的高频"T"型等效电路了，如图 3.39 所示。

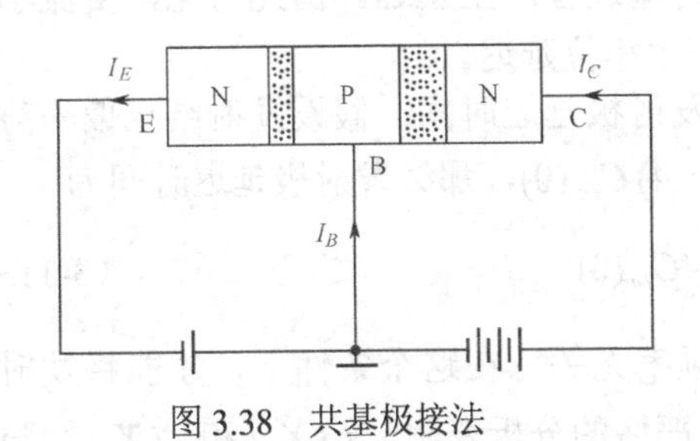

图 3.38　共基极接法

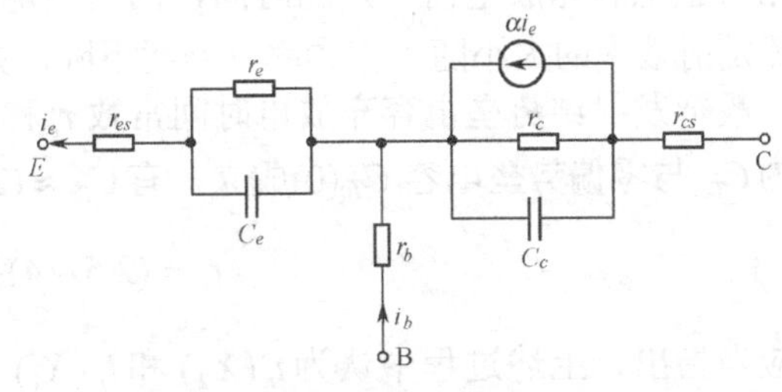

图 3.39　晶体管共基极高频等效电路

在直流或低频时，电容的影响可忽略。因此，将图 3.39 中的电容看成开路，就可得到晶体管低频"T"型等效电路了。

以等效电路来分析晶体管，可使问题的分析变得简化且容易。

2. 晶体管的共基极交流放大系数

共基极交流电流放大系数α定义为在共基极运用时，将集电极交流短路，此时的集电极输出交流电流i_c与发射极输入交流电流i_e之比，即

$$\alpha=\frac{i_c}{i_e} \tag{3-108}$$

式中小写i代表小信号交流电流。

综合前面对晶体管交流传输过程的分析，晶体管的共基极电流放大系数可表示为

$$\alpha=\frac{i_c}{i_e}=\frac{i_n(X_2)}{i_e}\cdot\frac{i_n(X_3)}{i_n(X_2)}\cdot\frac{i_n(X_4)}{i_n(X_3)}\cdot\frac{i_c}{i_n(X_4)}=\gamma\beta^*\beta_d\alpha_c \tag{3-109}$$

在低频下，前面提到的四个分流电流很小，可忽略不计，即低频小信号电流的传输过程与直流时相同。

（1）发射效率和发射极延迟时间常数τ_e

通过前面对发射极发射过程的分析和晶体管的共基极高频等效电路，可将发射结等效为图 3.40 所示的电路，图中略去了发射区等效电阻r_{es}（该电阻通常很小）。其中，$i_n(X_2)$和反向注入$i_p(X_1)$是通过发射结动态电阻的电流，i_{CTe}是对势垒电容充放电形成的分流电流，C_{Te}为发射结正偏的势垒电容。

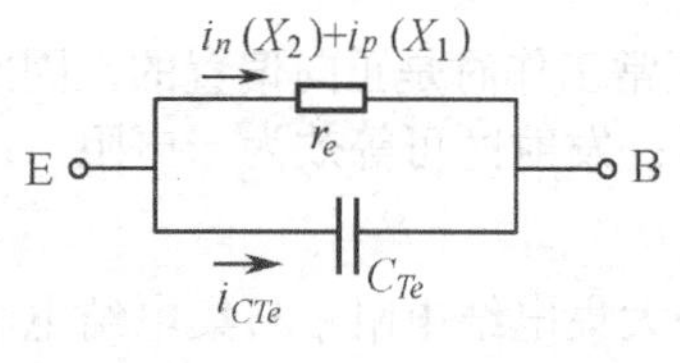

图 3.40 发射结小信号等效电路

根据简单并联支路的电流关系，从图 3.40 可以得到

$$\frac{i_{CTe}}{i_n(X_2)+i_p(X_1)}=\frac{r_e}{1/\mathrm{j}\omega C_{Te}}=\mathrm{j}\omega r_e C_{Te} \tag{3-110}$$

这样，由发射效率的定义式（3-102）可得

$$\gamma=\gamma_0\bigg/\left[1+\frac{i_{CTe}}{i_n(X_2)+i_p(X_1)}\right]=\frac{\gamma_0}{1+\mathrm{j}\omega r_e C_{Te}} \tag{3-111}$$

其中，$\gamma_0=\dfrac{i_n(X_2)}{i_n(X_2)+i_p(X_1)}$是低频发射效率。令$r_e C_{Te}=\tau_e$，它是发射结势垒电容的充放电时间常数，则发射效率

$$\gamma=\frac{\gamma_0}{1+\mathrm{j}\omega\tau_e} \tag{3-112}$$

式中，ω为输入信号的角频率。

显然，信号频率越高，结电容分流电流 i_{CTe} 越大，交流发射效率就越低。此外，由于对发射结势垒电容充放电需一定的时间，因而使电流传输过程产生延迟。由此可见，交流小信号电流发射效率的大小随工作频率升高而下降，并产生相位延迟。

一般把发射结势垒电容充放电时间常数τ_e称为发射极延迟时间。假设发射结正偏的势垒电容为C_{Te}与零偏势垒电容$C_{Te}(0)$成立，有$C_{Te}\approx(2.5\sim4)\,C_{Te}(0)$，那么发射极延迟时间为

$$\tau_e=(2.5\sim4)\frac{k_B T}{qI_E}C_{Te}(0) \tag{3-113}$$

应当指出，上述过程中认为$i_n(X_2)$和$i_p(X_1)$与频率无关，在这个条件下，才能将发射结等效为图 3.40 所示的电路，并得到上述各项结果。严格的分析表明，$i_n(X_2)$和$i_p(X_1)$均与频率有关，只有在晶体管的工作频率满足$\omega\dfrac{W_b^2}{3D_{nb}}\leqslant1$的关系时，才能认为$i_n(X_2)$和$i_p(X_1)$与频率无关。不过，一般晶体管的使用频率都满足这个关系，所以上述结果通常是适用的。

（2）基区输运系数和基区穿越时间常数τ_b

注入基区边界的少子电子在穿越基区时，首先在基区中积累形成浓度梯度，再往集电结方向扩散，因此该扩散过程或穿越过程需要一定的时间，用τ_b 表示。假设基区中 x 处，注入少子电子的浓度为$n_b(x)$，以速度$u(x)$穿越基区时，将形成基区传输电流

$$I_{nB}(x)=Aqn_b(x)u(x)$$

则载流子穿越基区的时间为

$$\tau_b=\int_0^{W_b}\frac{1}{u(x)}\mathrm{d}x=\int_0^{W_b}\frac{Aqn_b(x)}{I_{nB}(x)}\mathrm{d}x \tag{3-114}$$

通常有基区宽度$W_b\ll L_{nb}$，则基区传输电流$I_{nB}(x)\approx I_n(X_2)$且基本维持不变，此时基区少子分布可用线性近似，即

$$n_b(x)=n_b(X_2)(1-\frac{x}{W_b}) \tag{3-115}$$

将式（3-115）代入式（3-114）可得

$$\tau_b=\int_0^{W_b}\frac{Aqn_b(X_2)(1-\dfrac{x}{W_b})}{I_n(X_2)}\mathrm{d}x=\frac{W_b^{\,2}}{2D_{nb}} \tag{3-116}$$

由此看出，τ_b 确为少数载流子的基区渡越时间。

将式（3-114）进行适当变换，基区渡越时间 τ_b 还可以表示为

$$\tau_b = \int_0^{W_b} \frac{Aqn_b(x)}{I_n(X_2)} \mathrm{d}x = \frac{Q_b}{I_n(X_2)} \tag{3-117}$$

由此看出，τ_b 也表示用注入电流 $I_n(X_2)$ 对扩散电容 C_{De} 进行充放电而产生基区积累电荷 Q_b 所需的延迟时间，即有 $\tau_b = r_e C_{De}$。

前面我们已经知道，交流基区输运系数为

$$\beta^* = \beta_0^* \Big/ \left(1 + \frac{i_{CDe}}{i_n(X_3) + i_{VB}}\right) \tag{3-118}$$

式中，分母的第二项表示给扩散电容 C_{De} 进行充放电而引起交流基区输运系数的减小项。相比交流发射效率的分析方法，可得均匀基区晶体管交流基区输运系数为

$$\beta^* = \frac{\beta_0^*}{1 + \mathrm{j}\omega\tau_b} = \frac{\beta_0^*}{1 + \mathrm{j}\omega / \omega_b} \tag{3-119}$$

式中，$\tau_b = \dfrac{W_b^2}{2D_{nb}}$，$\omega_b = \dfrac{1}{\tau_b} = \dfrac{1}{W_b^2/2D_{nb}}$。

以上是采用近似的方法得到的，基区输运系数 β^* 的更精确表达式应为

$$\beta^* = \frac{\beta_0^* \mathrm{e}^{-\mathrm{j}m\omega/\omega_b'}}{1 + \mathrm{j}\omega/\omega_b'} \tag{3-120}$$

式中，$\omega_b' = \dfrac{1+m}{\tau_b} = \dfrac{(1+m)}{W_b^2/2D_{nb}}$，$m = \left(\dfrac{\pi^2}{8} - 1\right)$。

当 $\omega = \omega_b$ 时，$\left|\beta^*\right| = \beta_0^*/\sqrt{2}$，因此 ω_b 称为基区渡越截止频率。

对于缓变基区晶体管，由于自建电场的作用，相当于扩散系数增大，可得

$$\tau_b = \frac{W_b^2}{\lambda D_{nb}} \tag{3-121}$$

由式（3-119）看出，当 $\left|\beta^*\right| = \beta_0^*/\sqrt{2}$ 时，输运系数的相位差为 $\dfrac{\pi}{4}$。但按式（3-120），相差却增加到 $\dfrac{\pi}{4}+m$（弧度），因此 m 称为超移相因子。更精确的计算表明，对于均匀基区晶体管，m=0.22，超移相角为 12.6°。

（3）集电极势垒区输运系数和集电极势垒区延迟时间常数 τ_d

载流子穿过集电结空间电荷区时，也是需要时间的。由于反偏集电结空间电荷区电场一般很强，当空间电荷区电场超过临界电场强度 10^4 V/cm 时，载流子速度就达到饱和，载流子将以极限速度 u_{sl} 穿过空间电荷区，对于硅 $u_{sl} \cong 8.5\times10^6$ cm/s；对于锗 $u_{sl} \cong 6\times10^6$ cm/s。载流子以极限速度穿过集电结空间电荷区所需的时间为

$$\tau_S = \frac{X_{mc}}{u_{sl}} \tag{3-122}$$

式中，X_{mc} 为集电结空间电荷区宽度。因此，与以上传输过程的系数比较可得，集电结空间电荷区输运系数为

$$\beta_d = \frac{1}{1 + \mathrm{j}\omega\tau_S/2} = \frac{1}{1 + \mathrm{j}\omega\tau_d} \tag{3-123}$$

式中，$\tau_d=\tau_S/2$，称为集电结空间电荷区延迟时间，它等于载流子穿越空间电荷区所需渡越时间的一半。这是因为集电极电流并不是渡越空间电荷区的载流子到达集电极极板才产生的，当载流子还在穿越空间电荷区的过程中，就可在集电极产生感应电流。因此，集电极电流是空间电荷区内运动载流子在集电极所产生感生电流的平均表现，所以其延迟时间 τ_d 只是 τ_S 的一半。例如，对于一般的高频功率晶体管，当 X_{mc} =3 μm 时，τ_S =3.52×10^{-11} s，而 τ_d =1.76×10^{-11} s。

（4）集电区衰减因子和集电区延迟时间常数 τ_c

从发射极注入到基区的少数载流子（电子）穿过集电结势垒区，流到了集电区，但这些载流子并不能立刻形成集电极电流 i_c。这是因为晶体管的集电区都有一定的体电阻 r_{cs}（对平面管尤其如此），因此当交流电流信号通过体电阻 r_{cs} 时，将产生交变的电压降并叠加在集电结上，造成集电结势垒区宽度随信号而变化。也就是说，流出集电结势垒区的电流中，要分流出一部分对势垒区电容充放电。图 3.41 所示是在集电结交流短路条件下，集电结的小信号等效电路。图中电流源是由发射极发射、经过基区和集电结势垒区输运而到达集电区的电子电流，即 $i_n(X_4)$。$i_n(X_4)$ 一部分（即 i_{nc}）通过 r_{cs} 流到外电路形成集电极电流 i_c；另一部分对 C_{Tc} 充电形成 i_{CTc}，因而引起电流增益的下降。

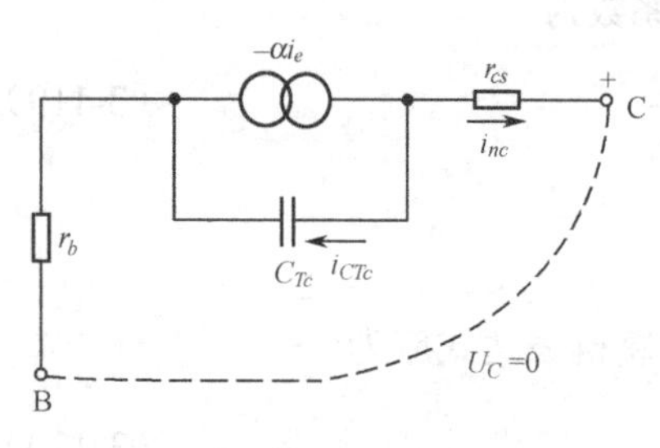

图 3.41　集电结等效电路

严格地说，对势垒电容的充放电是通过 r_{cs} 和基极电阻 r_b 进行的。但一般而言，$r_b \ll r_{cs}$，因而 r_b 上的交流压降远小于 r_{cs} 上的交流压降。当忽略 r_b 时，在 r_{cs} 和 C_{Tc} 两端交流电压相等，因此

$$\frac{i_{CTc}}{i_c}=\frac{r_c}{1/\mathrm{j}\omega C_{Tc}}=\mathrm{j}\omega r_{cs}C_{Tc} \tag{3-124}$$

由此得到集电区衰减因子为

$$\alpha_c=\frac{i_c}{i_n(X_4)}=\frac{i_c}{i_c+i_{CTc}}=1/\left[1+\frac{i_{CTc}}{i_c}\right]$$
$$=\frac{1}{1+\mathrm{j}\omega r_{cs}C_{Tc}}=\frac{1}{1+\mathrm{j}\omega\tau_c} \tag{3-125}$$

式中，$\tau_c=r_{cs}C_{Tc}$ 称为集电极延迟时间，它代表通过集电区串联电阻 r_{cs} 对势垒电容的充放电时间常数。

（5）共基极电流放大系数及其截止频率

在分析了晶体管电流从发射极到集电极的每一个过程随频率的变化之后，综合以上分析结果，得到共基极电流增益为

$$\alpha=\gamma\beta^*\beta_d\alpha_c=\frac{\gamma_0\beta_0^*}{(1+\mathrm{j}\omega\tau_e)(1+\mathrm{j}\omega\tau_b)(1+\mathrm{j}\omega\tau_d)(1+\mathrm{j}\omega\tau_c)} \tag{3-126}$$

将上式分母各乘积项展开并忽略频率二次幂以上各项，有

$$\alpha=\frac{\alpha_0}{1+\mathrm{j}\omega\tau_{ec}}=\frac{\alpha_0}{1+\mathrm{j}\omega/\omega_\alpha}=\frac{\alpha_0}{1+\mathrm{j}f/f_\alpha} \tag{3-127}$$

式中，τ_{ec} 为发射极到集电极总延迟时间，$\tau_{ec}=\tau_e+\tau_b+\tau_d+\tau_c$，$\omega_\alpha=\dfrac{1}{\tau_{ec}}=2\pi f_\alpha$；$\alpha_0$ 为直流或

低频共基极电流放大系数；f 为信号频率。

可见，电流放大系数的幅值随频率升高而下降，相位滞后则随频率升高而增大。当频率上升到 $f=f_\alpha$ 时，α 降到其低频值的 $1/\sqrt{2}$，因此 f_α 称为共基极截止频率或 α 截止频率，其值为

$$f_\alpha=\frac{1}{2\pi\tau_{ec}}=\frac{1}{2\pi(\tau_e+\tau_b+\tau_d+\tau_c)} \tag{3-128}$$

上面得出的电流增益 α 和截止频率 f_α 的表达式（3-127）和式（3-128）对均匀基区和缓变基区都适用，计算时只需代入各自的延迟时间即可。对于一般的高频晶体管，由于基区宽度 W_b 较宽，τ_b 往往比 τ_e,τ_d,τ_c 大得多，所以通常在 f_α<500 MHz 时，四个时间常数中，τ_b 往往起主要作用。为了对截止频率有一个数量级的概念，可参考下列数据：普通合金管在基区宽度为 10 μm 左右时，f_α 能达到 0.5～1 MHz 左右；合金高频管的 f_α 能达到 10～20 MHz；缓变基区晶体管由于采用可精确控制结果的双扩散工艺，基区可以做到很窄并且存在漂移场，因此截止频率较高。当基区宽度减小到 0.5～3 μm 时，f_α 可达 100 MHz～4 GHz；若用浅结工艺，f_α 可做得更高。

3．共射极高频等效电路

将前面得到的共基极晶体管高频“T”型等效电路的发射极，基极位置互换，就可得到共发射极晶体管高频“T”型等效电路，如图 3.42 所示。

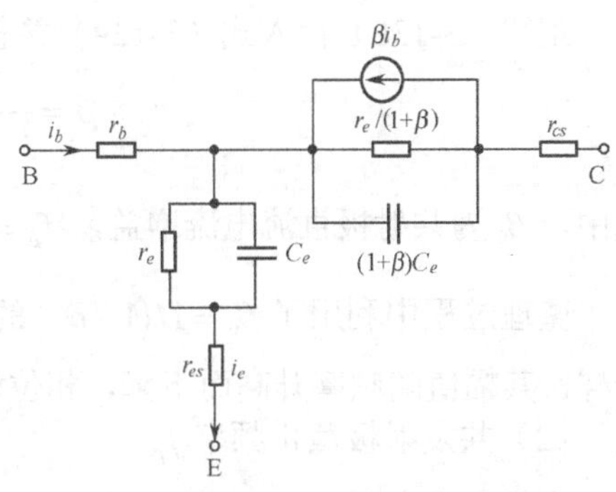

图 3.42　晶体管共发射极高频等效电路

这里需要注意的是：共基极晶体管是集电极电流受发射极电流控制，而共发射极晶体管是集电极电流受基极电流控制，因此在共发射极电路中应当用“βi_b”而不用“αi_e”来表示受控电流源，与 βi_b 并联的电阻缩小为原来的 1/（1+β），而电容则扩大至原来的（1+β）倍。

4．晶体管的共射极交流放大系数及其截止频率

（1）共发射极交流电流放大系数 β

共发射极交流电流放大系数 β 定义为：共发射极运用时，集电极交流短路，集电极输出交流电流 i_c 与基极输入交流电流 i_b 之比，即

$$\beta=\frac{i_c}{i_b}\bigg|_{U_c=0}$$

在交流小信号工作条件下，晶体管端电流关系如下：

$$i_e=i_c+i_b$$

可以得到

$$\beta=\frac{i_c}{i_e-i_c}=\frac{\alpha_e}{1-\alpha_e} \tag{3-129}$$

在形式上，式（3-129）与直流情况下共基极电流增益 α 和共射极电流增益 β 的关系式（3-32）相同。但是，α_e 不是共基极小信号电流增益，而是在共射状态下，晶体管输出端集电极和发射极间交流短路时，集电极电流 i_c 与发射极电流 i_e 之比，即 $\alpha_e=\frac{i_c}{i_e}\Big|_{U_c=0}$。相比共基极小

信号电流增益α，差别在于α要求集电极和基极间交流短路，而α_e为集电极和发射极交流短路。在共射状态下集电极和发射极交流短路将使集电结和发射结交流参数相并联，因此发射极信号电压变化时，也要引起集电结势垒区宽度变化。也就是说，发射结电压变化既要对发射结势垒电容C_{Te}充电，也要对集电结势垒电容C_{Tc}充电，所以发射极延迟时间从$\tau_e = r_e C_{Te}$增长为$\tau'_e = r_e(C_{Te} + C_{Tc})$。而除了发射过程之外，载流子在晶体管内的其他传输过程与共基极组态相同。因此，用τ'_e取代式（3-127）中τ_{ec}的分量τ_e，则有α_e为

$$\alpha_e = \frac{\alpha_0}{1 + \mathrm{j}\omega(\tau'_e + \tau_b + \tau_d + \tau_c)} = \frac{\alpha_0}{1 + \mathrm{j}f/f'_\alpha} \tag{3-130}$$

式中，f'_a为

$$f'_\alpha = \frac{1}{2\pi(\tau'_e + \tau_b + \tau_d + \tau_c)} \tag{3-131}$$

由于正偏时的势垒电容远大于反偏时的势垒电容，对一般的晶体管有$C_{Te} \geqslant C_{Tc}$，因而

$$\tau'_e = r_e(C_{Te} + C_{Tc}) \approx r_e C_{Te} = \tau_e \tag{3-132}$$

所以$\alpha_e \approx \alpha$，即式（3-129）中的α_e可以认为就是共基极小信号电流增益。

把式（3-130）代入式（3-129）并整理，得到

$$\beta = \frac{\beta_0}{1 + \mathrm{j}(\beta_0 f/f'_\alpha)} = \frac{\beta_0}{1 + \mathrm{j}f/f_\beta} \tag{3-133}$$

式中，β_0为共射极直流电流增益，$f_\beta = \dfrac{f'_\alpha}{\beta_0}$。

整理过程中利用了$\beta_0 = 1/(1-\alpha_0)$的关系。可见，共射极小信号电流增益也是复数，与α一样，其幅值随频率升高而下降，相位滞后随频率升高而增大。

（2）共发射极截止频率f_β

当频率升高到$f = f_\beta$时，$|\beta|$下降到低频或直流值β_0的$1/\sqrt{2}$，这时的频率f_β即为共发射极截止频率。从式（3-131）可得

$$f_\beta = \frac{f'_\alpha}{\beta_0} = \frac{1}{2\pi\beta_0(\tau'_e + \tau_b + \tau_d + \tau_c)} \tag{3-134}$$

在$C_{Te} \geqslant C_{Tc}$的情况下，式中的$f'_\alpha \approx f_\alpha$。

一般晶体管的β_0是比较大的，由式（3-134）可见，共射极电流增益截止频率比共基极电流增益截止频率低得多。这是因为，在电流传输过程中，存在结电容的分流作用，由于结电容的阻抗随频率升高而下降，使传输到集电极的电流i_c随频率升高而减小。同时，在注入电子电流对结电容充放电，填充正空间电荷区时，需要从基极进入等量的空穴流填充负空间电荷区，即电容的分流电流，实际转变成为交流基极电流。因此，在集电极电流i_c随着频率升高而下降的同时，基极电流i_b却随频率升高而增大，这种情况也可用相量图来说明。在交流工作状态下，交流电流可用向量表示，且有关系$i_e = i_c + i_b$，将这个关系在复平面图上画出，就是图 3.43 所示的情况。可

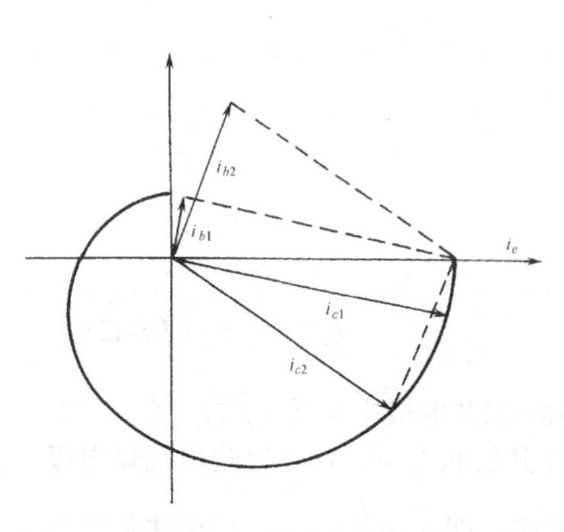

图 3.43　交流情况下电流变化关系的相量图

以看到，随着频率升高，集电极电流的相位增大、幅值减小（$|i_{c2}| < |i_{c1}|$），而基极电流的幅值增大（$|i_{b1}| < |i_{b2}|$），并且基极电流幅值的增大要比集电极电流幅值的减小快。根据上述分析和电流增益的定义$|\alpha| = |i_c / i_e|$及$|\beta| = |i_c / i_b|$可知，由于频率升高时，$|i_b|$的增大比$|i_c|$的减小快，使得$|\beta|$在低得多的频率下就开始下降，即$f_\beta << f_\alpha$，这也是共基极晶体管放大器的带宽比共射极晶体管放大器的带宽大得多的原因。

3.5.3 晶体管的频率特性曲线和极限频率参数

1. 晶体管的频率特性曲线

通常，晶体管手册中给出的电流放大系数是指在低频（一般为 1000 Hz）的情况下测定的，对于共发射极接法通β_0表示，对于共基极接法用α_0表示。随着测量频率的升高，可测出不同频率下的电流放大系数。以电流放大系数的分贝（dB）值作为纵坐标，以频率作为横坐标作图，则可得到图 3.44 所示的晶体管频率特性曲线。

电流放大系数分贝（dB）值的定义为

$$K_\beta = 20\log\beta \qquad \text{(dB)}$$

$$K_\alpha = 20\log\alpha \qquad \text{(dB)}$$

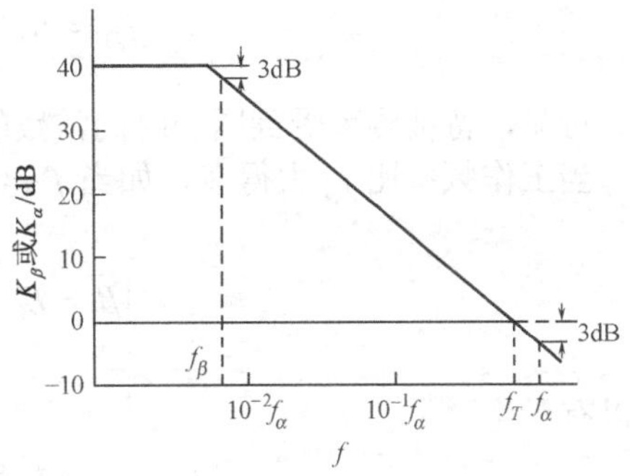

图 3.44 放大系数分贝值随频率f的变化

从图 3.44 可看出，在低频范围内，电流放大系数等于直流时的电流放大系数β_0（或α_0），当频率进一步升高时，电流放大系数β（或α）开始下降，分贝值 K_β（或 K_α）随之下降。其中，频率参数f_β，f_α和f_T的大小，定性地说明电流放大系数分贝值K_β（或K_α）随工作频率f升高而下降的特性。

f_α（也称α截止频率）是当共基极电流放大系数α下降到α_0的 0.707 倍时所对应的频率。此时，α的分贝值K_α下降 3 dB。

f_β（也称β截止频率）是当共发射极电流放大系数β下降到低频β_0的 0.707 倍时所对应的频率。此时，β的分贝值K_β下降 3 dB。

f_T（也称β特征频率）是当共发射极电流放大系数β下降到 1 时所对应的频率。此时，β的分贝值K_β下降 0 dB。

根据式（3-134），并考虑在$C_{Te} \geqslant C_{Tc}$的情况下$f'_\alpha \approx f_\alpha$，则可得$f_\beta$和$f_\alpha$有下面的关系

$$f_\beta = \frac{f_\alpha}{\beta_0} \tag{3-135}$$

可见，f_β比f_α低得多。除了f_β和f_α外，还有两个极限频率参数，即f_T和f_M。f_T称为特征频率，是β下降到 1 时所对应的频率；f_M称为最高振荡频率，是晶体管最佳功率增益下降到 1 时所对应的频率。因此，这两个参数是晶体管的极限频率参数。

2. 特征频率f_T

从f_β的定义可见，当$f > f_\beta$时，β将下降到 0.707β_0以下，但电流放大系数仍有相当高的数值。例如，设晶体管的β_0=100，当$f = f_\beta$时，$\beta = 0.707\beta_0 = 70.7$，所以$f_\beta$并不能反映实际晶体管的使用频率极限。

为了表示晶体管具有电流放大作用的最高频率极限，引入特征频率 f_T 的概念。特征频率 f_T 定义为随着频率的增加，晶体管的共射电流放大系数 β 降到 1 时所对应的频率。显然，f_T 才能比较确切地反映出晶体管的高频性能：当频率低于 f_T 时，β 大于 1，晶体管有电流放大作用；当频率超过 f_T 时，β 小于 1，晶体管就没有电流放大作用了。所以特征频率 f_T 是判断晶体管是否能起电流放大作用的一个重要依据，也是晶体管电路设计的一个重要参数。

根据特征频率 f_T 的定义，由式（3-133）有

$$\beta = \beta_0 / \left[1+\left(\frac{f_T}{f_\beta}\right)^2\right]^{1/2} = 1$$

由于通常有 $1/\beta_0^2 << 1$，所以上式经过整理后，近似可得

$$f_T \approx \beta_0 f_\beta$$

将式（3-134）代入上式得

$$f_T \approx \beta_0 f_\beta = \frac{1}{2\pi(\tau_e' + \tau_b + \tau_d + \tau_c)}$$

可见，特征频率受到四个时间常数的影响。

当工作频率比 f_β 大得多，如当 $f \geqslant 5 f_\beta$ 时，由式（3-133）可得

$$|\beta| = \beta_0 / \left[1+\left(\frac{f}{f_\beta}\right)^2\right]^{1/2} \approx \frac{\beta_0 f_\beta}{f}$$

所以有

$$f_T \approx \beta_0 f_\beta = |\beta| f \tag{3-136}$$

可见，当工作频率比 f_β 大得多时，工作频率与电流放大系数的乘积是一常数，且该常数就是 f_T。

根据式（3-135），并利用近似关系 $f_\alpha' \approx f_\alpha$，可得

$$f_T = f_\alpha = \beta_0 f_\beta \tag{3-137}$$

根据式（3-136），在际测量 f_T 时，并不需要真去测量 β=1 时的频率，而只要在比 f_β 大得多的任何一个频率 f 下（此 f 比 f_T 小得多）测出 β，两者相乘即为特征频率 f_T。反之，知道了 f_T 后，也可推算出比 f_β 大的任一频率下的 β 值，这给实际测量带来了很大的方便。例如，某一晶体管的 f_T 是 300 MHz，它的低频 β 值是 20，我们可以不必在 300 MHz 的高频去测它的特征频率，而只要在较低的频率（如 50 MHz），测出它的 β 值（等于 6），由 f 和 β 的乘积就得出 f_T 是 300 MHz 了，这种测试方法对测试设备的要求也比较低。

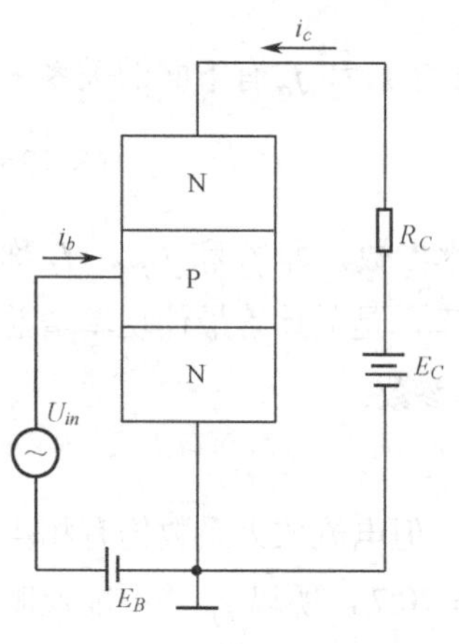

图 3.45　功率放大电路

3. 最高振荡频率 f_M 和高频优值

特征频率 f_T 仅反映了晶体管具有电流放大作用的最高频率，但不能表示具有功率放大能力的最高频率。虽然在 $f > f_T$ 时，β 已小于 1，但仍可有功率放大作用，这可以从图 3.45 所示的功率放大电路来理解，简要说明如下。

图 3.45 中输入信号电流是 i_b，输出交流电流是 i_c。在频

率较高时，晶体管的输入阻抗基本上等于基区电阻 r_b，故输入功率为

$$P_i = i_b^2 r_b \tag{3-138}$$

负载上得到的功率（即输出功率）为

$$P_o = i_c^2 R_c \tag{3-139}$$

因此，功率放大倍数（功率增益）为

$$G_p = \frac{P_o}{P_i} = \beta^2 \frac{R_c}{r_b} \tag{3-140}$$

可见，虽然在 $f > f_T$ 时，$\beta<1$，但负载电阻 R_c 可以比 r_b 大得多，所以仍有 $G_p>1$，即晶体管仍有功率放大能力。

然而，当频率继续升高时，R_c 的数值就不能取得太大了。这是因为要得到最大功率输出，负载阻抗必须与晶体管的输出阻抗相等，这称为阻抗匹配。由于晶体管的集电结电容 C_c 是并联在输出端的，随着频率升高，C_c 的容抗减小，输出阻抗也变得越来越小，因此 R_c 的取值也要减小。同时在频率更高时 β 的数值也要继续下降，可能比 1 小很多，这样就使得高频时 G_p 下降，频率足够高时 G_p 将小于 1。

能比较准确地描述晶体管的功率放大性能随频率变化关系的参数，是晶体管的最佳功率增益 G_{pm}。最佳功率增益 G_{pm} 是指晶体管向负载输出的最大功率与信号源供给晶体管的最大功率之比，即晶体管输入输出阻抗各自匹配时的功率增益。G_{pm} 与 f，f_T，r_b 和 C_c 有关，它们之间的关系为

$$G_{pm} = \frac{f_T}{8\pi r_b C_c f^2} \tag{3-141}$$

式中，C_c 为集电结总电容，包括势垒电容 C_{Tc} 和其他附加寄生电容。

随着频率的升高，最佳功率增益 G_{pm} 将下降。最佳功率增益 G_{pm}=1（即有功率放大倍数分贝值 K_P=0 dB）时对应的频率，称为晶体管的最高振荡频率，以 f_M 表示，它表示晶体管真正具有放大能力的极限。根据定义，令式（3-141）中的 G_{pm}=1，可得 f_M 为

$$f_M = \sqrt{\frac{f_T}{8\pi r_b C_c}} \tag{3-142}$$

可见，晶体管的最高振荡频率主要决定于其内部参数，即晶体管的输入电阻、输出电容及特征频率等。当晶体管输入电阻 r_b 较小，输出阻抗 $1/\omega C_c$ 较大时，$f_M > f_T$；相反，若 r_b 较大，则 f_M 可能低于 f_T。

将式（3-142）代入式（3-141），有

$$G_{pm} f^2 = f_M^2 = \frac{f_T}{8\pi C_c r_b} \tag{3-143}$$

式中，$G_{pm} f^2$ 称为晶体管的高频优值。

G_{pm} 为功率增益，f 为频带宽度，所以 $G_{pm} f^2$ 也称为功率增益–带宽积。这个参数全面地反映了晶体管的频率和功率性能，优值越高，晶体管的频率和功率性能越好，而且高频优值只决定于晶体管的内部参数，因此它是高频功率管设计和制造中的重要依据之一。

由式（3-142）可看出，要提高 f_M，除了提高 f_T 外，还应设法减小 r_b 和 C_c。由于 r_b 和 C_c 对 f_M 的影响很大，所以这两个量也不能忽略，不仅给出晶体管的 f_T，同时还给出 r_b 与 C_c 之积。

4. 影响特征频率的因素和改进措施

从上面的分析可见，晶体管的特征频率 f_T 是晶体管的一个重要高频参数，而且晶体管的最高振荡频率和高频优值也都与 f_T 有关。所以，对于器件设计者和制造者来说，了解影响特征频率的因素和提高特征频率的措施具有重要意义。现简要说明如下。

（1）影响特征频率的因素

前面我们已经分析了高频时电流放大系数下降的原因，它们同样影响着晶体管的特征频率。

① 通常基区渡越时间 τ_b 是影响特征频率的主要因素。基区渡越时间 τ_b 同基区宽度的平方成正比，与少子在基区的扩散系数 D_{nb} 成反比，而扩散系数又与基区杂质浓度有关，杂质浓度越大，扩散系数越小。因此，采用薄基区和低的基区杂质浓度是减小基区渡越时间的关键措施。

② 发射结势垒电容 C_{Te} 的延迟时间 τ_e 对特征频率也有较大的影响。因为发射结处在正向偏置，势垒电容比较大，尤其是在发射区面积比较大时更是如此。发射结电容是通过发射结电阻 r_e 进行充放电，而 r_e 同发射极电流成反比。所以，在晶体管的工作电流比较小，以及发射极面积比较大的情况下，发射结电容的延迟时间就会对特征频率产生很大的影响，有时甚至比 τ_b 的影响更为严重。

③ 集电结势垒渡越时间 τ_d 和集电结电容充放电时间 τ_c 一般是比较小的，它们不是影响特征频率的主要因素。τ_d 和 τ_c 虽然很小，但是在制造超高频晶体管的时候，基区渡越时间 τ_b 和发射结电容延迟时间 τ_e 都已采取措施减到很小，这时 τ_d，τ_c 这两项的影响相对来讲就比较大了，此时就不可以忽视它们了。

（2）怎样提高特征频率

在了解了影响晶体管的特征频率的因素以后，就可以从工艺、结构和晶体管的工作条件等方面来设法提高特征频率，提高特征频率的途径主要有以下几个方面：

① 减小基区宽度，并采用扩散基区，其中减小基区宽度是关键。为了获得小的基区宽度，必须采用浅结扩散。例如，硼扩散的结深控制在 1 μm 左右，磷扩散的结深控制在 0.5 μm 左右，这样就可以获得 0.5 μm 左右的薄基区。

通常情况下，对于同一型号的晶体管，β 较大的晶体管，其特征频率也比较高，这正好说明这些晶体管的基区宽度是比较小的。

② 尽量减小发射结面积。缩小发射结面积对于减小发射结电容、缩短发射结电容延迟时间是很重要的，所以高频晶体管的尺寸应尽量小。尤其是对于小电流工作的晶体管，由于它们的发射结电阻 r_e 比较大，如果不缩小面积，是很难得到好的频率特性的。但是另一方面，从晶体管的电流特性来考虑，发射区周长又不能太小，为此可以采用梳状发射区，尽量减小条宽，以增大周长–面积比。

③ 基区扩散的薄层电阻大些，即基区杂质浓度稍低些，也有利于提高特征频率。

④ 减小集电结面积，适当降低集电区电阻率。

另外，从晶体管的使用条件来看，如果工作点选择得不恰当，也不能得到预期的频率特性。图 3.46 和图 3.47 画出了 3DG8 型晶体管的特征频率 f_T 随集电极电流 I_C 和集电极电压 U_{CE} 的变化情况。从图 3.46 来看，当电流比较小时，f_T 随 I_C 增大而上升。这是由于 I_C 增大，使发射结电阻 r_e 减小，导致 τ_e 减小的缘故。但是在集电极电流比较大时，集电极串联电阻上的压降就大，使得结上压降反而减小，基区有效宽度变大，使特征频率略有下降。

从图 3.47 来看，在低电压时，f_T 随 U_{CE} 的增大而上升，这是由于集电极电压加大后，集电结的势垒区向两边扩展，使得基区有效宽度减小，因而特征频率升高。

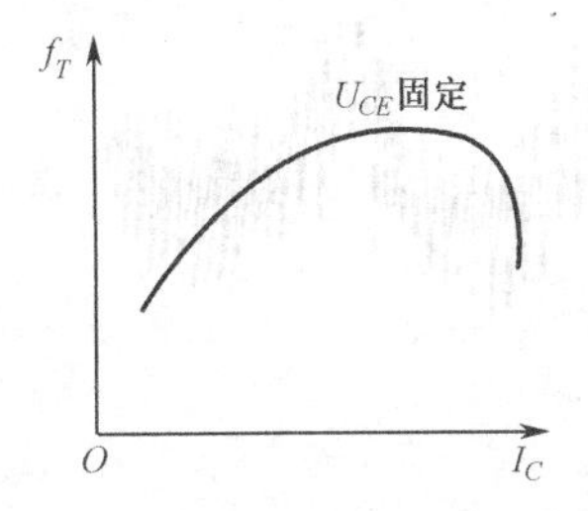

图 3.46　f_T 与 I_C 的关系曲线

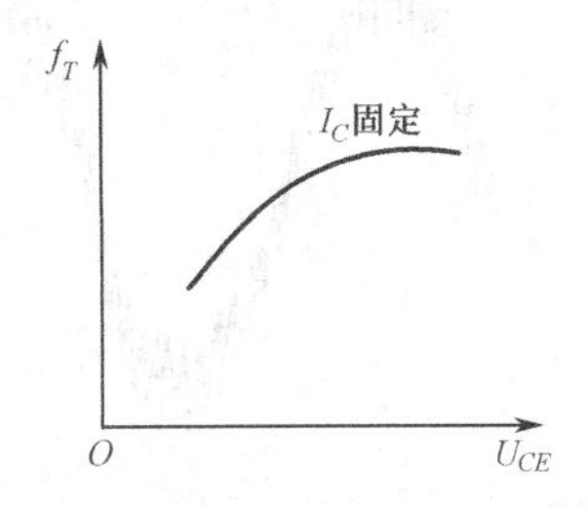

图 3.47　f_T 与 U_{CE} 的关系曲线

由图 3.46 和图 3.47 可知，对特征频率来说，每种晶体管都有一个最佳工作点，因此在使用晶体管时，应尽可能使晶体管工作在这个最佳工作点附近。

一般来说，晶体管的特征频率主要取决于它的内部结构，但是当频率很高（如超过 1000 MHz）时，外壳的分布电容对特征频率的影响会变得严重起来，所以在制造超高频晶体管时，还应当注意管壳结构的设计问题。

3.5.4　晶体管的噪声

1. 噪声

在任何电子系统中，除了实际所需的信号电压或电流之外，时常还会有一些杂乱的、无规则的电流或电压信号。例如，在没有输入信号时，晶体管集电极输出电流的波形本来应该是一条平坦的直线，如图 3.48（a）所示。但是，如果用放大器把看起来似乎是平坦的波形放大后进行仔细观察，就会看到许多幅度和周期都无规则的交变波形，如图 3.48（b）所示。这种杂乱的、无规则的电压或电流的波动称为噪声。当噪声信号通过耳机或扬声器的时候，就会听见一片“沙沙声”，使正常信号受到干扰。

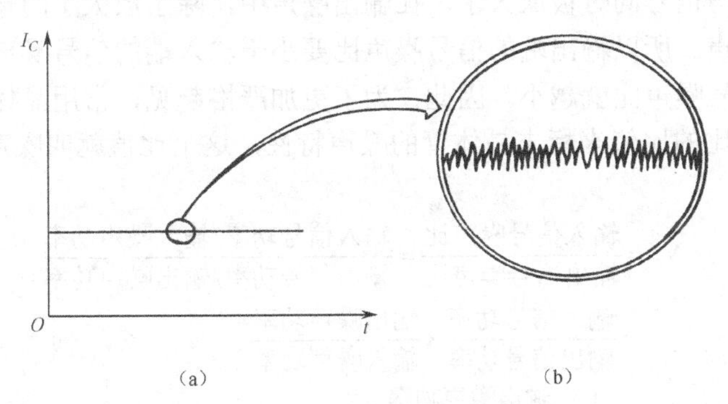

图 3.48　集电极输出的噪声波形

晶体管集电极输出的噪声有两个来源，一部分是从外界引入，与输入信号一样经过晶体管放大后再从集电极输出；另一部分噪声是晶体管自己产生。因此，在晶体管放大器的输出端不仅输出被放大了的有用信号，同时也有被放大了的噪声和晶体管自己产生的噪声。

在电路里噪声是一种干扰，在信号电流或电压比噪声大很多的情况下，噪声的干扰影响不严重。但是，如果信号大小与噪声相当，甚至更弱，信号就会被噪声所淹没。因此晶体管噪声特性的好坏，就决定了晶体管检测微弱信号的能力。图 3.49 示出了信号与噪声叠加后的波形，其中图 3.49（b）表示信号被噪声淹没的情况，而 3.49（a）的噪声则相对小一些。

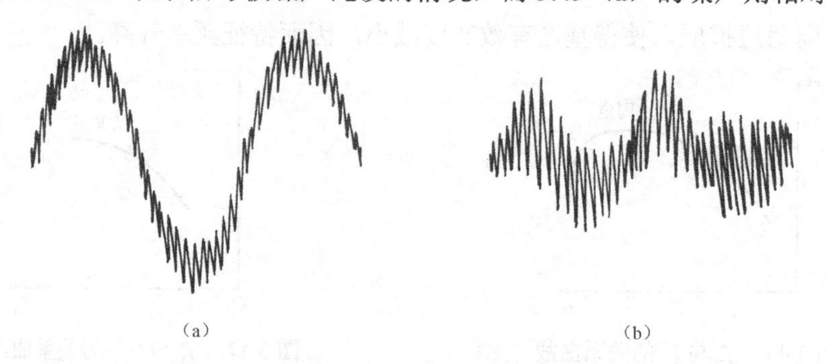

（a）　　　　（b）

图 3.49　信号与噪声叠加后的信号

高频小功率晶体管时常用作接收机的第一级放大，它的输入信号常常是很小的。如果晶体管自己产生的噪声比较大，就容易把信号淹没。可见，第一级晶体管的噪声性能往往决定整机的灵敏度，因此改善晶体管噪声性能具有重要意义。

2．噪声系数 N_F

要衡量晶体管噪声性能的好坏，单纯用晶体管输出端的噪声电压或电流来表示是不行的，因为噪声的大小是相对信号而言的。譬如，一个晶体管的输出噪声电压比另一个晶体管大，前者的噪声特性却不一定比后者坏。这是因为，如果前者的电压放大系数比后者大得多，输出信号电压也就比后者大得多（指同样输入情况），就是说，前者有可能放大更加微弱的信号。所以噪声的大小只有在与信号相比较时才有意义，在实际工作中常采用信号噪声比（即信号功率与噪声功率之比，简称信噪比）来衡量噪声的大小，即有

$$\text{信噪比}=\frac{\text{信号功率}}{\text{噪声功率}} \tag{3-144}$$

在输入信噪比相同的情况下，输出端信噪比越大，晶体管噪声特性越好。因为有信号输入时，输入的噪声与信号同时被放大了，在输出噪声中，除了放大了的输入噪声之外，还包括晶体管本身的噪声。所以输出端的信号噪声比要小于输入端的信号噪声比。晶体管本身的噪声越大，输出信号噪声比就越小。因此，为了更加严格起见，常用晶体管的输入信号噪声比同输出信号噪声比的比值来标志晶体管的噪声特性，这个比值就叫噪声系数，用符号 N_F 表示，即：

$$\begin{aligned}N_F&=\frac{\text{输入信号噪声比}}{\text{输出信号噪声比}}=\frac{\text{输入信号功率/输入噪声功率}}{\text{输出信号功率/输出噪声功率}}\\&=\frac{\text{输入信号功率}}{\text{输出信号功率}}\times\frac{\text{输出噪声功率}}{\text{输入噪声功率}}\\&=\frac{1}{G_P}\times\frac{\text{输出噪声功率}}{\text{输入噪声功率}}\end{aligned} \tag{3-145}$$

式中，G_P 为晶体管的功率增益。

在实际工作中，噪声系数通常采用分贝（dB）为单位。假设用 N_F(dB)表示噪声系数分贝值，其定义为

$$N_F(\text{dB})=10\lg N_F=10\lg\left(\frac{1}{G_P}\times\frac{\text{输出噪声功率}}{\text{输入噪声功率}}\right) \tag{3-146}$$

由式（3-145）可知，噪声系数可以看成是晶体管输出噪声功率与放大了的输入噪声功率（G_P 乘以输入噪声功率）之比。在晶体管本身的噪声功率为零时，则 N_F=1（或 N_F(dB)等于 0dB）。然而，实际晶体管总是存在噪声，因此 N_F 总是大于 1（或 N_F(dB)大于 0 dB）。N_F 越大，说明晶体管的噪声特性越差。

3．晶体管噪声的来源

为了制作低噪声晶体管，必须了解晶体管噪声的来源及其性质，从而在生产实践中采取相应措施来降低晶体管的噪声。晶体管中噪声的来源主要有以下几个方面：

（1）热噪声

任何电流都是由一个个带电的粒子——载流子荷载的，只要温度不等于 0 K，载流子就要做热运动，这种杂乱无章的热运动叠加在载流子的有规则的运动之上，就会引起电流的起伏，成为噪声，这种噪声称为热噪声。由于热噪声是与载流子的热运动直接联系的，因此任何电子元件都有热噪声（只要温度不等于 0 K）。研究表明，热噪声的大小与系统的电阻和温度有关，电阻越大，温度越高，产生的热噪声功率也就越大。

对晶体管来说，发射区、基区、集电区都有体电阻，发射极、基极、集电极三个电极接触处都有接触电阻。这些体电阻和接触电阻都会产生热噪声。然而在这些电阻中，基区电阻 r_b 的数值往往比较大，并且 r_b 位于晶体管的输入回路中，它所产生的热噪声还要经过放大后在输出端反映出来，因此基区电阻 r_b 是晶体管热噪声的主要来源。减小晶体管的热噪声也就应该从减小 r_b 入手。此外，降低温度也可以使晶体管的热噪声减小。

热噪声有时又称为白噪声，由频谱分析知，在热噪声中各种频率成分的噪声功率都是相同的。

（2）散粒噪声

由于半导体中载流子的产生、复合过程有涨有落，参加导电的载流子数目将在其平均值附近起伏，这种由载流子数目起伏而引起的噪声，称为散粒噪声。散粒噪声的大小与流过晶体管的电流有关，电流越大，散粒噪声也越大。

大多数半导体的多数载流子密度都很大，所以多数载流子数目的起伏是不显著的。如果半导体器件主要由多数载流子导电（如场效应晶体管），其散粒噪声往往很小，因而可以忽略。但是，少数载流子的密度要比多数载流子小得多，使得少数载流子数目的变化十分显著，所以当器件的输出电流与少数载流子的数目紧密相关时，散粒噪声就不可忽略了。

（3）$1/f$ 噪声

实验发现，在半导体中还存在着一种影响很大的噪声，叫作 $1/f$ 噪声，这种噪声同频率有关，频率越低，噪声越大。

$1/f$ 噪声同表面状态有关，因为半导体中一部分载流子要在表面产生和复合，这种产生和复合受表面状态的影响比较大。如果表面处理不好，晶体管噪声 $1/f$ 就会很大。$1/f$ 噪声在低频时影响比较严重，在高频时可以不考虑。

在上述三类噪声中，$1/f$ 噪声只在低频时起作用，当晶体管用在高频时，它的影响可以略去。对于高频晶体管来说，降低噪声系数的办法如下：

① 减小基极电阻，有效的方法是在基极接触孔进行浓硼扩散；

② 提高特征频率；

③ 要求有足够高的 β 值。

3.6 晶体管的功率特性

实践表明，在大电流下，晶体管的交、直流特性都会发生明显的改变，最为突出的是直流电流放大系数 β_0 和特征频率 f_T 在大电流时都将快速下降，这是晶体管（尤其是大功率晶体管）制造和设计中必须要考虑的问题。本节将分析晶体管的特性参数随电流变化的原因，讨论晶体管的最大电流、最大耗散功率、二次击穿和安全工作区。

3.6.1 基区大注入效应

1. 大注入基区电导调制效应和大注入自建电场

（1）大注入及基区电导调制效应

前面分析晶体管的特性时，均假定为小注入的情况，即注入基区的少数载流子浓度远小于基区多数载流子浓度。随着工作电流 I_C 的增加，注入基区的少数载流子浓度不断增大，当注入基区的少数载流子浓度接近或超过基区的多数载流子浓度时即为大注入。图 3.50 为小注入和大注入时基区载流子分布图。从图 3.50（b）中可以看出，在大注入条件下，不仅少子浓度增加很多，而且多子浓度也等量地增加，这是维持电中性的需要。多子浓度的增加，将使基区电阻率下降，由此产生基区电导率受注入电流调制的基区电导调制效应，这就是大注入条件下的基区电导调制效应。

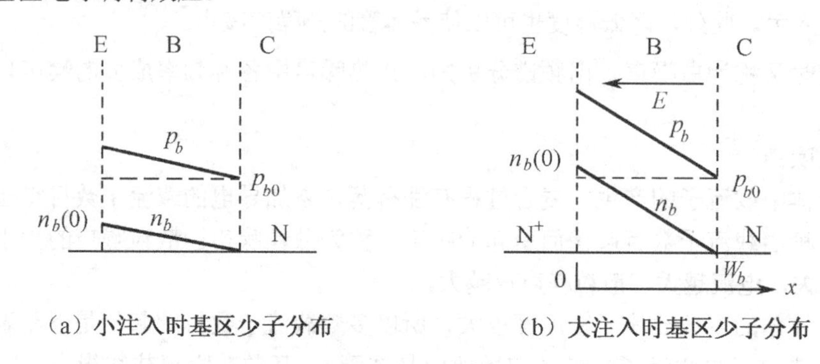

（a）小注入时基区少子分布　　（b）大注入时基区少子分布

图 3.50　基区注入效应

（2）大注入基区自建电场

在大注入条件下，注入基区的少数载流子浓度接近甚至超过基区的多数载流子浓度，少子在基区边扩散、边复合，并形成一定的浓度梯度分布。为了维持基区的电中性，要求其多子浓度必须与注入少子具有相同的浓度分布梯度，即 $\dfrac{\mathrm{d}p_b(x)}{\mathrm{d}x}=\dfrac{\mathrm{d}n_b(x)}{\mathrm{d}x}$，如图 3.50（b）所示。由于少子存在分布梯度，形成从发射极到集电极的扩散电流，而多子空穴因存在分布梯度也向集电结扩散，然而，集电结的反向偏置电压只允许少数载流子（电子）通过并到达集电极，而不允许多子（空穴）通过。因而，在基区集电结附近将形成空穴积累，在发射结边界附近却因空穴扩散离去而使空穴欠缺。由此在基区中将产生由集电结指向发射结的自建电场 E，以阻止空穴的扩散运动，该电场产生于大注入效应，因而称为大注入自建电场。

在大注入自建电场的作用下，载流子在基区内除存在扩散运动外还存在漂移运动，因而基区电子电流等于漂移电流和扩散电流之和，即

$$j_{nb} = q\mu_n nE + qD_n \frac{\mathrm{d}n_b}{\mathrm{d}x} \tag{3-147}$$

基区空穴电流为

$$j_{pb} = q\mu_p pE - qD_p \frac{\mathrm{d}p_b}{\mathrm{d}x} \tag{3-148}$$

对于多数载流子空穴来说，大注入自建电场的作用是阻止空穴的扩散运动，当空穴的扩散电流等于漂移电流时，达到动态平衡。因而稳定时，基区内的净空穴电流 $j_{pb}=0$，代入式（3-148）即有

$$\mu_p p_b E = D_p \frac{\mathrm{d}p_b(x)}{\mathrm{d}x} \tag{3-149}$$

由此可得基区大注入自建电场（注意 $\frac{k_B T}{q} = \frac{D_p}{\mu_p}$）为

$$E = \frac{k_B T}{q}\frac{1}{p_b}\frac{\mathrm{d}p_b(x)}{\mathrm{d}x} \tag{3-150}$$

当注入较大时，基区中的多数载流子（空穴）的浓度 $p_b(x) = N_B(x) + n_b(x)$，因而上式变为

$$\begin{aligned} E &= \frac{k_B T}{q}\frac{1}{N_B(x)+n_b(x)}\frac{\mathrm{d}}{\mathrm{d}x}\left[N_B(x)+n_b(x)\right] \\ &= \frac{k_B T}{q}\left(\frac{N_B(x)}{N_B(x)+n_b(x)}\frac{1}{N_B(x)}\frac{\mathrm{d}N_B(x)}{\mathrm{d}x} + \frac{1}{N_B(x)+n_b(x)}\frac{\mathrm{d}n_b(x)}{\mathrm{d}x}\right) \end{aligned} \tag{3-151}$$

显然，式（3-151）中 $\frac{k_B T}{q}\frac{1}{N_B(x)}\frac{\mathrm{d}N_B(x)}{\mathrm{d}x}$ 表示由基区杂质分布梯度产生的自建电场。式（3-151）表明，大注入自建电场由两部分组成：第一项表示在大注入情况下，由基区杂质分布梯度产生的杂质分布自建电场。可见，杂质分布自建电场随着注入载流子浓度 n_b 的增大而减小，即随着注入水准的增加，非均匀基区杂质分布梯度漂移场的作用减弱，对于均匀基区，此项自然等于零。第二项表示少子注入基区后，为了维持电中性，积累相应的空穴而产生的大注入自建电场，它随着注入载流子浓度 n_b 的提高而增强。可见，随着注入水准的提高，杂质分布自建电场的作用越来越弱。

由以上分析可见，在注入载流子浓度 $n_b(x)$ 足够大时，均匀基区和缓变基区晶体管的基区自建电场都将由注入载流子的分布梯度 $\frac{\mathrm{d}n_b(x)}{\mathrm{d}x}$ 决定。

2. 大注入基区少子分布

对于均匀基区晶体管，当 $W_b << L_{nb}$ 时，小注入时少子分布可近似为线性关系，即

$$\frac{n_b(x)}{n_b(0)} = \left(1 - \frac{x}{W_b}\right) \tag{3-152}$$

式中，$n_b(0)$ 表示在均匀基区晶体管中，发射结注入基区的电子浓度的边界值。

可见，小注入时，浓度线性分布的斜率为 1。

当注入浓度达到 $n_b(0) >> N_B$，即大注入水准足够高时，可推得不管是缓变基区还是均匀基区晶体管，基区少子都近似为线性分布，并有

$$\frac{n_b(x)}{n_b(0)}=\frac{1}{2}\left(1-\frac{x}{W_b}\right) \tag{3-153}$$

由上式可见，在足够大的注入条件下，缓变基区和均匀基区的少子分布具有相同的形式，它们都是线性分布，且分布斜率为均匀基区晶体管小注入时的一半。这是因为，在小注入时，缓变基区晶体管存在杂质分布梯度自建电场，自建电场愈强，基区电子电流的漂移分量愈大，少子分布梯度愈小，缓变基区和均匀基区少子分布差别愈大。而在大注入时，基区杂质分布的杂质分布自建电场减弱，在大注入水准足够高时，杂质分布自建电场的作用可以忽略。因而不论是均匀基区还是缓变基区晶体管，基区少子受到的漂移场，都是注入少子分布梯度$\frac{\mathrm{d}n_b(x)}{\mathrm{d}x}$所产生的大注入自建电场。因此，二者基区少子分布具有相同的形式。同时，在大注入时，基区电子电流的扩散分量和漂移分量近似相等，从扩散流的角度来看，相当于扩散系数比小注入时增大了一倍，因此少子的分布斜率减小了一半。

3. 大注入对电流放大系数的影响

在此之前，我们已经分析了小注入状态下晶体管的电流放大系数。实际晶体管的电流放大系数，往往随着电流的增加而发生变化，在电流较大时，电流放大系数随电流增加而明显下降。下面就来分析大注入电流对电流放大系数的影响。

在分析晶体管的直流特性时，已经知道低频电流放大系数$\beta_0=I_C/I_B$，而基极电流I_B主要由发射结反注入电流$I_p(X_1)$、基区复合电流I_{VB}和表面复合电流I_{SR}三部分组成

如图3.51所示，$I_n(X_2)\approx I_C$，则低频电流放大系数为

$$\frac{1}{\beta_0}=\frac{I_p(X_1)}{I_n(X_2)}+\frac{I_{VB}+I_{SR}}{I_n(X_2)}=b_{\gamma_0}+a_R \tag{3-154}$$

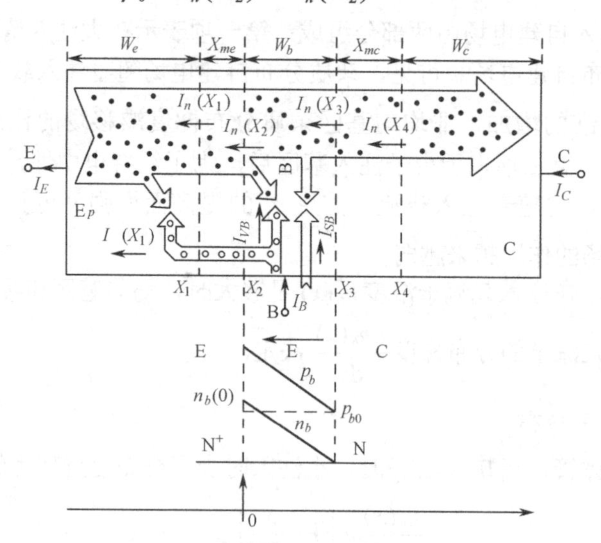

图3.51　晶体管内电流分布

式中，$b_{\gamma_0}=\frac{I_p(X_1)}{I_n(X_2)}$为发射效率项，$a_R=\frac{I_{VB}+I_{SR}}{I_n(X_2)}$为包括体内复合和表面复合的复合项。

因此，只要分别求出等式右边$I_p(X_1)$、$I_n(X_2)$、I_{VB}和I_{SR}随工作电流的变化关系，β_0随I_C变化的原因也就清楚了。

（1）发射结电子电流$I_n(X_2)$

对于均匀基区晶体管，将式（3-151）代入式（3-147）得

$$j_{nb}(x)=qD_{nb}\left(1+\frac{n_b(x)}{n_b(x)+N_B(x)}\right)\frac{\mathrm{d}n_b(x)}{\mathrm{d}x} \tag{3-155}$$

当基区宽度很窄时，载流子分布可用线性分布近似，分布梯度为

$$\frac{\mathrm{d}n_b(x)}{\mathrm{d}x}\approx-\frac{n_b(0)}{W_b}$$

因此，发射结电子电流为

$$I_n(X_2)=AqD_{nb}\left(1+\frac{n_b(0)}{n_b(0)+N_B}\right)\left(-\frac{n_b(0)}{W_b}\right) \tag{3-156}$$

（2）体复合电流I_{VB}

在均匀基区晶体管中，当$W_b << L_{nb}$时，载流子分布可用线性分布近似，则体复合电流为

$$I_{VB}=\frac{A}{\tau_{nb}}\int_0^{W_b}n_b(x)\,\mathrm{d}x=-\frac{AqW_b}{2\tau_{nb}}\cdot n_b(0) \tag{3-157}$$

（3）表面复合电流I_{SR}

表面复合电流I_{SR}为

$$I_{SR}=-A_SqSn_b(0) \tag{3-158}$$

将式（3-156）、式（3-157）和式（3-158）代入式$a_R=\dfrac{I_{VB}+I_{SR}}{I_n(X_2)}$可得

$$a_R=\frac{W_b^2}{2L_{nb}^2}\frac{1+\dfrac{n_b(0)}{N_B}}{1+2\dfrac{n_b(0)}{N_B}}+\frac{SA_SW_b}{AD_{nb}}\frac{1+\dfrac{n_b(0)}{N_B}}{1+2\dfrac{n_b(0)}{N_B}}=\alpha\frac{1+\dfrac{n_b(0)}{N_B}}{1+2\dfrac{n_b(0)}{N_B}} \tag{3-159}$$

式中，$\alpha=\dfrac{W_b^2}{2L_{nb}^2}+\dfrac{SA_SW_b}{AD_{nb}}$，表示小注入时，电流放大系数$\dfrac{1}{\beta_0}$中的复合项。

由式（3-159）可看出，电流复合项随$\dfrac{n_b(0)}{N_B}$的增加而下降，这是因为随着$\dfrac{n_b(0)}{N_B}$增加，复合电流在传输电流中所占比例减小。当$\dfrac{n_b(0)}{N_B}>>1$时，传输电流中的漂移分量与扩散分量相等，使电流复合项下降为小注入时的一半。其原因是由于大注入自建电场的存在，使得电子穿越基区的时间缩短一半，复合几率下降，β_0上升。

（4）反注入电流$I_p(X_1)$

一般晶体管的发射结很浅，发射区宽度W_e较小，因而$W_e << L_{pe}$。若将注入发射区中的少数载流子用线性分布近似，则NPN晶体管的发射结反注入电流为

$$I_p(X_1)=-AqD_{pe}\frac{\mathrm{d}p_e(x)}{\mathrm{d}x}\approx-AqD_{pe}\frac{p_e(0)}{W_e} \tag{3-160}$$

由此得发射效率项

$$b_{\gamma_0}=\frac{I_p(X_1)}{I_n(X_2)}=\frac{D_{pe}}{D_{nb}}\frac{W_b}{W_e}\frac{p_e(0)}{n_b(0)}\cdot\frac{n_b(0)+N_B}{2n_b(0)+N_B} \tag{3-161}$$

设发结压降为U_j，则可利用$p_e(0)\cdot N_E(0)=n_i^2\mathrm{e}^{qU_j/kT}$和$p_e(0)\cdot N_E(0)=p_b(0)\cdot n_b(0)$将式（3-161）简化为

$$b_{\gamma_0}=\frac{I_p(X_1)}{I_n(X_2)}=\frac{D_{pe}}{D_{nb}}\frac{W_b}{W_e}\frac{p_b(0)}{N_E}\cdot\frac{n_b(0)+N_B}{2n_b(0)+N_B} \tag{3-162}$$

大注入时基区边界空穴浓度由基区杂质浓度N_B变为$p_b(0)=N_B+n_b(0)$，而发射区掺杂浓度一般很高，因而可以忽略注入载流子对N_E的影响。由此得

$$b_{\gamma_0}=\frac{I_p(X_1)}{I_n(X_2)}=\frac{D_{pe}}{D_{nb}}\frac{W_b}{W_e}\frac{N_B}{N_E}\cdot\frac{\left(1+\dfrac{n_b(0)}{N_B}\right)^2}{\left(1+\dfrac{2n_b(0)}{N_B}\right)}=b\frac{\left(1+\dfrac{n_b(0)}{N_B}\right)^2}{\left(1+\dfrac{2n_b(0)}{N_B}\right)} \tag{3-163}$$

式中，$b=D_{pe}W_bN_B/D_{nb}W_eN_E$，是小注入时的发射效率项。

可见，当工作电流较大时，注入的边界浓度$n_b(0)$将使基区边界浓度明显增加，因而发射效率项b_{γ_0}随$\dfrac{n_b(0)}{N_B}$的增加而变大，则晶体管的发射效率则随$\dfrac{n_b(0)}{N_B}$的增大而下降，这是由于基区电导调制效应造成的。

由于电流放大系数中的发射效率项b_{γ_0}和复合电流项a_R都随注入电流而变化，因而电流放大系数必然随注入电流改变，将式（3-159）和式（3-163）代入式（3-154）可得

$$\frac{1}{\beta_0}=b_{\gamma_0}+a_R=b\frac{\left(1+\dfrac{n_b(0)}{N_B}\right)^2}{\left(1+\dfrac{2n_b(0)}{N_B}\right)}+\alpha\frac{1+\dfrac{n_b(0)}{N_B}}{1+2\dfrac{n_b(0)}{N_B}} \tag{3-164}$$

当大注入使得$\dfrac{n_b(0)}{N_B}>>1$时，式（3-164）变为

$$\frac{1}{\beta_0}=b_{\gamma_0}+a_R=\frac{1}{2}b\cdot\frac{n_b(0)}{N_B}+\frac{1}{2}\alpha \tag{3-165}$$

可见，β_0随$\dfrac{n_b(0)}{N_B}$的变化关系由发射效率项b_{γ_0}和复合电流项a_R共同决定。当$\dfrac{n_b(0)}{N_B}$增加时，β_0随发射效率项的增大（即晶体管的发射效率γ_0的下降）而减小，随复合电流项的减小（即基区输运系数β^*的增加）而上升。当注入电流增大到基区输运系数的增加和发射效率的下降作用相抵消时，β_0达到最大值。再继续增大$\dfrac{n_b(0)}{N_B}$时，复合电流项a_R的影响减弱，而发射效率项b_{γ_0}的影响加强，所以β_0将随注入的进一步增大而线性下降。

对于缓变基区晶体管，当大注入使得$\dfrac{n_b(0)}{N_B}>>1$时，由于基区杂质分布引起的自建电场可以忽略，因此上面的分析对缓变基区晶体管同样适用。

（5）大注入对基区渡越时间的影响

由前面的分析可知，基区渡越时间为

$$\tau_b=\int_0^{W_b}\frac{Aqn_b(x)}{I_n(X_2)}\mathrm{d}x=\frac{Q_b}{I_n(X_2)} \tag{3-166}$$

假设基区宽度不随注入电流而变化，将小注入时的基区少子分布 $\frac{n_b(x)}{n_b(0)}=1-\frac{x}{W_b}$ 代入式(3-166)，可得均匀基区晶体管小注入时基区渡越时间为

$$\tau_b=\frac{W_b^2}{2D_{nb}} \tag{3-167}$$

随着注入的增加，大注入自建电场增强，漂移作用增大，因而渡越时间随注入的增加而减小。当注入电流增加到 $\frac{n_b(0)}{N_B}>>1$ 时，将大注入时的基区少子分布 $\frac{n_b(x)}{n_b(0)}=\frac{1}{2}\left(1-\frac{x}{W_b}\right)$ 代入 τ_b 表示式得

$$\tau_b=\int_0^{W_b}\frac{Aq}{I_n(X_2)}\frac{n_b(0)}{2}\left(1-\frac{x}{W_b}\right)\mathrm{d}x=\frac{W_b^{\ 2}}{4D_{nb}} \tag{3-168}$$

由此看出，当 $\frac{n_b(0)}{N_B}>>1$ 时，由于大注入自建电场 E 的漂移作用，使均匀基区晶体管的渡越时间减小到小注入时的一半，这是因为大注入自建场的漂移作用相当于使载流子的扩散系数增加一倍所致。

3.6.2 基区扩展效应

由前面的分析可知，大注入时，集电极电流增大，β_0 随注入电流的增加而下降。下面我们以 N^+PNN^+ 外延平面晶体管为例，讨论在大电流时晶体管的电流放大系数 β_0 下降的另一个原因——基区扩展效应。

1. 大电流对集电结空间电荷区电场分布的影响

在正常偏置下，晶体管的集电结加反向偏压，集电结空间电荷区的电压降为

$$|U_{Tc}|=U_D+|U_{CB}| \tag{3-169}$$

式中，U_D 为集电结接触电位差；U_{CB} 为集电极外加偏压。

为了简便，假设集电结为突变结，如图 3.52（a）所示。在耗尽层近似下，集电结空间电荷区内电场分布如图 3.52（b）所示，图中曲线下方的面积（斜线阴影面积）等于集电结上的电压降 $|U_{Tc}|$。

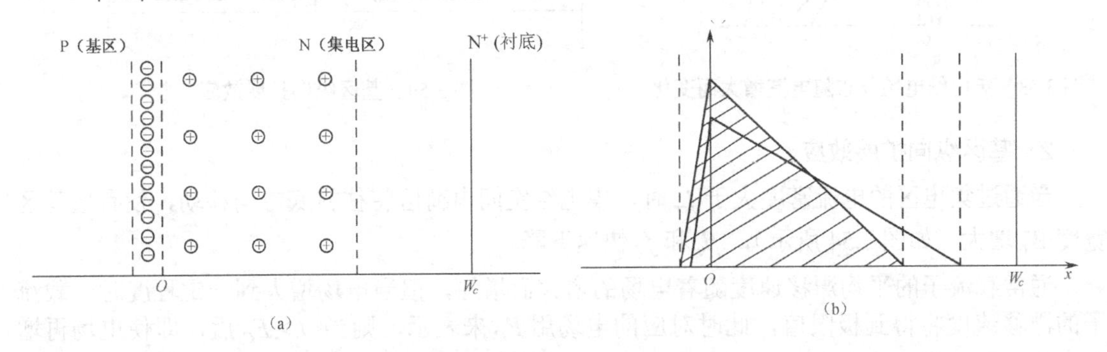

图 3.52 集电结空间电荷区电场分布

当集电极电流 I_C 增大时，通过集电结空间电荷区的电子密度也将增大，这将影响集电结空间电荷区内的电场分布。其原因是电子带负电，它与集电结空间电荷区基区一侧的电离受

主所带电荷同号，而与集电区一侧电离施主所带的电荷异号，因而使集电结空间电荷区的负空间电荷密度增加了 nq，正空间电荷密度减少了 nq（n 代表可动电子密度）。如果结压降不变，靠基区一侧的负空间电荷区将缩小，靠集电区一侧的正空间电荷区将向衬底扩大，见图3.53中的b。I_C越大，即n越大，负空间电荷区也缩小得越多，正空间电荷区扩大得也越多。在 U_{TC}相同而 I_C不同时，集电结电场分布曲线如图 3.53 所示。图中$I_C(c)>I_C(b)>I_C(a)$，而电场分布曲线下面的面积都等于$|U_{Tc}|$。

在I_C较小时，$n<<N_C$（集电区净杂质浓度），可动电子对集电结电场分布的影响不明显（图3.53中a）。

当I_C增大，n与N_C相比不能忽略时，电场分布变为图3.53的b。

当I_C增大到$n\approx N_C$时，集电区外延层内的电离施主正电荷恰好为电子所带的负电荷所抵消。此时，集电区外延层内不能形成正空间电荷区，正空间电荷区移到衬底N^+区靠外延层交界处薄层内（因为衬底施主浓度远大于电子密度），同时基区一侧负空间电荷区进一步缩小。这样，正负空间电荷区位于集电区外延层的两端，集电区外延层内没有净空间电荷，电场分布均匀，见图3.53中的c所示。

通过集电区的电流密度为$j_c=qv_{nc}n$，但在图3.53的c情况下，有$n=N_C$，将此时对应的集电区的电流密度称为集电区临界电流密度，用j_{cr}表示，则有

$$j_{cr}=qv_{nc}n=qv_{nc}N_C \tag{3-170}$$

式中v_{nc}为此时集电区中电子平均漂移速度。由于随着I_C的增大，负空间电荷区宽度变得很窄，基区厚度几乎等于 P 区厚度W_{b0}；当I_C进一步增大到使通过集电区的电流密度大于j_{cr}时，将发生基区扩展效应。基区扩展效应包括基区横向扩展与纵向扩展两种效应，一般认为两种效应可能同时起作用，导致大电流下β_0和f_T的快速下降，下面分别进行讨论。

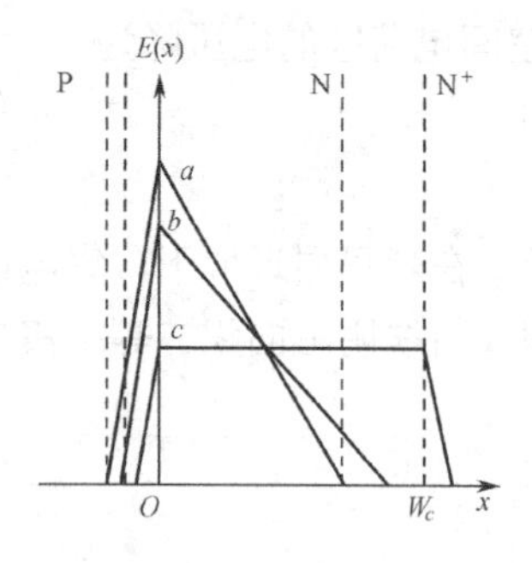

图3.53 集电结电场分布随电流增大而变化

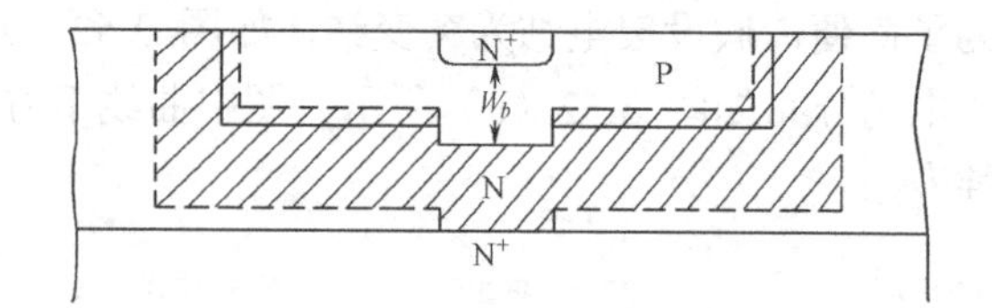

图3.54 基区纵向扩展效应

2. 基区纵向扩展效应

当通过集电区的电流密度大于j_{cr}时，集电结空间电荷区将往衬底方向移动，使有效基区宽度W_b增大（如图3.54所示），β_0和f_T快速下降。

通常载流子的平均漂移速度随着电场的增大而增加，但当电场增大到一定程度时，载流子的漂移速度将得到极限值，此时对应的电场用E_C来表示，则当 $E>E_C$后，即使电场再增大，载流子的漂移速度也不会变化了，所以我们称 $E<E_C$的情况为弱场情况，此时载流子的平均漂移速度随着电场的增大而增加；而称 $E>E_C$的情况为强场情况，此时载流子的漂移速度已得到极限值。

（1）弱场情况

弱场情况是指集电区电流密度大于 j_{cr}，但载流子的平均漂移速度基本上与电场成正比的情况。在弱场情况下，集电区电场相对较弱，载流子的平均漂移速度基本上与电场成正比，可以通过增大集电区的电场来增大载流子的平均漂移速度，使得通过集电区的电流密度 j_c 大于 j_{cr}，从而使得 I_C 不断增大。但是，随着 I_C 的进一步增大，集电区内电场也随着进一步增大，而电场分布曲线下的面积总等于 $|U_{Tc}|$。因此，电场区便向衬底方向收缩而变窄，如图 3.55（a）所示（图中 $j_{c2} > j_{c1} > j_{cr}$），使有效基区宽度增大（如 $j_c = j_{c2}$，W_b 由 W_{b0} 变为 W_{b2}），β_0 和 f_T 下降。j_c 比 j_{cr} 大得越多，W_b 扩展得也越大，β_0, f_T 也就下降得越显著，这种扩展现象称为弱场下的基区纵向扩展效应。

（2）强场情况

强场情况是指在集电极电流密度大于 j_{cr}，且 $E > E_C$ 时，集电区内的电场足够大，载流子将以极限漂移速度通过集电区。在此情况下，为了使 $j_c > j_{cr}$，只有增加载流子浓度 n，使之大于 N_C，即 $n > N_C$，此时集电区内出现负空间电荷，其密度为 $q(n - N_C)$，因此集电区变为负空间电荷区，使其电场分布不再是均匀的，如图 3.55（b）所示（$j_{c2} > j_{c1} > j'_{cr} > j_{cr}$）。但电场分布曲线下的面积仍应等于 $|U_{TC}|$，所以随着 j_c 的增大，负空间电荷密度也增大，集电区电场就往衬底方向收缩而变窄，使 W_b 增大（如 $j_c = j_{c2}$，W_b 由 W_{b0} 变为 W_{b2}），发生基区纵向扩展效应，β_0, f_T 快速下降。这种扩展现象称为强场下的基区纵向扩展效应。

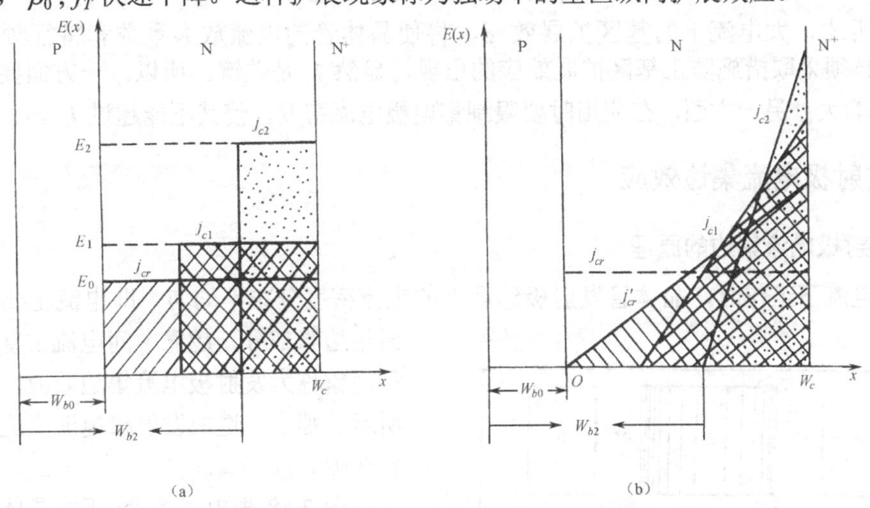

图 3.55　弱场和强场情况的基区纵向扩展效应和电场分布示意图

3. 基区横向扩展效应

这种观点认为通过集电区电流密度不能大于 j_{cr}，而 I_C 的增加是靠增加电流通道的有效面积来实现的。例如，假定集电结流过电流的面积等于发射结面积 A_e，通过集电极的临界电流为 $I_{cr} = j_{cr} A_e$。由于集电区所能通过的电流密度有一定的限制，所以在 $I_C > I_{cr}$ 时，注入基区的电子流必将沿基区横向（平行于结的方向）散开，以增大集电结电流通道的面积，图 3.56 所示为基区横向扩展效应示意图。由

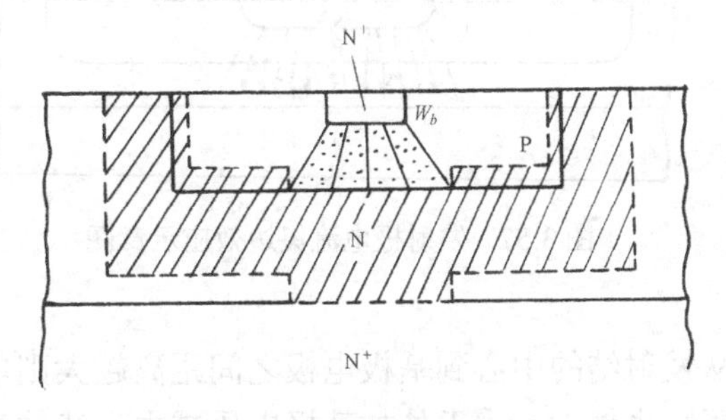

图 3.56　基区横向扩展效应示意图

图 3.56 可见，基区横向扩展效应使得一部分电子通过基区的路程加长了，相当于有效基区 W_b 增大，因而 β_0 和 f_T 快速下降。

进一步的分析可以得出：图形相同的晶体管，发生基区纵向扩展效应时所对应的临界集电极电流密度 j_{cr} 除了取决于集电区杂质浓度外，还与集电区厚度有关，集电区厚度越小，这个电流也越小。

4. 基区扩展效应对晶体管电特性的影响

无论基区是横向还是纵向扩展，扩展的最终结果是使基区加宽。而晶体管电流放大系数为

$$\frac{1}{\beta_0}=\frac{\rho_e W_b}{\rho_b L_{pe}}+\frac{W_b^2}{2L_{nb}^2} \tag{3-171}$$

显然，基区宽度 W_b 变大，电流放大系数将显著下降。

另一方面，基区渡越时间为 $\tau_b=\dfrac{W_b^2}{2D_{nb}}$，而特征频率 f_T 为

$$f_T=\beta_0 f_\beta \approx \frac{1}{2\pi\tau_b} \tag{3-172}$$

可见，基区宽度 W_b 变大，τ_b 也增加，f_T 将下降。

综上所述，大电流下的基区扩展效应，将使晶体管的电流放大系数和特征频率迅速下降，因此必须采取措施防止基区扩展效应的出现，显然 j_{cr} 是关键。所以，一方面要从设计上使 j_{cr} 尽可能大；另一方面，在应用时要限制集电极电流密度，使其不能超过 j_{cr}。

3.6.3 发射极电流集边效应

1. 发射极电流集边的原理

在大电流下工作时，晶体管发射极结面上的电流密度分布不均匀，即电流主要集中在发射结边缘部分，越靠中间电流密度越小，这种现象称为发射极电流集边效应，如图 3.57 所示。那么，造成发射极电流集边的原因是什么呢？

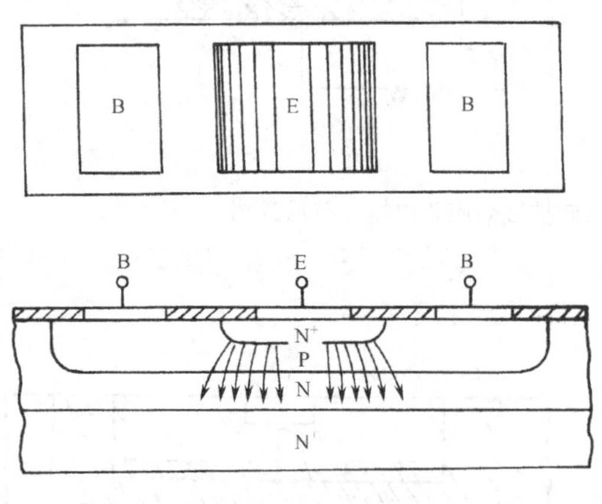

图 3.57 发射极电流集边效应示意图

图 3.58 画出了 NPN 平面晶体管基极电流流动的方向，从中可看到，基极电流要横向流经很窄的基区才能到达发射结。基区材料有一定的电阻率，基区宽度又很窄，所以在基区存在固有的横向电阻。当有电流流过基区电阻时就要产生电压降，小电流时该压降的影响可忽略，但在大电流工作时，晶体管的基极电流较大，所以基极电流在基区产生的电压降也较大，其影响就不能忽略了。从发射结的中心到基极电极之间距离越大则电阻也越大，基极电流在这一段基区中产生的电压降也越大。由于外加基极电压减去上述的基区电压降才是真正加在发射结上的电压，所以在边缘部分，电流流经基区的电阻小，产生电压降也小，则边缘发射结上的电压就大，注入

电流密度也大。发射结的中心部分的电压最小，注入电流密度也小。发射结面积越大，基极电流从边缘到达发射结中心流经的路程越长，在基区电阻上产生的压降就越大，边缘电流就越大，而发射结中心的电流就越小，所以电流主要集中在发射结的边缘，这就产生了发射结电流集边效应。从以上分析可见，发射结电流集边效应是由基区电阻引起的，所以发射结电流集边效应也称为基区电阻自偏压效应。

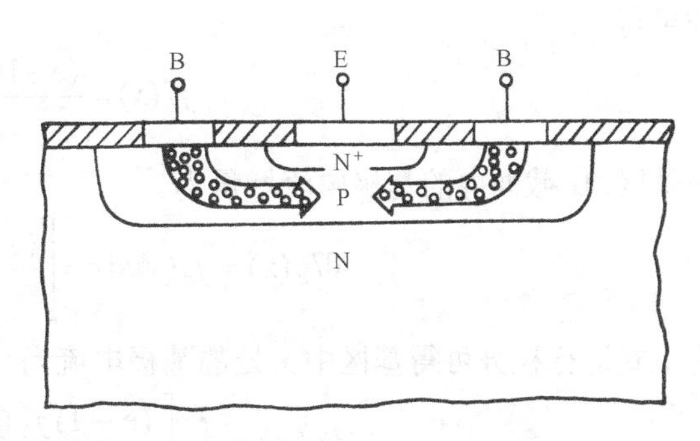

图 3.58　基极电流流动示意图

2. 发射结有效条宽

发射结电流集边效应的结果是减小了发射结的有效面积，使得在较小的发射极电流下，通过集电区的电流密度就达到了临界值，β_0 和 f_T 就开始下降。为了克服集边现象，关键在于减小发射结下面的基区（内基区）电阻，即要减小发射结条宽。但发射结条宽要取多少才合适呢？为此，必须要知道发射结的有效条宽与哪些因素有关。通常规定，从发射结中心到边缘，基区横向压降变化得到 $\dfrac{k_BT}{q}$ 时的条宽定义为发射结有效条宽，并用 $2s_{eff}$ 表示，则有 $U(s_{eff})=\dfrac{k_BT}{q}$。下面就来分析影响 s_{eff} 的因素。

晶体管的基极电流是平行于结面横向流动的多数载流子复合电流，基极电流流过基极电阻时产生横向压降，将使发射结的电流密度和基区电流密度分布不均匀。图 3.59 为条形电极平面晶体管的结构示意图。为了简化求解过程，使物理意义更清晰，将基区电流密度的变化按线性近似来处理，图 3.60 为晶体管基区电流密度变化的线性近似示意图。

将坐标原点选在发射结中心，由发射结有效条宽的定义可知，如果假设发射结中心处，即 $x=0$ 时，基极的电流密度为 $j_B(0)$，则当 $x=s_{eff}$ 时，$j_B(s_{eff})=\mathrm{e}\cdot j_B(0)$。晶体管基区电流密度线性近似的直线方程为

$$\frac{j_B(x)-j_B(0)}{x}=\frac{(\mathrm{e}-1)j_B(0)}{s_{eff}} \tag{3-173}$$

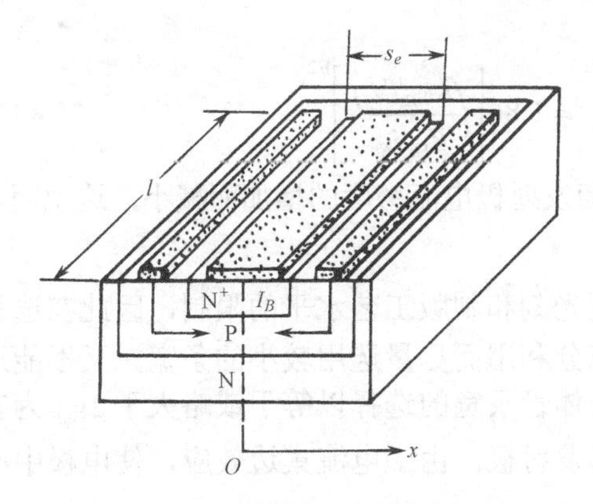

图 3.59　晶体管条形电极结构示意图

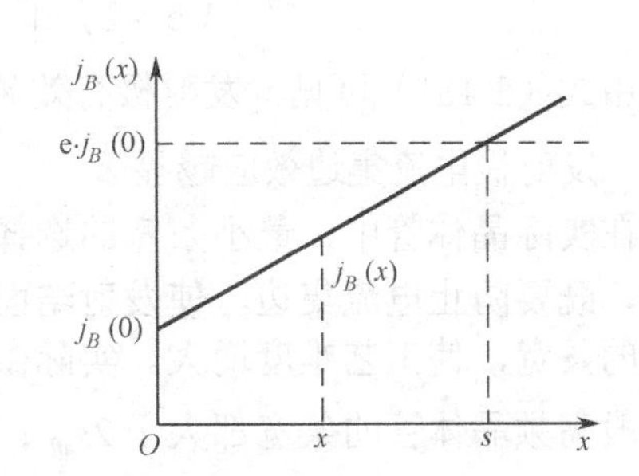

图 3.60　基区电流密度分布的线性近似示意图

即可得

$$j_B(x)=\frac{(\mathrm{e}-1)j_B(0)}{s_{eff}}x+j_B(0) \tag{3-174}$$

在基区 $l\mathrm{d}x$ 截面内的基极电流增量为

$$\mathrm{d}I_B(x)=j_B(x)l\mathrm{d}x=\left[\frac{(\mathrm{e}-1)j_B(0)}{s_{eff}}x+j_B(0)\right]l\mathrm{d}x \tag{3-175}$$

将上式进行积分可得基区中 x 处的基极电流为

$$\begin{aligned}I_B(x)&=\int_0^x\left[\frac{(\mathrm{e}-1)j_B(0)}{s_{eff}}x+j_B(0)\right]l\mathrm{d}x\\&=\frac{(\mathrm{e}-1)j_B(0)l}{2s_{eff}}x^2+j_B(0)lx\end{aligned} \tag{3-176}$$

基极电流 $I_B(x)$ 在 $\mathrm{d}x$ 距离上所产生的横向压降为

$$\mathrm{d}U(x)=I_B(x)\cdot\bar{\rho}_b\frac{\mathrm{d}x}{W_bl} \tag{3-177}$$

式中 $\bar{\rho}_b$ 为基区平均电阻率。由于 $R_{Sb}=\bar{\rho}_b/W_b$，R_{Sb} 是基区的薄层电阻。将式（3-176）代入式（3-177），由有效条宽的定义有

$$\begin{aligned}U(s_{eff})=\frac{k_BT}{q}&=\int_0^{s_{eff}}\mathrm{d}U(x)=\frac{(\mathrm{e}-1)j_B(0)R_{Sb}}{6}s_{eff}^2+\frac{1}{2}R_{Sb}j_B(0)s_{eff}^2\\&=\frac{(\mathrm{e}+2)j_B(0)R_{Sb}}{6}s_{eff}^2\end{aligned} \tag{3-178}$$

由此可得发射极有效条宽为

$$s_{eff}=\left(\frac{6}{\mathrm{e}+2}\right)^{1/2}\left[\frac{k_BT/q}{R_{Sb}j_B(0)}\right]^{1/2} \tag{3-179}$$

根据低频时 $j_B(0)=(1-\alpha_0)j_E(0)$，式（3-179）又可写为

$$s_{eff}=\left(\frac{6}{\mathrm{e}+2}\right)^{1/2}\left[\frac{k_BT/q}{R_{Sb}(1-\alpha_0)j_E(0)}\right]^{1/2} \tag{3-180}$$

将式（3-180）中的 $j_E(0)$ 用发射极边缘峰值电流密度 $j_{Ep}=\mathrm{e}\cdot j_E(0)$ 代替，并将 $\beta_0=\dfrac{1}{1-\alpha_0}$ 代入式（3-180）有

$$s_{eff}=\left(\frac{6\mathrm{e}}{\mathrm{e}+2}\right)^{1/2}\left[\frac{\beta_0k_BT/q}{R_{Sb}j_{Ep}}\right]^{1/2}=1.86\left[\frac{\beta_0k_BT/q}{R_{Sb}j_{Ep}}\right]^{1/2} \tag{3-181}$$

由式（3-181）可见，发射极有效条宽 $2s_{eff}$ 随发射极电流密度的增加而减小，这说明电流越大，发射极电流集边效应越显著。

在实际晶体管中，最小条宽的选择往往受到光刻和制版工艺水平的限制，因此在选择条宽时，既要防止电流集边，使发射结面积得到充分利用而尽量选用较小的条宽，又不能选取过小的条宽，使工艺难度增大。实际微波功率晶体管条宽的选择以等于或略大于 $2s_{eff}$ 为宜；而一般高频晶体管的条宽都大于 $2s_{eff}$；对于圆形发射极，由于电流集边效应，使电极中心注入电流很小，因此也不能单纯通过增加圆面积来提高电流容量，一般采用环状结构，增加周界长度，以提高电流容量。

3．发射极单位周长上的电流容量

由于集边效应，一个晶体管的电流容量不再与发射结面积成正比，而基本上与发射结的周长成正比，周长越长，允许通过发射极的电流也越大，晶体管集电极最大电流 I_{CM} 也越大。在设计晶体管时，单位发射极周长的电流容量乃是决定发射极总周长的重要依据。可见，改善大电流特性的措施主要是提高发射极单位周长电流容量和采用最佳图形设计，以增加发射极的有效周长。

同时由于电流集边效应，发射极边上的电流密度将大于发射结上的平均电流密度，由大注入而产生的基区扩展效应将首先在边界上发生，为了防止基区扩展效应，必须合理选取发射条周界上的电流容量。

为了降低工艺难度，提高成品率，实际晶体管的发射极条宽大多远大于有效条宽。但是，加在发射极条上的偏置电压却是有限的，条越宽基区横向压降越大，基极电阻自偏压效应越显著，发射结中心处的结压降越小，中心处的发射电流密度越小。因此，发射极上的总发射电流并不随条宽的增宽而增大。可以证明，当条宽远大于有效条宽时，发射电流变为由 s_{eff} 和峰值电流 $j_{Ep}\,[=\mathrm{e}\cdot j_E(0)\,]$共同决定的一个常数，因而发射极单位周长上的电流容量 I_{e0} 也可由 s_{eff} 和最大电流密度确定，如果用 I_{e0} 表示发射极单位周长上的电流容量，则有

$$I_{e0} = j_{Ep}\cdot s_{eff} = 1.86\left(\frac{j_{Ep}\beta k_B T/q}{R_{Sb}}\right)^{1/2} \tag{3-182}$$

为了防止大电流效应使晶体管特性恶化，式（3-182）中 j_{Ep} 仍然为晶体管的最大限制电流密度。在晶体管设计中，经常采用以下经验数据：对于线性放大用的晶体管 $I_{e0}<0.05\ \mathrm{mA/\mu m}$，一般放大用的晶体管 $I_{e0}=0.05\sim0.15\ \mathrm{mA/\mu m}$，对于开关管 $I_{e0}<0.4\ \mathrm{mA/\mu m}$，且 I_{e0} 随 f 增加而减小。

3.6.4 集电结最大耗散功率和晶体管的热阻

1．集电结最大耗散功率 P_{CM}

晶体管在工作时，发射结处于正向偏置，而集电结上加有很大的反向偏压，因此发射结的结电阻是很小的（数十欧到数百欧），集电结的结电阻就非常大（高达 10^6 欧以上）。当有电流流过时，晶体管的集电结将产生热量。如果集电极电流过大，则由于结温过高会使晶体管参数变化甚至被烧毁。

集电结最大耗散功率 P_{CM} 是晶体管参数的变化不超过规定值时的最大集电结耗散功率。也就是说在此耗散功率下，晶体管仍能正常而又安全地工作。

显然，晶体管的集电结耗散功率 P_C 在数值上等于集电极直流电压和集电极直流电流的乘积，即有

$$P_C = I_C U_{CE} \tag{3-183}$$

耗散功率将转换为热量，而晶体管工作在线性放大状态时，外加电压主要降在集电结上，因此集电结将变成晶体管的发热中心。当晶体管工作于开关状态或非线性放大状态时，P_{CM} 系指集电极最大平均耗散功率。

图 3.61 是集电极电压和电流的输出特性曲线，其中虚线是最大集电极耗散功率曲线，其意义是：虚线内侧为安全运用区域，在这个区域内的任何一点，电压和电流的乘积——集电极的耗散功率均小于 P_{CM}；而在虚线上每一点，电压和电流的乘积——集电极耗散功率均等

于 P_{CM}；虚线以外的区域，任何一点的电压和电流的乘积——集电极的耗散功率均大于 P_{CM}，属于不安全工作区。

当集电极耗散功率超过 P_{CM} 值时，晶体管不一定立即损坏，但是寿命将会缩短。一般手册的参数表中给出的 P_{CM} 值，通常是指在环境温度 T_a=25 ℃时的集电极最大允许耗散功率。当周围环境温度升高时，P_{CM} 值要相应地降低。这是因为晶体管的最高结温 T_{jM} 是一定的，当环境温度升高后，为了使晶体管的结温不致超出允许值，集电极耗散功率要相应地降低。图 3.62 是某一大功率硅晶体管的最大集电极耗散功率 P'_{CM} 与环境温度 T_a 的关系曲线。当环境温度 T_a=25 ℃时，最大集电极耗散功率等于 40 W，即 $P'_{CM}=P_{CM}=$ 40 W；但当环境温度升高到 87.5℃时，最大集电极耗散功率就下降为 20 W 了。如果 T_a 升高到 150 ℃，则最大集电极耗散功率等于零，这时晶体管就不能工作了。

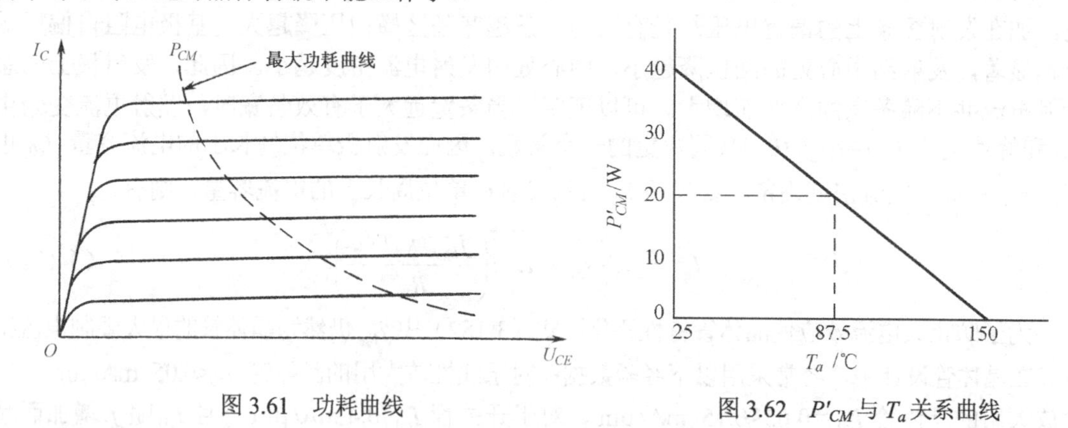

图 3.61 功耗曲线

图 3.62 P'_{CM}与 T_a 关系曲线

特别要指出的是：在晶体管工作时集电极最大允许电流 I_{CM} 和最大集电极电压（如 BU_{CBO}，BU_{CEO}）不能同时出现，否则 I_{CM} 与 BU_{CBO} 或 I_{CM} 与 BU_{CEO} 之积将大大超过 P_{CM} 值。

2. 最大耗散功率 P_{CM} 与哪些因素有关

当晶体管加有电压和电流时，由于电流的热效应，晶体管要消耗一定的功率而发热。管芯发热之后，就会通过周围环境散热。散热的途径有热辐射、热对流和热传导，而对功率晶体管来说，主要是靠热传导。根据热传导的基本原理，当管芯上每秒钟因消耗功率而发生的热量与散发出去的热量相等时，管芯的温度就达到稳定值，此时有

$$P_C = K(T_j - T_a) \tag{3-184}$$

式中，P_C 为消耗在晶体管上的功率；T_j 为管芯的结温；T_a 为环境温度；K 为热导，表示温度每升高一度所耗散的功率，K 的大小由晶体管管壳的散热能力决定，K 的单位是mW/˚C。

在晶体管的散热情况和环境温度一定时，消耗的功率 P_C 越大，管芯的结温 T_j 就越高。由于管芯结温不能超过晶体管的最高结温 T_{jM}，因此晶体管的耗散功率也不允许任意大。显然与最高结温 T_{jM} 对应的耗散功率就是晶体管的最大允许耗散功率 P_{CM}，即

$$P_{CM} = K(T_{jM} - T_a) \tag{3-185}$$

由上式可知，晶体管的最大耗散功率 P_{CM} 和晶体管的最高结温 T_{jM} 有关，T_{jM} 越高，P_{CM} 也越大。同时，P_{CM} 也和晶体管本身的散热能力有关，散热性能越好（K 越大），它的最大允许耗散功率 P_{CM} 也就越大。

晶体管的最高结温 T_{jM} 是指晶体管能正常地、长期可靠工作的最高 PN 结温度。T_{jM} 与晶

体管的可靠性和性能有关，对于晶体管而言，基区杂质浓度最低，随着温度的升高首先使基区本征载流子的浓度接近其杂质浓度，此时，PN 结的单向导电性被破坏，晶体管就失去作用。因此，最高结温 T_{jM} 是由基区转变为本征载流子导电的温度所限定的。而在同样的温度下，不同的材料本征载流子的浓度是不同的，可见最高结温 T_{jM} 还与制造晶体管的材料有关，通常硅的 T_{jM} 比锗的大，如一般的硅器件最高结温为 150~200 ℃，而锗器件则为 85~125 ℃。

3．热阻 R_T

衡量晶体管集电结耗散功率 P_{CM} 大小的另一个参数是热阻，用符号 R_T 表示。

大家知道，电流流过物体时会遇到阻力，阻力的大小用电阻来表示。电阻越小，则电流通过时所遇到的阻力也越小。同样，当晶体管工作时，集电结产生的热量要散发到周围空间中去，也会遇到一种阻力，把这种阻力叫“热阻”。散发热量的阻力越小，也就是热阻越小，则热量越容易散发至周围空间。因而，在相同的环境温度下，热阻小的晶体管能承受较大的集电结耗散功率，也就是说晶体管的 P_{CM} 值较大；反之，P_{CM} 值较小。因此，晶体管的热阻 R_T 是表征晶体管工作时所产生的热量向外散发的能力，它表示晶体管散热能力的大小。实际上，R_T 就是式（3-184）中的热导 K 的倒数，即

$$R_T = 1/K \tag{3-186}$$

因此，用热阻 R_T 来表示式（3-184）和式（3-185），则有

$$P_C = T_j - T_a / R_T \tag{3-187}$$

$$P_{CM} = T_{jM} - T_a / R_T \tag{3-188}$$

式（3-188）又可写成

$$R_T = T_{jM} - T_a / P_{CM} \tag{3-189}$$

所以也可以说，R_T 是单位耗散功率所引起的结温升高值，它的单位是℃/W 或℃/mW。由式（3-189）可见，热阻的表达式 $R_T = \Delta T / P_C$ 和欧姆定律 $R = \Delta U / I$ 有相似的形式，因而可用与分析电路相似的方法来进行热学计算。这里温度差（$T_j - T_a$）相当于电路定律中的电位差，消耗的功率（可看作流出的热量）P_C 相当于电流 I，热阻 R_T 就相当于电阻 R。这种热与电相对比的方法给我们在处理晶体管的热系统时带来了很大的方便。例如，热阻和电阻一样，可以串联和并联，对于一块厚度为 W、面积为 A、材料的热导率为 κ 的物体，其热阻的表达式也与电阻相似，即

$$R_T = \frac{1}{\kappa}\frac{W}{A} \tag{3-190}$$

式中，κ 的单位是 0.1 W/（m · K）。

以上分析可见，提高 P_{CM} 要从减小 R_T 和提高 T_{jM} 着手。一般硅平面晶体管的 T_{jM} 规定在 150～200 ℃的范围内，所以减小热阻 R_T 是提高 P_{CM} 的一项关键措施。下面我们对晶体管热阻的构成和减小热阻的方法进行一些简要的分析。

图 3.63 是一个采用 G 型管壳封装的功率晶体管结构示意图。可以看到，集电结产生的热量要穿过硅片、焊料、钼片和铜壳以后才能散发到周围环境中去，因此晶体管的总热阻就由内热阻（包括硅片的热阻、金属焊片的热阻、钼片的热阻以及管壳热阻）和管壳同周围环境散热的外热阻组成。在没有散热器时，晶体管只靠管壳散热，而管壳和环境的接触面积很小，因此其外热阻很大，为了提高 P_{CM} 值，必须加装散热器，以减小外热阻。

加有散热器的功率晶体管，其外热阻等于管壳与散热器的接触热阻 R_{cs} 及散热器与周围环境的热阻 R_{sa} 之和，而内热阻 R_{jc} 与不加散热器时一样。若管壳温度为 T_c，散热器温度为 T_s，则加有散热器的功率晶体管的等效热路如图 3.64 所示。

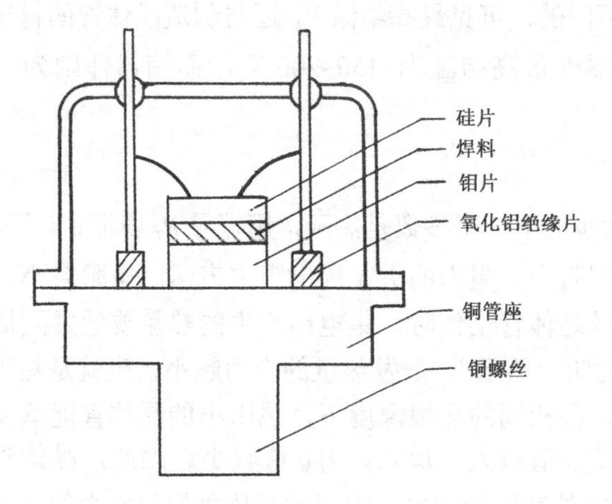

图 3.63　G 型管壳封装的功率晶体管

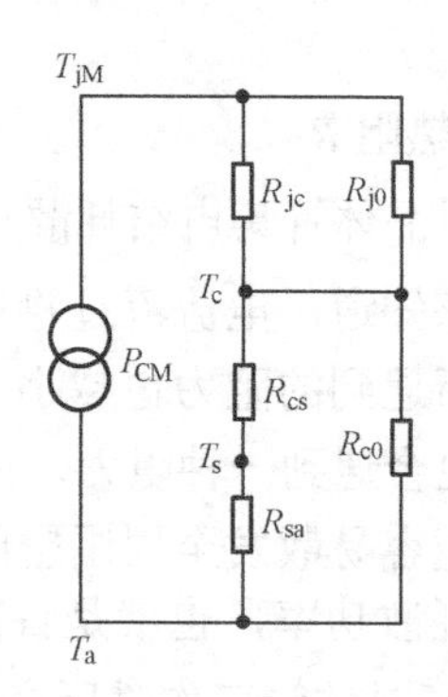

图 3.64　功率晶体管的等效热路

注意，其中 R_{j0} 为晶体管管芯与管壳之间的对流辐射热阻；R_{c0} 为晶体管管壳与周围环境之间的对流辐射热阻，而且有

$$R_{j0} \gg R_{jc}$$

$$R_{c0} \gg R_{cs} + R_{sa}$$

由热效应得到

$$R_T = \frac{T_{jM} - T_a}{P_{CM}} = R_{jc} + R_{cs} + R_{sa} \tag{3-191}$$

$$R_{jc} = \frac{T_{jM} - T_c}{P_{CM}} \tag{3-192}$$

$$R_{cs} = \frac{T_c - T_s}{P_{CM}} \tag{3-193}$$

$$R_{sa} = \frac{T_s - T_a}{P_{CM}} \tag{3-194}$$

可见，要降低晶体管的总热阻 R_T，必须从内部热阻 R_{jc} 及外部热阻（$R_{cs} + R_{sa}$）两个方面去考虑。

降低内热阻可以通过减小硅片、焊片和钼片的热阻来实现，即可以通过适当减薄硅片和钼片厚度，增大集电结面积或周界长度来减小内热阻。

降低外热阻可以通过减小接触热阻，增大散热面积来实现。对于 G 型管壳，可以利用管壳下面的螺丝把晶体管固定在散热器上，以增加对空气的散热面积。接触热阻 R_{cs} 产生于晶体管和散热器接触面的交界处，它的大小取决于管座和散热器表面的光洁度、接触面积、接触压力和填料等，在管座与散热器绝缘的情况下，还取决于绝缘片的类型和厚度。减小接触热阻的措施如下：

① 尽量使管座与散热器的接触面平整、光滑、清洁且不氧化。

② 在接触界面处涂覆硅脂。

③ 在安装晶体管时，接触面应尽量压紧。螺丝受力要均匀，并且应当保证在使用过程中不因振动，冲击而松动。

3.6.5 晶体管的二次击穿

晶体管的二次击穿是造成功率晶体管或高频大功率晶体管突然烧毁或早期失效的重要原因，特别是在电感性电路和大电流开关电路中，二次击穿更是晶体管毁坏的主要原因。因此，二次击穿已经成为影响功率晶体管安全使用和可靠性的一个重要因素，也是晶体管制造者和使用者十分关注的问题。本节将分析二次击穿的机理和导致二次击穿的相关因素，以得出防止二次击穿的措施。

1．晶体管的二次击穿现象

（1）二次击穿现象

当集电极反向偏压增大到某一值时，集电极电流急剧增加，出现击穿现象，这个首先出现的击穿现象称为一次击穿，如图 3.65 所示。当集电极反向偏压进一步增大，I_C 增大到某一临界值时，晶体管上的压降突然降低，而电流继续增长，这个现象称为二次击穿。整个二次击穿过程发生在微秒级甚至更短的时间内，如果没有保护电路，则晶体管将被烧毁。

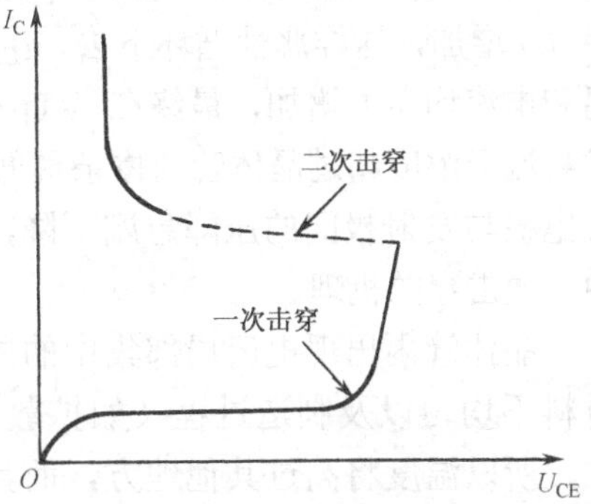

图 3.65　二次击穿现象示意图

在晶体管的各种偏置状态下，都有可能发生二次击穿。图 3.66 示出了三种不同偏置状态的二次击穿示意曲线，标以 F、O 和 R 的曲线分别代表正偏（$I_B>0$）、零偏（$I_B=0$）、反偏（$I_B<0$）三种典型工作状态下开始发生二次击穿的临界电流。I_B 不同，开始发生二次击穿所对应的临界电流和电压也不同，在晶体管的输出特性曲线上，将不同 I_B 下出现二次击穿所对应的电流和电压坐标点连接起来构成的曲线，称为二次击穿临界线或二次击穿功耗线，如图 3.67 所示。

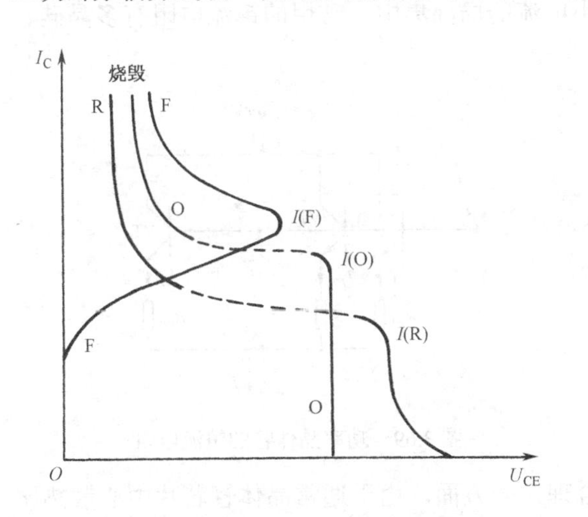

图 3.66　三种工作状态下的二次击穿现象

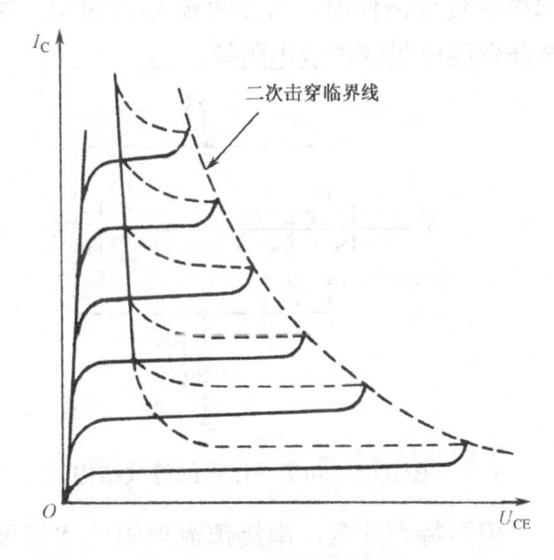

图 3.67　二次击穿临界线

2．晶体管的二次击穿机理

二次击穿的出现和晶体管原材料的性能、制造工艺、电极结构以及工作状况（例如负载呈电感性）都有关系。

从 1958 年发现二次击穿现象以来，关于二次击穿的机理已有多种解释，下面简要介绍其中的两种。

（1）电流集中二次击穿

这种二次击穿是由于在晶体管内部出现电流局部集中，形成过热点，导致该处发生局部热击穿的结果，其机理可做如下说明：

一个功率晶体管可看作若干个小晶体管的并联，如图 3.68 所示。当电流均匀分布时，流经各管的电流相等，即 $I_{E1}=I_{E2}=\cdots=I_{En}$，且 $I_E=I_{E1}+I_{E2}+\cdots+I_{En}$。如果由于某种原因出现不均匀，比如 I_{E1} 增加，则晶体管 VT_1 的结温增加，根据 PN 结电压电流特性可知，结温的增加又使 I_{E1} 增加，这样恶性循环下去，I_{E1} 越来越大，则其他管子的电流越来越小，导致 VT_1 的结温和电流均急剧增加，最终在 VT_1 处形成过热点。当过热点温度高达使半导体材料的本征激发载流子浓度超过晶体管的掺杂最低区域的杂质浓度时，PN 结的整流特性被破坏，晶体管的集电极与发射极间的压降急剧下降，而电流却急剧上升，即发生了二次击穿。这就是电流集中二次击穿的机理。

晶体管内出现电流局部集中的原因，一般认为是由于大电流下发射极电流的高度集边、材料不均匀以及制造过程（如扩散）造成的不均匀性所引起的。因为集中之处的电流特别大，所以温度将高过其他地方，而且不易散出，出现过热点。一旦这样，该处电流将进一步增加，电流的增加又使过热点温度增高，如此循环的结果，在过热点处将发生热击穿，即出现了二次击穿。

一般情况下，当 $I_B>0$ 时，电流集中二次击穿是主要的。为了改善或防止出现电流集中二次击穿，可采取以下措施：

① 减小发射结下面的基区（内基区）电阻，减弱电流集边效应，使发射极电流分布均匀；

② 提高材料质量和工艺水平，以减小不均匀性；

③ 在各个小晶体管的发射极串联一小电阻——镇流电阻，如图 3.69 所示的 R_{Ei}。该电阻起电流负反馈作用，可使电流分布均匀，减小电流的局部集中。常用的镇流电阻有多晶硅、金属薄膜电阻或扩散电阻等。

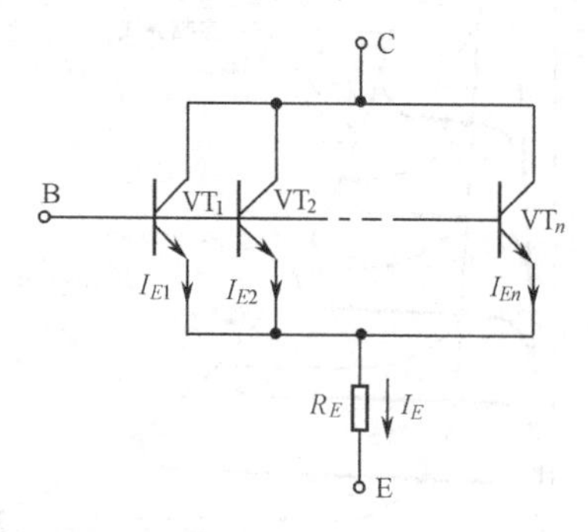

图 3.68 功率晶体管的等效结构

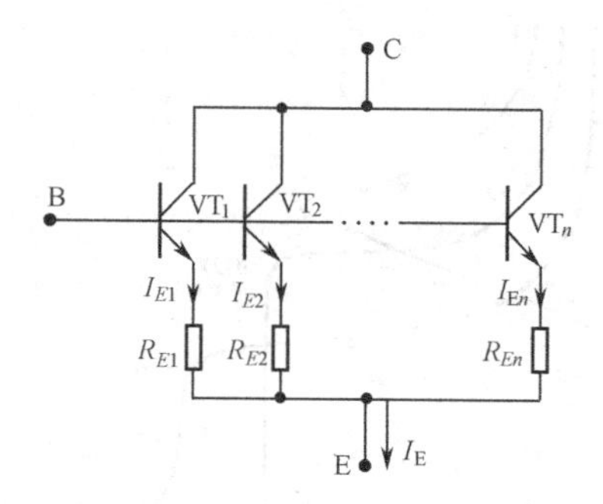

图 3.69 功率晶体管的镇流电阻

但要特别注意，串接镇流电阻的取值要合理：一方面，由于通常晶体管芯片中心散热比边缘差，同样的电流下，中心温度高，要使温度均匀，则中心的小晶体管的电流要小，所以镇流电阻应设计成中心位置大，而边缘小的阶梯状布置。另一方面，镇流电阻不能太大，否则会使功率消耗增加，通常将镇流电阻的方阻控制在 4~8 Ω以内。

（2）雪崩注入二次击穿

实践发现，晶体管的外延层厚度对二次击穿有很显著的影响，因此通常认为与外延层厚度有关的二次击穿是雪崩注入二次击穿。而且在 $I_B \leqslant 0$ 时，二次击穿以雪崩注入二次击穿为主，增加外延层厚度对改善二次击穿有明显效果。由于集电结内的电场分布及雪崩倍增区随 I_C 的增大而发生急剧变化，使晶体管由高压小电流状态向低压大电流状态的过渡十分迅速，从而引发二次击穿，因此这种二次击穿所需延迟时间非常短。由于这种二次击穿是在 N^-N^+结处雪崩注入引起的，因而称为雪崩注入二次击穿。下面对雪崩注入二次击穿的机理进行简要分析。

现以 $N^+PN^-N^+$晶体管来分析 $I_B = 0$（基极开路）时的雪崩注入二次击穿情况。当集电结反向偏压较小时，集电结空间电荷区 X_{mc} 较小，电场分布如图 3.70（a）中 A 所示，最大场强在集电结交界面 $x = 0$ 处，随着集电结反向偏压的增大，X_{mc} 也增大，$x = 0$ 处电场也增强。若外延层比较薄，随着 X_{mc} 的增大会发生外延层穿通。当 $U_{CE} = BU_{CEO}$ 时，即发生一次雪崩击穿，在 $x = 0$ 处将首先发生雪崩倍增效应，产生电子-空穴对，I_C 突然显著增大。倍增效应产生的电子将通过 N^- 区到达 N^+ 区，从而使 N^- 区的有效正空间电荷减少；而空穴将进入基区与发射结注入的电子复合，从而引起发射区向基区更大的注入使 I_E 增加，I_C 进一步增大，此时的电场分布如图 3.70（a）中 B 所示。

当 I_C 增大到使得 $j_c = j_{cr} = qv_{nc}N_C$ 时，$n = N_C$，即倍增产生的通过集电结空间电荷区的可动电子的负电荷密度等于 N 型集电区固定正空间电荷密度，因此 N^- 区变为净空间电荷为零的耗尽区，电场均匀分布，如图 3.70（a）中 C 线所示。若集电结反偏电压再进一步增加，更加强烈的倍增效应会使 $j_c > j_{cr}$，即 $n > N_C$，N^- 区变为负空间电荷区；而正空间电荷全部由 N^+ 区边界处的电离杂质提供。最大电场由 PN 结处移到 N^-N^+ 结处，即移到 $x = W_c$ 处，雪崩区也移到 N^-N^+结附近。电场分布如图 3.70（a）中 D 曲线所示。在 N^-N^+结处新的雪崩区产生的电子直接由集电极收集，而空穴则经过 N^- 区时中和部分负电荷，使负空间电荷区的净电荷密度下降，而空间电荷区的宽度不会收缩，因而电场分布斜率随负空间电荷密度的减小而下降，电场分布由 D 很快过渡到D′线，D′线所包围的面积比 D 线包围的面积减小，即 U_{CE} 下降，但电流仍在继续上升，故而呈负阻现象，此时晶体管进入低压大电流的二次击穿状态。上述各阶段的 $I_C - U_{CE}$ 特性及特点示于图 3.70（b）中。

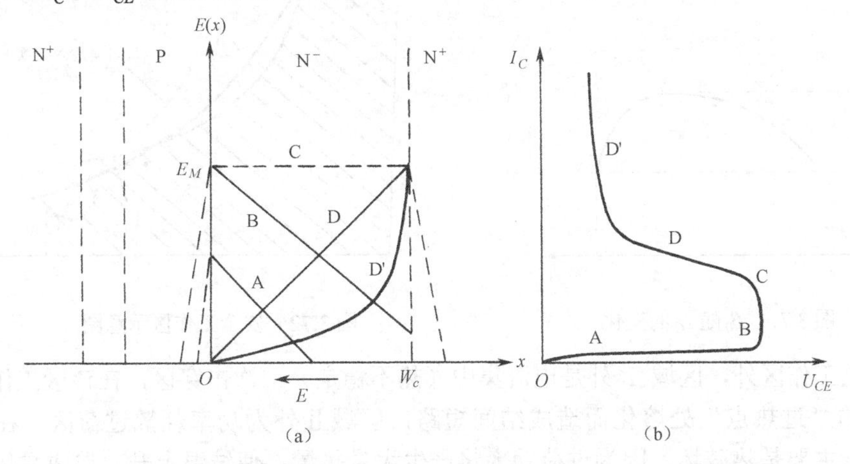

图 3.70　基极开路时，集电区电场分布示意图及 I_C–U_{CE} 特性

这种二次击穿特点是最大电场从 PN 结移到 N^-N^+结，N^-N^+结的雪崩区向集电结非雪崩区注入空穴产生负阻，二次击穿即刻发生。

由上面分析可见，改善或消除雪崩注入二次击穿主要措施就是要增加外延层厚度，提高发生二次击穿的电压，但仅仅增大外延层厚度，会增加集电极串联电阻，增大损耗。为此，可采用多层复合的集电区结构，如集电区从N^-N^+结构变为N^-NN^+，等等。

3.6.6 集电极最大工作电流和安全工作区

1. 集电极最大工作电流 I_{CM}

由前面的分析可知，晶体管的电流放大系数 β_0 不仅与晶体管的基区宽度（W_b）、材料性质（发射区、基区电阻率和少子扩散长度）及发射结空间电荷区复合和基区表面复合有关，还与晶体管的工作电流有关，实际测量的 β_0 随 I_C 的变化如图 3.71 所示。可见，随着 I_C 的增加 β_0 开始时不断增大，直至达到最大值，而后则快速下降。由于电流放大系数在大电流下快速下降，所以晶体管的工作电流受到限制。为了衡量晶体管的电流放大系数在大电流下的下降程度或说衡量晶体管大电流特性的好坏，通常用集电极最大工作电流 I_{CM} 的大小来表示。

集电极最大工作电流 I_{CM} 定义为：共发射极电流放大系数 β_0 下降到最大值 β_{0M} 的一半时所对应的集电极电流（如图 3.71 所示）。I_{CM} 越大，则说明此晶体管的大电流特性越好。

2. 晶体管的安全工作区

不使晶体管损坏和老化，而且工作可靠性又较高的区域叫作安全工作区。

晶体管的安全工作区通常是指电流极限线（$I_C = I_{CM}$）、电压极限线（$U_{CE} = BU_{CEO}$）和最大耗散功率线（$I_C U_{CE} = P_{CM}$）所限定的区域。但是，由于存在二次击穿，真正的安全工作区应该是由最大耗散功率线Ⅱ、电流集中（热不稳定）二次击穿临界线Ⅰ、雪崩注入二次击穿临界线Ⅲ、电流极限线Ⅴ和电压极限线Ⅳ所限定的区域，即图 3.72 中画有斜线的区域。显然，因为二次击穿临界线与晶体管使用的条件有关，因此安全工作区也与使用条件有关。

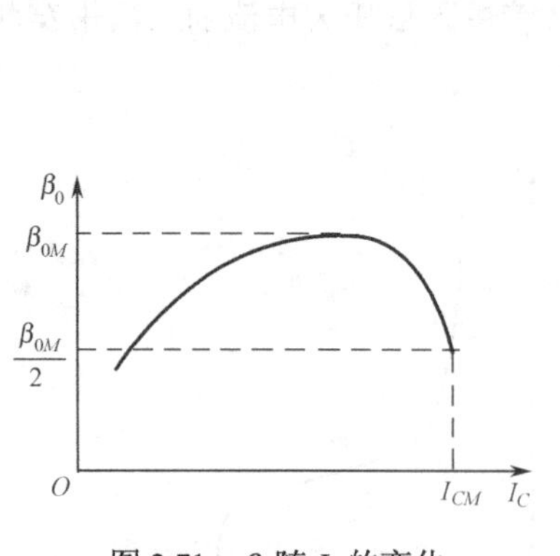

图 3.71 β_0 随 I_C 的变化

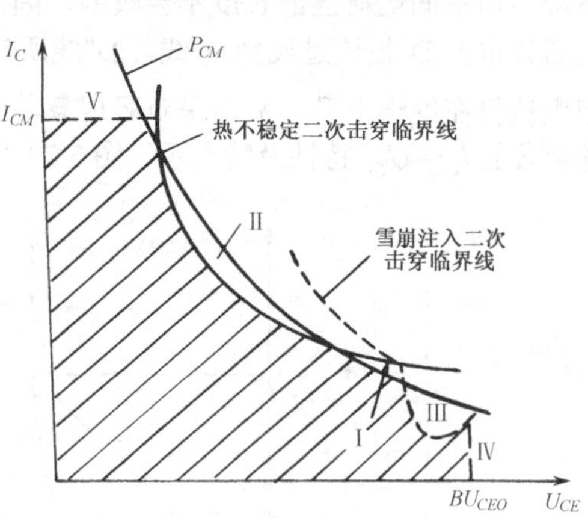

图 3.72 安全工作区示意图

在安全工作区外，区域 Ⅰ 外是电流集中（热不稳定）二次击穿区，在该区工作的晶体管内部产生的“过热点”处熔化而造成结间短路；区域Ⅱ外为功率耗散过荷区，在该区工作时，晶体管主要是热破坏，因为过荷功率将产生大量热量，使结温上升，造成晶体管永久失效；区域Ⅲ为雪崩注入二次击穿区，区域Ⅳ为雪崩击穿区，若在外电路串有限流电阻，即使晶体管工作在Ⅲ和Ⅳ区，也不至于导致晶体管遭到永久性破坏；区域 V 外为电流过荷区，在该区晶体管集电极电流超过了 I_{CM}，晶体管性能变坏，不能正常工作。显然，考虑了二次击穿后，晶体管的安全工作区变小了。

晶体管的安全工作区的大小同晶体管工作状态有关。图 3.73 给出了某晶体管在直流工作及脉冲工作状态的安全工作区。从图 3.73 可见，脉冲（高频）工作的晶体管安全工作区比直流工作时大，而且随着脉宽的减小而逐渐扩大。

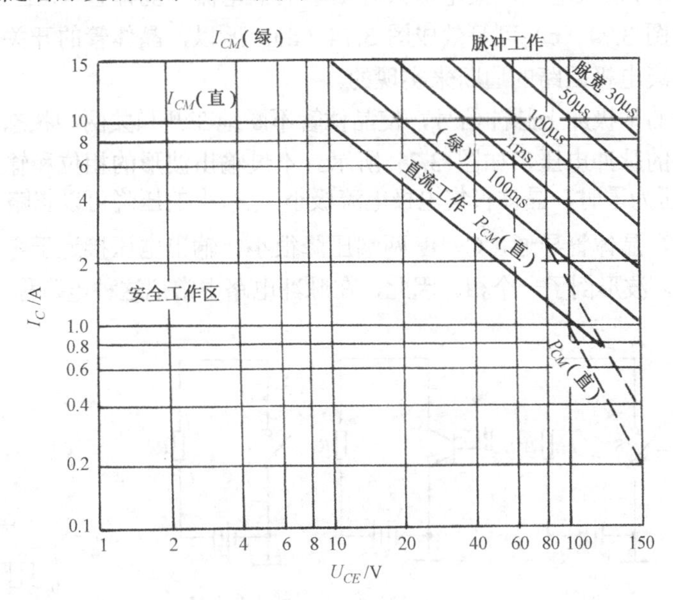

图 3.73　不同电压条件下的晶体管安全工作区

这是因为晶体管脉冲工作时，集电极最大电流要比直流工作时大，所以安全工作区范围就大。从集电极最大电流考虑，脉宽愈窄，安全工作区愈大。

要扩大安全工作区，首先改善二次击穿特性，将二次击穿临界线移到 P_{CM} 线之外，其次就是提高 BU_{CEO}，I_{CM} 和 P_{CM} 这三个参数。晶体管制造者应当努力做到安全工作区由最大集电极电流 I_{CM}、最大集电极电压 BU_{CEO} 和最大耗散功率 P_{CM} 线所限定。

3.7　晶体管的开关特性

前面讨论的晶体管工作于线性区域，即输出电流与输入电流呈线性关系，也可说晶体管工作于放大状态。工作于放大状态的晶体管常常应用在放大电路中。在数字电路、自动控制和其他很多领域，晶体管还被广泛用作开关元件，这是因为晶体管具有良好的开关特性。

这一节着重叙述晶体管的开关特性和开关参数，并提出开关参数指标的改进措施。

3.7.1　晶体管的开关作用

用晶体管作为开关元件，不仅能完成开关作用，而且具有放大作用。开关晶体管除了对击穿电压、反向电流、电流放大系数等参数与其他晶体管有同样的要求外，还必须有较好的开关特性，即晶体管导通时的压降要小，截止时反向漏电流要小，开关时间要短。目前已可做出开关时间为几纳秒以下的开关器件。此外，还希望开关晶体管处于导通状态时，所需要的驱动功率要小。

1. 晶体管开关的等效电路

开关电路中的晶体管多采用共发射极接法。如图 3.74（a）所示，当晶体管输入端加上正脉冲或正电平时，就会有电流流入基极，在集电极将引起很大的电流，如果流入基极的电流足够大，晶体管输出端（C，E 之间）的压降很小，可近似看作短路，晶体管相当于一个接通的开关 S，则图 3.74（a）可用图 3.74（b）来等效。当输入是负脉冲或零电平时，如图 3.74（c）所示，基极没有输入电流，集电极只有很小的漏电流，晶体管 C，E 之间阻抗很大，可以看成断路，这时图 3.74（c）可等效成图 3.74（d）。所以，晶体管的开关作用是通过基极输入脉冲或电平控制集电极回路的通断来实现的。

假如在晶体管的基极加上脉冲信号，使晶体管不断地在开和关两种状态下交替工作，则输出端也出现一连串的脉冲电压，如图 3.75 所示。不过输出波形的相位和输入波形的相位相差 180 ℃。当输入电压为零时，晶体管集电极电流极小，R_C 上的压降可以忽略，$U_{out} \approx E_C$；而输入电压为高电平时，晶体管导通，C，E 两端压降很小，输出电压接近于零。所以，脉冲电压经过晶体管开关后，波形倒了一个相。因此，在脉冲电路中常把这种电路称为“倒相器”。

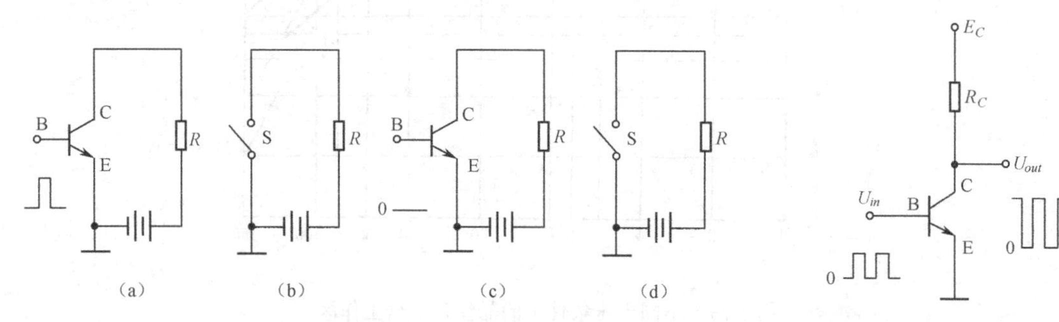

图 3.74　晶体管用作开关元件

图 3.75　晶体管开关的输入和输出波形

2. 晶体管的开关工作区域

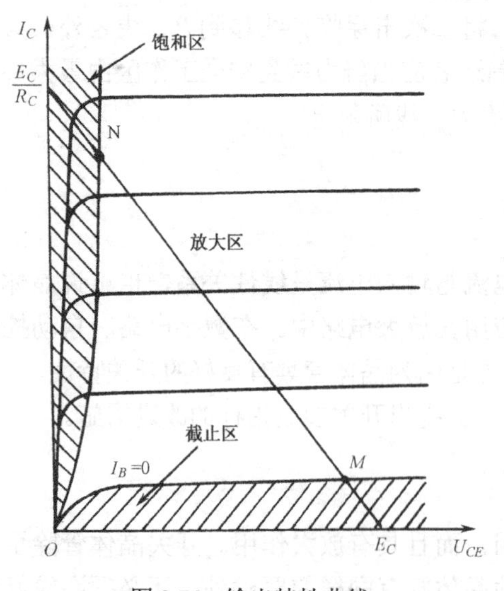

图 3.76　输出特性曲线

晶体管共发射极输出特性曲线如图 3.76 所示，其中 MN 为负载线。晶体管做开关运用时，它的“开”与“关”两种工作状态分别对应于输出特性曲线中的饱和区和截止区。

可见晶体管的开关作用就是通过基极加驱动信号电压使晶体管导通和截止，也就是使晶体管的工作点位于饱和区或截止区，并在两个区之间转换。截止态（关态）和饱和态（开态）这两个概念，对于晶体管的开关应用是很重要的。下面分析晶体管工作于饱和区和截止区的特点。

（1）饱和区

在图 3.75 的电路中，集电极回路的电压和电流存在着如下关系

$$U_{CE} = E_C - I_C R_C \tag{3-195}$$

当基极电流 I_B 从小到大增加时，I_C 随之增加，与此同时，U_{CE} 则随之减小。当 I_C 增加到某一数值 I_{CS} 时，将使得 $I_{CS}R_C \approx E_C$，即 $U_{CE} \approx 0$，此时有

$$I_{CS} \approx \frac{E_C}{R_C} \tag{3-196}$$

即此时 I_C 将不再随 I_B 而变，仅由外电路参数 E_C 和 R_C 确定。在这种状态下，晶体管已进入饱和状态，I_{CS} 称为晶体管的饱和电流。实际上，U_{CE} 不会减小到零，开关晶体管在饱和时的 U_{CE} 约为 0.3 V，这个电压降称为饱和压降，用 U_{CES} 表示。

在饱和状态时，晶体管的发射结处于正向偏置，发射结偏压约为 0.7 V，而 C, E 间的压降约为 0.3 V，如图 3.77 所示。这表明 C 极电位低于 B 极，即集电结也处于正向偏置，这是晶体管饱和的重要特点之一。

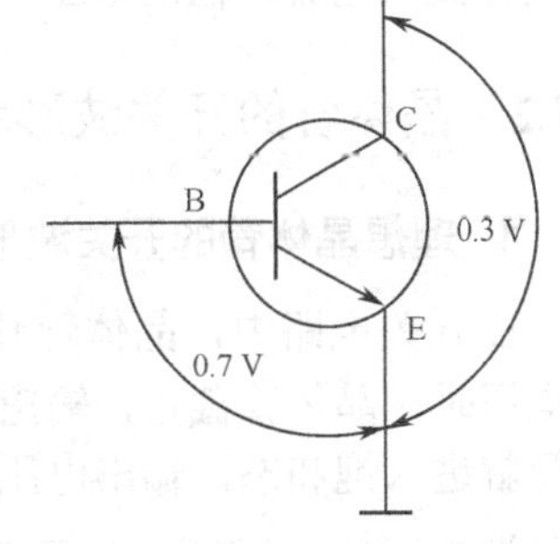

图 3.77　晶体管饱和时的电压降

使晶体管由放大区进入饱和区的临界基极电流称为临界饱和基极电流，用 I_{BS} 表示，显然有

$$I_{BS} = \frac{I_{CS}}{\beta} = \frac{E_C}{\beta R_C} \tag{3-197}$$

所以，晶体管处于饱和状态的条件为

$$I_B \geqslant I_{BS} = \frac{E_C}{\beta R_C} \tag{3-198}$$

当 $I_B > I_{BS}$ 时，定义 I_B 与 I_{BS} 之差为基极过驱动电流，用 I_{BX} 表示，即有

$$I_{BX} = I_B - I_{BS} = I_B - \frac{I_{CS}}{\beta} \tag{3-199}$$

正是这部分过驱动电流促使晶体管内部载流子运动发生变化而使晶体管进入了饱和状态。我们知道，在正常工作区，$I_C = \beta I_B$，基极电流提供的空穴，一部分是用来补充在基区由于复合而损失掉的空穴，另一部分是通过发射结注入到发射区的空穴。而当 $I_B > \dfrac{I_{CS}}{\beta}$ 时，集电极电流由于负载电阻 R_C 的限制，只能为饱和值 I_{CS}，而不可能再增加了，这时过驱动电流就成了多余的空穴电流而在基区积累起来。但是载流子在基区的分布梯度是与集电极电流大小相关联的，集电极电流达到饱和值后，基区载流子分布梯度就基本上不变了。因此，多余的空穴在基区的不断积累只能使基区载流子分布依临界饱和时的曲线向上平移。这就是说，在基区过驱动电流的作用下，靠近集电结边缘的基区载流子浓度将从接近于零增加到某一数值。与此同时，集电结的偏压也必然相应地从反偏变为零偏，甚至正偏，晶体管进入了饱和状态。

饱和状态又可分为临界饱和与深饱和。集电结偏压 $U_{BC} = 0$ 的情况称为临界饱和，此时晶体管处于放大区与饱和区的边界，这时在集电区没有非平衡载流子的积累；集电结偏压 $U_{BC} > 0$ 的情况，称为深饱和，这时 I_B 的增大并不引起 I_C 的改变。由于深饱和时 $U_{BC} > 0$，集电结两边就出现了少数载流子积累，通常把这部分载流子称为超量贮存电荷。

晶体管进入深饱和状态后，其深饱和的程度，可用饱和深度 S 来表示。饱和深度 S 定义为

$$S = \frac{I_B}{I_{CS}/\beta} = \frac{I_B}{E_C/\beta R_C} \tag{3-200}$$

饱和深度 S 又称为驱动因子，S 越大，表示晶体管饱和得越深。临界饱和时，S=1；深饱

和时，$S>1$。

（2）截止区

如果晶体管的发射结加上反向偏压（或零偏压），集电结也加上反向偏压，晶体管就处于截止区，这时晶体管内只有反向漏电流流过，其数值极小。

由图 3.76 可见，在输出特性曲线上放大区与截止区的分界线就是 $I_B=0$ 对应的那条特性曲线，此时 $I_C=I_{CEO}$。$I_B=0$ 对应的特性曲线下面的部分叫截止区。在截止区，晶体管的基极没有输入电流，输出电压（C, E 两端电压）非常接近于电源电压 E_C。

3.7.2 晶体管的开关波形和开关时间的定义

1. 理想晶体管的开关波形

在开关电路中，晶体管基极输入的是不断变化的正、负电平或正、负脉冲。当输入端是负电压时，晶体管截止，输出端是接近于电源电压 E_C 的高电平。而当输入端是正电压时，晶体管就进入饱和态，输出电压等于晶体管的饱和压降 U_{CES}，即是低电平，如图 3.78 所示。当输入端为脉冲波形时，在理想的情况下，输出波形和输入波形完全相仿，只是被放大和倒相了，如图 3.79 所示。但是，实际情况与理想情况有很大的差别。

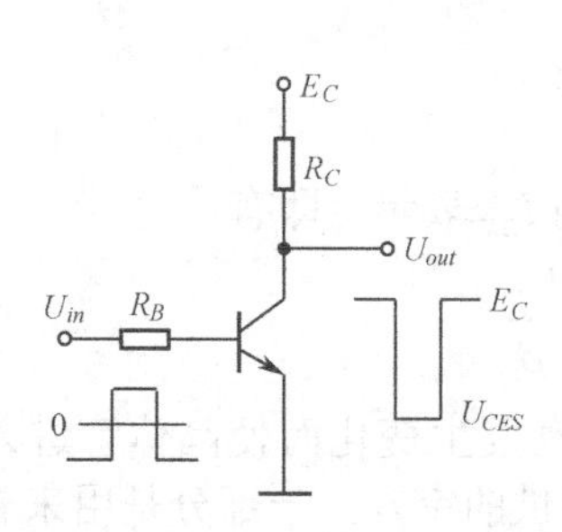

图 3.78　晶体管开关电路

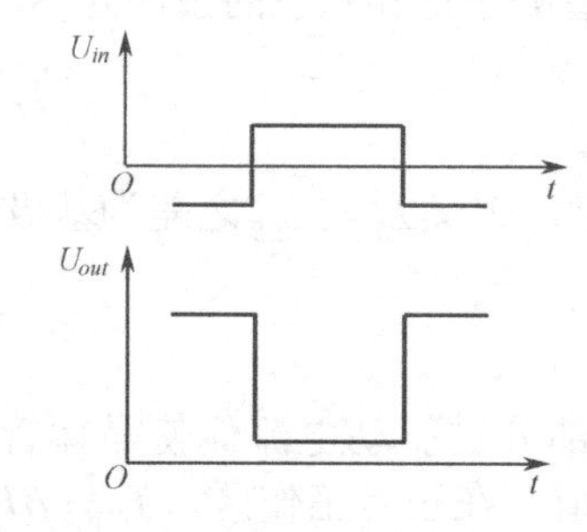

图 3.79　理想晶体管的输入和输出脉冲波形

2. 实际晶体管的开关波形和开关时间的定义

当输入端为脉冲波形时，实际观察到的输入输出波形如图 3.80 所示。在图 3.80 中，(a) 为输入电压波形，(b) 为基极电流波形，(c) 为集电极电流波形，(d) 为输出电压波形。可见，同二极管的动态开关特性一样，晶体管的开关特性它也有一个时间上的延迟，即晶体管的开关是需要时间的。在晶体管开关过程中，各个阶段所需的时间定义如下。

① 延迟时间 t_d：从输入信号 U_{in} 变为高电平开始，到集电极电流 I_C 上升到最大值 I_{CS} 的 0.1 倍（即 0.1 I_{CS}）时所需的时间。

② 上升时间 t_r：集电极电流 I_C 从 0.1 I_{CS} 上升至 0.9 I_{CS} 所需的时间。

③ 贮存时间 t_s：从输入信号 U_{in} 变为低电平或负脉冲开始，至 I_C 下降到 0.9 I_{CS} 所需的时间。

④ 下降时间 t_f：集电极电流 I_C 从 0.9 I_{CS} 下降到 0.1 I_{CS} 所需的时间。

上述四个时间都标注在图 3.80 中。必须注意，这里的上升和下降都是对集电极电流的增大和减小来说的，对输出电压则刚好相反。就是说在上升时间里，集电极电流是从 0.1 I_{CS} 增大到 0.9 I_{CS}，而输出电压则是从 E_C 减小到 U_{CES}；在下降时间里，集电极电流减小，输出电压则增大。

延迟时间、上升时间、贮存时间、下降时间总称为晶体管的开关时间。通常把延迟时间 t_d 和上升时间 t_r 合起来，称为开启时间 t_{on}，即

$$t_{on} = t_d + t_r$$

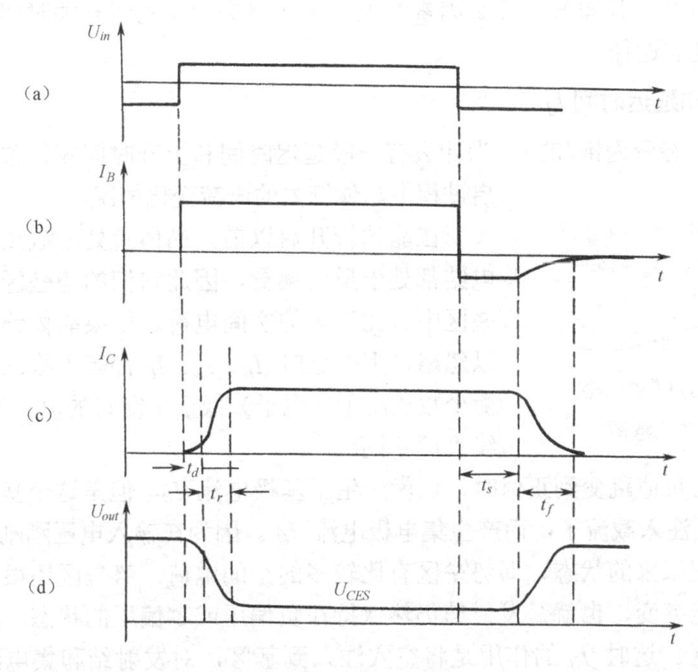

图 3.80 晶体管的开关波形

而把贮存时间 t_s 和下降时间 t_f 合起来称为关闭时间 t_{off}，亦即

$$t_{off} = t_s + t_f$$

常用的平面型开关晶体管（如 3DK 系列）的开启时间和关闭时间大致在几纳秒（ns）到几十微秒（μs）范围内。

同二极管一样，由于开关时间的存在，使晶体管的开关速度也受到了限制。当输入负脉冲的持续时间及其周期比开关时间大得多时，输出波形和输入波形相比，虽然有一些变形（失真），但是晶体管还能很好地起开关作用，如图 3.81（a）所示。但当输入负脉冲（关断晶体管）的持续时间及其周期和开关时间相近，甚至比开关时间更小时，那么在晶体管关断过程中（下降过程），输出电压尚未上升到高电平（晶体管还没有彻底关断）时，第二个高电平脉冲就来了，晶体管又开始导通了，这样输出电压波形就成为图 3.81（b）的形状，晶体管就失去了开关作用。可见，由于晶体管的开关速度的限制，输入脉冲的宽度不能太窄，频率不能太高。

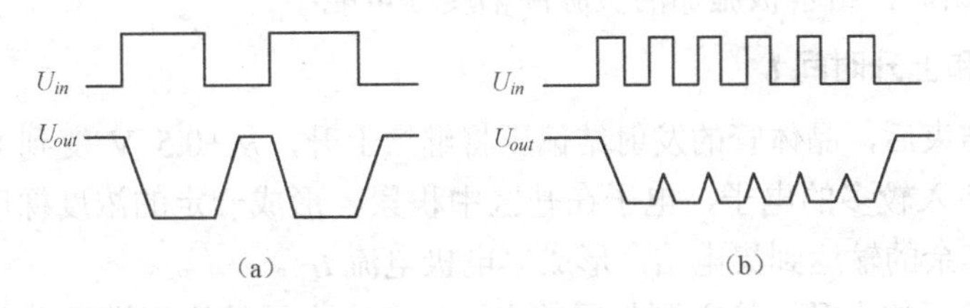

图 3.81 开关时间对脉冲波形的影响

3.7.3 晶体管的开关过程和影响开关时间的因素

为了提高晶体管的开关速度，就必须了解造成延迟、上升、贮存和下降时间的原因是什么，以及这四个时间的长短又和什么因素有关。下面就进一步阐述开关时间的物理意义，以掌握提高开关速度的途径。

1. 延迟过程和延迟时间 t_d

晶体管从截止态变为饱和态，为什么有一段延迟时间和上升时间呢？首先来分析一下开启过程中晶体管内的电荷变化情况。

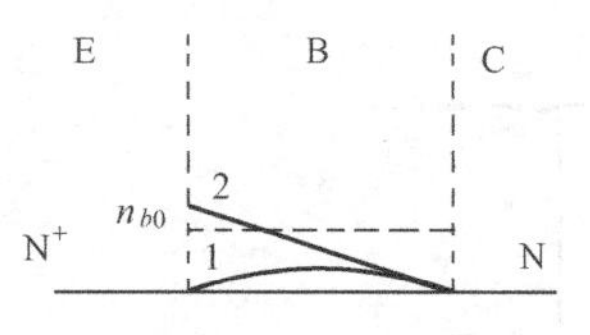

图 3.82 在延迟过程中基区电子浓度分布示意图

在晶体管开启以前，晶体管处于截止态，发射结和集电结都处于反向偏置，因此它们的势垒区是比较宽的，势垒区中有比较多的空间电荷。如果晶体管的反向漏电流可以忽略，那么这时 I_B、I_C、I_E 都等于零。在基区中的非平衡少数载流子（电子）低于平衡时的值，如图 3.82 中的曲线“1”所示。

当输入电压由负值跳变到正值时，这就产生了基极电流 I_B，但是这个基极电流并不能立即使发射结向基区注入载流子，而产生集电极电流 I_C。因为在输入电压刚刚变正时，发射结的势垒区还保持在原来的状态，即势垒区有比较多的空间电荷，势垒区还很宽。由于发射结势垒电容电压不能突变，也就是发射结仍然保持在负偏压或零偏压的状态，所以没有电子从发射区注入到基区。这时 I_B 的作用是将空穴注入到基区，对发射结和集电结的势垒电容充电，使得两个结的势垒变窄、变低。随着充电过程的进行，发射结的偏压就逐渐从负变零，再变到正。发射结的偏压变正了，就有电子从发射结注入到基区去。但是从 PN 结的正向特性可知，在 PN 结正向电压上升到约 0.5 V 以前，正向电流是微不足道的。所以，从 I_B 对发射结电容充电开始，到发射结的偏压上升到约 0.5 V 这一段时间里，发射区向基区注入电子是极少的，不足以引起明显的集电极电流，这一段时间就是延迟时间 t_d。当发射结偏压上升到 +0.5 V 时，可以认为集电极电流接近于最大值的 $\frac{1}{10}(0.1I_{CS})$，这时基区中的电子分布如图 3.82 中的曲线“2”所示。

综上所述，延迟时间 t_d 的长短取决于基极电流对发射结和集电结电容充电的快慢。所以缩短延迟时间的办法是：

① 减小发射结势垒电容 C_{Te}；

② 减小集电结势垒电容 C_{Tc}；

③ 增大基极注入电流，使势垒电容充电过程加快；

④ 晶体管关断时，给基极施加的负脉冲幅度尽可能小。

2. 上升过程和上升时间 t_r

在延迟过程结束后，晶体管的发射结偏压将继续上升，从+0.5 V 变到 0.7 V 左右，于是发射区就向基区注入较多的电子，电子在基区中积累，形成一定的浓度梯度，其中一部分在基区中复合掉，其余的输运到集电结，形成集电极电流 I_C。

随着发射结偏压的上升，注入到基区的电子增多，电子的浓度梯度增大，集电极电流 I_C 也随着增大，这就是上升过程。图 3.83 画出了在上升过程中，基区电子浓度梯度从曲线

“1”到“4”逐渐增大的情况。

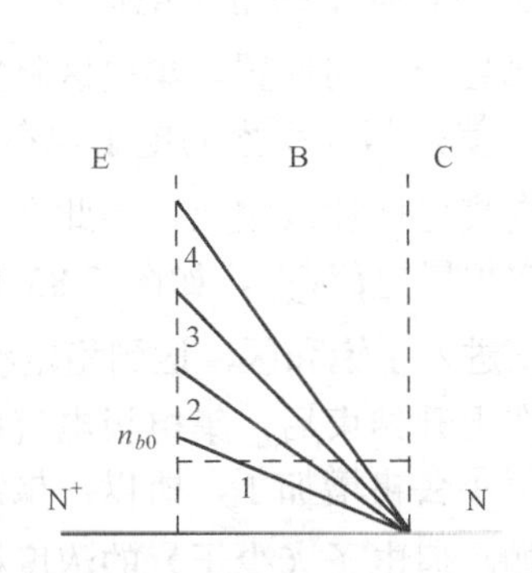

图 3.83 在上升过程中基区电子浓度梯度的增加

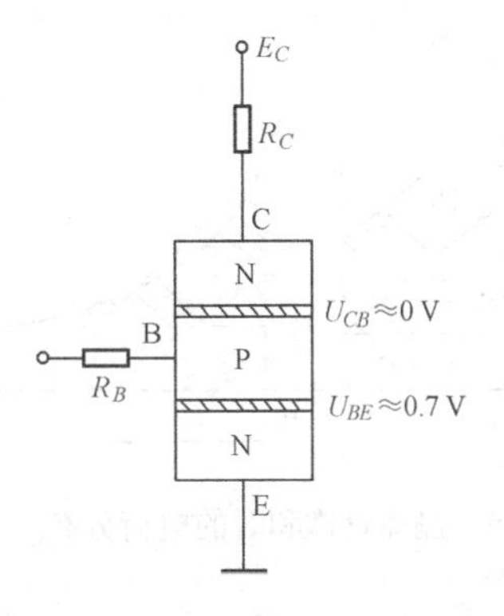

图 3.84 上升过程结束时晶体管的状态

在集电电流 I_C 增大的同时，负载电阻 R_C 上的电压降 $I_C R_C$ 也增大，使得输出电压下降，这样集电结的负偏压逐渐减小，一直减小到零偏压附近。

上升过程要到集电极电流增大到 $0.9I_{CS}$ 为止。就是说，基区中电子浓度逐渐增大，增大到了图 3.83 中的曲线“4”的分布后，电子浓度梯度基本上就不再增大了，因为这时集电极电流受到负载电阻 R_C 的限制，不会继续上升。在上升过程结束时，晶体管的状态大致如图 3.84 所示。发射结正向偏压上升到 0.7 V 左右，集电结的偏压接近零伏，这时 C, E 间的电压降约为 0.7 V，表明晶体管进入了临界饱和状态。

必须指出，上升过程的结束，并不等于晶体管内部变化的停止，因为它仅仅对应于 I_C 增加到 $0.9I_{CS}$，随着 I_C 继续增大到 I_{CS}，晶体管进入饱和区。

由以上分析可见，在上升过程中，基极电流有三个作用：一是增加基区电荷积累，增大基区少子分布梯度，使集电极电流上升；二是继续对发射结势垒电容 C_{Te} 和集电结势垒电容 C_{Tc} 充电，使结压降继续上升，结压降上升又使基区电荷积累增加，如此循环使集电极电流不断增加；三是补充基区中因复合而损失的空穴。

晶体管从截止到导通是靠基极电流（I_B）来驱动的，所以往往把 I_B 称为基极驱动电流。延迟时间和上升时间的快慢都和基极驱动电流有关，基极驱动电流越大，发射结势垒电容 C_{Te} 和集电结势垒电容 C_{Tc} 越小，上升时间就越短。

所以，缩短上升时间的办法是：

① 减小结面积 A_e 和 A_c，以减小发射结势垒电容 C_{Te} 和集电结势垒电容 C_{Tc}；

② 增大基极注入电流，使势垒电容充电过程加快，但要注意深饱和的问题；

③ 减小基区宽度，能减小基区所需的电荷积累，尽快建立所需的少子浓度梯度；

④ 增大基区少子寿命，减小基区复合电流。

3. 贮存电荷和贮存时间 t_s

在上升过程结束以后，集电结电流再略增大些，达到最大值 I_{CS}，集电结从负偏变为零偏，发射结和集电结的势垒电容充电基本结束，晶体管各部分的电压基本上就不再变了。这时假如基极驱动电流 I_B 所注入的空穴与同一时间内因复合而减少的空穴数相等，那么在基区中的电荷积累 Q_b 就不再变化。

但是，在实际中晶体管作为开关应用时，总是处于过驱动状态，基极驱动电流很大，除了补充复合掉的空穴以外还有多余，使基区中的空穴继续积累，因而除了临界饱和时的电荷

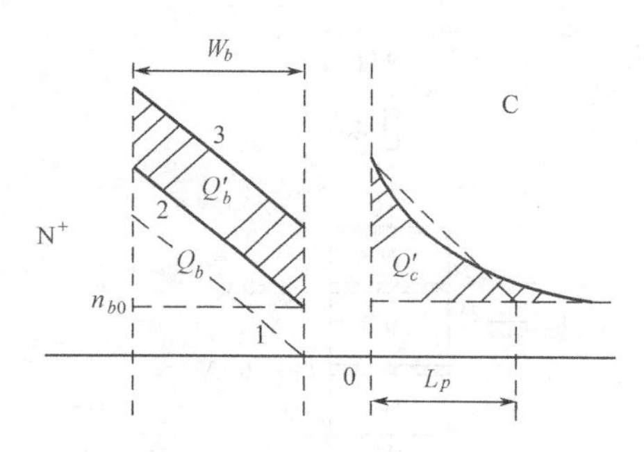

图 3.85　晶体管饱和时的电荷分布

Q_b外，还形成了超量存储电荷Q'_b，为了保持电中性，基区中也要有等量的电子电荷积累（$-Q'_b$）。此时集电结已处于正向偏置，集电区将向基区注入电子（实际上就是基区积累的电子电荷$-Q'_b$），同时基区也将向集电区注入空穴，因此在集电区也形成相应的空穴积累电荷Q'_c，如图 3.85 所示，这时晶体管才真正进入了饱和区，达到稳定状态。

但是，在上升结束后，集电极电流已达到最大值I_{CS}，I_{CS}就不会再增加了，所以，虽然基区中的电荷量在增加，但电子（少子）的浓度梯度保持不变，因此基区内载流子的分布按照临界饱和时的分布梯度（图 3.85 中的曲线“2”，此时集电结处于零偏）向上平移（图 3.85 中的曲线“3”，此时集电结变为正偏）。

在上升过程结束以后，由于晶体管处于过驱动状态，集电结从零偏变为正偏，集电区除了要向基区注入电子外，基区也要向集电区注入空穴，所以在集电区中也有一部分空穴电荷积累量Q'_c，Q'_c积累在空穴扩散长度 L_p 这一段距离内。因此，在过驱动的情况下，晶体管的基区和集电区中都要多积累一部分空穴电荷Q'_b和Q'_c，这部分电荷叫超量贮存电荷。超量贮存电荷的出现表示晶体管进入了深饱和状态，超量贮存电荷越多，晶体管饱和深度就越深。贮存电荷多了，复合也相应地增加，直到由于Q_b，Q'_b和Q'_c所引起的空穴复合数等于同一时间内由I_B流入的空穴数时，贮存电荷就不再增加，达到了稳定的状态。

当基极电压突然变负时，在基极产生了抽取电流I'_B，它起抽取贮存电荷的作用。然而，在Q'_b和Q'_c被全部抽走以前，基区中的电子浓度梯度不会减小，所以集电极电流仍保持在最大值I_{CS}，于是就出现了一段I_C基本不变的时间，参见图 3.80。显然，这段时间就是基区和集电区的超量贮存电荷Q'_b和Q'_c的被基极电流I'_B抽走所需的时间，称为贮存时间。（严格地说，还应加上从I_{CS}下降到 $0.9\,I_{CS}$所需的时间，才是贮存时间。因为当Q'_b和Q'_c完全消失时，I_C还没有下降到$0.9\,I_{CS}$，但是贮存时间主要是Q'_b和Q'_c消失所需的时间。）

图 3.86 画出了在贮存时间内，基区和集电区的贮存电荷消失的过程。可见，超量贮存电荷Q'_b和Q'_c越多，贮存时间就越长。因此，要减少贮存时间，可以采取以下措施：

① 减少超量贮存电荷，即应减小基极驱动电流I_B，避免晶体管进入深饱和状态。

② 增大基极抽取电流I'_B。

③ 缩短基区电子寿命和集电区空穴寿命，使复合加快。集电区空穴寿命短，扩散长度L_p就小，集电区贮存的空穴电荷也就少。

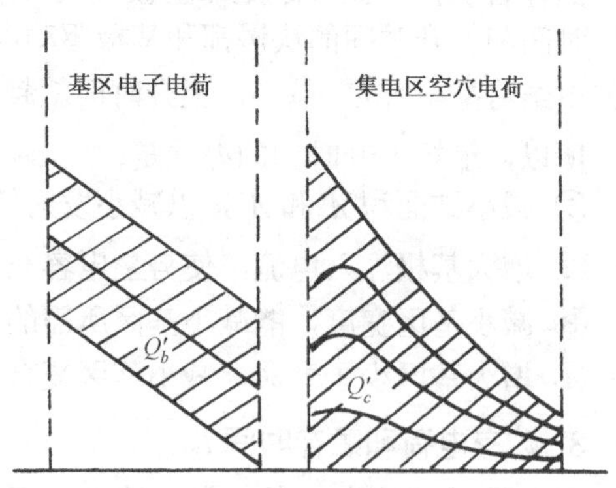

图 3.86　贮存电荷的消失

4. 下降过程和下降时间 t_f

在贮存过程结束后，晶体管中的电荷分布又回到和上升过程结束时相同的情况，参见图 3.83。这时集电极电流I_C等于$0.9\,I_{CS}$，基区中还存在积累电荷Q_b。

但是因为I'_B要继续从基区中抽取空穴，并且基区中积累的电子和空穴不断地复合，使得基区中积累的电荷量继续减少，电子和空穴的浓度梯度也减小，集电极电流就从I_{CS}开始下降，一直到集电极电流I_C等于 $0.1\,I_{CS}$，这就是下降过程。在下降过程中，基区电子浓度的变化刚好和上升过程相反，如图 3.83 所示，电子浓度梯度的变化趋势从 $4\to1$。在下降过程中，集电结从零偏压降到负偏压，发射结的正向偏压从0.7 V开始下降。

下降过程一直进行到基区中积累的电荷Q_b消失为止，这时集电极电流I_C等于 $0.1\,I_{CS}$。这一过程是同上升过程相反的。在上升过程中，基极驱动电流I_B注入空穴到基区，使发射结和集电结势垒电容充电，并使基区中产生积累电荷Q_b；而在下降过程中，发射结和集电结的势垒电容放电，并同积累的电荷Q_b一起被基极电流I'_B抽走。所不同的是，基区中电子和空穴的复合作用对上升和下降过程的影响不一样：在上升过程中，复合作用阻碍了空穴和电子的积累，所以起了延缓上升过程、增大上升时间的作用；在下降过程中，复合作用加快了空穴和电子的消失，所以起了加速下降过程、缩短下降时间的作用。

下降时间的长短取决于发射结势垒电容C_{Te}、集电结势垒电容C_{Tc}、寿命τ和基极抽取电流I'_B。C_{Te}，C_{Tc}和τ越小或I'_B越大，下降时间就越短。

下降过程的结束，并不等于晶体管内部变化的停止，只有下降到发射结和集电结都反偏时，晶体管才处于稳定的截止状态。

3.7.4 提高开关晶体管开关速度的途径

通过分析晶体管的四个开关过程，从中可以看到，缩短四个开关时间的措施往往是矛盾的。例如，增大基极驱动电流I_B，固然可使延迟时间和上升时间缩短，但这会增加饱和深度S，使t_s增加；又如，增大抽取电流I'_B，可以有效降低t_f，但若通过减小R_B来实现，又会使I_B增加。由此看来，没有一个办法可以同时缩短四个开关时间，总是有利有弊。但是，我们必须折中考虑，抓住影响开关速度的主要因素。四个时间中属贮存时间t_s最长，缩短了t_s也就大幅度地缩短整个开关时间。也就是说，缩短t_s便成了缩短整个开关时间的关键问题。

为了提高晶体管的开关速度，可从晶体管内、外两方面加以考虑。

1. 晶体管内部考虑

① 掺金（尤其是对 NPN 管掺金）更为有利，它既不影响电流增益又可有效地减小集电区少子（空穴）寿命，进而减少饱和时超量贮存电荷Q'_c，同时加速Q'_c的复合。

② 在保证集电结耐压的情况下，尽量减薄外延层厚度，降低外延层电阻率。这样既可以减小集电区少子寿命，限制Q'_c，又可以降低饱和压降U_{CES}。

③ 减小结面积，这可有效地缩短t_d，t_r和t_f。但是，结面积最小尺寸受集电极最大电流I_{CM}及工艺水平的限制。

④ 减小基区宽度，可使t_r和t_f大大降低。

2. 从晶体管外部考虑

① 加大I_B，可缩短t_d和t_r，但太大会使饱和过深，饱和深度S过大，一般控制$S=4$来选择适当的I_B。

② 加大I'_B，反向抽取快，可缩短t_s和t_f，但注意应选在R_B允许范围之内。

③ 晶体管可工作在临界饱和状态。这样就不会有超量贮存电荷Q'_b和Q'_c，$t_s=0$，但此时

C, E 之间的压降 U_{CE} 较高（接近 0.7 V）。

④ 在 U_{CC} 与 I_B 一定时，选择较小的 R_L 可使晶体管不致进入太深的饱和状态，有利于缩短 t_s。但 R_L 太小会使 I_{CS} 增大，从而延长了 t_r 和 t_f，并增加了功耗。

另外，管壳电容、布线电容等附加电容 C_L 也会影响开关速度，如图 3.87 所示。在上升过程中，晶体管要进入导通状态，集电极 C 的电位降低，C_L 通过晶体管放电，如图 3.87（a）所示。由于此时晶体管处于低阻态，放电很快，对 t_r 影响较小。在下降过程中，晶体管要截止，集电极 C 的电位上升，此时电源通过 R_C 对 C_L 充电，如图 3.87（b）所示。R_C 的值越大，充电时间常数 R_CC_L 越大，导致下降时间 t_f 延长，这往往会成为影响 t_f 的主要因素，所以 R_C 总是在功耗允许的范围内尽可能选得小一些。

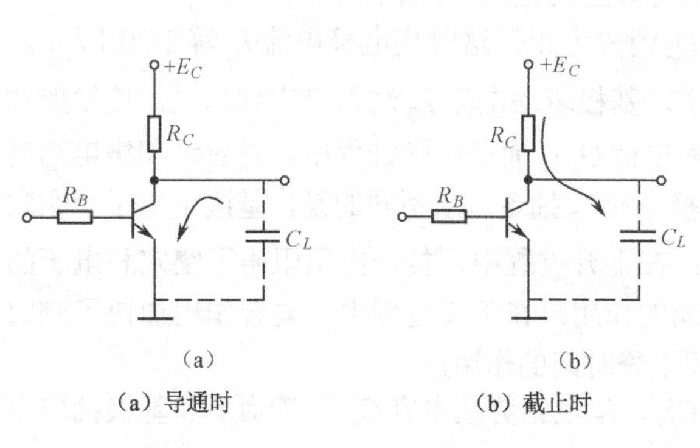

（a）导通时　　（b）截止时

图 3.87　C_L 对开关过程的影响

3.7.5　开关晶体管的正向压降和饱和压降

开关晶体管的正向压降和饱和压降是晶体管处于“开态”时的重要参数，现分别介绍如下：

1. 晶体管共发射极正向压降 U_{BES}

晶体管的共发射极正向压降 U_{BES}，是指将晶体管驱动到饱和状态时，基极和发射极之间的电压降，如图 3.88 所示。

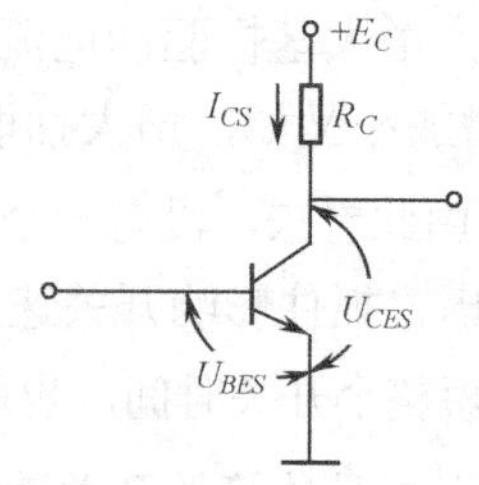

图 3.88　晶体管的正向压降和饱和压降

U_{BES} 基本上就是一个二极管的正向压降，数值也和 U_D 差不多。但是，由于晶体管的结构和它的应用状态，使得 U_{BES} 和单个二极管的情况有一些不同。

① 平面晶体管的基区很薄，基极电流要流过一个窄长的区域，因此基极电阻比较大，一般为几十到几百欧。而在开关应用中，晶体管的基极电流 I_B 比较大，通常为毫安量级甚至更大，因此基极电阻引起的电压降 I_Br_b 必须加以考虑。

② 发射结的电流-电压关系和单个 PN 结的情况也有一些区别，因为在晶体管中有两个相距很近的 PN 结，集电结对发射结的伏安特性有一定影响。

所以，晶体管的共发射极正向压降 U_{BES} 由下面几部分组成：

① 发射极本身的压降 U_{je}，它是由发射极电流 I_E 的大小决定的，具有和二极管 U_D 同样的特征；

② 基极电阻上的压降 I_Br_b；

③ 发射极串联电阻 r_{es} 上的压降 I_Er_{es}，即

$$U_{BES} = U_{je} + I_Br_b + I_Er_{es} \tag{3-201}$$

发射极串联电阻不大，它所引起的压降往往可以忽略，但是如果电极接触做得不好，发

射极串联电阻 r_{es} 比较大，而 I_E 又很大，它在 r_{es} 上引起的压降 $I_E r_{es}$ 就很大，这往往是正向压降 U_{BES} 过大的最主要原因。

U_{BES} 规定了使晶体管开启（进入饱和区）所需的最小输入电压，U_{BES} 太大当然是不合理的。不过在正常的工艺条件下，r_{es} 和 r_b 都不会做得太大，U_{BES} 基本上还是决定于发射结本身的压降 U_{je}，大约是 0.7~0.8 V。

2. 晶体管共发射极饱和压降 U_{CES}

晶体管的共发射极饱和压降 U_{CES} 是晶体管处于饱和状态时，集电极和发射极之间的电压降。U_{CES} 是一个很重要的开关参数，它标志着开关晶体管处于饱和导通状态时的输出特性，直接决定了逻辑电路的输出低电平，U_{CES} 越小越好。图 3.89 是晶体管处于饱和状态的示意图。

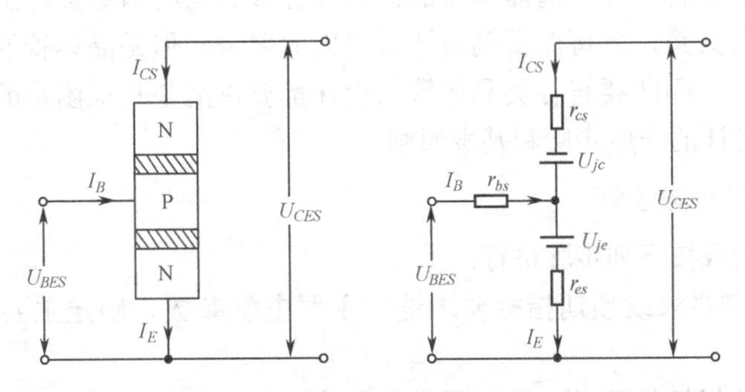

图 3.89　晶体管饱和状态示意图

影响 U_{CES} 的大小的因素主要有：

① 在饱和状态时，发射结上的压降 U_{je} 和集电结上的压降 U_{jc} 之差；

② 集电极电流 I_{CS} 在集电区体电阻 r_{cs} 上的电压降。

r_{es} 与 r_{cs} 相比小得多，所以 r_{es} 的压降可忽略不计，因此 U_{CES} 可以写成上面两部分之和，即有

$$U_{CES} = (U_{je} - U_{jc}) + I_{CS} r_{cs} \tag{3-202}$$

r_{cs} 决定于集电区电阻率及厚度，为了减小 r_{cs} 对 U_{CES} 的影响，同时又能满足集电结击穿电压的要求，开关晶体管一般都采用外延结构。这样，只要适当选择外延层的电阻率及其厚度，就能保证击穿电压满足设计要求，同时低阻衬底又可达到减小饱和压降的目的。

有时，由于工艺上的原因，也会使 U_{CES} 偏高，影响成品率。例如，外延片有夹层，集电极接触不良，集电区电阻偏高，外延层太厚，等等。有时因为 β_0 过小，使得在测试条件下晶体管并没有进入深饱和状态，这时测出的 U_{CES} 也会偏高。其原因，一方面是 U_{jc} 接近于零或者是一个很小的正值，则（$U_{je} - U_{jc}$）相应增高；另一方面是在深饱和时集电区有大量电荷贮存，这种空穴的贮存使得集电区串联电阻 r_{cs} 减小，U_{CES} 就会下降，但当晶体管没有进入深饱和时，则 r_{cs} 相应要变大，U_{CES} 就偏高了。

3.8　晶体管的设计

晶体管的设计是前面所学知识的综合应用。前面所学的基本理论只能反映晶体管内部的基本规律，而且这些规律性往往是在基于很多假设，并忽略了很多次要因素的情况下得到

的，如工艺因素的影响、半导体材料的影响及杂质浓度的具体分布形式等。因此，在进行晶体管的设计时必须将从生产实践中总结出的经验数据和基本的理论结合起来，经过多次反复，才能得到切实可行的设计方案。同时，对有志从事半导体器件以至集成电路有关工作的工程技术人员来说，要系统地掌握半导体器件、集成电路、半导体材料及工艺的有关知识，晶体管设计也是必不可少的重要环节。

3.8.1 晶体管设计的一般方法

晶体管设计过程，实际上就是根据现有的工艺水平、材料水平、设计水平和手段以及所掌握的晶体管的有关基本理论，将用户提出的或预期要得到的技术指标或功能要求，变成一个可实施的具体方案的过程。因此，设计者必须对当前的所能获取的半导体材料的有关参数和工艺参数有充分的了解，并弄清晶体管的性能指标参数与材料参数，工艺参数和器件几何结构参数之间的相互关系，才可能得到设计所提出的要求。但是晶体管的种类繁多，性能指标要求也就千差万别，因此要将各类晶体管的设计都要讲清楚是很困难的，所以我们只能简单介绍一下晶体管设计的一般步骤和基本原则。

1. 晶体管设计的一般步骤

晶体管设计可大致按下列步骤进行：

首先，根据用户要求或预期指标要求选定主要电学参数，确定主要电学参数的设计指标。

其次，根据设计指标的要求，了解同类产品的现有水平和工艺条件，结合设计指标和生产经验进行初步设计，设计内容包括以下几个方面：

① 根据主要参数的设计指标确定器件的纵向结构参数，如集电区厚度W_c、基区宽度 W_b 和扩散结深 X_j 等；

② 根据设计指标确定器件的图形结构，设计器件的图形尺寸，绘制出光刻版图；

③ 根据设计指标选取材料，确定材料参数，如电阻率ρ 、位错、寿命、晶向等；

④ 根据现有工艺条件，制定实施工艺方案；

⑤ 根据晶体管的类型进行热学设计，选择封装形式，选用合适的管壳和散热方式等。

第三，根据初步设计方案，对晶体管的电学参数进行验算，并在此基础上对设计方案进行综合调整和修改。

最后，根据初步设计方案进行小批量试制，暴露问题，解决矛盾，修改和完善设计方案。

2. 晶体管设计的基本原则

（1）全面权衡各电学参数间的关系，确定主要电学参数

尽管晶体管的电学参数很多，但对于一种类型的晶体管，其主要电学参数却只有几个。如对高频大功率管，主要的电学参数是 f_T，BU_{CB0}，P_{CM} 和 I_{CM} 等；而高速开关管的主要电学参数则为t_{on}，t_{off}，U_{BES} 和U_{CES}。因此，在进行设计时，必须全面权衡各电学参数间的关系，正确处理各参数间的矛盾，找出器件的主要电学参数，根据主要电学参数指标进行设计，然后再根据生产实践中取得的经验进行适当调整，以满足其他电学参数的要求。

（2）正确处理设计指标和工艺条件之间的矛盾，确定合适的工艺实施方案

任何一个好的设计方案都必须通过合适的工艺才能实现。因此，在设计中必须正确处理设计指标和工艺条件之间的矛盾。设计前必须了解工艺水平和设备精度，结合工艺水平进行

合理设计。

（3）正确处理技术指标和经济指标间的关系

设计中既要考虑高性能的技术指标，也要考虑经济效益。否则，过高地追求高性能的技术指标，将使成本过高。同时，在满足设计指标的前提下，尽可能降低参数指标水准，便于降低对工艺的要求，提高产品成品率。

最后，在进行产品设计时，一定要考虑器件的稳定性和可靠性。

3. 晶体管电学参数与结构、材料和工艺参数之间的关系

由于晶体管的种类繁多，性能指标要求也各不相同，因此为了正确而又合理地设计晶体管，设计者必须弄清晶体管的各项电学参数与材料参数、工艺参数和器件几何结构参数之间的相互关系。

双极晶体管的主要电学参数可分为直流参数、交流参数和极限参数三大类。下面将电学参数按三大类进行汇总，在括号内指出与它有关的主要参数。

（1）直流参数

① 共射电流放大系数β：主要与W_b，$\overline{N}_B$，$\overline{N}_E$有关；

② 反向饱和电流I_{CBO}，I_{CEO}和I_{EBO}：主要与寿命τ，空间电荷区宽度有关；

③ 饱和压降U_{CES}：主要与$r_b(W_b,\overline{N}_B,l_e,s_e)$和$r_{cs}(N_C,W_c,A_c)$有关；

④ 输入正向压降U_{BES}：主要与$r_b(W_b,\overline{N}_B,l_e,s_e)$有关。

（2）交流参数

① 特征频率f_T：由传输延迟时间τ_{ec}决定，还与A_e，$\tau_b(W_b,N_B)$，$\tau_c(A_c,N_C)$和$\tau_d(N_C)$有关；

② 功率增益G_P：主要由f_T，$C_c(A_c,A_{Pad})$和$r_b(W_b,\overline{N}_B,l_e,s_e)$决定；

③ 开关时间t_{on}和t_{off}：主要与A_e、A_c、基区和集电区少子寿命τ和集电区厚度W_c有关；

④ 噪声系数N_F：N_F主要由r_b和f_T决定。

（3）极限参数

① 击穿电压：BU_{CEO}，BU_{CBO}主要由N_C，W_c和X_{jc}决定；BU_{EBO}主要由发射结边界的基区表面浓度决定；

② 集电极最大电流I_{CM}：与发射极总周长L_E、集电区杂质浓度N_C有关，或与W_b，$\overline{N}_B$有关；

③ 最大耗散功率P_{CM}：主要与热电阻R_T（基区面积A_b、芯片厚度t）有关；

④ 二次击穿耐量：主要与W_c，N_C和镇流电阻R_E有关。

总之，晶体管的各电学参量之间是相互关联的，而且电学参数随结构参数的变化关系也相当复杂，甚至出现相互矛盾的情况。表 3.1 列出了几个主要电学参数与结构和材料参数间的关系。例如，N_C增加，I_{CM}增大，但BU_{CBO}将降低。因此，在设计中必须正确处理各参数间的关系。

表 3.1 主要电学参数与结构和材料参数间的关系

电学参数	结构和材料参数						
	W_b↑	W_c↑	N_c↑	$\overline{N}_E$↑	$\overline{N}_B$↑	A_e↑	A_c↑
β	↓			↑	↓		

续表

	结构和材料参数						
电学参数	W_b↑	W_c↑	N_c↑	$\overline{N}_E$↑	$\overline{N}_B$↑	A_e↑	A_c↑
f_T	↓	↓	↑	↑	↓	↓	↓
I_{CM}	↑		↑		↑	↑	
G_P	↓	↓	↑		↑	↓	↓
U_{CES}		↑	↓	↓	↓	↓	↓
BU_{CBO}			↓				

3.8.2 晶体管的纵向设计

通常提到的晶体管是指纵向的晶体管（组成晶体管的两个 PN 结是纵向分布的），但在集成电路的设计和制造中常常还会涉及到横向晶体管（组成晶体管的两个 PN 结是横向分布的）。一般情况下，分立元件的晶体管或单管指的是纵向晶体管，因此我们下面只讨论纵向晶体管的设计；同时为了使设计思路清晰，在此仅讨论一般晶体管的设计。

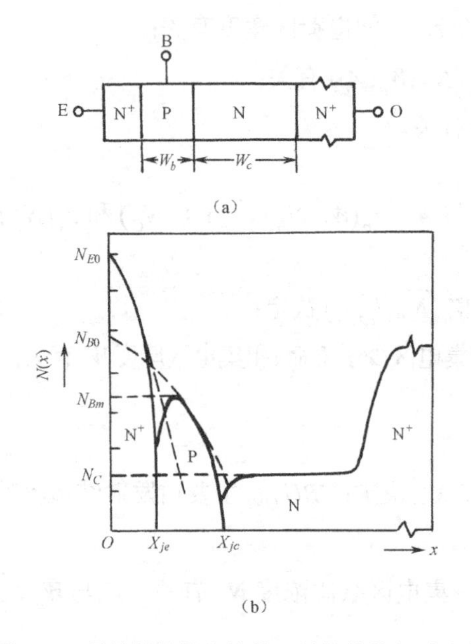

图 3.90　晶体管的纵向结构及晶体管的杂质分布

双极晶体管是由发射结和集电结两个 PN 结组成的，晶体管的纵向结构就是指在垂直于两个 PN 结面上的结构，如图 3.90 所示。因此，纵向结构设计的任务有两个：首先是选取纵向尺寸，即确定衬底厚度W_t、集电区厚度W_c、基区宽度W_b、扩散结深X_{je}和X_{jc}等；其次是确定纵向杂质浓度和杂质分布，即确定集电区杂质浓度N_C、衬底杂质浓度N_{Sub}、表面浓度N_{ES}、N_{BS}以及基区杂质浓度分布$N_B(x)$等，并将上述参数转换成生产中的工艺控制参数。

纵向结构尺寸与杂质分布确定下来后，就可制定实施工艺方案了。通常纵向结构尺寸与杂质分布是相互关联的，因此在选择纵向几何尺寸和杂质分布参数时，往往需要同时考虑，交叉进行。下面分别加以介绍。

1. 集电区杂质浓度或电阻率的选择原则

集电区电阻率的最小值主要由击穿电压决定，最大值受集电区串联电阻r_{cs}的限制。

在晶体管的电学参数中，特征频率f_T、饱和压降U_{CES}、最大集电极电流I_{CM}、击穿电压和二次击穿耐量都与集电区的掺杂浓度有关。而且，上述参数对集电区掺杂浓度的要求相互矛盾。例如，提高击穿电压要求集电区具有高的电阻率ρ_c，而增大I_{CM}、降低U_{CES}和提高f_T却希望集电区具有较低的电阻率。对上述参数进行仔细分析后可以发现，上述参数中，只有击穿电压主要由集电区电阻率决定。因此，集电区电阻率的最小值由击穿电压决定，在满足击穿电压要求的前提下，尽量降低电阻率，并适当调整其他参量，以满足其他电学参数的要求。

对于击穿电压较高的器件，在接近雪崩击穿时，集电结空间电荷区已扩展至均匀掺杂的外延层。因此，当集电结上的偏置电压接近击穿电压时，集电结可用突变结近似，对于 Si 器件击穿电压为$U_B = 6\times10^{13} N_{BC}^{-3/4}$，由此可得集电区杂质浓度为

$$N_C = \left(\frac{6\times10^{13}}{BU_{CBO}}\right)^{4/3} = \left(\frac{6\times10^{13}}{\sqrt[n]{1+\beta}BU_{CEO}}\right)^{4/3} \tag{3-203}$$

2. 集电区厚度 W_c 的选择原则

（1）集电区厚度的最小值

集电区厚度的最小值由击穿电压决定。通常为了满足击穿电压的要求，集电区厚度W_c必须大于击穿电压时的耗尽层宽度，即$W_c > X_{mB}$（X_{mB}是集电区临界击穿时的耗尽层宽度）。对于高压器件，在击穿电压附近，集电结可用实变结耗尽层近似，因而

$$W_c > X_{mB} = \left[\frac{2\varepsilon_0\varepsilon_S BU_{CBO}}{qN_C}\right]^{1/2} \tag{3-204}$$

此外，从改善二次击穿特性考虑，要求

$$W_c \geqslant \frac{BU_{CBO}}{E_{cr}} \tag{3-205}$$

式中，$E_{cr} \approx 1\times10^5$ V/cm（对于硅）。可见，为了提高击穿电压，改善二次击穿特性，希望集电区厚度W_c厚一些好。

（2）集电区厚度的最大值

W_c的最大值受串联电阻r_{cs}的限制。增大集电区厚度会使串联电阻r_{cs}增加，饱和压降U_{CES}增大，因此W_c的最大值受串联电阻限制。为了提高二次击穿耐量，同时又不使串联电阻增加过多，可以采用双层外延的集电区结构，如图 3.91 所示。第一外延层的杂质浓度N_1较高，厚度W_{c1}较厚，其主要作用是提高二次击穿耐量。实践中发现，二次击穿耐量主要取决于这一层的电阻率和厚度。表面一层外延层的杂质浓度N_2和厚度W_{c2}由击穿电压决定。

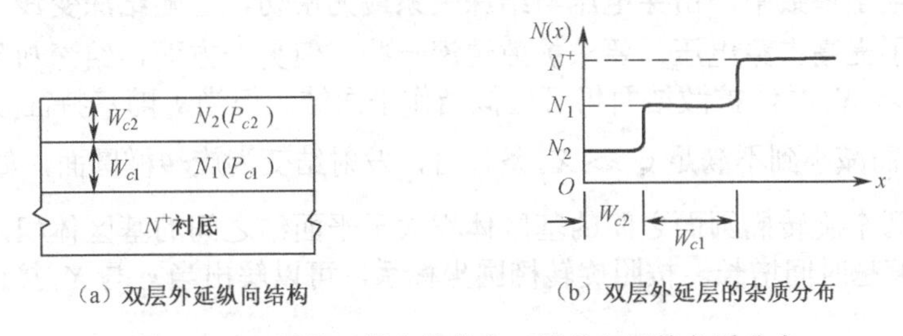

（a）双层外延纵向结构　　（b）双层外延层的杂质分布

图 3.91　双层外延纵向结构和双层外延层的杂质分布

3. 基区宽度

在晶体管的电学参数中，电流放大系数β、基区穿通电压U_{PT}、特征频率f_T以及功率增益G_P等，都与基区宽度有关。那基区宽度的最大值和最小值受哪些因素的影响呢？

（1）基区宽度的最大值

对于低频管，与基区宽度有关的主要电学参数是β，因此低频器件的基区宽度最大值由β确定。当发射效率$\gamma \approx 1$时，电流放大系数$\frac{1}{\beta} \approx \frac{W_b^2}{\lambda L_{nb}^2}$，因此基区宽度的最大值可按下式估计：

$$W_b < \left[\frac{\lambda L_{nb}^2}{\beta}\right]^{1/2} \tag{3-206}$$

为了使器件进入大电流状态时，电流放大系数仍能满足要求，因而设计过程中取$\lambda = 4$。由式（3-206）看出，电流放大系数β要求愈高，则基区宽度愈窄。但当基区宽度过窄时，电流在从发射结向集电结传输的过程中，由于传输路程短而容易产生电流集中。因此，对于高耐压晶体管，在满足β要求的前提下，可以将基区宽度选得宽一些，使电流在传输过程中逐渐分散开，以提高二次击穿耐量。

（2）基区宽度的最小值

为了保证器件正常工作，在正常工作电压下基区绝对不能穿通。因此，对于高耐压器件，基区宽度的最小值由基区穿通电压决定。对于均匀基区晶体管，当集电结电压接近雪崩击穿电压时，基区侧的耗尽层宽度为

$$X_{mB} = \left[\frac{2\varepsilon_0\varepsilon_S}{qN_A}BU_{CBO}\left(\frac{\frac{N_D}{N_A}}{1+\frac{N_D}{N_A}}\right)\right]^{1/2} \tag{3-207}$$

对于缓变基区晶体管，可以在扩散结势垒电容和势垒宽度图上查得$\frac{X_1}{X_m}$，并由X_m确定出X_{mB}（$=X_1$）。因此，高耐压器件基区宽度的选择范围为

$$X_{mB} < W_b < \left(\frac{4L_{nb}^2}{\beta}\right)^{1/2} \tag{3-208}$$

在高频器件中，基区宽度的最小值往往还受工艺限制。

4. 扩散结深

在晶体管的电学参数中，击穿电压与结深关系最为密切，它随结深变浅、曲率半径减小而降低，因而为了提高击穿电压，要求扩散结深一些。但另一方面，结深却又受条宽限制，当发射极条宽$s_e >> X_j$时，扩散结面仍可近似当作平面结。但当s_e随着特征频率f_T的提高，基区宽度W_b变窄而减小到不满足$s_e >> X_j$条件时，发射结变为旋转椭圆面，如图 3.92 所示。发射结和集电结两个旋转椭圆面之间的基区体积大于平面结之间的基区体积，因而基区积累电荷增多，基区渡越时间增长。按照旋转椭圆坐标系，可以解出当s_e与X_j接近时，有效特征频率为

$$f_{Teff} = \frac{3}{\xi_0^2 + \xi_0 + 1} f_T(W_b) \tag{3-209}$$

式中，$\xi_0 = \frac{X_{jc}}{W_b}$。因此，$\frac{X_{jc}}{W_b}$愈大，有效特征频率愈低。图 3.92 也明显表明，$\frac{X_{jc}}{W_b}$越大，则基区积累电荷比平面结时增加越多。由于基区积累电荷增加，基区渡越时间增长，有效特征频率就下降，因此通常选取

$$\frac{X_{je}}{W_b} = 1，\quad \frac{X_{jc}}{W_b} = 2 \tag{3-210}$$

对于低频功率晶体管在保证发射结处的杂质浓度梯度，即发射效率不致过低的前提下，

基区宽度一般都取得很宽，因而发射结深也取得较大。

5. 表面杂质浓度

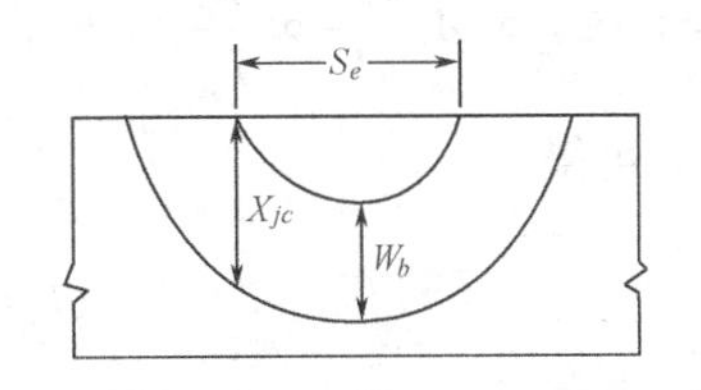

图 3.92　发射极条宽对结面形状的影响

在纵向结构尺寸选定的情况下，发射区和基区表面杂质浓度及其杂质分布的情况主要影响晶体管的发射效率γ和基极电阻r_b。减小基极电阻r_b要求提高基区平均杂质浓度$\bar{N}_B$和表面浓度N_{BS}。同时，提高基区平均杂质浓度，也有利于减小基区宽变效应和基区电导调制效应。提高发射效率则要求减小R_{se}/R_{sb}，增大发射区和基区浓度差别。为了保证在大电流下，晶体管仍具有较高的发射效率，要求发射区和基区表面浓度相差两个数量级以上，即$N_{ES}/N_{BS}\geqslant 10^2$。而发射区表面浓度由于受重掺杂效应限制，而不能无限提高，一般选取$N_{ES}=5\times10^{20}\ \text{cm}^{-3}$左右，结较深时，也可选取到$1\times10^{21}\ \text{cm}^{-3}$。

6. 芯片厚度和质量

芯片的厚度等于外延层厚度和衬底厚度之和。外延层厚度主要由集电结结深、集电区厚度、衬底反扩散层深度决定。同时扩散结深并不完全一致，在测量外延层厚度时也存在一定误差。因此，在选取外延层厚度时必须留有一定的余量。外延层的质量指标主要是要求厚度均匀，电阻率符合要求，以及材料结构完整、缺陷少等。

衬底厚度要选择适当，若太薄，则易碎，且不易加工；若太厚，则芯片热阻过大。因此，在工艺操作中，一般硅片的厚度都在 300 μm 以上，但最后都要减薄到150~200 μm，对于微波晶体管，往往减得更薄一些，在选择衬底时还应考虑衬底所用的掺杂剂。

3.8.3　晶体管的横向设计

进行晶体管横向设计的任务，是根据晶体管主要电学参数指标的要求，选取合适的几何图形，确定图形尺寸，绘制光刻版图。下面介绍图形结构的选择原则和图形尺寸的确定原则。

1. 晶体管的图形结构

晶体管的图形结构种类繁多：从电极配置上区分，有延伸电极和非延伸电极之分；从图形形状看，有圆形、梳状、网格、覆盖、菱形等不同的几何图形。众多的图形结构各有其特色。不同类型的晶体管，可以根据其性能的要求，分别选取不同的图形。晶体管图形结构的好坏，可根据决定其主要性能的有关参数来评价，这些反映图形好坏的参数通常称为图形优值，用η表示。

这里先介绍一下图形优值的概念：选择和设计不同图形结构的目的，是为了在相同的条件下，得到性能更好的器件。对于高频晶体管，高频优值$G_P f^2$是衡量器件性能的主要参数。图形优值就是由高频优值$G_P f^2$来定义的。高频优值为

$$G_P f^2=\frac{f_T}{8\pi r_b C_c} \tag{3-211}$$

由式（3-211）看出，要提高晶体管的高频优值，必须减小$r_b C_C$，提高f_T。当纵向结构参数确定之后，基极电阻$r_b\propto\dfrac{S_e R_{sb}}{L_E}$，集电极电容$C_c=(C_{Tc}+C_{pad})\propto(A_b+A_{pad})$，特征频率$f_T$中的

$\tau_e = r_e \cdot C_{Te} \propto A_e \dfrac{k_B T}{qI_E} \propto \dfrac{A_e}{L_E}$。为了突出高频优值与图形尺寸的关系，将 $r_b C_c$ 和 f_T 代入式（3-211）可得

$$G_P f^2 \propto \left[\frac{A_e}{L_E}\left(\frac{A_b}{L_E}+\frac{A_{pad}}{L_E}\right)\right]^{-1} = \eta_e \frac{\eta_b \eta_p}{\eta_b + \eta_p} \tag{3-212}$$

式中 $\eta_e = \dfrac{L_E}{A_e}, \eta_b = \dfrac{L_E}{A_b}, \eta_p = \dfrac{L_E}{A_{pad}}$。可见，$\eta$ 越大，高频优值 $G_P f^2$ 就越大。由于 η 集中反映了图形的周长面积比，反映了器件的功率和频率的矛盾，因此可以将 η_e, η_b, η_p 作为衡量图形结构优劣的参数，并称它们为图形的优值。显然，η_e 愈大，A_e 愈小，则 f_T 愈高。而提高 η_e 则意味着把一定的发射极周长尽可能压缩到最小的发射极面积内，以得到电流容量大而发射结面积小的优值图形。同样，为了提高 η_b 和 η_p，必须把一定的发射极周长压缩到尽可能小的基区面积 A_b 和延伸电极面积 A_{pad} 内，以减小 $r_b C_c$，提高 $G_P f^2$。因此，一个优质图形必须在一定的电流容量下，具有尽可能小的结面积和延伸电极面积，以减小电容，提高使用频率。或者在具有相同面积时，容纳的发射极周长尽可能大，使器件在一定的频率下具有更好的电流特性和功率特性。

晶体管的图形结构种类繁多，一般对于低频管，通常选用圆形结构；而对于高频功率晶体管，主要图形结构有梳状结构、覆盖结构、网格结构和菱形结构等。下面对这几种图形结构进行简单的分析和比较。

（1）圆形结构

对于低频管，因主要电学参数是耗散功率，即电流容量和耐压，因而对结面积无苛刻的要求，一般都采用简单的图形结构，如圆形结构。

圆形的优点是：圆形有利于提高耐压，光刻对准也简单，因而成品率较高。

圆形的缺点是：周长面积比小，当电流比较大时，由于电流集边效应使中心的发射电流很小，有效发射面积减小。

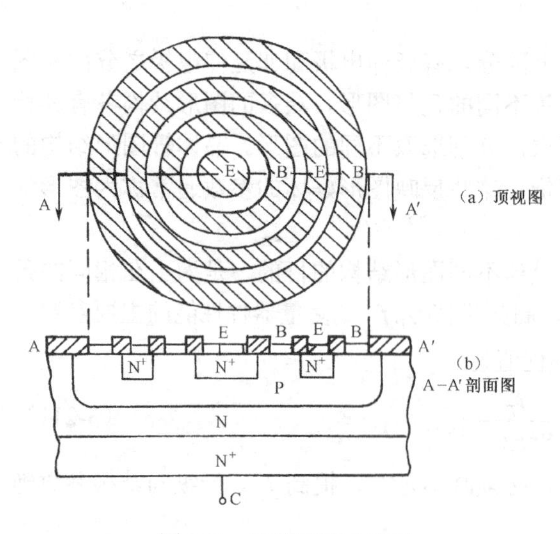

图 3.93　环形结构示意图

因此，实际器件大多采用环形结构，如图 3.93 所示，但发射极条宽（即环宽）仍然受有效条宽 s_{eff} 的限制。

（2）梳状结构

梳状结构是中小功率晶体管普遍采用的一种图形结构，频率特性要求不太高的大功率晶体管也采用梳状结构，图 3.94 所示是其结构示意图。由图 3.94 看出，晶体管的发射区分成许多分立的细条，排列在基区内，发射极电极和基极电极像两把梳子相互交叉插入，因而称为梳状结构。梳柄延伸到基区以外的厚 SiO_2 层上，形成延伸电极。

梳状结构的优点是：图形结构简单，易于设计制造；基极和发射极为相互平行

的条状结构，无跨接，因而成品率较高；可以在条状电极上串接发射极镇流电阻，提高二次击穿耐量。

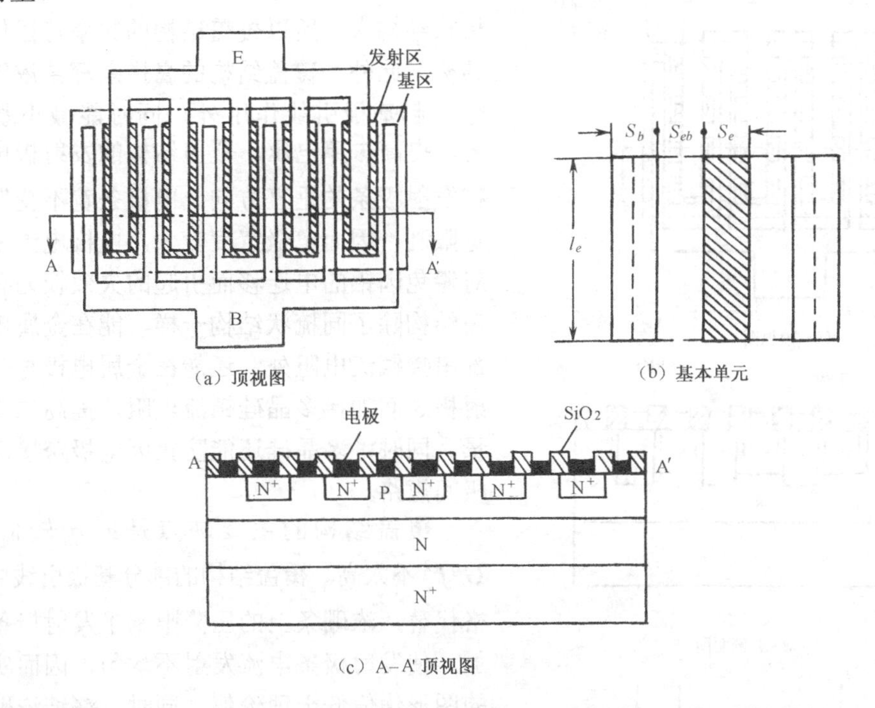

（a）顶视图　　（b）基本单元

（c）A–A′ 顶视图

图 3.94　梳状结构示意图

梳状结构的缺点是：当器件的高频优值要求较高时 η_e 和 η_b 增大，发射极条宽必须相应减小，因而金属化电极的宽度相应变窄；当电流容量一定时，减小金属电极面积，必然引起金属电极上的电流密度增加，使金属电极因铝的电迁移而引起器件失效的可能性增大。同时，减小电极宽度将使输入阻抗中的电感增加，功率增益 G_P 下降。

梳状结构的改进：梳状结构的改进型结构称为“树枝”状或“鱼骨”状结构，如图 3.95 所示，它可以减小金属电极上的电流密度。“树枝”状结构的金属电极在发射极条的垂直方向，因而金属电极宽度不受发射条宽限制，不存在电极条电流密度过大的问题。另外，树枝状结构不仅电流容量大，且周长面积比也大于梳状结构。

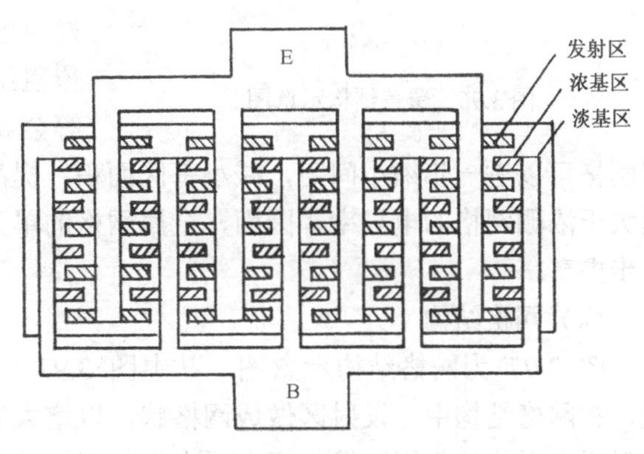

图 3.95　改进型树状结构示意图

（3）覆盖结构

图 3.96 是覆盖结构示意图。覆盖结构中浓硼 P^+ 区设计成网格状，淡硼基区被浓硼网格包围；另外在淡硼基区中再配置子发射极条，相互间隔的子发射极条排列成行和列；基极电极从浓硼网格的纵条上引出，发射极电极垂直于子发射极条并跨过横向浓硼条，最后从绝缘层上面引出。基极和发射极电极也形成梳状结构形式。

覆盖结构的特点是：发射极金属电极覆盖在发射极引线孔和浓硼区上面的厚 SiO_2 层

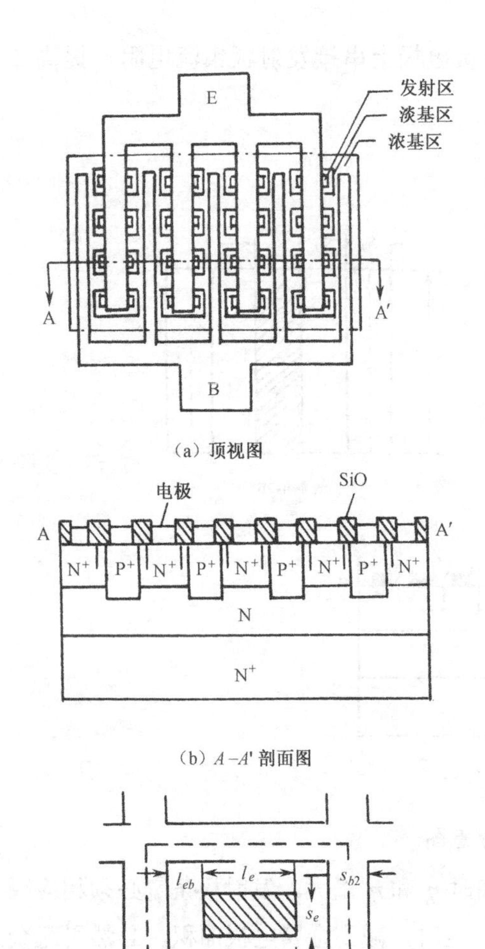

（a）顶视图

（b）A–A' 剖面图

（c）基本单元

图 3.96　覆盖结构示意图

上，因而发射极条宽与金属电极的宽度无关，发射极条宽可以大大减小。覆盖结构的η_e可做得比梳状结构大，所以覆盖结构的频率特性优于梳状结构。此外，覆盖结构的高掺杂深结浓硼网格，除了起基极引线作用外，同时能减小基极电阻r_b，提高击穿电压。覆盖结构的发射极电极覆盖在发射极条的垂直方向，电极条宽不受发射极条宽限制，因而电极宽度较大，电极电流密度小，对避免因铝的电迁移而引起的失效较为有利。覆盖结构除了同梳状结构一样，能在金属电极的根部串接镇流电阻外，还能在金属电极与分立的发射极之间加接多晶硅镇流电阻，提高二次击穿耐量。同时，多晶硅还能防止因电极跨接而造成的极间短路。

覆盖结构的主要缺点是：η_b 较低，因而$G_P f^2$不太高。覆盖结构的部分基极引线由浓硼网格代替，浓硼条上的压降限制了发射极条长的增加，使发射极条电流发射不均匀，因而实际器件的图形优值低于理论值。同时，深结浓硼网格的横向扩散限制了浓基区与发射区之间间隔的进一步缩小，使基区面积的进一步减小受到限制。而且在覆盖结构中存在电极跨接问题，对成品率带来一定的影响。

覆盖结构的改进：为了进一步缩小浓基区与发射区之间的间距，近年来设计了一种金属网格覆盖结构。用高温难熔的高电导金属，如钼、钨等金属网格代替覆盖结构中的浓硼网格。采用金属网格可以进一步缩小间距，减小基区面积，提高图形优值。同时，因为金属网格的电导率远大于浓硼网格的电导率。因而，金属网格的单元发射极条可以设计得更长，使图形优值进一步提高。

（4）网格结构

图 3.97 为网格结构示意图，其中图 3.97（b）是网格结构的基本单元。与覆盖结构相反，在网格结构中，发射区做成网格状，以增大发射极周长。同时，网格状的发射区也起着发射极内引线的作用。发射极金属电极从网格发射极的纵条上引出，而基极电极则覆盖在发射区上面的厚 SiO_2 层上。由于基区和发射区位置，以及各自的电极引出位置正好同覆盖结构相反，故网格结构也称为反覆盖结构。

网格结构的特点：网格结构的图形优值较高，因而此种结构的频率特性好，电流容量大。

网格结构的缺点：实际在网格结构中，由于发射区网格代替了部分内引线，而发射区电导率比金属电导率小，电流在网格上的压降将大于金属电极上的压降，因而网格结构的发射极电流比梳状和覆盖结构更加不均匀，发射极条长时容许的电流容量较小。其次，因为网格结构的发射极面积大，造成发射极和基极短路的几率增加，再加上存在电极跨接问题，因而成品率较低。

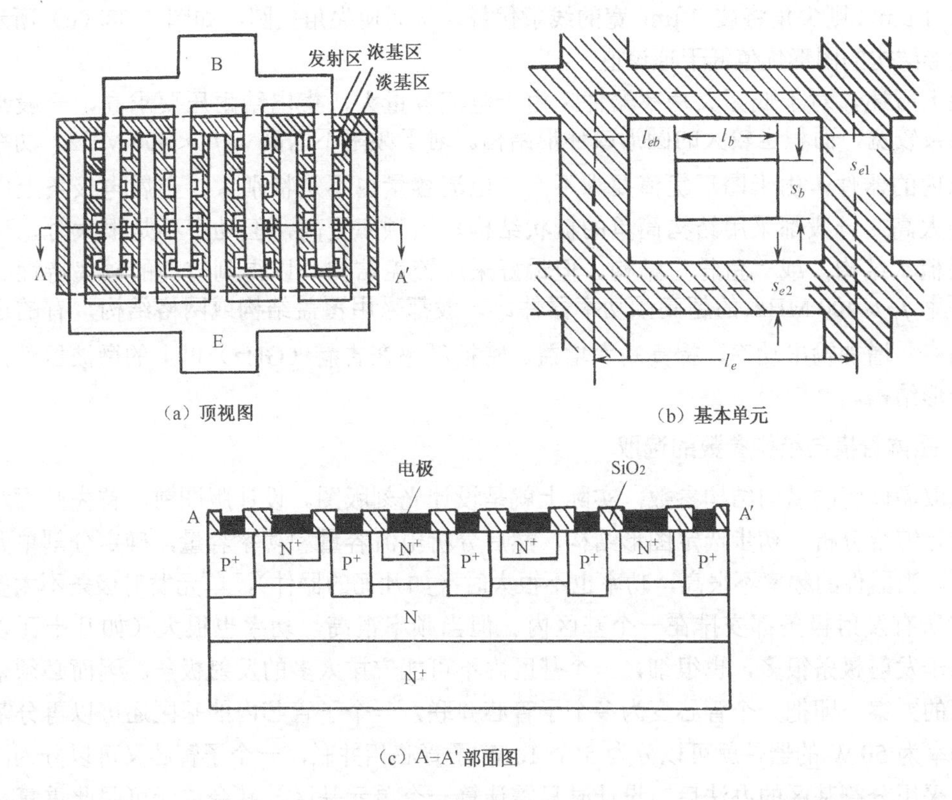

（a）顶视图　　（b）基本单元

（c）A–A' 部面图

图 3.97　网格结构示意图

（5）菱形结构

图 3.98 所示为菱形结构示意图，整个图形由交叉的菱形组成。发射区以相间的菱形排列在基区上，在每个菱形中心分别刻出基极和发射极引线孔。发射极电极从菱形的对角线引出，并有一部分覆盖在 SiO_2 层下面的基区上。同样，基极电极也有一部分覆盖在发射区上面的 SiO_2 层上。因此，菱形结构对工艺要求更高。

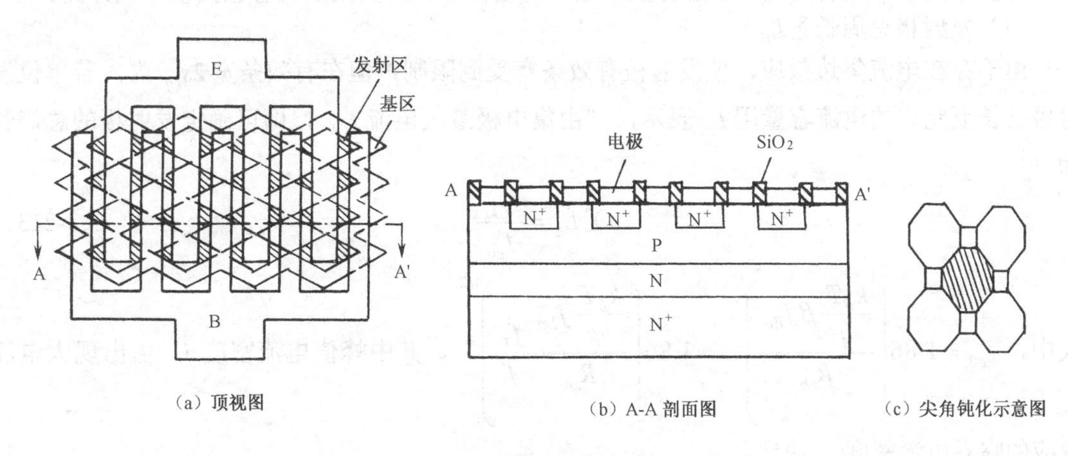

（a）顶视图　　（b）A-A 剖面图　　（c）尖角钝化示意图

图 3.98　菱形结构示意图

菱形结构的特点：菱形结构的图形优值最大。

菱形结构的缺点：菱形结构的工艺难度大，因而菱形的实际周长受工艺限制。如果光刻精度为 1 μm，则尖角将被 1 μm 宽的线条代替，从而使尖角变圆，如图 3.98（c）所示。因此，菱形结构的图形优值低于理论值。

综上所述，对于低频大功率器件，由于电流容量大，集电结耐压要求高，一般都采用发射极条较宽，面积也较大的圆形或环形结构。对于频率不太高（$f_T < 400\ \text{MHz}$）功率在几十瓦以内的器件，由于图形优值要求不高，电流容量也不是特别大，金属电极条上电流密度不会太高，一般都采用结构简单的梳状结构。当频率更高，但功率不是很大时，可以采用细条梳状结构，或“鱼骨”结构。但最好采用覆盖结构，以得到较高的频率特性。对于特征频率 $f_T > 400\ \text{MHz}$ 的超高频功率器件，一般都采用覆盖结构或网格结构，有的还采用金属网格，增加输出功率，提高功率增益。特征频率在吉赫（GHz）以上的微波器件，一般选用菱形结构。

2. 晶体管横向结构参数的选取

选取晶体管的横向结构参数，实际上就是设计光刻版图。设计版图前，首先必须对设计指标进行综合分析，初步选定图形结构，然后分析电流容量和功率容量，确定分割单元基区的数目。当器件的频率不很高，功率也不很大时（如几瓦的器件），单元发射极条不太多，因而可将所有发射极条都安排在一个基区内。但当频率很高，功率也很大（如几十瓦以上）时，由于发射极条很多，也很细，一个基区内不可能安排太多的发射极条。因而必须采用分割基区的方案，即把一个管芯变为多个子管芯并联，一个子管芯内的基区还可以再分割。例如，功率为 50 W 的器件就可以分为 5 个 10 W 子管芯相并联，一个子管芯又可以分为两个子基区。采用分割基区的办法后，设计时只需计算一个单元基区，其余单元可照此重复，并考虑到总体布局的散热问题，即可完成版图设计。

采用分割基区的多单元结构，还有利于改善芯片的温度分布，减小热阻和降低结温。至于各单元的总体布局可以从热阻和频率特性两方面考虑。从散热角度考虑，单元数目可以多一些，单元之间的间距尽量大一些。但从频率角度考虑，单元的排列应有利于内引线的均匀分布，有利于引线长度的缩短，以减小寄生参数。

分割好基本单元后，就可以进行基本图形的设计计算，其主要内容包括以下几方面。

（1）发射极总周长 $\sum L_E$

由于存在电流集边效应，使发射极有效条宽受到限制，但在有效条宽 $2s_{eff}$ 内，若单位发射极条长上允许的电流容量用 I_{e0} 表示，则由集电极最大电流 I_{CM}，即可确定发射极的总周长为

$$\sum L_E = \frac{I_{CM}}{I_{e0}} \tag{3-213}$$

式中，$I_{e0} = 1.86\left(\dfrac{\dfrac{k_B T}{q}\beta j_{Ep}}{R_{sb}}\right)^{1/2} = 1.86\left(\dfrac{\dfrac{k_B T}{q} j_{Ep}}{R_{sb}}\dfrac{f_T}{f}\right)^{1/2}$，其中峰值电流密度 j_{EP} 由出现大电流效应的临界电流密度 j_{cr} 决定。

实际上，在设计过程中，I_{e0} 往往按经验数据来进行选取。由于高频电流集边效应使有效

发射面积进一步减小，因而频率越高选取的 I_{e0} 愈小，下面是常用的一组经验数据：

当 $f = 20\text{~}400\,\text{MHz}$ 时，$I_{e0} = 0.8\text{~}1.6\,\text{A/cm}$；

当 $f = 400\,\text{MHz}\text{~}2\,\text{GHz}$ 时，$I_{e0} = 0.4\text{~}0.8\,\text{A/cm}$ ；

对于开关晶体管，$I_{e0} = 0.8\text{~}1.6\,\text{A/cm}$。

（2）单元图形尺寸的确定

单元发射极条宽 s_e：由于电流集边效应，器件的电流容量并不随发射极面积的增加而增大。因而，从提高图形优值出发，发射极条宽应小于或等于有效条宽 $2s_{eff}$ 。

但是，对于高频功率管，由于基区宽度很窄，基区薄层电阻较高。这时，若仍然按 $s_e < 2s_{eff}$ 选取条宽，就会给工艺带来困难，使器件成品率下降。因此，在图形优值要求不是特别高，工作频率不是很高的器件中，发射极条宽由光刻精度决定。若采用光刻引线孔工艺，则引线孔尺寸为由光刻精度决定的最小尺寸，发射极条宽等于引线孔尺寸加上套刻间距。

单元发射极条长 l_e：对于梳状结构，单元发射极条长由发射极金属电极上的压降决定。为了防止条长方向上的电流集中，金属电极上的压降必须限制在 $k_B T/q$ 以内。因此，单元发射极条长为

$$l_e < l_{eff} = \frac{3ns_M(k_B T/q)}{I_E R_{sM}} \tag{3-214}$$

式中 S_M 为金属电极条宽，R_{sM} 是电极条薄层电阻。若电极金属为铝，其电阻率 $\rho_M = 2.78\times10^{-6}\,\Omega\cdot\text{cm}$。设铝层厚 1.2 μm，则 $R_{sM} = 0.023\,\Omega$。在设计过程中，发射极条长也可按经验选取。一般将长宽比（l_e/s_e）控制在 30 以内，而且频率越高，其比值应控制得越小些。若 $f > 500\,\text{MHz}$，一般将长宽比（l_e/s_e）控制在 20 以内。

对于其他图形结构，l_e 可根据具体情况进行选择。

（3）延伸电极

延伸电极是指延伸到基区面积以外的 SiO_2 膜上的金属电极，其作用是压焊内引线。因此，延伸电极尺寸应大于内引线的直径。由于增大延伸电极面积将使图形优值下降，当延伸电极与半导体间组成的 MOS 电容与管壳电容一起超过集电结势垒电容的一半时，寄生电容对器件的功率增益就会产生显著影响。因此，必须减小延伸电极面积，适当增加厚氧化层厚度，一般选取延伸电极边长为内引线直径的 1.5~3 倍。同时，为了使发射极电流分布均匀，并尽量缩短内引线长度，以减小引线电感，对于电流容量较大的器件应设置几个延伸电极。在选择内引线时，一般按金丝或硅铝丝所能承受的电流容量进行选取。为了减小引线电感，可以适当增大内引线的直径，并增加相互并联的内引线条数。

思考题和习题

1．试画出处于正常偏置的 NPN 晶体管的少子分布及载流子输运过程示意图。

2．解释 NPN 晶体管的电流传输和转换机理，并画出示意图。

3．什么叫发射效率 γ 和基区输运系数 β^*？

4．什么叫晶体管共基极直流电流放大系数 α_0 和共发射极直流电流放大系数 β_0？α_0,β_0 与 γ,β^* 之间有什么关系？

5．什么叫均匀基区晶体管？均匀基区晶体管的 γ,β^*,α_0 的表达式是什么？

6．什么叫缓变基区晶体管？缓变基区晶体管的γ,β^*,α_0的表达式是什么？

7．写出考虑了发射结空间电荷区复合和基区表面复合后均匀基区晶体管的γ，β^*,α_0,β_0的表达式，并简要说明β_0公式的物理意义。

8．什么叫晶体管的直流特性曲线？试画出晶体管共基极直流输入、输出特性曲线，并解释为什么具有这种特性。

9．晶体管的反向电流$I_{CBO}, I_{EBO}, I_{CEO}$是如何定义的？$I_{CEO}$与$I_{CBO}$之间有什么关系？

10．晶体管的反向击穿电压$BU_{CBO}, BU_{CEO}, BU_{EBO}$是如何定义的？$BU_{CEO}$与$BU_{CBO}$之间有什么关系？

11．什么叫晶体管基区穿通现象及基区穿通电压U_{PT}？基区穿通时U_{PT}，BU_{CEO}与BU_{CBO}之间有什么关系？

12．什么是晶体管共基极交流电流放大系数α和共发射极交流电流放大系数β？

13．高频时晶体管电流放大系数下降的原因是什么？

14．晶体管的频率参数主要有哪些？它们是如何定义的？影响特征频率f_T的因素是什么？怎样提高特征频率f_T？

15．什么叫晶体管等效电路？试画出晶体管共基极高频等效电路（T 型）和共发射极高频等效电路（T 型），并进行简要说明。

16．什么是噪声？噪声系数N_F是如何定义的？晶体管噪声的来源是哪些？

17．比较 PN 结自建电场、缓变基区自建电场和大注入自建电场的异同点。

17．大电流时晶体管的β_0，f_T下降的主要原因是什么？并简要叙述基区扩展效应的机理。

18．什么叫晶体管发射极电流集边效应（基极自偏压效应）？

19．什么叫晶体管集电极最大耗散功率P_{CM}？它与哪些因素有关？

20．什么叫晶体管的热阻R_T？内热阻、外热阻指的是什么？如何减小晶体管的热阻？

21．什么叫晶体管的二次击穿，晶体管二次击穿的机理（电流集中二次击穿和雪崩注入二次击穿）是什么？什么是二次击穿临界线和安全工作区？

22．什么是 PN 结的静态、动态特性？什么叫反向恢复过程、反向恢复时间？产生反向恢复过程的实质是什么？提高 PN 结二极管开关速度的途径是什么？

23．什么叫晶体管的饱和状态和截止状态？什么叫临界饱和和深饱和？

24．在晶体管开关波形图中注明延迟时间t_d、上升时间t_r、贮存时间t_s、下降时间t_f，并说明其物理意义。

25．什么是晶体管共发射极正向压降U_{BES}和饱和压降U_{CES}？

26．某一锗低频小功率合金晶体管，其 N 型 Ge 基片电阻率为 1.5 Ω·cm，用铟合金在 550℃下烧结，根据饱和溶解知发射区和集电区掺杂浓度约为 3×10^{18} /cm^{-3}，求γ。已知W_b=50 μm，L_{ne}=5 μm。

27．双扩散晶体管，X_{jc}=3 μm, X_{je}=1.5 μm, N_B（0）= 5×10^{17} cm^{-3}，N_c= 5×10^{15} cm^{-3}。① 求基区杂质分布为指数分布时的基区自建电场；②计算基区中$\frac{X}{W_b}=0.2$处扩散电流分量与漂移电流分量之比。

28．已知某一均匀基区硅 NPN 晶体管的$\gamma=0.99$，BU_{CBO}= 150 V，W_b=18.7 μm 以及基区中电子寿命τ_{nb}=1 μs，求α_0，β，β^*（忽略发射结空间电荷区复合和从区表面复合）以及

BU_{CEO}的数值。已知 D_n= 35 cm^2/s。

29．NPN 双扩散外延平面晶体管，集电区电阻率ρ_c =1.2 Ω • cm，集电区厚度 W_C =10 μm，硼扩散表面浓度 N_{BS}=5×10^{18} cm^{-3}，结深 X_{jc}=1.4 μm。求集电极偏置电压分别为 25 V 和 2 V 时产生基区扩展效应的临界电流密度。

30．经理论计算，某一晶体管的集电结雪崩击穿电压 U_B =50 V，但测量其 U_{PT} =20 V，BU_{EBO} = 6V，能否根据测量数据求出该晶体管 BU_{CBO} 的数值？

31．已知某一功率晶体管的管芯热阻为 0.2 ℃/W，管壳热阻为 0.4 ℃/W，散热器到外界空气的热阻为 0.4 ℃/W，其集电极电压为 5 V，集电极电流为 20 A，室温为 20 ℃，求 PN 结的结温是多少。

32．① 证明在 NPN 均匀基区晶体管中，正向放大晶体管注入基区的少子电荷

$$Q_{BF}=\frac{AqW_b}{2}n_b(0)\left(\mathrm{e}^{\frac{qU_{BE}}{k_BT}}-1\right)$$

② 设基区宽度 W_b=3 μm，基区杂质浓度 N_B = 10^{17} cm^{-3}，发射结面积 A_e=1×10^{-4} cm^2，当发射结偏置电压 U_{BE} 分别为 0.2 V 和 0.5 V 时，计算基区的积累电荷 Q_{BF}，并对计算结果进行分析讨论。

第4章　MOS 场效应晶体管

MOS 场效应晶体管（Metal-Oxide-Semiconductor Field Effect Transistor，MOSFET）的核心是一个称之为 MOS 电容的“金属—氧化物—半导体”结构，也是金属（Metal）—二氧化硅（SiO_2）—硅（Si）系统，更一般的术语是金属—绝缘体—半导体（MIS）。其中，绝缘体不一定是二氧化硅，半导体也并非一定是硅。在半导体中，施加一个穿过 MOS 电容的电压，氧化物—半导体界面处的能带结构将发生弯曲。在氧化物—半导体界面的费米能级相对于导带、价带的能级位置是穿过 MOS 电容的电压函数，因此通过适当的电压，半导体将从 P 型转化为 N 型，也可以从 N 型转化为 P 型。MOS 场效应晶体管的工作特性依赖于这种“反型”以及由此产生的反型表面电荷密度。MOS 场效应晶体管是利用改变垂直于导电沟道的电场强度来控制沟道的导电能力而实现电流放大作用，在 MOS 场效应晶体管中，参与工作的只有一种载流子，因此又称为单极型晶体管。相比双极型晶体管，MOS 场效应晶体管有如下优点：

① 输入阻抗高。MOS 场效应晶体管的输入阻抗可以达到 10^9～10^{15} Ω。

② 噪声系数小。MOS 场效应晶体管依靠多子工作，不存在双极型晶体管中的散粒噪声和配分噪声。

③ 功耗小。MOS 场效应晶体管是制造高密度集成电路的半导体器件。

④ 温度特性稳定。MOS 场效应晶体管是多子器件，其电学参数不容易随温度变化而变化。例如，当温度升高时，场效应晶体管沟道中的载流子数目略有增加，但同时又使载流子的迁移率稍微减小，这两个效应正好相互补偿，使管子的放大特性随温度变化较小。

⑤ 抗辐射能力强。双极型晶体管受辐射后放大系数 β 下降，主要因为非平衡少子寿命降低；而场效应晶体管的特性与载流子寿命关系不大，因此抗辐射性能较好。

⑥ 制造工艺简单。MOS 场效应晶体管制造工艺步骤比双极晶体管少得多，并且合格率高、成本低廉；另外，增强型 MOS 场效应晶体管的工作区与衬底绝缘性好，使得设计集成电路简单化。

本章主要介绍 MOS 场效应晶体管的基本结构、工作原理、基本类型和阈值电压；MOS 场效应晶体管的直流特性和直流参数、交流特性和交流参数、频率特性和开关特性以及温度特性等。随着大规模集成电路的发展，使得 MOS 场效应晶体管的尺寸越来越小，所以本章特别注意到亚阈值特性和短沟道及窄沟道效应对 MOS 场效应晶体管特性影响。

4.1　MOS 场效应晶体管的基本结构、工作原理和输出特性

4.1.1　MOS 场效应晶体管的基本结构

MOS 场效应晶体管是金属—氧化物—半导体场效应晶体管的简称，它是一种表面场效应器件，是靠多数载流子传输电流的单极型器件。MOS 场效应晶体管的衬底可选择元素半导体 Ge、Si，也可选用化合物半导体 GaAs、InP 等材料。目前，仍旧以使用 Si 半导体材料为主。MOS 器件栅电极下的绝缘层可以选用 SiO_2、Si_3N_4 和 $A1_2O_3$ 等绝缘材料，使用 SiO_2 最为普遍。因此，本节以金属–SiO_2–Si 作为 MOS 场效应晶体管的代表结构，讨论 MOS 场效应晶体管的基本结构、工作原理和输出特性。

图 4.1 是 MOS 场效应晶体管的结构示意图。MOS 场效应晶体管的基本结构一般是一个四端器件。由图 4.1 可看出，中间部分是由金属—绝缘体—半导体组成的 MOS 电容结构，，两侧的电极分别是源极 S 和漏极 D，绝缘层上的金属电极称为栅极 G。在栅极 G 上施加电压，可以改变绝缘层中的电场强度，控制半导体表面电场，从而改变半导体表面沟道的导电能力。在正常工作状态下，载流子将从源极流入沟道，从漏极流出。MOS 场效应晶体管的第四个电极是衬底电极 B，也称之为背栅电极。在单管中源极通常与衬底相连而形成一个三端器件，在集成电路中源极通常不与衬底相连而构成四端器件。

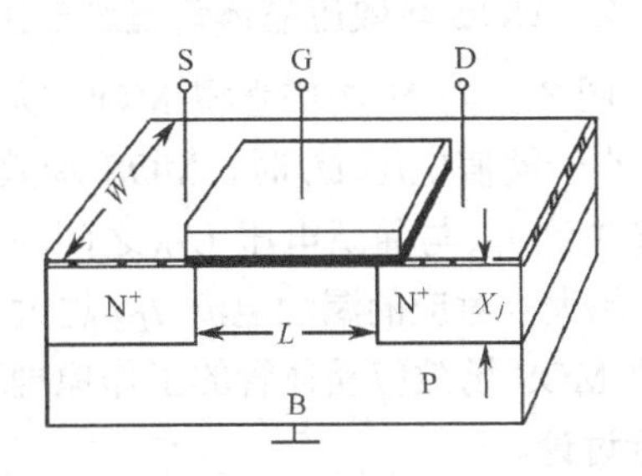

图 4.1　MOS 场效应晶体管的结构示意图

MOS 场效应晶体管的基本结构参数，主要有沟道长度即漏结和源结之间的距离 L、沟道宽度 W、栅绝缘层厚度 t_{OX}、漏区和源区 PN 结的结深 X_j、衬底掺杂浓度 N_A（P 沟道 MOS 场效应晶体管为 N_D）等。从结构上看，实际的 MOS 场效应晶体管的种类很多，主要有环形结构、条状结构和梳状结构等。

4.1.2　MOS 场效应管的基本工作原理和输出特性

1. 工作原理

图 4.2 为 MOS 场效应晶体管正常工作时的电路偏置图如图 4.2 所示。从图 4.2 中可以看出：位于源区和漏区之间的中心部分是一个 MOS 结构，即 MOS 场效应晶体管的核心部分。若在栅极到源–衬底之间加上一个栅极电压 U_{GS}（简称栅压），就将产生垂直于 Si–SiO_2 界面的电场，并在栅极下面的半导体一侧感应出表面电荷。随着栅压 U_{GS} 的不同，表面电荷的多少不同。如图 4.2 所示，在 P 型衬底的 MOS 结构中，若栅压 U_{GS} 从零往正的方向增加，半导体表面将由耗尽逐步进入反型状态，并产生电子积累。当栅压 U_{GS} 增加到使表面积累的电子浓度等于或超过衬底内部的空穴平衡浓度时，半导体表面达到强反型，此时所对应的栅压 U_{GS} 称为阈值电压（通常用 U_T 表示）。达到强反型时，半导体表面附近出现的与体内极性相反的电子导电层称为反型层，在 MOS 场效应晶体管中则称之为沟道，以电子导电为主的反型层称为 N 沟道。

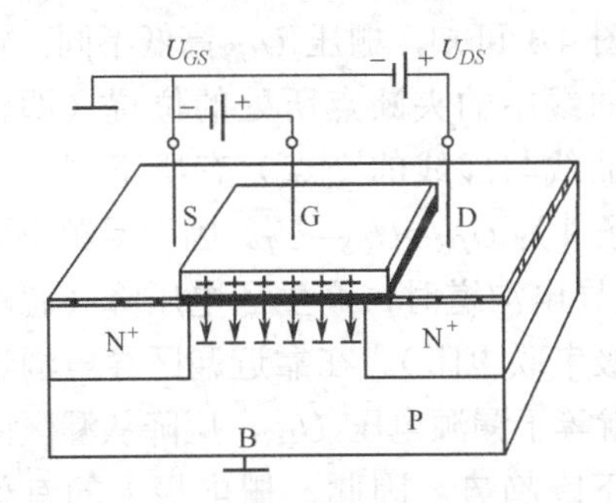

图 4.2　MOS 场效应晶体管的工作偏置图

在栅压为零的条件下，在漏极—源极之间加上漏源电压 U_{DS}，则漏端 PN 结为反偏，导电沟道未形成，在漏极到源极之间只有很小的反偏 PN 结电流。然而，若在栅极电压控制下的半导体表面形成了沟道，漏区与源区连通，在 U_{DS} 作用之下就出现明显的漏源电流 I_{DS}，而且漏源电流 I_{DS} 的大小依赖于栅极电压 U_{GS}。

MOS 场效应晶体管的栅极和半导体之间被氧化硅层阻隔，器件导通时只有从漏极经过沟道到源极这一条电流通路。MOS 场效应晶体管是一种典型的电压控制型器件，共源极工作时，栅极输入电压控制漏源电流 I_{DS}。若作为放大元件，栅极电压的增量 ΔU_{GS} 将引起输出回路中漏源电流的增量 ΔI_{DS}，负载电阻上随之产生电压 ΔU_{RL}，由此而获得增益。MOS 场效应晶体管也是良好的开关元件，当栅极电压 U_{GS} 小于阈值电压 U_T 时器件截止；反之，器件导通。

2. MOS 场效应晶体管漏源输出特性

图 4.3 为 N 沟增强型 MOS 场效应晶体管的输出特性曲线。从图 4.3 中可看出，当栅压 U_{GS} 小于阈值电压 U_T 时，MOS 场效应晶体管漏源电流 I_{DS} 近似等于 0。当改变栅压 U_{GS} 时，漏源电流 I_{DS} 与漏源电压 U_{DS} 之间的关系曲线将有所变化。在相同漏源电压 U_{DS} 条件下，栅压 U_{GS} 越大，对应的漏源电流 I_{DS} 越大；栅压 U_{GS} 越小，对应的漏源电流也 I_{DS} 越小。为进一步理解 MOS 场效应晶体管的工作原理和工作特性，下面将以 N 沟 MOS 场效应晶体管为例分区进行讨论。

（1）截止区特性（$U_{GS}<U_T$）

阈值电压 U_T 即为 MOS 场效应晶体管栅氧化层下面半导体表面开始出现强反型层时的栅压，也称之为 PN 结的门槛电压。当在栅极上施加正电压（$U_{GS}<U_T$ 范围内）并缓慢增加时，将在栅下的氧化层中产生电场，其电力线由栅电极指向半导体表面，如图 4.2 所示。外加栅压 U_{GS} 将在半导体表面产生感应负电荷。随着栅极电压 U_{GS} 的增加，半导体表面将逐渐形成耗尽层。因为耗尽层的电阻很大，漏源电流 I_{DS} 很小，即为漏区 PN 结的反向饱和电流，这种工作状态称为截止状态。

（2）线性区特性（$U_{GS}\geqslant U_T$）

随着栅压 U_{GS} 的进一步增加，Si-SiO_2 界面半导体一侧表面感应出更多的负电荷。当栅压压 U_{GS} 大于 U_T 后，负电荷密度大于衬底掺杂浓度时，半导体衬底表面出现电子的积累，称为强反型状态，半导体表面即形成强反型的导电沟道。此时，在漏源电压 U_{DS} 的作用下载流子就会通过反型层导电沟道，从源区向漏区漂移，形成漏源电流 I_{DS}。随栅压 U_{GS} 的继续增加，反型层厚度不断增加，如图 4.4（a）所示。此时，漏源电流 I_{DS} 与漏源电压 U_{DS} 之间的关系曲线的斜率增加，如图 4.3 中 MOS 场效应晶体管漏源输出特性曲线的 OA 段。

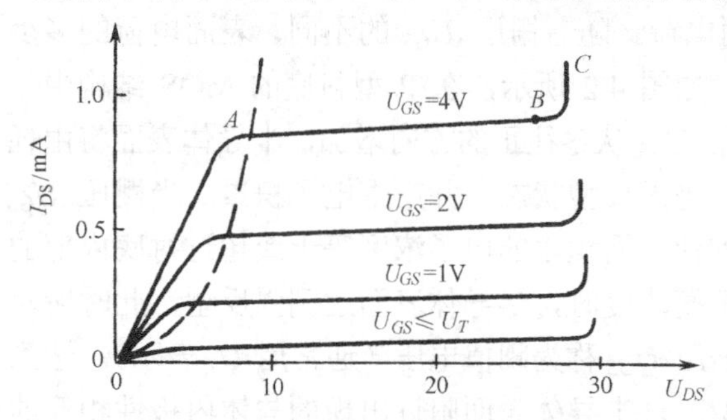

图 4.3　MOS 场效应晶体管漏源输出特性曲线

（3）夹断特性

从图 4.3 可知，栅压 U_{GS} 高低不同，输出特性曲线中的夹断点所处的位置（即输出特性曲线与虚线的交点）有所不同。沟道夹断条件为 $U_{DS}=U_{GS}-U_T$。因为漏源电流 I_{DS} 通过导电沟道时，产生了电压降（忽略漏源电极串联电阻）。在靠近漏区导电沟道的压降就等于漏源电压 U_{DS}，压降从漏区向源区呈下降趋势。因此，栅电极上的有效栅压 U'_{GS} 从源区到漏区逐渐减小。当 U_{DS} 很大时，沟道压降对有效栅压 U'_{GS} 的影响不可以忽略，使导电沟道反型层的厚度不相等，因而导电沟道中各处的反型电子数量不相同，如图 4.4（b）所示。

当漏源电压 U_{DS} 继续增大，靠近漏区的有效栅压 U'_{GS} 低于阈值电压 U_T 时，半导体表面反型层厚度减小到零，即靠近漏区的导电沟道消失只剩下耗尽区，这就称为沟道夹断。沟道被夹断时，漏源输出特性对应于图 4.3 中的 *A* 点。此时，导致靠近漏区导电沟道夹断的漏源电压 U_{DS} 称为饱和漏源电压 U_{Dsat}，对应的电流 I_{DS} 称为饱和漏—源电流 I_{Dsat}。

（4）饱和区特性

在栅压 U_{GS} 不变的情况下，沟道被夹断后继续增加大漏源电压 U_{DS}，漏区空间电荷区展宽，但对漏源电流 I_{DS} 影响的作用很小。当 $U_{DS}>U_{Dsat}$ 后，导电沟道电压降的增大，将导致栅绝缘层中的电场由源区向漏区逐渐减弱，反型层中的导电电荷相应地减少，导致沟道电阻随之增大。因此，在漏源电压 U_{DS} 较大时，漏源电流 I_{DS} 随漏源电压 U_{DS} 增大而上升的速率变小，漏源输出特性离开线性区而进入饱和区工作，如图 4.3 中曲线的 AB 段所示。

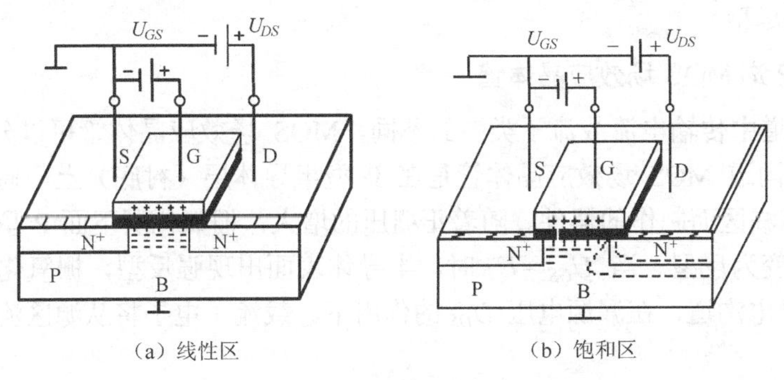

图 4.4 MOS 场效应晶体管的沟道电荷

当漏源电压 U_{DS} 继续增加比 U_{Dsat} 大时，超过饱和漏源电压 U_{Dsat} 的那部分，即电压差 $U_{DS}-U_{Dsat}$ 将降落在漏区附近的夹断区上，夹断点将随 U_{DS} 的增大而逐渐向源区移动，夹断区宽度增大，栅下面半导体表面被分成反型导电沟道区和夹断区两部分。导电沟道中的载流子在漏源电压 U_{DS} 的作用下，不断地由源区向漏区漂移，当这些载流子到达夹断点时，立即被夹断区的强电场扫入漏区，形成漏极电流 I_{DS}。沟道夹断后，MOS 场效应晶体管的漏源输出特性主要取决于导电沟道的性能。另外，导电沟道夹断后，导电沟道的有效厚度及其漂移场基本上不随 U_{DS} 的增大而改变，导电沟道上的电压降则等于夹断点相对于源区的电压，在数值上等于漏源饱和电压 U_{Dsat}。此时，漏源电流 I_{DS} 基本上不随 U_{DS} 的增大而上升，即有 $U_{DS}>U_{Dsat}$ 后漏源电流近似为常数。

（5）击穿特性

当漏源电压 U_{DS} 足够大时，漏区 PN 结发生反向击穿，MOS 场效应晶体管进入击穿工作状态，如图 4.3 中输出特性曲线 B 点右边的 BC 段所示。

3. 转移特性

漏源电流 I_{DS} 随栅压 U_{GS} 的变化曲线称为 MOS 场效应晶体管的转移特性曲线。转移特性说明栅压 U_{GS} 对漏极电流 I_{DS} 控制作用的强弱，也就是单位栅压 U_{GS} 能引起漏源电流 I_{DS} 的大小。图 4.5 为 N 沟 MOS 场效应晶体管的转移特性曲线。沟道区象一个可变电阻，反型层越厚，电阻越小；反之，电阻越大。如图 4.5 所示，转移特性曲线可分为 $U_{GS}<U_T$ 的亚阈值区和 $U_{GS}>U_T$ 的线性区。在 $U_{GS}<U_T$ 亚阈值区，半导体表面从弱反型向强反型转变，逐渐形成导电沟道，漏极电流近似为指数变化。阈值电压 U_T 在数值上等于漏源电流 I_{DS} 和栅压 U_{GS} 在线性区，输出特性曲线的反向延长线在横轴上的截距。在 $U_{GS}>U_T$ 的线性区，随 U_{GS} 的增加沟道中导电载流子的数量增多，沟道电阻减小，在相同的 U_{DS} 的作用下，漏极电流上升。

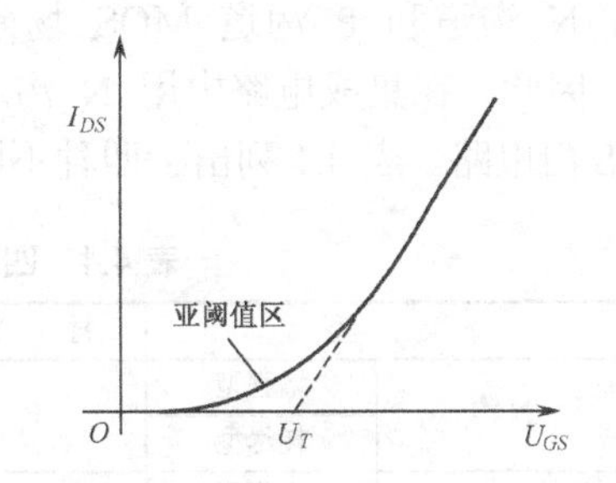

图 4.5 MOS 场效应晶体管的转移特性曲线

4.1.3 MOS 场效应晶体管的分类

根据 MOS 场效应晶体管在栅源电压 $U_{GS}=0$ 条件下的导通状态和导电沟道中载流子的类别，MOS 场效应晶体管可分成四种不同的类型，即 P 沟道增强型和 P 沟道耗尽型，N 沟道增强型和 N 沟道耗尽型。

1．N 沟和 P 沟 MOS 场效应晶体管

按照导电沟道中传输电流载流子类型的不同，MOS 场效应晶体管可以分成 N 沟道和 P 沟道两大类。N 沟道 MOS 场效应晶体管是在 P 型半导体层（衬底）上，通过扩散或离子注入形成 N^+源区和漏区而制作的器件。随着正栅压的增大，栅氧化层下面 P 型半导体的表面将由耗尽型逐渐转变为反型。当 $U_{GS}=U_T$ 时，半导体表面出现强反型，栅氧化层下半导体的表面即形成 N 型导电沟道，在漏源电压 U_{DS} 的作用下，载流子电子将从源区流向漏区形成漏源电流 I_{DS}。

相反，P 沟道 MOS 则是在 N 型半导体衬底上，通过热扩散或离子注入形成重掺杂的 P^+ 源区和漏区制备的器件。在栅极上施加负栅压 U_{GS} 时，N 型半导体的表面也随着负栅压 U_{GS} 的增大由电子耗尽而逐渐变为空穴积累。当栅压 $U_{GS}=U_T$时，栅氧化层下表面出现强反型形成 P 型导电沟道。在漏源电压 U_{DS} 的作用下，空穴经过 P 型沟道从源区流向漏区，由于传输电流的载流子是空穴，因而称为 P 沟 MOS 场效应晶体管。

2．增强型和耗尽型 MOS 场效应晶体管

在理想条件下，MOS 场效应晶体管的栅源电压 $U_{GS}=0$ 时，绝缘层—半导体界面的半导体一侧并不存在导电沟道，漏区和源区之间被背靠背的 PN 结二极管隔离，即使加上漏源电压 U_{DS}，漏源电流 I_{DS} 只有 PN 结的反向电流，器件处于“正常截止状态”，这种当栅压为零 MOS 场效应晶体管处于截止态，而只有栅压 U_{GS} 大于阈值电压 U_T 时才形成导电沟道的器件，称为增强型 MOS 场效应晶体管。

实际 MOS 场效应晶体管中，由于栅极金属和半导体间存在功函数差，栅绝缘层中存在表面态电荷 Q_{SS} 等原因，在栅压 $U_{GS}=0$ 时半导体表面能带就已经发生弯曲，甚至在半导体表面出现了反型层。例如，在 N 沟道 MOS 场效应晶体管中，假设栅绝缘层中的表面态电荷密度 Q_{SS} 较大，即使在 $U_{GS}=0$ 时，低掺杂浓度衬底的表面很容易形成反型导电沟道，MOS 场效应晶体管就处于导通状态。这种在零栅压下就处于导通状态的 MOS 场效应晶体管，称耗尽型 MOS 场效应晶体管。

图 4.6 为四种不同 MOS 场效应晶体管的的电学符号、转移特性和输出特性。从图 4.6 可看出，N 沟道和 P 沟道 MOS 场效应晶体管的转移特性、输出特性曲线在相位上均互差 180°。因此，在集成电路中用 N 沟道和 P 沟道 MOS 场效应晶体管，容易构成互补电路及 CMOS 门电路。表 4.1 列出了四种不同 MOS 场效应晶体管之间的异同点。

表 4.1　四种不同 MOS 场效应晶体管的异同

类　型		衬　底	漏 源 区	沟道载流子	漏源电压	阈值电压
N 沟	增强型	P	N^+	电子	正	$U_T>0$
	耗尽型					$U_T<0$
P 沟	增强型	N	P^+	空穴	负	$U_T<0$
	耗尽型					$U_T>0$

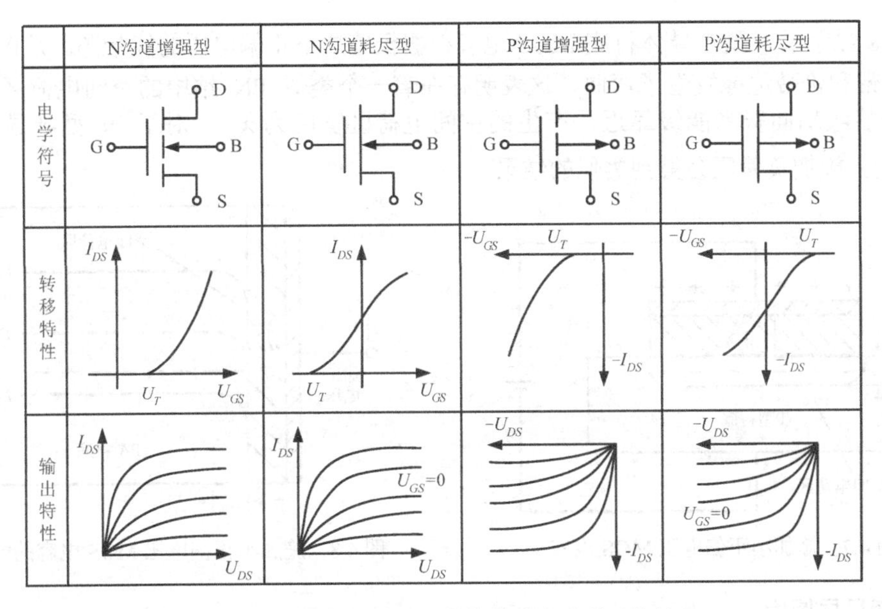

图 4.6　MOS 场效应晶体管的基本类型及特性

4.2　MOS 场效应晶体管的阈值电压

4.2.1　MOS 场效应晶体管阈值电压的定义

当 MOS 场效应晶体管栅绝缘层下面漏区和源区之间，在绝缘体—半导体界面一侧的半导体表面层感应出导电沟道时，加在栅极上的最小电压 U_{GS}，通常称为阈值电压 U_T。由于“导电沟道”的含义比较广泛，人们针对不同情况引入定义不同。例如，用实验方法测定 MOS 场效应晶体管的阈值电压 U_T 时，将漏区和源区之间沟道电流达到某一给定值所需加在栅极上的电压 U_{GS} 定义为阈值电压 U_T。阈值电压 U_T 也是 MOS 场效应晶体管是否导通的临界栅压，用不同定义方法得到的阈值电压稍有不同，需要进行具体分析。

本章文中的阈值电压 U_T 是指在绝缘栅下半导体表面出现强反型导电沟道时所需加的栅极电压 U_{GS}。阈值电压 U_T 是 MOS 场效应晶体管的重要参数，阈值电压 U_T 大小的主要影响因素有平带电压 U_{FB}、栅氧化层压降 U_{OX} 和表面电势 U_S 等，本节将从 MOS 结构的能带图出发，推导阈值电压的表达式。

4.2.2　MOS 结构的能带及特性

1. MOS 结构能带图

MOS 结构的物理特性相当一个简单的平行板电容，两极板间有一层绝缘材料。当两端有电压偏置时，上下极板将产生正、负电荷，极板间形成一个电场。如图 4.7 为一个 P 型半导体衬底的 MOS 电容，相对于半导体衬底，上面的金属栅被施加一个小的正偏电压。根据平行板电容的原理，正电荷将出现在上面的金属板上，从而在其方向产生一个电场，如图 4.7 中箭头所示。在这种情况下，电场穿入半导体，作为多子的空穴就被电场推离氧化物-半导体界面。空穴被推离后，留下不能移动的受主电离中心即负电中心，形成一个负的空间电荷区。耗尽层中的负电荷与 MOS 电容下极板上的负电荷相互对应。

图 4.8 显示了 P 型半导体衬底 MOS 电容在栅极施加小正偏电压的能带图。从图 4.8 中可看出，导带和价带边缘发生了弯曲，这表明存在着一个类似 PN 结中的空间电荷区。导带和本征费米能级均向费米能级靠近，产生的空间电荷区宽度为 X_d 。对于 N 型半导体衬底的 MOS 结构，施加负偏压会得到类似的结果。

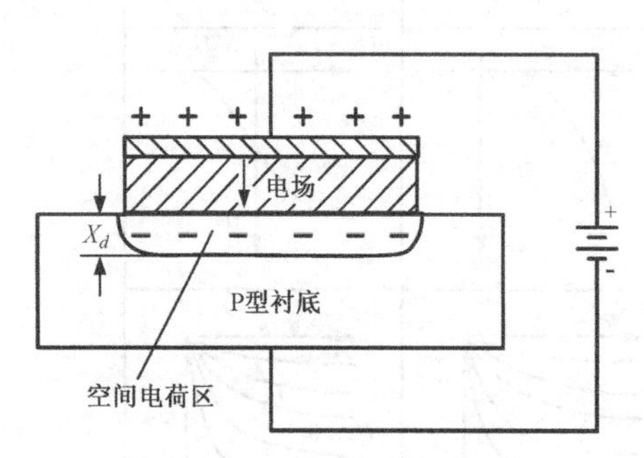

图 4.7　施加小正偏电压 MOS 电容

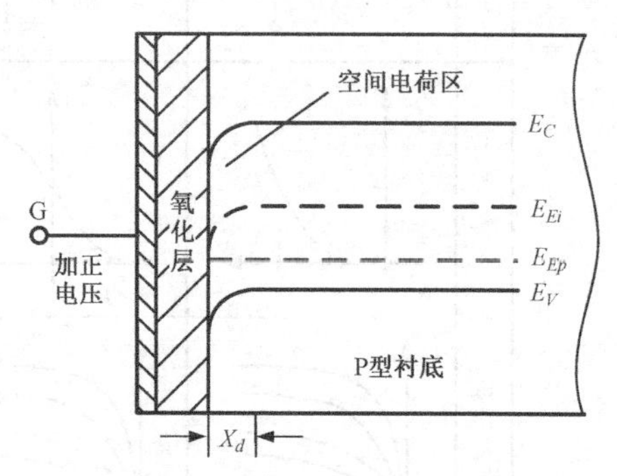

图 4.8　施加小正偏电压 MOS 电容的能带图

2. 耗尽层厚度

费米势通常是指本征费米能级 E_i 和费米能级 E_F 之间的势垒高度。对于 MOS 结构的 P 型半导体衬底，费米势在数值上为

$$\psi_{Fp}=\frac{k_BT}{q}\ln\frac{N_A}{n_i} \tag{4-1}$$

式中，k_B 为玻耳兹曼常数，T 为绝对温度，n_i 为本征载流子浓度，N_A 为衬底掺杂浓度，q 为电子电荷。

对于 MOS 结构的 N 型半导体衬底，费米势在数值上为

$$\psi_{Fn}=-\frac{k_BT}{q}\ln\frac{N_D}{n_i} \tag{4-2}$$

式中，N_D 为 N 型半导体衬底掺杂浓度。

图 4.9 为 P 型半导体衬底的空间电荷区示意图。电势 U_S 称为表面势，它是半导体衬底体内 E_i 与表面 E_i 之间的势垒高度，代表能带弯曲的程度。表面势是横跨空间电荷层的电势差。此时，类似于单边突变 PN^+ 结，空间电荷宽度有

$$X_d=\left[\frac{2\varepsilon_0\varepsilon_S U_S}{qN_A}\right]^{1/2} \tag{4-3}$$

式中，ε_0 为真空介电常数，ε_S 为半导体相对介电常数。

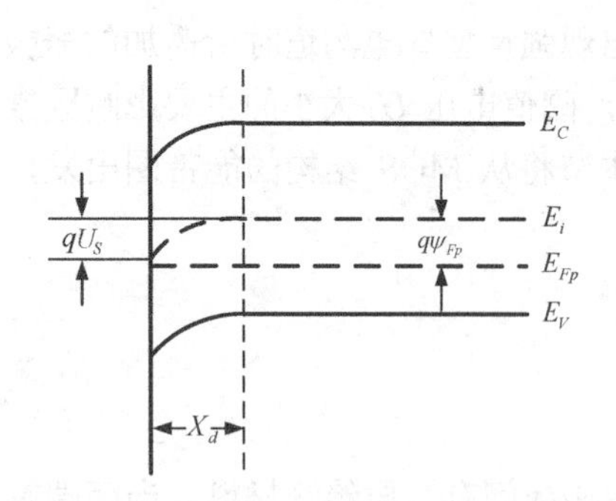

图 4.9　P 型衬底表面势的能带图

阈值电压是栅绝缘层下半导体表面出现强反型时所加的栅源电压，所谓强反型是指表面积累的少子浓度等于甚至超过衬底多数载流子浓度的状态，能带弯曲至表面势等于或大于两倍费米势的状态，即有 $U_S=2\psi_F$。在强反型的条件下，根据式（4-3）可得 N 沟道 MOS 场效应晶体管空间电荷区最大宽度 X_{dm} 为

$$X_{dm}=\left[\frac{2\varepsilon_0\varepsilon_S(2\psi_{Fp})}{qN_A}\right]^{1/2} \tag{4-4}$$

同理，P 沟道 MOS 场效应晶体管空间电荷区最大宽度 X_{dm} 为

$$X_{dm}=\left[\frac{2\varepsilon_0\varepsilon_S(-2\psi_{Fn})}{qN_D}\right]^{1/2} \tag{4-5}$$

通常，N 沟道 MOS 场效应晶体管衬底掺杂浓度为 N_A，P 沟道 MOS 场效应晶体管衬底掺杂浓度为 N_D。一般情况下，将衬底掺杂浓度统一用 N_B 表示。

3．功函数差

在 MOS 结构中，由于金属和半导体之间存在功函数的差异，将导致载流子发生转移现象。通常电子从费米能级较高的材料流向费米能级低的材料，即从低功函数材料流向高功函数材料。电子发生转移，靠近绝缘栅一侧的半导体将发生能带弯曲。对于半导体材料，失去电子，能带向上弯曲；得到电子，能带向下弯曲。

图 4.10 为金属、二氧化硅和硅相对真空静止电子能级 E_0 的能带图。ϕ_m 为金属的功函数，χ 为电子的亲和能。对于二氧化硅，χ_i=0.9 eV。

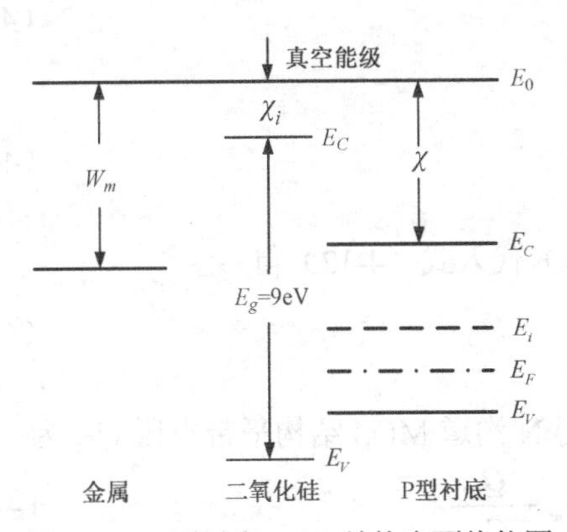

图 4.10　P 型衬底 MOS 结构表面势能图

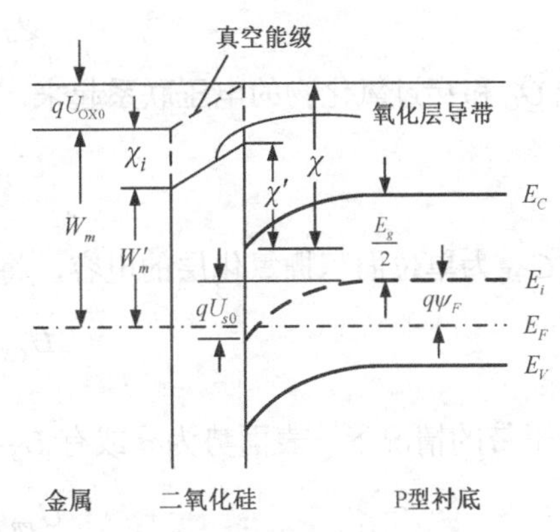

图 4.11　P 型衬底 MOS 结构能带图

图 4.11 为零栅压时完整的金属—氧化—半导体的能带图。系统处于热平衡状态时，费米能级为常数，定义 ϕ'_m 为修正的金属功函数，即金属向氧化物的导带注入一个电子所需要的势能。同样，定义 χ'为修正的电子亲和能，U_{OX0} 为零栅压时穿过氧化物的电势差。因为 ϕ_m 和 χ 之间存在着势垒，所以 U_{S0} 不一定为零，称为平衡态的表面势。根据图 4.11，若将金属一侧的费米能级和半导体一侧的费米能级相加，可得

$$q\phi_m+qU_{OX0}=\chi+\frac{E_g}{2}+q\psi_{Fp}-qU_{S0} \tag{4-6}$$

式（4-6）可写成

$$U_{S0}=-U_{OX0}-\left[\phi_m-\left(\frac{\chi}{q}+\frac{E_g}{2q}+\psi_{Fp}\right)\right] \tag{4-7}$$

由此，定义功函数差 ϕ_{ms} 为

$$\phi_{ms}=\phi_m-\left(\frac{\chi}{q}+\frac{E_g}{2q}+\psi_{Fp}\right) \tag{4-8}$$

式中，E_g为半导体的禁带宽度。

对于N型衬底MOS结构，功函数差 ϕ_{ms}为

$$\phi_{ms} = \phi_m - \left(\frac{\chi}{q} + \frac{E_g}{2q} - \psi_{Fn} \right) \tag{4-9}$$

因此，功函数差 ϕ_{ms}直接影响MOS结构半导体平衡态的表面势 U_{S0}。

4．平带电压

在实际 MOS 结构中，存在表面态电荷密度 Q_{SS}，金属－半导体功函数差 ϕ_{ms}。当栅压 $U_{GS}=0$ 时，表面能带就发生弯曲，半导体中的净电荷不为零。如果加上一定的栅压 U_{GS}，通过氧化层的电势差和半导体表面势将发生变化，可得

$$U_{GS} = U_{OX} + U_S + \phi_{ms} \tag{4-10}$$

平带电压 U_{FB}是指半导体内没有能带弯曲时的外加栅压 U_{GS}。为了使能带恢复到平直状态，必须在栅极上施加一定的栅压，方可抵消 ϕ_{ms}和 Q_{SS}的影响。图4.12为结构电容能及电荷分布情况，净空间电荷为零。假设绝缘栅层中等价固定电荷密度Q_{SS}，金属上的电荷密度为Q_G，根据电中性可得

$$Q_G + Q_{SS} = 0 \tag{4-11}$$

把Q_G和穿过氧化物的电压联系起来，可得

$$U_{OX} = \frac{Q_G}{C_{OX}} \tag{4-12}$$

式中，C_{OX}为单位面积栅氧化层的电容，将式（4-11）代入式（4-12）得

$$U_{OX} = -\frac{Q_{SS}}{C_{OX}} \tag{4-13}$$

在平带的情况下，表面势为零或有 $U_S=0$，可得N沟道MOS结构平带电压 U_{FB}为

$$U_{FB} = U_{GS} = \phi_{ms} - \frac{Q_{SS}}{C_{OX}} \tag{4-14}$$

同理，可推理P沟道MOS结构平带电压 U_{FB}有类似的结果。

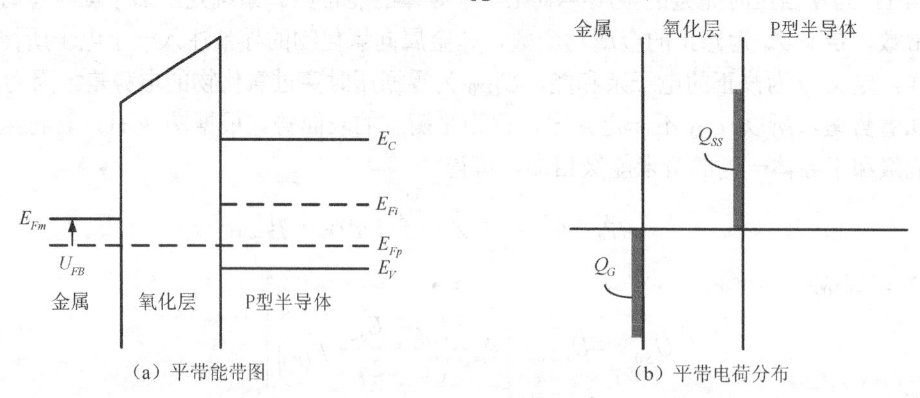

图4.12　平带时MOS结构电容能及电荷分布图

5．MOS结构中的电荷分布

图4.13为N沟道MOS结构强反型时的能带及电荷分布图。在图4.13中，Q_G是外加栅

压 U_{GS} 在金属栅上产生的面电荷密度；Q_{SS} 为栅绝缘层中的固定电荷、可动离子和界面态，并用 Si–SiO$_2$ 界面处的电荷密度来等效的一种表面态电荷密度；Q_n 则是反型层中单位面积上的导电电子电荷面密度，Q_B 是表面耗尽层中的空间电荷面密度。

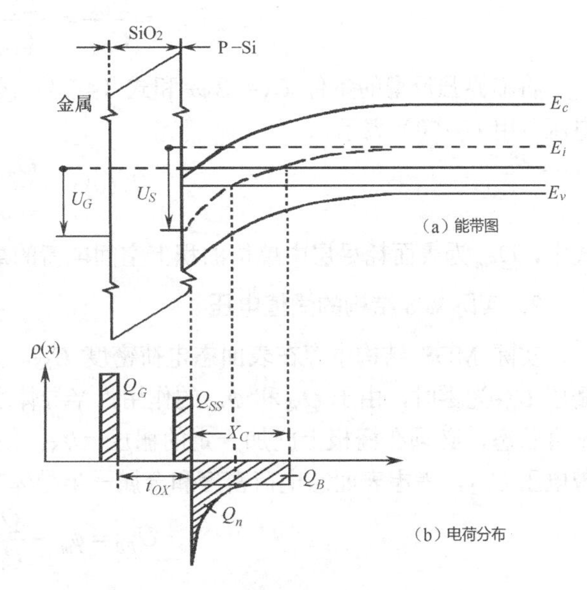

图 4.13　MOS 结构强反型时能带及电荷分布图

当 MOS 结构出现强反型时，表面势等于或大于两倍费米势，即有 $U_S=2\psi_F$，表面耗尽层宽度达到最大值 X_{dm}。此时，表面耗尽层中的空间电荷面密度 Q_B 达到最大值 Q_{Bm}

$$Q_{Bm}=qN_BX_{dm} \tag{4-15}$$

空间电荷面密度 Q_{Bm}，根据电荷的实际带电情况，前面需加正号或负号。在 N 沟道 MOS 结构的 P 型衬底中空间电荷为带负电的受主离子，需要在等式中应加一个负号；P 沟道 MOS 结构的 N 型衬底中，空间电荷在等式中应为正号。

按照 MOS 结构中电中性条件的要求，栅氧化层两边必须感应出等量符号相反的电荷，即总电荷代数和必须等于零。因此，出现强反型时有

$$Q_G+Q_{SS}+Q_{Bm}+Q_n=0 \tag{4-16}$$

式（4-16）对于 N 沟和 P 沟 MOS 结构均可适用。临界强反型状态时，沟道反型层中的电子浓度刚好等于 P 型衬底内的空穴浓度，且反型层电子 Q_n 只存在于极表面的一层，其浓度随离界面距离的增大呈急剧下降的趋势，在数量上远小于 Q_{Bm}。因此，可以忽略 Q_n，式（4-16）可简化为

$$Q_G+Q_{SS}+Q_{Bm}=0 \tag{4-17}$$

4.2.3　MOS 场效应晶体管的阈值电压

1．理想 MOS 场效应晶体管的阈值电压

理想 MOS 结构是指忽略氧化层中的表面态电荷密度 Q_{SS}，且不考虑金属—半导体功函数差 ϕ_{ms} 作用的一种结构。当外加栅压 U_{GS} 为零时，能带处于平直状态，只有外加栅压 U_{GS} 不等于零的条件下，能带才发生弯曲。在理想情况下，在临界强反型状态时来自栅电极的电力线绝大部分由耗尽层空间电荷所屏蔽。因此，外加栅压 U_{GS} 的一部分在栅氧化层上形成电压降 U_{OX}，在 MOS 结构中产生感应电荷 Q_{Bm} 和 Q_n；另一部分则降落在半导体表面上，导致半导体表面能带弯曲，产生表面势 U_S，以提供相应的感应电荷。那么，栅极电压 U_{GS} 可表示为

$$U_{GS}=U_{OX}+U_S \tag{4-18}$$

根据式（4-17），忽略表面态电荷密度 Q_{SS} 可得

$$Q_G=-Q_{Bm} \tag{4-19}$$

设栅氧化层的单位面积电容为 C_{OX}，则栅氧化层上的压降为

$$U_{OX}=\frac{Q_{GS}}{C_{OX}}=-\frac{Q_{Bm}}{C_{OX}} \tag{4-20}$$

将临界强反型的条件 $U_S=2\psi_F$ 和式（4-20）代入式（4-18），可得理想 MOS 结构的阈值电压，用 U_T（0）表示

$$U_T(0)=-\frac{Q_{Bm}}{C_{OX}}+2\psi_F \tag{4-21}$$

式中，Q_{Bm} 为表面耗尽层中单位面积上空间电荷的最大密度，ψ_F 为衬底材料费米势。

2．实际 MOS 结构的阈值电压

实际 MOS 结构中存在表面态电荷密度 Q_{SS}，金属—半导体功函数差 ϕ_{ms}。因此，即使在栅压 U_{GS} 为零时，由于 Q_{SS} 和 ϕ_{ms} 的作用，半导体表面能带已经发生弯曲，为了使能带恢复到平直状态，必须在栅极上施加一定的栅压 U_{GS}，使能带恢复到平直状态所需加的栅压称为平带电压 U_{FB}，考虑表面态电荷密度和金属—半导体功函数差的影响时，平带电压为

$$U_{FB}=\phi_{ms}-\frac{Q_{SS}}{C_{OX}} \tag{4-22}$$

式中，Q_{SS}/C_{OX} 表示抵消表面态电荷的影响所需加的栅源电压。

因此，在实际 MOS 结构中，必须用一部分栅压去抵消 ϕ_{ms} 和 Q_{SS} 的影响，才能使 MOS 结构恢复到平带状态，达到理想 MOS 结构的状况，真正降落在栅氧化层和半导体表面上的电压只有 $U_{GS}-U_{FB}$，即有

$$U_{OX}+U_S=U_{GS}-U_{FB} \tag{4-23}$$

因而，实际 MOS 结构的阈值电压，用 U_T 表示

$$U_T=U_{FB}+U_{OX}+2\psi_F=-\frac{Q_{SS}+Q_{Bm}}{C_{OX}}+2\psi_F+\phi_{ms} \tag{4-24}$$

对于 N 沟道 MOS 结构，衬底是 P 型半导体，表面耗尽层中的空间电荷为负值；对于 P 沟道 MOS 结构，衬底是 N 型半导体，表面耗尽层中的空间电荷为正值。同样，对于 N 沟道 MOS 结构，因 P 型衬底的 $E_i>E_F$，费米势 ψ_F 为正；对于 P 沟道 MOS 结构，因 N 型衬底的 $E_i<E_F$，费米势 ψ_F 为负。

再考虑 Q_{Bm} 和 ψ_F 的正负号条件下，N 沟道 MOS 结构的阈值电压为

$$\begin{aligned}U_{Tn}&=-\frac{Q_{SS}}{C_{OX}}-\frac{Q_{Bm}}{C_{OX}}+\frac{2k_BT}{q}\ln\frac{N_A}{n_i}+\phi_{ms}\\&=-\frac{Q_{SS}}{C_{OX}}+\frac{1}{C_{OX}}[2\varepsilon_0\varepsilon_S qN_A(2\psi_{Fp})]^{1/2}+\frac{2k_BT}{q}\ln\frac{N_A}{n_i}+\phi_{ms}\end{aligned} \tag{4-25}$$

同理，P 沟道 MOS 结构的阈值电压为

$$\begin{aligned}U_{Tp}&=-\frac{Q_{SS}}{C_{OX}}-\frac{Q_{Bm}}{C_{OX}}-\frac{2k_BT}{q}\ln\frac{N_D}{n_i}-\phi_{ms}\\&=-\frac{Q_{SS}}{C_{OX}}-\frac{1}{C_{OX}}[2\varepsilon_0\varepsilon_S qN_D(-2\psi_{Fn})]^{1/2}-\frac{2k_BT}{q}\ln\frac{N_D}{n_i}+\phi_{ms}\end{aligned} \tag{4-26}$$

从式（4-25）和式（4-26）可看出，MOS 结构的阈值电压 U_T 与衬底掺杂浓度 N_D、N_A 密切相关，衬底掺杂浓度越高，阈值电压也越高。

3．MOS结构对阈值电压 U_T 的主要影响因素

（1）栅绝缘层 SiO_2 厚度对阈值电压的影响

根据式（4-25）及式（4-26）可知，栅氧化层电容 C_{OX} 愈大，阈值电压阈值电压 U_T 的绝对值愈小。对于MOS结构，单位面积栅氧化层电容有

$$C_{OX}=\frac{\varepsilon_0\varepsilon_{OX}}{t_{OX}} \tag{4-27}$$

式中，ε_{OX} 为二氧化硅的介电常数（3.8），t_{OX} 为二氧化硅的厚度。

因此，当栅氧化层厚度 t_{OX} 越小时，单位面积栅氧化层电容 C_{OX} 越大，阈值电压 U_T 的越小，即栅控灵敏度就越高。同时，当 t_{OX} 为定值时，绝缘层介电常数 ε_{OX} 越大，则栅电容 C_{OX} 越大，阈值电压也就越小。

通常情况下，MOS场效应晶体管的栅氧化层厚度为在100～150nm范围内，若栅氧化层太薄且质量不佳，将会出现针孔而引起栅击穿。因此，制备低阈值电压MOS场效应晶体管的关键是制作薄且致密的优质栅氧化层。此外，也可选用介电常数较大的材料，例如用氮化硅（介电常数为6.2）做栅绝缘层。然而，氮化硅和硅直接接触会因晶格失配而产生缺陷，使表面态电荷密度 Q_{SS} 增大。在选用氮化硅做栅绝缘材料时，先在硅层上生长50～60nm的 SiO_2 层做过渡层，然后再生长氮化硅层，以减小表面态电荷密度 Q_{SS}。综上所述，在制备低压集成电路时，MOS场效应晶体管主要考虑绝缘层材料的厚度和介电常数两种因素。

（2）功函数差 ϕ_{ms} 的影响

根据式（4-25）及式（4-26）可知，功函数差 ϕ_{ms} 越大，阈值电压 U_T 越高，为降低阈值电压 U_T，应该选择功函数差低的材料，例如以多晶硅材料为栅极。在选择功函数差低的材料的基础上，适当降低衬底杂质浓度。根据式（4-8）可知，在栅材料一定的情况下，金属—半导体功函数差 ϕ_{ms} 主要受费米势 ψ_F 的影响。其中，费米势 ψ_F 随衬底杂质浓度 N_A 或 N_D 的变化而改变，但变化的范围不大。例如，当衬底杂质浓度从 $10^{15}cm^{-3}$ 变化到 $10^{17}cm^{-3}$ 过程中，功函数差 ϕ_{ms} 的变化值为0.1V左右。

（3）表面态电荷密度 Q_{SS} 的影响

在使用 SiO_2 做栅绝缘材料的MOS结构中，固定电荷、可动离子和电离陷阱组成的表面态电荷 Q_{SS} 一般为正电荷。表态面电荷 Q_{SS} 主要影响平带电压的大小，从而影响到阈值电压的大小，导致增强型的MOS场效应晶体管可能变成耗尽型，甚至做不出增强型的MOS场效应晶体管。在一般工艺条件下，表面态电荷密度大约在 10^{11}～$10^{12}cm^{-2}$ 范围内。若栅氧化层厚度 t_{OX}=150 nm时，表面态电荷密度由 $10^{11}cm^{-2}$ 变化到 $10^{12}cm^{-2}$，阈值电压的改变可以达到6V左右。因此，表面态电荷密度对阈值电压的影响很大，甚至大于功函数差对阈值电压 U_T 的影响。

图4.14为 t_{OX}＝100nm时，表面态电荷 Q_{SS} 和衬底杂质浓度对阈值电压 U_T 的影响曲线图。从图4.14（a）可看出，对于N沟道MOS场效应晶体管，当表面态电荷密度高到 $10^{12}cm^{-2}$ 时，即使将衬底杂质浓度提高到 $10^{17}cm^{-3}$，阈值电压仍然是负值。因此，当表面态电荷密度较高时，要制得增强型的N沟道MOS场效应晶体管非常困难。当衬底杂质浓度低于 $10^{15}cm^{-3}$ 时，阈值电压 U_T 基本上不随衬底杂质浓度变化，而主要决定于表面态电荷密度。当衬底杂质浓度接近或者超过 $10^{15}cm^{-3}$ 后，阈值电压却随杂质浓度的增大而显著上升，使阈值电压由负变正。制备N沟增强型的MOS器件，可以用适当提高衬底杂质浓度的办法来实现，但是衬底杂质浓度愈高，衬底偏置效应引起的阈值电压漂移愈大。因此，用提高衬底杂质浓度的方

法，获得正阈值电压的空间很小，严格控制表面态电荷密度以减小 Q_{SS}，才是制作增强型 N 沟道 MOS 场效应晶体管的有效措施。

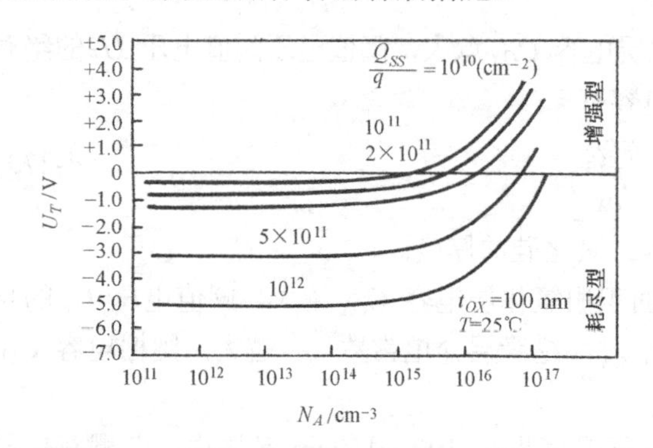

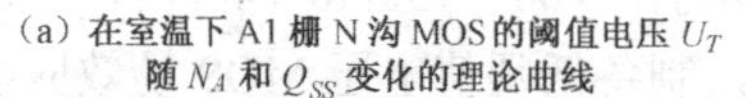

（a）在室温下 A1 栅 N 沟 MOS 的阈值电压 U_T 随 N_A 和 Q_{SS} 变化的理论曲线

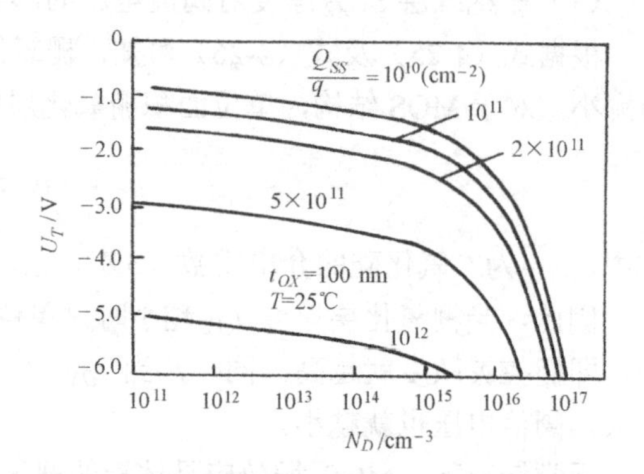

（b）在室温下 A1 栅 P 沟 MOS的阈值电压 U_T 随 N_D 和 Q_{SS} 变化的理论曲线

图 4.14 阈值电压 U_T 随衬底杂质浓度 N_B 和 Q_{SS} 变化的理论曲线

从图 4.14（b）可看出，对于 Al 栅 P 沟道 MOS 场效应晶体管，栅氧化层中只存在正表面态电荷密度 Q_{SS} 时，不论衬底杂质浓度如何变化，阈值电压 U_T 都是负值。因此，用一般 MOS 器件工艺只能制得增强型的 P 沟道 MOS 场效应晶体管；只有采用特殊工艺，如在 N 型硅的衬底表面，用 P 型杂质进行浅结扩散或离子注入，利用杂质的补偿作用形成 P 型反型层，或者用 Al_2O_3 做栅绝缘材料，在绝缘层中引入负的表面态电荷，促使阈值电压由负变正，才能制成 P 沟耗尽型 MOS 场效应晶体管。当衬底杂质浓度低于 10^{14}cm^{-3} 时，阈值电压 U_T 基本上不随杂质浓度变化，而由表面态电荷密度 Q_{SS} 决定。当衬底的杂质浓度较高时，阈值电压 U_T 随杂质浓度的变化而迅速改变。

（4）衬底杂质浓度的影响

强反型时，N 沟道 MOS 结构表面耗尽层中的空间电荷面密度为

$$Q_{Bm}=-[2\varepsilon_0\varepsilon_S qN_B(2\psi_{Fp})]^{1/2} \tag{4-28}$$

类似地，P 沟道 MOS 结构空间电荷面密度为

$$Q_{Bm}=[2\varepsilon_0\varepsilon_S qN_B(-2\psi_{Fn})]^{1/2} \tag{4-29}$$

根据式（4-28）和式（4-29）可知，空间电荷面密度 Q_{Bm} 随衬底杂质浓度 N_B 的增加而增大。由式（4-25）和式（4-26）可知，阈值电压 U_T 也随之变大。图 4.15 为阈值电压 U_T 随衬底杂质浓度 N_B 和栅氧化层厚度 t_{OX} 的变化关系。从 4.15 图看出，当衬底杂质浓度由 10^{15}cm^{-3} 增加到 10^{17}cm^{-3} 时，阈值电压 U_T 改变了 3V 左右；当衬底杂质浓度由 10^{13}cm^{-3} 变化到 10^{15}cm^{-3} 时，阈值电压 U_T 的改变量只有 0.1V 左右，主要因为衬底杂质的浓度愈低，表面耗尽层的空间电荷对阈值电压 U_T 的影响愈小。

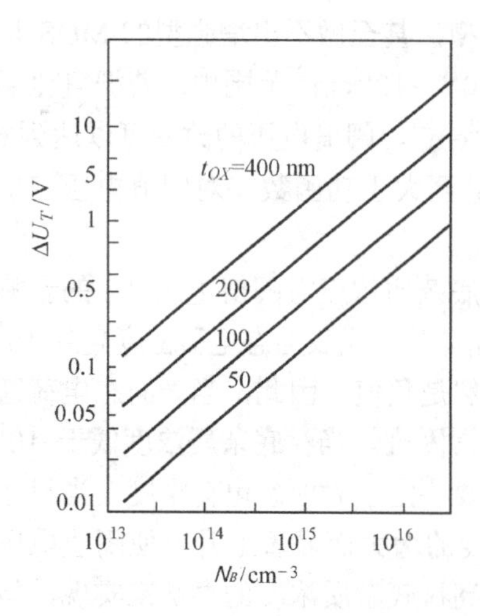

图 4.15 阈值电压 U_T 随衬底杂质浓度 N_B 变化关系

衬底杂质浓度 N_B 对费米势 ψ_F、功函数差

ϕ_{ms} 和空间电荷 Q_{Bm} 等均有影响，但影响最大的是空间电荷 Q_{Bm}。因此，通过改变衬底掺杂浓度 N_B 是用来调整阈值电压 U_T 的一个重要方法。在现代 MOS 器件工艺中，已大量采用离子注入技术通过沟道注入来调整沟道杂质浓度，以满足阈值电压的要求。忽略衬底掺杂浓度 N_B 变化对 ψ_F 和 ϕ_{ms} 的影响，离子注入浓度 N_S 引起的阈值电压增量可表示为

$$\Delta U_T = \frac{\Delta Q_{Bm}}{C_{OX}} \propto \frac{qN_S}{C_{OX}} \tag{4-30}$$

可见，通过离子注入浓度 N_S 能有效调节 MOS 场效应晶体管的阈值电压 U_T。

4.2.4 非平衡态 MOS 场效应晶体管的阈值电压

1. 漏源电压 U_{DS} 对 MOS 场效应晶体管阈值电压 U_T 的影响

当半导体表面形成反型层时，反型层与衬底半导体间同样形成 PN 结，这种结是由半导体表面势 U_S 电场引起的，也称为场感应结。虽然，场感应结与普通的 PN 结不同，但其特性与普通 PN 结却很相似。

当漏源电压 $U_{DS} = 0$ 时，在 MOS 结构中表面反型层中的费米能级和体内费米能级处在同一水平。因此，漏极电压 U_{DS} 为零时，场感应结的状态相当于普通 PN 结的平衡状态，所以可将式（4-25）、式（4-26）看作场感应结处于平衡状态时的阈值电压表示式。

当 MOS 场效应晶体管漏源电压 $U_{DS} \neq 0$ 时，MOS 结构处于非平衡状态，载流子在漏源电场的漂移作用下，通过反型沟道达到漏极，形成漏源电流 I_{DS}。假设源漏沟道方向为 y 方向，将坐标原点选在源端，漏源电流 I_{DS} 在沟道中 y 处产生的电压降为 U（y），则在源衬底短接（$U_{BS}=0$）时，沟道压降被直接加到反型层与衬底所构成的场感应结上，使场感应结处于非平衡状态。此时，对于 N 沟道 MOS 场效应晶体管，表面强反型时的能带图如图 4.16（a）所示。沟道反型层中少子的费米能级 E_{Fn} 与体内费米能级将不再处于同一水平，则 y 处场感应结两边的费米能级之差为

$$E_{Fp} - E_{Fn} = qU(y) \tag{4-31}$$

式中，E_{Fp} 为 P 型衬底半导体的费米能级，E_{Fn} 为导电沟道假 N 型半导体的费米能级。

对于 N 沟道 MOS 场效应晶体管，沟道压降 qU（y）对场感应结的作用类似于 PN^+ 结的反偏电压。能带弯曲的程度随着沟道压降 qU（y）的增大而加大，表面势则由平衡时的 $2\psi_F$ 增大到 $U_S=2\psi_F+U$（y）。此时，忽略强反型层的厚度，表面耗尽层宽度随着沟道电压 U（y）的增大而展宽，使沟道中 y 处的耗尽层宽度变为

$$X'_{dm} = \left[\frac{2\varepsilon_0\varepsilon_S(2\psi_{Fp}+U(y))}{qN_A}\right]^{1/2} \tag{4-32}$$

显然，空间耗尽层宽度 X'_{dm} 随着沟道压降 U（y）的增大而展宽。因此，在漏源电压 U_{DS} 的作用下，空间耗尽层宽度由源区到漏区逐渐变宽，空间耗尽层中单位面积上的电荷，由源区到漏区逐渐增多。根据式（4-28）可知，N 沟道 MOS 结构在非平衡状态下空间耗尽层中单位面积上的最大电荷密度

$$Q'_{Bm} = -[2\varepsilon_0\varepsilon_S qN_B(2\psi_{Fp}+U(y))]^{1/2} \tag{4-33}$$

将式（4-33）代入式（4-25），可得 $U_{DS} \neq 0$ 非平衡状态下 N 沟道 MOS 场效应晶体管阈值电压 U_{Tn} 有

$$U_{Tn}=-\frac{Q_{SS}}{C_{OX}}+\frac{1}{C_{OX}}[2\varepsilon_S\varepsilon_0 qN_A(2\psi_{Fp}+U(y))]^{1/2}+\frac{2k_BT}{q}\ln\frac{N_A}{n_i}+\phi_{ms} \tag{4-34}$$

同理，P 沟道 MOS 场效应晶体管阈值电压 U_{Tp} 有

$$U_{Tp}=-\frac{Q_{SS}}{C_{OX}}-\frac{1}{C_{OX}}[2\varepsilon_S\varepsilon_0 qN_D(-2\psi_{Fn}+U(y))]^{1/2}-\frac{2k_BT}{q}\ln\frac{N_D}{n_i}+\phi_{ms} \tag{4-35}$$

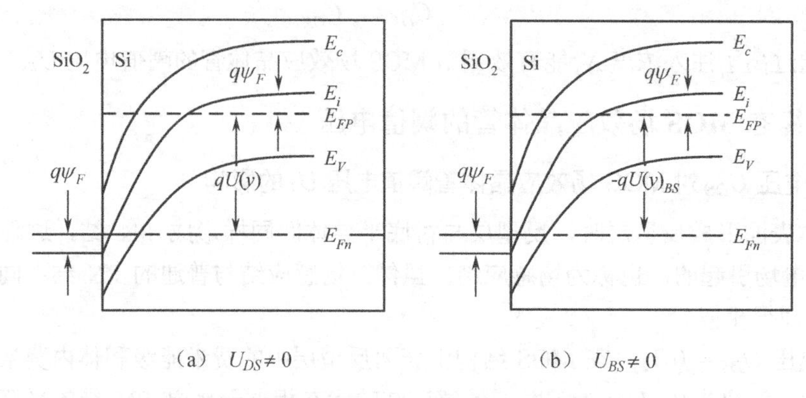

图 4.16　偏置电压作用下表面强反型时的能带图

2. 衬源电压 U_{BS} 对 MOS 场效应晶体管阈值电压 U_T 的影响

在集成电路中，MOS 场效应晶体管一般是衬底接地，衬源电位 $U_{BS}\neq 0$，强反型层表面势需要另外给以考虑。假定栅源电压 U_{GS} 已使表面反型，衬源电压 U_{BS} 使场感应结承受反偏电压，将引起场感应结过渡区两种载流子的准费米能级不重合、空间电荷区的厚度及电荷面密度 Q_{Bm} 发生变化。

与 PN 结加反偏电压的情形类似，可以假定：衬底多子的准费米能级不随体内到表面的距离变化，在整个半导体中保持为常数；场感应结过渡区少子准费米能级与衬底多子准费米能级隔开一段距离。对于 N 沟道 MOS 场效应晶体管有

$$E_{Fp}-E_{Fn}=-qU_{BS} \tag{4-36}$$

对于 P 沟道 MOS 场效应晶体管有

$$E_{Fp}-E_{Fn}=qU_{BS} \tag{4-37}$$

图 4.16（b）为 $U_{BS}\neq 0$ 时 N 沟道 MOS 场效应晶体管表面强反型时的能带图。从图 4.16 可推出

$$U_S(U_{BS})=2\psi_{Fp}-U_{BS} \tag{4-38}$$

根据式（4-33），可得

$$Q_{Bm}(U_{BS})=-[2q\varepsilon_S\varepsilon_0 N_A(2\psi_{Fp}-U_{BS})]^{1/2} \tag{4-39}$$

式中，Q_{Bm}（U_{BS}）代表 $U_{BS}\neq 0$ 的表面耗尽层电荷面密度。

将式（4-39）代入式（4-25），得 N 沟道 MOS 场效应晶体管阈值电压 U_{Tn} 有

$$\begin{aligned}U_{Tn}(U_{BS})&=-\frac{Q_{SS}}{C_{OX}}-\frac{Q_{Bm}(U_{BS})}{C_{OX}}+\frac{2k_BT}{q}\ln\frac{N_A}{n_i}+\phi_{ms}\\&=-\frac{Q_{SS}}{C_{OX}}+\frac{[2q\varepsilon_S\varepsilon_0 N_A(2\psi_{Fp}-U_{BS})]^{1/2}}{C_{OX}}+\frac{2k_BT}{q}\ln\frac{N_A}{n_i}+\phi_{ms}\end{aligned} \tag{4-40}$$

同理，对于 P 沟道 MOS 场效应晶体管阈值电压 U_{Tp} 有

$$U_{Tp}(U_{BS}) = -\frac{Q_{SS}}{C_{OX}} - \frac{Q_{Bm}(U_{BS})}{C_{OX}} - \frac{2k_BT}{q}\ln\frac{N_A}{n_i} + \phi_{ms}$$

$$= -\frac{Q_{SS}}{C_{OX}} - \frac{[2q\varepsilon_S\varepsilon_0 N_A(-2\psi_{F_n} - U_{BS})]^{1/2}}{C_{OX}} - \frac{2k_BT}{q}\ln\frac{N_D}{n_i} + \phi_{ms} \quad (4\text{-}41)$$

因此，当 $U_{BS}\neq 0$ 时 N 沟道 MOS 场效应晶体管阈值电压的增量ΔU_{Tn}为

$$\Delta U_{Tn} = -\frac{Q_{Bm}}{C_{OX}}\left[\left(\frac{2\psi_{F_P} - U_{BS}}{2\psi_{F_P}}\right)^{1/2} - 1\right] \quad (4\text{-}42a)$$

同理，P 沟道 MOS 场效应晶体管阈值电压的增量ΔU_{Tp}为

$$\Delta U_{T_P} = -\frac{Q_{Bm}}{C_{OX}}\left[\left(\frac{U_{BS} - 2\psi_{Fn}}{-2\psi_{Fn}}\right)^{1/2} - 1\right] \quad (4\text{-}42b)$$

3. 衬偏调制系数

为定量描述阈值电压 U_T 受衬偏电压 U_{BS} 的影响，引入衬偏调制系数，用γ表示。在数值上，N 沟道 MOS 场效应晶体管衬偏调制系数定义为

$$\gamma \equiv \frac{\mathrm{d}U_T(U_{BS})}{\mathrm{d}[(2\psi_{Fp} - U_{BS})^{1/2}]} \quad (4\text{-}43)$$

根据式（4-40），可得 N 沟道 MOS 场效应晶体管衬偏调制系数为

$$\gamma = \frac{(2q\varepsilon_S\varepsilon_0 N_A)^{1/2}}{C_{OX}} \quad (4\text{-}44)$$

同理，可得 N 沟道 MOS 场效应晶体管衬偏调制系数为

$$\gamma = \frac{(2q\varepsilon_S\varepsilon_0 N_D)^{1/2}}{C_{OX}} \quad (4\text{-}45)$$

从式（4-44）和式（4-45）可看出，衬偏调制系数γ正比于衬底杂质浓度 $N_B^{1/2}$ 及栅氧化层的厚度 t_{OX}。从器件在电路中实际应用来看，一般希望 U_T（U_{BS}）随衬偏电压 U_{BS} 的变化愈小愈好。为满足这一要求，需要选择低衬底掺杂 N_B 和薄栅二氧化硅层厚度 t_{OX}，但为制备 N 沟增强型器件却需要提高衬底掺杂浓度 N_B，两方面的要求相互矛盾。通常，采用离子注入技术调整阈值电压，在一定程度上缓解这一相互矛盾。

4.2.5 阈值电压的调整技术

从以上分析可知，MOS 场效应晶体管的阈值电压 U_T 主要受到栅绝缘层厚度 t_{OX}、表面态电荷密度 Q_{SS}、功函数差 ϕ_{ms} 和衬底掺杂浓度 N_B 等因素的影响。然而，在实际制造工艺中，能有效调整阈值电压 U_T 的方法，主要是通过调整衬底或沟道区的掺杂浓度，常采用的方法如下。

1. 用离子注入掺杂技术调整阈值电压

所谓离子注入调整阈值电压是指选用半导体工艺，向低掺杂的 P 型（或 N 型）衬底 MOS 场效应晶体管的导电沟道区注入一定数量与衬底导电类型相同或相反的杂质，从而将阈值电压 U_T 调整到预期的数值。在导电沟道区注入杂质离子，既可制备表面沟道 MOS 场效应晶体管，也可制备隐埋沟道 MOS 场效应晶体管。以下将以 N 型表面沟道 MOS 场效应晶体管

为例，讨论离子注入掺杂技术对阈值电压 U_T 的调整。

向均匀掺杂的 P 型衬底注入硼离子，硼离子在硅中形成一维高斯分布，经过后续热退火工艺，硅中注入硼浓度分布为 N_A（x）。为便于推导阈值电压 U_T，一般用理想阶梯分布代替实际分布，阶梯深度 d_S 等于注入离子平均投影射程与标准偏差之和，阶梯分布与真实分布所对应的注入剂量相等，即有

$$D_1 = (N_S - N_A)d_S = \int_0^\infty [N_A(x) - N_A]\,\mathrm{d}x \tag{4-46}$$

式中，D_1 为注入剂量，$N_S - N_A$ 为阶梯高度，N_A 为衬底原始掺杂浓度，N_S 为阶梯的上限掺杂浓度。

（1）离子注入条件下阈值电压 U_T 的计算

按注入深度，可分以下 3 种情况。以下在计算阈值电压 U_T 的过程中，假定费米势 ψ_F、功函数差 ϕ_{ms} 等不受注入离子的影响，即只考虑耗尽层空间电荷 Q_{Bm} 变化。

① 浅注入

注入离子将分为两部分：一部分分布在栅氧化层下面半导体硅一侧的薄层内；另一部分分布在栅绝缘层 SiO_2 中，注入深度 d_S 远小于表面最大耗尽层厚度 X_{dm}。当半导体表面形成强反型层之前，必须消耗一定量的栅电荷 Q_G 形成注入离子的受主中心，即形成空间耗尽层需要更大的栅源电压 U_{GS}。因此，在考虑 $U_{BS} \neq 0$ 的条件下，N 沟道 MOS 场效应晶体管的阈值电压 U_T 为

$$U_{Tn}(U_{BS}) = -\frac{Q_{SS}}{C_{OX}} + \frac{[2q\varepsilon_S\varepsilon_0 N_A(2\psi_{Fp} - U_{BS})]^{1/2}}{C_{OX}} + \frac{2k_BT}{q}\ln\frac{N_A}{n_i} + \phi_{ms} + \frac{qD_1}{C_{OX}} \tag{4-47}$$

② 深注入

当阶梯深度 d_S 大于强反型时表面最大耗尽区厚度 X_{dm} 时，表面反型层和表面耗尽区均分布在深注入区。假设深注入区的杂质浓度均匀，那么阈值电压 U_T 为

$$U_{Tn}(U_{BS}) = -\frac{Q_{SS}}{C_{OX}} + \frac{[2q\varepsilon_S\varepsilon_0 N_A(2\psi'_{Fp} - U_{BS})]^{1/2}}{C_{OX}} + \frac{2k_BT}{q}\ln\frac{N_A}{n_i} + \phi_{ms} \tag{4-48}$$

式中，

$$\psi'_{F_P} = \frac{k_BT}{q}\ln\frac{N_S}{n_i} \tag{4-49}$$

③ 中等深度注入

当阶梯深度 d_S 小于表面最大耗尽区的厚度 X_{dm}，且二者大小可以相比拟时，此时 N 沟道 MOS 场效应晶体管的阈值电压 U_T 可表示为

$$U_{Tn}(U_{BS}) = -\frac{Q_{SS}}{C_{OX}} + \frac{[2\psi_{Fp} - U_{BS} - \dfrac{qd_s}{2\varepsilon_S\varepsilon_0}D_1]^{1/2}}{C_{OX}} + \frac{2k_BT}{q}\ln\frac{N_A}{n_i} + \phi_{ms} + \frac{qD_1}{C_{OX}} \tag{4-50}$$

（2）离子注入深度对阈值电压 U_T 的影响

阶梯深度 d_S 对 MOS 结构阈值电压 U_T 的影响，可通过衬偏调制系数 γ 进行比较。根据衬偏调制系数的定义式（4-43），利用式（4-47）、式（4-48）及式（4-50），可分别得出 N 沟道 MOS 场效应晶体管的衬偏调制系数。

浅注入的衬偏调制系数 γ_A：

$$\gamma_A = \frac{(2q\varepsilon_S\varepsilon_0 N_A)^{1/2}}{C_{OX}} \tag{4-51}$$

深注入的衬偏调制系数γ_B:

$$\gamma_B = \frac{(2q\varepsilon_S\varepsilon_0 N_S)^{1/2}}{C_{OX}} \tag{4-52}$$

中等深度注入的衬偏调制系数γ_C:

$$\gamma_C = \gamma_A \frac{(2\psi_{Fp} - U_{BS})^{1/2}}{(2\psi_{Fp} - U_{BS} - \dfrac{qd_S D_1}{2\varepsilon_S\varepsilon_0})^{1/2}} \tag{4-53}$$

假设 t_{OX}=25nm，d_S =0.2 μm，N_A=4.0×10^{14}cm^{-3} 和 N_S-N_A= 1.0×10^{17}cm^{-3}，根据衬偏调制系数 γ_A，γ_B和 γ_C的计算结果，可得衬偏调制系数随衬偏电压 U_{BS} 的变化曲线，如图 4.17 所示。从图 4.17 可看出，浅注入和深注入衬偏调制系数均为常数，分别为 γ_A =8.34×10^{-2} V$^{1/2}$ 和 γ_B＝1.32V$^{1/2}$。结果说明，浅注入要比深注入的衬偏调制特性好，但是浅注入实际上是很难实现，因为离子注入后的热退火以及后续工艺步骤中的热处理都会使注入杂质扩散，不可能得到理想的单位脉冲函数形式的注入杂质分布。

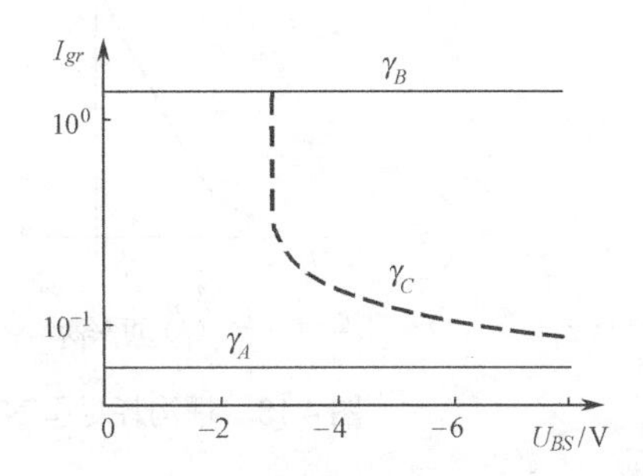

图 4.17　衬偏调制系数随衬偏电压 U_{BS} 的变化曲线

在实际半导体工艺中，多半采用比较容易实现的中等深度注入。如图 4.17 所示，当 U_{BS}=−2.6V 时，中等深度注入的衬偏调制系数 γ_C 急剧下降，并逐渐逼近浅注入的衬偏调制系数 γ_A，即可实现在深浅注入范围之间调整。实际上，U_{BS}＜−2.6V 时，最大表面耗尽层厚度小于注入深度，属于深注入情形。只有当 U_{BS}＞−2.6V 时，最大表面耗尽层厚度才会大于注入深度。为了获得良好的衬偏调制特性，注入时应适当地减小注入深度 d_S，以便在更宽的衬偏电压范围内中等深度注入的衬偏调制系数 γ_C 取得较低值。以上由阶梯分布得出的结果主要适用于低衬底掺杂浓度和剂量注入的器件。

P 沟道 MOS 场效应晶体管的离子杂质注入，可采用类似的分析方法。

2．用埋沟技术调整 MOS 场效应晶体管的阈值电压

（1）埋沟 MOS 场效应晶体管的特性

在现代超大规模集成电路中，得到广泛应用的埋沟 MOS 场效应晶体管主要有两种类型，分别为耗尽型 N 沟道 MOS 场效应晶体管和增强型 P 沟道 MOS 场效应晶体管。下面将以耗尽型 N 沟道 MOS 场效应晶体管为例，进行讨论。

耗尽型 N 沟道 MOS 场效应晶体管采用 P 型衬底在沟道区注入 N 型杂质的方法制成，多晶硅栅、二氧化硅层和 N 型离子注入区组成 MOS 系统。对于重掺杂 N$^+$多晶硅栅，平带电压为负，只要栅源电压 U_{GS} 大于平带电压 U_{FB}，栅氧化层下的 N 型半导体表面就有载流子电子积累。因此，当栅源电压 U_{GS}=0 时，即有半导体表面导电沟道形成，MOS 场效应晶体管不能截止。若栅源电压 U_{GS} 小于平带电压 U_{FB}，逐渐增大 U_{GS}，N 型表面将可能依次经过耗尽、弱反型和强反型几个状态。未达到强反型状态之前，表面耗尽层厚度 X_d 随栅源电压 U_{GS} 的增

加而增大；进入强反型时，表面耗尽层厚度就达到最大值而不再增加。

为了消除栅源电压 $U_{GS}=0$ 时已有导电沟道产生的现象，必须施加一定的负栅源电压 U_{GS}。根据离子注入的深度，MOS 场效应晶体管可能出现两种情况。当离子浅注入时，即阶梯深度 d_S 较小，随外加负栅源电压 U_{GS} 数值的增大，半导体表面出现耗尽和弱反型区变化时，沟道开始夹断；夹断后负栅源电压 U_{GS} 数值继续增大，MOS 场效应晶体管一直处于截止状态，转移特性如图 4.18（a）所示。然而，当离子注入阶梯深度 d_S 较大时，即使增大外加栅源电压 U_{GS} 负值，表面耗尽区达到最大值 X_{dm} 后，不能满足 $X_{dm}>d_S$ 的条件，表面强反型沟道尚未夹断，MOS 场效应晶体管始终是导通状态，转移特性如图 4.18（b）所示。

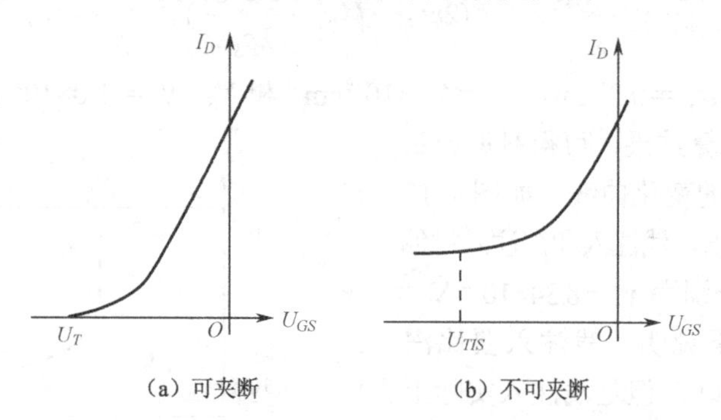

图 4.18 埋沟耗尽型 N 沟道 MOS 场效应晶体管转移特性

以上介绍的两种 MOS 场效应晶体管，分别按不同条件定义其阈值电压，沟道可夹断 MOS 场效应晶体管的阈值电压是指沟道开始夹断时的栅源电压，称为夹断电压 U_P，也可用 U_T 来表示；类夹不断的 MOS 场效应晶体管，阈值电压指半导体表面强反型厚度降低到最小值时的栅源电压，通常用 U_{TIS} 表示。

（2）埋沟技术对 MOS 场效应晶体管阈值电压的影响

埋沟技术能改变阈值电压的原因，一方面可从衬底掺杂浓度的高低影响到阈值电压的高低来理解。另一方面，可从下述埋沟 MOS 场效应晶体管的阈值电压与埋沟区厚度的关系来理解。

图 4.19 所示为 P 型衬底埋沟 MOS 场效应晶体管源端附近的沟道区体积元。其中，X_j 为离子注入的结深，t_{OX} 为栅氧化层的厚度，X_d 为表面耗尽区厚度；X_n 为衬底 PN 结空间电荷在沟道一侧的扩展距离，X_p 代表衬底一侧的扩展距离。若用 X_c 表示沟道厚度，则有

$$X_d+X_c+X_n=X_j \tag{4-54}$$

图 4.20 为沟道区杂质的实际分布及近似的阶梯分布，阶梯分布的注入剂量与实际分布的注入剂量相等，以下分析都按阶梯分布进行。当 $X_d+X_n=X_j$ 时，意味沟道夹断，参照 PN 结空间电荷区宽度与外加电压的关系式可得

$$X_n=\left[\frac{2\varepsilon_S\varepsilon_0}{q}(U_{BJ}-U_{BS})\frac{N_A}{N_D(N_A+N_D)}\right]^{1/2} \tag{4-55}$$

式中，N_A 为衬底掺杂浓度，N_D 为沟道区注入的 N 型杂质浓度。

开始夹断时，半导体表面为耗尽型或弱反型，式（4-17）改变为

$$Q_G+Q_{SS}+Q_B=0 \tag{4-56}$$

式中，Q_B 代表耗尽型或弱反型时的表面耗尽区电荷面密度。

考虑到 MOS 系统由多晶硅栅、绝缘介质和 N 型区组成，式（4-23）可改写为

$$U_{GS}=U_{OX}+U_S+\phi_{SS} \tag{4-57}$$

式中，U_S代表耗尽或弱反型时的表面势，U_{OX}为绝缘层 SiO_2 上电压降。

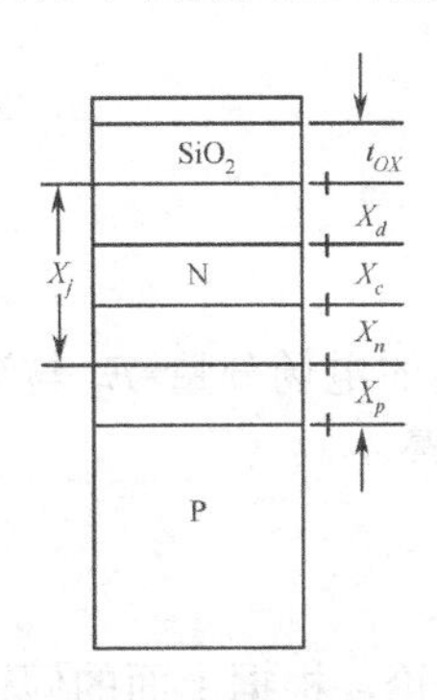

图 4.19 埋沟 MOS 场效应晶体管沟道区体积元

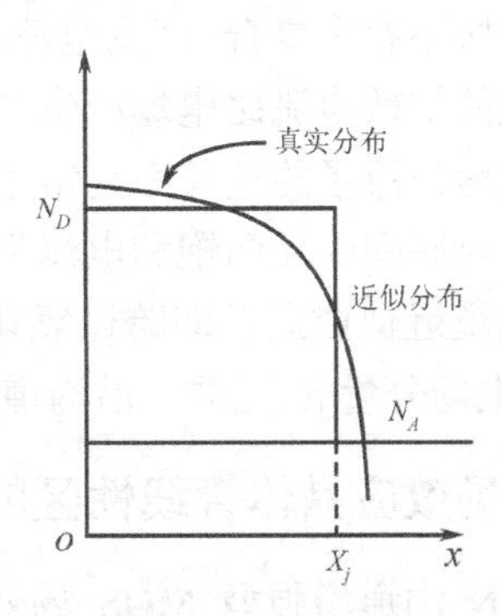

图 4.20 埋沟杂质分布

在理论上，表面势 U_S 为

$$U_S = -\frac{Q_B^2}{2q\varepsilon_S\varepsilon_0 N_D} \tag{4-58}$$

绝缘层上电压降 U_{OX} 为

$$U_{OX} = -\frac{Q_{SS}+Q_B}{C_{OX}} \tag{4-59}$$

根据式（4-55）、式（4-56）和式（4-57），得到一个以 X_S 为未知数的一元二次方程，解出 X_S，利用夹断条件 $X_j=X_n+X_S$，可得

$$U_T = U_{FB} + \left(\frac{1}{C_{OX}}+\frac{1}{C_j}\right)\left[2q\varepsilon_S\varepsilon_0\frac{N_A N_D}{N_A+N_D}(U_{BJ}-U_{BS})\right]^{1/2} - \left(\frac{1}{C_{OX}}+\frac{1}{2C_j}\right)qN_D X_j - \frac{N_A}{N_A+N_D}(U_{BJ}-U_{BS}) \tag{4-60}$$

式中，$C_j=\varepsilon_S\varepsilon_0/X_j$。若再令

$$C_1 = \frac{C_{OX}}{1+\dfrac{C_{OX}}{C_1}}，\quad C_2 = \frac{C_{OX}}{1+\dfrac{C_{OX}}{2C_1}}，\quad N_E = \frac{N_A N_D}{N_A+N_D}，\quad Q_1 = qN_D X_j \tag{4-61}$$

则式（4-60）变为

$$U_T = U_{FB} + \frac{1}{C_1}[2q\varepsilon_S\varepsilon_0 N_E(U_{BJ}-U_{BS})]^{1/2} - \frac{Q_1}{C_2} - \frac{N_E}{N_D}(U_{BJ}-U_{BS}) \tag{4-62}$$

因此，当 MOS 场效应晶体管沟道的杂质注入浓度 N_D 发生变化时，N_E 和 Q_I 等参数都会随之发生变化，从而导致阈值电压 U_T 变化。若器件结构参数已定，用埋沟技术还能控制器件沟道能否被夹断，从而获得到不同的 MOS 场效应晶体管转移特性。同时，用埋沟技术还可以削弱 U_{BS} 对阈值电压 U_T 的影响，例如增大杂质注入浓度 N_D 时，将使衬偏电压 U_{BS} 的作用向变小的方向变化。

4.3 MOS 场效应晶体管的直流电流–电压特性

本节将定量分析 MOS 场效应晶体管的直流电流–电压特性。为了方便起见，先做以下几个假定：

① 漏区和源区的电压降可以忽略不计；

② 在沟道区不存在复合–产生电流；

③ 沿沟道的扩散电流比电场产生的漂移电流小得多；

④ 在沟道内载流子的迁移率为常数；

⑤ 沟道与衬底间的反向饱和电流为零；

⑥ 缓变沟道近似成立，即跨过氧化层的垂直于沟道方向的电场分量 E_x 与沟道中沿载流子运动方向的电场分量 E_y 无关，沿沟道长度方向电场变化很慢。

4.3.1 MOS 场效应晶体管线性区的电流–电压特性

本节仍以 N 沟道增强型 MOS 场效应晶体管为例进行讨论，根据上面的假设可以认为电流在沟道中的流动是一维的。假设沟道的长度为 L，宽度为 W，反型沟道厚度为 d；在线性工作区，沟道从源区连续延伸到漏区，其参数从源到漏只是略有变化。取沟道中电子流动方向为 y 方向，如图 4.21 所示。

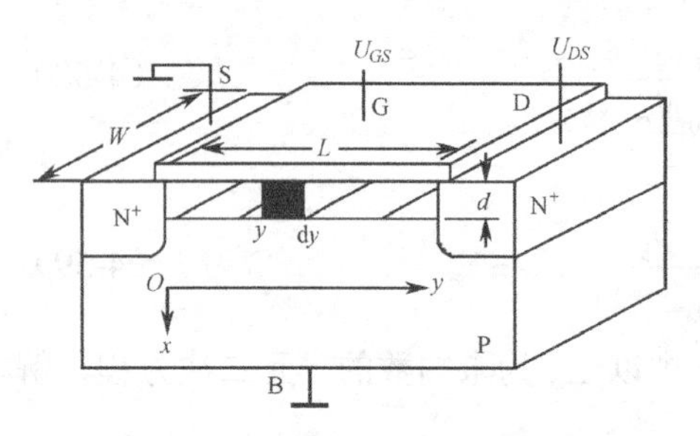

图 4.21 MOS 场效应晶体管的沟道结构

在沟道中沿垂直于沟道的方向切出一个长度为 dy 的薄片来，它的电阻值为

$$dR = \rho \frac{dy}{Wd(y)} \tag{4-63}$$

式中，d（y）为 y 处沟道厚度。在该电阻上的电压降为

$$dU = I_{DS} \times dR = I_{DS} \times \rho \frac{dy}{Wd(y)} \tag{4-64}$$

式中，ρ为反型层的电阻率。设 n 为沟道中电子的浓度，μ_n 为电子的迁移率；假设反型层单位面积电荷为 Q_n（y），且有

$$Q_n(y) = qnd(y)$$

则式（4-64）可改写为

$$dU = \frac{I_{DS}dy}{\mu_n W Q_n(y)} \tag{4-65}$$

若漏源电流 I_{DS} 在沟道 y 处产生压降为 U（y），根据沟道厚度 d（y）远小于绝缘层厚度 t_{OX}的假设，可得

$$Q_n(y) = [U_{GS} - U_T - U(y)]C_{OX} \tag{4-66}$$

将式（4-66）代入式（4-65）可得

$$I_{DS}dy = [U_{GS} - U_T - U(y)]C_{OX}\mu_n W dU \tag{4-67}$$

将式（4-67）从源区（y=0）到漏区（y=L）进行积分，相应的沟道压降 U（y）从 0 变为 U_{DS}，可得

$$I_{DS}\int_0^L dy = C_{OX}\mu_n n \int_0^{U_{DS}} [U_{GS} - U_T - U(y)]dU \tag{4-68}$$

将式（4-68）进行运算化简后，可得

$$I_{DS} = C_{OX}\mu_n \frac{W}{L}\left[\left(U_{GS} - U_T\right)U_{DS} - \frac{1}{2}U_{DS}^2\right] \tag{4-69}$$

式（4-69）是线性工作区的直流特性方程。当漏源电压 U_{DS} 很小时，漏源电流 I_{DS} 与漏源电压 U_{DS} 成线性关系。当 U_{DS} 稍大时，I_{DS} 上升减慢，特性曲线弯曲。为了分析方便，可引进增益因子 β

$$\beta = C_{OX}\mu_n \frac{W}{L} \tag{4-70}$$

于是，式（4-69）可变为

$$I_{DS} = \beta\left[\left(U_{GS} - U_T\right)U_{DS} - \frac{1}{2}U_{DS}^2\right] \tag{4-71}$$

由式（4-71）可见，当漏源电压 U_{DS} 比较小时，高次项可以忽略，则有

$$I_{DS} = \beta(U_{GS} - U_T)U_{DS} \tag{4-72}$$

式（4-72）表明，在线性工作区漏源电流 I_{DS} 与漏源电压 U_{DS} 成线性关系。

4.3.2 MOS 场效应晶体管饱和区的电流–电压特性

1. MOS 场效应晶体管漏源饱和电流的计算

当漏源电压 U_{DS} 增加的足够大时，邻近漏区的导电沟道被夹断，漏源电流 I_{DS} 将趋于不变，MOS 场效应晶体管进入饱和工作区，对应的漏源电压称为漏源饱和电压，通常用 U_{Dsat} 表示，则有

$$U_{Dsat} = U_{GS} - U_T \tag{4-73}$$

将式（4-73）代入式（4-72），便可得到饱和工作区的漏源电流，用 I_{Dsat} 表示，则有

$$I_{Dsat} = \frac{1}{2}\beta\,(U_{GS} - U_T)^2 \tag{4-74}$$

MOS 场效应晶体管进入饱和工作区后，继续增加漏源电压 U_{DS}，则沟道夹断点将向源区方向移动，漏区出现耗尽区；耗尽区宽度 X_d 随 U_{DS} 增大而不断变大，如图 4.22 所示。采用单边突变结的公式，可得

$$X_d = L - L' = \sqrt{\frac{2\varepsilon_S\varepsilon_0[U_{DS} - (U_{GS} - U_T)]}{qN_A}} \tag{4-75}$$

漏源电压 U_{DS} 的继续增加，有效导电沟道长度将从 L 变为 $L-X_d$。严格地讲，漏源电流 I_{DS} 不是一成不变的。此时，漏源饱和电流用 I'_{Dsat} 表示，则有

$$I'_{Dsat} = \frac{I_{Dsat}}{L'/L} = \frac{LI_{Dsat}}{L - X_d} = \frac{LI_{Dsat}}{L - \sqrt{\dfrac{2\varepsilon_S\varepsilon_0[U_{DS} - (U_{GS} - U_T)]}{qN_A}}} \tag{4-76}$$

式中，L'为有效导电沟道长度。

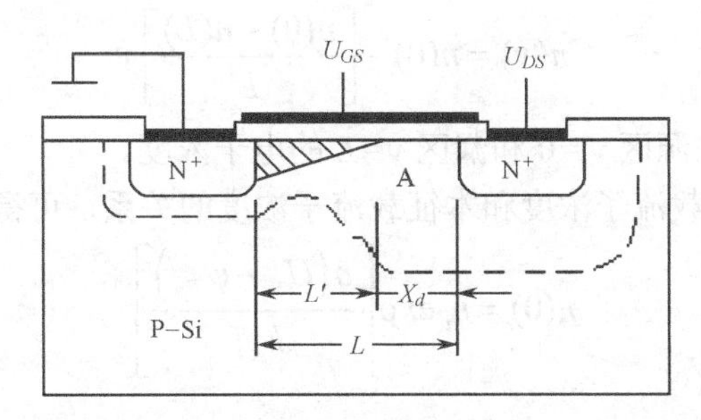

图 4.22　N 沟道 MOS 场效应晶体管在饱和工作区空间电荷示意图

式（4-76）表明，MOS 场效应晶体管进入饱和工作区后，继续增大当漏源电压 U_{DS}，有效导电沟道长度减小，漏源饱和电流 I'_{Dsat} 将随之增加。这种漏源饱和电流 I'_{Dsat} 随沟道有效长度减小而增大的效应，称为沟道长度调制效应。该效应会使 MOS 场效应晶体管的输出特性曲线明显发生倾斜，导致沟道的输出阻抗降低。

2．MOS 场效应晶体管漏源饱和电流形成机理

在 N 型 MOS 场效应晶体管，沟道中运动电子到达沟道夹断处时，被漏区一侧的耗尽区电场扫进漏区形成漏源电流 I_{DS}。类似于 NPN 三极管集电结电场，将通过基区输运的电子扫进集电区形成集电极电流。另外，MOS 场效应晶体管的沟道长度调变效应相似于三极管晶体管的基区宽变效应，结果都是使增益变大，输出阻抗变小。

为描述沟道长度调制效应对漏源饱和电流的影响，引入沟道调制系数，用λ表示

$$\lambda = \frac{X_d}{L}\frac{1}{U_{DS}} \tag{4-77}$$

式（4-76）经变换后，可得

$$I'_{Dsat} \approx \frac{\beta}{2}(U_{GS}-U_T)^2(1+\lambda U_{DS}) \tag{4-78}$$

同理，对于 P 沟道 MOS 场效应晶体管可采用类似的讨论方法，只是载流子为空穴，电流方向相反。

4.3.3 MOS 场效应晶体管亚阈值区的电流–电压特性

当栅源电压 U_{GS} 稍低于阈值电压 U_T 时，导电沟道处于弱反型状态，流过沟道的漏源电流 I_{DS} 不等于零，此时 MOS 场效应晶体管的工作状态处于亚阈值区，对应的电流称为亚阈值电流。如图 4.5 所示，亚阈值区的转移特性曲线是非线性的。对于在低压、低功耗下工作的 MOS 场效应晶体管，例如，在数字逻辑及储存器作为开关使用的 MOS 场效应晶体管，亚阈值区是重要的工作区。

假设 N 沟道 MOS 场效应晶体管在弱反型时，表面势 U_S 可近似为常数，可将沿沟道 y 方向的电场强度视为零，漏源电流 I_{DS} 主要是扩散电流。因此，可采用类似于均匀基区晶体管求集电极电流的方法来求亚阈值电流，则有

$$I_{DS} = -qD_n A\frac{\mathrm{d}n}{\mathrm{d}y} \tag{4-79}$$

式中，A 为电流流过的截面积，D_n 扩散系数。

在平衡状态时，假设沟道中载流子的净产生、净复合均为零。根据电流连续性要求，沿沟道 y 处电子浓度 n（y）是随距离线性变化的，即

$$n(y) = n(0) - \left[\frac{n(0)-n(L)}{L}\right]y \tag{4-80}$$

式中，$n(0)$、$n(L)$分别为在源区 $y=0$ 和漏区 $y=L$ 的电子浓度。

根据半导体物理中，载流子浓度和本征载流子浓度的关系，可得源区电子浓度为

$$n(0) = n_i \exp\left[\frac{q\left(U_S-\psi_{Fp}\right)}{k_B T}\right] \tag{4-81}$$

漏区电子浓度为

$$n(L)=n_i\exp\left[\frac{q\left(U_S-\psi_{Fp}-U_{DS}\right)}{k_BT}\right] \tag{4-82}$$

式中，U_S为表面势，ψ_F为费米势。

亚阈值电流可表示为

$$I_{DS}=qAD_n\left[\frac{n(0)-n(L)}{L}\right] \tag{4-83}$$

将式（4-81）和式（4-82）代入式（4-83），可得

$$I_{DS}=qD_n\left(\frac{dW}{L}\right)n_i\exp\left[\frac{q\left(U_S-\psi_{Fp}\right)}{k_BT}\right][1-\exp(\frac{qU_{DS}}{k_BT})] \tag{4-84}$$

式中，d为有效沟道厚度。

精确求得沟道厚度d非常困难，只能用近似方法求解。由于电子浓度n（y）与表面势U_S呈指数关系，有效沟道厚度d取在电势减少k_BT/q处。空间电荷Q_B与表面势U_S的关系及电场强度和电荷密度的关系，假设沟道弱反型时，表面电场E_S为，则有

$$E_S=-\frac{Q_B}{\varepsilon_S\varepsilon_0}=\sqrt{\frac{2qN_AU_S}{\varepsilon_S\varepsilon_0}} \tag{4-85}$$

假设空间电场为均匀电场，则有

$$E_Sd=\frac{k_BT}{q}U_S \tag{4-86}$$

将式（4-85）代入式（4-86）中，可得有效沟道厚度d为

$$d=\frac{k_BT}{q}\sqrt{\frac{\varepsilon_S\varepsilon_0U_S}{2qN_A}} \tag{4-87}$$

因此，MOS场效应晶体管在亚阈值区的漏源电流I_{DS}除受到衬底掺杂浓度N_B的影响之外，还受到栅源电压U_{GS}（直接影响表面势U_S）和漏源电压U_{DS}的影响。图4.23为MOS场效应晶体管的亚阈值特性实验结果。其中，衬底掺杂浓度N_A为$5.6\times10^{15}cm^{-3}$，栅氧化层厚度t_{OX}为570Å和沟道长度L为15.5μm。从图4.23可看出，在衬底偏置电压U_{BS}为0 V时，当栅源电压U_{GS}低于阈值电压U_T时，漏源电流I_{DS}随栅压U_{GS}呈指数变化。然而，在亚阈值区漏源电压U_{DS}分别为0.1V及10V情况下，漏源电流I_{DS}电流变化趋势无明显差别。

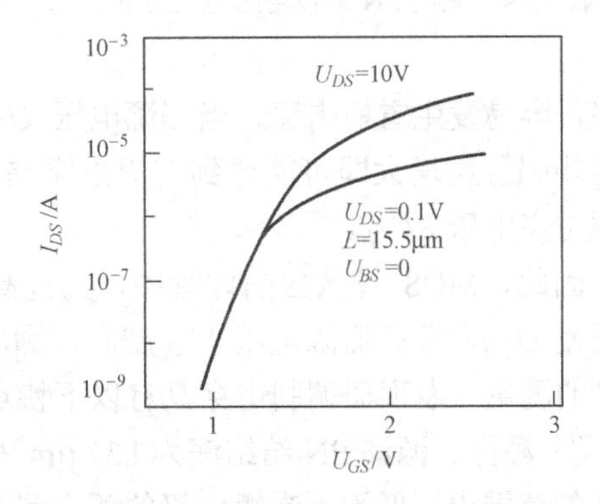

图4.23　MOS场效应晶体管的亚阈值特性实验结果

对于短沟道MOS场效应晶体管的亚阈值电流特性，因表面势U_S是随在沟道中位置变化而改变的变量，将在MOS场效应晶体管的短沟道效应中讨论。

4.3.4　MOS场效应晶体管击穿区特性及击穿电压

工作在饱和区的MOS场效应晶体管，当漏源电压U_{DS}不断增高达到某一临界值时，会出现漏源电流突然增大的情况（如图4.3中的BC段），这表明MOS器件进入了击穿区。击

穿时所加的漏源电压称为漏源击穿电压，用 BU_{DS} 表示。漏源击穿有几种不同的击穿机理解释，下面以 P 沟道 MOS 场效应晶体管为例分别进行分析。

1．漏源击穿机理

按照 MOS 场效应晶体管击穿特性的形状和特性，可将击穿机理分为以下几种。

（1）栅调制击穿机理

在 MOS 场效应晶体管中，通常采用平面工艺制造的 $P^{+}N$ 或 $N^{+}P$ 结，雪崩击穿通常发生在图形边缘的曲面结上。在 PN 结与 Si-SiO_2 界面交点处，电场强度最高，这个区域称作转角区。在 PN 结转角区的表面覆盖着栅氧化层及栅电极，当 MOS 场效应晶体管处于工作状态时，漏区和栅电极之间存在压差为 $U_{DG}=U_{DS}-U_{GS}$，电场在 SiO_2 层中的分布，如图 4.24 所示。因为金属栅电极是良导体，在与介质 SiO_2 交界处的电力线必将垂直于界面，由此造成转角区电力线分布出现“畸变”现象。在没有栅电极的理想情况下，可以认为转角区表面电场平行于 Si-SiO_2 界面，增加了金属栅电极后，不仅改变了界面半导体一侧平行于界面的电场强度水平分量，而且增加了垂直于界面的分量，总场强大小取决于两个分量合成。场强的数值不仅依赖于漏 PN 结上的外加电压，而且与漏区和栅电极之间的压差 U_{DG} 有关。在衬底掺杂浓度 N_B 不过高的条件下，栅绝缘层厚度 t_{OX} 一般远小于漏耗尽区的扩展宽度，转角区的电场比体内强得多，容易发生雪崩击穿。当漏源电压 U_{DS} 增大时，漏区和栅电极之间的压差 U_{DG} 增大，转角区场强急剧增大即可能达到雪崩击穿临界场强，导致击穿发生。此时对应的漏源电压即为漏源击穿电压 BU_{DS}。

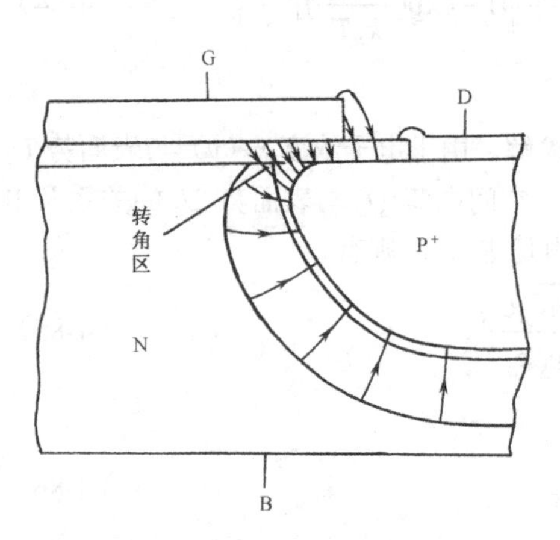

图 4.24　漏区 PN 结转角区电场分布

因此，MOS 场效应晶体管中，为提高漏源击穿电压 BU_{DS}，必须减小漏区和栅电极之间的压差 U_{DG}，即有栅源电压 U_{GS} 越高，漏源击穿电压 BU_{DS} 越大。通过对实际 MOS 场效应晶体管的测量，发现栅调制击穿具有以下特点。

① 源区、源漏 PN 结结深为 1.37 μm 的 MOS 场效应晶体管，漏源击穿电压 BU_{DS} 在 25～40 V 的范围内，低于不带栅电极的孤立漏 PN 结的雪崩击穿电压。

② MOS 场效应晶体管去除栅金属后，漏源击穿电压 BU_{DS} 可上升到 70 V。

③ 衬底电阻率高于 10 Ωcm 时，漏源击穿电压 BU_{DS} 与衬底掺杂浓度 N_B 无关，取决于源区、源漏 PN 结的结深，栅氧化层厚度 t_{OX} 及栅源电压 U_{GS}。

④ 栅调制击穿最重要的特征是漏源击穿电压 BU_{DS} 受栅源电压 U_{GS} 控制。

（2）沟道雪崩击穿机理

当栅源电压 U_{GS} 大于阈值电压 U_T 时，MOS 场效应晶体管处于导通状态时，继续增大栅源电压 U_{GS} 将导致导电沟道反型层厚度增大，沟道载流子的面密度增大，即使漏源电压 U_{DS} 不变，漏源电流 I_{DS} 也会明显增加。此时，在漏区 PN 发生雪崩击穿的几率明显增大。因此，漏源击穿电压 BU_{DS} 将随栅源电压 U_{GS} 的增加而下降，且呈现软击穿特性。

分析表明，MOS 场效应晶体管导通状态时，从沟道进入夹断区的载流子大部分在距表面

0.2μm～0.4μm 的次表面流动，漏区 PN 结附近电场强度最高，当达到或超过雪崩击穿临界电场强度时，就会发生击穿。

沟道雪崩击穿仅会出现在 N 沟道 MOS 场效应晶体管中，不会出现在 P 沟道 MOS 场效应晶体管中。主要因为电子比空穴的电离率高一个数量级，倍增效应更为明显。

（3）NPN 晶体管击穿机理

在电阻率较高的 P 型衬底短沟道 MOS 场效应晶体管中，击穿特性曲线类似于三极管，只是用 BU_{DS} 表示为漏源击穿电压。BU_{DS} 亦称作维持电压，主要特征是呈现负阻，这种负阻特性能引发二次击穿，影响 MOS 场效应晶体管的安全可靠性。导通状态下，栅源电压 U_{GS} 愈高，则漏源击穿电压 BU_{DS} 愈低。

击穿区的负阻特性来源于寄生 NPN 晶体管的共发射极击穿。寄生 NPN 晶体管由 N 沟道 MOS 场效应晶体管的源区 N^+、衬底 P 和漏区 N^+组成，分别类似于三极管的发射区、基区和集电区。引发击穿的初始原因是沟道夹断区强场下的载流子倍增和转角区载流子倍增，前者发生在次表面，后者则出现于紧靠 Si-SiO_2 界面处。倍增产生的电子流向漏区、空穴流入衬底，衬底电流表示为

$$I_{sub}=(M^*-1)I_S+MI_{DO} \tag{4-88}$$

式中，I_S 为源区电流，I_{DO} 为漏区 PN 结反向饱和电流，M^*为沟道倍增系数，M 为转角区倍增系数。

衬底电流 I_{sub} 流经衬底体电阻 R_{sub} 时，产生的电压降经衬底加到源极上（假定衬偏电压 $U_{BS}=0$），使源区 PN 结正偏，也就是使寄生 NPN 晶体管发射结正偏。此时，漏区 PN 结类似于 NPN 晶体管的集电结出现载流子倍增，正向有源工作的 NPN 晶体管就进入“倍增—放大”的往复循环过程，从而导致电压漏源电压 U_{DS} 下降，漏源电流 I_{DS} 上升。因此，从外部引出端测量出来的 BU_{DS} 实际上是寄生 NPN 晶体管的 BU_{CEO}。

寄生双极晶体管击穿只出现在 N 沟道 MOS 场效应晶体管中，主要因为电子的电离率随场强增加而很快上升，沟道电子易于引发倍增；同时，考虑结构和尺寸相同 MOS 场效应晶体管，空穴迁移率大约是电子迁移率的三分之一，电流流过 N 沟道 MOS 场效应晶体管的高衬底电阻，更容易使源区 PN 结正偏，形成“倍增—放大”正反馈循环。

2. 漏源穿通机构及漏源穿通电压 BU_{DSP}

当漏源电压 U_{DS} 增大时，漏区 PN 结的耗尽区向源区方向扩展，使导电沟道的有效长度缩短。以 N 沟道 MOS 场效应晶体管为例，导电沟道漏区 PN 结耗尽区的宽度 X_{dm} 为

$$X_{dm}=\sqrt{\frac{2\varepsilon_S\varepsilon_0[U_{DS}-(U_{GS}-U_T)]}{qN_A}} \tag{4-89}$$

当耗尽区宽度 X_{dm} 随漏源电压 U_{DS} 的增加，扩展等于沟道长度 L 时，漏区 PN 结耗尽区扩展到源区，发生漏源之间的直接穿通。穿通电压为

$$BU_{DSP}=\frac{L^2qN_A}{2\varepsilon_S\varepsilon_0}+(U_{GS}-U_T) \tag{4-90}$$

假若衬底杂质浓度 N_A 为 10^{16} cm^{-3}，沟道长度为 10 μm 时，U_{DS} 远大于漏区 PN 结雪崩击穿电压。因此，只有 MOS 场效应晶体管的沟道长度 L 很短的条件下，漏源穿通现象才有可能发生。当 $U_{GS}-U_T=0$ 时，式（4-90）可简化为

$$BU_{DSP}=\frac{qN_B}{2\varepsilon_0\varepsilon_S}L^2 \tag{4-91}$$

由式（4-91）可知，穿通电压 BU_{DSP} 与沟道长度 L 的平方成正比。

3．最大栅源耐压 BU_{GS}

最大栅源耐压就是栅源之间能够承受的最高电压，其大小决定于栅极下面 SiO_2 层的击穿电压。MOS 场效应晶体管绝缘介质 SiO_2 被击穿是破坏性的击穿，被击穿后就造成不可恢复的损坏。结构完整的 SiO_2 发生击穿所需的临界电场强度为 $E_{OX(\max)}=8\times10^6$ 伏特 / 厘米。因此，厚度为 t_{OX} 的 SiO_2 层的击穿电压是：

$$BU_{GS}=E_{OX(\max)}t_{OX} \tag{4-92}$$

例如，t_{OX}=1500Å，则 BU_{GS}=120 伏特。实际上，在介质 SiO_2 生长过程中受到各种因素的影响，结构缺陷是难于完全避免。因此，MOS 场效应晶体管栅源之间的击穿电压，比式（4-92）的理论值低。由于 MOS 场效应晶体管的栅极有很高的绝缘电阻，当栅极开路时，受周围电磁场的作用，可能感生瞬时的高压，如果电压超过 BU_{GS}，就会造成 SiO_2 的击穿。为了避免这种感生高压可能造成的损坏，在封装或存放 MOS 场效应晶体管时，应将栅极管脚和源、漏极管脚短接。

4.4 MOS 结构的电容–电压特性

MOS 电容结构是 MOS 场效应晶体管的核心。栅氧化层-半导体界面处的大量信息，可以从 MOS 结构的电容-电压关系中得到。MOS 结构的电容可定义为

$$C=\frac{\mathrm{d}Q_B}{\mathrm{d}U_{GS}} \tag{4-93}$$

式中，$\mathrm{d}Q_B$ 为板上电荷的微分变量，它是穿过电容的电压 $\mathrm{d}U$ 的微分变量的函数。这时的电容是小信号或称交流变量，可通过在直流栅压上叠加一交流小信号电压的方法测量。因此，电容是直流栅压的函数。

4.4.1 理想 MOS 结构的电容–电压特性

1．理想 MOS 结构的电容构成

假设理想 MOS 结构没有金属和半导体之间的功函数差，氧化层是良好的绝缘体，几乎没有空间电荷存在，Si–SiO_2 界面没有界面陷阱，外加栅压 U_{GS} 一部分降落在氧化层（U_{OX}）上，另一部分降落在硅表面层（U_S），所以 $U_{GS}=U_{OX}+U_S$。Q_B 为 MOS 结构中的总电荷，MOS 结构电容 C 为

$$C=\frac{\mathrm{d}Q_B}{\mathrm{d}U_{GS}}=\frac{1}{\dfrac{\mathrm{d}U_{OX}}{\mathrm{d}Q_B}+\dfrac{\mathrm{d}U_S}{\mathrm{d}Q_B}} \tag{4-94}$$

根据氧化层单位面积电容 C_{OX} 和半导体表面空间电荷层电容 C_S 的定义，可知

$$C_{OX}=\frac{\mathrm{d}Q_B}{\mathrm{d}U_{OX}},\quad C_S=\frac{\mathrm{d}Q_S}{\mathrm{d}U_S}=\frac{\mathrm{d}Q_B}{\mathrm{d}U_S} \tag{4-95}$$

将式（4-95）代入式（4-94），可得

$$C = \frac{1}{\frac{1}{C_{OX}} + \frac{1}{C_S}} \tag{4-96}$$

式（4-96）表明，C 相当于氧化层电容 C_{OX} 和半导体表面空间电荷层电容 C_S 的串联，等效电路如图 4.25 所示。式中，C_{OX}和 C_S分别为

$$C_{OX} = \frac{\varepsilon_{OX}\varepsilon_0}{t_{OX}}，\quad C_S = \frac{\varepsilon_S\varepsilon_0}{X_d} \tag{4-97}$$

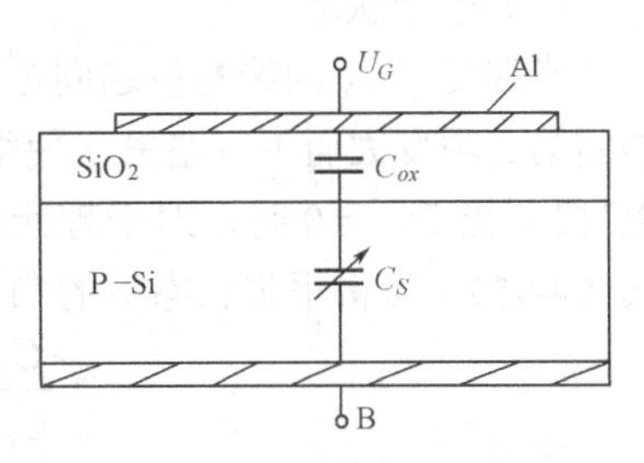

图 4.25　MOS 结构的电容等效电路

2. 不同工作条件下 MOS 结构的电容变化规律

在 MOS 场效应晶体管中栅源电压 U_{GS} 不同，栅下半导体表面的状态不同。下面以 N 沟道 MOS 场效应晶体管为例，分别讨论栅绝缘层下面半导体表面处于堆积、平带、表面耗尽和强反型四种状态下的归一化电容。图 4.26 为 P 型衬底理想 MOS 结构的电容-电压关系及频率特性。

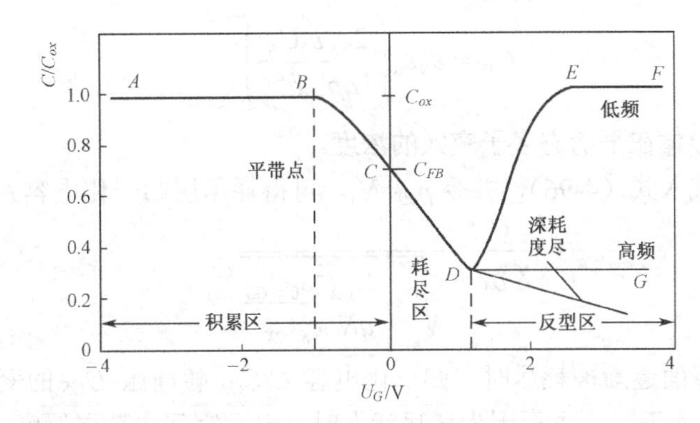

图 4.26　P 型衬底理想 MOS 结构的电容–电压关系与频率特性

（1）多子表面堆积状态

当栅源电压 U_{GS} 为负值时，栅绝缘层下面半导体表面处于多子表面堆积状态。假设堆积区表面电荷密度为 Q_A，表面电容 C_A 为

$$C_A = \frac{\varepsilon_S\varepsilon_0}{\sqrt{2}L_D}\exp\left(-\frac{qU_S}{2k_BT}\right) \tag{4-98}$$

式中，L_D 为得拜长度。

将式（4-98）代入式（4-96），用表面电容 C_A 代替空间电荷层电容 C_S，可得多子表面堆积状态下的归一化电容

$$\frac{C}{C_{OX}} = \frac{1}{1 + \frac{\sqrt{2}C_{OX}L_D}{\varepsilon_S\varepsilon_0}\exp\left(\frac{qU_S}{k_BT}\right)} \tag{4-99}$$

当负栅压 U_{GS} 比较大时，表面势 U_S 为比较大的负值，则式（4-99）分母中的第二项趋向于零，那么有 $C/C_{OX}=1$，即有 $C=C_{OX}$ 。这种情况下，MOS 结构电容 C 是不随栅偏压变化，如图 4.26 中所示的 AB 段。因为处于多子堆积状态时，电荷聚积在 SiO_2 层的两侧，MOS 结构的总电容就等于 SiO_2 层的电容。对于 SiO_2 层厚度一定时，SiO_2 层电容 C_{OX} 是一个不随栅偏压变化的常数。

（2）平带状态

当栅压 U_{GS} 的绝对值趋向零时，U_S 也变得很小，多子空穴的堆积减弱。式（4-99）分母中的第二项变大而不可略去，使得 C/C_{OX} 随表面势 U_S 逐渐趋向零而减小，如图 4.26 中所示的 BC 段。当 $U_{GS}=0$ 时，对于理想的 MOS 结构，表面势 $U_S=0$，平带电容 $C_{FB}=\varepsilon_S\varepsilon_0/L_D$，代入式（4-95），可得平带状态下的归一化电容为

$$\frac{C_{FB}}{C_{OX}}=\frac{1}{1+\dfrac{\varepsilon_{OX}}{\varepsilon_S}\left(\dfrac{\varepsilon_S\varepsilon_0 k_B T}{q^2 N_A t_{OX}^2}\right)^{1/2}} \tag{4-100}$$

在利用电容–电压特性测量表面参数时，可计算出归一化电容 C_{FB}/C_{OX}，则可利用上式作一簇与衬底杂质浓度 N_A、氧化层厚度 t_{OX} 相关的曲线查阅。

（3）表面耗尽状态

当栅极上所加的偏压 U_{GS} 为正，在半导体表面出现反型状态时之前，空间电荷区处于耗尽状态，MOS 结构电容是 SiO_2 层电容和表面耗尽层电容的串联，耗尽层电容 C_D 为

$$C_D=\varepsilon_S\varepsilon_0\left(\frac{2\varepsilon_S\varepsilon_0 U_S}{qp_{p0}q^2}\right)^{-1/2} \tag{4-101}$$

式中，p_{p0} 为 P 型半导体在平衡态多子空穴的浓度。

将式（4-101）代入式（4-96），并令 $p_{p0}=N_A$，可得耗尽层归一化电容为

$$\frac{C}{C_{OX}}=\frac{1}{\sqrt{1+\dfrac{2\varepsilon_{OX}{}^2\varepsilon_0 U_{GS}}{qN_A\varepsilon_S t_{OX}{}^2}}} \tag{4-102}$$

式（4-102）是表面逐渐被耗尽时，归一化电容 C/C_{OX} 随栅压 U_{GS} 的变化规律，电容随栅压 U_{GS} 的平方根增加而下降。主要因为耗尽状态时，表面空间电荷层厚度 X_d 随栅压 U_{GS} 增大而增厚，耗尽层电容 C_D 则越小，图 4.26 中 CD 段正反映了这个变化规律。

应该指出，对于 P 型半导体衬底构成的 MOS 结构，在栅偏压为零或负偏压时，不存在耗尽层。因此，式（4-102）表示耗尽情形的电容公式失去了意义。

（4）表面反型状态

当栅压 U_{GS} 进一步增大，直到使表面势 $U_S>2\psi_F$ 时，表面出现强反型层，这时表面空间电荷区的耗尽层宽度维持在最大值 X_{dm}，强反型状态下表面空间电荷层的电容 C_{siD} 为

$$C_{siD}=\frac{\varepsilon_S\varepsilon_0}{\sqrt{2}L_D}\left[\frac{n_{p0}}{p_{p0}}\exp\left(\frac{qU_S}{kT}\right)\right]^{1/2} \tag{4-103}$$

式中，p_{p0} 和 n_{p0} 分别为 P 型半导体平衡时空穴与电子浓度。

将式（4-103）代入式（4-96）可得表面出现强反型层归一化电容为

$$\frac{C}{C_{OX}}=\frac{1}{1+\dfrac{C_{OX}}{\dfrac{\sqrt{2}\varepsilon_S\varepsilon_0}{L_D}\left[\dfrac{n_{p0}}{p_{p0}}\exp\left(\dfrac{qU_S}{k_BT}\right)\right]^{1/2}}} \tag{4-104}$$

式（4-104）是强反型状态下，归一化电容 C/C_{OX} 随表面势 U_S 的变化规律，如图 4.26 中的 DE 段所示。当 U_S 是正值并且较大时，式（4-104）分母中的第二项接近于零，这时 $C/C_{OX}=1$，

MOS 结构电容 C 又增加到 SiO_2 层的电容 C_{OX}。主要因为出现强反型之后，大量的电子堆积到半导体表面，类似于 SiO_2 电容，则有 $C=C_{OX}$，如图 4.26 中 EF 段所示。

特别注意的是，MOS 结构的电容-电压特性在反型状态下，对于不同测试信号频率的响应是不同的。在上面讨论中，以低频信号为前提，式（4-104）只适用于信号频率较低的情形。在这种情形下，反型层中电子的复合和产生速率能够跟得上信号的变化，也就是在栅压 U_{GS} 增强或减弱，导致表面反型层中电子积累或减小时，才显示出电容效应。而在栅极电压 U_{GS} 变化的频率较高，反型层中电子的复合和产生跟不上高频信号的变化，则显示不出电容效应。

4.4.2 非理想 MOS 结构的电容-电压特性

非理想 MOS 结构的电容-电压特性曲线和理想状态有很大的区别。主要因为非理想 MOS 结构的电容–电压特性，还受绝缘层厚度 t_{OX}、界面态电荷 Q_{SS} 和衬底掺杂浓度 N_B 等因素的影响，如图 4.27 所示。从图 4.27（a）可知，SiO_2 厚度变薄，归一化电容 C/C_{OX} 随 U_{GS} 变化幅度增大；图 4.27（b）可看出，SiO_2 界面态电荷 Q_{SS} 增加，归一化电容 C/C_{OX} 曲线向左移动；图 4.27（c）表明，衬底掺杂浓度 N_B 降低，归一化电容 C/C_{OX} 曲线往下移动。

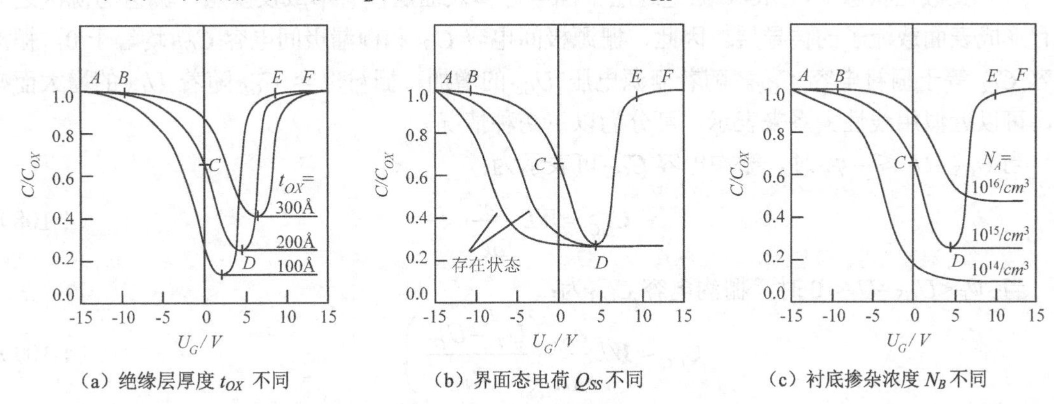

（a）绝缘层厚度 t_{OX} 不同　（b）界面态电荷 Q_{SS} 不同　（c）衬底掺杂浓度 N_B 不同

图 4.27 非理想状态 MOS 电容随 U_{GS} 变化的曲线

在 MOS 场效应晶体管中，除上述 MOS 结构电容外，还有诸多极间电容，如栅源电容 C_{GS}，栅漏电容 C_{GD}，漏衬电容 C_{GB} 及源衬电容 C_{SB} 和漏衬电容 C_{DB} 等，均与 MOS 场效应晶体管的沟道宽度 W 和沟道长度 L 密切相关。

1. MOS 场效应晶体管的覆盖电容

MOS 场效应晶体管的覆盖电容是指 MOS 结构的栅极与漏区、源区和衬底，在垂直沟道方向的覆盖区电容。如图 4.28 所示，栅极与漏区、源区和衬底覆盖的长度分别用 L_d、L_s 和 L 表示。假设沟道宽度为 W，单位面积 SiO_2 电容为 C_{OX}，用平板电容近似可得到：

栅漏覆盖电容

$$C_{GD0} = C_{OX} L_d W \tag{4-105}$$

栅源覆盖电容

$$C_{GS0} = C_{OX} L_s W \tag{4-106}$$

栅衬覆盖电容

$$C_{GB0} = C_{OX} L W \tag{4-107}$$

2. MOS 场效应晶体管的极间电容

图 4.29 为 MOS 场效应晶体管的极间电容的分布示意图。极间电容主要有栅漏电容 C_{GD}、栅源电容 C_{GS}，栅衬电容 C_{GB}，源衬电容 C_{SB} 和漏衬电容 C_{DB}。极间电容不仅与覆盖电容密切相关，还与源区、漏区 PN 结的电容有关。覆盖电容与二氧化硅的单位面积电容 C_{OX} 及 MOS 结构电容 C 密切相关；而 MOS 结构电容和 PN 结电容与极间电压有关。因此，极间电容是工作电压的函数，与 MOS 场效应晶体管的工作状态密切相关。

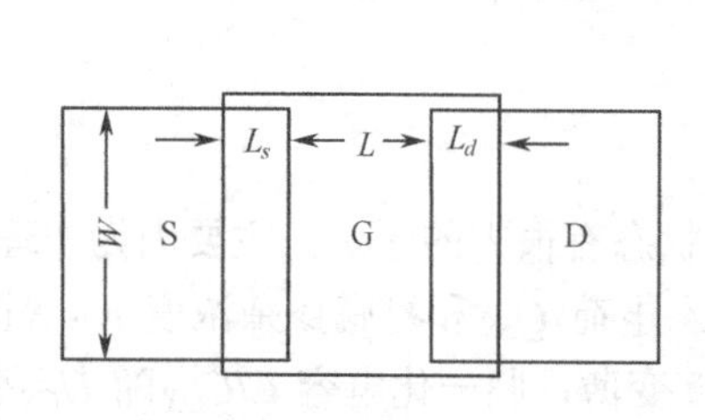

图 4.28 覆盖电容的结构尺寸示意图

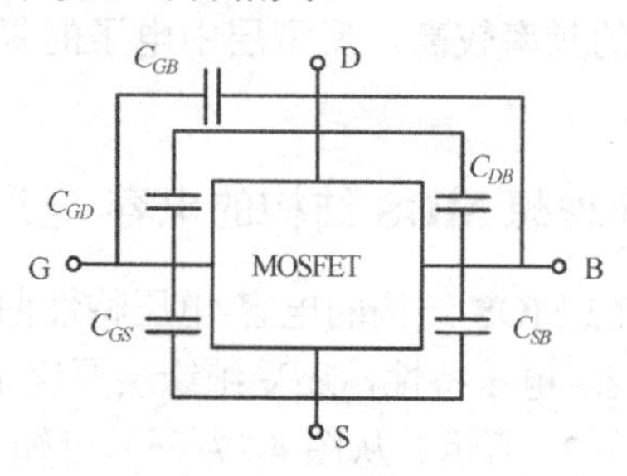

图 4.29 MOS 场效应晶体管极间电容的分布示意图

（1）在截止状态下，MOS 栅绝缘层下面半导体表面层没有形成反型层，漏区与源区之间没有形成表面载流子的传导层。因此，栅源极间电容 C_{GS} 和栅漏极间电容 C_{GD} 均等于 0，栅沟电容 C_{GC} 等于栅衬电容 C_{GB}。随着栅源电压 U_{GS} 的增加，栅衬电容 C_{GB} 随着 U_{GS} 的增大而减小，可以近似用线性关系来表示，可分为以下两种情况。

当 $U_{GS}-U_T \leqslant -\psi_F$ 时，栅沟电容 C_{GC} 可表示为：

$$C_{GC}=WL\frac{\varepsilon_{OX}}{t_{OX}} \tag{4-108}$$

当 $-\psi_F<U_{GS}-U_T<0$ 时，栅沟电容 C_{GC} 为：

$$C_{GC}=WL\frac{\varepsilon_{OX}}{t_{OX}}\left(\frac{U_T-U_{GS}}{\psi_F}\right) \tag{4-109}$$

（2）在线性工作状态下，MOS 栅绝缘层下面半导体表面层的导电沟道已经形成。在 Meyer 模型中，把栅沟电容 C_{GC} 分解为

栅源电容 C_{GS}

$$C_{GS}=\mathrm{d}Q_B/\mathrm{d}U_{GS} \tag{4-110}$$

栅漏电容 C_{GD}

$$C_{GD}=\mathrm{d}Q_B/\mathrm{d}U_{GD} \tag{4-111}$$

那么，栅沟电容 C_{GC} 可表示为

$$C_{GC}=C_{GS}+C_{GD} \tag{4-112}$$

式（4-110）和式（4-111）中，Q_B 为沟道中的载流子总电荷，当忽略耗尽层电荷对阈值的影响（或认为体电荷为常数）时，可导出 Q_B 与栅源电压 U_{GS} 及漏源 U_{DS} 的关系为

$$Q_B=\frac{2LWC_{OX}}{3}\times\frac{(U_{GD}-U_T)^2+(U_{GD}-U_T)(U_{GS}-U_T)^2}{(U_{GS}-U_T)+(U_{GD}-U_T)} \tag{4-113}$$

根据式（4-110）和式（4-113），C_{GS} 则为

$$C_{GS}=\frac{2}{3}WLC_{OX}\left\{1-\frac{[(U_{GS}-U_T)-U_{DS}]^2}{[2(U_{GS}-U_T)-U_{DS}]^2}\right\} \tag{4-114}$$

根据式（4-111）和式（4-113），C_{GD}则为

$$C_{GD}=\frac{2}{3}WLC_{OX}\left\{1-\frac{(U_{GS}-U_T)^2}{[2(U_{GS}-U_T)-U_{DS}]^2}\right\} \tag{4-115}$$

当 $U_{DS}=0$ 时，$U_{GS}=U_{GD}$，则有

$$C_{GS}=C_{GD}=\frac{1}{2}WLC_{OX} \tag{4-116}$$

式（4-116）表明，当漏区和源区电位相等，工作在线性区的 MOS 场效应晶体管，栅源电容 U_{GS}和栅漏电容 U_{GD}，均等于截止区栅衬电容 C_{GB}的一半。

（3）在饱和区工作状态下，MOS 场效应晶体管栅绝缘层下面半导体表面的反型层未延伸到漏区就被夹断，因而栅漏电容分量为零（C_{GD}=0）。由于源区和导电沟道相连，因此沟道的隔离作用也使栅衬电容为零。栅源极间电容（又称栅沟电容）可近似为

$$C_{GC}=C_{GS}\approx\frac{2}{3}C_{OX}WL \tag{4-117}$$

3. MOS 场效应晶体管的源漏 PN 结电容

在 MOS 场效应晶体管中，存在着电压相关的源衬和漏衬 PN 结电容，是由嵌入衬底中的源区、漏区耗尽层的空间电荷产生，分别用 C_{SB} 和 C_{DB} 表示。图 4.30 是 N 沟道增强型 MOS 场效应晶体管的漏区结构示意图，下面以 P 型衬底中 N 型扩散区为例进行介绍。

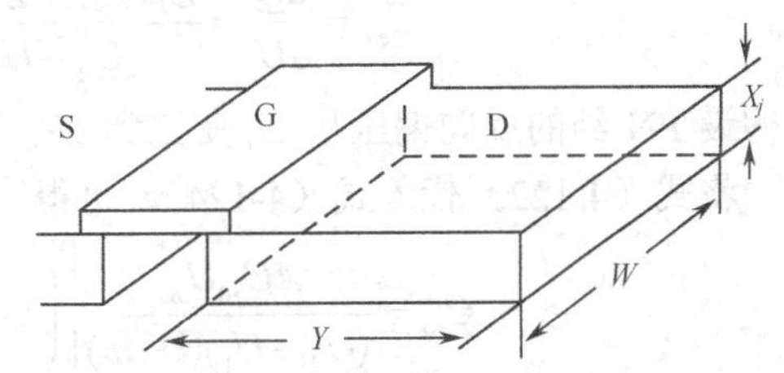

图 4.30　N 沟道 MOS 场效应晶体管的的部分几何图形

在实际情况下，漏区的掺杂剖面、扩散区形状非常复杂，但为了推导的方便性，假设漏区 N^+杂质扩散区域为矩形框，矩形框的长度、宽度和高度，分别用 W、Y 和 X_j 表示；N^+杂质扩散区与 P 型衬底形成多个平面 PN 结，均采用突变 PN 对待。这种简化分析法为相关结电容的一阶估计提供了有效的途径。为了计算反向偏置突变 PN 结的耗尽电容，假设 N 型和 P 型的掺杂浓度分别为 N_D 和 N_A，反偏电压 U_R 为负值，则耗尽区的厚度 X_d 为

$$X_d=\sqrt{\frac{2\varepsilon_S\varepsilon_0}{q}(U_{BJ}-U_R)\frac{N_A+N_D}{N_AN_D}} \tag{4-118}$$

式中，PN 结内建结电势 U_{BJ} 为

$$U_{BJ}=\frac{k_BT}{q}\ln\frac{N_AN_D}{n_i^2} \tag{4-119}$$

根据耗尽区厚度 X_d，则耗尽区电荷为

$$Q_j=Aq\left(\frac{N_AN_D}{N_A+N_D}\right)X_d=A\sqrt{2\varepsilon_S\varepsilon_0q\left(\frac{N_AN_D}{N_A+N_D}\right)(U_{BJ}-U_R)} \tag{4-120}$$

式中，A 为耗尽区结面积。

对式（4-120）中的偏压 U_R 进行微分，得到 PN 结的电容为

$$C_j(U_R)=A\sqrt{\frac{\varepsilon_S\varepsilon_0 q}{2}\left(\frac{N_A N_D}{N_A+N_D}\right)\frac{1}{U_{BJ}}} \tag{4-121}$$

由于 PN 结杂质浓度梯度的不同，将式（4-121）写成

$$C_j(U_R)=\frac{AC_{j0}}{\left(1-\frac{U_R}{U_{BJ}}\right)^m} \tag{4-122}$$

式中，m 为梯度因子，对于突变结 $m=1/2$，对于线性梯度结 $m=1/3$；C_{j0} 为零偏置单位面积的结电容，其定义为

$$C_{j0}=\sqrt{\frac{\varepsilon_S\varepsilon_0 q}{2}\left(\frac{N_A N_D}{N_A+N_D}\right)\frac{1}{U_{BJ}}} \tag{4-123}$$

式（4-122）中，结电容 C_j（U_R）由 PN 结的外加偏置电压 U_R 决定。因为 MOS 场效应晶体管极间电压在管子动态工作时会发生改变，所以在瞬态情况下要准确估算出结电容 C_j（U_G）的值很不容易，并且所有结电容的瞬时值也会相应地发生改变。一般情况下，假设大信号平均结电容和偏置电压无关。如果求大信号平均结电容，那么就可以简化在偏置条件变化情况下对电容的估值。大信号等效电容为

$$C_{eq}=\frac{\mathrm{d}Q}{\mathrm{d}U}=\frac{Q_j(U_2)-Q_j(U_1)}{U_2-U_1}=\frac{1}{U_2-U_1}\int_{U_1}^{U_2}C_j(U_R)\mathrm{d}U_R \tag{4-124}$$

假设 PN 结的反向偏压从 U_1 变化到 U_2，等效电容 C_{eq} 总是通过两个已知电压间的变化来求解。将式（4-122）代入式（4-124），可得

$$C_{eq}=\frac{AC_{j0}U_{BJ}}{(U_2-U_1)(1-m)}\left[\left(1-\frac{U_2}{U_{BJ}}\right)^{1-m}-\left(1-\frac{U_1}{U_{BJ}}\right)^{1-m}\right] \tag{4-125}$$

对于突变 PN 结的特殊情况，式（4-125）变为

$$C_{eq}=\frac{2AC_{j0}U_{BJ}}{U_2-U_1}\left[\sqrt{1-\frac{U_2}{U_{BJ}}}-\sqrt{1-\frac{U_1}{U_{BJ}}}\right] \tag{4-126}$$

假设 K_{eq} 为电压等效因子，令 K_{eq} 为

$$K_{eq}=\frac{2\sqrt{U_{BJ}}}{U_2-U_1}\left(\sqrt{U_{BJ}-U_2}-\sqrt{U_{BJ}-U_1}\right) \tag{4-127}$$

式（4-126）可简写成

$$C_{eq}=AC_{j0}K_{eq} \tag{4-128}$$

式中，K_{eq} 是一个无量纲的系数，取值范围在 0～1 之间，代表结电容随电压的变化关系。

对于典型 N 沟道 MOS 场效应晶体管源区、漏区的侧壁均被 P^+沟道包围，掺杂浓度比衬底掺杂浓度 N_A 高。因此，侧壁电压等效因子 K_{eq}（sw）和侧壁零偏置电容 C_{j0sw}，与底面结的 K_{eq} 和 C_j 不同。假设侧壁掺杂浓度为 N_A（sw），即单位面积上的零偏置电容为

$$C_{j0sw}=\sqrt{\frac{\varepsilon_S\varepsilon_0 q}{2}\left(\frac{N_A(sw)N_D}{N_A(sw)+N_D}\right)\frac{1}{U_{BJsw}}} \tag{4-129}$$

式（4-129）中，U_{BJsw} 为侧壁的内建电势。在典型扩散结中，侧壁有近似相同的深度 X_j，定义单位长度上的零偏置侧壁结电容为

$$C_{jsw}=C_{j0sw}X_j \tag{4-130}$$

当偏压 U_G 在 U_1 和 U_2 之间变化时，侧壁电压等效因子 $K_{eq(sw)}$ 为

$$K_{eq(sw)}=-\frac{2\sqrt{U_{BJsw}}}{U_2-U_1}\left(\sqrt{U_{BJsw}-U_2}-\sqrt{U_{BJsw}-U_1}\right) \tag{4-131}$$

联立方程式（4-129）和式（4-131），求得侧壁长度为 P 的大信号结等效电容 $C_{eq(sw)}$ 为

$$C_{eq(sw)}=PC_{jsw}K_{eq(sw)} \tag{4-132}$$

因而，总的等效漏衬结电容为：

$$C_{DB}=AC_{j0}K_{eq}+PC_{jws}K_{eq(sw)} \tag{4-133}$$

4.5 MOS 场效应管的交流小信号参数和频率特性

4.5.1 MOS 场效应管的交流小信号参数

MOS 场效应晶体管的小信号特性是指在一定工作点上，输出端电流的微小变化与输入端电压的微小变化之间的定量关系，由于这是一种线性变化关系，所以可以用线性方程组描述小信号特性。其中，基本不随信号电流和信号电压变化的常数即小信号参数。主要讨论低频小信号参数，因为它是建立低频到高频小信号模型的基本参数依据之一。推导公式时，假定 MOS 场效应晶体管是准静态工作状态，各端子电压随时间变化足够慢，不考虑电荷储存效应即在任意时刻，端电流瞬时值与端电压瞬时值间的函数关系与直流电流、电压间的函数关系相同。

本节以 N 沟道 MOS 场效应晶体管为例，讨论 MOS 场效应晶体管的跨导 g_m 和漏源电导 g_d 等交流小信号参数。

1．跨导 g_m

跨导是 MOS 场效应晶体管的一个重要参量，表明外加栅压 U_{GS} 控制漏源电流 I_{DS} 的能力，跨导 g_m 的定义为

$$g_m=\left.\frac{\mathrm{d}I_{DS}}{\mathrm{d}U_{GS}}\right|_{U_{DS}=常数} \tag{4-134}$$

也就是说，跨导是在 U_{DS} 一定时，栅压 U_{GS} 每变化 1 伏特所引起的漏源电流 I_{DS} 的变化，它标志着 MOS 场效应晶体管的电压放大本领。跨导的单位是欧姆的倒数，用符号 S 表示。

跨导 g_m 与电压增益 K_V 的关系为

$$K_V=\frac{\Delta I_{DS}R_L}{\Delta U_{GS}}=g_mR_L \tag{4-135}$$

式中，R_L 为 MOS 场效应晶体管的负载电阻。MOS 场效应晶体管的跨导越大，电压增益也越大，跨导的大小与各种工作状态有关。

（1）线性区跨导 g_{ml}

在线性工作区，当 $U_{DS}<U_{Dsat}$ 时，将线性区电流表达式（4-72）对栅压 U_{GS} 求导

$$g_{ml}=\beta U_{DS} \tag{4-136}$$

式（4-136）说明，在线性工作区 g_{ml} 随 U_{DS} 的增加而略有增大。g_{ml} 看上去似乎与 U_{GS} 无

关，但实际测量结果表明 U_{GS} 增大会导致 g_{ml} 下降，主要因为 U_{GS} 增大电子迁移率 μ_n 下降。

（2）饱和区跨导 g_{ms}

在饱和工作区，当 $U_{DS} > U_{Dsat}$ 时，对饱和区电流表达式（4-74）栅压 U_{GS} 求导

$$g_{ms} = \beta U_{Dsat} = \beta(U_{GS} - U_T) \tag{4-137}$$

在饱和工作区，将不考虑沟道调制效应，跨导基本上与 U_{DS} 无关。通常，为提高 MOS 场效应晶体管线性区跨导 g_{ml}，主要方法有增加管子沟道的宽长比、减薄氧化层厚度和提高载流子迁移率等；为增加饱和区跨导 g_{ms}，还可适当地增大栅压 U_{GS}。

2．漏源输出电导 g_d

（1）线性工作区的漏源输出电导 g_{dl}

将线性区电流表达式（4-72）对漏源电压 U_{DS} 求导，即可得到线性工作区的漏源输出电导 g_{dl}：

$$g_{dl} = \left.\frac{\mathrm{d}I_{DS}}{\mathrm{d}U_{DS}}\right|_{U_{GS}=常数} = \beta\left(U_{GS} - U_T\right) \tag{4-138}$$

它和饱和工作区跨导 g_{ms} 相等。当栅源电压 U_{GS} 不太大时，漏源输出电导 g_{dl} 与 U_{GS} 成线性关系。然而，当漏源电流 I_{DS} 较大时，g_{dl} 与 U_{GS} 的线性关系不再成立，主要因为电子的迁移率随 U_{GS} 的增加而减小。

（2）饱和区漏源输出电导 g_{ds}

在理想情况下，若不考虑沟道长度调制效应，I_{DS} 与 U_{DS} 无关。饱和区漏源输出电导 g_{ds} 应为零，即输出电阻为无穷大。然而，MOS 场效应晶体管在饱和区的实际输出特性曲线总有一定的倾斜，使输出电导不等于零，即输出电阻不为无穷大，主要的原因如下。

① 沟道长度调制效应，当 $U_{DS} > U_{Dsat}$ 时，将饱和区电流表达式（4-76）对漏源电压 U_{DS} 求导，可得

$$g_{ds} = \frac{\mathrm{d}I'_{Dsat}}{\mathrm{d}U_{DS}} = \frac{I_{Dsat}\left\{\dfrac{\varepsilon_S\varepsilon_0}{2qN_A\left[U_{DS} - \left(U_{GS} - U_T\right)\right]}\right\}^{1/2}}{\left\{L - \sqrt{\dfrac{2\varepsilon_S\varepsilon_0\left[U_{DS} - \left(U_{GS} - U_T\right)\right]}{qN_A}}\right\}} \tag{4-139}$$

从式（4-139）可知，当（$U_{GS} - U_T$）增大时，g_m 也增大。当 U_{DS} 增加时，g_{ds} 也增大，使输出电阻下降。

从式（4-139）可知，当（$U_{GS} - U_T$）增大时，饱和区漏源输出电导 g_{ds} 增大；当漏源电压 U_{DS} 增加时，也将导致漏源输出电导 g_{ds} 增大。

② 对于高电阻率衬底 MOS 场效应晶体管，漏区对沟道的静电反馈作用是造成输出电导增大的第二个因素。当漏源电压 U_{DS} 增大时，漏区 N^+ 区内束缚的正电荷数量增多，漏区耗尽区中的电场强度增大，漏区的一些电力线会终止在沟道中，如图 4.31（a）所示。结果导致 N 型沟道区中电子浓度增大、沟道的电导增大，这就是漏极对沟道的静电反馈作用。

若 MOS 场效应晶体管的沟道长度较小，即漏源间的距离小，导电沟道的较大部分就会受到漏区电场的影响，可能使漏区输出电阻降得很低，造成漏源电流不完全饱和。

减小 MOS 场效应晶体管的沟道长度调制效应和沟道的静电反馈作用，主要措施是增加沟道尺寸和衬底掺杂浓度。如果衬底材料的电阻率较低，在工作电压一定条件下，漏区与衬底间、沟道与衬底间的耗尽区扩展较窄，静电反馈的影响较小。

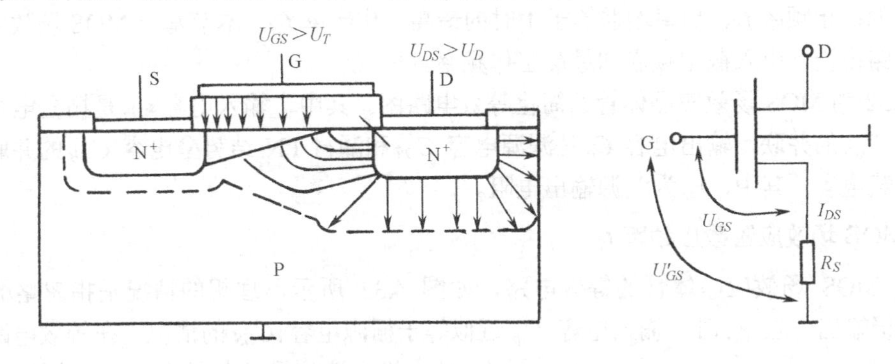

（a）漏区电场对沟道静电反馈示意图　　（b）R_S 对 g_m 的影响

图 4.31　漏区电场对沟道静电反馈示意图和 R_S 对 g_m 的影响

3．串联电阻对 g_m 和 g_D 的影响

（1）对跨导的影响

在 MOS 场效应晶体管中，存在源区的体电阻、电极引线附加电阻等，导致源区和接地间有一个外接串联电阻 R_S，如图 4.31（b）所示。

若加在栅极与接地间的电压为 U'_{GS}，引起的漏源电流为 I_{DS}，则在外接串联电阻 R_S 上的压降为 $I_{DS}R_S$，实际在栅源电压 U_{GS} 与外加电压 U'_{GS} 的关系为

$$U'_{GS}=U_{GS}+I_{DS}R_S \tag{4-140}$$

假设实际跨导用 g'_m 表示，则有

$$g'_m=\frac{g_m}{1+R_S g_m} \tag{4-141}$$

根据式（4-134），当 MOS 场效应晶体管外接串联电阻不能忽略时，实际跨导减小（$1+R_S g_m$）倍，但 R_S 起负反馈作用，可以稳定跨导。如果外接串联电阻压降 $R_S g_m$ 较大时，则有

$$g'_m=\frac{1}{R_S} \tag{4-142}$$

此时，MOS 场效应晶体管处于深反馈情况，跨导 g_m 与器件的参数无关。

（2）对输出电导的影响

若漏区的外接串联电阻为 R_D，在线性工作区，可用相似的方法得到受 R_S 和 R_D 影响时的有效输出电导 g'_d：

$$g'_d=\frac{g_d}{1+\left(R_S+R_D\right)g_d} \tag{4-143}$$

因此，外接串联电阻 R_D 和 R_S 会使跨导 g_m 和输出电导 g_d 变小，在设计制造 MOS 场效应晶体管时，应尽量减小漏区和栅区外接串联电阻。

4.5.2 MOS 场效应晶体管的频率特性

MOS 场效应晶体管的频率特性有多种描述方法，如 MOS 场效应晶体管的电压放大倍数等于 1 时的截止频率 f_T、功率增益等于 1 时的最高工作频率 f_M。本节基于 MOS 场效应晶体管的宽带电路模型，引入截止频率和最高工作频率。

图 4.32 为 MOS 场效应晶体管的简化等效电路图。其中，输入电容 C_{in} 是栅漏电容 C_{GD} 和栅源电容 C_{GS} 的并联，输出电容 C_o 是漏源电容 C_{DS} 和漏衬 PN 结势垒电容 C_{DB} 的并联，有时还包括负载电容。其中，r_D 为漏源输出电阻。

1. MOS 场效应管截止频率 f_T

对于 MOS 场效应晶体管的等效电路，如图 4.32 所示，理想的情况是指忽略栅漏电容 C_{GD} 和漏极输出电阻 r_D 时，输入电容 C_{in} 近似等于栅源电容 C_{GS} 的情况。在等效电路的输入端，设交流信号的角频率为 ω，栅源电容 C_{GS} 的输入阻抗（$1/C_{GS}\omega$）随角频率 ω 的增加而下降，流过栅源电容 C_{GS} 上的交流电流为 i_{GS} 上升，则有

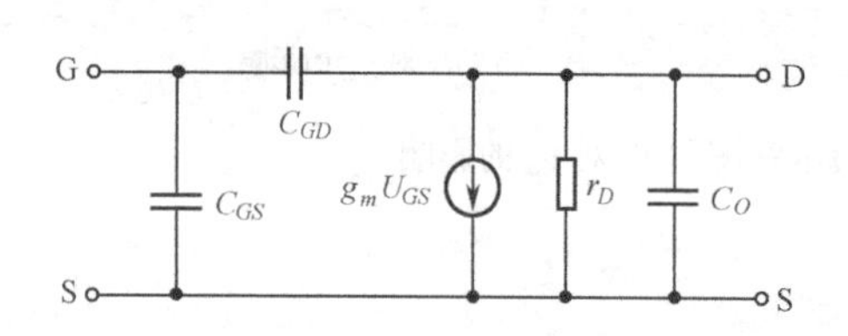

图 4.32　简化 MOS 场效应晶体管等效电路图

$$i_{GS} = U_{GS}C_{GS}\omega \tag{4-144}$$

通常，把流过 C_{GS} 上输入电流的分流 i_{GS} 上升到栅压控制电流源（g_mU_{GS}）的电流时，即电流放大系数等于 1 的频率，定义为 MOS 场效应晶体管的截止频率，用 f_T 表示。

根据截止频率 f_T 的定义，则有

$$U_{GS}C_{GS}\omega_T = g_mU_{GS} \tag{4-145}$$

已知 $\omega_T=2\pi f_T$，由式（4-145）可得截止频率 f_T 为

$$f_T = \frac{g_m}{2\pi C_{GS}} \tag{4-146}$$

将式（4-70）、式（4-114）和式（4-137）代入式（4-146），从而可得 MOS 场效应晶体管在饱和工作区时，截止频率 f_T 为

$$f_T = \frac{3\mu_n}{4\pi L^2}(U_{GS} - U_T) \tag{4-147}$$

由式（4-147）可知，MOS 场效应晶体管饱和工作区截止频率 f_T 与沟道长度 L 的平方成反比；沟道短越短，截止频率 f_T 会更高。

2. MOS 场效应晶体管的最高工作频率 f_M

MOS 场效应晶体管的高频增益受栅沟电容 C_{GC} 和信号源内阻等因素的影响。当信号从栅源两端间输入，必将引起沟道电导的改变。在栅源输入信号的过程中，从源区流入沟道中的载流子，将不会全部流到漏区，有一部分先在沟道中积累起来，只有载流子在沟道中积累不断增多，漏源电流输出才会增大，该过程即为栅沟电容的充电过程。反之，如果当栅源输入信号减小时，沟道载流子数目减少，即为栅沟电容放电的过程。由此可见，当栅源之间输入交流信号之后，从栅极流进沟道的载流子分成两部分，其中一部分对栅沟道电容 C_{GC} 充电，另一部分通过沟道流进漏极，形成漏源输出电流。

由于栅沟电容 C_{GC} 的存在，使 MOS 场效应晶体管不能在任意高频下运行，其放大性能

受栅沟电容 C_{GC} 的限制。随信号频率 ω 增加，流过栅沟电容 C_{GC} 的信号电流增加，即从源区流入沟道的载流子对 C_{GC} 充电的部分增加。当 ω 足够大时，栅区输入信号对栅沟电容 C_{GC} 的充放电电流和漏源交流电流的数值相等。此时，MOS 场效应晶体管对应的工作频率称为最高工作频率，用 f_M 表示。根据电流相等的原理，则有

$$\omega_M C_{GC} U_{GS} = g_m U_{GS} \tag{4-148}$$

式中，ω_M 是 MOS 场效应晶体管最高工作频率。

已知 $\omega_M=2\pi f_M$，由式（4-148）可得最高工作频率 f_M 为

$$f_M = \frac{g_m}{2\pi C_{GC}} \tag{4-149}$$

由式（4-149）可知，MOS 场效应晶体管跨导 g_m 愈大，最高工作频率愈 f_M 高；栅道电容 C_{GC} 愈小，最高工作频率 f_M 也愈高，

因此，在设计 MOS 场效应晶体管时，将 g_m/C_{GC} 作为 MOS 管的高频优值去衡量 MOS 场效应晶体管的高频特性，其比值愈高，高频特性愈好。由于 MOS 场效应晶体管工作频率 ω 的增大限制了漏源电流 I_{DS}，即使有较高的漏源电压 U_{DS}，漏源电流 I_{DS} 仍旧比较小。将式（4-108）、式（4-137）代入（4-149），并考虑到式（4-70），则可得

$$f_M = \frac{\mu_n}{2\pi L^2}(U_{GS} - U_T) \tag{4-150}$$

可见，为了提高高工作频率 f_M，从 MOS 场效应晶体管结构出发，应当减小沟道长度到最低限度，同时，尽可能增大电子在沟道表面的有效迁移率 μ_n。硅材料电子迁移率 μ_n 比空穴迁移率 μ_p 大，而且硅（100）面的表面缺陷较小，故采用硅（100）面生产 N 沟道 MOS 场效应晶体管，有利于提高最高工作频率 f_M。

4.6 MOS 场效应晶体管的开关特性

MOS 场效应晶体管，可构成数字集成电路的基本逻辑单元，例如触发器、存储器、移位寄存器等，且具有制造工艺简单、集成度高、功耗低和抗干扰能力强等优点。在数字集成电路中，MOS 场效应晶体管主要工作在两个状态，即导通态和截止态。MOS 场效应晶体管在这两种状态及二者间相互转换的特性，即 MOS 场效应晶体管的开关特性，决定 MOS 数字集成电路的特性。MOS 场效应晶体管的开关特性分为本征和非本征开关延迟特性，本征延迟是指载流子通过沟道的输运所引起的大信号延迟，非本征延迟来源于被驱动的负载电容充放电和 MOS 场效应晶体管相互间的 RC 延迟。实际电路中，两种延迟总是同时存在。

4.6.1 MOS 场效应晶体管瞬态开关过程

1. 非本征开关过程

图 4.33 是 MOS 场效应晶体管的理想开关波形图。从图 4.33 可看出，MOS 场效应晶体管在开通、关断过程时，无论是瞬态栅源电压 $U_{GS}(t)$，还是瞬态漏源电流 $I_{DS}(t)$，均产生延迟现象，主要包括延迟、上升、储存和下降四个基本过程。

（1）导通过程

图 4.34 为电阻负载倒相器，R_L 为负载电阻、C_L 为负载电容，U_{DD} 为电源电压。当栅压 U_{GS} 接通时，便向 MOS 场效应晶体管的栅源电容 C_{GS} 和栅漏 C_{GD} 充电。随着充电时间的延

续，MOS 场效应晶体管栅源之间的瞬态栅压 U_{GS}（t）增加。当栅源电容 C_{GS} 和栅漏 C_{GD} 充电到特定的时间，瞬态栅压电压 U_{GS}（t）达到阈值电压 U_T，开始出现电流，该过程称为延迟过程。延迟过程所经过的时间，称为延迟时间，用 t_d 表示。

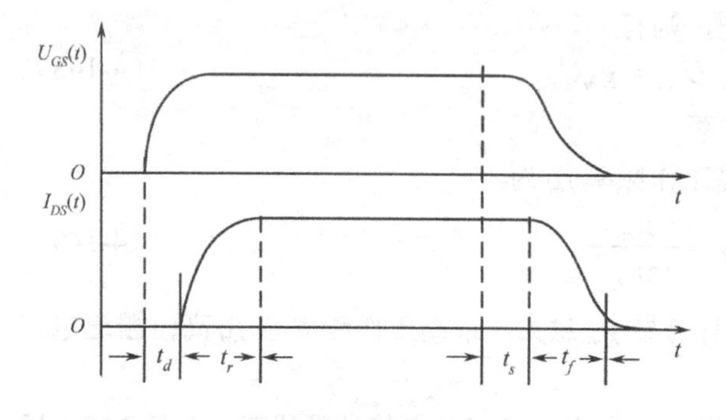

图 4.33　MOS 场效应晶体管理想开关波形图

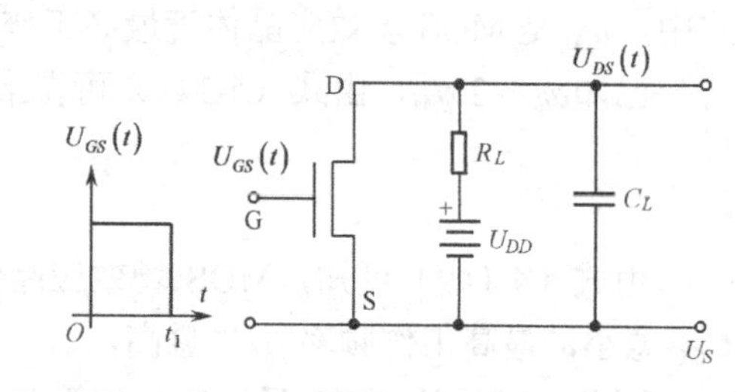

图 4.34　电阻负载倒相器

栅压 U_{GS} 继续向沟道充电，瞬态栅压 U_{GS}（t）随之增加。当瞬态栅压 U_{GS}（t）超出阈值电压 U_T 时，导致反型层沟道的厚度增大，瞬态漏源电流 I_{DS}（t）开始迅速增大，MOS 场效应晶体管进入线性工作区。当漏源电流 I_{DS}（t）达到漏源电流 I_{DS} 最大值的 90%时，经过的过程称为上升过程，对应的时间称为上升时间 t_r，此时栅源电压达到 U_{GS}（t_r），MOS 场效应晶体管的开通过程结束。因此，开通过程由延迟过程和上升过程构成。

（2）关断过程

当去掉栅压 U_{GS} 时，栅源电容 C_{GS} 放电，使瞬态栅压 $U_{GS}(t)$下降。当 $U_{GS}(t)$下降到上升时间结束时的栅极电压 $U_{GS}(t_r)$时，电流才开始下降，这个过程称为储存过程，这个过程所经过的时间称为储存时间 t_s。

储存时间结束后，栅源电容 C_{GS} 继续放电，瞬态栅压 $U_{GS}(t)$从 $U_{GS}(t_r)$进一步下降，反型沟道厚度变薄，漏源电流 $I_{DS}(t)$快速下降，当瞬态栅压 $U_{GS}(t)$小于 U_T 后，MOS 场效应晶体管漏源电流截止，关断过程结束，该过程称为下降过程，经过的时间称为下降时间 t_f，所以关断过程由储存过程和下降过程构成。因此，关断过程包括储存过程和下降过程。关断过程是开通过程的反过程，开通和关断时间也近似相等。因此，计算 MOS 场效应晶体管开关时间，只要计算开通时间即可。

MOS 场效应晶体管是一种多子半导体器件，不存在双极型晶体管基区和集电区的电荷储存效应，但在输入电容中储存一定数量的电荷，电荷量主要决定于栅极的总面积，比双极型晶体管中储存的电荷量要少得多。因此，MOS 场效应晶体管是一种潜在的高速器件。

2. 本征延迟开关过程

本征延迟开关过程是指载流子通过沟道的传输所引起的大信号延迟开关过程，即载流子渡越沟道长度所经历的过程，该过程与传输电流的大小和电荷的多少有关；同时，与载流子漂移速度有关，漂移速度越快，本征延迟的过程越短。本征延迟过程的时间是栅源加上阶跃电压使沟道导通，漏源电流上升到导通栅压对应的稳态值时，经过的时间。

4.6.2　开关时间的计算

1. 非本征开关时间的计算

在忽略负载电容和栅极寄生电阻的条件下，根据 MOS 场效应晶体管的输入电容充放电

方程，可得际栅压 U_{GS}（t）为

$$U_{GS}(t)=U_{GG}\left[1-\exp\left(-t/R_{gen}C_{in}\right)\right] \tag{4-151}$$

式中，U_{GG} 是栅源电压 U_{GS} 的峰值电压，R_{gen} 是电流脉冲发生器的内阻，C_{in} 为输入电容。

当瞬态栅压 U_{GS}（t）达到阈值电压 U_T 时，导通延迟时间结束。由方程式（4-151），可得

$$t_d=C_{in}R_{gen}\ln\left(1-U_T/U_{GG}\right)^{-1} \tag{4-152}$$

在上升过程中，根据密勒效应，输入电容由 C_{in} 变为 C'_{in}，可假定 C'_{in} 为常数，已知 U_{GS}（t_r）为上升过程结束时的栅极电压，可以推得上升时间 t_r 为

$$t_r=C'_{in}R_{gen}\ln\left[1-\frac{(U_{GS}(t_r)-U_T)}{(U_{GG}-U_T)}\right]^{-1} \tag{4-153}$$

因此，导通时间 t_{on} 为

$$t_{on}=C_{in}R_{gen}\ln\left(1-U_T/U_{GG}\right)^{-1}+C'_{in}R_{gen}\ln\left[1-\frac{(U_{GS}(t_r)-U_T)}{(U_{GG}-U_T)}\right]^{-1} \tag{4-154}$$

关断截止时间 t_{off} 可采用导通时间 t_{on} 相似的方法进行讨论。MOS 场效应晶体管的关断过程分为存储过程和下降过程，所经过的时间分别用 t_s 和 t_f 表示。其中，t_s 是 MOS 场效应晶体管退出饱和的时间，即输入电容 C_{in} 的放电时间；t_f 为漏源电流 I_{DS}（t）的下降时间。MOS 场效应晶体管的关断时间 t_{off} 与开通时间 t_{on} 基本相等。

非本征开关时间受负载电阻 R_L，负载电容 C_L，栅峰值电压 U_{GG} 及其它寄生电容、电阻的影响。其中，减小栅电容和电阻是主要措施。

2．本征延迟开关时间的计算

开关瞬变过程中，瞬态漏源电流 $I_{DS}(t)$ 与瞬态沟道电荷 $q_c(t)$ 之间满足以下关系

$$I_{DS}(t)=\frac{\mathrm{d}q_c(t)}{\mathrm{d}t} \tag{4-155}$$

当时间 t=0 时，沟道电荷和漏源电流均等于零，即有 q_c（0）＝0 和 I_{DS}（0）＝0。假如时间 t_1 足够大，有 $t<t_1$ 时，MOS 场效应晶体管已达稳定状态。若以 Q_{Bm} 代表与外加 U_{GS} 对应的稳态沟道总电荷，那么沟道电荷从零充电到 Q_{Bm} 所需要的时间即为本征开通延迟时间，若用 t_{ch} 表示，根据式（4-155）写出

$$t_{ch}=\int_0^{t_{ch}}\mathrm{d}t=\int_0^{Q_{Bm}}\frac{\mathrm{d}q_c(t)}{I_{DS}(t)} \tag{4-156}$$

严格求解需要知道 q_c（t）和 I_{DS}（t）的表达式，这将使推导过程变得复杂。为了简便，假定 I_{DS}（t）＝I_{DS}、q_c（t）＝Q_{Bm}，即认为漏源电流在 $t=0$ 时就上升到稳态值，而且整个瞬态过程中保持不变，于是式（4-156）可化简为

$$t_{ch}=\frac{Q_{Bm}}{I_{DS}} \tag{4-157}$$

将沟道总电荷零级近似下的 Q_{Bm} 表示式（4-113）和 I_{DS} 表示式（4-74）代入式（4-157）便可得出，本征开通延迟时间 t_{ch} 为

$$t_{ch}=\frac{4L^2[(U_{GS}-U_T)^3-(U_{GS}-U_T-U_{DS})^3]}{3\mu_n[(U_{GS}-U_T)^2-(U_{GS}-U_T-U_{DS})^2]} \tag{4-158}$$

在线性区，U_{DS}→0 时，本征开通延迟时间 t_{ch} 为

$$t_{ch1}=\frac{L^2}{\mu_n}\frac{1}{U_{DS}} \tag{4-159}$$

饱和区本征开通延迟时间 t_{chs} 为

$$t_{chs}=\frac{4L^2}{3\mu_n}\frac{1}{(U_{GS}-U_T)} \tag{4-160}$$

在 MOS 场效应晶体管中，若沟道长度 L 不太长，本征开通延迟时间 t_{ch} 相对比较短。例如，对于 L=5μm，μ_n=60cm²/（V·s）的 N 沟道 MOS 场效应晶体管，当 $U_{DS}=U_{GS}-U_T=5$ V 时，本征开通延迟时间 t_{ch} 只有 111 ps。一般说来，若 MOS 场效应晶体管的沟道长度 L 小于 5 μm，其组成数字电路的开关速度主要由负载延迟决定。对于长沟道 MOS 场效应晶体管，本征延迟时间可能与负载延迟时间相比拟，甚至更大，减小沟道长度是减小开关时间的主要方法。

4.7 MOS 场效应晶体管的二级效应

在 4.3 节中，介绍 MOS 场效应晶体管的电流-电压特性时，均为在理想和线性参数为基础的六点假设的条件下得出。然而，在实际的 MOS 场效应晶体管的电流-电压特性中，存在着非线性、非一维和非平衡等因素，对其产生严重的影响，称为二级效应，主要包括非常数表面迁移率效应、体电荷效应、短沟道效应和窄沟道效应等。

4.7.1 MOS 场效应晶体管的非常数表面迁移率效应

MOS 场效应晶体管的电流—电压特性与半导体表面载流子的迁移率密切相关，以上讨论中都假定载流子的迁移率为常数。实际情况并非如此，MOS 场效应晶体管表面载流子的迁移率受表面的粗糙度、界面的陷阱密度、杂质浓度和表面电场等诸多因素的影响。

典型的 MOS 场效应晶体管，电子表面迁移率的范围为 550～950 cm²/（V·s），空穴表面迁移率的范围为 150～250 cm²/（V·s），电子与空穴迁移率的比值为 2～4 之间。在设计 P 沟道 MOS 和 N 沟道 MOS 场效应晶体管构成的倒相器时，必须将 P 沟道 MOS 场效应晶体管的沟道宽度设计得比 N 沟道 MOS 场效应晶体管大 2～4 倍，才能得到相同的放大倍数。以上提到的迁移率是指在低栅压下的迁移率，即栅源电压 U_{GS} 仅大于阈值电压 1～2 V。当栅源电压 U_{GS} 较高时，发现载流子迁移率下降。主要因为栅源电压 U_{GS} 较大时，垂直于表面的纵向电场增大，载流子在沿沟道做漂移运动时，与 Si-SiO_2 界面及沟道侧壁发生碰撞，使载流子迁移率下降。

在饱和工作区，漏源电流 I_{DS} 随栅源电压 U_{GS} 增加而不呈现平方规律增大，主要因为栅源电压 U_{GS} 较大时迁移率下降的缘故。在线性工作区，对于栅源电压 U_{GS} 较大的情况下曲线汇聚在一起，就是因为迁移率下降的结果。实验表明，在低电场时迁移率是常数；当电场强度达到 0.5～1×10^5 V / cm 时，迁移率开始下降。

MOS 场效应晶体管迁移率随纵向电场的增大而降低的规律为

$$\frac{1}{\mu}=\frac{1}{\mu_0}+C_{\varepsilon R}\frac{U_{GS}-U_T}{t_{OX}} \tag{4-161}$$

式中，μ_0 为低电场时的迁移率；$C_{\varepsilon R}$ 为电场下降系数，单位为 S/cm；（$U_{GS}-U_T$）/t_{OX} 为通过氧化层的纵向电场。

利用 MOS 场效应晶体管在线性工作区的输出电导 I_{DS} / U_{DS}，作出 1/μ与（$U_{GS}-U_T$）的关系图，其截距为 $1/\mu_0$，斜率即为 $C_{\varepsilon R}.t_{OX}$ ，而 $1/\mu$ 可由下式计算得到。

$$\frac{1}{\mu}=C_{OX}\frac{W}{L}\frac{\left(U_{GS}-U_T\right)}{\left(I_{DS}/U_{DS}\right)} \tag{4-162}$$

非常数表面迁移率效应使迁移率下降，使电流-电压特性变差。

4.7.2 MOS 场效应晶体管的体电荷效应

在推导 MOS 场效应晶体管的电流-电压关系时，实际上假定了沟道下面耗尽层的厚度沿沟道 y 轴方向近似不变，电荷密度 Q_{Bm}（y）（也称为体电荷）也基本上与位置无关，在漏源电压 U_{DS} 较小时，这是完全正确的，得到了简单的电流-电压关系式，并得到了简单的阈值电压的表示式。然而，当漏源电压 U_{DS} 增加，尤其是接近于 U_{DSat} 时，沟道下面的耗尽层厚度明显不为常数，体电荷密度 Q_{Bm}（y）将受到 U_{DS} 的影响，电流-电压关系也将受到体电荷变化的影响。

采用缓变沟道近似，假定沟道中的电流为一维流过，当漏源电流 I_{DS} 沿沟道 y 方向流动时产生压降 U（y）。此时，半导体表面出现强反型的表面势不是 $2\psi_F$，而是

$$U_S(y)=U(y)+2\psi_F \tag{4-163}$$

那么，对于 N 沟道 MOS 场效应晶体管，栅绝缘层下面半导体表面耗尽层内单位面积上电离受主的电荷密度 Q_{Bm}（y）为

$$Q_{Bm}=-\sqrt{2\varepsilon_S\varepsilon_0 qN_A[U(y)+2\psi_{Fp}]} \tag{4-164}$$

由式（4-163）可得表面强反型条件为

$$U_{GS}=U_{FB}-\frac{1}{C_{OX}}\left[Q_{Bm}(y)+Q_n(y)\right]+U(y)+2\psi_{Fp} \tag{4-165}$$

式中，Q_n（y）为反型区电荷。

此时，N 沟道 MOS 场效应晶体管的电流-电压特性关系为

$$\begin{aligned}I_{DS}\mathrm{d}y=\mu_n W\{&[U_{GS}-U_{FB}-2\psi_F-U(y)]C_{OX}\\&-\sqrt{2\varepsilon_S\varepsilon_0 qN_A[U(y)+2\psi_{Fp}]}\}\mathrm{d}U(y)\end{aligned} \tag{4-166}$$

对式（4-166）两边，在沟道区内进行积分，便可得到 I_{DS}

$$\begin{aligned}I_{DS}=\frac{W\mu_n C_{OX}}{L}\Bigg\{&\left[U_{GS}-U_{FB}-2\psi_{Fp}-\frac{U_{DS}}{2}\right]U_{DS}\\&-\frac{2}{3}\frac{\sqrt{2\varepsilon_S\varepsilon_0 qN_A}}{C_{OX}}\left[\left(U_{DS}+2\psi_{Fp}\right)^{3/2}-(2\psi_{Fp})^{3/2}\right]\Bigg\}\end{aligned} \tag{4-167}$$

从式（4-167）可知，当考虑了体电荷的影响时，计算漏源电流 I_{DS} 变得较为困难，但更符合 MOS 场效应晶体管实际情况。图 4.35 给出了简单模型与考虑体电荷变化模型的漏源电流 I_{DS} 值的比较。由图 4.35 知道，简单模型估算的电流偏高 20%～50%，而且饱和漏源电压 U_{DSat} 也偏大。当 $U_{DS}\ll 2\psi_F$，以及 $U_{DS}\ll U_{GS}-U_{FB}=2\psi_F$ 时，方程（4-167）可近似为

$$I_{DS}\approx\frac{W\mu_n C_{OX}}{L}\left(U_{GS}-U_{FB}-2\psi_{Fp}-\frac{\sqrt{2\varepsilon_S\varepsilon_0 qN_A 2\psi_{Fp}}}{C_{OX}}\right) \tag{4-168}$$

当在漏源电流 I_{DS} 小于最大值的 20%时，两种模型的结果基本相符，将阈值电压代入式（4-168），即得线性工作区的电流公式为

$$I_{DS}=\beta\left(U_{GS}-U_T\right)U_{DS} \tag{4-169}$$

当 U_{DS} 达到 U_{Dsat} 时，漏源电流 I_{DS} 达到饱和值。在式（4-163）中，U（y）$=U$（L）$=U_{Dsat}$，Q_n（L）$=0$，可解得

$$U_{Dsat}=U_{GS}-U_{FB}-2\psi_F+\frac{\varepsilon_S\varepsilon_0 qN_A}{C_{OX}^2}\left[1-\sqrt{1+\frac{2C_{OX}^2\left(U_{GS}-U_{FB}\right)}{\varepsilon_S\varepsilon_0 qN_A}}\right] \tag{4-170}$$

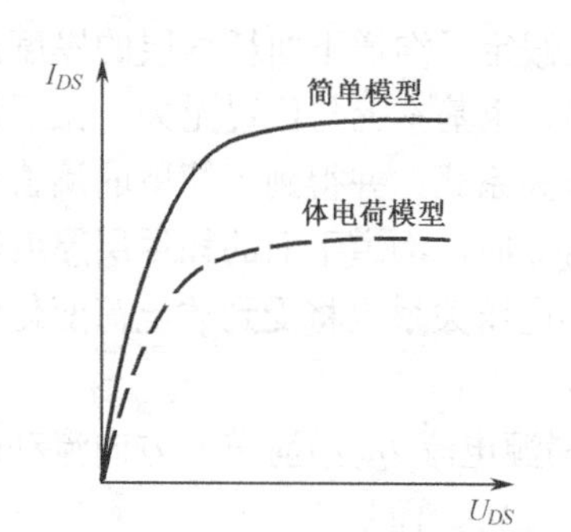

图 4.35 简单模型与体电荷模型比较

当衬底材料的电阻率较高，以及表面耗尽区的电荷密度比薄氧化层电容 C_{OX} 上的电荷密度来得小时，有

$$\varepsilon_S\varepsilon_0 qN_A/C_{OX}^2\ll 1 \tag{4-171}$$

则式（4-170）可简化为

$$U_{Dsat}\approx U_{GS}-U_T \tag{4-172}$$

对于较低电阻率的情况，将使 U_{Dsat} 比式（4-73）的值来得低。将式（4-170）代入式（4-167），即可得到很复杂的漏源饱和电流表达式。但是，如果衬底电阻率较高，满足式（4-171）的条件，而且还满足以下条件

$$\left(U_{GS}-U_{FB}-2\psi_F\right)\gg 1 \tag{4-173}$$

漏源饱和电流 I_{Dsat}，可简化为

$$I_{Dsat}\approx\frac{1}{2}\beta\left(U_{GS}-U_T\right)^2 \tag{4-174}$$

式（4-174）为饱和漏源电流 I_{Dsat} 回复到简单模型的结果，主要因为衬底掺杂浓度降低后，体电荷影响减弱的缘故。

对于 P 沟道 MOS 场效应晶体管，可用相似方法进行讨论，并得到相似的电流公式，仅符号不同而已。如果再将源衬偏置效应考虑在内，则式（4-168）变为

$$I_{DS}=\beta\left[U_{GS}-U_{FB}-2\psi_{Fn}-\frac{U_{DS}}{2}\right]U_{DS}-$$
$$\frac{2\beta}{3}\frac{\sqrt{2\varepsilon_S\varepsilon_0 qN_A}}{C_{OX}}\left[\left(U_{DS}+2\psi_{Fn}+U_{BS}\right)^{3/2}-\left(2\psi_{Fn}+U_{BS}\right)^{3/2}\right] \tag{4-175}$$

式（4-175）说明，当漏源电压 U_{DS} 增加或 U_{BS} 增加，或两者均发生变化，尤其是当漏源电压 U_{DS} 接近于饱和漏源电压 U_{Dsat} 时，沟道下面的耗尽层厚度明显不为常数。此时的电流-电压关系必须考虑体电荷变化的影响。

4.7.3 MOS 场效应晶体管的短沟道效应

当导电沟道的掺杂浓度分布一定时，如果沟道长度缩短到可与源区、漏区 PN 结耗尽层的厚度长度相比拟时，导电沟道的电势分布不仅与栅源电压 U_{GS}、衬源偏置电压 U_{BS} 决定的纵向电场 E_x 有关，而且还与漏源电压 U_{DS} 控制的横向电场 E_y 也有关。此时，缓变沟道的近似不再成立，二维电势分布会导致阈值电压随沟道长度 L 的缩短而下降，亚阈值特性的降低、穿通效应将使电流饱和甚至失效，在沟道区出现二维的电势分布以及高电场，也可出现漏区感应势垒下降效应；这些不同于长沟道 MOS 场效应晶体管特性的现象，统称为短沟道效应。

当沟道长度 L 缩短，沟道横向电场 E_y 增大时，沟道区载流子的迁移率在足够大的电场作用下趋向速度饱和。当电场强度进一步增大时，靠近漏区发生载流子倍增，从而导致衬底电

流及寄生双极型晶体管效应；同时，强电场促使热载流子注入氧化层，导致氧化层内负电荷增加及引起阈值电压移动、跨导下降等现象。

在 MOS 场效应晶体管，短沟道效应使其工作情况变得复杂，特性变差。因此，分析短沟道 MOS 场效应晶体管的工作机理，设法避免或采取适当措施确保其在电路中正常的工作状态，具有重要的现实意义。

1. 短沟道 MOS 场效应晶体管的亚阈值特性

短沟道效应不仅引起阈值电压 U_T 的漂移、漏源饱和电流 I_{Dsat} 下降；同时，还会使亚阈值漏源电流 I_{DS} 增大。主要因为沟道缩短后，低掺杂衬底 MOS 场效应晶体管的漏衬 PN 结耗尽区宽度以及表面耗尽区宽度可与沟道长度 L 相比拟，漏区和沟道之间将出现静电耦合现象，即有漏区发出场强线中的一部分通过耗尽区终止在沟道内，致使反型层内电子的数量增加。由此产生的漏沟静电反馈效应导致阈值电压 U_T 显著减小，影响到 MOS 场效应晶体管亚阈值特性。

用标准工艺制作 N 沟 MOS 场效应晶体管，衬底为（100）晶面的 P 型硅片，用 X 射线光刻的方法得到长度从 1～10 μm 的多晶硅栅，宽度均为 70 μm，漏区和源区注入砷离子并进行退火处理。根据注入能量及退火条件，得到从 0.25～1.56 μm 的不同结深，欧姆接触电极为铝膜的 N 沟 MOS 场效应晶体管。图 4.36（a）为衬底的掺杂浓度 $N_B = 10^{15}\,\mathrm{cm^{-3}}$ 时，不同沟道长度 L 对 MOS 场效应晶体管亚阈值特性的影响。从图 4.36（a）可看出，当沟道长度 L=7 μm 时，MOS 场效应晶体管显示出长沟道的特性，亚阈值电流 I_{DS} 与漏源电压 U_{DS} 无关；当沟道长度 L=1.5 μm 时，亚阈值电流 I_{DS} 随漏源电压 U_{DS} 不同，发生偏离现象。

图 4.36（b）给出低衬底掺杂浓度（$10^{14}\,\mathrm{cm^{-3}}$）的情况，这时 MOS 场效应晶体管偏离长沟道特性更为显著，即使在沟道长度 L = 7 μm 时，亚阈值电流 I_{DS} 随漏源电压 U_{DS} 不同已开始分离。当 L=1.5 μm 时，长沟道特性几乎消失，器件的亚阈值电流显著增加，甚至不能“截止”。因此，沟道缩短到一定程度时，阈值电压 U_T 显著减小，使 MOS 场效应晶体管亚阈值特性发生变化。

如何抑制亚阈值电流 I_{DS} 随 L 的减小而成倍性增加的问题，在半导体工艺中一般采用减小栅氧化层厚度 t_{OX} 和适当降低衬底掺杂浓度 N_B，即减小 t_{OX}/X_{dm} 的比值，实际上就是提高栅压的作用灵敏度，可起到良好的效果。

2. 最小沟道长度 L_{min}

Brews 等人对 MOS 场效应晶体管在很宽的范围内进行了测量，氧化层厚度为 100～1000 Å，衬底掺杂浓度 N_B 为 10^{14}～$10^{17}\,\mathrm{cm^{-3}}$，结深 X_j 为 0.18～1.5 μm，漏源电压直到 5 V，由此得到表示长沟道亚阈值特性最小沟道长度 $L_{\min}$ 的经验公式为

$$L_{\min}=0.4\left[X_j t_{OX}\left(X'_S+X'_d\right)^2\right]^{1/3}=0.4\,\gamma^{1/3} \tag{4-176}$$

式中，

$$\gamma=X_j t_{OX}\left(X'_S+X'_d\right)^2 \tag{4-177}$$

X_j 为结深，t_{OX} 为氧化层厚度，X'_S、X'_d 分别为源区和漏区突变 PN 结耗尽区的厚度。

根据单边突变结的定义，可得漏区突变 PN 结耗尽区厚度 X'_d 为

$$X_d=\sqrt{\frac{2\varepsilon_0\varepsilon_S}{qN_A}\left(U_{DS}+U_{BJ}+U_{BS}\right)} \tag{4-178}$$

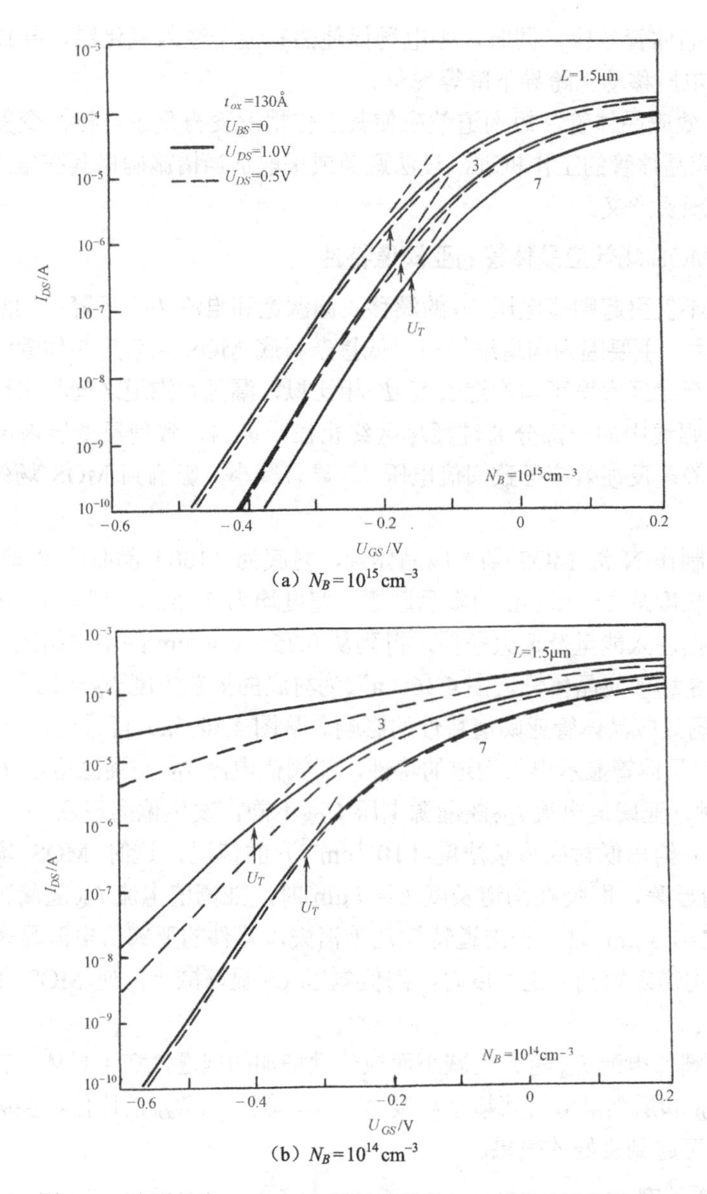

（a）$N_B=10^{15}\text{cm}^{-3}$

（b）$N_B=10^{14}\text{cm}^{-3}$

图 4.36　沟道长度 L 对 MOS 场效应晶体管亚阈值特性的影响

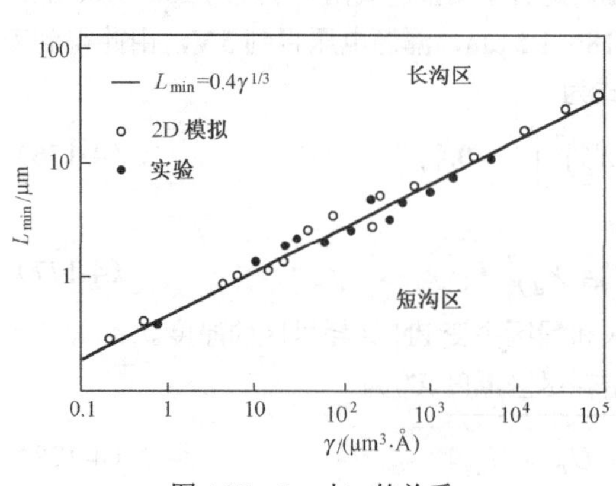

图 4.37　L_{min} 与 γ 的关系

当漏源电压 $U_{DS}=0$ 时，源区耗尽区厚度 X'_S 与漏区耗尽区厚度 X'_d 相等。

为了便于分析，假设 MOS 场效应晶体管长沟道亚阈值特性最小沟道长度 L_{min} 等于漏区突变 PN 结耗尽区厚度 X'_d。图 4.37 为方程（4-176）理论值与实验结果的比较，二者的最大误差在 20%以内。因此，式（4-176）可作为 MOS 场效应晶体管缩小尺寸时最小沟道长度 L_{min} 的一个经验公式。在图 4.37 中短沟道区内的所有 MOS 场效应晶体管，都显示短沟道电特性；在长沟道区的所有 MOS 场效应晶体管，都显示长沟道电特性。例如，当$\gamma = 10^5\ \mu m^3 \cdot Å$时，10 μm 沟道长度已是短沟道 MOS 场效应晶体管，但是如果$\gamma = 1\ \mu m^3 \cdot Å$，0.5 μm 沟道长度的器件依然可视为长沟道 MOS 场效应晶体管。

4.7.4 MOS 场效应晶体管的窄沟道效应

当 MOS 场效应晶体管的沟道长度一定时，缩小沟道宽度 W 时也会显著地影响器件的电学特性。通常认为当沟道宽度 W 小到可与沟道耗尽层厚度 X_d 相比拟时，出现沟道宽度 W 的减小导致 U_T 增加的现象，这种现象称为窄沟道效应。实际上，对于沟道耗尽层厚度为 0.5 μm 的 MOS 场效应晶体管，当沟道宽度 W 小到 5 μm 时就开始发生窄沟道效应。该现象可以用表面耗尽层在沟道边缘的侧面扩展来解释。图 4.38 给出了 MOS 场效应晶体管沟道宽度方向的截面图。其中，T_{th} 为场氧化层的厚度、X_{th} 为场氧化层下面耗尽层的厚度。在沟道两侧的电力线不是垂直于硅衬底的表面，导致耗尽层向侧面扩展，其虚线为近似边界，实线为耗尽层的实际边界，使得耗尽层中总电荷量增加。因而 U_T 电压较不考虑扩展时要增加。在沟道宽度比较宽的器件中，耗尽层扩展可以忽略不计，U_T 电压基本不随沟道宽度的变化而变化。当沟道的宽度 W 可与表面耗尽层的宽度相比拟时，这种影响将更显著。

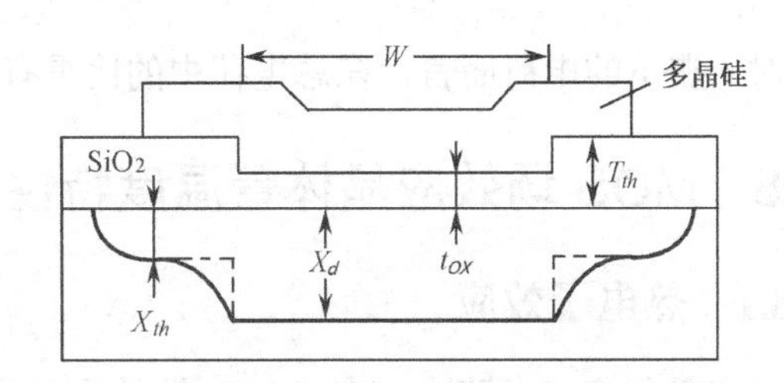

图 4.38 MOS 场效应晶体管沟道宽度方向截面图

当 W 减小时，栅下面沟道耗尽区的电荷减小，但实际的耗尽层边界延伸进入厚氧化层下面的区域，故厚氧化层下面的额外电荷必须包括在 U_T 的作用之中，计算中必须考虑，迄今已有许多种模型用来说明窄沟道效应。当考虑半导体衬底材料是均匀掺杂时，设想有三角形、四分之一圆和正方形三种包括额外电荷的形状，其额外电荷ΔQ_B分别为

$$\Delta Q_B = \begin{cases} \dfrac{qN_A X_d^2}{2} & \text{（三角形）} \\ \dfrac{qN_A \pi X_d^2}{4} & \text{（四分之一圆）} \\ qN_A X_d^2 & \text{（正方形）} \end{cases} \tag{4-179}$$

由于沟道两边均有额外电荷，故阈值电压的增量ΔU_T为

$$\Delta U_T = \begin{cases} \dfrac{qN_A X_d^2}{C_{OX} W} & \text{（三角形）} \\ \dfrac{qN_A \pi X_d^2}{2C_{OX} W} & \text{（四分之一圆）} \\ \dfrac{2qN_A X_d^2}{C_{OX} W} & \text{（正方形）} \end{cases} \tag{4-180}$$

考虑窄沟道效应时，阈值电压 U_T可表示为

$$U_T = U_{FB} + 2\psi_F + \frac{qN_A}{C_{OX}}\left(X_d + \frac{\delta X_d^2}{W}\right) \tag{4-181}$$

式中，δ对应于上述三种几何结构情况的值分别为 1、π/2 和 2。

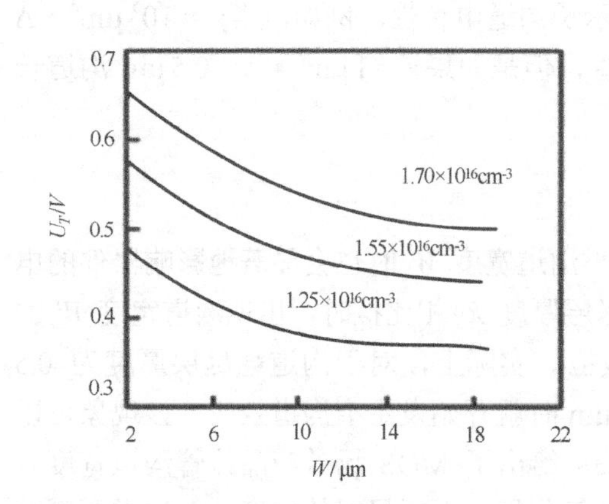

图 4.39 阈值电压 U_T和沟道宽度 W的关系

实验表明，采用$\delta=2$，即正方形的几何结构时，理论值与实际情况偏差的较小。图 4.39 给出不同掺杂浓度时，阈值电压 U_T和沟道宽度 W 的关系。从图 4.39 中可知，沟道宽度小于 10μm 时，阈值电压 U_T开始增加，窄沟道效应开始起作用。

实际 MOS 场效应晶体管中，场氧化层下面的掺杂浓度要高于沟道区的掺杂浓度，在工艺制造过程中，厚的场氧化层会侵入栅区，形成由厚 SiO_2层到薄 SiO_2层的锥形过渡区，即形成所谓的“鸟嘴”，这就使得实际的有效宽度减小。“鸟嘴区”及沟道两边厚 SiO_2层下的电荷相对于栅下的电荷而言，在总电荷中的比重有所增大，使 U_T显著增大。

4.8 MOS 场效应晶体管温度特性

4.8.1 热电子效应

在某些集成电路中，在 MOS 场效应晶体管按比例缩小过程中，为了维持电平匹配，漏源电压 U_{DS}并不随之减小，这就导致沟道区电场 E_y 增大。当沟道中的电场强度 E_y 超过 100 kV/cm 时，电子在两次散射间获得的能量将可能超过它在散射中失去的能量，使一部分电子的能量显著高于热平衡时的平均动能而成为热电子，从而引起“热电子效应”。电子在强电场作用下，漂移速度不再与电场强度成线性关系。当电场强度达到约 3×10^4 V/cm 时，电子速度漂移趋于饱和状态。

当栅极电压高于漏源电压 U_{DS}时，由于垂直于沟道方向电场 E_x 的作用，热电子会向栅氧化层注入，从而导致 MOS 场效应晶体管性能变差。热电子注入氧化层的条件是其动能高于 Si–SiO_2 的势垒高度。越过 Si–SiO_2 界面的热电子，一部分穿过栅介质成为栅源电流，另一部分积累在栅氧化层中，形成受主型的界面态。这些界面态会进一步吸引表面电子，同时消耗表面可动载流子，使电子的表面迁移率下降，造成阈值电压的漂移以及跨导的下降。

具有较高动能的热电子，通过碰撞电离产生电子-空穴对，使电子和空穴的数目出现倍增的现象。对于 N 沟道 MOS 场效应晶体管，衬底材料通常接地成负偏电压。因此，大量空穴进入衬底形成衬底电流。衬底电流的经验公式为

$$I_{sub}=aI_{DS}\exp\left(-1.7\times10^6/E_{max}\right) \qquad (4\text{-}182)$$

式中，I_{sub}为衬底电流，I_{DS}为漏源电流，E_{max}为最大沟道电场，a为温度倍增系数。

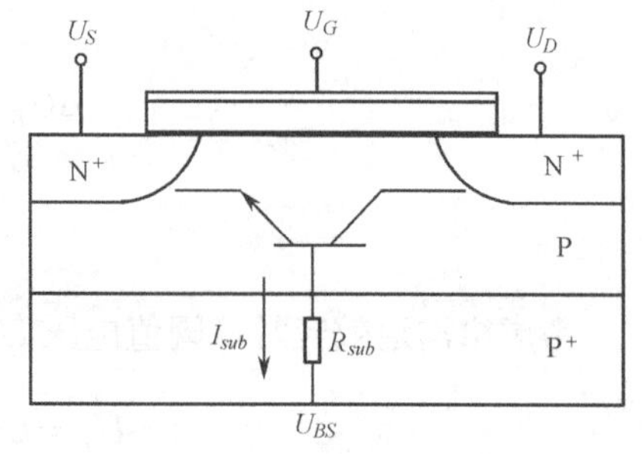

图 4.40 寄生 NPN 晶体管示意图

衬底电流的增加，会使寄生横向 NPN 晶体管基极电位升高，如图 4.40 所示。当基极电位升高到高于源区约 0.7V 时，寄生 NPN 管的导通进一步增加热电子的电流，这种正反馈过程将使 MOS 场效应晶体管的漏源电流 I_{DS}急剧上升，而迅速达到击穿状态，亦即降

低击穿电压，甚至在 5V 下也不能正常工作。

热电子效应属于 MOS 场效应晶体管的小尺寸效应，为了克服热电子效应，人们对改进 MOS 场效应晶体管的结构做了诸多尝试，例如双注入结构、埋沟结构、分离栅结构、埋漏结构等，实用价值较大的是一种轻漏掺杂（LDD）结构，轻掺杂漏区的作用是降低电场，这样可以显著改进热电子效应。

4.8.2 迁移率随温度的变化

在 MOS 场效应晶体管的反型层中，当表面感生电荷的面密度 $Q_n/q < 10^{12}\text{cm}^{-2}$[相当于表面电场 $E_S=Q_n/(\varepsilon_S\varepsilon_0)=10^{15}\text{V/cm}$] 条件下，载流子电子、空穴的有效迁移率不在是常数，在数值上等于半导体内部迁移率的一半，且迁移率随环境温度上升而呈下降的趋势。当温度较高时，反型层中载流子电子、空穴的迁移率 μ 正比 $T^{-3/2}$；在−55~150℃的低温度范围内 μ 正比 $T^{-1/2}$。因此，MOS 场效应晶体管的增强因子 β 具有负温度系数。

4.8.3 阈值电压与温度关系

栅氧化层中电荷 Q_{SS} 及金属-半导体功函数差 ϕ_{ms}，在很宽的温度范围内受到温度的影响很小。阈值电压 U_T 随温度的变化，主要源于费米势 ψ_F、本征载流子浓度 n_i 受到温度的影响。阈值电压 U_T 对温度 T 求导，则有

$$\frac{\mathrm{d}U_T}{\mathrm{d}T} \approx -\frac{1}{C_{OX}}\left(\frac{\mathrm{d}Q_{Bm}}{\mathrm{d}T}\right)+2\left(\frac{\mathrm{d}\psi_F}{\mathrm{d}T}\right) \tag{4-183}$$

对于 N 沟道 MOS 场效应晶体管，将 Q_{Bm} 代入式（4-183），可得

$$\frac{dU_T}{dT}=\frac{1}{C_{OX}}\left(\frac{\varepsilon_S\varepsilon_0 qN_A}{\psi_{Fp}}\right)^{1/2}\frac{d\psi_{Fp}}{dT}+2\frac{d\psi_{Fp}}{dT} \tag{4-184}$$

根据式（4-1），可得

$$\frac{\mathrm{d}\psi_{Fp}}{\mathrm{d}T}=\frac{k_B}{q}\ln\frac{N_A}{n_i}+\frac{k_BT}{q}\frac{\mathrm{d}}{\mathrm{d}T}\left(\ln\frac{N_A}{n_i}\right) \tag{4-185}$$

已知，$n_i \approx 3.86\times10^{16}T^{3/2}\exp[-E_{g0}/(2k_BT)]$，代入式（4-185），可得

$$\frac{\mathrm{d}\psi_{Fp}}{\mathrm{d}T} \approx \frac{k}{q}\left[\ln\frac{N_A}{n_i}-\frac{E_{g0}}{2k_BT}-\frac{3}{2}\right] \tag{4-186}$$

在通常的温度范围内，$E_{g0}/(2k_BT)$远大于 3/2，故式（4-186）可近似为

$$\frac{\mathrm{d}\psi_{Fp}}{\mathrm{d}T} \approx \frac{1}{T}\left(\psi_{Fp}-\frac{E_{g0}}{2q}\right) \approx -\frac{1}{T}(0.6-\psi_{Fp}) \tag{4-187}$$

在 MOS 场效应晶体管中，衬底内费米势 ψ_F 始终小于 $E_{g0}/(2q)$，即有 $\psi_F < 0.6\text{V}$。由式（4-187）可知，$\mathrm{d}\psi_{Fp}/\mathrm{d}T < 0$。在 P 型硅中，费米能级 E_F 小于本征费米能级 E_i，费米能级 E_F 随着温度的升高逐渐向本征费米能级 E_i 移动，所以费米势 ψ_{Fp} 随温度升高而减小。将式（4-187）代入式（4-184）中，可得 N 沟道 MOS 阈值电压 U_{Tn} 随温度的变化关系为

$$\frac{\mathrm{d}U_{Tn}}{\mathrm{d}T}=\left(\frac{0.6-\psi_{Fp}}{T}\right)\left(\frac{-Q_{Bm}}{2C_{OX}\psi_{Fp}}+2\right) \tag{4-188}$$

同理，可求出 P 沟道 MOS 场效应晶体管的阈值电压 U_{Tp} 随温度的变化关系为

$$\frac{\mathrm{d}U_{Tn}}{\mathrm{d}T}=\left(\frac{0.6+\psi_{Fn}}{T}\right)\left(\frac{Q_{Bm}}{2C_{OX}\psi_{Fn}}+2\right) \tag{4-189}$$

因此，N 沟道 MOS 场效应晶体管的阈值电压 U_{Tn}，呈现随温度升高而下降的趋势；P 沟道 MOS 场效应晶体管的阈值电压 U_{Tp}，呈现随温度升高而增大的趋势。实验表明，在 –55~150℃的低温度范围内，MOS 场效应晶体管的阈值电压随温度呈线性变化。

4.8.4 MOS 场效应晶体管几个主要参数的温度关系

1. 非饱和区温度特性

（1）漏源电流的温度特性

将漏源电流 I_{DS}表达式（4-71）对温度求导，可得

$$\begin{aligned}\frac{\mathrm{d}I_{DS}}{\mathrm{d}T}&=\left[(U_{GS}-U_T)-\frac{U_{DS}}{2}\right]U_{DS}\cdot\frac{\mathrm{d}\beta}{\mathrm{d}T}+\beta U_{DS}\left(-\frac{\mathrm{d}U_T}{\mathrm{d}T}\right)\\&=\frac{I_{DS}}{\beta}\cdot\frac{\mathrm{d}\beta}{\mathrm{d}T}+\frac{I_{DS}}{\left[(U_{GS}-U_T)-\frac{U_{DS}}{2}\right]}\cdot\left(-\frac{\mathrm{d}U_T}{\mathrm{d}T}\right)\end{aligned} \tag{4-190}$$

由此可得漏源电流 I_{DS}的温度系数为

$$\alpha_T=\frac{1}{I_{DS}}\cdot\frac{\mathrm{d}I_{DS}}{\mathrm{d}T}=\frac{1}{\mu}\cdot\frac{\mathrm{d}\mu}{\mathrm{d}T}+\frac{1}{(U_{GS}-U_T)-\frac{U_{DS}}{2}}\cdot\left(-\frac{\mathrm{d}U_T}{\mathrm{d}T}\right) \tag{4-191}$$

可见，漏源电流 I_{DS}随温度 T 的变化受迁移率 μ 和阈值电压 U_T两个温度系数支配。式（4-191）中第一项为负，第二项为正。当 $U_{GS}-U_T$ 较大时，第二项作用减弱，漏源电流温度特性主要受迁移率支配，即漏源电流温度系数为负；当 $U_{GS}-U_T$较小时，第二项起作用，对于 N 沟道 MOS 场效应晶体管，$\mathrm{d}U_T/\mathrm{d}T<0$，漏源电流温度系数为正。可见，选择合适的（$U_{GS}-U_T$）值，可使 N 沟道 MOS 场效应晶体管的漏源电流温度系数为零。令 $a_T=0$，可得零温度系数的工作条件为

$$U_{GS}-U_T-\frac{U_{DS}}{2}=\mu\frac{\mathrm{d}U_T}{\mathrm{d}T}/\frac{\mathrm{d}\mu}{\mathrm{d}T} \tag{4-192}$$

（2）线性区跨导的温度特性

将 MOS 场效应晶体管线性工作区跨导式（4-136）对温度求导，可得

$$\frac{\mathrm{d}g_m}{\mathrm{d}T}=U_{DS}\frac{\mathrm{d}\beta}{\mathrm{d}T}=g_m\frac{1}{\beta}\cdot\frac{\mathrm{d}\beta}{\mathrm{d}T} \tag{4-193}$$

所以，跨导的温度系数

$$\gamma_T=\frac{1}{g_m}\cdot\frac{\mathrm{d}g_m}{\mathrm{d}T}=\frac{1}{\beta}\cdot\frac{\mathrm{d}\beta}{\mathrm{d}T}=\frac{1}{\mu}\cdot\frac{\mathrm{d}\mu}{\mathrm{d}T} \tag{4-194}$$

可见，在 MOS 场效应晶体管的非饱和工作区，跨导 g_m 随温度 T 的变化，仅与迁移率的温度特性有关，因而跨导的温度系数为负值。

（3）漏源电导的温度特性

将线性漏源电导式（4-138）对温度求导，可得温度系数

$$\eta_{Tl}=\frac{1}{g_{dl}}\frac{\mathrm{d}g_{dl}}{\mathrm{d}T}=\frac{1}{\mu}\frac{\mathrm{d}\mu}{\mathrm{d}T}+\frac{1}{(U_{GS}-U_T)-U_{DS}}\left(-\frac{\mathrm{d}U_T}{\mathrm{d}T}\right) \tag{4-195}$$

可见，在非饱和区内，漏源电导的温度特性与漏电流相似，也是由迁移率与阈值电压两个因素决定的，亦即在适当的条件下，其温度系数可减小到零。

2．饱和区温度特性

将 MOS 场效应晶体管饱和工作区跨导式（4-137）对温度求导，可得

$$\alpha_{TS}=\frac{1}{I_{Dsat}}\cdot\frac{\mathrm{d}I_{Dsat}}{\mathrm{d}T}=\frac{1}{\mu}\cdot\frac{\mathrm{d}\mu}{\mathrm{d}T}+\frac{2}{(U_{GS}-U_T)}\left(-\frac{\mathrm{d}U_T}{\mathrm{d}T}\right) \tag{4-196}$$

另外，饱和区跨导 g_{ms} 等于线性区漏源电导，故其温度系数有与式（4-196）相同的形式：

$$\gamma_{TS}=\frac{1}{\mu}\cdot\frac{\mathrm{d}\mu}{\mathrm{d}T}+\frac{1}{U_{GS}-U_T}\cdot\left(-\frac{\mathrm{d}U_T}{\mathrm{d}T}\right) \tag{4-197}$$

因此，在 MOS 场效应晶体管饱和工作区，漏源电流与跨导二者的温度系数均受迁移率和阈值电压温度特性的影响，因而均存在零温度系数工作点。

思考题与习题

1．N 沟道和 P 沟道 MOS 场效应晶体管有什么不同？

2．MOS 场效应晶体管的阈值电压 U_T 受哪些因素的影响？其中最主要的是哪个？

3．如何实现阈值电压 U_T 较低 MOS 场效应晶体管？

4．MOS 场效应晶体管的输出特性曲线可分为哪几个区？每个区对应什么工作状态？

5．提高 MOS 场效应晶体管的电流容量，结构参数如何考虑？

6．为什么 MOS 场效应晶体管的漏源饱和电流并不完全饱和？

7．MOS 场效应晶体管跨导的物理意义是什么？

8．如何提高 MOS 场效应晶体管的频率特性？

9．MOS 场效应晶体管的开关特性与什么有关？如何提高开关速度？

10．MOS 场效应晶体管中的 MOS 电容随工作状态是如何变化的？

11．短沟道和窄沟道效应对 MOS 场效应晶体管特性有什么影响？

12．有一个 N 沟道 MOS 场效应晶体管，栅极的绝缘层是由热生长的 SiO_2 膜和覆盖在上面的一层 Si_3N_4 膜组成，假定绝缘膜的电阻为无穷大，没有电荷输运，试求该 MOS 场效应晶体管的阈值电压（令 Si_3N_4 的厚度为 t_n，相对介电常数为ε_n，SiO_2 的厚度为 t_{OX}，相对介电常数为ε_{OX}）。

13．由浓度为 $N_A=5\times10^{15}\ \mathrm{cm}^{-3}$ 的（111）晶向的 P 型 Si 衬底构成的 N 沟道 MOS 场效应晶体管，栅极为金属铝，栅氧化层厚度为 1500 Å，SiO_2 中的正电荷面密度为 $Q_{SS}=1\times10^{22}/\mathrm{cm}^2$，试求该管的阈值电压，并说明它是耗尽型还是增强型的？

14．如果一个 MOS 场效应晶体管的 $U_T=0$，当 $U_{GS}=4\ \mathrm{V}$，$I_{DS}=3\ \mathrm{mA}$ 时，MOS 管是否工作在饱和区？为什么？

15．P 沟道 MOS 场效应晶体管的参数为：$N_D=10^{15}\ \mathrm{cm}^{-3}$，$t_{OX}=1200$ Å，$T=300\ \mathrm{K}$，$Q_{SS}=5\times10^{11}\ \mathrm{cm}^{-2}$，试计算它的阈值电压。当 t_{OX}=13 500 Å 时，重新进行计算。

16．在掺杂浓度 $N_A=10^{15}\mathrm{cm}^{-3}$ 的 P 型 Si 衬底上制作两个 N 沟道 MOS 管，其栅 SiO_2 层的厚度分别为 1000 Å 和 2000 Å，若 $U_{GS}-U_{FB}=15\ \mathrm{V}$，则 U_{DS} 多少时，漏源电流达到饱和？

17．定性说明在什么情况下 MOS 场效应晶体管会出现短沟道效应？

18．为什么在沟道内靠近漏端处增加一个轻掺杂的漏区可以改善热电子效应？

第5章　结型场效应晶体管及金属-半导体场效应晶体管

结型场效应晶体管又称 PN 结场效应晶体管，通常用其英文缩写词 JFET 表示；金属-半导体场效应晶体管又称肖特基势垒栅场效应晶体管，通常用其英文缩写词 MESFET 表示。早期以分立器件形式出现的 JFET 主要应用于各类低频和高频交流放大器、直流放大器、源极跟随器、斩波器以及模拟开关等电路中。20 世纪以来，经过了近 50 年的发展，目前 JFET 及 MESFET 在微波、高速、高功率应用领域已占据重要地位。

本章主要阐述 JFET 的工作原理、直流特性和直流参数、交流特性和交流参数、短沟道效应等；同时考虑到 MESFET 在高频集成电路中的广泛应用，因而本章亦对其结构和交直流特性也进行了简要分析。

5.1　JFET 及 MESFET 的结构、工作原理和分类

5.1.1　JFET 及 MESFET 的结构

1. JFET 的结构

图 5.1 为 N 型沟道 JFET 的结构示意图。在 N 型半导体的上下两侧各有一个高掺杂的 P^+ 区，形成上下两个 P^+ N 结，通常称之为栅 PN 结或栅结；N 区两端各做欧姆接触，从其上引出的电极分别称为源极（S）和漏极（D）；上下 P^+区表面也做欧姆接触，引出的电极称为栅极（G），大多数 JFET 的上下栅极是连在一起的，因此，JFET 实际上只有三个引出端。

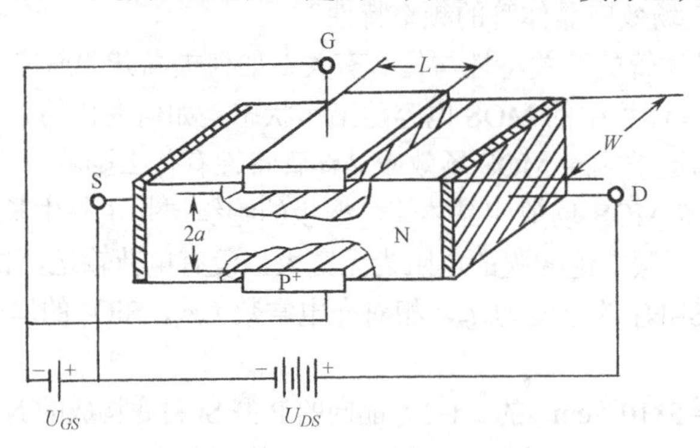

图 5.1　N 沟—JEFT 的结构示意图

图 5.1 中的 N 区为 JFET 导电沟道区，漏源电流 I_{DS} 就是由 N 区的沟道电导决定的。沟道电导与 N 区掺杂浓度及栅、漏、源电压有关，N 型导电沟道区掺杂浓度越高，沟道电导越高，导电能力越强。

沟道电导除与 N 区掺杂浓度有关外，同时受到栅 PN 结空间电荷区宽度的控制。随着栅 PN 结上的反向栅电压的增加，栅 PN 结空间电荷区向 N 型导电沟道区的中心扩展，使 N 型导电沟道区的有效宽度减小；反之，N 型导电沟道区的有效宽度就增加。

JFET 的结构参数主要有沟道长度 L、沟道宽度 W、沟道厚度 2α等；工艺参数主要有 N 型沟道区和 P^+ 型栅极区的掺杂浓度 N_D 和 N_A。

实际 JFET 的上下栅区并非总是如图 5.1 所示的那样相对于沟道对称排列，大多数 JFET 的上下栅区是非对称的。从图 5.2 上可以看出，同为 P 型的衬底及隔离区包围着 N 型隔离岛，衬底即隔离区与 N 型岛间构成的 PN 结称为隔离结；夹在 P^+ 栅区与衬底之间的 N 型区即为 JFET 的沟道，因而衬底也是栅区，通过隔离区与上栅区连在一起，可见上下栅区的杂质分布及几何形状极不相同。

N 沟 JFET 在共源极工作（源极接地）时，其漏极接正电压，栅极接负电压，因此使得整个栅 PN 结都处于反向工作状态，栅极到源、漏极之间只有很小的反向漏电流。随着栅极负电压的增加，栅结的空间电荷区主要向 N 区扩展，位于上下两栅空间电荷区之间，未被耗尽的中性 N 型区称为沟道。当在漏、源极之间加上电压时，就有电流通过沟道。通常用 U_{GS} 和 U_{DS} 分别表示栅、源之间及漏、源之间的电压；I_{DS} 代表漏极电流，并规定电流从漏极流入为 I_{DS} 正方向。

2. MESFET 的结构

图 5.3 为制作在 GaAs 衬底上的 N 沟 GaAs MESFET 的基本结构示意图。可见，与 JFET 结构类似，MESFET 也有源极、栅极、漏极三个引出端；主要差别是栅结不同：JFET 的栅结为 PN 结；而 MESFET 的栅结为金属-半导体接触形成的肖特基势垒，或称肖特基结。通过控制 MESFET 栅源电压，可改变肖特基势垒区厚度，从而实现对沟道电阻及漏极电流的调控。正常工作时肖特基势垒反向偏置，也只有很小的反向电流。

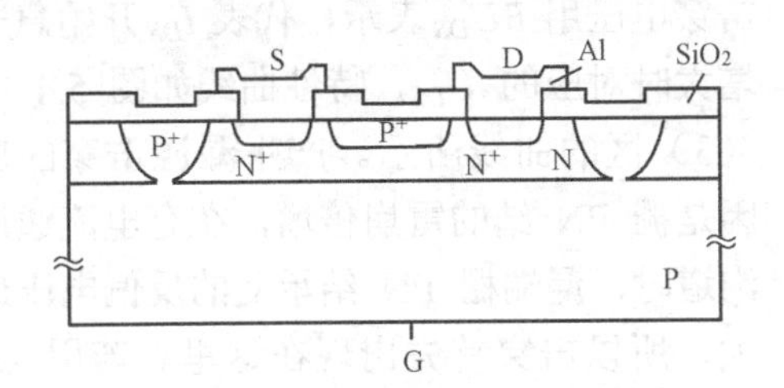

图 5.2　JFET 管芯的截面示意图

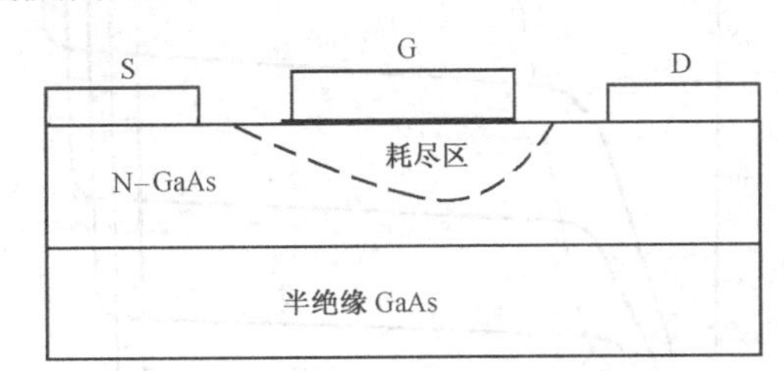

图 5.3　肖特基势垒栅型场效应晶体管的结构

5.1.2　JFET 工作原理和输出特性

1. 工作原理

在如图 5.1 所示的 N 沟 JFET 的漏源两端之间加正电压 U_{DS}，当 U_{GS}=0 时，由于 N 型沟道相当于一个电阻，因此，将有电流经过沟道从漏极流向源极。当 U_{DS} 增加时漏源电流也随之增加，同时漏源电流在沟道电阻上产生的压降也随之增加，靠近漏极端高，源极端低。漏极端正向压降使栅极 PN 结反偏，栅漏结的空间电荷区从沟道的两边向沟道的中心展宽，最终使漏极端沟道被夹断。夹断后，如果漏极电压进一步增加，U_{DS} 主要落在空间电荷层上，对沟道载流子的作用减弱，所以即使 U_{DS} 增加，漏源电流也不再增加，这种现象称为饱和，饱和时的电流电压用 I_{Dsat} 和 U_{Dsat} 表示。进入饱和工作区后，漏源电流基本保持不变，此后漏源电压继续增加并达到 PN 结的反向击穿电压时，JFET 就会发生击穿。

当 U_{DS} 为一定值时，漏源电流 I_{DS} 的大小随栅源电压 U_{GS} 的改变而变化，这是因为栅结耗尽层厚度是随栅源电压变化而变化的。如图 5.1 所示的 P^+ N 结，栅耗尽区的大部分扩展在 PN 结的 N 区一侧，栅 PN 结上的外加反偏压数值愈大，耗尽区就变得愈宽，因而使夹在上下两耗尽区之间的沟道截面积减小，沟道电阻增加，导致通过它的电流减小。反之，若减少反偏压数值，则将使耗尽区变薄，沟道变厚，电阻减小，漏极电流增大。当 U_{GS} 一定，U_{DS} 较大时，也会出现饱和工作状态。由此可见，可以通过改变 JFET 的栅极电压来控制输出电流，所以，JFET 是一种典型的电压控制型器件。

当负栅压很高时，整个沟道从源到漏被空间电荷区所占满，此时即使在漏源之间加上偏压，沟道中也不会有电流通过，结场效应晶体管工作在截止状态。

2. JFET 的共源输出特性曲线

JFET 的共源输出特性如图 5.4 所示。按照 I_{DS} 随 U_{DS} 的变化规律，曲线簇可分为（1）、（2）、（3）三个区，即非饱和区、饱和区和击穿区三个区域。

在非饱和区，即线性区，U_{DS} 很小时，I_{DS} 随 U_{DS} 增大而线性地增加；U_{DS} 比较大时，I_{DS} 的上升速率变得缓慢。在饱和区中 I_{DS} 几乎不随 U_{DS} 变化，呈现电流饱和特性，非饱和区与饱和区的分界处，在图 5.4 中为特性曲线与虚线的交点。

在给定的 U_{DS} 之下，I_{DS} 的大小直接决定于沟道电阻，而沟道电阻则同其形状和沟道区掺杂浓度 N_D 密切相关，同时与外电路的 U_{DS} 和 U_{GS} 有关。由图 5.3 可以看出：不同的 U_{GS} 对应不同的特性曲线和不同的漏源电流 I_{DS}。

在特性曲线的击穿区，U_{DS} 只要有微小的增加，都会引起 I_{DS} 的急剧上升，这主要是 U_{DS} 高于栅结的雪崩击穿电压，雪崩击穿电流急剧上升所致。结型场效应晶体管的漏源击穿电压用 BU_{DS} 表示，代表 I_{DS} 开始急剧增大时对应的 U_{DS}，特性曲线如图 5.4 中（3）区的曲线所示。产生漏源击穿的原因是栅 PN 结的雪崩倍增，在有电流通过沟道时，漏端栅 PN 结承受的反偏电压最大，所以击穿首先出现在这里。若用 U_B 代表栅 PN 结的击穿电压，根据以上考虑可得 $BU_{DS}=U_B+U_{GS}$。由于 $U_{GS}<0$，从式中可以看出，$|U_{GS}|$ 愈大则 BU_{DS} 愈小，同图 5.4 曲线簇显示的情况一致。

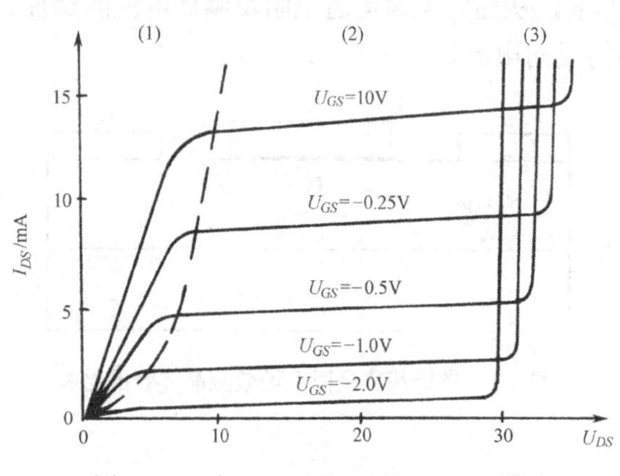

图 5.4　N 沟 JFET 的共源输出特性曲线

5.1.3　JFET 和 MESFET 的分类

无论是 JFET 还是 MESFET，按导电的沟道可分为 P 沟和 N 沟型；按零栅压（U_{GS}=0）时器件的工作状态，又可以分成增强型（常关型）和耗尽型（常开型）两种。因此，JFET 和 MESFET 可分为四种类型：N 沟耗尽型、N 沟增强型、P 沟耗尽型和 P 沟增强型。四种类型的 JFET 和 MESFET 的符号如图 5.5 所示。下面简要介绍一下四类 JFET 的特点。

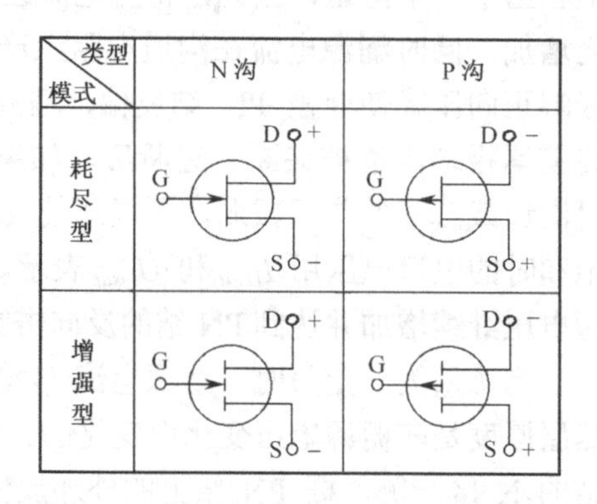

图 5.5　结型场效应晶体管的电学代表符号

1. N 沟耗尽型 JFET

N 沟耗尽型的导电沟道为 N 型，栅极区为 P^+ 层。当 U_{GS} =0 时，已存在导电沟道，沟道电阻小，一旦在漏、源极之间加上电压，就有很大的电流 I_{DS} 流过沟道；只有当栅压为负，且高到一定程度时，漏极电流 I_{DS} 才截止（所以其夹断电压为负值）。

2. N 沟增强型 JFET

N 沟增强型与 N 沟耗尽型 JFET 的结构基本相同。当 $U_{GS}=0$ 时，整个沟道已被栅结空间电荷所占满，全沟道夹断，沟道电阻大，因此即使在漏、源极之间加上电压，沟道电流 I_{DS} 也接近于零（即 N 沟增强型 JEFT 为常关型器件）。只有当正栅压（$U_{GS}>0$）高到一定程度时，漏极电流 I_{DS} 才开始显著增加，所以其阈值电压是正值。

3. P 沟耗尽型 JFET

P 沟耗尽型导电沟道为 P 型半导体，栅极区为 N^+ 层。当 $U_{GS}=0$ 时，已存在导电沟道，沟道电阻小，一旦在漏、源极之间加上电压，就有很大的沟道电流 I_{DS} 流过沟道；只有当栅压为正，且高到一定程度时，漏极电流 I_{DS} 才截止。

4. P 沟增强型 JFET

P 沟增强型 JFET 与 P 沟耗尽型 JFET 结构基本相同。当 $U_{GS}=0$ 时，整个沟道已被栅结空间电荷所占满，全沟道夹断，沟道电阻大，因此沟道电流 I_{DS} 接近于零（即 P 沟增强型 JEFT 为常关型器件）。只有当负栅压高到一定程度时，漏极电流 I_{DS} 才开始显著增加，所以其阈值电压为负值。

各种类型的 MESFET 具有与上述 JFET 相应的特点。

5.2 JFET 的电流-电压特性

本节主要阐述 JFET 的电流–电压方程、饱和区特性、亚阈值区特性、JFET 的直流参数、JFET 的沟道电导、阈值电压或夹断电压、最大漏极电流、最小沟道电阻等。

讨论电流-电压特性过程中，定义 JFET 的 x-y 坐标系统如图 5.6 所示。图中 L 称为沟道长度，a 为沟道半厚度，b 称为有效沟道半厚度，X_h 代表栅结耗尽区沿 x 方向的扩展距离，也称为栅耗尽区厚度。假定栅 PN 结是单边突变的，忽略其在栅区的扩展。由单边突变 PN 结的原理可获得栅结耗尽区的宽度 X_h。

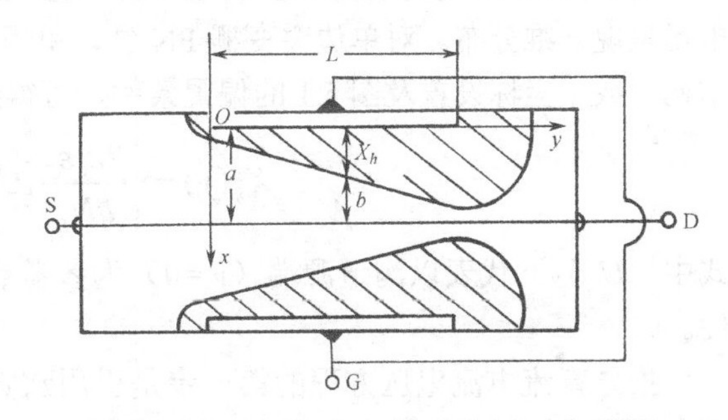

图 5.6 讨论 JFET 直流特性的 x-y 坐标系统

在推导 JFET 的电流—电压特性方程之前，首先分析一下 N 沟 JFET 工作状态与其电流-电压特性的关系。当有电流通过沟道时就将在其上产生电压降，而栅区（P^+ 区）由于为高掺杂区，可被认为是等电势的，因此沿 y 方向栅 PN 结上的电压是渐变的，栅耗尽区厚度也是渐变的。在沟道的源端（y=0）栅结上的电压为 U_{GS}，而在沟道的漏端（y=l）栅结上的电压则为 $U_{GS}-U_{DS}$，所以沿着从源到漏的方向（y 方向），栅耗尽区逐渐增厚，同时沟道则逐渐变薄，如图 5.7（a）所示。

固定 U_{GS}、增大 U_{DS} 时，源端沟道的厚度及截面积大小保持不变，但是漏端沟道的厚度及截面积将减少，因而沟道电阻随之增大。由此可解释为什么非饱和区特性是以一定斜率向上变化的。

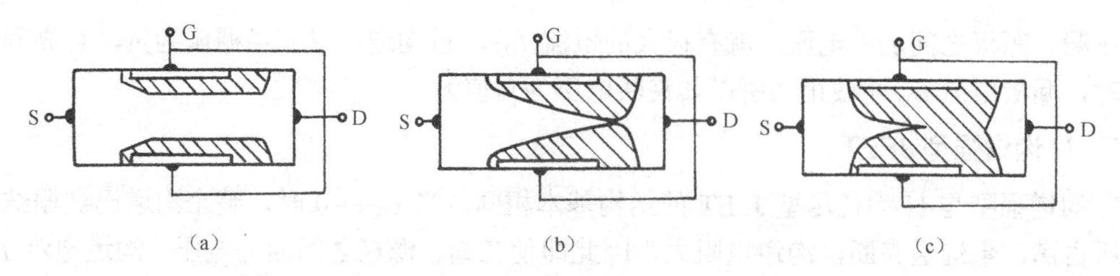

图 5.7　非饱和或线性区

输出特性曲线上漏极电流饱和的物理原因是沟道漏端被夹断。保持 U_{GS} 固定不变，沟道漏端栅耗尽区的厚度将随 U_{DS} 的升高而逐渐增厚，U_{DS} 上升到某一数值时上下栅结耗尽区连通，这就是沟道漏端夹断，如图 5.7（b）所示。此后，漏极电流开始趋于饱和，所以将此时所对应的 U_{DS} 定义为饱和漏源电压，并用 U_{Dsat} 表示。一旦 U_{DS} 超过了 U_{Dsat}，漏端附近就会出现夹断区，而且其长度随 U_{DS} 的继续增加而扩大，夹断区内载流子差不多是耗尽的，而且存在沿 y 方向的电场。从源极出发的电子，在沟道电场作用下漂移到达夹断区边缘，即刻被夹断区电场拉向漏端。既然夹断点的上下栅耗尽区连通，而栅结耗尽区的厚度又决定于沟道电势，所以 $U_{DS}>U_{Dsat}$ 时，沟道起始夹断点的电势将不再改变，它到源端的电势差始终等于 U_{Dsat}。外加漏源电压超出 U_{Dsat} 的那一部分，即 $U_{DS}-U_{Dsat}$ 降落于夹断区。U_{DS} 从 U_{Dsat} 继续增加时，夹断区承受愈来愈高的电压，其长度将因之扩大，与此同时未夹断区的长度就要缩短，如图 5.7（c）所示。

对于长沟道 JFET，当沟道长度远大于夹断区长度时，未夹断区长度的变化可以被忽略，导电沟道的电阻也可以被认为是不变的，因而漏极电流保持为常数，即电流饱和。饱和区特性曲线如图 5.4 中的（2）区曲线所示。

5.2.1　线性区电流–电压特性

为了简化 JFET 线性区电流–电压特性方程的推导，假定沟道是线性缓变，且栅结耗尽区电场呈现一维分布。对单边突变栅 PN 结，引用 PN 结有关耗尽区厚度的公式，利用图 5.6 的结构参数、坐标设置及图 5.1 的偏置条件，可得到沟道 y 处耗尽层厚度为

$$X_h(y)=\left\{\frac{2\varepsilon_0\varepsilon_S}{qN_D}\left[U_{BJ}-U_{GS}+U(y)\right]\right\}^{1/2} \tag{5-1}$$

式中，U（y）代表以沟道源端（$y=0$）为参考点的沟道电势，U_{BJ} 为栅 PN 结的接触势垒高度。

推导直流电流电压方程的第一步是引用欧姆定律写出沟道电流密度公式，欧姆定律简化成一维形式，因此沟道电流密度 J_C 为

$$J_C=q\mu_n N_D\left[-\frac{\mathrm{d}U(y)}{\mathrm{d}y}\right] \tag{5-2}$$

式中，μ_n 为沟道多数载流子迁移率，N_D 表示沟道掺杂浓度。

现在考虑 N 沟 JFET 为对称栅结构，由图 5.6 和图 5.1 所示的结构尺寸偏置条件，按已给定义，沟道的半厚度则为 $b(y)=\alpha-X_h(y)$，包括上下两个栅，并且两个栅电极连在一起，沟道总电流 I_C 为

$$I_C = A_C J_C = -2q\mu_n N_D W b(y)\frac{\mathrm{d}U(y)}{\mathrm{d}y} \tag{5-3}$$

式中，A_C为沟道截面积，W代表沟道宽度，则有

$$A_C = 2b(y)W \tag{5-4}$$

沟道电流定义正方向为从源指向漏，而漏极电流定义的正方向与此相反，因此 $I_{DS} = -I_C$，所以漏极电流方程，只需将式（5-3）右端的负号去掉，即

$$I_{DS} = 2q\mu_n N_D W b(y)\frac{\mathrm{d}U(y)}{\mathrm{d}y} \tag{5-5}$$

推导方程的第二步是将式（5-5）左右两端同时积分，左端对 y 从 0 积分到 L，右端对 U 从 U_S积分到 U_D，由此得出以 U_{DS}及 U_{GS}为自变量的漏极电流方程

$$I_{DS} = \frac{2q\mu_n N_D \alpha W}{L}\{U_{DS} - \frac{2}{3\sqrt{U_P}}[(U_{BJ} - U_{GS} + U_{DS})^{3/2} - (U_{BJ} - U_{GS})^{3/2}]\} \tag{5-6}$$

式（5-6）右端括号前面的常数其实就是沟道的电导，通常用 G_0表示：

$$G_0 = \frac{2q\mu_n N_D \alpha W}{L} \tag{5-7}$$

引入 G_0以后式（5-6）改变为

$$I_{DS} = G_0\{U_{DS} - \frac{2}{3\sqrt{U_P}}[(U_{BJ} - U_{GS} + U_{DS})^{3/2} - (U_{BJ} - U_{GS})^{3/2}]\} \tag{5-8}$$

G.C.Dacey 和 I.M.Ross 曾对 L=178 μm 的 N 沟锗 JFET 的直流特性进行了测量，结果表明小线性区 I_{DS} 的测量值与式（5-7）给出的理论预期值十分接近。式（5-8）长期被看作描述长沟道 JFET 及 MESFET 线性区直流特性的基本方程。

由上述肖克莱理论公式，式（5-8）可以化简出平方律传输特性。当 $U_{DS} \ll (U_{BJ}-U_{GS})$时，且 $U_P = U_{P0} \gg (U_{GS}-U_T)$时，式（5-8）可化简为

$$I_{DS} = \beta\frac{W}{L}[2(U_{GS} - U_T)U_{DS} - U_{DS}^2] \tag{5-9}$$

式中，β定义为

$$\beta = \frac{G_0}{4U_P}\frac{L}{W} = \frac{\varepsilon_0\varepsilon_S\mu_n}{\alpha} \tag{5-10}$$

尽管式（5-9）成立的条件是 $U_{DS} \ll U_{BJ}-U_{GS}$ 以及 $U_{GS}-U_T \ll U_P$，但是 SPICE 计算程序中已将它看作经验公式，用来描述线性区直流特性。β称为平方律传递参数，可以由实验测量提取。式（5-9）中，当 U_{DS} 比较小时，忽略平方项，就可获得 I_{DS}与 U_D 成线性关系的表达式。

5.2.2 饱和区电流–电压特性

1. 饱和区电流–电压方程

当漏源电压增加到 $U_{DS} \approx U_{Dsat}$ 时，漏源沟道夹断，如图 5.7（b）所示。此后，夹断区相对于源端电压始终保持 U_{Dsat} 不变，因而夹断点随 U_{DS} 的上升而渐向源移动。超过 U_{Dsat} 的漏源电压（$U_{DS}-U_{Dsat}$）将降落在夹断面上，这时夹断区的长度随 U_{DS} 的增大而扩展，如图 5.7（c）所示。因此,当 $U_{DS} \gg U_{Dsat}$ 以后，栅下沟道区成了导电沟道区和夹断沟道区两个部分，进入导电沟道区的载流子被夹断区电场漂移到漏极，因此，夹断区的漏极电流仍由导电沟道

区的漂移电流决定。

饱和漏源电压（U_{Dsat}）是指输出特性曲线上从非饱和过渡到饱和的漏源电压，饱和漏极电流（I_{Dsat}）被定义为该工作点上的漏极电流。

前面已经指出，漏极电流饱和的机理是沟道漏端夹断，饱和时对应于漏端刚开始夹断，如图 5.7（b）所示，空间电荷区宽度 $X_h=\alpha$，并将式（5-1）中的 U（y）换成 U_{Dsat} 可得

$$\alpha=\left[\frac{2\varepsilon_0\varepsilon_S}{qN_D}(U_{BJ}-U_{GS}-U_{Dsat})\right]^{1/2} \tag{5-11}$$

式（5-11）给出的 U_{Dsat} 用临界夹断电压 U_P 表示为

$$U_{Dsat}=U_P-(U_{BJ}-U_{GS}) \tag{5-12}$$

夹断电压 U_P 是指刚夹断时栅源电压之差。将饱和漏源电压公式（5-12）代入方程（5-8）即可得出饱和漏电流，整理后写成

$$I_{Dsat}=I_{DSS}\left[1-3(\frac{U_{BJ}-U_{GS}}{U_P})+2(\frac{U_{BJ}-U_{GS}}{U_P})^{1/3}\right] \tag{5-13}$$

式中

$$I_{DSS}=\frac{1}{3}G_0U_P \tag{5-14}$$

从式（5-13）不难看出，I_{DSS} 代表 $U_{GS}=U_{BJ}$ 时的饱和漏极电流，通常称 I_{DSS} 为最大饱和漏电流。实际应用中为避免出现过大的栅极泄漏电流，结型场效应晶体管一般不工作到 $U_{GS}=U_{BJ}$。但从式（5-13）看出，只要 $U_P\gg U_{BJ}$，U_{GS}=0 V 的 I_{Dsat} 将十分接近于 I_{DSS}。

将 U_P 及 G_0 有关参数代入式（5-14）得出

$$I_{DSS}=\frac{q^2\mu_n N_D^2\alpha^3 W}{3\varepsilon_0\varepsilon_S L} \tag{5-15}$$

这一结果表明，最大饱和漏电流不仅与α，W，L 及 N_D 等参数有关。而且还正比于沟道载流子迁移率。在其他参数相同条件下，N 沟结型场效应晶体管的 I_{DSS} 比 P 沟的大。

进入饱和区后，饱和区漏极电流的简便公式可以直接从式（5-9）得出，将 $U_{Dsat}=U_{GS}-U_T$ 代入式（5-9），忽略高次项可得

$$I_{Dsat}=\beta\frac{W}{L}(U_{GS}-U_T)^2 \tag{5-16}$$

此式也被看作经验公式，测量已证实（I_{Dsat}）$^{1/2}$ 与 U_{GS} 间确实存在直线变化关系，由（I_{Dsat}）$^{1/2}$–U_{GS}特性的斜率可确定β。

2. 饱和区漏极电流特性

测量发现，长沟 JFET 的共源输出特性呈现为不完全饱和，如图 5.4 所示，I_{DS} 缓慢地随 U_{DS} 增加而上升，虽然上升速率显著地低于非饱和区，但肯定不是保持恒定不变。这一现象可以用沟道长度调制效应加以解释。

前已指出，长沟器件漏极电流饱和的原因是沟道漏端夹断。U_{DS} 超过 U_{Dsat} 时，漏端附近将会出现夹断区，其长度随 U_{DS} 的增加而不断扩大。进一步的分析表明，夹断区同时向源接触及漏接触两个方向扩展，（$U_{DS}-U_{Dsat}$）的一部分被朝漏接触方向的空间电荷区扩展所吸收，另一部分引起沟道区电场的增强。在沟道漏端夹断模型中，沟道被分为未耗尽区和夹断区两部分。未耗尽区又称有效沟道，其长度用 L_{eff} 表示。夹断区长度通常用ΔL 表示，如图 5.8 所示。

忽略空间电荷区向漏接触方向的扩展时 $L=L_{eff}+\Delta L$。按照夹断的定义，在 $U_{DS}>U_{Dsat}$ 以后，起始夹断点的沟道电势仍应等于 U_{Dsat}，也就是有效沟道上的电压降始终维持等于 U_{Dsat} 不变。随着 U_{DS} 的上升，ΔL 将不断增大，同时 L_{erf} 相应地减小。对于长沟道器件可以认为肖克莱模型的基本假定（包括缓变沟道近似）在有效沟道上仍然成立，已经推导出来的电流电压方程照样适用，若用 I'_{Dsat} 代表 $U_{DS}>U_{Dsat}$ 的漏极电流，则

$$I'_{Dsat}=I'_{DSS}\left[1-3\left(\frac{U_{BJ}-U_{GS}}{U_P}\right)+2\left(\frac{U_{BJ}-U_{GS}}{U_P}\right)^{3/2}\right] \tag{5-17}$$

其中

$$I'_{DSS}=\frac{q^2\mu_n N^2{}_D\alpha^3 W}{3\varepsilon_S L_{eff}} \tag{5-18}$$

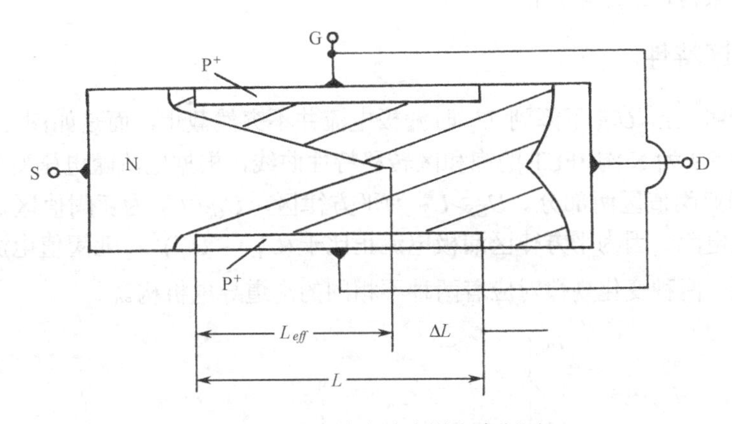

图 5.8　JFET 的有效沟道和夹断区

前面已指出，随着 U_{DS} 的增加，夹断区扩大，有效沟道长度将缩短，根据上列二式可预见 I_{Dsat} 是上升的。这就解释了 JFET 特性是不完全饱和的原因。

为求饱和区 I_{Dsat} 随 U_{DS} 变化的解析式，可用 I'_{Dsat} 与 I_{Dsat} 之比等于 L 与 L_{eff} 之比，于是

$$I'_{Dsat}=\frac{I'_{DSS}}{I_{DSS}}I_{Dsat}=\frac{L}{L_{eff}}I_{Dsat} \tag{5-19}$$

然后将 $L_{eff}=L-\Delta L$ 代入上式，得

$$I'_{Dsat}=\frac{1}{1-\Delta L/L}I_{Dsat} \tag{5-20}$$

只要找到ΔL 随 U_{DS} 变化的函数关系式问题就解决了，然而简便公式是难以得到的。

现代电路模拟程序中采用了形式简便的经验公式描述器件的饱和区特性，漏极电流按下述方程随 U_{DS} 变化：

$$I_{DS}=I_{Dsat}(1+\lambda U_{DS}) \tag{5-21}$$

这里的 I_{Dsat} 指式（5-13）所表示的饱和漏电流，λ称为沟道调制系数，按下式定义：

$$\lambda\equiv\frac{\Delta L}{LU_{DS}} \tag{5-22}$$

为使非饱和特性与饱和特性过渡连续，用式（5-21）描述饱和区的同时还应将方程修改为

$$I_{DS}=\beta\frac{W}{L}[2(U_{GS}-U_T)U_{DS}-U_{DS}{}^2](1+\lambda U_{DS}) \tag{5-23}$$

式中β的定义由式（5-10）给出。

以上结果说明，缓变沟道近似只在距离沟道末端大于$\alpha/2$的沟道上成立，靠近起始夹断点则不成立。前面讨论中提到的沟道夹断点或起始夹断点，实际上是将缓变沟道近似解外推到其适用范围以外得出来的，我们应当意识到，由此而产生的结论和推论，只能对器件特性作出近似的描述。

W. Shocklev 虽然运用沟道长度调制效应解释了长沟 JFET 饱和区伏安特性的不完全饱和，并作到了与实验观察的一致。但在 $y<L-\alpha/2$ 范围以外，起始夹断点附近的电场和电势分布已不是一维的，而且即使是理想的突变结，从中性区到耗尽区之间总是夹着一个载流子密度逐渐变化的边界区，耗尽近似只是一种假定，后来的一些作者认为，夹断区里的载流子并未耗尽，而是保留一个狭窄的残留电流通道，其厚度大约为二个德拜长度，恰是依靠这些未被耗尽的载流子来传送沟道电流的。

5.2.3 亚阈值区特性

实验测量表明，当 U_{GS} 下降到 U_T 时漏极电流并不突然截止，而是如图 5.10 所显示的那样逐渐衰减。图 5.9 为 N 沟 JFET 的饱和区转移特性曲线，根据电流随电压变化规律的不同被分为平方律区和亚阈值区两部分。$U_{GS}>U_T$ 为平方律区，$U_{GS}<U_T$ 为亚阈值区，亚阈值区的漏极电流称亚阈值电流。因为平方律区漏极电流正比于$(U_{GS}-U_T)^2$，亚阈值电流随 U_{GS} 的下降按指数规律衰减。两种变化规律对应着两种不相同的沟道导电机构。

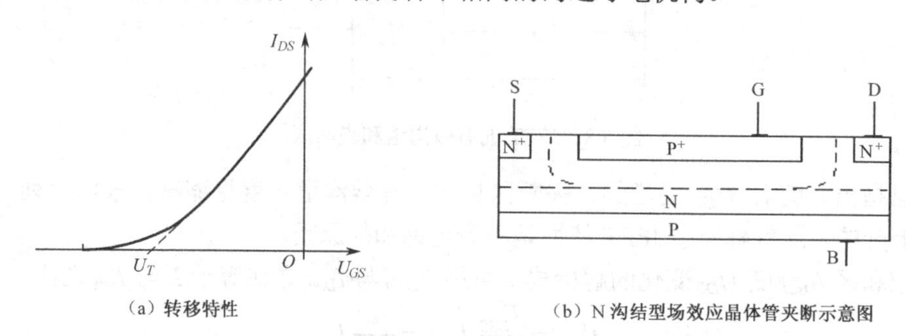

图 5.9 N 沟 JFET 的饱和区转移特性曲线和 N 沟结型场效应晶体管夹断示意图

一般认为：当 $U_{GS}<U_T$，JFET 在亚阈值区工作时，源区到沟道之间存在一个高为 U_{BJ} 的电子势垒，源区产生出来的自由载流子，须越过这个势垒才能进入近于耗尽的沟道，载流子在沟道中的主要运动方式是扩散，因为那里载流子密度的数值很低，而且电势近于恒定不变，漂移流可以被忽略，穿越势垒进入沟道的载流子的数量取决于势垒的高度，势垒愈高，则单位时间内越过势垒的载流子的数量就愈少，反之则愈多。栅极电压通过调变源区到沟道的势垒高度，改变进入沟道的载流子数量，从而控制漏极电流。JFET 的亚阈值导电模式不同于 $U_{GS}>U_T$ 的正常导电，但却与 BJT 的正向放大及饱和区导电模式十分相似。BJT 通过加在发射结上的电压控制势垒高度，进而调变发射极电流及集电极电流。

现在来推导长栅 JFET 的亚阈值电流方程。假定如图 5.9（b）所示 N 沟结型场效应晶体管的沟道区均匀掺杂，栅长远大于冶金沟道厚度，衬底与栅极连在一起。由于载流子在沟道中的主要运动方式是扩散，单位沟道宽度上流过的亚阈值电流可写为

$$I_{Dsub}=qD\frac{n_1-n_2}{l}W_{eff} \tag{5-24}$$

式中，D 代表载流子在沟道中的扩散系数，L 为沟道长度，n_1 和 n_2 分别指沟道源端及漏端的自由载流子浓度，W_{eff} 则被称为有效沟道厚度。

考虑到源区和漏区自由载流子浓度都等于其平衡态浓度 n_0，并且 $n_0=N_D$，引用玻尔兹曼关系写出

$$n_1 = N_D \exp\left[\frac{q}{k_B T}(U_{GS} - U_T)\right] \tag{5-25}$$
$$n_2 = N_D \exp\left[\frac{q}{k_B T}(U_{GS} - U_T - U_{DS})\right]$$

对 W_{eff} 严格求解比较困难，只能做近似估算。已经知道，当反偏突变结空间电荷区电势分布为抛物线函数时，可得亚阈值导电的沟道厚度 W_{eff} 为

$$W_{eff} = \sqrt{2\pi} L_{De} \tag{5-26}$$

式中 L_{De} 为德拜长度

$$L_{De} = \left(\frac{\varepsilon_0 \varepsilon_s k_B T}{q^2 N_D}\right)^{1/2} \tag{5-27}$$

将式（5-25）及式（5-26）代入式（5-24），就可得出单位沟道宽度亚阈值电流的表示式为

$$I_{Dsub} = q\frac{D}{L}(2\pi)^{1/2} N_D L_{De}\left\{\exp\left[\frac{q}{k_B T}(U_{GS} - U_T)\right]\right\}\left[1 - \exp\left(-\frac{qU_{DS}}{k_B T}\right)\right] \tag{5-28}$$

可见，长沟 JFET 的亚阈值电流随 U_{GS} 按指数规律变化；当 $U_{DS} \gg k_B T/q$ 时，它将不随 U_{DS} 而变化。

图 5.10 所示为长沟道 N 沟 JFET 的 I_{Dsat} 随 U_{DS} 的变化曲线，实线为理论计算所得，测量值与理论同实验吻合得相当好。U_{DS} 远大于 100 mV 时 I_{Dsat} 呈现饱和趋势，随着 U_{DS} 的增加 I_{Dsat} 极其缓慢地上升，这正是式（5-28）所预示的。

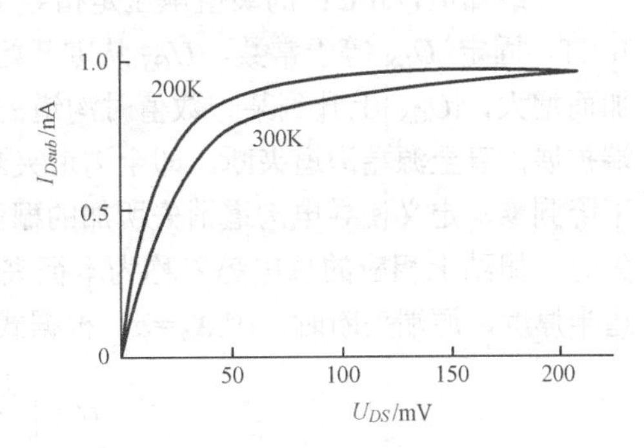

图 5.10　长沟器件的输出特性

5.3　JFET 的直流和交流小信号参数

5.3.1　JFET 的直流参数

1. JFET 的沟道电导

如图 5.1 所示，当 JFET 的基本尺寸即沟道长度为 L、沟道宽度为 W、沟道半厚度为α、耗尽层的宽度为 X_h 时，可求得不同条件下的沟道电导。

（1）平衡条件下的沟道电导

外加电压为零时，JFET 处于平衡状态，若将栅结作为单边突变结近似处理时，可得平衡时栅结耗尽层的宽度 X_{h0}

$$X_{h0} = \left(\frac{2\varepsilon_0 \varepsilon_S U_P}{qN_D}\right)^{1/2} \tag{5-29}$$

由 PN 结理论可得到平衡状态下的沟道电导

$$G_0=\frac{2q\mu_n N_D W(\alpha-X_{h0})}{L}\approx\frac{2q\mu_D N_D Wa}{L} \tag{5-30}$$

JFET 平衡状下的沟道电导与沟道宽度 W、沟道半厚度为α、沟道长度为 L 和沟道掺杂浓度 N_D 相关，当 W 和α 较大，N_D 较高，L 较短时，沟道电导就较小。

（2）非平衡条件下沟道电导

当栅结加上反偏置电压 U_{GS} 时，JFET 处于非平衡状态，耗尽区主要向低掺杂沟道区扩展，非平衡条件下耗尽层宽度为 X_h

$$X_h=\left[\frac{2\varepsilon_0\varepsilon_S}{q}\frac{1}{N_D}(U_{BJ}-U_{GS})\right]^{1/2} \tag{5-31}$$

沟道电导

$$G=\frac{2q\mu_D N_D W(\alpha-X_h)}{L}=G_0(1-\frac{X_h}{\alpha}) \tag{5-32}$$

可见，由于耗尽层宽度 X_h 随 $|U_{GS}|$ 的增加而扩展，使沟道厚度随$|U_{GS}|$的增加而减小，沟道电导即随 X_h 的增大而减小。漏电导是决定 JFET 电流大小的重要参数，对于大电流的 JFET，沟道电导大一些好。

2. 阈值电压和夹断电压

（1）本征夹断电压 U_{P0}

已经知道，JFET 的阈值电压是指导电沟道刚开始夹断时的栅源电压。对于 N 沟耗尽型 JFET，固定 U_{DS} 等于常数，U_{GS} 从零开始逐渐下降（$|U_{GS}|$增大），栅结耗尽区厚度随 $|U_{GS}|$ 增加而增大，$|U_{GS}|$上升到某一数值时沟道的漏端夹断。此后如若继续增大$|U_{GS}|$，则夹断区向源端扩展，直至源端沟道夹断，即全沟道夹断。当栅压 U_{GS} 增至耗尽层宽度 $X_h=\alpha$时，沟道电导下降到零，定义使导电沟道消失所加的栅源电压称为阈值电压 U_T 或者夹断电压 U_P，沟道消失时，栅结上相应的总电势差称为本征夹断电压 U_{P0}。沟道夹断时栅耗尽区厚度等于冶金沟道半厚度，源端夹断时，因 $X_h=\alpha$，根据式（5-31）可写出

$$\alpha=\left[\frac{2\varepsilon_0\varepsilon_S}{qN_D}(U_{BJ}-U_T)\right]^{1/2} \tag{5-33}$$

等式右端为沟道开始全夹断时的栅耗尽区厚度，N_D 代表沟道掺杂浓度，U_{BJ} 代表栅结内建电势。

本征夹断电压是指沟道刚开始夹断时的栅 PN 结上总电势差，通常用 U_{P0} 表示，它与 U_T 间满足以下关系：

$$U_{P0}=U_{BJ}-U_T=\frac{qN_D}{2\varepsilon_0\varepsilon_S}\alpha^2 \tag{5-34}$$

用于低压电路中的 JFET，U_{P0} 约为–2 V，对于高压 JFET，U_{P0} 可达到–100 V。综上所述，JFET 的沟道电导不仅与其结构参数 2α 和工艺参数 N_D 有关，而且与外加电压 U_{DS} 和 U_{GS} 有关。

阈值电压和夹断电压是 JFET 的最重要的直流参数，不仅因为 U_T 可被用来区分导通和截止，而且因为 U_{P0} 和 U_T 被包含在一系列直流方程和小信号参数表达式中，直接影响直流特性和小信号工作特性。

3. 夹断电压 U_P

夹断电压是指使导电沟道夹断时，栅源之间的电压差，一般用 U_T 或 U_P 表示，由式（5-34）可得到 U_P 为

$$U_P = U_{BJ} - U_{P0} = U_{BJ} - \frac{qN_D\alpha^2}{2\varepsilon_S\varepsilon_0} \approx -\frac{qN_D\alpha^2}{2\varepsilon_S\varepsilon_0} \tag{5-35}$$

此处的负号表示栅结为反向偏置。对于 N 沟 JFET，$U_P<0$；对 P 沟 JFET，$U_P>0$。由式（5-35）可见，沟道中杂质浓度越高及原始沟道越厚，夹断电压也越高。

4. 最大饱和漏极电流 I_{DSS}

由 I_{Dsat} 式可见，I_{DSS} 是 $U_{DS}-U_{GS}=0$ 时的漏源饱和电流，又称最大漏源饱和电流，由式（5-15）可得

$$I_{DSS} = \frac{1}{3}\frac{qN_D\alpha^2}{2\varepsilon_S\varepsilon_0}\frac{2\alpha Wq\mu_n N_D}{L} \tag{5-36}$$

用 G_0 和 U_{P0} 表示可以得到

$$I_{DSS} = \frac{1}{3}U_{P0}G_0 \tag{5-37}$$

若再将沟道电阻率（$\rho=1/q\mu_n N_D$）代入 G_0 关系中，式（5-37）变成

$$I_{DSS} = \frac{2}{3}\frac{\alpha}{\rho}\frac{W}{L}\cdot U_{P0} \tag{5-38}$$

由此可见，增大沟道厚度以及增加沟道的宽长比，可以增大 JFET 的最大漏极电流。

5. 最小沟道电阻 R_{min}

R_{min} 表示 $U_{GS}=0$ 且 U_{DS} 足够小，即器件工作在线性区时，漏源之间的沟道电阻，也为导通电阻。对于耗尽型器件，此时沟道电阻最小。因而将 $U_{GS}=0$、U_{DS} 足够小时的导通电阻称为最小沟道电阻。R_{min} 可由式（5-39）给出

$$R_{min} = \frac{L}{2q\mu_n N_D(x-X_h)W} \approx \frac{L}{2q\mu_n N_D\alpha W} \tag{5-39}$$

由于存在沟道体电阻，漏电流将在沟道电阻上产生压降，漏极电流在 R_{min} 上产生的压降称为导通沟道压降。R_{min} 越大，导通压降越大，器件的耗散功率也越大。实际的结型场效应晶体管沟道导通电阻还应包括源、漏区及其欧姆接触电极所产生的串联电阻 R_S 和 R_D。它们的存在也将增大器件的耗散功率，所以功率结型场效应晶体管应设法减小 R_{min}、R_S 和 R_D，以改善器件的功率特性，减小 R_{min} 的主要方法是增加沟道的宽度。在满足击穿电压的条件下，尽量增加沟道掺杂浓度。

6. 栅极截止电流 I_{GSS} 和栅源输入电阻 R_{GS}

由于 JFET 的栅结总是处于反向偏置状态，因此，栅极截止电流就是 PN 结少子反向扩散电流、势垒区产生电流及表面漏电流的总和。在平面型 JFET 中，一般表面漏电流较小，截止电流 I_{GSS} 主要由反向扩散电流和势垒区产生电流构成，其值在 10^{-9}～10^{-12}A 之间。因此，栅源输入电阻 R_{GS} 相当高，其值在 $10^8\Omega$ 以上。

但对功率器件而言，栅截止电流将大大增加。这是因为功率器件漏源电压较高，沟道的电场强度较大，强电场将使漂移通过沟道的载流子获得足够高的能量去碰撞电离产生新的电子—空穴对，新产生的电子继续流向漏极使漏极电流倍增，而空穴则被负偏置的栅电极所收

集，使栅极电流很快增长。漏极电压愈高，漏端沟道电场愈强，沟道载流子在漏端产生碰撞电离的电离率α愈大，碰撞电离产生出来的电子—空穴对愈多，因此，在高漏源偏置的功率 JFET 中，栅极截止电流往往是很高的。例如，当漏源电压 U_{DS}=10 V 时，栅电流维持在 10^{-10}A 数量级；而当 U_{DS}=50 V 时，栅电流将增大 6 个数量级而上升到 10^{-4} A。在短沟道器件中，由于沟道电场更强，更容易出现载载流子倍增效应。

7. 漏源击穿电压 BU_{DS}

（1）漏源击穿电压

在 JFET 中，漏端栅结所承受的反向电压最大，在沟道较长器件中，当漏端栅结电压增加到 PN 结反向击穿电压时，漏端所加电压即为漏源击穿电压 BU_{DS}。

根据定义，$BU_{DS}-U_{GS}=BU_B$，因此，漏源击穿电压

$$BU_{DS}=BU_B+U_{GS} \tag{5-40}$$

式中，BU_B为栅 PN 结反向击穿电压；U_{GS}为栅源电压。对于 N 沟，$U_{GS}<0$，所以，从式（5-40）可以得知，BU_{DS}随着 U_{GS} 的增大而下降。

（2）输出功率 P_O 与击穿电压的关系

JFET 的最大输出功率 P_O，正比于器件所能容许的最大漏极电流 I_{Dmax} 和器件所能容许的最高漏源峰值电压（$BU_{DS}-U_{Dsat}$）的乘积，即最大输出功率为

$$P_O \propto I_{Dmax}(BU_{DS}-U_{Dsat}) \tag{5-41}$$

式中，BU_{DS} 为漏源击穿电压；U_{Dsat} 为沟道夹断时漏源电压。可见，对于功率 JFET 来说，不仅要求其电流容量大，击穿电压高，且在最高工作电流下具有小的漏源饱和电压 U_{Dsat}。

5.3.2　JFET 的交流小信号参数

JFET 的小信号特性是指在给定的直流偏置电压下，端电流的微小变化与端电压微小变化之间的函数关系。同 MOSFET 小信号特性的定义完全相同，小信号方程中不随信号幅值变化的常数即为小信号参数，小信号参数有跨导、漏源电导等。

讨论低频小信号参数时，不考虑各类电荷储存效应，假定器件为准静态工作，因而可以采取与处理 MOSFET 准静态工作相类似的方法，利用直流方程推导低频小信号参数表达式。

1. 跨导

（1）线性区跨导 g_{ml}

跨导的物理意义为 I_{DS} 的微小增量与引起电流变化的 U_{GS} 微小增量之比，即

$$g_m=\frac{\partial I_{DS}}{\partial U_{GS}}\Big|_{U_{DS=K}} \tag{5-42}$$

根据式（5-42），对非饱和区（线性区）直流电流电压方程（5-8）求导数，即可得出非饱和区跨导

$$g_{ml}=G_0\left[\left(\frac{U_{BJ}-U_{GS}+U_{DS}}{U_P}\right)^{1/2}-\left(\frac{U_{BJ}-U_{GS}}{U_P}\right)^{1/2}\right] \tag{5-43}$$

当 $U_{DS}<U_{BJ}-U_{GS}$ 时，将式（5-43）右端方括号中第一项展开成泰勒级数，只取前两项，则式（5-43）化简为

$$g_{ml}=\frac{G_0U_{DS}}{2[U_P(U_{BJ}-U_{GS})]^{1/2}} \tag{5-44}$$

式中，g_{ml}表示线性区跨导。线性区跨导正比于 U_{DS}，却随 U_{GS} 增大而减小。

（2）饱和区跨导 g_{ms}

由式（5-43），对饱和区电流电压方程求导数，或在式（5-44）中将 U_{DS} 换成 U_{Dsat}（$=U_P-U_{BJ}+U_{GS}$），即可得饱和区跨导

$$g_{ms}=G_0\left[1-\left(\frac{U_{BJ}-U_{GS}}{U_P}\right)^{1/2}\right] \tag{5-45}$$

式（5-46）表明，g_{ms} 不是恒定不变的常数，而随 U_{GS} 增加而不断减小，U_{GS} 接近栅结正向导通电压时达到可以利用的极大值（g_{msmax}）。由于此时 $U_{BJ}-U_{GS}\ll Up$，所以 g_{msmax} 十分接近于 G_0。非饱和跨导与饱和跨导相比，可以看出，同一 U_{GS} 下总是 $g_{ms}>g_{ml}$。

从跨导的定义式可知，它是 I_{DS} 的微小增量与引起电流变化的 U_{GS} 微小增量之比，代表器件的栅压对漏极电流的控制能力。跨导直接影响并决定用结型场效应晶体管组成的电路的性能，例如单管交流放大单元的开路电压增益是正比于跨导的。设计和制造结型场效应晶体管及其集成电路过程中，对跨导所应达到的数值都有明确要求。跨导值的高低除了同工作区的选择及偏置条件有关外，还决定于器件的结构参数及物理参数——沟道宽长比、沟道掺杂浓度、沟道载流子迁移率以及冶金沟道厚度。但是这些参数不仅与跨导有关，还影响器件的其他特性，在器件及电路设计中需要权衡各方面要求来选择和确定。

2. 漏源电导

（1）线性区漏电导

漏电导定义为

$$g_d=\frac{\partial I_{DS}}{\partial U_{DS}}\bigg|_{U_{GS}=k} \tag{5-46}$$

对式（5-9）求导，即可求出非饱和区（线性区）漏电导 g_{dl} 为

$$g_{dl}=G_0\left[1-\left(\frac{U_{BJ}-U_{GS}+U_{DS}}{U_P}\right)^{1/2}\right] \tag{5-47}$$

在线性区中由于 $U_{DS}<<U_{BJ}-U_{GS}$，所以式（5-47）可简化为

$$g_{dl}=G_0\left[1-\left(\frac{U_{BJ}-U_{GS}}{U_P}\right)^{1/2}\right] \tag{5-48}$$

与跨导相类似的是，非饱和漏源电导不仅同工作条件的选择有关，还依赖于器件的结构参数及物理参数，G_0 越大，则 W/L 比值越大，g_{dl} 越大。

（2）饱和区漏源电导 g_{ds}

讨论饱和区漏源电导，必须注意到 JFET 的共源输出特性是不完全饱和的。漏源电导实际上是输出特性切线的斜率，不完全饱和意味着斜率不等于零，因而饱和漏源电导也不为零，理想的完全饱和的漏源电导则是等于零的。

长沟 JFET 的不完全饱和输出特性起源于沟道长度调制效应。在考虑这一效应的前提下推导并得出了能用来描述饱和区电流电压间变化关系的式（5-13）和式（5-23）。以此为出发点，可以很快地找到代表饱和区漏源电导 g_{ds} 的表示式，根据漏源电导的定义，对式（5-23）求导得出 g_{ds}

$$g_{ds}=\frac{\partial I'_{Dsat}}{\partial(\Delta L)}\cdot\frac{\partial(\Delta L)}{\partial(U_{DS}-U_{Dsat})}$$

$$g_{ds}=\lambda\beta\frac{W}{L}(U_{GS}-U_T)^2 \tag{5-49}$$

$$\lambda=\frac{\Delta L}{LU_{DS}}$$

式中，有平方律传递参数 β 和沟道调制系数 λ 等，它们都可利用实验测量曲线提取，确定 β 的方法前面已提到过。λ 值的确定依赖于输出特性曲线，U_{GS}=常数的饱和区 I_{DS}–U_{DS} 特性的延长线在 U_{DS} 轴上的截距即为 $-1/\lambda$，如图 5.11 所示。λ 的测量确定值如表 5.1 所示，被测器件为硅长沟 P-结型场效应晶体管，沟道掺杂浓度 $N_A=9\times10^{16}\text{cm}^{-3}$，上栅区掺杂浓度 $N_{DT}=1.3\times10^{17}\text{cm}^{-3}$，下栅区掺杂浓度 $N_{DB}=1\times10^{15}\text{cm}^{-3}$，$\alpha=0.2\,\mu\text{m}$。

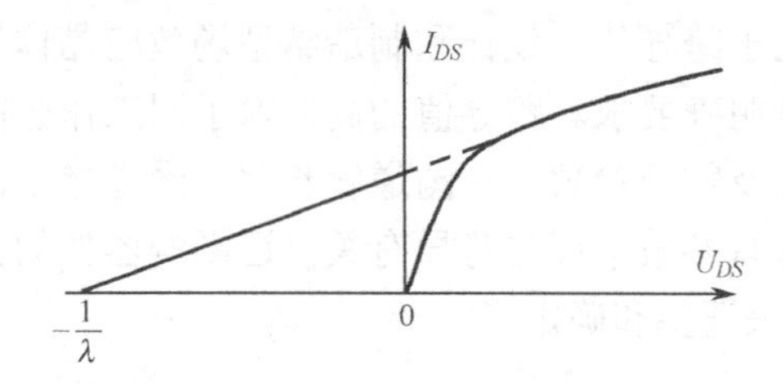

图 5.11　λ 值的确定法

表 5.1　λ 的实验测量值

L/μm	25	15	10
λ/1/V	0.002	0.008	0.040

（3）有效漏电导 g_{deff}

实际上 JFET 还存在漏源串联电阻（包括器件内部和外部电路中的寄生电阻）R_S 和 R_D。漏电流通过漏源串联电阻时，将产生电压降 I_{DS}（R_S+R_D），使真正加到沟道上的有效漏源电压减小到 U_{DS}。因此漏源电压

$$U_{DS}=U'_{DS}+I_{DS}(R_S+R_D) \tag{5-50}$$

有效漏电导

$$g_{deff}=\frac{\partial I_{DS}}{\partial U_{DS}}=\frac{\partial I_{DS}}{\partial U'_{DS}}\frac{\partial U'_{DS}}{\partial U_{DS}}=\frac{\partial I_{DS}}{\partial U'_{DS}}/\frac{\partial U_{DS}}{\partial U'_{DS}}=g_d/[1+g_d(R_S+R_D)] \tag{5-51}$$

可见，有效漏电导随串联电阻的增加而下降。

5.4　JFET 的高频参数

JEFT 的频率特性，由跨导下降决定的称为特征频率，用 f_T 表示；由沟道渡越时间决定的称为沟道截止频率，用 f_0 表示；功率增益为 1 时的称为最高振荡频率 f_M 。

5.4.1　截止频率 f_T

截止频率 f_T 定义为共源等效电路中，通过输入电容的电流等于流过电流源的电流 g_mU_{GS} 时对应的频率，因此，f_T 也称为共源组态下的增益-带宽乘积。为求 f_T，可采用如图 5.12 所示的 JFET 高频小信号简化等效电路，其中 C_{GD}、C_{GS} 为栅极等效电容，g_mU_{GS} 为电流源，r_S 和 r_G 分别为源、栅极等效电阻。

由等效电路图 5.12 可以求得输出与输入信号参数，进而求得截止频率。将电路的 D 端与 S 端短路，漏端交流电流为 i_d，栅极信号电流为 i_g，考虑栅电容 C_{GD} 和 C_{GS}，从输出与输入信

号之比可推导出

$$\frac{i_d}{i_g}=\frac{g_m-\mathrm{j}\omega C_{GD}}{\mathrm{j}\omega(C_{GS}+C_{GD})} \tag{5-52}$$

当$\omega \ll \dfrac{g_m}{C_{GD}}$时

$$\left|\frac{i_d}{i_g}\right|\approx\frac{g_m}{\omega(C_{GS}+C_{GD})} \tag{5-53}$$

随着频率的增加i_d/i_g减小，当$i_d/i_g=1$时对应的频率即为f_T，所以有

$$f_T=\frac{g_m}{2\pi(C_{GS}+C_{GD})} \tag{5-54}$$

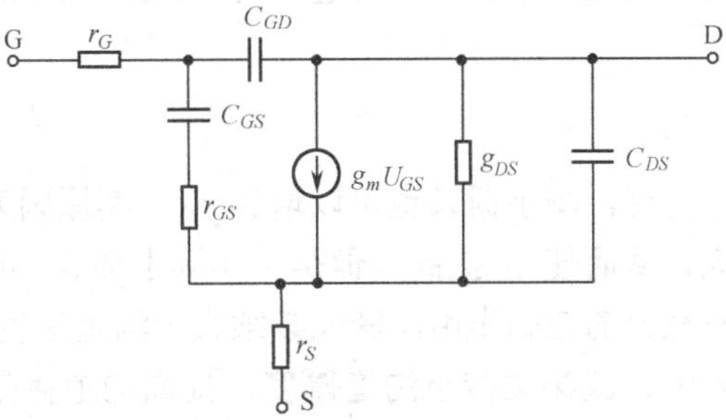

图 5.12　GaAs MESFET 的小信号等效电路

饱和时 C_{GD} 可以忽略，则 f_T 为

$$f_T=\frac{g_m}{2\pi C_{GS}} \tag{5-55}$$

由于 g_m 和 C_{GS} 都随栅压变化，使 f_T 也随栅压的变化而变化，当跨导达到其最大值 g_m，栅源输入电容达到最小值 C_{GSmax} 时，截止频率最高，因此截止频率为

$$f_T\leqslant\frac{G_0}{2\pi C_{GSmin}} \tag{5-56}$$

式中，G_0 由式（5-30）确定。由于栅源电容 C_{GS} 随栅结耗尽层宽度的展宽而下降，在长沟道器件中，当耗尽层宽度扩展到漏端沟道夹断时，栅源电容 C_{GS} 即达到最小值，为了简化分析，近似用栅结平均耗尽层宽度为$\alpha/2$ 时的栅电容来表示漏端沟道夹断时的栅电容。由此可得对称栅最小栅电容 $C_{GSmin}=\dfrac{4\varepsilon_0\varepsilon_S}{\alpha}WL$，因而截止频率

$$f_T\leqslant\frac{q\mu_n N_D\alpha^2}{4\pi\varepsilon_0\varepsilon_S L^2}=\frac{1}{2\pi}\cdot\frac{U_{P0}\mu_n}{L^2} \tag{5-57}$$

从式（5-57）可以找到提高 f_T 的措施：第一，减小沟道的长度；第二，增加管子的跨导，增加管子跨导主要是增加沟道的宽长比。另外采用高迁移率的半导体材料。

5.4.2　渡越时间截止频率 f_0

从式（5-57）可见，迁移率μ越大，沟道长度 L 越短，则截止频率越高。但截止频率随沟道长度的缩短而提高并不是无限的，实际器件中还存在另外两个频率限制的因素，一是渡越时间限制，因为载流子从源端到漏端需要一定的渡越时间，在弱场下，当载流子的迁移率为常数时，渡越时间为

$$\tau=\frac{L}{\mu E_y}\approx\frac{L}{\mu U_{DS}} \tag{5-58}$$

由渡越时间限定的频率极限为渡越时间截止频率，所以有

$$f_0=\frac{1}{2\pi\tau}=\frac{\mu U_{DS}}{2\pi L^2} \tag{5-59}$$

对于短沟道器件，其频率极限主要受速度饱和限制，当沟道长度缩短到沟道载流子的漂

移速度而达到饱和时，渡越时间 $\tau = \dfrac{L}{v_{sl}}$，跨导 $g_m = C_{GS} v_{sl} W$，由此得到截止频率

$$f_T = \frac{1}{2\pi}\frac{v_{sl}}{L} \tag{5-60}$$

此外，减小栅长也可以增加 f_T，其原因为随着栅长的减小，栅源电容 C_{gs} 减小，跨导 g_m 增大，从而使 f_T 提高。但是，实际上栅长不能无限制缩小，因为要使栅电极对沟道传输电流具有充分的控制作用，栅长必须大于沟道厚度，即 $L/\alpha>1$。这样，既要减小栅长 L，又要保持 $L/\alpha>1$，就必须减小沟道厚度，提高沟道掺杂浓度，但是，掺杂浓度又受击穿电压的限制。对于实际的硅和 GaAs MESFET，其最高掺杂浓度大约为 $5\times10^{17}\text{cm}^{-3}$，在这一掺杂浓度下，器件的最小栅长的理论值约为 0.1μm，与此栅长相对应的截止频率 f_T 可达到 100 GHz。

5.4.3 最高振荡频率 f_M

类似于双极晶体管，JFET 的最高振荡频率 f_M 是最大功率增益等于 1 时对应的频率。为讨论 JFET 的最大功率增益，采用如图 5.12 所示的等效电路，由该电路求得功率增益如下

$$G_P = \frac{\omega_T^2}{4\omega^2[(r_{GS}+r_G+r_S)g_{DS}+\omega_T r_G C_{GD}]} \tag{5-61}$$

按最高振荡频率的定义，令式（5-61）的 $G_P=G_M=1$，变换后得出

$$f_M = \frac{f_T}{2[(r_{GS}+r_G+r_S)g_{DS}+\omega_T r_G C_{GD}]^{1/2}} \tag{5-62}$$

f_M 是器件能够放大信号功率的最高频率，是一个重要的性能参数。

在 $r_G+r_S \ll r_{GS}$，$\omega_T r_G C_{GD} \ll r_{GS} g_{DS}$ 的条件下式（5-62）简化为

$$f_M = \frac{f_T}{2(r_{GS} g_{DS})^{1/2}} \tag{5-63}$$

上式表示 r_S、r_G、C_{GD} 等寄生参数的影响被消除到不起作用时的最高振荡频率。

5.5 短沟道 JFET 和 MESFET

5.5.1 短沟道 JFET 和 MESFET 中的迁移率调制效应

当 JFET 和 MESFET 的沟道长度缩短到一定数值以下，或 L/α 不是足够大时，其特性将偏离长沟道理论得到的结果。产生偏离的原因有两方面，一个方面是缓变沟道近似成立的条件遭到破坏（L/α 值低）；另一方面，更主要的是由于强电场下沟道载流子的迁移率调制效应。

载流子漂移速度—电场强度曲线是描述迁移率调制效应的主要依据，图 5.13 为 Si、GaAs 和 InP 的漂移速度随电场强度变化关系的实验测量曲线。低场强段三种材料的漂移率与场强都呈正比变化，具有恒定的低场迁移率，GaAs 和 InP 的低场迁移率明显地高于 Si 的低场迁移率。随着场强升高，在恒定迁移率区以外，Si 与 GaAs、InP 的漂移速度呈现不同的变化规律。

Si 的漂移速度的上升速率随场强增加而逐渐变慢，场强 E 超过 50 kV/cm 时，趋向于饱和漂移速度 v_{sl}（$v_{sl}=1\times10^7$ cm/s）。GaAs 和 InP 则是当 $E=E_P$ 时漂移速度达到峰值 v_p，GaAs 的 $E_p=3.5$ kV/cm，$v_p=2\times10^7$ cm/s；InP 的 $E_p=11$ kV/cm，$v_p=3\times10^7$ cm/s。场强超过 E_p，GaAs 和 InP

都有一个负微分迁移率区（或称负微分电导区），载流子漂移速度随场强增高而下降并趋向于其饱和值，GaAs 和 InP 的饱和漂移速度为 6×10^6cm/s 和 8×10^6cm/s。

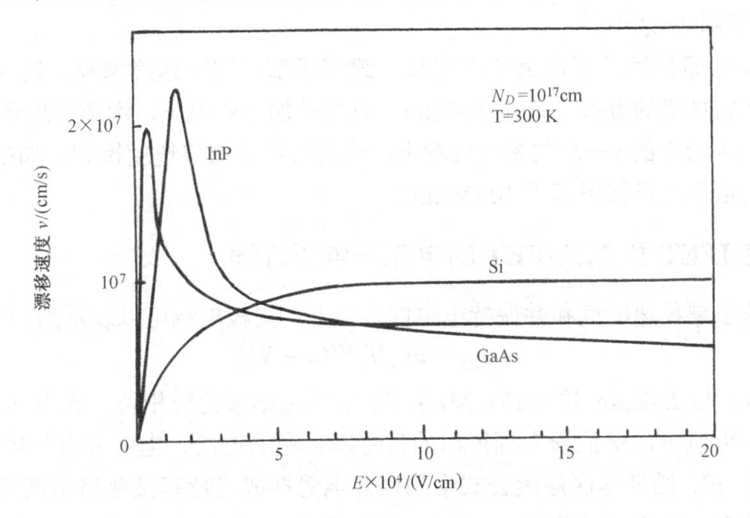

图 5.13　Si、GaAs 和 InP 的 v-E 曲线

短沟道的 JFET、MESFET 的非饱和特性相对于长沟理论的偏离主要表现为：饱和漏源电压减小、饱和漏电流减小以及饱和区跨导变低等，考虑了迁移率调制效应之后，短沟道器件特性的这些偏离都可得到解释。

现在实际应用的短沟道 MESFET 大部分是用 GaAs 制作的，特别是 GaAs N—MESFET 在微波及高速数字应用领域占有极其重要的位置，以下我们将集中注意在实际中大量使用的 $L=2\ \mu\text{m}$ 的 N—GaAs MESFET 中的迁移率调制效应。

GaAs 和 Si 的主要差别在于它们的迁移率模型，对 Si 器件的 v-E 关系采用双曲函数近似，如前面讨论过的，已获得了一系列有用的结果。实践证明，采用图 5.14 虚线所表示的 v-E 关系分段线性近似，对于沟道长度为 0.5～2.0μm 的 N—GaAs MESFET，将能比较精确地模拟其直流特性。

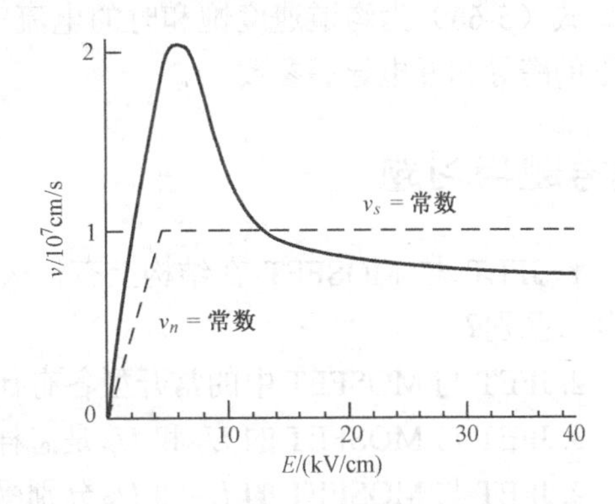

图 5.14　GaAs　MESFET v-E 关系分段线性近似

近似的 v-E 关系由两段直线组成，倾斜直线的斜率由依赖于沟道掺杂浓度的低场迁移率决定，水平直线段代表漂移速度饱和，饱和速度为 v_s。实验测出，L=1～2 μm 器件的 v_s 典型值大约为 1.2×10^7cm/s。L 减小到 0.5 μm 时，v_s 大约上升到 1.5×10^7cm/s。若用 E_{CS} 表示斜直线与水平直线交点的场强，则 $E_{CS}=v_s/\mu_n$，μ_n 为低场迁移率。

采用迁移率分段线性近似模型讨论非饱和区工作，意味着迁移率等于常数，肖克莱基本假定都成立，因而它的结果都适用于现在所讨论的器件，可以根据沟道饱和系数值 $K_v=(U_P/L)/(v_{si}/\mu_n)$ 的大小来判断漏极电流饱和的机构。例如，一典型短沟 N—GsAs MESFET 中 L=1 μm，α=0.2 μm，$N_D=2\times10^{16}\text{cm}^{-3}$，$\mu_n=5710\text{cm}^2$/（V・s），可得 K_V=2.6。

由此可见，漏极电流饱和的机构应当是速度饱和而不是夹断。沟道漏端场强上升到 E_{CS}

时载流子速度饱和，漏极电流从此开始进入饱和。上述典型器件为使沟道平均场强等于 E_{CS}，所需加的 U_{DS} 只有 0.21 V，而任意给定的 U_{GS} 之下的 U_{Dsat} 都要比这个值还低，所以非饱和区所覆盖的 U_{DS} 范围非常之小。

在饱和区认为栅耗尽区下沟道速度饱和，载流子都以同一速度漂移，对于 L=0.5～2 μm 的器件是一个比较精确的近似。设想 L=2 μm，只要外加 2 V 电压，沟道平均场强就达到了 10 kV/cm。从图 5.14 给出的 v—E 关系曲线看出，这足可以使漂移速度饱和。如果沟道更短或外加电压更高，沟道平均场强更高于 10 kV/cm。

5.5.2 短沟道 JFET 和 MESFET 的电流—电压方程

在沟道载流子漂移速度饱和并保持电中性条件下，漏极电流可以表示为

$$I_{DS} = qv_s N_D W(a - X_h') \tag{5-64}$$

方程（5-64）与 L<2 μm 的 GaAs MESFET 的测量结果比较相符，式中 X_h'代表栅耗尽区厚度。在耗尽区近似下，解泊松方程得出的肖特基势垒的电场、电势分布与单边突变 PN 结的结果相似，把 PN 结耗尽区厚度公式中的内建电势换成肖特基接触势垒高度，即可用于后者，基于这一考虑，X_h'表示式为

$$X_h'(y) = \left\{\frac{2\varepsilon_S\varepsilon_0}{qN_D}\left[U_{BB} - U_{GS} + U(y)\right]\right\}^{1/2} \tag{5-65}$$

式中 U_{BB} 为肖特基接触势垒高度。

沟道速度饱和意味着源端 y=0 时就已饱和，将 X_h'（0）代入式（5-65），可得

$$I_{DS} = q\upsilon_s N_D W \alpha\left[1 - \left(\frac{U_{BB} - U_{GS}}{U_P}\right)^{1/2}\right] \tag{5-66}$$

式（5-66）为沟道速度饱和时的电流—电压方程，由该方程可进一步获得迁移率调制效应下的跨导和漏电导等参数。

思考题与习题

1. JFET 与 MOSFET 在结构上有什么不同？为什么都叫场效应晶体管？两种“场效应”有什么区别？

2. JFET 与 MOSFET 中的常开型各有什么不同？

3. JFET 与 MOSFET 的 U_T 和 U_P 是怎样定义的？

4. JFET 与 MOSFET 的 U_T 和 U_P 分别受什么因素的影响？

5. 若 JFET 与 MOSFET 的几何参数和沟道厚度参数相同，则随着沟道掺杂浓度的增加，I_{DS} 各会发生什么变化？

6. 两个常开型 JFET 与 MOSFET 并联，U_{GS} 从小到大变化，则各自的 I_{DS} 如何变化？

7. 两个常关型 JFET 与 MOSFET 串联，U_{GS} 从小到大变化，各自的 I_{DS} 如何变化？串联接点输出电压如何变化？

8. 长度变短，JFET 与 MOSFET 的 g_m 和 g_d 将如何变化？

9. 对称栅硅 N-JFET 的沟道均匀掺杂，栅区重掺杂，结构及物理参数为：α=1 μm、L=10 μm、W=20 μm、N_D=5×10^{15} cm^{-3}、N_A=1×10^{19} cm^{-3}，计算下列参数：

（1）U_P及U_T。

（2）在两个工作点上：①U_{GS}=–2 V，U_{DS}=0.5 V；②U_{GS}=–2 V，U_{DS}=3 V。分别计算 I_D、g_m、g_d、C_{GS}及C_{GD}。

10. 对称栅 N-JFET 的上下栅分别引出，上栅区掺杂浓度为 N_{A1}，下栅区掺杂浓度为 N_{A2}，$N_{A1}\neq N_{A2}$，在肖克莱假定下推导下列表达式：

① U_P、U_T、I_D;

② U_{Dsat}及I_{Dsat};

③ g_m。

11. 对称栅增强型 N 沟 JFET 的沟道均匀掺杂，栅结为理想突变结，栅区掺杂浓度 N_A= 1×10^{19}cm^{-3}，为保证实现 U_T=0.3 V，U_{GS}=0 时 BU_{DS}=30 V，求最小沟道长度。

第6章　其他常用半导体器件

半导体器件种类繁多，但限于篇幅，不便在此一一讲述。因此，除了前面章节已经讨论的半导体器件外，本章仅对较为常用的另外几种器件进行简单的介绍。

本章主要讲述功率 MOS 场效应晶体管、IGBT、光电二极管及激光器件的结构、工作原理和特性参数。

6.1　功率 MOS 场效应晶体管

功率 MOS 场效应晶体管（Power MOSFET）也称为电力 MOSFET。作为功率器件，Power MOSFET 在结构设计、制造技术及特性方面与小功率的 MOSFET 有很多不同。

6.1.1　功率 MOS 场效应晶体管的基本结构

功率 MOS 场效应晶体管是三端器件，它是依据 MOSFET 的工作原理，通过加到栅极上的电压，控制沟道区的电场，以控制沟道区载流子的种类和数量，来实现大电流、高电压的导通和关断。同前述 MOSFET 一样，只有当功率 MOS 场效应晶体管栅极上的电压大于阈值电压时，衬底表面才会形成强反型的导电沟道的功率 MOSFET，此时称为增强型器件；否则就称为耗型器件。

功率 MOS 场效应晶体管通常都采用增强型（常关型）的结构，最基本的有三种结构：第一种是最早出现的 VVMOS 结构，第二种是 VDMOS 结构，第三种是 LDMOS 结构。

1. V 型槽功率 MOS 管

1975 年美国 siliconix 公司将 V 形槽腐蚀技术成功地移植到 MOS 场效应晶体管上，制造出功率 VVMOS 场效应晶体管，如图 6.1（a）所示，从而开创性地将 MOS 场效应晶体管推向强电领域。这种结构改变了传统 MOS 场效应晶体管中电流的流动方向，载流子不再是沿表面水平流动，而是垂直流向漏极。但这种结构的耐压和电流处理能力难以提高，且 V 形槽容易引起沾污，其后又将槽底由尖的 V 字形改为平底型的 U 字形，如图 6.1（b）所示，该器件耐压能达到 600 V 水平。但此种结构对槽的刻蚀工艺要求难度大，难以控制，目前此种结构已逐步被淘汰，被 VDMOS 结构所代替。

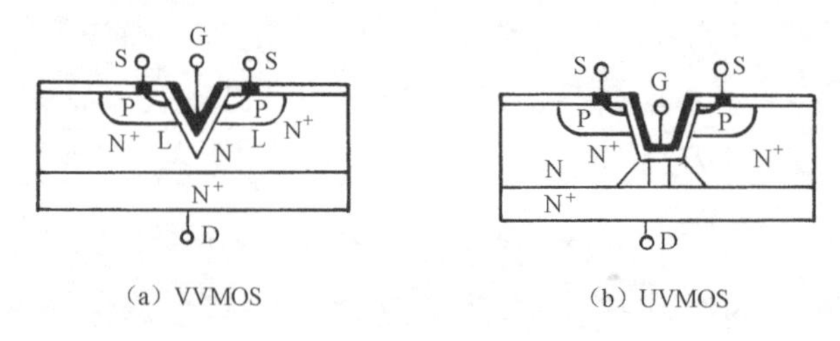

（a）VVMOS　　（b）UVMOS

图 6.1　VVMOS 基本单元结构

2. VDMOS 结构

所谓 VDMOS 结构，就是垂直导电的双扩散结构，如图 6.2 所示。VDMOS 与 VVMOS

不同，它不是利用 V 形槽形成导电沟道，而是利用两次扩散形成 P 型区和 N^+ 型区，在硅片表面处的结深之差形成沟道，电流在沟道内沿表面流动，然后垂直地被漏极收集。

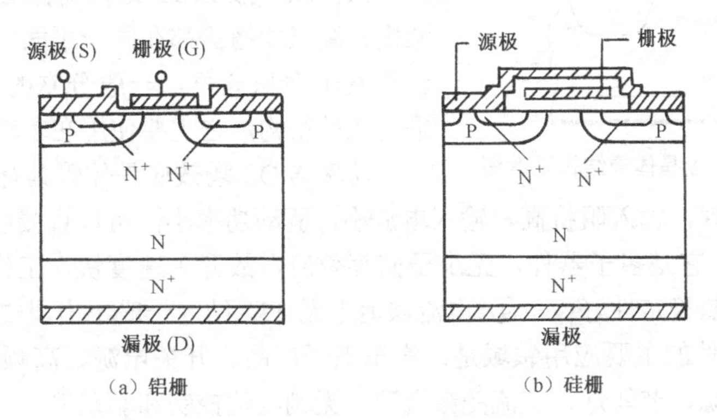

（a）铝栅　　（b）硅栅

图 6.2　VDMOS 基本单元结构

1973 年美国 IR 公司推出 VDMOS 结构，将器件耐压、导通电阻和电流处理能力提高到一个新水平，世界上许多功率器件公司先后进入 MOS 功率领域，推出了自己的产品。源的形状（基本单元）随之多样化，出现了三角形、正六边形、正方形及长方形等多种设计。

从栅极结构来看，主要有铝栅和硅栅两种，如图 6.2（a）和图 6.2（b）所示。在发展高压器件方面，还出现了台面栅结构，如图 6.3 所示。

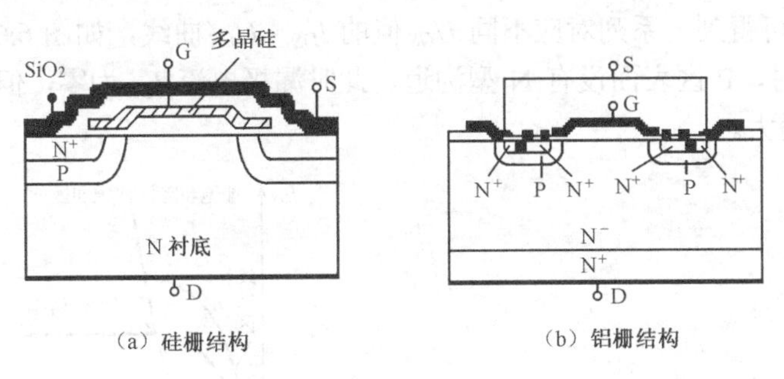

（a）硅栅结构　　（b）铝栅结构

图 6.3　台面栅 MOS 管

VDMOS 结构是功率 MOS 场效应器件的主要结构，它采用超大规模集成电路的精细工艺和 MOS 结构相结合，其中 HEXFET 就是一个典型代表，德国 SIEMENS（西门子）公司也推出了自己的结构，相应生产的 MOS 器件称为 SIPMOS，图 6.2（b）所示结构就是 SIPMOS 小单元的剖面图。

下面以 SIPMOS 为例说明各种工艺的相容性，它是以 NN^+ 材料作为衬底并在上面引出漏电极，外延层作为漂移区 N，栅电极由 N^- 多晶硅以网格形式构成，用 SiO_2 将栅与硅片及源电极隔离开，在栅网孔内是 P 阱，其内有 N^+ 源区，源金属覆盖除栅电极压焊区外的全部芯片表面，并在源接触孔内将源区与 P 区短接。

P 区和源区都是离子注入形成的，精确的离子注入可得到理想的杂质分布。采用多晶硅栅双层布线和分立的小单元结构，可使单元密度高达 1.2×10^5 个/平方英寸（每个小单元面积为 $73\times73=5.3\times10^3\mu m^2$）。分格结构不仅提高了单位面积的源周长（即沟道宽度），而且改善了芯片的电流分布，降低了导通电阻，分格结构是 VDMOS 场效应晶体管可简单并联的特点与超大规模集成电路技术相结合的成果。上述 VDMOS 结构的沟道与表面是平行的，为降低导通电阻，已发展了垂直沟道结构。

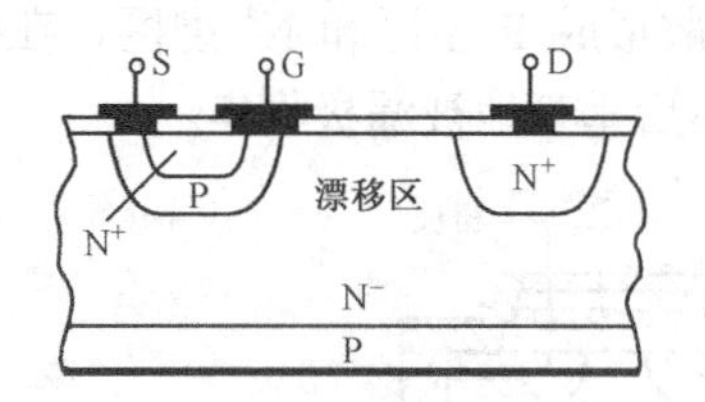

图 6.4　LDMOS 场效应晶体管结构示意图

3. LDMOS 结构

横向双扩散 MOS 结构简称 LDMOS 结构，它的源极、漏极和栅极都在同一平面上，如图 6.4 所示。由于发生面积竞争，一般分立的电力集成器件中不采用此种结构，它主要使用在功率集成电路上。

功率 MOS 场效应晶体管具有优良的电性能：① 它是电压控制型器件，输入阻抗高，输入电流小，驱动功率小，可以直接由 TTL 电路驱动，驱动电路简单；② 它是多子器件，无少子储存效应，故开关速度快，工作频率高；③ 具有负电流温度系数，热稳定性好；　④ 电流通道上无 PN 结，一般不出现二次击穿现象，安全工作区大。这种器件的主要应用领域是：汽车电子产品、开关电源、高频和超高频电源、不间断电源、逆变电源、节能灯、交流变频调速、无刷马达控制和驱动等。

6.1.2　功率 MOS 场效应晶体管电流–电压特性

1. 电流–电压方程建立

图 6.5 示出了一般功率 MOS 场效应晶体管的剖面图。功率 MOS 场效应晶体管的导电是靠栅电压 U_{GS} 超过 U_T 后，在栅区下的半导体表面出现反型层导电沟道，因此，在漏源之间加上电压 U_{DS}，源区中的电子可流向漏区，形成漏极电流。

若改变 U_{GS}，可得到一系列对应不同 U_{GS} 值的 I_{DS} –U_{DS} 曲线，如图 6.6 所示。栅电压 U_{GS} 低于阈值电压 U_T 时，P 区表面没有 N 型沟道。此时漏极电流 I_{DS} 为零，但此时 U_{DS} 大于击穿电压时，I_{DS} 急剧增大。

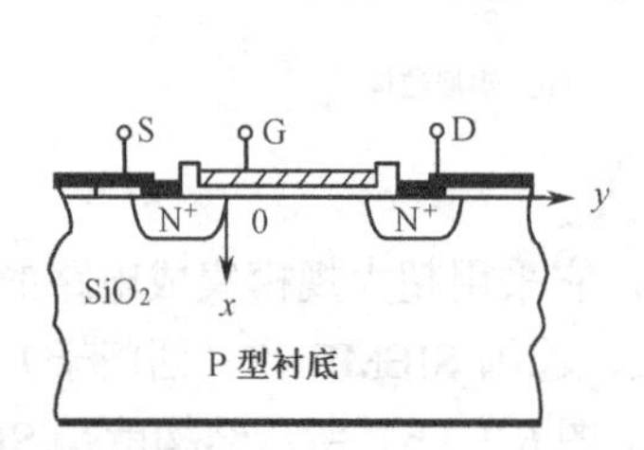

图 6.5　一般功率 MOS 结构的剖面图

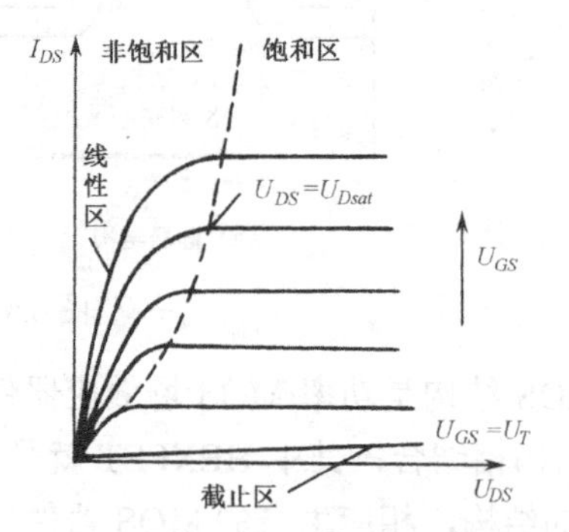

图 6.6　N 沟道 MOSFET 输出特性

当 U_{GS} 越过 U_T 后，P 区表面出现反型层，形成 N 沟道，沟道单位面积电子电荷近似为

$$Q_n = C_{OX}(U_{GS} - U_T) \tag{6-1}$$

式中，C_{OX} 代表单位面积的氧化层电容：

$$C_{OX} = \frac{\varepsilon_0 \varepsilon_{OX}}{t_{OX}} \tag{6-2}$$

其中 t_{OX} 和 ε_{OX} 分别为氧化层的厚度和介电系数。

对于理想的 MOS 结构，考虑渐变沟道近似，即沿沟道方向的电场比垂直沟道方向的电场小得多，选用如图 6.5 所示的功率 MOS 结构，沟道元横向 dy 长度上的电压降为

$$\mathrm{d}U = I_{DS}\mathrm{d}R = -\frac{I_{DS}\mathrm{d}y}{W\mu_{ns}Q_n(y)} \tag{6-3}$$

式中，I_{DS}与坐标 y 无关。由漏到源为I_{DS}的正方向，dR 为沟道元的电阻，则有

$$\mathrm{d}R = \frac{\mathrm{d}y}{W\mu_{ns}Q_n(y)} \tag{6-4}$$

式中，W 为沟道宽度，μ_{ns} 为电子的表面迁移率。以源为参考点，漏极加电压 U_{DS} 时，沟道中电位 U（y）随位置变化，单位面积电子电荷为

$$Q_n(y) = C_{OX}[U_{GS} - U_T - U(y)] \tag{6-5}$$

将式（6-5）代入式（6-3），并沿整个沟道长度 L 积分可得

$$\int_0^L I_{DS}\mathrm{d}y = -W\mu_{ns}C_{OX}\int_0^{U_{DS}}(U_{GS} - U_T - U)\mathrm{d}U \tag{6-6}$$

由于 I_{DS} 通过沟道保持不变，故得

$$I_{DS} = \frac{\mu_{ns}C_{OX}W}{2L}[2(U_{GS} - U_T)U_{DS} - U_{DS}^2] \tag{6-7}$$

此式为静态伏安特性的简化表达式。如果在式（6-5）中的反型电荷 Q_n 中还包括固定电荷 Q_B 及栅电荷 Q_G，那么便可得到精确完整的表达式，但是极为复杂。

由图 6.6 看到，功率 MOS 场效应晶体管的电流—电压特性也存在三个区：截止区、线性区及饱和区，下面根据式（6-7）分别对各区讨论。

2. 截止区电流–电压方程

当 $U_{GS} < U_T$ 时，由于此时栅压不足以在半导体表面形成任何沟道，因此 $I_{DS} \approx 0$，故称为截止区。

3. 线性区电流–电压方程和线性区沟道电阻

（1）线性区电流–电压方程

当 $U_{GS} > U_T$，$U_{DS} < U_{Dsat} = 0$ 时，功率 MOSFET 工作于线性区，若 $U_{DS} \ll U_{GS} - U_T$时，由式（6-7）得到线性区电流–电压方程为

$$I_{DS} \approx \mu_{ns}C_{OX}\frac{W}{L}(U_{GS} - U_T)U_{DS} \tag{6-8}$$

可见，当 U_{DS} 很小时，I_{DS} 与 U_{DS} 成线性关系，故称线性区或三极管区。当 U_{DS} 增加到和（$U_{GS} - U_T$）相比拟时，式（6-8）中的 U_{DS} 项不能略去，说明 I_{DS} 随 U_{DS} 的增加而增大的速度变慢，I_{DS}–U_{DS} 曲线逐渐趋于平坦。

（2）线性区沟道电阻

功率 MOS 场效应晶体管工作于线性区时，I_{DS} 与 U_{DS} 成线性关系，沟道电阻 R_{ch} 相当于一个可调的线性电阻，由式（6-8）得到 R_{ch} 为

$$R_{ch} = \frac{L}{W\mu_{ns}C_{OX}(U_{GS} - U_T)} \tag{6-9}$$

此式表明，在线性区，源与漏极的反型层是均匀展开的，U_{GS} 增加，沟道变厚，沟道电阻变小。

4. 饱和区电流–电压方程

当 $U_{DS} = U_{GS} - U_T$时，功率 MOS 场效应晶体管开始进入饱和区工作，这时的 U_{DS} 称为饱和漏电压 U_{Dsat}，即

$$U_{Dsat} = U_{GS} - U_T \tag{6-10}$$

将 U_{Dsat} 代入式（6-7）得到

$$I_{Dsat} = \frac{\mu_{ns} C_{OX}}{2} \frac{W}{L} (U_{GS} - U_T)^2 \tag{6-11}$$

当 $U_{DS}>U_{Dsat}$ 时，沟道末端出现耗尽区，耗尽区上压降为 $U_{DS}-U_{Dsat}$，而沟道中电场近似不变，故电流不变，达到饱和，故称为饱和区。饱和电流 I_{Dsat} 是一个重要的参量，它决定了沟道所能提供的最大电流。

在 VDMOS 中，沟道很短，有效漏极电压超过数伏时，沟通中电场可达到 10^4V/cm 数量级。这时沟道中电子发生速度饱和效应，沟道电流将受限于速度而与漏电压无关。此种机理的饱和电流为

$$I_{Dsat} = WC_{OX}(U_{GS} - U_T)v_S \tag{6-12}$$

其中饱和速度 v_s 之值可取为 6×10^{16} cm/s，式（6-12）可作为设计的参考。

6.1.3　功率 MOS 场效应晶体管的跨导和输出漏电导

1. 功率 MOS 场效应晶体管的跨导

功率 MOS 场效应晶体管是一种电压控制器件，一般用跨导来表征栅电压 U_{GS} 对 I_{DS} 的控制能力和功率放大性能，它定义为栅电压每变化 1 伏而引起漏极电流的变化量，以 g_m 表示。由式（6-7）微分得到

$$g_m = \frac{\partial I_{DS}}{\partial U_{GS}\big|_{U_{DS}=K}} = \mu_{ns} C_{OX} \frac{W}{L} U_{DS} \tag{6-13}$$

考虑到源的串联电阻（包括源区体电阻、欧姆接触和电极引线电阻）R_S 对栅电压 U_{GS} 的负反馈作用后，跨导为

$$g'_m = \frac{g_m}{1 + g_m R_S} \tag{6-14}$$

式中，g_m 为忽略串联电阻的跨导，可见，串联电阻 R_S 将使跨导减小（$1+g_mR_S$）倍。

在饱和区工作的功率 MOS 场效应晶体管的跨导 g_{ms}，根据定义得到

$$g_{ms} = \mu_{ns} C_{OX} \frac{W}{L} (U_{GS} - U_T) \tag{6-15}$$

可见，跨导（包括线性区的）除与漏电压 U_{DS}、栅极电压 U_{GS} 及阈值电压 U_T 有关外，还与栅的宽长比（$\frac{W}{L}$）、迁移率和氧化层电容 C_{OX} 有关。为了制造大跨导的 MOS 管，在图形设计时必须增大沟道宽长比（$\frac{W}{L}$），因为沟道长度调制效应显著，工艺上也难以精确控制，所以，主要是增大 W，减小 SiO_2 层厚度及增大氧化层电容 C_{OX}，但 SiO_2 膜太薄给工艺上带来困难，影响成品率。

2. 功率 MOS 场效应晶体管的输出漏电导

功率 MOS 场效应晶体管的输出漏电导定义为漏极电压变化 1 伏而引起漏极电流的变化量，当功率 MOS 场效应晶体管工作于线性区时，由线性区电流关系式可得输出漏电导 g_d，表示为

$$g_d = \frac{\partial I_{DS}}{\partial U_{DS}\big|_{U_{GS}=K}} \tag{6-16}$$

由式（6-8）微分得到

$$g_d = \frac{\partial I_{DS}}{\partial U_{DS}} = \frac{W}{L}\mu_{ns} C_{OX}(U_{GS} - U_T) \tag{6-17}$$

g_d表示输出特性曲线线性段的斜率，g_d的倒数表示器件的输出电阻。

6.1.4 功率 MOS 场效应晶体管的导通电阻

由于功率 MOS 场效应晶体管的结构与一般 MOS 场效应晶体管不同，前面所述功率 MOS 场效应晶体管沟道电阻，仅仅是功率 MOS 场效应晶体管漏源导通电阻的一部分。功率 MOS 场效应晶体管的导通电阻是管子工作在线性区时，电流路径上（漏源之间）的电阻，这是功率 MOS 场效应晶体管的一个重要参数，因为它决定了器件的最大电流定额。在一定的最大允许耗散功率的限制下，导通电阻是影响最大输出功率的最重要参量，功率 MOS 场效应晶体管在电流导通期间的耗散功率为

$$P_{DS} = I_{DS} U_{DS} = I_{DS}^2 R_{on} \tag{6-18}$$

假设硅片面积为 A，则有

$$\frac{P_{DS}}{A} = J_{DS}^2 R_{on,sp} \tag{6-19}$$

式中，(P_{DS}/A) 为单位面积耗散功率，J_{DS}为开态电流密度，$R_{on,sp}$为开态扩展电阻。

单位面积的最大耗散功率是由允许的最高结温和热阻来确定的，典型的功率封装在管壳下，单位面积的最大耗散功率为 100 W/cm^2。最大工作电流密度与导通扩展电阻的平方根成反比。场效应晶体管的导通电阻与结构有关，下面将分别讨论几种典型结构的导通电阻。

1. 功率 LDMOS 场效应晶体管的导通电阻

LDMOS 场效应晶体管的基本结构示于图 6.7 中。由于各区电阻性质不同，沿着电流路径可分为三个区域：区域①为增强型 MOS 场效应晶体管；区域②为耗尽型 MOS 场效应晶体管与一个电阻 R_l 并联。R_l 表示一部分电流不经过或不完全经过表面积累层，而是经过积累层下面的区域流向③区的。区域③为表面积累层末端至 N$^+$ 漏区间的区域，图中 L' 表示③区的长度，L 表示沟道长度。

以 R_2 表示表面积累层末端至 N$^+$ 漏区的等效电阻，由此可写出导通电阻表达式

$$R_{on} = R_{cn} + (R_{de}^{-1} + R_1^{-1})^{-1} + R_2 \tag{6-20}$$

式中，R_{cn}、R_{de} 分别表示增强型和耗尽型 MOS 场效应晶体管在线性区时漏源间的等效直流电阻，R_{cn} 的计算可由式（6-9）给出，即

$$R_{cn} = \frac{L}{W\mu_{ns} C_{OX}(U_{GS} - U_T)}, \quad U_{DS} \ll (U_{GS} - U_T) \tag{6-21}$$

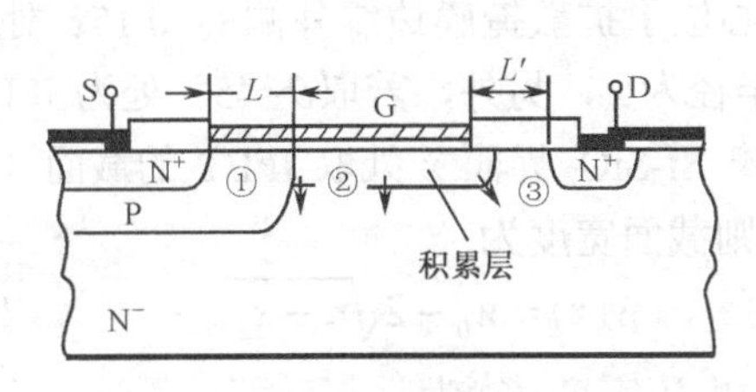

图 6.7 LDMOS 场效应晶体管导通电阻示意图

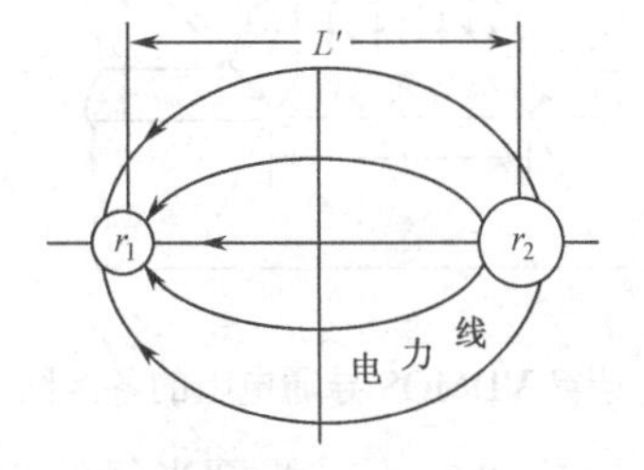

图 6.8 导通电阻用两个圆柱体间的电流模拟

R_2 是一个扩展电阻，很难精确计算，可用简化模型来模拟：电子流由积累层末端从截面半径为 r_1 的圆柱体中流出，经过区域③，流入截面半径为 r_2 的圆柱状 N^+ 漏区，由图 6.8 看出，这个问题类似于静电平面上的电荷问题，按照这个模型，很容易算出区域③的有效电阻 R_2 为

$$R_2 = \frac{\rho}{\pi W}\left[\ln\left(\frac{L'-r_1}{r^2}\right)+\ln\left(\frac{L'-r_2}{r^2}\right)\right] \tag{6-22}$$

式中，ρ为 N^- 漂移区电阻率，W 为总栅宽，r_1 和 r_2 如图 6.8 所示，由经验确定。对于高压功率器件，栅电极和薄栅氧化层区域延伸于 N^- 区表面上的距离较之 N^- 区总宽度小得多，因此作为近似可以忽略 R_{de} 的作用，把 R_1 与 R_2 合在一起

$$\begin{aligned} R_{on} &= R_{cn} + (R_1 + R_2) \\ &= \frac{L}{C_{OX}\mu_{ns}W(U_{GS}-U_T)} + \frac{\rho}{\pi W}\left[\ln\left(\frac{L'-r_1}{r_1}\right)+\ln\left(\frac{L'-r_2}{r_2}\right)\right] \end{aligned} \tag{6-23}$$

式中，L' 应取整个 N^- 漂移区的宽度。如图 6.7 所示。由式（6-23）可知 R_{on} 与沟道长度和 N^- 漂移区电阻率有关，减小沟道长度 L 和 N^- 漂移区电阻率ρ 是减小 R_{on} 的主要途径。

2. VDMOS 场效应晶体管的导通电阻

VDMOS 场效应晶体管的基本结构如图 6.2 所示。栅极延伸超过沟道覆盖到 N^-漂移区，使漂移区变成积累层，在高正栅偏压下甚至会变成 N^+，从电流路径看，可以划分为四个区（见图 6.9）：区域①为沟道区，等效为增强型 MOS 场效应晶体管；区域②为受栅压控制的表面积累层，等效为耗尽型 MOS 场效应晶体管；区域③为漂移区欧姆电阻，可等效为 JFET；区域④为半导体欧姆电阻。此外，电子流不仅沿表面积累层流动，同时也沿积累层下面的 N^- 区横向流动，使电流路径展开，一般此部分电阻可忽略，因此

$$R_{on} = \mathrm{R}_{en} + R_{de} + R_{JFET} + R_4 \tag{6-24}$$

式中，R_{en} 的计算由式（6-21）导出。

R_{de} 的计算实际与 R_{cn} 相同，只不过 U_T 的数值不同。在 VDMOS 场效应晶体管中，电子流并非全部走完 L' 这段路程才转向垂直方向，而是有一个分布效应。因此，这部分电阻可考虑为耗尽型 MOS 场效应晶体管整个电阻的 1/3，即

$$R_{de} = \frac{1}{3}\frac{L'}{C_{OX}\mu_{nD}W(U_{GS}-U_T)} \tag{6-25}$$

式中，L' 为耗尽型 MOS 场效应晶体管的沟道长度，μ_{nD} 为积累层电子迁移率。R_{JFET} 是一个变截面导体的电阻，在线性区工作的 JFET，因 PN 结耗尽层宽度 X_d 很小，可以忽略。此时若侧向扩散距离略小于结深，可以把 P 区的边界近似看成圆的一部分，其圆心位于扩散掩膜边缘外侧的 $0.15x_j$ 处（见图 6.9），其半径为 x_j，另外，若取θ=45° 处为 JFET 的末端，在距离 Si-SiO$_2$ 界面 x 处取 JFET 的截面（垂直于 x 方向），则截面宽度为

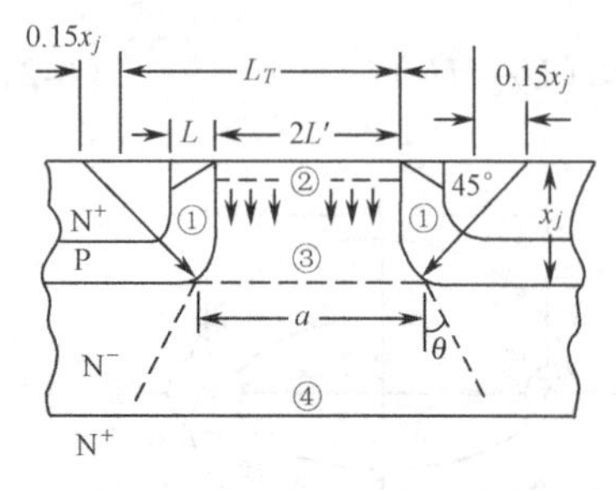

图 6.9　计算 VDMOS 导通电阻的各区图

$$w(x) = w_0 - 2\sqrt{r_2 - x_2} \tag{6-26}$$

式中，w_0=L_T+0.3 x_j，r 为圆半径(=x_j)。通过截面的电流密度 $J(x)$为

$$J(x)=\frac{I}{Ww(x)}=\frac{1}{\rho}\frac{\mathrm{d}U}{\mathrm{d}x} \tag{6-27}$$

因此

$$R_{JFET}=\int_0^U\frac{\mathrm{d}U}{I}=\frac{\rho}{W}\int_0^{x_A}\frac{\mathrm{d}x}{w_0-2\sqrt{x_j^2-x^2}} \tag{6-28}$$

积分上限 x_A 为θ=45° 相对应的 x 值，若把 x 轴原点取在 Si-SiO$_2$ 界面处，式（6-27）化为极坐标积分得到

$$R_{JFET}=\frac{2\rho}{W}\left[\frac{1}{\sqrt{1-(2X_j/w_0)^2}}\mathrm{tg}^{-1}\left(0.414\sqrt{\frac{w_0+2X_j}{w_0-2X_j}}-\frac{\pi}{8}\right)\right] \tag{6-29}$$

R_4 的计算比较复杂，因为电子流逐渐散开，电流密度在变化，依照扩展理论 R_4 为

$$R_4=\frac{\rho}{W}\frac{1}{\mathrm{tg}\alpha}\ln\left(1+2\frac{h}{a}\mathrm{tg}\alpha\right) \tag{6-30}$$

式中，α 角度取值为 $\alpha=28^o-\frac{h}{a}$（$h\geqslant a$）或 $\alpha=28^o-\frac{a}{h}$（$h>a$）。

图 6.10 显示理论计算结果与实验结果符合得较好。在 $U_{GS}-U_T$ 较低时，由于表面积累层电导太小，不能有效地把沟道末端流出的电子流展开，从而导致理论值与实测值偏离较大，从图中看到，对于高压器件（N$^-$ 区电阻率较高），在 U_{GS} 不是太小时，R_{on} 与 U_{GS} 基本无关。因为 R_{en} 和 R_d 在 R_{on} 中所占比例甚小，故近似有

$$R_{on}\approx R_{JFET}+R_4 \tag{6-31}$$

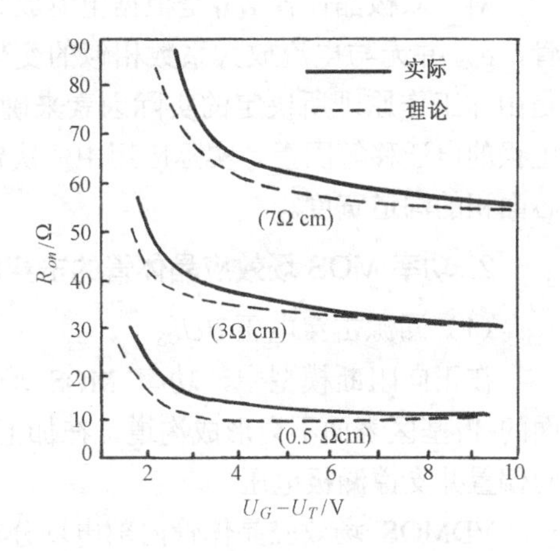

图 6.10　显示理论计算与实验

VDMOS 场效应晶体管的 R_{on} 与掩蔽宽度 L_T 有密切关系，当 W 一定时，R_{on} 随 L_T 的增大而减小。管芯面积一定时，L_T 的增加必然使 W 减小，R_{on} 增加。因此，L_T 存在一个最佳值，在高压 MOS 场效应晶体管中，确定好 L_T 的值对减小 R_{on} 是极其重要的。

在一定的 MOS 管面积内获得最低的导通电阻，是功率 MOS 场效应晶体管版图设计的一个主要的出发点。对于 VDMOS，一般情况下，栅扩散区（N 沟 MOS 管的 P 型区）之间的垂直电流通道区的电阻是 R_{on} 的主要部分。表面积越大，R_{on} 越小，而栅扩散（包括源扩散区）所占面积对减小 R_{on} 无贡献。因此，若把整个管芯表面分成许多元胞，则每个元胞中漏极电流通道区面积 A_{ch} 在元胞总面积 A_{eell} 中所占的百分比 A_{ch}/A_{eell} 决定了一个管芯面积。一定情况下的 R_{on} 大小，表明功率 MOS 器件版图设计合理性的一个主要指标。

功率 MOS 管元胞的表面结构设计有许多种形式，有矩形扩散窗口，矩形元胞；圆形扩散窗口，矩形元胞；六角形扩散窗口，矩形元胞；矩形扩散窗口，六角形元胞；圆形扩散窗口，六角形元胞；六角形扩散窗口，六角形元胞等，其中六角形元胞和矩形元胞最常用。其 A_{ch}/A_{eell} 比值也较大，相对导通电阻较小。

对于功率 MOS 器件，保证足够高的漏源击穿电压 BU_{DS} 是必要的，但高的漏源击穿电压要有高电阻率外延层，这会使功率 MOS 器件的导通电阻增加。漏源击穿电压 BU_{DS} 和低的导

通电阻应该适当统一考虑。

6.1.5 极限参数

1. 最大输出功率与最大漏极电流

功率 MOS 场效应晶体管上的最大能够加的电压是低于漏-源击穿电压 BU_{DS} 的，在饱和条件下工作时最大电压的幅值为（$BU_{DS}-U_{Dsat}$），而 U_{Dsat} 为最大漏极电流 I_{Dsat} 时的饱和电压。因此，器件的输出功率可表示为

$$P_{OUT}=I_{Dmax}(BU_{DS}-U_{Dsat}) \tag{6-32}$$

另一方面，功率 MOS 场效应晶体管的输出功率还要受到沟道温度的限制。由于功率 MOS 场效应晶体管是表面器件，较之双极器件对表面更为敏感。一般规定沟道的最高温度 T_{chmax} 为 175℃或 150℃。功率 MOS 场效应晶体管的沟道温度限定之后，其内部允许耗散的最大功率 P_{Dmax} 便由热阻决定。换言之，器件的结构和安装条件确定后（热阻便定了），P_{Dmax} 也就随之确定了，因而输出功率也就被限定了。提高 P_{Dmax} 的途径是减小热阻，采用高效率的散热器也是减小热阻的有效措施。

对于双极晶体管 I_{CM} 是根据电流放大系数下降程度来规定的。对于功率 MOS 场效应晶体管，g_{ms} 并无与电流放大系数相似的变化，也就不存在类似意义的最大电流限制。通常 I_{Dmax} 是由非工作原理所决定的实际因素来确定的，如内引线的熔断电流，压焊点的面积，金属化电极的电迁移等因素。实际应用中，决定 I_{Dmax} 的主要因素是器件的沟道宽度，即增加单位管芯面积的沟道宽度。

2. 功率 MOS 场效应晶体管的击穿电压

（1）漏源击穿电压 BU_{DS}

在正向阻断模型中，功率 MOS 场效应晶体管的栅极与源极在外电路短接，因而栅极下面的 P 基区表面不会形成沟道，在加上正向漏源电压时，基区和漂移区构成的 PN 结变成反向偏置并支撑漏极电压。

VDMOS 场效应晶体管内部电场分布是一个典型的 $P^+N^-N^+$ 二极管情形，若耗尽层边线达到 N^+ 衬底时，最大电场恰好达到临界电场，则此时电压 BU_{DS} 是击穿电压 U_{BR}，近似的有

$$U_{BR}=5.34\times10^{13}N_D^{-3/4} \tag{6-33}$$

由 U_{BR} 及 N_D 可确定这时的外延层 N 区厚度。要使漏源击穿电压接近体内击穿电压，必须解决好外延层掺杂的均匀性，并采取有关终端技术。为了保证表面不被击穿，在器件所有单元的最外圈上要采用一定的终端技术。若 PN^-N^+ 为穿通性结构，漏源击穿电压 BU_{DS} 应按穿通电压计算。

（2）栅击穿电压 BU_{GS}

在功率 MOS 场效应晶体管中，栅和衬底之间隔着一层氧化膜，如果栅源电压过高，栅绝缘层会发生介电击穿。栅击穿造成栅极和氧化层下面的硅短路，从而产生永久性破坏。所以在应用功率 MOS 场效应晶体管时，栅极上不能加过高的电压。结构完整的 SiO_2 发生击穿所需的临界电场强度为 $E_{MAX}=8\times10^6$ V/cm，厚度为 t_{OX} 的 SiO_2 层的击穿电压为

$$BU_{GS}=E_{MAX}\cdot t_{ox} \tag{6-34}$$

因此，在氧化层厚度为 t_{OX}=1500 Å 时，BU_{GS} =120 V。热生长二氧化硅的介电强度高达 5×10^8

V/cm 左右，因而击穿电压较高，一般不会构成威胁。

热生长的二氧化硅的击穿电压不仅与厚度有关，还与衬底掺杂浓度、温度有关。因为功率 MOS 结构电容的绝缘电阻非常高，储存在栅极上的电荷不易被泄放，加之电容量又小，储存较少的电荷便会产生很高的电压，致使氧化层击穿，所以实际的栅极击穿电压并不高。

6.2　绝缘栅双极晶体管（IGBT）

绝缘栅晶体管（Insulaled Gate Transistor，缩写为 IGT），通常又称为绝缘栅双极晶体管，以 IGBT 表示。这种器件是由 VDMOS 场效应晶体管派生而来的，是当前功率集成器件的主要发展方向之一。它将 MOS 场效应晶体管的优点（小的控制功率、高的开关速度）和双极晶体管的优点（大的电流处理能力和低的饱和压降）集中于一身，呈现出更为优良的性能。由于器件存在双极模式导电机理，因而又称为电导调制场效应晶体管，并用 COMFET（Conductivity Modulated FET）表示。

6.2.1　基本结构与特性

IGBT 器件之所以具有优良的特性，与它的特殊的器件结构分不开。其基本结构如图 6.11 所示。从直观上看，它与图 6.2 所示 VDMOS 场效应晶体管的结构极其相似，但两者之间却存在根本的差别，这就是衬底的类型不同。IGBT 的衬底是将 P^+ 取代 VDMOS 场效应晶体管的 N^+ 衬底，从而在 IGBT 的衬底与高阻区之间引入了 P^+N^- 结，使得器件的工作机理不同于 VDMOS 场效应晶体管。

1. 基本结构

1982 年美国 RCA 公司和 GE 公司首先试制成功了 IGBT，当时的容量为 500 V/20 A。其基本结构如图 6.11 所示，其纵向结构为 PNPN 结构，类似于 MOS 晶闸管，也相当于一个 VDMOS 与 PN 二极管串联。横向结构与 VDMOS 结构没有区别，电流也是垂直方向流动的，它是靠双极载流子进行工作的器件，通态压降低，电流大，击穿电压高是其主要特点。

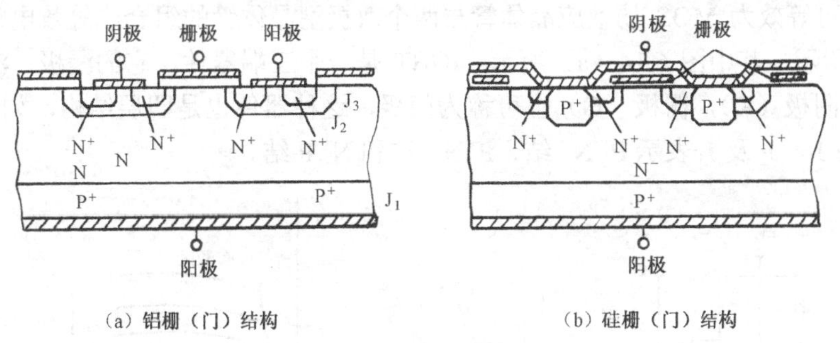

(a) 铝栅（门）结构　　(b) 硅栅（门）结构

图 6.11　IGBT 的基本结构

然而，IGBT 真正的应用还是 1986 年的事，这是因为早期的 IGBT 还存在着两个主要的问题：① 由于 IGBT 内部寄生了四层 PNPN 晶闸管结构，使得器件可能产生擎住效应，从而导致栅失去控制能力，因此限制了 IGBT 的应用；② 由于 N^- 漂移区存在非平衡载流子的注入，使得在关断时有一个较长的拖尾电流，影响了器件的开关速度，为解决这些问题，从结构上采取了一系列的办法。

为解决耐压和正向特性之间的矛盾，在 IGBT 结构中加入 N^+ 层缓冲层，如图 6.12 所示，缓冲层可以提高正向阻断电压，降低通态电压降，并可缩短下降时间。

擎住现象是 IGBT 的一个致命弱点，提高擎住电流是 IGBT 实用化的关键问题，为抑制擎住效应，目前已研究出许多技术，归纳起来有以下几方面：① 发射极短路；② P 阱区分两步扩散；③ 控制 N^- 漂移区的少子寿命；④ 加缓冲层 N^+；⑤ 选择合理的元胞结构。

为解决在关断期间 N^- 漂移区中过剩载流子的抽出、复合引起拖尾电流，使关断时间较长的问题，一方面采用电子辐照、质子辐照等在 N^- 漂移中引入复合中心，增加复合，降低少子寿命；另一方面可采取减薄 N^- 区宽度，增设 N^+ 缓冲层，降低发射效率，减小注入非平衡载流子的数量；再者从结构上考虑，采用阳极发射结短路结构（见图 6.13），帮助抽出电荷等作用，采用这些措施后，电导调制效应要受到削弱，因此，在关断速度与正向导通特性之间存在着折中关系。

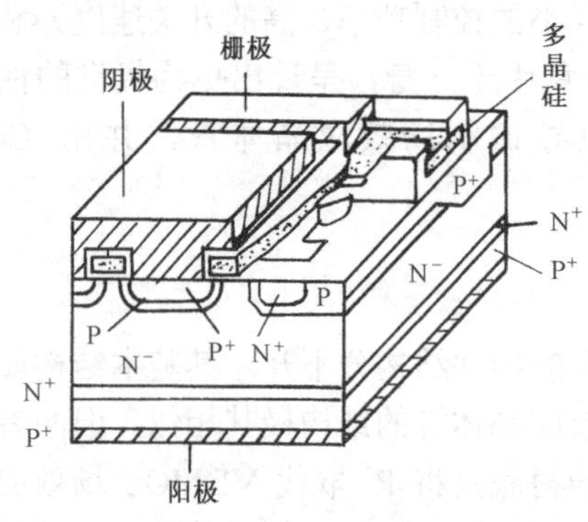

图 6.12　具有缓冲层的非对称 IGBT 结构

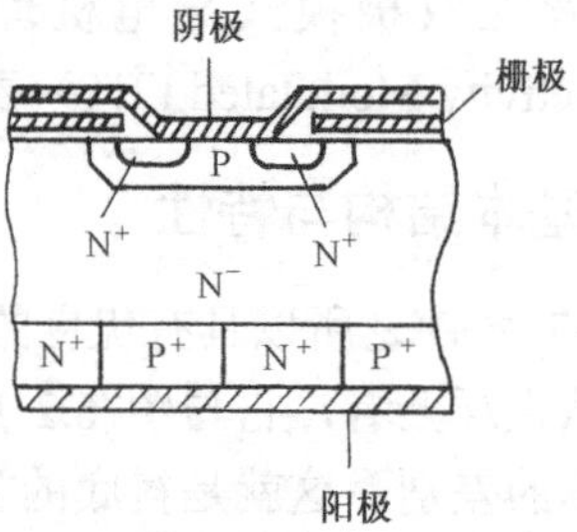

图 6.13　阳极发射极短路结构的 IGBT

采用了上述抗擎住效应的各种技术的合理组合后，现已制造出不进入擎住的 IGBT，这种器件已成功地应用于交流电机的控制而不需要吸收电路。目前，比外延工艺优越的硅片直接键合技术（SDB）用于 IGBT 的制造，做出了 1800V 和 1700V，25A 非擎住 IGBT 器件。

2. 基本特性

IGBT 通常采用 CMOS 工艺制成，通过 N^+ 以及 P 阱区两次扩散或注入自对准形成沟道。IGBT 的结构可等效为 MOS 场效应晶体管与两个双极型晶体管的组合，等效电路及其特性曲线如图 6.14 所示，其中图 6.14（a）所示：IGBT 是一个三端器件，它的漏极、源极分别称为阳极（A）和阴极（K），栅极（G）也可称为门极，这种器件也是四层结构，如图 6.11（a）所示，故可用 J_1、J_2 及 J_3 表示 P^+N^- 结、P^-N^- 结和 N^+P 结。

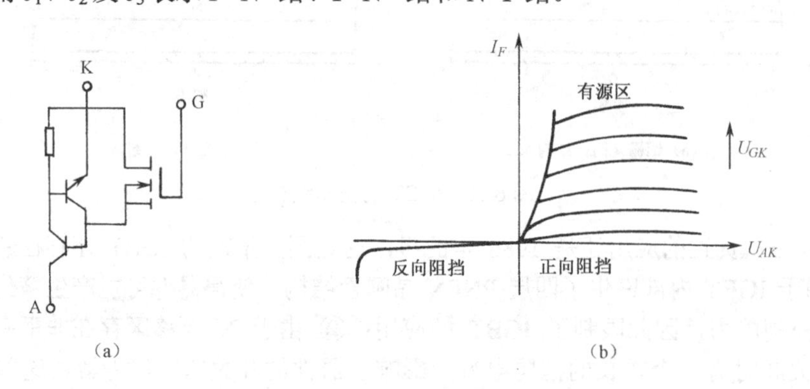

图 6.14　IGBT 等效电路及其特性曲线

当阳极（A）相对阴极（K）加负的电压时，J_1 结反向偏置起阻断电流的作用。器件呈现反向阻断状态。当施加正向电压时（U_{AK}>0），在 U_{GK}<U_T 条件下，因 J_2 结反偏而阻断电流，所以器件呈现正向阻断状态。如果在 U_{AK}>0 的同时，U_{GK}>U_T，则电子将从 N^+发射区通过沟道进入漂移区，触发器件进入导通状态。在正向导通状态，正偏的 J_1 结 P^+ 区向 N 区注入空穴，随着正偏压的增加，达到大注入水平，器件在此区域工作，类似于正偏的 PiN 二极管，它可以工作在很高的电流密度下，并能承受高的阻断电压。另一方面，如果 MOS 部分表面反型层（沟道）的电导率较低，那么这个区域将产生显著的电压降，如普通 MOS 场效应晶体管中观察到的那样，正向电流将饱和，器件工作在有源区，如图 6.14（b）所示。

IGBT 作为功率开关应用，不但保留了 MOS 场效应晶体管的优点，同时还吸取了双极型器件的特点，因而可将它看作一种具有 MOS 场效应晶体管输入特性，双极型器件输出特性的功率器件。它的特点可以通过与 VDMOS 场效应晶体管和双极型晶体管相比较来体现。

3. IGBT、VDMOS 和 BJT 的比较

图 6.15 示出了 IGBT、VDMOS 和 BJT 的基本结构。图 6.15（a）为 NPN 型双极晶体管 GTR，由 P 区注入 N^- 区空穴（少子），在该区产生电导调制作用，使通态电压下降，但注入的少子引起剩余电荷，使关断时间变长；图 6.15（b）为 VDMOS 场效应晶体管 MOSFET，当 U_{GS}>U_T 时，电子从源极→沟道→N^- 区→漏极；图 6.15（c）为 IGBT，当栅极上加正电位时，栅极下的 P 区表面反型形成沟道，电子从 N^+ 通过沟道流入 N^- 层，此时，P^+ 层向 N^- 层注入空穴（少子）产生电导调制作用，使 N^+ 区的电阻下降，导致器件通态电压降低。

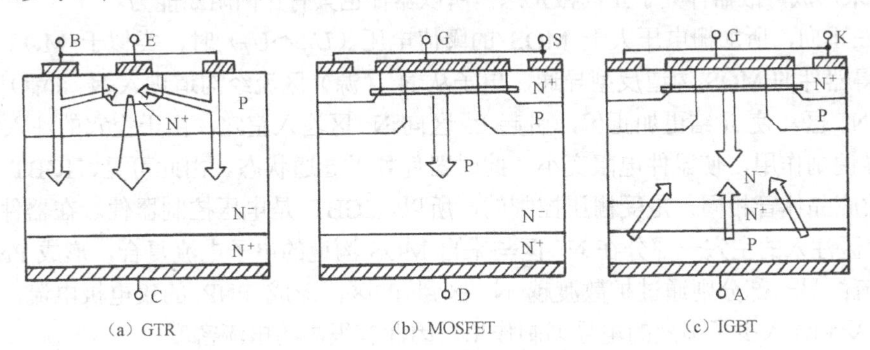

图 6.15　GTR、MOSFET 和 IGBT 结构比较

在 IGBT 中存在双电流通径，从而提高了单位面积的电流处理能力。因此，与同样耐压水平的 VDMOS 场效应晶体管和 BJT 比较，IGBT 的电流密度是电流增益为 10 的 BJT 的 5 倍，是功率 MOS 场效应晶体管的 20 倍。

IGBT 器件内部含有 MOS 场效应晶体管和 BJT 两种电流成分，温度变化引起它们各自的变化也不相同，两者对温度的变化有补偿作用。这一特点可使 IGBT 特别适用于在某些特殊的环境温度下工作。同 BJT 相比较，IGBT 适宜作为高频开关。表 6.1 给出了 IGBT、MOSFET 及 GTR 的特性比较。

表 6.1　GTR、MOSFET、IGBT 的特性比较

开关器件	GTR	MOSFET	IGBT
驱动方式	电流	电压	电压
开关速度	1～5μs	0.1～0.5μs	0.5～1μs
储存时间	5～20μs	无	几乎无

续表

高压化	容　易	难	容易
大电流化	容　易	难	容易
高速化	难	容易	容易
短路 SOA	宽	宽	窄
并联难易	容易	容易	容易
其　他	由二次击穿限制 SOA	无二次击穿现象	由擎住现象限制 SOA

6.2.2 工作原理与器件物理分析

IGBT 有纵向型和横向型两类，其工作原理是一样的，下面以纵向结构为例进行分析。

1. 工作原理

IGBT 在正、反向上都具有阻断能力，但它是电压控制器件，还是具有自关断能力的 MOS 双极复合型电力电子器件。当器件阳极与阴极加上反向电压，即 $U_{AK}<0$ 时，J_1 结反偏，无论器件栅极加电压与否，器件都无电流流过，处于截止态，因而具有反向阻断能力，I-V 特性见图 6.14（b）。当阳极相对阴极加正电压，即 $U_{AK}>0$，同时 $U_{GK}=0$ 或 $U_{GK}<U_T$ 时，J_2 结反偏，而 MOS 沟道未形成，故器件处于正向截止态，所以器件也具有正向阻断能力。

如果在正向，所加栅电压大于 MOS 的阈值电压（$U_{GK}>U_T$）时，类似于 MOS 器件，此时栅压使得器件的 MOS 沟道反型导通，电子从 N^+（源）区流经沟道进入 N^-（漏）区，并垂直地流过 N^- 区，使 J_I 结更加正偏，引起 P^+ 区向 N^- 区注入空穴。由于空穴的注入增强了 N^- 区的电导调制作用，使器件电阻变小，此时器件处于导通状态。由此可见，IGBT 的导通与 MOS 场效应晶体管相同，是受栅压控制的，所以，IGBT 是电压控制器件。在器件导通过程中，由 P^+ 区注入的空穴一部分在 N^- 区与来自 MOS 沟道的电子电流复合，形成 PNP 晶体管的基极电流；另一部分则通过扩散渡越 N^- 区到 P 区，形成 PNP 的集电极电流，在导通期间，N^- 区受到注入少子强烈的电导调制作用，因此有很高的电流密度。

对于 IGBT 的关断，同样受栅压控制，要使 IGBT 器件关断，只需将器件的阳极与阴极短路或使栅压低于阈值电压 $U_{GK}<U_T$，即能实现器件的自关断。

在没有栅偏压或 $U_{GK}<U_T$ 的情况下，栅极下面的 P 基区表面的反型层就不能维持，沟道开始消失从而切断了进入 N^- 基区电子的来源，开始关断过程。在导通期间，N 基区注入很高的少数载流子，所以关断不能突然发生，而要经历一个过程，通常用少子寿命确定的特征时间常数来代替阳极电流的衰减变化程度。

因为 IGBT 中包含一个由阳极与阴极之间寄生的 $P^+N^-PN^+$晶闸管结构，如果这个寄生的晶闸管被擎住，此时 IGBT 中 MOS 栅的控制失去作用，器件也不能自关断，因此在 IGBT 中必须抑制晶闸管作用，防止它被擎住。抑制晶闸管作用的关键是，防止在工作期间 N^+ 发射区向 P 基区注入电子，这可通过设计成窄的 N^+ 发射区和保持低的 P 基区薄层电阻等方法来实现。

2. 反向阻断能力

IGBT 的反向阻断能力是由 J_1 结来承担的，在反向电压作用下，反偏 J_1 结耗尽层的扩展主要在轻掺杂的 N 基区一侧，由此，反向阻断的击穿电压是由基极开路晶体管（P^+N^-P）所决定，若 N 基区掺杂太低，那么是容易发生穿通击穿的。

为了获得要求的反向阻断能力，实际是要求 N 基区电阻率和厚度最佳化。一般情况下，N 基区宽度 $2d$ 的选择原则是，基区宽度等于最大工作电压时耗尽层的展宽加上一个扩散长度，由于随着基区宽度的增加正向压降增大，所以在保证击穿电压的前提下应使 N 基区宽度窄些为最佳。当阻断电压（U_{RRM}）增加时，N 基区宽度也要随之增加：

$$2d \approx (\frac{2\varepsilon_0\varepsilon_S U_{RRM}}{qN_D})^{1/2} + L_P \tag{6-35}$$

式中，$2d$ 为 N 基区宽度，U_{RRM} 为最大阻断电压，L_P 为少子（N 沟道器件为空穴）扩散长度，N_D 是 N 基区掺杂浓度。N 基区阻断电压很高，耗尽层展宽比扩散长度大很多，因而 N 基区宽度近似随阻断电压的平方根增加而增大。

反向阻断容量还和反向阻断结 J_1 的终端方法有关。在典型的 IGBT 中，基区宽度大约在 100 μm 范围内，通常使用厚的 P^+ 衬底上外延生长 N 型层，将 J_1 结（P^+N）延伸到整个硅片，当作成分立器件，这时就必然要切割反向阻断结和进行表面钝化来保证反向阻断的能力，根据表面造型技术，可对 J_1 结使用正斜角以减小表面电场，工艺可采用 V 型刀片锯割硅片，接着用化学刻蚀和表面钝化以抑制表面漏电流的方法来实现。

3. 正向阻断容量

IGBT 工作于正向时，阳极相对阴极加正向电压，此时 J_2 结（见图 6.11（a））为反偏，起阻断正向电流的作用。工作在正向阻断模型时，栅极必须与阴极短接以防止在栅极下面形成反型沟道，在 IGBT 施加正向电压情况下，J_3 结变成反偏，耗尽层将向两边扩展，因而击穿电压会受到与 J_1 结发生穿通击穿的限制。

另一方面，J_2 结的 P 型层，既要受到 P 区耗尽层穿通到 J_3 结（N^+ 发射区）的限制，同时还要考虑 P 型层靠近表面部分的掺杂剖面，因为它会影响到 MOS 沟道的阈值电压 U_T，因此，P 基区掺杂断面及其深度，必须与沟道长度、阈值电压等方面因素一起考虑。

除了 P 基区掺杂断面外，DMOS 元胞之间的间距也会对正向阻断容量有影响，随着 DMOS 元胞间距的增加，由于耗尽层弯曲在 P 基区边缘电场集中，从而导致击穿电压减小。

在相同的击穿电压下，IGBT 的 N 基区掺杂水平可比功率 MOS 场效应晶体管低，因此，在 IGBT 结构中允许 DMOS 场效应晶体管元胞距离大一些，除上述考虑外，还必须考虑防止与 J_1 结发生穿通，为防止穿通，N 基区宽度设计可按两种情况考虑。

器件在交流电路中使用时要求正向和反向阻断电压基本相等，这种器件称为对称型，此种情况可按式（6-35）考虑设计承受反向耐压的 N 基区宽度。

还存在另一种情况，即在许多直流电路中，使用功率 MOS 场效应晶体管和双极型晶体管，此时 IGBT 不需要承受反向电压，这样就可以考虑设计成非对称结构。在给定的正向阻断能力下，器件结构可以达到最佳的导通特性而不考虑反向阻断能力。非对称结构的掺杂断面、电场分布以及与对称型结构的比较示于图 6.16 中，在非对称结构中，采用 N^- 层和 N^+ 层来代替对称型 IGBT 结构中的均匀 N 基区。假定击穿临界电场与 N 基区掺杂水平和掺杂很低的 N 基区无关，电场分布将从对称型 IGBT 的三角形分布变化到非对称型的矩形分布。无缓冲层 N^+ 时，其击穿电压为

$$U_{BR} = 5.34\times10^{13} N_B^{-3/4} \tag{6-36}$$

对于有缓冲层的情形，电场分布是梯形，击穿电压由图 6.16 算出为

$$U_{BR}=\left[\frac{2qN_{N^-}W_{N^-}^2\ 5.34\times10^{13}N_B^{-3/4}}{\varepsilon_0\varepsilon_S}\right]^{1/2}-\frac{qW_{N^-}^2}{2\varepsilon_0\varepsilon_S}N_{N^-} \tag{6-37}$$

式中，W_{N^-}及N_{N^-}是N型外延基区厚度及掺杂浓度。

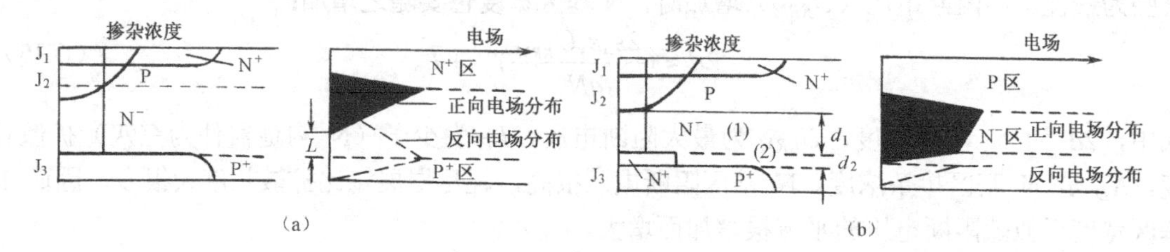

图6.16　IGBT的掺杂断面和电场分布

在相同的掺杂浓度下，PN结的击穿电压是无缓冲层的，重要的是实际应用时的阻断电压U_{AK}，这个电压即基极开路时的击穿电压，比U_{BR}要小得多，因为

$$U_{AK}=U_{BR}(1-\alpha)^{\frac{1}{n}} \tag{6-38}$$

显然，加了缓冲层后，发射效率γ下降，电流放大系数α也下降，从而提高了阻断电压U_{AK}，增加缓冲层对提高穿通电压大有好处。但在设计时，最重要的是保证N^+缓冲层厚度尽可能的小，并保证正向阻断结J_2不能穿通到J_1结，因此也需要解决好缓冲层的掺杂浓度。N^+缓冲层的最佳掺杂浓度和厚度分别为10^{16}～$10^{17}\,cm^{-3}$和10μm左右。

4. 正向导通特性

处于正向导通的IGBT，MOS栅加的栅压大于阈值电压，即$U_{GK}>U_T$，电子流由N^+源区流经沟道进入N^-漏区，然后垂直流过N^-漂移区。由于电子流入N^-区而使J_1结更加正偏，P^+衬底向N^-区注入空穴，形成正向导通电流。

一般为满足一定的耐压要求，N^-区通常宽度较厚且掺杂较轻，因而P^+注入的空穴使N^-区的电导调制效应增强。典型的注入载流子浓度要比N基区掺杂水平高100~1000倍，从而导致基区电阻急剧减小，降低了N^-区的导通压降。这个特点克服了功率MOS场效应晶体管导通电阻大的弱点，而且可使IGBT工作在高电流密度下。根据IGBT的等效电路（见图6.17（a）)，器件的导通模型有两种：一种是MOS场效应晶体管与PiN二极管串联（见图6.17（b）)，这种模型简单直观，它描述了导通特性是寿命的函数，但该模型忽略了器件中流进基区的电流分量；另外一种模型是由MOS场效应晶体管驱动的宽基区PNP晶体管解析表达式，分析了N^+缓冲层以及沟道极性对IGBT特性的影响。

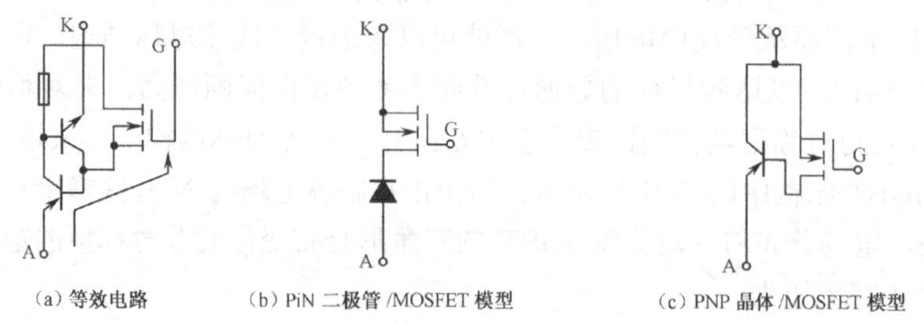

（a）等效电路　（b）PiN二极管/MOSFET模型　（c）PNP晶体/MOSFET模型

图6.17　IGBT等效电路及导通模型

（1）PiN二极管/MOS晶体管模型

用这个模型来分析正向导通特性，器件可以看成由两部分组成，如图6.18的虚线所示。

由图 6.18 看出，PiN 二极管与 MOS 场效应晶体管串联，电流只有一个通道。电流—电压关系可以用 PiN 二极管电流方程和 MOS 场效应晶体管的电流方程耦合得到。

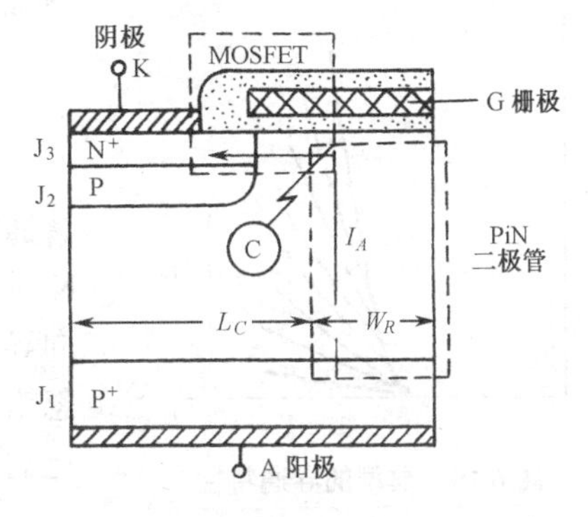

图 6.18 用虚线标明的 MOSFET 和 PiN 二极管的 IGBT 剖面图

按照对 PiN 二极管正向导通特性的分析，设 i 区的厚度为 $2d$，双极载流子扩散长度为 L_a，跨越在 PiN 二极管的电压降 $U_{F,PiN}$ 与正向电流密度 $J_{F,\ PiN}$ 的关系为

$$J_{F,PiN}=\frac{2qD_a n_i}{d}F(\frac{d}{L_a})\exp(qU_{F,PiN}/k_B T) \quad (6\text{-}39)$$

设沟道宽度为 W，PiN 二极管区的宽度为 w_R，所以电流密度与电流的关系为：

$$J_{F,PiN}=\frac{I_A}{w_R W} \quad (6\text{-}40)$$

由此得到

$$U_{F,PiN}=\frac{k_B T}{q}\ln\left[\frac{dI_A}{2qw_R WD_a n_i F\left(\frac{d}{L_a}\right)}\right] \quad (6\text{-}41)$$

同样的电流 I_A 也通过 MOS 场效应晶体管的沟道。将 $U_{F,\ PiN}=U_{F,\ MOS}$ 代入功率 MOS 场效应晶体管的电流方程式（6-7）得：

$$I_A=\frac{\mu_{ns}C_{OX}W}{2L_C}[2(U_{GK}-U_T)U_{F,MOS}-U_{F,MOS}^2] \quad (6\text{-}42)$$

式中，用 $U_{F,\ MOS}$ 代替 IGBT 中 MOS 场效应晶体管部分施加的电压 U_{DS}，L_C 为沟道长度。在正向导通模型中，由于加上足够大的栅极电压，从而使跨越在器件上的正向压降较低。在这种条件下，$U_{F,MOS}\ll(U_{GK}-U_T)$，器件的 MOS 场效应晶体管部分工作在线性区，于是有

$$I_A=\frac{\mu_{ns}C_{OX}W}{L_C}(U_{GK}-U_T)U_{F,MOS} \quad (6\text{-}43)$$

因而跨越在 MOS 场效应晶体管部分的电压降为

$$U_{F,MOS}=\frac{I_A L_C}{\mu_{ns}C_{OX}W(U_{GK}-U_T)} \quad (6\text{-}44)$$

所以，跨越在 IGBT 上的电压降可以简单地等于跨越在 MOS 场效应晶体管和 PiN 二极管的压降之和

$$U_F=\frac{k_B T}{q}\ln\left[\frac{I_A d}{2qw_R WD_a n_i F(q/L_a)}\right]+\frac{I_A L_C}{\mu_{ns}C_{OX}W(U_{GK}-U_T)} \quad (6\text{-}45)$$

由这个方程能够计算出正向导通特性。典型的导通特性示于图 6.19 中，拐点发生在 J_1 结开始注入之处。

由图 6.19 看到，IGBT 正向导通电流密度像 PiN 二极管那样指数式上升，这点已被实验所证实。此外，利用 PiN 二极管/MOS 场效应晶体管模型也能计算在饱和电流下的 IGBT 特性。当栅极电压降低时，跨越在沟道上的电压降变得重要了，此时电流变成由 MOS 场效应晶体管部分所限制。器件这部分特性可由 MOS 场效应晶体管部分的电流式得到，在 MOS 场效

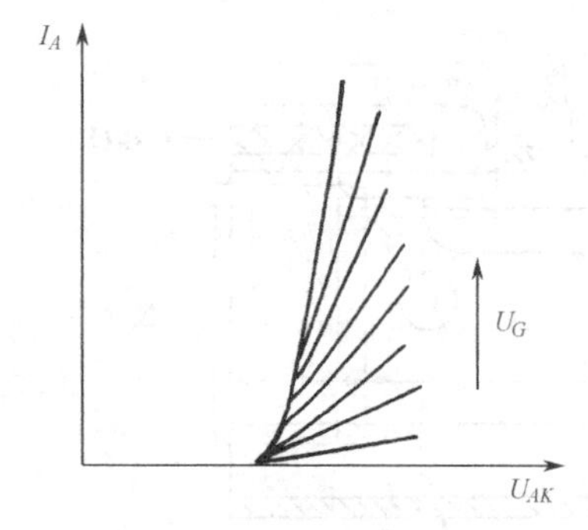

图 6.19　典型的导通特性

应晶体管中，器件的阳极电流 I_A 将饱和

$$I_A = \frac{W\mu_{ns}C_{OX}}{2L_C}(U_{GK} - U_T)^2 \tag{6-46}$$

应用 PiN 二极管/MOS 场效应晶体管模型可以较好地理解通态特性是寿命的函数关系，并可用来分析 PiN 二极管宽 N 基区增加对正向压降的影响，也可以用这个模型来分析正向导通特性随温度的变化情况。模型的主要不足之处是，它忽略了在器件中电流的一部分流入 P 基区，这个分量将在下述的模型中被考虑进去。

（2）双极晶体管/MOSFET 模型

来源于图 6.17（c）的等效电路为双极晶体管/MOS 场效应晶体管模型的等效电路。MOS 场效应晶体管提供宽基区 PNP 晶体管以基极驱动电流，图 6.20 所示为器件的断面图，图 6.20 中通过 MOS 场效应晶体管沟道的电流用 I_e（或 I_{MOS}）表示，通过 PNP 双极晶体管部分的空穴电流用 I_h（I_{BJT}）表示，因此 IGBT 的总电流为

$$I_A = I_h + I_e \tag{6-47a}$$

或表示成

$$I_{IGBT} = I_{BJT} + I_{MOS} \tag{6-47b}$$

式中 I_h 是 PNP 双极晶体管的集电极电流，若以 α_{PNP} 表示晶体管的电流放大系数，有

$$I_h = \left(\frac{\alpha_{PNP}}{1-\alpha_{PNP}}\right)I_e \qquad 6\text{-}48）$$

将式（6-48）代入式（6-47）得到

$$I_A = \left(\frac{1}{1-\alpha_{PNP}}\right)I_e \tag{6-49}$$

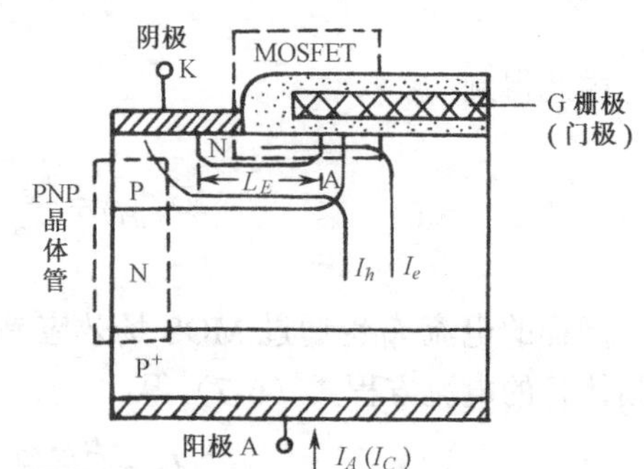

图 6.20　用虚线标明的 MOS 场效应晶体管和双极晶体管部分的 IGBT 剖面图

因为 MOS 结构具有很高的阻抗，也就不存在栅极电流分量。PNP 晶体管必须具有很大的基区宽度，以便能承受正向和反向阻断电压，因此 α_{PNP} 也就主要由基区输运系数 α_T 来决定，它由下式给出

$$\alpha_T = \frac{1}{\cosh(W_e / L_a)} \tag{6-50}$$

式中，W_e 为 PNP 晶体管非耗尽基区宽度（即有效基区宽度），L_a 为双极扩散长度。正向导通期间，耗尽层很窄，所以有效基区宽度实际等于 N 基区宽度，因为 N 基区处于高注入水平，由于 L_a 是注入水平的函数，所以通常在分析器件时都使用双极扩散长度 L_a。α_{PNP} 的典型值在 0.5 左右。

为了计算正向导通特性，需要找出跨越在器件上的正向压降与内部电流 I_h 和 I_e 的关系。沿 MOS 场效应晶体管电流 I_e 通过 L_E 所产生的电压降，可用 PiN 二极管 MOS 场效应晶体管模型相同的方式来分析。对于双极晶体管/MOS 场效应晶体管模型，用 I_e 来代替 I_A 而将式（6-45）改写为

$$U_F = \frac{k_B T}{q}\ln\left[\frac{I_e d}{2qw_R W D_a n_i F(d/L_a)}\right] + \frac{I_e L_E}{\mu_{ns}C_{OX}W(U_{GK} - U_T)} \tag{6-51}$$

根据式（6-47）I_e 与阳极电流 I_A 的关系，将 I_e 用 I_A 来表示式（6-51），得到正向导通压降

为

$$U_F = \frac{k_B T}{q}\ln\left[\frac{d(1-\alpha_{PNP})I_A}{2qw_R W D_a n_i F(d/L_a)} + \frac{(1-\alpha_{PNP})I_A L_E}{\mu_{ns}C_{OX}W(U_{GK}-U_T)}\right] \tag{6-52}$$

这个方程式除了用 PNP 双极晶体管的输出电流放大系数之外，与 PiN 二极管/MOS 场效应晶体管模型描述正向特性的方程式完全类似。

双极晶体管的电流分量 I_e（I_{JBT}）也可用饱和电流表示。因而当降低栅偏压时，MOS 场效应晶体管沟道的电压降将限制电流流动，电子电流 I_e（I_{MOS}）由下式给出：

$$I_e = \frac{\mu_{ns}C_{OX}}{2}\frac{W}{L_E}(U_{GK}-U_T)^2 \tag{6-53}$$

晶体管饱和集电极电流（即 IGBT 阳极电流）

$$I_{A,SAT} = \frac{1}{(1-\alpha_{PNP})}\frac{\mu_{ns}C_{OX}}{2}\frac{W}{L_E}(U_{GK}-U_T)^2 \tag{6-54}$$

由这个方程对 U_{GS} 微分，便可以得到 IGBT 在源区的跨导

$$g_{ms} = \frac{\mu_{ns}C_{OX}}{(1-\alpha_{PNP})}\frac{W}{L_E}(U_{GK}-U_T) \tag{6-55}$$

可见，具有相等的沟道宽长比（W/L_E）时，IGBT 的跨导比 MOS 场效应晶体管的跨导大，在 IGBT 结构中，跨导与宽基区双极晶体管固有电流放大系数 α_{PNP} 有关，而 PNP 晶体管电流放大系数的典型值约为 0.5，所以在相同沟道宽长比值下，IGBT 的跨导比 MOS 场效应晶体管大 2 倍左右。

6.2.3 栅极关断

IGBT 的关断同样受栅控制。因为 IGBT 的电流是由 MOS 沟道来抑制的，移去栅偏置电压，沟道反型层消失就会中断其阳极电流，因此，只需要将器件的阴极漏极短路或使栅压低于栅阈值电压 $U_{GK}<U_T$ 即能实现器件的自关断。

从器件的结构上看，IGBT 的总电流既含有栅控沟道的 MOS 分量（I_e），也含有 PN 结注入的 PNP 双极晶体管分量（I_h），即 $I_{IGBT}=I_e+I_h$。当撤除栅压后，由于栅压所感应的导电沟道立即消失，代表 MOS 分量的电子电流 I_e（I_{MOS}）也迅速降低到零，而代表双极型晶体管分量的 I_h（I_{BJT}）的降低则意味着 N^- 外延层非平衡载流子的消失（主要通过复合），而复合的快慢则取决于非平衡载流子的寿命，故在 IGBT 的关断过程中呈现两个明显的阶段：一是电流陡降，二是因复合引起的电流指数衰减。

IGBT 在关断期间，典型的电流和电压的波形如图 6.21 所示，由关断电流的波形图看出，下降过程分为两个阶段：下降的第一个阶段是一个电流迅速下降的过程，时间极短几乎不易观察到；第二个阶段是一个缓慢（指数式）下降过程，此段时间较长，关断过程中，阳极电压的波形与负载阻抗的性质有关。在电感性负载的情况下，阳极电压突然上升往往超过电源电压。在这种情况下，IGBT 器件实际承受较高的强度，但是，已经证明即使在这种情况下工作也不需要带缓冲电路。二维计算机仿真表明，这是由于在关断期间器件的电流分布是均匀的缘故。

关断期间，沟道电流 I_e 突然减小到零，但阳极电流继续流动并随之减小，这是因为空穴电流 I_h 并不立即停止，它由注入 N 基区的高浓度少数载流子维持空穴电流的流动，随着复合的进行，少子浓度也减小，从而导致阳极电流的逐渐衰减。衰减的快慢决定于复合过程，即

决定于少子寿命。因此，降低少子寿命，可以有效地缩短阳极电流的拖尾部分，而且也使突然下降的ΔI_A部分因 PNP 晶体管的α_{PNP}较小而变大。在 N 基区给定寿命下，突然下降的I_A部分的值也随击穿电压的增加而增加，这是因为随着击穿电压的增加 N 基区的宽度也相应地变大。这时α_{PNP}的减小会使较大的沟道电流I_e产生。

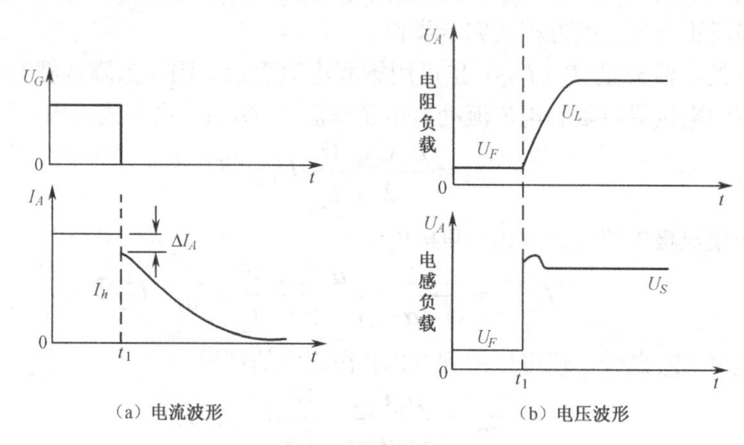

（a）电流波形　　（b）电压波形

图 6.21　IGBT 用栅极关断的典型波形

以上分析看到，IGBT 的关断特性受负载类型的影响很大，感性负载在关断时产生大电流和高电压。在初始关断期间，由于 MOS 场效应晶体管截止，基极驱动电流也截止。MOS 场效应晶体管截止时，由于承受高电压的 J2 结电容放电，PNP 晶体管的集电极电流上升。

在 MOS 场效应晶体管完全截止后，IGBT 的关断电流由 PNP 晶体管的开路基极的恢复情况决定。当存在电阻性负载时，电流尾部较长，导致关断时间较长，这是因为 PNP 晶体管 N 基区中储存电荷的大部分因复合而放电的结果。

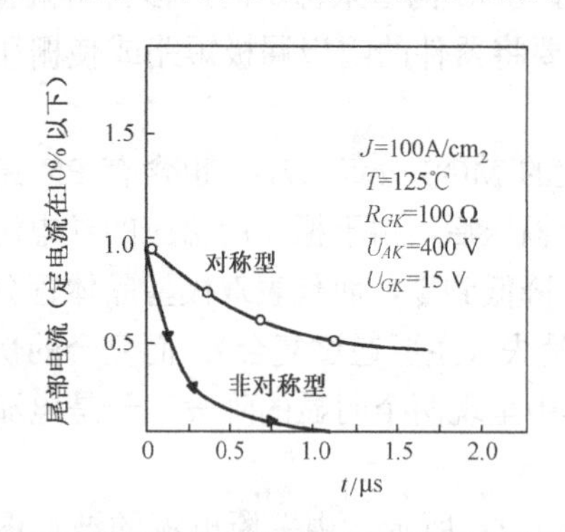

图 6.22　对称型与非对称型 IGBT 尾部电流的比较

当 J_2 结上产生电压时，空穴向集电极漂移，从耗尽层排出的电子向 J_1 结扩散，这些电子使空穴不断地从 P^+ 区注入 N 基区，使关断电流尾部拖长。注入空穴的数量由 J_1 结的注入效率决定，因此，对于具有缓冲层 N^+的非对称 IGBT，其 J_1 结发射效率较低，所以其下降时间和电流拖尾时间均比对称型 IGBT 要短，如图 6.22 所示。

要提高下降速度，首先应降低基区中少子寿命，这样自然会削弱基区中的电导调制作用，导致正向压降增加，设计时需要很好地进行折中。

6.2.4　擎住效应

由图 6.23 所示的等效电路可知，IGBT 结构存在一个 PNPN 四层寄生晶闸管，当总的电流增益达到$\alpha_{PNP}+\alpha_{NPN}=1$ 时，寄生晶闸管导通，这种现象称为擎住。因此，所谓擎住效应或晶闸管效应，是指 IGBT 工作电流增大到某个值时，虽撤去栅偏压，器件依然导通。即器件被栅极触发导通后，不再具有栅控制能力的晶闸管效应。所以，擎住现象限制了 IGBT 的安全使用，要尽力避免器件被擎住。

IGBT 的擎住有两种模型：① IGBT 导通时产生的静态（直流）擎住；② IGBT 关断时产生

的动态擎住。静态擎住发生在低压大电流状态，而动态擎住发生在开关过程的高压大电流状态，所以静态擎住电流容量高于静态擎住电流容量。

1. 静态擎住效应

静态擎住是在 IGBT 稳态电流导通时出现的擎住，此时阳极电压低，擎住发生在稳态电流密度超过某数值时。由图 6.23 中 IGBT 的等效电路可知，在 IGBT 中存在着串联的 NPN 和 PNP 晶体管，即 PNPN 四层晶闸管结构。一旦晶闸管被擎住导通，$U_{GK}<U_T$ 或撤去栅偏压，MOS 场效应晶体管不导通。U_{GK} 很小时，器件也可以产生很大的电流，无法由栅压的变化来控制关断晶闸管的导通（即擎住）的条件是$\alpha_{PNP}+\alpha_{NPN}=1$，也就是说，$\alpha_{PNP}+\alpha_{NPN}<1$ 时器件就不能发生擎住。

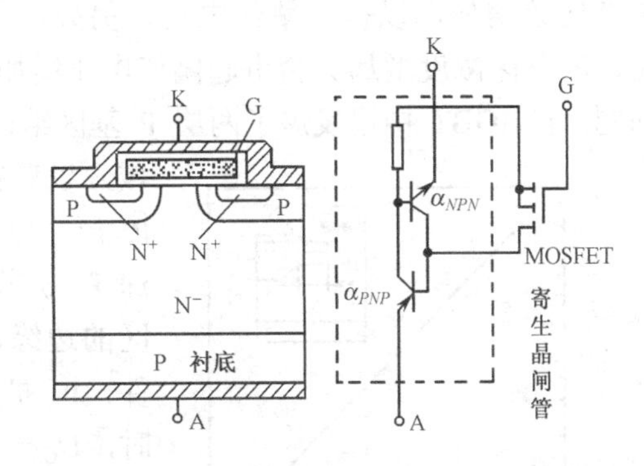

图 6.23　寄生 PNPN 晶闸管 IGBT 等效电路图

在以前的分析中，假定在导通期间 NPN 晶体管不起作用，即 N^+ 区和 P 区在表面用金属覆盖而短路，使得 NPN 晶体管发射极短路而失去放大能力（见图 6.20），从而避免了器件被擎住。然而事实并非如此简单，流入 P 基区的空穴电流 I_h 将横向流动经过 N^+ 发射区下面，由发射极短路金属处收集。横向电流在 A 点（见图 6.20）的电位使 J_3 结产生正向偏置。

由于有效的空穴电流 I_h 在整个 N^+ 发射极长度 L_E 下流过，因此跨越在 J_3 结上的正向电压为

$$U_A = I_h R_P \tag{6-56}$$

式中，R_P 为 N^+ 发射极下 P 基区的电阻。利用式（6-48）和式（6-56），可得到

$$U_A = \alpha_{PNP} I_A R_P \tag{6-57}$$

当流过基区的横向电流很大，使得横向压降达到 J_3 结的开放电压（约 0.7V）时，N^+ 发射区发射电子，短路作用丧失，NPN 仍能起放大作用，α_{NPN} 增大，擎住现象就可能发生。若 NPN 晶体管放大作用使α_{NPN}增大，进而使α_{PNP}增加，发生正反馈作用，当$\alpha_{PNP}+\alpha_{NPN}=1$ 时，晶闸管导通，器件发生擎住，所以静态擎住电流可由式（6-58）得到

$$I_{LSS} = \frac{0.7}{\alpha_{PNP} R_P} \tag{6-58}$$

可见，减小α_{PNP}和基区电阻 R_P 可以提高擎住电流 I_{LSS}。P 基区电阻 R_P 与发射极长度 L_E 和 P 基区簿层电层ρ_p成正比关系

$$R_P \propto L_E \rho_P \tag{6-59}$$

静态擎住电流可以表示为

$$I_{LSS} \propto \frac{1}{\alpha_{PNP} L_E \rho_P} \tag{6-60}$$

由此得出结论，随发射极长度 L_E 的增加，擎住电流成反比减小。图 6.24 给出的是实际测量的发射极长度同擎住电流之间的变化关系，由图看出，擎住电流反比减小与式（6-60）给出的一样。L_E 愈大，其下面的横向电阻愈大，擎住电流愈小。显然 L_E 愈小愈好，但它受光刻精度等工艺条件的限制，为了抑制擎住效应，降低基区横向电阻 R_P，在 IGBT 的每一个 DMOS 场效应晶体管元胞 N^+ 区引入高浓度 P^+ 扩散层极为重要。从式（6-60）看到，P 基区

掺杂应该增加，以提高擎住电流，另外，降低基区的载流子寿命亦可减少擎住的发生。但是，P 基区浓度增加又会引起阈值电压增加，这样当然不会受到应用者欢迎，为了解决这个问题，在 IGBT 中已发展了两层 P 基区结构，如图 6.24 所示。其中的一层是原来的 P 型区域，以获得合适的阈值电压，第二层为掺杂较重的深扩散 P^+ 层，以减小 N^+ 发射区下面的 P 区电阻，理想情况下，深 P^+ 扩散应该延伸到 DMOS 元胞的边缘，也就是 N^+发射区的边缘，但不能超过沟道。对于图 6.24 中所使用的器件，P^+ 扩散结深为 5 μm，横向扩散为 4 μm。在无 P^+ 区时，U_{Gk}=1.5 V 使电流密度达到 100 A/cm^2 时，就会发生擎住效应。采用了深 P^+扩散后，发生擎住效应的电流密度可达到 1000 A/cm^2。

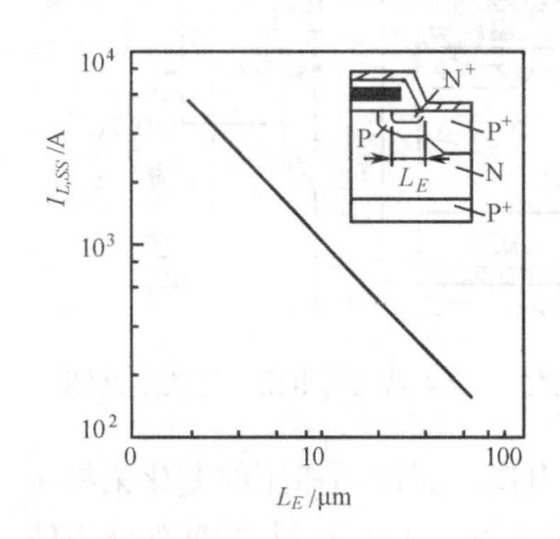

图 6.24 N^+发射极长度对擎住电流密度的影响

由式（6-60）看到，静态擎住电流是电流放大系数α_{PNP}的函数。如果α_{PNP}较大，通过 P 基区的空穴电流 I_h 也大，于是擎住电流较低。如果降低 N 基区少子寿命，那么α_{PNP}减小，擎住电流增大。用电子和中子辐照以控制开关速度，其静态擎住电流也随之增加，其道理即在此。但少子寿命又与正向压降密切相关，因此应折中选择适当的少子寿命。

2. 动态擎住效应

擎住的条件是$\alpha_{PNP}+\alpha_{NPN}=1$，而$\alpha_{PNP}$和$\alpha_{NPN}$又都是电流电压的函数。IGBT 在开关过程中出现的擎住，既有大电流，也有高电压的情况，而且与负载性质有关。在关断过程中，由于迅速上升的阳极电压，即较大的 dU/dt 会引起大的位移电流而造成器件擎住。一般情况下，动态擎住电流低于静态值。感性负载的开关电路，突然关断时更容易发生擎住效应。

现代大多数 IGBT 都是多晶硅栅结构，由于多晶硅电阻率高，再加上多晶硅栅下的 SiO_2 即产生电容效应。从栅键合点到每一个单元，都相当一个 RC 传输电路，使得 IGBT 在开关过程中，所有并联的 IGBT 元胞不是同时开通或关断，这就使先开通的或后关断的 IGBT 单元通过较高的电流密度，以致产生局部擎住。通常称为栅分布擎住。解决的办法可在多晶硅栅上积淀一层金属。

3. 防止擎住效应的方法

IGBT 的擎住电流 I_L 除了与器件本身结构有关外，还与环境温度、栅极电阻及负载有关：温度越高，I_L 愈小，为此，设计应在较高温度下不出擎住为宜。由于 IGBT 的结构中寄生了 PNPN 四层结构，可能导致器件产生擎住现象而影响器件正常工作。为抑制擎住效应，通常可采取下列方法：① 发射极短路；② P 区分两步扩散，一是形成浅 P 层和 P^+ 深扩散层，二是选择合理的元胞形状及 N^+ 发射区长度；③ 控制 N^-漂移区的少数载流子寿命值；④ 在 P^+ 衬底与 N^- 区间增加 N^+ 缓冲层。

6.2.5 频率与开关特性

IGBT 实际上是双极器件，其开关速度相对较慢。在正向导通期间，N 基区注入了大量的少数载流子，这些储存的电荷要靠复合来移去，因而呈现出电流拖尾时间较长。而改善开关速度又会影响正向通态特性，因而要折中考虑。

1. 开关时间

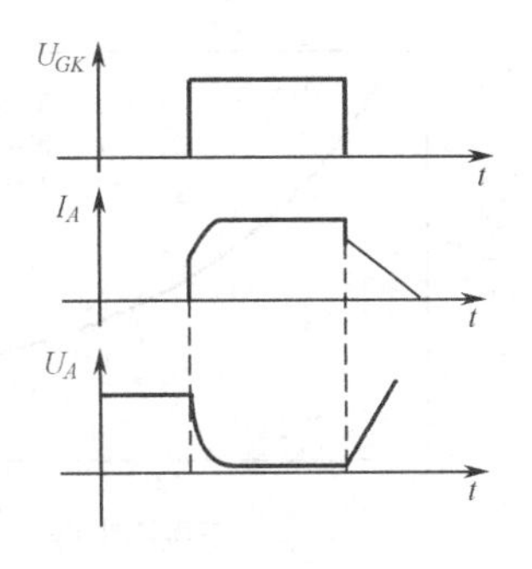

图 6.25 IGBT 脉冲运用时输出波形的变化

图 6.25 示出栅极加脉冲电压时阳极输出电流和输出电压的变化。在开启过程中，U_{Gk} 突然加上后，MOS 场效应晶体管迅速导通，从而使 PNP 晶体管很快导通，因而 I_A 很快上升。

此后，由于注入少子在晶体管基区渡越需要时间，在基区建立起稳态相对应的少子总量也需要时间，因此 PNP 晶体管的集电极电流（亦即发射极电流）有一个缓慢的上升过程。由于渡越时间很快，所以 IGBT 的开启时间较短。同关断时间相比，开启时间可以忽略，因此关断过程对开关特性的影响是主要的。一般功率器件关断时间定义为阳极电流衰减到它的稳态值的 10%所需的时间。从前面分析波形的变化可知，关断时间主要是尾部电流的问题。在基极开路晶体管情况下，应用电荷控制原理有

$$J_B = \frac{Q}{\beta\tau_B} + \frac{\mathrm{d}Q}{\mathrm{d}t} = 0 \tag{6-61}$$

式中，Q 为基区储存电荷，β为 PNP 晶体管的共发射极电流增益，τ_B 为基区渡越时间，由下式给出

$$\tau_B = \frac{[\gamma(b+1)-1][1-\sec h(W_N/L_a)]\tau}{2\gamma-[\gamma(b+1)-1][1-\sec h(W_N/L_a)]} \tag{6-62}$$

式中，γ为注入系数，b 为迁移率之比（$b=\mu_n/\mu_p$），W_N 为 N 基区宽度，τ 为过剩载流子寿命。IGBT 输出（阳极）电流相应的方程为

$$i_A(t) = -\frac{(1+\beta)Q}{\beta\tau_B} - \frac{\mathrm{d}Q}{\mathrm{d}t} = -\frac{Q}{\tau_B} \tag{6-63}$$

解方程得到

$$i_A(t) = i_A(0)\exp(-\frac{t}{\beta\tau_B}) \tag{6-64}$$

式中，$I_A(0)$为尾部电流开始时的阳极电流。

由上式看到，尾部电流具有指数变化波形，这个变化是由寿命τ经过式（6-62）确定的时间常数来表征的。具有快速开关的非对称高阻断电压的器件，扩散长度 $L\alpha$ 比基区宽度 W_N 小得多，而且发射效率γ（注入系数）也接近于1，于是参量τ_B 为

$$\tau_B = \frac{b\tau}{2-b} \tag{6-65}$$

从上面的方程看到，尾部电流将随载流子寿命成比例地减小。用电子辐照减少关断时间已经证实了这个结果。

2. 开关时间控制

用电子辐照的方式来控制 IGBT 的开关速度，有可能使门极关断时间从 20 μs 减小到 200 ns。然而开关速度的提高又会增加正向压降。短的栅极关断时间，是为了减小开关损耗，而低的正向压降则是为了减少导通损耗。因此必须对两者进行折中考虑。一种有效的办法是划出正向压降与栅极关断时间之间的折中曲线，如图 6.26 所示，根据应用场合不同，选择适当辐射照控制少子寿命。在低频工作范围内，由于有大的占空比，导通损耗超过了开关损耗成为主要的损耗，IGBT 的关断时间控制在 5～20 μs 内最好。对于中等频率电路应用，占空比较

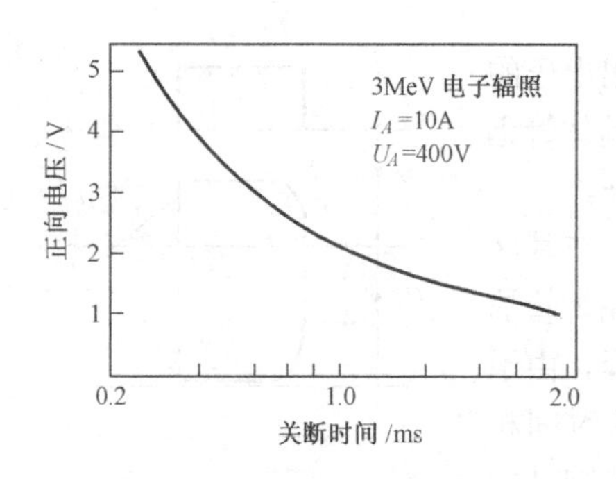

图 6.26 N 沟道 IGBT 正向压降与关断时间的转折曲线

短，开关损耗与导通损耗相当。IGBT 的关断时间应选择在 0.5～20 μs 范围内。典型的应用例子是交流电机驱动，工作频率在 1～10 kHz 范围内。对于高频电路，开关损耗将变成主要的损耗，要求 IGBT 的关断时间在 100～500 ns。

采用 N^+ 缓冲层可以得到较好的折中关系，因为若用表示 PNP 晶体管共发射极电流放大系数，则 IGBT 的总电流可以表示为

$$I_{IGBT} = (1+\beta)I_{MOS} \tag{6-66}$$

有缓冲层时发射效率下降，从而在同样总电流下，I_{MOS} 变大。即使对于高压器件，因为有缓冲层时基区可以做得较薄，电导调制效应更强，其结果是正向压降反而变小。另一方面，有缓冲层时使关断电流下降变快。所以，有 N^+缓冲层时正向压降及关断时间都可以达到最小，得到较好的折中关系。

6.3 半导体光学效应及光电二极管

半导体中的光学效应主要有光电导和光伏效应。光电导效应就是半导体材料吸收光能后，价带电子激发到导带，半导体材料中电子空穴浓度大大增加，使半导体电导率发生变化的现象。光伏效应是光作用于 PN 结，光生载流子在其势垒区两边产生电动势的效应。光电导效应和光伏效应是半导体太阳电池实现光电转换的理论基础，也是某些光电探测器件赖以工作的最重要的物理效应之一。

6.3.1 半导体 PN 结光伏特性

为使这些光电器件能产生光生电动势（或光生积累电荷），它们应该满足以下两个条件：第一，半导体材料对一定波长的入射光有足够大的光吸收系数，即要求入射光子的能量 $h\nu$ 大于或等于半导体材料的带隙 E_g，使该入射光子能被半导体吸收而激发出光生非平衡的电子空穴对。第二，具有光伏结构，即有一个内建电场所对应的势垒区。

1. 半导体中的光吸收

考虑某单色光入射进半导体后，其光子流密度随透入深度 x 而变化的规律服从

$$N_{ph}(x) = N_{ph}(0)\cdot\exp[-\alpha(\lambda)\cdot x] \tag{6-67}$$

式中，$N_{ph}(0)$为投射到半导体表面的单色光的光子流密度；$\alpha(\lambda)$是半导体材料的光吸收系数，单位为 cm^{-1}，它除了与材料有关外，又是入射光波长（或光子能量）的函数。

根据式（6-67）可以推断α的物理意义是：该单色光在半导体中透入 $1/\alpha$ 深度时，其光子流密度已衰减到原值的 $1/e$，故可用 $1/\alpha$来表征该波长光在材料中的透入深度。图 6.27 给出某些半导体材料的光吸收曲线（即光透入深度曲线），这些曲线的特点是：当入射光子能量低于某种半导体材料的带隙，即 $h\nu<E_g$ 时，其α值小到接近于零；当 $h\nu>E_g$ 时，α值增加很快。根据α值的上升情况，可把半导体材料分为两类：第一类，α 从零很快上升到$\alpha>10^4$cm，这发生在直接带隙半导体材料中，如砷化镓、磷化铟和硫化镉等；第二类上升缓慢，这发生在间接带隙半导体材料中，如硅、锗、磷化镓、碲化镉和非晶硅等。

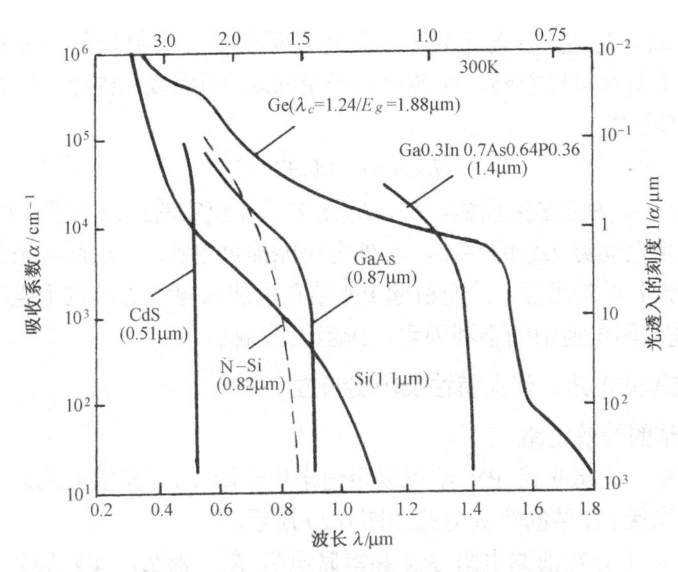

图 6.27　某些半导体材料的光吸收系数

根据这些材料的吸收曲线，可以发现砷化镓和非晶硅的吸收系数比单晶硅的大得多，透入深度 1/α只有 1μm 左右，即几乎全部吸收入射阳光。所以，这两种电池都可以做成薄膜光电器件。而硅太阳电池，缓慢上升的吸收曲线，对太阳光谱中长波长光，要求有较厚的硅片（100～300μm）才能较充分吸收；而对短波长光，只在入射表面附近 1μm 区域内就已充分吸收了。

2. PN 结的光电伏特效应

在光照下，半导体中的原子因吸收光子能量而受到激发。在 $h_v \geqslant E_g$ 的情况下，PN 结及其附近可能产生电子空穴对，如图 6.28（b）所示。PN 结势垒区存在较强的内建电场，使势垒区内产生的光生空穴以及从 N 区扩散进势垒区内的光生空穴都向 P 区做漂移运动，因而带动了结区右边的 N 区约一个少子扩散长度范围内的光生空穴向势垒区边界做扩散运动。同时，此内建电场也使势垒区内的光生电子以及从 P 区扩散进势垒区内的光生电子都向 N 区做漂移运动，因而带动了结区左边的 P 区结一个少子扩散长度范围内的光生电子向势垒区边界做扩散运动。势垒区的存在，推进了非平衡少子的上述漂移运动及扩散运动，形成了定向的光生电流 I_{ph}，阻挡了非平衡多子离开本区的反方向运动。换句话说，势垒区的重要作用是，分离了两种不同电荷的光生非平衡载流子，在 P 区内积累非平衡空穴，而在 N 区内积累非平衡电子。产生一个与平衡 PN 结内建电场相反的光生电场，于是在 P 区和 N 区间建立了光生电动势（或称光生电压）U_{ph}。

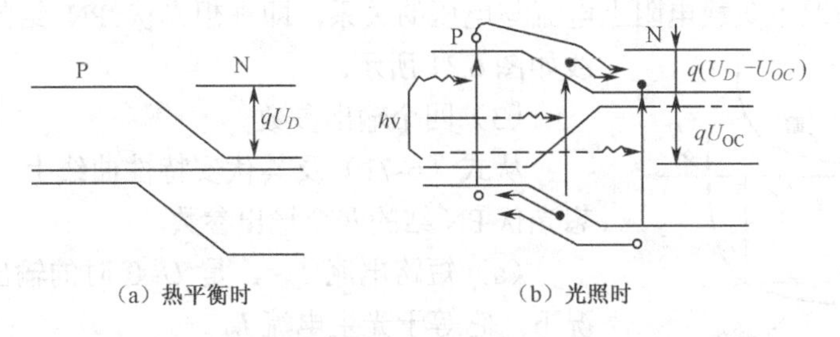

图 6.28　光照 PN 结电池时载流子的运动情况

从上面分析可知，光生电压源于定向光生电流提供的、在势垒两边分别积累的两种光生电荷。假设势垒区中复合可以忽略，在各区电子空穴对产生率为恒定值 G 的简单情况下，光生电流 I_{ph} 表达式可写成

$$I_{ph}=qAG(L_n+W+L_p) \tag{6-68}$$

式中 q 是电子电荷，A 为势垒区面积，L_n、L_p 是电子和空穴的扩散长度，W 是势垒区宽度。应该指出，由于光生电动势 U_{ph} 的存在，对外电路能提供电流 I，从而向负载输送功率；对内部的 PN 结相当于加上正向偏压，从而引起 PN 结正向注入电流 I_F。这个电流的方向与光生电流 I_{ph} 恰好相反，是太阳电池中的不利因素，应当设法减小。

3. 光伏 PN 结等效电路、伏安特性及输出特性

（1）光伏 PN 结的等效电路

由上述分析可知，理想光伏 PN 结可以用恒定电流源 I_{ph}（光生电流）及理想二极管的并联来表示。故理想光伏 PN 结的等效电路如图 6.29 所示。

考虑实际 PN 结上存在泄漏电阻 R_{ph} 和串联电阻 R_S，那么，实际等效电路如图 6.30 所示。

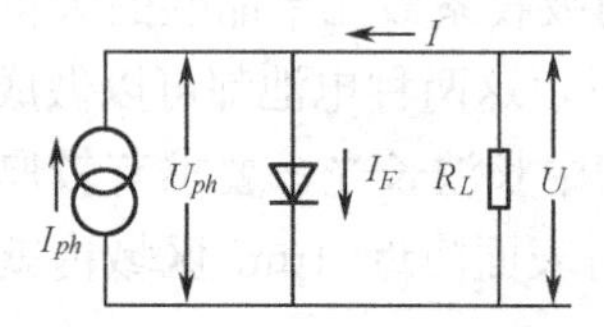

图 6.29　PN 结二极管等效电路

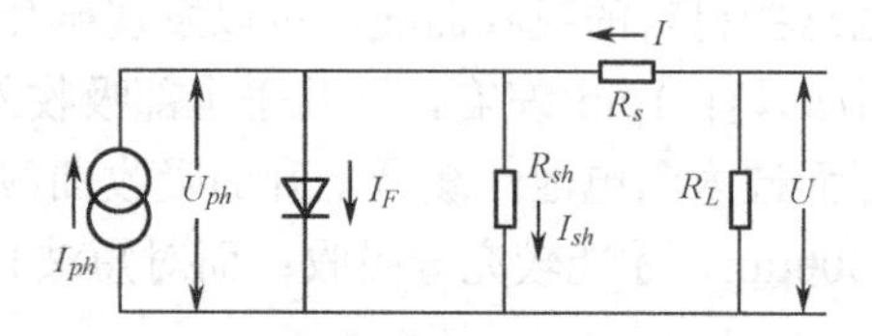

图 6.30　PN 结二极管的实际等效电路

（2）理想情况伏安特性

在理想情况下，光伏 PN 结的 R_{sh} 很大，R_s 很小，两者影响都可忽略。根据图 6.29 所示，光生电流 I_{ph} 为

$$I_{ph}-I_F+I=0 \tag{6-69}$$

理想光伏 PN 结二极管的正向注入电流为

$$I_F=I_0\left[\exp\left(\frac{qU}{k_BT}\right)-1\right] \tag{6-70}$$

式中，I_0 是 PN 结反向饱和电流，q 是电子电荷，k 是玻耳兹曼常数，T 为绝对温度。根据式（6-70）得到通过负载的电流：

$$I=I_F-I_{ph}=I_0\left[\exp\left(\frac{qU}{k_BT}\right)-1\right]-I_{ph} \tag{6-71}$$

这就是理想情况下负载电阻上电流与电压的关系，即理想光伏 PN 结的伏安特性，其曲线如图 6.31 所示。

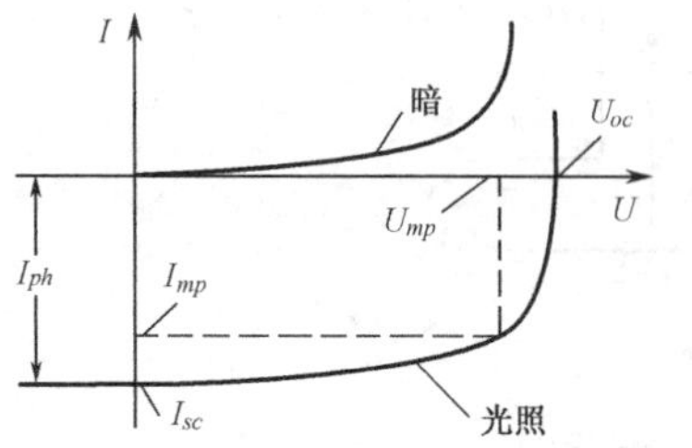

图 6.31　PN 结的伏安特性

（3）四个输出参数

从式（6-71）及其伏安特性曲线上，可以得出描述理想光伏 PN 结的四个输出参数。

（a）短路电流 I_{SC}，是 U=0 时的输出电流。在理想情况下，它等于光生电流 I_{ph}。

（b）开路电压 U_{OC}。令式（6-71）中 I=0，则可得开

路电压 U_{OC} 的理想值为

$$U_{OC}=\frac{k_B T}{q}\ln\left(\frac{I_{ph}}{I_0}+1\right) \tag{6-72}$$

（c）填充因子 FF。第四象限曲线上任一工作点上的输出功率等于该点所对应的矩形面积，如图 6.31 所表明的，其中只有一个特殊工作点（U_{mp}, I_{mp}）是输出最大功率。填充因子定义为

$$FF=\frac{U_{mp}I_{mp}}{U_{OC}I_{SC}} \tag{6-73}$$

这个参数表示最大输出功率点对应的矩形面积，在 U_{OC} 和 I_{SC} 所组成的矩形面积中所占的百分比。对于一般光伏 PN 结或有合适效率的太阳电池，该值应在 0.70～0.85 范围之内。在理想情况下，填充因子仅是开路电压 U_{OC} 的函数。令归一化电压 $U'_{OC}=\frac{U_{OC}}{k_B T/q}$，则 FF 的最大值（即理想化的数值）用以下经验公式表示

$$FF=\frac{U'_{OC}-\ln(U'_{OC}+0.72)}{U'_{OC}+1} \tag{6-74}$$

（d）光伏 PN 结及太阳能电池的光电转换效率 η 为

$$\eta=\frac{U_{mp}I_{mp}}{P_{in}}=\frac{U_{OC}I_{SC}FF}{P_{in}} \tag{6-75}$$

式中，P_{in} 是入射到光伏 PN 结或太阳电池上的光总功率，由此式可知要提高光电转换效率 η，只有提高开路电压 U_{OC} 和光生电流 I_{ph}，实际上是提高光子的吸收率和载流子寿命。

6.3.2 光电导及光敏二极管

1. 光电导及光敏电阻结构

光电导效应就是半导体材料吸收光能后，价带电子激发到导带，半导体材料中电子空穴浓度大大增加，使半导体电导率发生变化的现象。定义每秒吸收一个光子产生的每秒通过电极的载流子数为光电导，用 G_{ph} 表示。对于本征光电导材料，满足式（6-67）的入射光，使光敏电阻的电导率增大。根据光电导的定义，可得 G_{ph} 为

$$G_{ph}=\frac{I_{ph}}{qgLS}=\frac{J_{ph}}{qgL}=(\mu_n\tau_n+\mu_p\tau_p)\frac{E}{L}=\frac{\tau_n}{t_n}+\frac{\tau_p}{t_p} \tag{6-76}$$

式中，g 为光生载流子产生率，S 是器件横截面积，τ_n、τ_p 和 μ_n、μ_p 分别表示电子和空穴的载流子寿命和迁移率，E 是电场强度。t_n 和 t_p 是电子和空穴经过长度为 L 的电极间距所需的渡越时间，所以有

$$t_n=\frac{L}{\mu_n E};\quad t_p=\frac{L}{\mu_p E} \tag{6-77}$$

对于杂质光电导材料（如 N 型），若入射光子能量大于或等于杂质电离能，也会产生 G_{ph}，且有

$$G_{ph}=\frac{I_{ph}}{qgLS}=\mu_n\tau_n\frac{E}{L} \tag{6-78}$$

从式（6-78）可见，G_{ph} 与材料少子寿命和迁移率成正比。若材料和外加偏压已经确定，

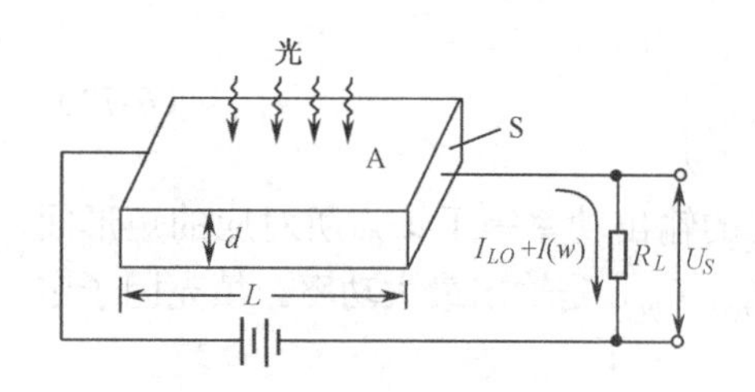

图 6.32　光敏电阻的结构和基本电路

那么光敏区的电极间距 L 愈短，G_{ph} 愈大。因此，实际光敏电阻的光敏区通常采用梳状对置的电极，如图 6.32 所示。但是，若 L 短，则极间电压过高，会引起材料击穿。因此，电压和极间距离要选得适当。

一个好的光敏电阻，τ_n、$\tau_p>t_n$、t_p。G_{ph} 可以远远大于 1。关于光电导增益 G_{ph} 大于 1 的机理可以这样理解：由于少子寿命远大于渡越时间，光生载流子在未复合前离开半导体光敏区而到达电极处，体内电中性只有靠从另一电极端引进一个新的载流子来维持，这个从电极新引入的非平衡载流子又在电场作用下形成电流，所以在少子寿命足够长的情况下，一个光生载流子可以引起若干个通过电极的载流子。

2. 光电导响应时间

在恒定光照下，光敏电阻的响应时间取决于建立稳定光电流过程中起影响作用的两个整理过程所需要的时间。

第一，经过极间渡越时间 t_r 的 G_{ph} 倍时间（即少子寿命时间τ_n、τ_p）之后，应建立起不受极间渡越影响的稳态光电流。

第二，在陷阱存在的条件下，经过驰豫时间才能达到稳态。响应时间主要取决于τ_n、τ_p 和驰豫时间才能达到稳态，而且响应时间主要取决于τ_n、τ_p 和驰豫时间中两个数值较大的一个。在实际情况中，往往多子陷阱浓度较高，且光照度又低，那么驰豫时间会比寿命τ_n、τ_p 大得多，因此，响应时间比光敏二极管的渡越时间长得多。可是，在光较强时，自由载流子浓度大大增加，陷阱影响减少，少子寿命可能对响应时间起主要作用。温度降低，陷阱中非平衡载流子的热激发效率也降低，驰豫时间拖长。

6.4　发光二极管

用半导体 PN 结或类似结构把电能转换成光能的元件称为发光二极管，由于这种发光是由注入的电子和空穴复合而产生的，故也叫注入式电致发光。从广义上讲，发光二极管不仅包括可见光发光二极管和非可见光发光二极管，而且包括半导体激光器，但是，目前人们所说的发光二极管大多是指发近红外光和可见光的器件，尤其是指发可见光的器件，故在这里我们把发光二极管和半导体激光器分开来讨论。

半导体发光二极管一般简称为 LED 半导体。它们的一般结构如图 6.33 所示。与其他发光元件相比，半导体发光元件具有体积小、工作电压低、功耗低、机械性能好、调制方便等许多优点，故而有着广阔的前景。

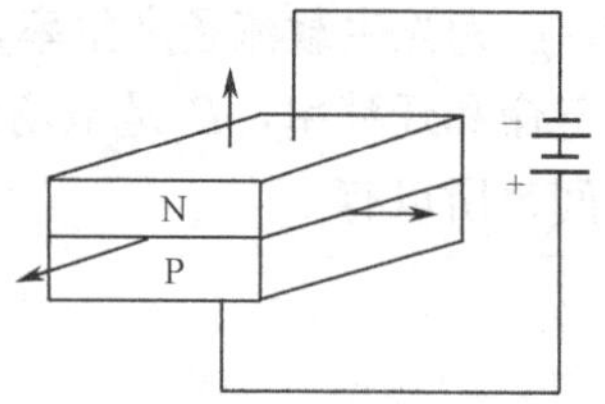

图 6.33　发光二极管的一般结构

6.4.1　发光过程中的复合

正向 PN 结注入的电子和空穴复合时，放出能量的方式可以是以光子的形式将其多余的能量转变为光能，也可以声子的形式将其多余的能量转变为热能（晶格振荡），前者称为辐射复合，后者称为非辐射复合或猝灭。下面阐述发光波长与材料禁带间的关系。

注入式电致发光的发射与晶体的能带结构有着密切的关系，由上述可知，发射光的波长

依赖于高低能态 E_2 和 E_1 之间的能量差$\Delta E=E_2-E_1$，ΔE 正是发射的光子所具有的能量。光子具有的能量ΔE 与光的波长之间的对应关系式为

$$\Delta E = h\nu = hc / \lambda \tag{6-79}$$

式中，h 为普朗克常数，数值为 6.624×10^{-27} 尔格・秒；c 为光在真空中传播的速度，数值为 $2.9976\times10^{10}\text{cm}\cdot\text{s}^{-1}$；$\nu$ 为光波的频率，以 Hz 为单位。

当导带中的电子与价带中的空穴直接复合时，高低能态间的能量差就是半导体材料的禁带宽度 E_g，即 $\Delta E = E_g$。由此，若使半导体中导带电子和价带空穴直接复合，所发出光的波长为 7600～3800Å 的可见光时，所要求材料的禁带宽度的数值为

$$E_g = \frac{hc}{\lambda} \tag{6-80}$$

若取可见光的上限波长为 7600Å，则要求 E_g>1.63 eV。对于依靠杂质能级的复合发光来说，则要求半导体的禁带宽度比上述的数值还要大。由此可见，半导体晶体的禁带宽度 E_g 是确定它是否适合做可见光发光材料的基本尺度。由此也可看到，通常做晶体管材料的硅、锗等晶体，并不是做可见光发光二极管的合适材料，而像Ⅲ-Ⅴ族、Ⅱ-Ⅳ族化合物等这些几乎不用来做晶体管的晶体，倒是做发光二极管的常用材料。

6.4.2 发光二极管的制备与特性

虽然发光二极管与一般半导体二极管都是由 PN 结制成的，但是由于发光二极管是输出光信号的，所以它所采用的材料与结构，除了要考虑电学性质外还须考虑光学性质，在表示发光二极管性能时，除了电学参数外，也还需有光学参数。

1. 发光二极管的制备

目前发光二极管都是由外延法制备的，外延层通常都生长在砷化镓或磷化镓衬底上，外延生长方法有汽相外延（简称为 VPE）和液相外延（简称为 LPE）两种。注入发光所需的 PN 结则是用生长 N 型层和 P 型层，或在 N 型层中进行锌扩散的方法来形成的。例如，利用硅在砷化镓中是两性杂质这一性质，在一次液相外延的降温过程中，就能先后形成 N 型层和 P 型层，从而制得 PN 结。这是因为在高温外延生长过程中（约在 870℃以上），硅置换镓而成施主，随着温度的降低（约在 870℃以下），硅又置换砷而成受主的缘故。

结型发光器件的制造工艺与一般半导体器件是相似的，用平面工艺制成的平面结构的镓砷磷发光二极管的管芯如图 6.34（a）所示。它的 P 型层是用锌扩散的方法形成的，其中的氮化硅既作为光刻过程中的掩膜，又作为最后器件的保护层，上电极为纯铝，下电极为金锗镍合金，比例为 Au:Ge=88:12，Ni 5%～12%，其中 Ge 是施主掺杂剂，Au 起欧姆接触和覆盖作用，利于键合，增加粘润性和均匀性。最后必须用光吸收系数小的透明材料把管芯封装起来，如图 6.34（b）所示。一般采用环氧树脂作为发光二极管的封装材料。

由于磷化镓的透光性较好，除管芯的表面发光外，周围几个侧面也有光射出。为了把向空间各方向发散的光集中于所需的方向上，可采用带有反射器的封装机构，如图 6.35 所示。以上只对结型发光二极管的制备情况做了简要的介绍，详细情况可参阅有关文献。

2. 发光二极管的参数

表示发光二极管性能的参数很多，既有电学参数，又有光学参数和热学参数等，这里只讨论其中的伏安特性、量子效率、光谱分布和亮度四个参数。

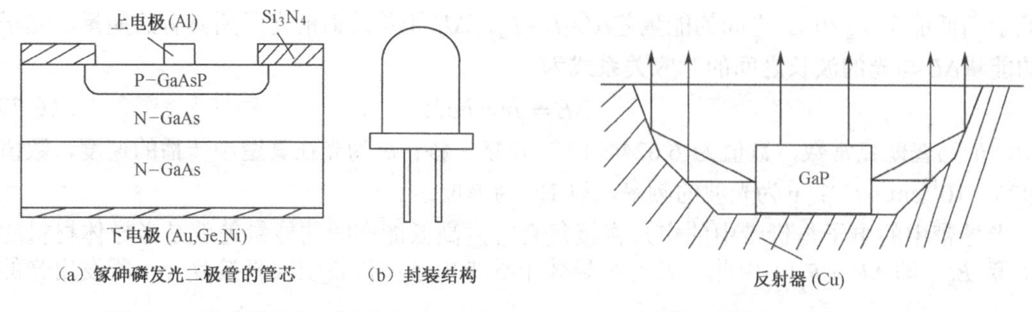

（a）镓砷磷发光二极管的管芯　（b）封装结构

图 6.34　镓砷磷发光二极管　　图 6.35　带有反射器的封装机构

（1）伏安特性

发光二极管的电流—电压特性和普通的二极管大体一样，对于正向特性，电压在开启点以前几乎没有电流，当电压超过开启点时，很快就显出欧姆导通特性。开启点电压因半导体材料的不同而异。GaAs 是 1.0 V；$GaAs_{1-x}P_x$，$Ga_{1-x}Al_xAs$ 大致是 1.5 V（实际值因 x 值的不同而有些差异），GaP（红色）是 1.8 V；GaP（绿色）是 2.0 V。反向击穿电压一般在–2 V 以上即可。

（2）量子效率

量子效率是发光二极管特性中一个与辐射量有关的很重要的参数，是注入载流子复合产生光量子的效率。

二极管的发光是由正向偏置 PN 结中注入载流子的复合引起的，但注入载流子的复合不见得都发光，而载流子辐射复合产生的光子也不能都射出器件之外。作为一种发光器件，我们感兴趣的是它在一定的偏置下能射出器件之外多少光子，表征器件这一性能的参数η就是外量子效率。

发光二极管的外量子效率被定义为单位时间内输出二极管外的光子数目与注入的载流子数目之比，与之相对应的发光二极管的内量子效率被定义为单位时间内半导体的辐射复合产生的光子数与注入的载流子数目之比。发光二极管的外量子效率不仅与 PN 结注入载流子的效率有关，而且与辐射效率及光子从发光区传到器件之外的效率有关，因此可把外量子效率η_Y写成

$$\eta_Y = \eta_Z \cdot \eta_F \cdot \eta_C \tag{6-81}$$

式中，η_Z为正向 PN 结的注入效率，η_F为辐射发光的内量子效率，η_C为 PN 结产生的辐射光射到晶体外部的出光效率。现分别讨论如下：

① 注入效率η_Z：通常人们把注入效率定义为通过 PN 结的电子电流（或空穴电流）与总电流之比。设I_n为 N 型半导体注入到 P 型半导体中的电子电流，I_p为 P 型半导体注入到 N 型半导体中的空穴电流，I_R为注入的载流子在耗尽层中复合形成的电流，对于 N^+P 结注入效率

$$\eta_Z = \frac{I_n}{I_n + I_p + I_R} = \frac{n(D_n/\tau_n)^{1/2}}{n(D_n/\tau_n)^{1/2} + p(D_p/\tau_p)^{1/2} + I_R}$$

$$= \frac{N_D(\frac{k_B T}{q}\mu_n/\tau_n)^{1/2}}{N_D(\frac{k_B T}{q}\mu_n/\tau_n)^{1/2} + N_p(\frac{k_B T}{q}\mu_p/\tau_p)^{1/2} + I_R} \tag{6-82}$$

式中，N_D为施主浓度，N_A为受主浓度，k 为玻耳兹曼常数，T 为绝对温度，q 为电子电荷，μ_p为空穴迁移率，μ_n为电子迁移率，τ_p为空穴寿命，τ_n为电子寿命。

由式（6-82）可知，提高注入效率的途径是：P 区受主浓度要小于 N 区施主浓度，即

$N_D>N_A$。使在耗尽层中的复合电流尽量小，因为它们一般是禁带中深能级上的复合，这种复合一般都是不发光的，这就要求发光二极管所用材料和制造工艺尽可能保证晶格完整，尽可能避免有害杂质（如磷化镓中的铜）的掺入。由于 III—V 族化合物半导体的电子迁移率比空穴的大，所以制成的电子注入到 P 区的 N^+P 结较好。

② 辐射发光效率 η_F：辐射发光效率有时也称为辐射效率。辐射效率一般定义为辐射复合产生的光子数与注入的载流子数之比。不同的能带结构辐射效率也不同。直接跃迁过程的情况比较简单，其辐射效率主要取决于少数载流子的辐射复合与非辐射复合的寿命。直接跃迁的辐射效率 η_F 与少数载流子的辐射复合寿命和非辐射复合寿命有关。降低少数载流子的辐射复合寿命、增大非辐射复合寿命，即可提高辐射效率。间接跃迁的复合辐射过程是通过一些发光中心来实现的，这就使得过程复杂化了。间接跃迁过程的辐射效率可粗略表示为

$$\eta_F=\frac{\sigma N}{\sigma N+\sigma_0 N_0}\frac{1}{1+\exp(-\frac{E}{kT})} \tag{6-83}$$

式中，σ 是发光中心的复合截面，N 是发光中心的浓度，σ_0 是猝灭中心对载流子的俘获截面，N_0 是猝灭中心的浓度，E 是发光中心的离化能。

从式（6-83）可以看出，发光中心的离化能 E 对 η_F 有很大的影响。E 小者则 η_F 低，因为离化能太小时室温下不易俘获载流子，发光效率不会高。例如，只掺硫的磷化镓二极管绿色发光的放大率极低，就是因为硫在磷化镓中的离化能只有 0.1eV 的缘故。另外，增大发光中心的浓度、减小猝灭中心的浓度，对于间接跃迁来说，比直接跃迁更为重要，为此就要恰当地选择发光中心，使它具有较高的浓度及适当的电离能和大的复合截面，并尽可能提高材料的纯度和完整性，以降低猝灭中心的浓度。

一般说来直接跃迁型半导体的电子、空穴复合的几率比间接跃迁半导体的要高得多。因此提高辐射效率的问题对间接跃迁的半导体比对直接跃迁的半导体重要得多。

③ 出光效率 η_C：出光效率被定义为 PN 结辐射复合产生的光子射到晶体外部的百分数。在 PN 结产生的光子通过晶体传到外部空间时，有一部分要被晶体吸收，一部分要被晶体界面反射回来。这两个因素是决定发光二极管出光效率的主要因素。为使 PN 结所产生的光的效率提高，可从以下两个方面入手：一是减小吸收系数，二是增大表面透过率。

6.5 半导体激光器

6.5.1 半导体激光器及其结构

激光器又称为 Laser（Light Amplification by Stimulated Emission of Radiation），它的意思是“受温辐射光的放大”。按工作物质的不同激光器可分为固体激光器、液体激光器、气体激光器、半导体激光器等。半导体激光器与其他激光器相同的地方是它们发出的都是具有空间及时间相干性的光辐射，但半导体激光器与其他激光器相比又有许多特点，如：激光波长范围宽、响应速度快，激光的单色性好。

图 6.36 是 GaAs 结型激光器结构示意图，是结型砷化镓激光器最简单的形式，它是在适当掺杂浓度和（100）方向的 N 型单晶衬底上，用扩散或外延的方法形成一个 P 型层，再将片子沿着（110）方向解理，解理面就构成激光器所需要的平行镜面。最后切成管芯并烧焊在管座上。

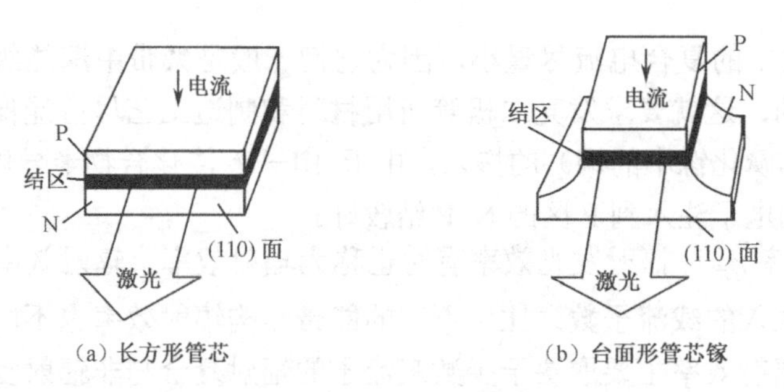

图 6.36　GaAs 结型激光器结构示意图

6.5.2　半导体受激发光条件

结型激光器虽然是靠注入载流子的复合来工作的，但是，若要其发出激光，则需具备三个基本条件：

① 要产生足够的粒子数反转分布，即高能态的粒子数足够地大于低能态的粒子数；

② 要有一个合适的谐振腔起到反馈作用，使激射光子增生，从而产生激光振荡；

③ 要满足一定的阈值条件，以使光子增益等于或大于光子损耗。

1. 粒子数的反转分布

半导体中价带和导带能级上的电子占据几率服从费米分布律。在受激发射时，导带中能量为 E 的能级上的电子受激发射出能量为 $h\nu$ 的光子，同时下落到价带中能量为 $E\text{-}h\nu$ 的未被电子占据的能级上。在 dt 时间间隔内，单位体积中因受激发射而增加的光子数 dN_e 为

$$\mathrm{d}N_e = N_C(E)N_V(E-h\nu)f_c(E)[1-f_c(E-h\nu)]B_{CV}\rho(\nu)\mathrm{d}t \tag{6-84}$$

式中，$N_C(E)$为导带中能量为 E 的能级密度，$N_V(E\text{–}h\nu)$为价带中能量为 $E\text{–}h\nu$ 的能级密度，B_{CV} 为受激发射的爱因斯坦系数，$\rho(\nu)$为激发光的能量密度。半导体中在受激发射的同时还存在受激吸收的过程，即价带中能量为 $E\text{–}h\nu$ 能级上的电子受激跃迁到导带中能量为 E 的未被电子占据的空能级上，在 dt 时间间隔内，单位体积中因受激吸收而减少的光子数 dN_a 为

$$\mathrm{d}N_a = N_V(E-h\nu)N_c(E)f_v(E-h\nu)[1-f_c(E)]B_{VC}\rho(\nu)\mathrm{d}t \tag{6-85}$$

式中，B_{VC} 为受激吸收的爱因斯坦系数。半导体中有

$$B_{VC} = B_{CV} = B \tag{6-86}$$

半导体中由于同时存在光的受激发射和受激吸收，故只有当光子的受激发射大于光子的受激吸收时才能得到光子放大，所以在半导体中产生激光的必要条件是

$$E_{Fn} - E_{Fp} > h\nu \tag{6-87}$$

式中，E_{Fn} 和 E_{Fp} 分别表示电子和空穴的准费米能级。以上不等式表示结型激光器达到粒子数反转分布产生光放大作用的条件，它们的物理意义可以从式（6-87）看出：导带能级上被电子占据的几率应该大于与辐射跃迁相联系的价带能级上被电子占据的几率，只有这时在紧靠导带底和价带顶的与辐射跃迁相联系的能量范围内才能实现粒子数的反转分布。

由于半导体是能带结构，它与分立的能级不同，产生光放大作用要求的粒子数反转分布条件，不能直接用粒子数的多少来比较，只能用式（6-87）来表示，因为发射的光子能量基本上等于半导体材料的禁带宽度 E_g，所以式（6-87）意味着材料中非平衡的电子和空穴的准费米能级之差要大于禁带宽度，这就要求构成结型激光器 PN 结两边的 P 型区和 N 型区要高掺杂到简并化的程度，或它们中至少有一个是简并化的，图 6.37（a）为结型激光器零偏压时

PN 结的能带图。其次，为了实现式（6-87）的粒子数反转分布还要求所加的正向偏压必须很大，以便有足够大的注入形成一个高的自由载流子密度。因为准费米能级间的差距与外加正向偏压 U 满足 $E_{Fn}-E_{Fp}$ 的关系，所以要求 $qU>E_g$。

图 6.37（b）画出了这时的 PN 结的能带图，由图可见，在 PN 结的空间电荷区附近存在一个粒子数反转分布的区域，称之为“有源区”或“作用区”，少数载流子在空间电荷区两侧的分布是不均匀的，由于电子的扩散长度比空穴的大，有源区偏离空间电荷区而移向 P 区，一般估计有源区宽度和非平衡电子的扩散长度同数量级，为 2～4 μm。

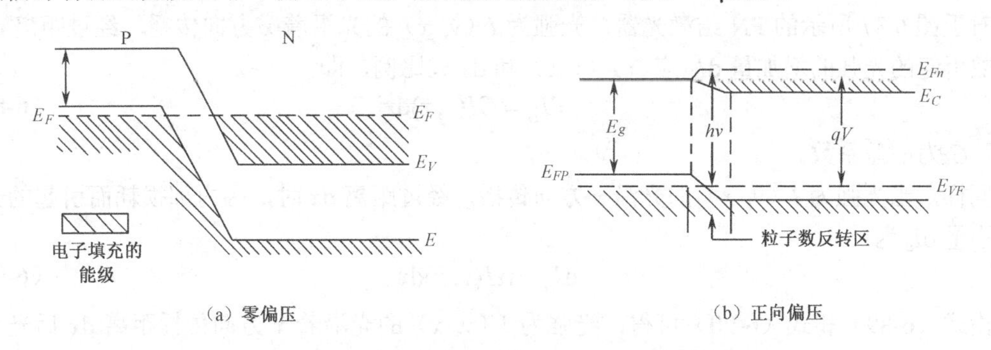

图 6.37 结型激光器零偏压时 PN 结的能带图

2. 光学谐振腔

在激光器中既存在受激辐射又存在自发辐射，而且作为激发受辐射用的初始光信号就来源于自发辐射，自发辐射的光是杂乱无章的，为了在其中选取一定传播方向和频率的光信号，使其有最优的放大作用，而把其他方向和频率的光信号抑制住。

最后获得单色性和方向性很好的激光，需要一个合适的光学谐振腔。在砷化镓结型激光器中用得最广的是法布里—珀罗（Fabre-Parot）谐振腔，它是由砷化镓沿（110）方向解理而得的一对平行镜面和另外一对与之垂直的平行粗糙面而构成的，前一对平面用来对主要方向的光起反射作用，后一对平面用来消除主要方向以外的其他方向上的激光作用。

在结型激光器的有源区内，开始导带中的电子自发地跃迁到价带中向空穴复合，产生了时间、方向等并不相同的光子，如图 6.38 所示，大部分光子一旦产生就立刻穿出 PN 结区，但也有一小部分的光子几乎是严格地在 PN 结平面内穿行，而且在 PN 结内行进相当长的距离，因而它们能够去激发产生更多同样的光子。这些光子在两个平行的镜面间不断地来回反射，每反射一次就得到进一步地放大。这样不断地重复和发展，就使这种辐射趋于压倒的优势，使辐射逐渐集中到平行镜面上，而且方向是垂直于反射面的。

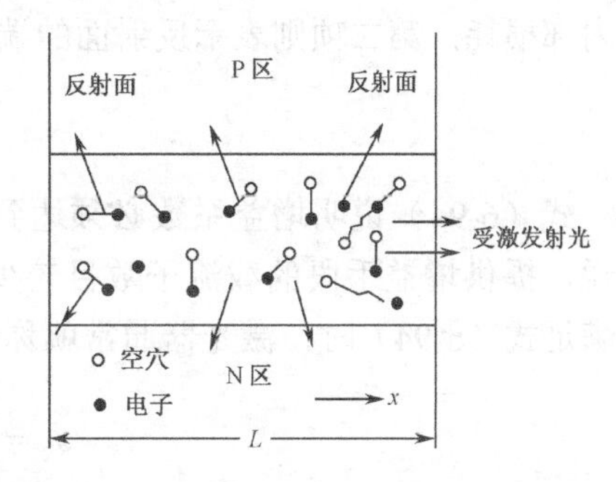

图 6.38 开始导带中的电子自发地跃迁到价带中向空穴复合

3. 阈值条件

在激光器中并不是粒子数达到反转分布再加上光学谐振腔就能发出激光了，因为激光器中还存在使光子数减少的各种损耗，例如反射面反射率 $R<1$ 使部分光透射出去了，还有工作物质内部对光的吸收和散射等，前者称为端面损耗，后者称为内部损耗。只有当光在谐振腔内来回传播一次所得到的增益大于损耗时才能形成激光。

激光器的内部损耗可用吸收系数α来描写，端面损耗可用反射系数 R 来描写。在激光器的两个反射镜面处，由于不是完全反射，将有一部分光子到达镜面时逸出谐振腔而造成损失。如果光子到达镜面处是垂直入射，则反射系数R为

$$R = \left(\frac{\bar{n}-1}{\bar{n}+1}\right)^2 \tag{6-88}$$

式中，$\bar{n}$为工作物质的折射系数。对于砷化镓材料取$\bar{n}$=3.6，则 R=0.32，即有 32%的光子由镜面反射而返回谐振腔。

对于图 6.37 所示的 PN 结激光器，光强为I（v, x）的光沿着 x 方向传播，经过距离 dx，因增益引起的光强的增加量 dI_G应与I（v, x）和 dx 成比例，即

$$\mathrm{d}I_G = GI(v,x)\mathrm{d}x \tag{6-89}$$

式中，G 为增益系数。

同样，当光强为I（v, x）的光沿 x 方向传播，经过距离 dx 时，因内部损耗而引起的光强的减小量 dI_a 为

$$\mathrm{d}I_\alpha = \alpha I(v,x)\mathrm{d}x \tag{6-90}$$

由式（6-89）和式（6-90）可得，光强为 I（v, x）的光沿着 x 方向传播距离 dx 后光强的总变化，即

$$I(v,x) = I(v,0)\exp(G-\alpha)x \tag{6-91}$$

即一个光子经过距离 x 后，消长的几率为 exp（G–α）x。

设 x 处的光强为 I_0 的光，经过两次镜面反射又回到原地时，光强为 $I_0R_1R_2\exp[(g-\alpha)2L]$，这里 R_1、R_2 为两个反射面处的反射率。要使激光能够维持不变，光子经过工作物质所获得的增益，至少应等于工作物质及镜面处的光子损失，即

$$R_1R_2\exp(G-\alpha)2L = 1 \tag{6-92}$$

这就是激光器形成激光的阈值条件，可改写为

$$GL = \alpha L + \frac{1}{2}\ln\frac{1}{R_1R_2} \tag{6-93}$$

式（6-93）左边的 GL 表示在谐振腔长度 L 范围内的总增益，右边第一项表示在 L 范围的内部损耗，第二项则表示反射面的端面损耗。式（6-93）又可改写为

$$G = \alpha + \frac{1}{2L}\ln\frac{1}{R_1R_2} \tag{6-94}$$

式（6-94）说明增益系数必须达到一定数值后才开始形成激光。对于砷化镓结型激光器来说，提供增益手段的载流子数目较少，辐射复合还不足以克服吸收，当正向电流增大到使G满足式（6-94）时，激光器通常就称此电流为阈值电流 J_t，则

$$J_t = \left[\frac{1}{\beta}\left(\alpha + \frac{1}{2L}\ln\frac{1}{R_1R_2}\right)\right]^{1/m} \tag{6-95}$$

式中，β为增益因子，激光器阈值电流密度为J_t还和谐振腔镜面的反射率有关。

通常砷化镓激光器两个反射面都是天然解理面，R_1=R_2=0.32，如果在一镜面上镀高反射膜，使其反射率接近于 1，即激光器腔长较小时在反射面上镀反射膜会使 J_t明显降低，但是 L 数值大时，J_t的降低就不明显了。

思考题与习题

1. VDMOS 管的通态电阻由哪几部分构成？其中哪些部分所占分量相对较大？

2. 外延层的厚度变薄和电阻率变低，导通电阻会如何变化？

3. VDMOS 是由好多小单元组成的，单元之间间距变大、变小时，R_{on} 会怎样变化？

4. α_{PNP} 和 α_{NPN} 放大系数增加，IGBT 通态电流会如何变化？其开关时间和频率特性会如何变化？

5. 防止 IGBT 产生擎住效应的措施有哪些？

6. 光电二极管的量子效率与什么有关？要做一个高效太阳能电池应采取什么措施？

7. PN 结构发光二极管和 PN 结激光器原理有何异同？产生激光要有哪些条件？

附　录

常用物理常数表

名　称	符　号	数　值	单　位
玻耳兹曼常数	k	1.38×10^{23}	J/K
电子电荷	q	1.6×10^{-19}	C
普朗克常数	h	6.625×10^{-34}	J·s
自由电子质量	m_e	0.911×10^{-34}	g
热电压(300K)	KT/q	0.0259	V
真空电介常数	ε_0	8.854×10^{-14}	F/cm
光速	c	2.998×10^{10}	cm/s

锗、硅、砷化镓、二氧化硅的重要性质(300K)

性　质		Ge	Si	GaAs	SiO_2
原子或分子量		72.60	28.09	144.63	60.08
原子或分子/cm^3		4.42×10^{22}	5.00×10^{22}	2.21×10^{22}	2.3×10^{22}
晶格常数/nm		0.566	0.543	0.565	…
密度/(g/cm^3)		5.32	2.33	5.32	2.27
禁带宽度/eV	300K	0.67	1.12	1.40	~8
	0K	0.785	1.205		
导带中有效态密度/cm^{-3}		1.04×10^{19}	2.8×10^{19}	4.7×10^{17}	…
价带中有效态密度/cm^{-3}		6.1×10^{18}	1.02×10^{19}	7.0×10^{18}	…
本征载流子密度/cm^{-3}		2.5×10^{13}	1.5×10^{10}	1.1×10^{7}	…
电子漂移迁移率/ (cm^2/V·S)		3900	1500	8500	…
空穴漂移迁移率/ (cm^2/V·S)		1900	600	400	
介电常数		16	11.8	10.9	3.9
击穿电场强度/(V/cm)		$\sim10^{5}$	$\sim3\times10^{5}$	$\sim4\times10^{5}$	$\sim6\times10^{6}$
熔点/℃		937	1420	1238	~1700
蒸气压/atm		10^{-3}(1270℃) 10^{-8}(800℃)	10^{-3}(1600℃) 10^{-8}(930℃)	1(1050℃) 10^{2}(1220℃)	10^{-1}(1700℃) 10^{-3}(1450℃)
热导率/(W/cm·℃)		0.64	1.45	0.46	0.014
线热膨胀系数/(1/℃)		5.8×10^{-6}	2.6×10^{-6}	5.9×10^{-6}	0.5×10^{-6}
功函数/V		4.4	4.8	4.7	8.9

参 考 文 献

[1] 刘恩科，朱秉升，罗晋生等．半导体物理学(第 7 版)．北京：电子工业出版社，2014.
[2] 清华大学半导体教研组．半导体物理(校内教材)．北京：清华大学，1981.
[3] 上海科技大学半导体器件教研组．晶体管原理与实践．上海：上海科学技术出版社，1978.
[4] [美] Danald A. Neamen，著．半导体物理与器件．赵毅强，姚素英，解晓东，等，译．北京：电子工业出版社，2008
[5] 张屏英，周佑谟．晶体管原理．上海：上海科学技术出版社，1986.
[6] 曹培栋．微电子技术基础－双极、场效应晶体管原理．北京：电子工业出版社，2001.
[7] 刘永，张福海．晶体管原理．北京：国防工业出版社，2002.
[8] 黄均鼎，汤庭鳌．双极型与半导体器件原理．上海：复旦大学出版社，1990.
[9] 刘刚，余岳辉，史济群．半导体器件．北京：电子工业出版社，2001.
[10] 陈星弼．功率 MOSFET 与高压集成电路．南京：东南大学出版社，1990.
[11] 聂代祚．电力半导体器件．北京：电子工业出版社，1994.
[12] 曾树荣．半导体器件物理基础．北京：北京大学出版社，2002.
[13] 施敏．现代半导体器件物理．北京：科学出版社，2002.